한국의
양치식물
제3판
Pteridophytes of Korea:
Lycophytes & Ferns,
Third Edition

Pteridophytes of Korea: Lycophytes & Ferns, Third Edition

Published in 2025 by GeoBook Publishing Co.
Rm 1015, 28, Saemunan-ro 5ga-gill, Jongno-gu, Seoul, 03170, KOREA
Tel +82-2-732-0337 Fax +82-2-732-9337 e-mail : geobookpub@naver.com

ISBN 978-89-94242-95-8 96480

Printed in Korea

한국산 양치식물 348분류군의 생태와 분류

GEOBOOK 지오북

제3판 머리말

2015년 초판 출간한『한국의 양치식물』은 2018년 제2판을 출간한 이후 점차 더 커지는 양치식물에 대한 애정과 응원 덕분에 제3판을 출간하게 되었다.

제3판에서는 제2판 출간 이후 새로운 계통분류체계로 개선된 PPG체계(Nitta et al., 2022)를 반영하여 전체 구성을 달리 하였다. 과, 속, 종의 위치와 학명은 가능한 최신 형태학적, 세포학적 분류 및 분자계통연구를 접목한 연구들을 반영하여 과, 속 종의 분류체계를 정리해냈다.

국내 양치식물의 지속적인 조사와 연구를 통해 1신종 한라톱지네고사리, 1신변종 큰꼬리쇠고사리, 2신품종 깃도깨비쇠고비와 털곱새고사리, 2신교잡종 바위틈비늘고사리, 꼬리솔잎고사리를 종기재와 더불어 추가하였다. 그리고 미기록 16종 1아종 1변종 20교잡종을 새로이 추가하였다. 그 외 최근 발표된 신종 미기록 4종을 추가하였다. 그외 서식지가 불확실하여 제외하였던 3분류군을 추가하였고, 분류가 달라져 1변종이 종으로 승격되어 제3판에는 총 50분류군이 늘어나게 되었다. 종의 특징을 보여주기 위해 사진을 교체 및 추가하여 제2판에서 아쉬웠던 부분을 보완하는데 주력하였고, 국내 분포와 서식지를 다시 정리하였다. 자세한 내용은 일러두기에 제시하였다.

이 책이 나오기까지 많은 분들이 오랜 시간 끊임없는 격려와 도움을 주셔서 완성될 수 있었다. 사진과 정보를 제공해주신 최홍근 교수님, 임형탁 교수님, 최호영 교수님, 최혁재 교수님, 정종덕 박사님, 문명옥 박사님, 김봉찬 대표님, 김진석 박사님, 조용찬 박사님, 손동찬 박사님, 특히 좋은 의견을 주신 Ebihara 박사님께 감사드린다.

또한 전국의 수많은 양치식물에 대한 분포와 정보들을 나누어주신 고사리사랑 카페 회원님들, 특히 소중한 사진을 아낌없이 제공해주신 김종환, 임영희, 이만규, 김명수, 이성원, 김상희, 이성권, 김동언, 고익진, 정원문, 손경식, 조현래, 최진묵, 권재환, 박상희, 이정심, 강영식, 김명준, 고순열, 조양훈, 이정해, 신의섭, 김상곤, 이지열, 김학주, 이호, 원창오, 한들께 깊은 감사의 마음을 전한다.

그 어떤 장소에서든지 주변의 양치식물들을 먼저 살피고, 험난한 양치식물의 자생지 탐사를 기꺼이 즐길 줄 아는 고사리사랑 회원님들의 따뜻한 관심과 열정에 깊은 존경의 마음을 보낸다. 또한 양치식물에 대한 지속적인 연구를 해오신 연구자 분들이 있었기에 보다 정밀한 내용이 제3판에 수록될 수 있었다. 저자들은 양치식물을 사랑하는 시민들과 연구자들에 대한 마음 깊은 고마움을 항상 기억하고자 한다.

아울러 양치식물 연구에 끊임없는 관심과 사랑을 아끼지 않으신 선생님들께 감사드린다. 故 박만규 박사님, 故 이영노 박사님, 故 이창복 박사님, 故 전의식 선생님, 故 이우철 박사님, 故 김정근 교수님, 오용자 교수님, 박종욱 교수님, 선병윤 교수님, 이유미 박사님, 박수현 선생님, 일본학자 Iwatsuki 박사님, Kato 박사님, 그리고 많은 격려를 해주신 여성희 교수님, 이남숙 교수님, 이병윤 박사님, 이정희 박사님, 정경숙 교수님, 이덕희 선생님께 감사드린다.

원고의 기획, 검토는 물론 주요 자생지 탐사 및 출간에 이르기까지 아낌없는 도움으로 한국 양치식물 연구의 발전을 위해 좋은 책을 만들어준 지오북 황영심 대표님과 수고해준 편집·디자인팀 모든 분들께 깊이 감사드린다.

마지막으로 언제나 곁에서 도움을 준 동료 선후배와 가족들에게 고마운 마음을 전한다.

2025년 10월

지은이 이창숙, 이강협

제주고사리삼 ©memil_mn

제2판 머리말

『한국의 양치식물』은 3년 전 여름, 초판이 발간되었다. 지구 역사상 가장 오래 생존해 온 양치식물이 숲에서 가장 왕성하게 성장하는 이 계절에 다시 개정판을 내게 되어 감회가 새롭다.

개정판에서는 국내 양치식물의 자생지를 재확인한 종들을 새롭게 정리하였고, 더 많은 사진을 통해 시기별 다른 모습을 보여주려 노력했다. 주요 과나 속의 특징은 구별하기 쉽도록 그림과 표로 보여주었다. 과, 속, 종의 위치와 학명은 가능한 형태분류와 분자 계통을 접목한 연구들을 바탕으로 하였다.

한국의 양치식물 연구는 선진국과 주변국에 비하면 아직 미비한 분야이다. 이 도감이 후학들의 양치식물 연구에 밑거름이 되길 바란다.

제2판의 새로운 내용

개정판에는 2015년 초판 출간 이래 식물학자, 식물애호가들의 끊임없는 열정과 관심어린 노력으로 11종의 양치식물을 추가할 수 있었다. 가장 최신 연구와 결과를 반영해 이들 추가종들과 관련된 종기재, 사진, 세밀화, 도표 등을 수정하였다. 계통분류체계는 최근 Schneider et al.(2016)에 의해 그간의 연구를 밑바탕으로 PPG(Pteridophyte Phylogeny Group) I Classification을 정리해 발표하였다. 그러나 PPG I 계통분류체계는 학문의 발전에 따라 계속 연구 중에 있고, 보완해 나가는 중이므로 이를 무작정 따르기보다는 직접 23가지 형태형질을 분석해 계통도를 그리고, 이에 따라 과, 속, 종의 배열 순서를 정하였다. 이는 PPG I 계통분류체계와 배열순서가 약간의 차이는 있었으나 거의 유사하여 이를 반영하였다.

물석송, 물뱀고사리, 큰우단일엽은 표본이나 자생지가 확인되지 않아 초판에서는 제외하였으나 이번에 새롭게 추가하였다. 물석송은 1936년 제주도에서 채집된 이후 발표되지 않고 있었으나 2017년 전라남도에서 국립공원관리공단, 교사식물연구회의 조사를 통해 발견되었다. 함경북도 경성군에서 자생한다고 보고된 물뱀고사리는 강원도에서 '고사리사랑'의 이만규님에 의해 자생지가 발견되었다. 2005년, 한국양치식물연구회에 의해 기록되었지만 자생지가 확실하지 않았던 큰우단일엽은 제주도 산지 바위틈에서 자생지가 확인되었다.

그 외에도 국내 미기록종 5종을 추가하였다. 큰뱀톱은 제주도에서 임 등(2015)이 발견하여 발표하였다. 거미돌담고사리는 경북에서 발견되어 저자들(이 등, 2015)이 발표하였고, 흰금털고사리는 강원도에서 이만규님이 발견하여 저자들(이 등, 2015, 2017)이 발표하였다. 또한 국내 미기록과, 미기록속의 미늘창고사리과의 백록고사리가 제주도에서 발견되어 신 등(2017)이 발표하였다. 과거 톱지네고사리는 나도톱지네고사리와 형태가 매우 유사하여 혼용해 사용되어 왔으나, 최근 분리해 사용되고 있다. 이에 제주도에서 알려진 개체들은 국내 미기록식물, 나도톱지네고사리로 미기록종을 추가하였다.

신분류군 3종도 추가했다. 신교잡종 거미사철고사리가 서울 북한산에서, 신교잡종 산꼬리고사리가 경기도에서 발견되어 저자들(2015)에 의해 발표되었다. 충북에서 발견된 신종 가는잎금털고사리는 잎몸이 전체적으로 가늘고 길며, 잎자루에 짧은 털과 샘털이 거의 없어 전국에 분포하고 있는 금털고사리, 강원도에서 발견된 흰금털고사리와는 형태적으로 구별된다. 특히 '가는잎금털고사리'는 이 책에 처음으로 발표하므로 종기재와 더불어 세밀화를 첨부하였다. 이 종을 제보해주신 김명수님과 장사범님께 감사드린다.

아울러 자생지가 추가 확인된 종들은 자생지에서 찍은 더 좋은 사진들과 함께 수정하였고, 일부 학명들을 수정하였다.

초판본이 나온 후, 최근 3년간 양치식물에 대한 관심이 커졌고 전국적으로 자연조사가 진행되어 미기록종, 미교잡종, 신종 등 발굴 비중이 매년 증가해 왔으며, 앞으로도 증가할 것으로 예상된다. 저자들은 계속 추가된 내용을 반영해 수정해 나가도록 하겠다.

2018년 7월

지은이 이창숙, 이강협

제1판 머리말

양치식물은 지구의 역사에서 끊임없이 탄생과 소멸을 거듭하며 가장 오래 생존해온 식물이다. 요즘 이 땅의 숲속에 가보면 하록성 양치식물들이 깨어나 아름다운 자태를 드러내고 있다. 이러한 양치식물의 계절에 한국의 양치식물을 모두 정리하여 도감으로 출간하게 되니 감회가 새롭다.

지은이들은 양치식물에 대한 남다른 열정을 가지고 서로 다른 길을 오랫동안 걸어왔다. 학계에서, 그리고 '고사리사랑' 카페를 통해 긴 시간 다른 방향에서 공부를 해오다 2012년 한국산 양치식물도감을 만들기로 합심했다. 그동안 각자 알고 있던 국내 고사리 분포지를 찾아다니며 자생지를 재확인 관찰하였고 국내 양치식물의 종들을 재정리하였다. 그 과정에서 다수의 미기록 식물과 신변종 식물을 발견하여 논문으로 발표하고 이 책에 수록하였다.

양치식물은 종종 미숙시기와 성숙시기의 형태가 다른 모습을 보이고 있어 형태적인 특징만으로 종을 구별하기가 어렵다. 많은 사진을 통해 시기별로 다른 모습을 보여주려 하였고, 주요 과나 속의 특징은 구별하기 쉽도록 그림과 표로 표현해 보았다. 양치식물의 분류체계는 다른 분류군에 비해 과나 속의 위치에 많은 혼돈이 있어 왔다. 이 도감에서는 최근 세계 학자들이 많이 따르고 있는 Smith et al.(2006)의 분류체계를 주로 따랐다. 또한 가능한 최신 분류학적 근거를 바탕으로 한, 형태분류와 분자계통을 접목한 연구들을 정리하여 얻어진 과, 속, 종의 위치와 학명을 따랐다.

한국의 양치식물 연구는 몇몇 학자들에 의해 연구가 되었으나 선진국과 주변국의 양치식물 연구에 비하면 아직 미진한 분야이다. 이 도감이 후학들의 양치식물 연구에 밑거름이 되길 바란다.

오랜 시간 곁에서 도움을 주시고 격려해주신 많은 분들이 있어 양치식물도감을 완성할

수 있었다. 원고의 기획, 검토는 물론 주요 자생지 탐사를 비롯하여 출간에 이르기까지 애써 주신 지오북 황영심 사장님과 편집·디자인팀에게 깊이 감사드린다.

바쁜 시간을 내어 함께 토의를 하고 좋은 의견을 주신 Ebihara 박사님, 물부추과의 사진과 정보를 기꺼이 제공해주신 최홍근 교수님과 정종덕 박사님께 감사드린다. 사철잔고사리 등은 문명옥 박사님, 개쇠뜨기 등은 김진석 박사님, 계곡고사리는 양영환 세계유산·한라산 연구원장님, 선비늘이끼는 정재민 박사님, 실사리는 조용찬 박사님, 좀새깃고사리는 김봉찬 대표님, 바위손 약재는 최호영 교수님께서 각각 사진을 제공해주셨음을 밝히며 감사드린다.

귀한 사진과 정보를 함께 나눈 고사리사랑 카페 회원들, 특히 소중한 사진들을 아낌없이 제공해주신 임영희, 김명수, 이정심, 이만규, 정원문, 김동언, 이성권, 손경식, 이정해, 김종환, 김상희, 김명준, 권재환, 이성원, 최관우, 고순열 회원님 등 많은 분들의 도움을 받았음을 알리고 싶고, 특별히 깊은 감사의 마음을 전한다.

양치식물 연구에 끊임없는 관심과 사랑을 아끼지 않으신 선생님들께 감사드린다. 박만규 박사님, 이영노 박사님, 이창복 박사님, 오용자 교수님, 김정근 교수님, 선병윤 교수님, 박종욱 교수님, 이유미 국립수목원장님, 박수현 선생님, 전의식 선생님, 일본학자 Iwatsuki 박사님, Kato 박사님, 그리고 많은 격려를 해주신 여성희 교수님, 이남숙 교수님, 이병윤 박사님, 이정희 박사님, 정경숙 교수님, 이덕희 선생님께 감사드린다.

마지막으로 늘 곁에서 힘을 준 동료, 선후배, 가족들께 감사의 마음을 전한다.

2015년 5월

지은이 이창숙, 이강협

차례

Pteridophytes of Korea: Lycophytes & Ferns, Third Edition

일러두기

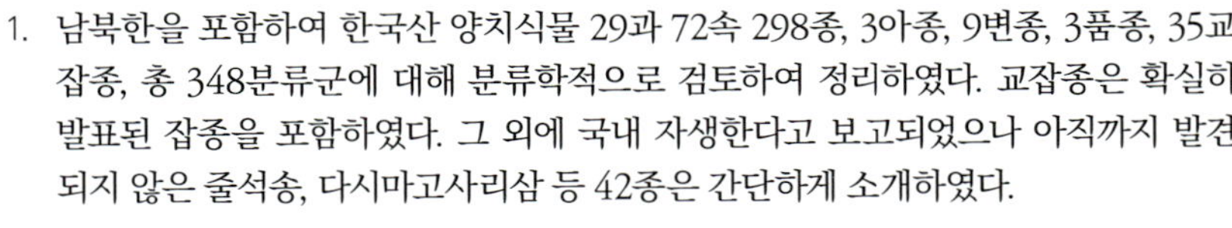

1. 남북한을 포함하여 한국산 양치식물 29과 72속 298종, 3아종, 9변종, 3품종, 35교잡종, 총 348분류군에 대해 분류학적으로 검토하여 정리하였다. 교잡종은 확실히 발표된 잡종을 포함하였다. 그 외에 국내 자생한다고 보고되었으나 아직까지 발견되지 않은 줄석송, 다시마고사리삼 등 42종은 간단하게 소개하였다.

2. 신종 한라톱지네고사리, 신변종 큰꼬리쇠고사리, 신품종 깃도깨비쇠고비와 털곱새고사리, 그리고 미기록 두메석송, 섬나도고사리삼, 나주고사리삼, 주름물개구리밥 외 12종, 1아종, 1변종을 이 책에 처음으로 소개하였다. 최근 발표된 미기록 반들산쇠고비, 검은족제비고사리, 섬일엽초, 신종 좀애기꼬리고사리를 추가하였다. 그리고 신교잡종 바위틈비늘고사리와 꼬리솔잎고사리를 추가하였고, 미기록 교잡종 자루좀나도고사리삼, 좀주름물개구리밥, 너도봉의꼬리 외 17교잡종을 추가하였다. 분포가 불확실하여 제2판에서 제외한 큰고란초, 털별고사리, 외잎진고사리의 서식처가 확인되어 추가하였다.

3. 분류 체계는 PPG Ⅰ(2016)과 업그레이드된 Nitta et al.(2022)을 주로 따랐으며, 가능한 최신 분류학적 연구인 형태학적, 세포학적 분류 및 분자계통을 접목한 연구를 반영하였고, 그동안의 연구를 통하여 얻어진 과, 속, 종의 분류체계를 따랐다.

4. 기재문은 과, 속, 종의 특징을 서술하였고, 주요 인식형질을 바탕으로 검색표를 작성하였으며, 계통상 유연관계가 가까운 순서대로 배열하였다.

5. 학명과 국명은 되도록 선취권을 따랐다. 학명은 기본명과 이명의 원기재문을 함께 적었고, 국명은 그간의 출처를 제시해 선취권을 적용해 선택하였고, 그 외 영명, 중국명, 일본명을 정리하였다. 염색체수 또는 유전체, 포자기, 용도는 밝혀진 문헌을 참고하여 작성하였다.

6. 분류군의 형질 기재는 구별할 수 있는 정량, 정성 형질을 기록하였고, 관찰표본과 원기재문을 참고하여 작성하였다. 분류학적으로 의문점이 있는 종들에 관해서는 종 기재 아래에 부가 설명하였다.

7. 한국의 분포와 서식지, 세계 분포를 구분지어 정리하였고, 직접 확인 관찰 또는 표본이 확인된 종을 대상으로 강원, 경기, 충북, 충남, 전북, 전남, 경북, 경남, 제주도, 울릉도, 백두산으로 구별하여 정리하였다. 단, 백두산고사리삼은 수차례 조사를 하였으나 발견하지 못해 예외로 수록하였다.

8. 주요 과와 속을 구별하는 특징을 그림으로 제시하였으며, 최근 미기록으로 발표된 양치식물의 주요 특징을 그린 그림도 삽입하여 이해를 도왔다. 서론 부분에 넣은 그림은 지오북이, 양치식물 도해는 이창숙이 그렸다.

9. 종의 특징을 보여주기 위해 제1판에서는 1,660여 컷의 사진을 수록하였으나 제2판에서는 1,780여 컷을, 제3판에서는 2,560여 컷을 수록하였다. 대부분의 사진은 이강협이 직접 촬영한 것으로 촬영장소를 제시하였고, 제공 받은 사진은 촬영자 이름을 별도로 표시하였다.

10. 각 과, 속, 종의 주요 특별형질을 표로 제시하여 주요 형질을 한눈에 비교해 볼 수 있도록 하였다. 또한 자원이 되는 양치식물에 관하여 문헌을 밑바탕으로 표로 정리하고 부록으로 삽입하였다.

이 책을 보는 방법

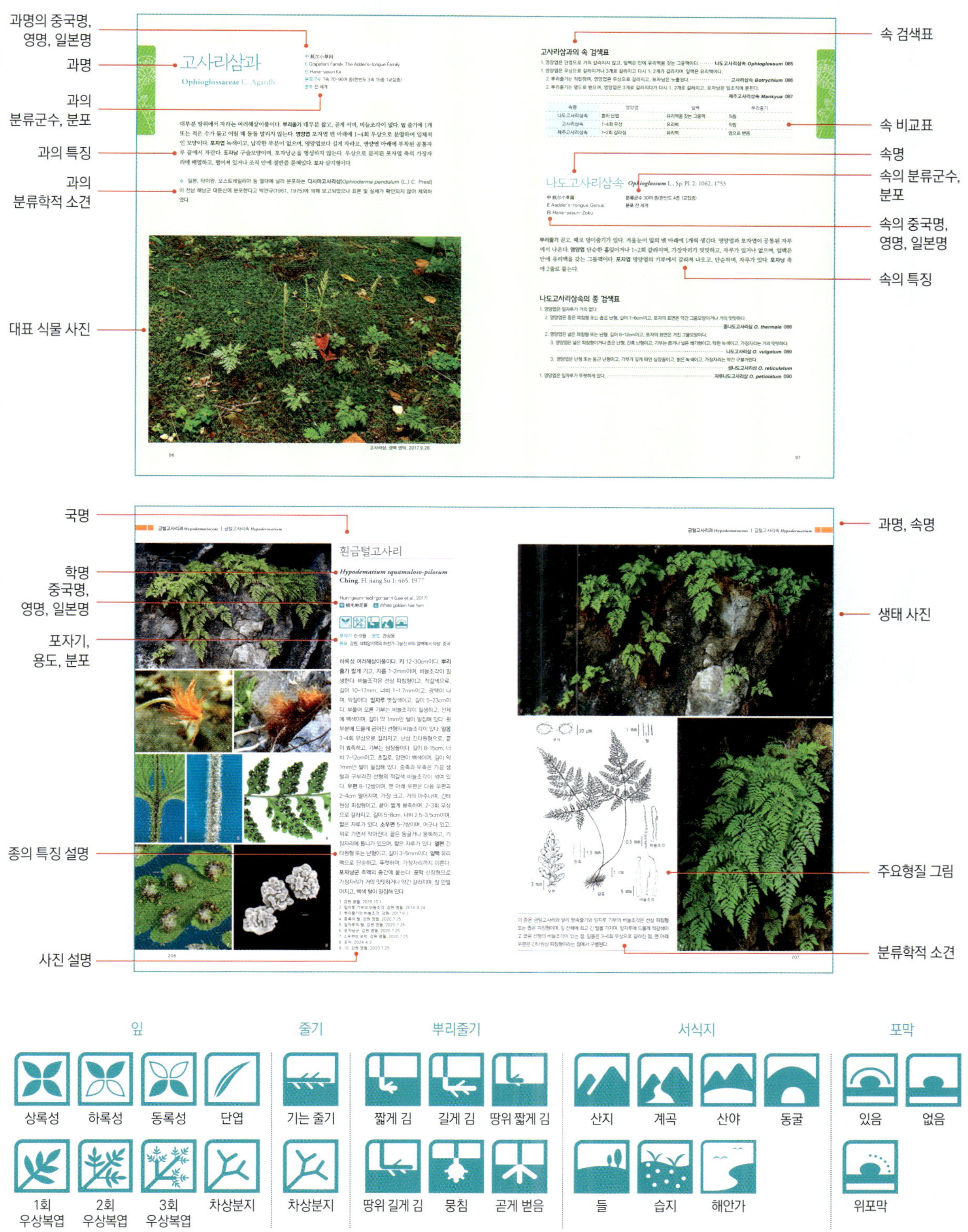

과명의 중국명, 영명, 일본명
과명
과의 분류군수, 분포
과의 특징
과의 분류학적 소견
대표 식물 사진
속 검색표
속 비교표
속명
속의 분류군수, 분포
속의 중국명, 영명, 일본명
속의 특징
국명
학명
중국명, 영명, 일본명
포자기, 용도, 분포
종의 특징 설명
사진 설명
과명, 속명
생태 사진
주요형질 그림
분류학적 소견
잎
상록성
하록성
동록성
단엽
1회 우상복엽
2회 우상복엽
3회 우상복엽
차상분지
줄기
기는 줄기
차상분지
뿌리줄기
짧게 김
길게 김
땅위 짧게 김
땅위 길게 김
뭉침
곧게 벋음
서식지
산지
계곡
산야
동굴
들
습지
해안가
포막
있음
없음
위포막

양치식물의 분류와 생태

1. 양치식물이란? 2. 한국의 양치식물 연구 3. 양치식물의 생활사

4. 양치식물의 다양한 번식방법 5. 양치식물의 분포 6. 양치식물의 환경적응 및 진화

7. 자원이 되는 양치식물 8. 용어설명 9. 한국산 양치식물의 계통과 검색표

1 양치식물이란?

양치식물(Pteridophytes)은 포자로 번식하며 잎, 뿌리, 줄기를 갖고 있는 유관속식물로 가장 오래되고 원시적인 식물이다. 또한 육지식물인 선태류와 같이 배우자체(Gametophyte)와 포자체(Sporophyte) 세대를 번갈아 가며 살아간다. 그러나 포자체 세대는 배우자체 세대보다 오랜 기간 광합성을 하며 독립적으로 살아간다.

화석으로 발견된 가장 오래된 육상 관다발식물은 영국 웨일스 지방에서 발견된 쿡소니아(*Cooksonia*)로 4억 2,500만 년 전 고생대 실루리아기 지층에서 발견되었다. 이 식물은 키가 작고 뿌리는 줄기의 연장과 같은 가근이고, 줄기가 차상으로 분지하여 끝에 포자낭을 달고 있는 형태로 양치식물의 원시적인 모습이다.

가장 오래된 양치식물 화석은 3억 4,500만 년 전 고생대 석탄기 초기의 것으로 알려졌다. 석탄기에는 습지가 발달하여 습한 환경 속에서 석송류에 속하는 거대한 인목(Lepidodendron)이 왕성하게 분포하였던 것을 줄기화석으로 확인할 수 있다. 고생대 석탄기에 석송류의 목본성식물이 4,000만 년 동안 번성하였으나, 약 2억 7,000만 년 전 페름기의 건조한 기후로 인해 많은 식물들이 소멸하였고, 땅속에 묻혀 석탄층 대부분을 차지했다. 중생대에 살아남은 양치식물은 공룡과 함께 대초원을 이루었으나 현화식물의 탄생으로 멸종위기에 처하게 되었다. 그러나 오랜 세월 동안 탄생과 멸종을 거듭하며, 진화되어 나타난 고란초과 식물을 비롯하여, 지구에서 가장 오랫동안 생존해 왔다.

양치식물은 대부분 여러해살이풀이지만 드물게 한해살이풀도 있다. 열대우림의 수림 아래는 나무고사리가 자란다. 양치식물은 대부분 땅위에서 지생하나, 교목이나 관목 또는 바위에 붙어서 착생하기도 하며, 물속이나 물 위에 떠서 자라기도 한다.

쿡소니아 복원도(출처: wikipedia)

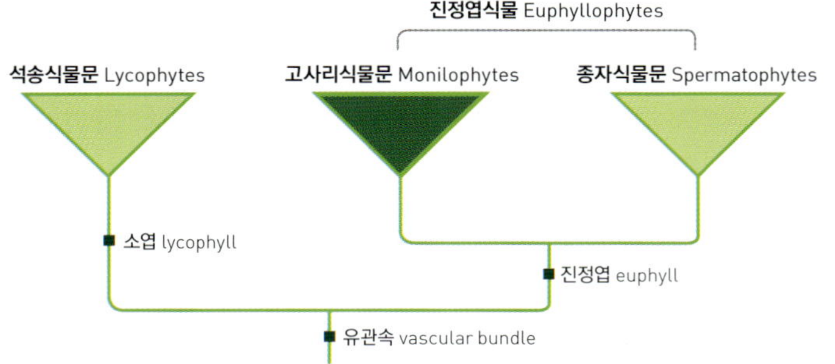

과거 계통연구의 근거에 의해 만든 계통수(Smith et al., 2006)

양치식물의 계통은 학문의 발전과 더불어 많은 학자들에 의해 의견을 달리해 변형되어 왔다. 과거에는 양치식물 중 고사리류(Ferns)와 외부형태적으로 차이를 보이는 석송류, 부처손류, 솔잎란류를 고사리 근친군(Fern allies)이라 하여 구별해 다루었다. 그러나 1850년 이후 이들의 유연관계가 생활사 연구에 의해 크게 나뉜 두 식물군을 한데 묶어 다루는 것이 타당함이 주장되었다. 따라서 Wettstein(1935)은 포자로 번식하는 양치식물을 종자식물과 구별해 양치식물문(Pteridophyta)으로 보고 4개의 강, 즉 석송강(Lycopodiopsida), 속새강(Equisetopsida), 솔잎란강(Psilotopsida), 고사리강/양치식물강(Pteridopsida/Polypodiopsida)

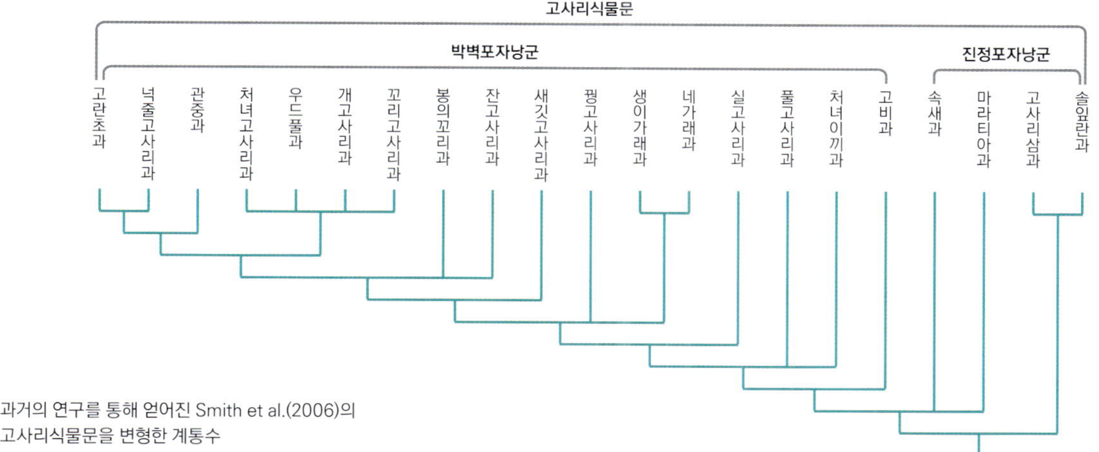

과거의 연구를 통해 얻어진 Smith et al.(2006)의 고사리식물문을 변형한 계통수

으로 나누었고, 이 견해를 근래까지 분류학자들이 따라왔다. 그러나 학문의 발전과 더불어 이들 분류체계에 관해 재논의되었고, 육상식물의 진화에 입각한 과거 체계와 다른 견해가 제의되었다.

지구에서 살아가는 식물의 진화는 바다에서 육지로 진행되었으며, 쿡소니아와 같은 최초의 육상식물은 뿌리도 잎도 없이 줄기축이 차상으로 갈라지는 모습이었다. 그 이후 줄기에 부드러운 가시 같은 돌기가 광합성을 하는 잎의 역할을 대신하게 되어 석송류가 탄생하게 되었다는 설이 등장하였다. 석송류는 잎의 앞면이나 잎겨드랑이에 포자낭이 생기지만, 고사리류는 잎 뒷면에 포자낭을 생성하며, 잎 표면에 큐티클층과 리그닌 물질이 발달한다. 또한 잎맥이 발달한다는 점에서 석송류를 고사리류와 분리하여 다루어야 하고, 잎의 진화라는 측면에서 고사리류가 석송류보다는 종자식물에 가깝다고 보는 견해가 나왔다. 또한 화석 기록으로 볼 때 갈라진 잎맥이 있는 잎을 가진 화석도 보이나 진화를 입증하는 중간단계의 화석기록들이 속속 나타나고 있어 석송류가 고사리류나 종자식물과는 다른 진화단계를 거치는 것으로 보았다.

최근에는 분자계통학적 연구를 통하여 DNA 염기서열 차이에 의해 석송류는 고사리류, 종자식물과 구별이 되었고, 계통도에서 석송류는 선태류와 녹조류에 가깝게 분화된 것으로 나타났다. 따라서 고사리류가 석송류보다 종자식물에 더 가까운 유연관계를 보여 주는 연구가 나오게 되었다(Raubeson & Jansen, 1992; Kenrick & Crane, 1997; Renzaglia et al., 2000; Pryer et al., 2001a; Schneider et al., 2002; Smith et al., 2006; Christenhusz & Chase, 2014; Schneider et al., 2016).

석송류를 석송문으로 인식하는 계통도에서 보면 석송문(Lycopodiophyta)은 석송강, 물부추강(부처손과, 물부추과)이 속하고, 고사리류(양치류) 즉 고사리식물문(Monilophytes)은 속새강, 솔잎란강(솔잎란목, 고사리삼목), 마라티아강, 고사리강이 한 그룹으로 크게 묶여져 종자식물과 더 가까운 그룹을 형성하는 것으로 나타나 과거의 계통과는 다른 모습을 보였다. 따라서 과거에는 계통적으로 맨 앞에 놓였던 솔잎란과 식물이 고사리삼과와 같은 그룹을 형성해 유연관계를 보였고, 속새목은 마라티아목과 같이 그룹을 형성해 유연관계를 보였다. 따라서 속새목 식물이 석송류보다는 고사리류와 가까워진 진화계통도에 의해 양치식물의 새로운 계통이 탄생하게 되었다.

그러나 형태적으로 매우 특이한 속새목의 식물이 고사리류와 가깝다는 것에 대한 이견도 있으므로, 보다 세밀한 연구들이 현재 진행 중에 있다. 앞으로 더욱 많은 연구들이 있겠지만 이들의 계통은 현재 양치식물분류학에 적용되어 세계적으로 반영되고 있기에 이 책에서도 이를 따랐다.

2 한국의 양치식물 연구

황고사리가 있는 길가 화단, 강원 영월, 2022.7.17

우리나라의 양치식물 연구는 일제시대와 6.25전쟁 전후에 유럽인(Wilford, Hooker, Christ, Maximowicz), 러시아인(Palibin, Komarov), 일본인(Uchiyama, Yabe, Nakai)에 의해 채집목록이 발표되면서 시작되었다. 1903년 Yabe에 의해 53종의 양치식물의 채집목록을 처음 발표된 이후 1952년 Nakai에 의해 225종이 보고되었다. 그 후 1965년 한국인으로는 처음으로 정태현은 『한국식물도감』에 131종 37변종 2품종의 종 기재와 그림을 수록하였고, 1967년 이창복에 의해 「양치식물의 감별 및 분포」라는 논문에서 과, 속, 종의 검색표를 기재하였고, 1975년 박만규에 의해 『한국동식물도감』 식물편(양치식물)에 272종류의 종 기재, 분포 등을 기재한 도감이 발행되었다. 1980년 이창복 224분류군, 근래 이우철(1996)에 의해 192분류군, 양치식물연구회(2005)에 의해 331분류군, 이영노(2006)에 302분류군, 국립수목원(2007)에 의해 258분류군, 박종욱 외 편집(2008)에 263분류군의 종 기재, 분포 등에 관하여 보고된 바 있다. 이처럼 국내 양치식물의 분포하는 분류군수에 많은 차이를 보이고 있다. 이는 이들의 자료에 오동정, 동정이명, 잘못된 학명 적용, 과거 기록은 있으나 자생이 확인되지 않은 채 관례적으로 사용되어 온 식물 등이 포함되어 나타난 차이로 보인다.

또한 근래 기후변화로 인하여 열대지역에서 자라는 식물이 국내에서도 발견됨에 따라 최근 서울, 경기, 울산, 광주, 제주도 등지에서 우리나라 미기록종이 속속 발견되고 있다(문 등, 2002, 2014; 김 등, 2004; 선 등, 2012; 선 등, 2019; Choi et al., 2024; Lee et al., 2008a, 2008b, 2013a, 2013b, 2014a, 2014b, 2014c, 2015, 2017; Lee & Kim, 2012; Ko et al., 2024; Shin, 2017; Son et al., 2013). 앞으로도 기후변동에 따라 추가로 발견될 미기록 식물이 더 있을 것으로 예상된다.

양치식물에 관한 실험을 통한 분류계통학적 연구는 전 세계적으로 종자식물 연구에 비하면 미진한 편이나 외국의 경우 형태학적 연구는 물론, 해부학적, 세포학적, 발생학적, 생태학적, 분자적 연구가 진행되어 양치식물 전반에 걸친 계통학적 체계를 세우고 있어 그 동안 혼돈되어 사용했던 과, 속의 계통을 재정비하여 왔다. 그러나 국내 양치식물 연구는 박만규(1967)가 104분류군의 엽병중심주의 내부구조를 밝혔고, 한국산 5과에 관한 분류(오와 이, 1982), 고사리과의 형태, 뿌리줄기와 잎자루, 포자에 관한 연구(이와 오, 1987, 1990a, 1990b), 면마과(오와 원, 1982), 풀고사리과(송 등, 1986), 관중과(오 등, 1992), 처녀고사리과(권과 오, 1988; 문과 선, 2008), 고란초과(임 등, 2004)의 형태 및 해부학적 연구, 족제비고사리류(Lee et al., 2006), 쇠고비고사리속(윤, 2012; Chung et al., 2012)의 염색체, 엽록체 DNA에 관한 극히 일부 종의 단편적인 연구가 진행되었을 뿐이다(Choi et al., 2022; Lee et al., 2018; Lee et al., 2019; Lee et al., 2020; Lee et al., 2024; Park et al., 2022; Kim et al., 2023). 앞으로 양치식물의 다각적인 방법에서 다양한 양치식물의 분류계통학적 연구가 절실히 요구된다.

3 양치식물의 생활사

양치식물은 오랜 세월 동안 탄생과 소멸을 반복하면서 현재의 다양한 양치류로 존재하며, 이들은 각기 다양한 생활사를 갖고 살아간다. 대부분의 양치식물은 아래의 그림과 같이 일반적인 유성생식의 생활사를 보여주나 자연계에서는 무성생식, 자가수정 같은 현상이 빈번히 일어난다.

일반적인 양치식물의 생활사는 포자체(Sporophyte)와 배우체(Gametophyte)라는 두 종류의 세대를 거친다. 포자체 세대는 염색체수가 2n이며 일반적으로 알고 있는 잎이 달린 식물체를 말한다. 배우체는 염색체수가 반수(n)인 세대이며 포자가 발아해 생겨난다. 양치식물의 배우체를 전엽체(Prothallus)라고도 한다. 배우체는 매우 작고 녹색을 띠어 대부분 광합성을 하고, 형태는 주로 심장모양이며, 포자체와는 독립되나 잠시 어린 포자체 아래에 남아 포자체의 성장을 돕는다.

잎이 성숙하면 생식기관인 포자낭이 잎의 뒷면 또는 가장자리에 만들어지고 흔히 보호막인 포막이나 위포막(잎가장자리가 말려서 만들어진 가짜 포막)에 덮여 있다. 대부분 포자낭은 얇은 벽으로 된 세포 안에 일반적으로 64개의 포자를 갖고 있고 바깥에 두꺼운 세포벽으로 만들어진 환대가 둘러싼다. 환대는 포자를 산포하는 것이 주요 기능이다. 포자낭 안에 있는 포자모세포는 감수분열하여 염색체수가 반수(n)인 포자를 만드는데, 포자는 포자낭으로부터 환대의 수축으로 인해 터져 나온다. 포자의 크기는 30~60μm이고, 형태는 삼지형 또는 단지형이다. 포자가 발아해 전엽체를 만들며, 전엽체는 염색체수가 반수(n)인 장란기와 장정기를 갖는다. 장정기의 성숙한 편모를 가진 정자가 장란기의 난자로 이동하여 수정하면 접합자(2n)가 된다. 이때 접합자는 세포분열에 의하여 어린 포자체 식물을 만든 후 성숙하게 되고, 다시 생성된 포자로부터 생활사를 반복하게 된다. 이러한 번식방법이 유성생식이다. 대부분의 양치식물은 다년생이며 배우체와 포자체의 생활사를 반복하며 살아간다.

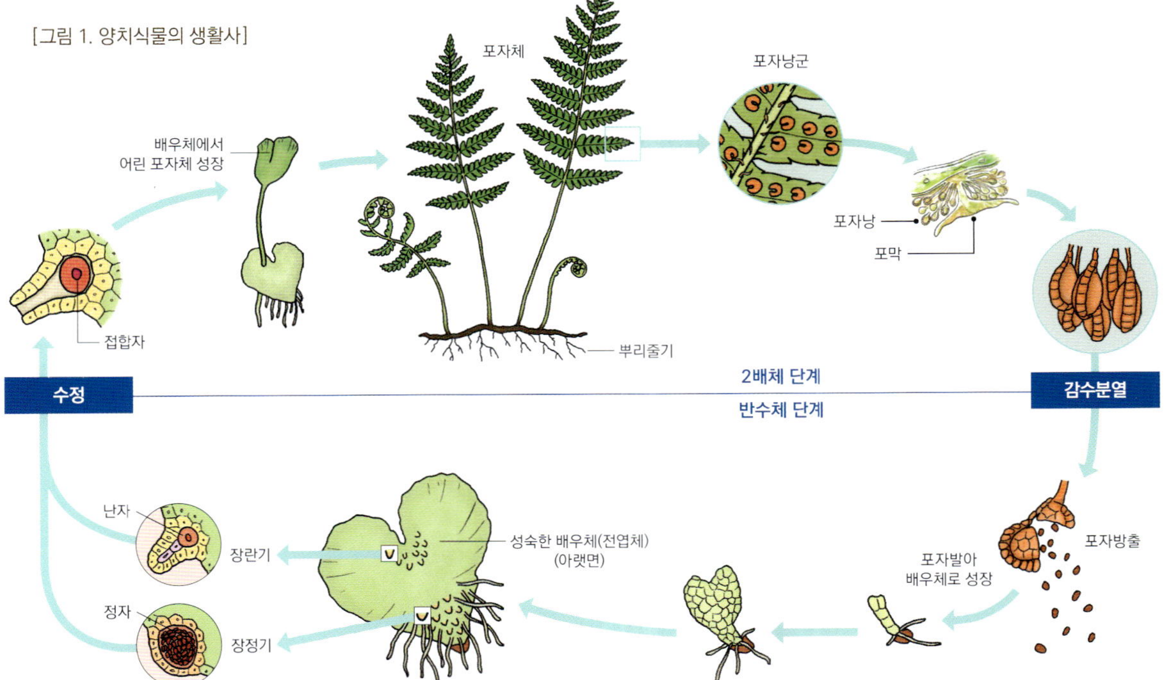

[그림 1. 양치식물의 생활사]

4 양치식물의 다양한 번식방법

무성생식

양치식물은 생활사에서 보듯이 배우체(전엽체)라는 독립생식기관이 있어 이곳에서 장란기와 장정기를 만들어 유성생식을 한다. 그러나 일부 양치식물들은 정자와 난자의 결합이 이루어지지 않는 무수정생식을 하거나 영양기관에서 무성아를 만들어 무성생식을 한다.

❶ 무수정생식

부싯깃고사리

사막이나 절벽같이 건조한 지역에서 사는 양치식물은 유성생식에서 볼 수 있는 배우자들의 결합이 이루어지지 않고 무수정으로 번식하며 살아간다. 일반적으로 포자낭 안에서 감수분열을 통해 염색체수가 반수체(n)인 64개의 포자가 만들어지지만, 감수분열의 오류가 일어나면 염색체수가 2배체(2n)인 32개의 포자가 만들어지게 된다. 2배체 포자가 발아하여 만든 전엽체는 크기가 작고, 생식기인 장정기와 장란기가 없으며, 체세포분열로 어린 식물체를 만들어 2배체 포자체를 만들거나, 흔히 3배체 이상의 포자체를 만들기도 한다. 전 세계에 알려진 양치류 중 5~10%가 무수정생식을 한다. 일본의 경우는 약 13%가 무수정생식을 한다고 알려졌고, 부싯깃고사리속(*Cheilanthes*), 봉의꼬리속(*Pteris*), 꼬리고사리속(*Asplenium*), 쇠고비속(*Cyrtomium*), 관중속(*Dryopteris*)에서 흔하게 나타난다(Moran, 2004).

❷ 무성아 번식

양치식물 중 배우체를 만들지 못하는 환경에 처하는 경우 잎, 중축, 줄기의 끝이나 뿌리 끝에 무성아를 만들어 영양번식을 한다. 무성아가 떨어져 새로운 개체로 성장하고, 무성아 번식을 통해 신속히 정착하도록 한다.

무성아는 종에 따라 특정한 위치에서 각각 다르게 만든다. 우리나라에 알려진 무성아를 갖는 양치식물은 오른쪽과 같다. 전 세계 종 가운데 5%가 무성아를 만드는 종으로 알려졌는데, 우리나라의 경우 전체 종 가운데 약 6%에 해당한다.

잎 표면에 붙는 무성아

물고사리

[다양한 영양기관에 생기는 무성아]

- **잎 표면에 붙는 것** 물고사리
- **중축 끝에 붙는 것** 암공작고사리, 깃고사리, 개차고사리, 숫돌담고사리, 거미고사리, 낚시고사리, 더부살이고사리 등
- **중축 위에 붙는 것** 차꼬리고사리, 개차꼬리고사리, 가는잎개고사리, 가거꼬리고사리
- **줄기 끝에 붙는 것** 뱀톱, 다람쥐꼬리, 좀다람쥐꼬리
- **뿌리에 붙는 것** 나도고사리삼, 설설고사리

중축 끝에 붙는 무성아

암공작고사리 ⓒ임영희

거미고사리

낚시고사리

중축 위에 붙는 무성아

차꼬리고사리

가거꼬리고사리

가는잎개고사리

줄기 끝에 붙는 무성아

뱀톱

좀다람쥐꼬리

다람쥐꼬리

❸ 독립배우체 번식

일반적으로 양치식물은 포자가 발아하여 배우체를 만든 후 수정하거나 무수정으로 포자체를 형성해 살아간다. 그러나 일부 종들은 서늘하고 건조한 열악한 환경 속에서 포자체를 만들지 않은 채, 배우체가 무성아를 만들어 번식해 살아가기도 한다. 즉 포자체 없이 배우체만으로 살아가는 번식법을 독립배우체(Independent gametophyte) 번식이라고 한다. 독립배우체는 2~10개의 세포로 구성된 무성아가 떨어져 나가 새로운 개체를 만들어 가는 무성아 번식을 하며, 주로 그늘진 바위틈의 서늘한 곳에서 군집을 이루며 여러 해 동안 살아간다.

미국 동부지역에 알려진 독립배우체(*Micropolypodium nimbata*, *Hymenophyllum tayloriae*, *Crepidomanes intricatum*, *Vittaria appalachiana*)는 산악지대의 바위가 많은 너덜지대에서 자라는 것으로 배우체에 무성아가 나와 영양번식을 하고 포자체는 퇴화된 채 자라는 것으로 알려졌다(Farrar, 1967, 1971, 1992, 1998). 이들 독립배우체 중 북미에서 자라는 독립배우체 *Crepidomanes intricatum*과 일본에서 자라는 *Crepidomanes schmidtianum*[지리산 백무동계곡에서 발견된 두메괴불이끼(Lee et al., 2014)]의 엽록체 DNA검사 결과 100% 일치하였고, *Crepidomanes schmidtianum*의 배우체와 유사한 점 등으로 볼 때 *Crepidomanes intricatum*이 *Crepidomanes schmidtianum*의 이명으로서의 가능성을 연구한 것이 알려졌다(Ebihara et al., 2008).

아시아에서는 처음으로 국내에서도 두메괴불이끼, 좀고사리와 처녀이끼로 추정되는 독립배우체들이 강원도, 경기도, 전라남도, 경상남도, 제주도 등지의 높은 산 큰 바위 위에서 발견되어 알려졌다(Lee et al., 2014; Lee et al., 2015).

두메괴불이끼

두메괴불이끼의 독립배우체

두메괴불이끼 독립배우체의 확대 모습

좀고사리

좀고사리의 독립배우체

좀고사리의 독립배우체의 확대 모습

새로운 유전자를 만드는 잡종현상

거미고사리와 돌담고사리 사이에서 잡종으로 발견된 거미돌담고사리(서식지는 왼쪽부터 대구, 경남 하동, 고성)

일부 양치식물 종의 경우, 배수성과 잡종현상에 의해 새로운 유전자를 만들고, 새로운 형태를 만들어 간다. 배수체를 만드는 양치식물은 자가배수성에 의해 같은 종식물이 4배체, 6배체, 8배체 등을 만든다. 감수분열 과정 중 염색체 이상에 의해 반으로 나눠지지 않은 채 배수체를 만들기도 하고, 또한 잡종현상에 의해 형성된 접합자의 염색체가 매우 적거나 매우 많아 대부분 불임성 포자를 만든다. 그러나 이 단계에서 불안정한 염색체수가 배가 되어 배수체를 만들면 임성을 만들어 잡종이 모종에 상관없이 번식하게 되어 새로운 형태를 갖추게 된다.

흔히 알려진 예로는 꼬리고사리속(*Asplenium*) 식물의 종간 잡종에 의해 나타나는 배수성 현상이다(Trewick, 2002; Chang et al., 2013). 잡종으로 나타나는 배수체는 두 모종의 중간 형태를 나타내나, 흔히 양친과 잡종 간에 재교잡이 일어날 경우 모종에 가깝거나 부종에 가까운 형태가 나타나기도 한다. 배수체는 잎이나 줄기의 세포, 기공세포, 포자의 크기는 정상 세포에 비해 크며, 불임 포자는 흔히 검은색으로 정상 포자와 쉽게 구별할 수 있다.

우리나라의 양치식물 중 잡종으로 알려진 식물은 고비고사리와 가지고비고사리의 교잡으로 생겨난 개가지고비고사리(*Coniogramme* × *fauriei*), 거미고사리와 꼬리고사리의 거미꼬리고사리(*Asplenium* × *castaneoviride*), 진고사리와 좀진고사리의 개좀진고사리(*Depria* × *angustata*), 밤잎고사리와 손고비의 창고사리(*Colysis* × *simplicifrons*), 밤잎고사리와 *Colysis pothifolia*의 제주창고사리(*Colysis* × *shintenensis*)가 있다. 이들 교잡종들은 흔히 관찰되며 자연에서 정착되어 불임성 포자 외에 임성의 포자도 산포하고 있다. 또한, 2신교잡종이 3판에 새로 추가되었고, 미기록 교잡종이 우리나라에서 새로 발견되어 이 책에 20교잡종을 수록하였다. 거미고사리와 돌담고사리의 교잡으로 생겨난 거미돌담고사리(*Asplenium* × *kitazawae*), 거미고사리와 애기꼬리고사리의 거미애기꼬리고사리(*Asplenium* × *akaishiense*), 거미고사리와 사철고사리의 거미사철고사리(*Asplenium* × *uiryeongse*), 거미고사리와 차꼬리고사리의 교잡 후 다시 꼬리고사리와 재교잡에 의한 산꼬리고사리(*Asplenium* × *bimixtum*), 누운괴불이끼와 난장이이끼의 제주괴불이끼(*Vandenboschia* × *stenosiphon*), *Vandenboschia birmanica*와 누운괴불이끼의 큰괴불이끼(*Vandenboschia* × *quelpaertensis*)가 있다. 이들 교잡종들은 모두 35분류군으로 전체 분류군의 10%에 해당되며, 흔히 부모종과 함께 자연계에서 발견되지만 주변에 부모종 없이 관찰되기도 한다. 그 외에 우리나라에서 교잡현상이 보여지는 식물은 고사리삼속, 관중속, 십자고사리속, 쇠고사리속, 개고사리속 등이 있다.

제주괴불이끼

5 양치식물의 분포

전 세계에 12,000여 종(Nitta et al., 2022)이 분포하고 있는 양치식물의 종다양성은 열대지방이 가장 높다. 극지방에서 적도지방으로 갈수록 종다양성이 높아, 적도에 가까운 열대지방에서 약 80%가 자란다. 이 중 40%가 아열대 우림 산지의 숲에서 자라고, 30%가 열대우림에서 자라며 10%가 열대 활엽 관목림에서 자란다. 나머지 20%는 온대지역에서 자라는데, 15%가 온대 상록 활엽수나 툰드라지역에서 자라며, 5%가 온대 초지, 사막지역에 자란다. 열대지방에는 온대지방에서 볼 수 없는 과(family)나 속(genus)도 다양하게 분포한다. 지역적으로 종다양성이 가장 높은 곳은 남미 안데스 산맥 주변의 산지이며, 3,000여 종의 양치류가 자라는 것으로 알려져 있다. 아시아에서는 넓은 대륙을 갖고 있는 중국에 2,600여 종이 분포하여 전체 양치식물의 20%에 속하는 가장 높은 종다양성을 나타내고 있다. 그밖에 필리핀 950여 종, 일본 700여 종, 태국 620여 종, 대만 560여 종이 알려져 있다.

유럽에는 150여 종의 양치식물이 분포하는 것으로 알려져 아시아에 비해 종다양도가 매우 떨어진다. 그리고 북미에는 400여 종이 자라는 것으로 알려졌다. 대륙간 나타나는 종다양도의 차이는 빙하시기를 겪은 것과 지각변동에 의해 커다란 산맥의 형성으로 인해 나타난 것으로 보고 있다(Moran, 2004).

우리나라 양치식물은 인접한 일본과 동일 종이 311분류군(일본의 43.2%, 우리나라의 89.4%)으로 가장 유사하였고, 중국은 263분류군(중국의 10.1%, 우리나라의 75.6%)이 동일 종이었다. 그 다음으로 동남아지역 36,9%, 동북아지역 33.9%가 유사하였다(표 1, 그림 2).

한국에 분포하는 양치식물은 박만규(1975)에 의해 지역별, 세부적인 분포에 관하여 자세히 기재된 바 있으나 그동안 직접 조사한 종 분포와, 문헌(박, 1975; 오, 1977; 이, 1996; 한국양치식물연구회, 2005; 이, 2006; The Flora of Korea Editorial Committee, 2007; 국립수목원, 2008)을 바탕으로 재분석하였다. 구획은 이우철, 임양재(1978)의 분류구계 중 북부는 북한지역을, 중부는 중부아구를, 남부는 남부아구와 남해안아구를, 울릉도는 울릉아구를, 제주도는 제주아구로 구획하였고, 전 지역은 전 지역에 분포하는 종수를, 북부·중부, 북부, 남부, 남부·제주도는 각기 두 지역에 모두 존재하는 종수를 파악하여 정리하였다(부록 6).

현재까지 조사된 국내 348분류군은 열대, 아열대에 비하여 극히 적은 종다양성을 갖는다. 특히 내륙지역에서 관찰되는 종들은 종다양도가 떨어져 중부지방에서 155여 종의 양치식물이 관찰된다. 그러나 근래 알려진 전남 광주에 작은 야산, 삼각산(해발 274m)에서 발견되는 양치식물은 80

[표 1. 한국과 다른 나라에서의 동일 양치식물의 분포 현황]

종수/나라	일본	중국	동남아 (*필리핀)	동북아 (*러시아)	유럽	북미	남미
지역별 종수	720	2,600	*950	*200	150	400	3,000
한국과 동일 종수	311	263	138	118	39	41	8
지역별 동일종수/전체 종수(%)	43.2	10.1	14.5	59	26	10.3	0.3
동일종/우리나라 전체 종(%)	89.4	75.6	39.6	33.9	11.2	11.8	2.3

* 동남아에서 가장 많은 종이 분포하는 나라, 동북아에서 가장 많은 종이 분포하는 나라(일본, 중국 제외)

[그림 2. 한국과 다른 나라의 동일 양치식물의 분포 현황]

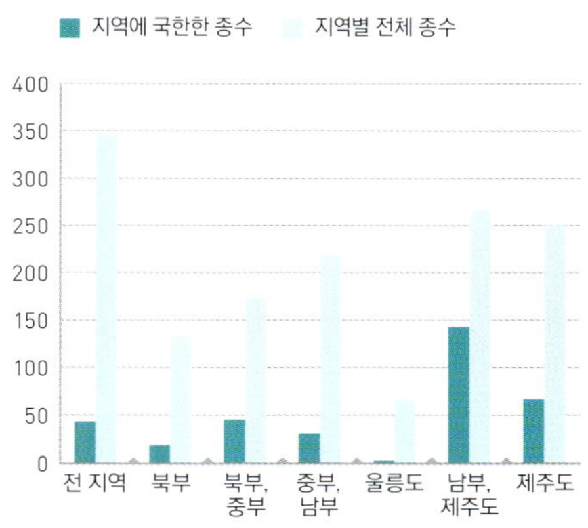

[그림 3. 한국의 양치식물 분포 현황]

여 종에 이른다. 또한 울산 입화산(해발 204m) 역시 작은 야산인데 80여 종의 양치식물을 관찰할 수 있었다. 우리나라의 대부분의 관속식물의 종다양성이 제주도에서 가장 높듯이 양치식물도 제주도에서 종다양성이 가장 높았다. 제주도에 분포하는 양치식물은 348분류군 중 제주도에 분포하는 종은 254분류군으로 전체의 73%에 해당한다. 남부지역과 제주도에 분포하는 종은 270분류군으로 전체의 77.6%가 남부지역에 분포한다. 우리나라 제주도에서 북부지역까지 전 지역에 분포하는 종은 47분류군으로 전체의 13.5%이었다. 강원도를 포함한 북부지역에만 자라는 양치식물은 22종으로 전체의 6.3%에 해당하고, 북부에서 자라는 전체 종류는 135분류군이 서식한다. 중부 북부지역에 국한해 자라는 양치식물은 48분류군이었고, 중부, 북부지역에 걸쳐 서식하는 전체 양치류는 177분류군이 자란다. 중부 남부지역에 국한해 자라는 식물은 33분류군이 자라며, 중부 남부에 걸쳐 서식하는 전체 양치식물은 223분류군으로 전체의 64.1%였다. 울릉도지역은 6종으로 개실사리, 큰십자고사리, 비늘개관중, 털비늘고사리, 비늘관중, 미역고사리만이 국한해 자랐고, 68분류군의 양치식물이 서식하고 있어 전체의 19.5%에 해당한다(표 2, 그림 3).

[표 2. 한국의 양치식물 분포 현황]

종수/지역	전 지역	북부	북부·중부	중부·남부	울릉도	남부·제주도	제주도
지역에 국한한 종수	47	22	48	33	6	145	68
지역별 전체 종수	348	135	177	223	68	270	254
지역에 국한한 종수/전체 종수(%)	13.5	6.3	13.8	9.5	1.7	41.7	19.5
지역별 전체 종수/전체 종수(%)	100	38.8	50.9	64.1	19.5	77.6	73

6 양치식물의 환경적응 및 진화

모든 생물의 특성이 그러하듯 양치식물도 어려운 환경 속에서 적응해 진화된 모습으로 지구 곳곳에 오랜 세월을 버텨 자라고 있는 모습을 관찰할 수 있다.

건조한 환경에 적응해 살아가는 양치식물

양치식물 서식지는 대부분 습기가 있으며 적당한 온도를 유지하는 곳이다. 그러나 일부 양치식물은 사막지역이나 덤불지대, 나출된 절벽 위, 시멘트로 틈을 메운 성벽 같은 건조한 환경에서 자란다. 아프리카, 미국 남서부지역, 멕시코는 기온이 42℃가 넘으며 비가 잘 안오는 건조한 사막지역으로 주로 건생양치식물들이 자라고 있다. 이 식물들은 건조를 막기 위해 잎 뒷면에 왁스를 덮고 있어 수분의 손실을 막는다.

알려진 양치식물로 봉의꼬리과(Pteridaceae)의 *Bommeria hispida*, *Notholaena standleyi*는 잎 뒷면에 가루 같은 왁스층을 갖고 있고, *Pellaea*속 식물들은 잎이 매우 작은데 두껍게 왁스로 덮인다. *Cheilanthes lindheimeri*와 *Astrolepis integerrima*는 별모양의 비늘조각이 있어 건조한 환경을 견딜 수 있고, *Cheilanthes pruinata*는 해발 4,400m 고도에서 자라며 *Cheilanthes buchtienii*와 함께 잘 알려진 건생양치식물이다(RBGE, 2012).

나사미역고사리

부싯깃고사리

바위손

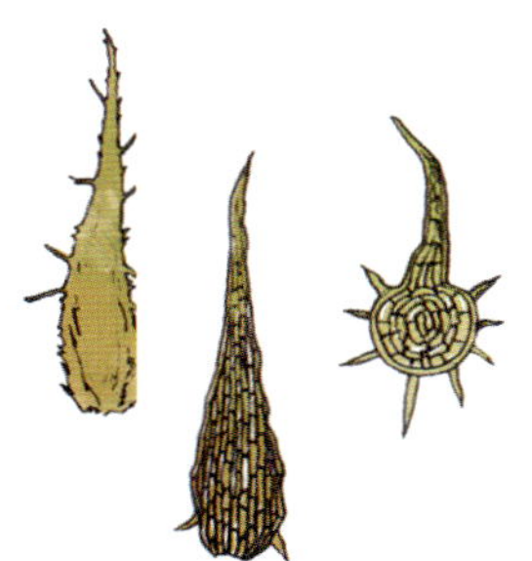

우리나라의 부싯깃고사리속의 부싯깃고사리와 산부싯깃고사리도 바위 겉이나 돌담 틈에서 자라며, 잎의 뒷면에 황색 가루가 덮여 있어서 잎의 건조를 방지한다. 우리나라는 온대기후에 속하는 지역으로 산과 바다, 흔히 보이는 강과 천이 발달하여 비교적 습도가 잘 유지된다. 그러나 바위에 붙어사는 착생식물(특히 고란초과 식물)의 경우 비가 오지 않아 건조할 때는 잎이 돌돌 말려 있다가 비가 온 다음에는 잎이 활짝 피어나는 모습이 눈에 띈다. 이런 착생식물의 경우는 왁스층이 발달되어 잎이 두껍고, 비늘조각이나 털이 잎이나 줄기를 덮고 있는 모습을 흔히 관찰할 수 있다. 또한 양치식물은 대부분 다년생으로 수분을 저장할 수 있는 두꺼운 뿌리줄기가 있어 잎이 말라도 다시 새순을 내어 생명을 이어간다.

잔털드문고사리 새순의 단세포성 털

좀진고사리의 다세포성 털

우단일엽의 성상모

넉줄고사리 뿌리줄기를 덮은 비늘조각

지리개관중 중축을 덮은 비늘조각

곰비늘고사리 새순의 비늘조각

흰비늘고사리 새순의 비늘조각

털과 비늘조각의 기능

양치식물은 뿌리줄기와 잎자루 기부, 중축 등이 털이나 비늘조각으로 덮여 있는 경우가 많다. 특히 새순이나 어린잎일 때 많이 붙어 있는 것을 관찰할 수 있다. 털과 비늘조각의 모양과 크기는 식물마다 다양하다. 관중과(Dryopteridaceae) 식물은 특히 비늘조각이 많아서 잎몸 전체에 덮여 있다. 털과 비늘조각은 수분 손실을 막을 수 있어 양치류가 극한의 건조한 상태에서도 견딜 수 있게 한다. 이런 현상은 바위나 나무에 붙어서 사는 착생식물의 경우에 종종 비늘조각이나 털이 많이 붙어 있는 것에서 확인할 수 있다. 이들은 식물체 내의 수분이 빠져나가는 것을 보호하고 대기 중에서 수분을 흡수하기도 하며, 비가 오면 수분을 흡수하여 식물체에 물과 양분을 공급해 준다. 또한 석회암지대의 암벽에서 자라는 금털고사리도 암벽에 붙어 건조한 상태로 잎이 말려 거의 죽은 것 같이 보여도 털과 비늘조각이 있어 비가 오면 빠르게 회복되는 것을 관찰할 수 있다.

흰금털고사리 잎자루 기부의 비늘조각

물속에서 사는 양치식물

대부분 육지의 습한 계곡 주변이나 습기가 많은 지역에서 자란다. 그러나 일부 양치식물은 물속에서 자라기도 한다. 우리나라에 수생 양치식물로 알려진 식물은 전체 348분류군 중 8종 1교잡종으로 전체 2.5%에 해당한다. 강원도 화천군에 자라는 참물부추, 제주도에서 자라는 제주물부추와 한라물부추, 전 지역에서 자라는 생이가래, 네가래, 주름물개구리밥, 남부지역에서 자라는 물고사리가 있다. 이들 식물은 잎, 줄기나 뿌리에 통기조직이 발달하여 공기를 저장해 놓는다.

참물부추

생이가래

물고사리

생태형, 계류형 양치식물

제주도의 곶자왈, 오름, 저지대의 깊은 계곡에는 내륙에서 초지나 숲 아래에서 자라는 고비, 십자고사리, 진고사리, 쇠고비, 고란초 등이 주변 환경의 적응으로 인해 잎이 작아지거나, 빛을 받은 곳에서는 약간 도톰하며, 반들반들한 모습이어서 다른 식물처럼 보이기도 한다. 이들은 오랜 시간 숲속 깊이 갇혀진 계곡이라는 환경에서 적응하여 만들어진 생태형으로 볼 수 있으며, 계류형의 특징을 잘 보여준다.

십자고사리 계류형

진고사리 계류형

고비 계류형

기후변화로 인해 북상한 양치식물

지구의 기후는 인간의 산업화 활동에 따른 이산화탄소, 아산화질소 같은 매개체에 의해 온실효과가 발생하고, 또한 다량의 미세입자가 대기 중으로 방출하여 기후변화를 일으키고 있다. 특히 산업화가 발달된 수도권 주변은 도시의 열섬화 현상에 의한 대기권의 온도 상승과 함께, 남방계 양치식물의 포자가 안착하여 종종 발견되고 있다. 서울의 청계산에서 반들지네고사리, 관악산에서 쇠고비, 층층지네고사리, 홍지네고사리, 큰홍지네고사리, 곰비늘고사리, 불암산에서 쇠고비, 창덕궁에서 돌담고사리, 곰비늘고사리, 홍지네고사리, 인왕산에서 홍지네고사리가 자생하는 것은 모두 기후변화의 영향으로 보인다.

서울 관악산의 홍지네고사리

서울 창덕궁의 돌담고사리

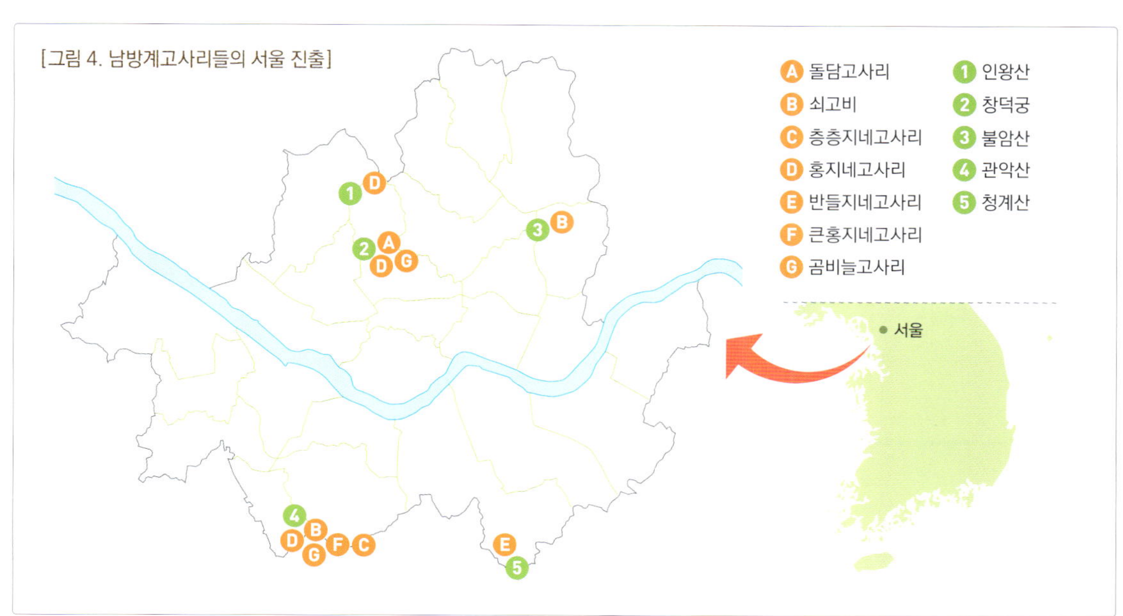

7 자원이 되는 양치식물

기원전부터 인류는 질병치료에 도움이 되는 약용식물에 관심을 가졌으며, 식물원의 기원이 되는 약초원을 조성하고 식물연구를 시작하였다. 이에 따라 양치식물도 잎이나 뿌리줄기, 포자 등이 약용으로 이용되었고, 고사리 등 몇몇 양치류가 식용으로 널리 사용되었다. 또한 최근에는 다양한 양치식물의 잎을 활용하여 장식용, 원예용으로 활발히 이용하고 있으며 양치식물의 자원활용에 대한 가치가 새로이 평가 받고 있다.

관상용

양치식물은 잎 모양이 수려하여 대부분 관상용으로 가능하다. 상록성 양치식물의 경우는 실내조경으로 적당하다. 특히 바위나 나무에 붙어사는 착생식물이 실내조경용으로 알맞다. 쇠고사리류, 봉의꼬리류, 관중, 줄고사리, 청나래고사리 등 일부 종은 조경용으로 사용하고 있으며, 우리나라 수목원이나 식물원에도 양치식물원을 조성하는 곳이 많아졌다. 이제 우리나라에서도 양치식물의 가치가 중요하게 조명 받고 있다. 그러나 우리 고유종보다는 외래 양치류가 화훼용으로 이용되고 있어 조경용 자생 양치식물 개발이 더 필요하다.

양치식물을 활용한 실내장식

양치식물원

식용

식용 양치식물로는 꿩고비, 고비, 고사리, 개고사리, 관중, 청나래고사리(문 등, 2003; 허 등, 2005)가 흔히 알려졌고, 그 외에 개고사리, 섬고사리, 응달고사리를 식용으로 사용한다. 외국의 자료에 의하면 쇠뜨기, 자루나도고사리삼, 암공작고사리를 차로 이용하는 것이 알려졌다.

고사리 새순(데쳐놓은 상태)

십자고사리 새순

청나래고사리 새순

고사리 묵나물

청나래고사리 볶음

청나래고사리 튀김

식용 양치류는 어린줄기, 어린잎을 삶고 물에 담가 우려낸 후 나물로 조리하여 먹는다. 특히 차례상이나 제사상에 반드시 올라가는 나물로 널리 알려진 고사리(*Pteridium aquilinum* var. *latiusculum*)는 이른 봄에 잎이 말려 있는 새순을 따서 데쳐서 찬물에 충분히 우려내고, 나물로 조리해 먹거나, 말려서 묵나물로 만들었다가 조리하거나 국이나 찜에 넣어 먹기도 한다. 고사리는 햇볕이 잘 드는 비교적 건조한 지역에서 땅속 깊이 긴 뿌리줄기를 옆으로 벋어나가므로 새순을 잘라도 다시 새잎을 내어 무성하게 자란다. 추석 무렵 벌초한 산소 주변이나 산불이 난 곳에 제일 먼저 새잎이 돋아나는 식물이 바로 고사리이며 2m까지 크게 자란다.

이렇게 우리에게 친숙한 고사리가 탈피호르몬, 티아민분해효소, 시안화수소, 타닌 등의 독소가 있어 곤충이나 가축들이 지나치게 많이 섭취할 경우 생명에 위협을 주기도 한다고 알려졌다(Cooper-Driver, 1985, 1990; Moran, 2004). 실험동물에게 포자를 먹여 발암성물질임을 밝힌 논문도 있다(Siman et al., 1999). 그러나 우리가 즐겨 먹는 고사리류는 포자가 달린 성숙한 잎이 아니라 어린 줄기나 잎을 이용하고, 삶고 물에 우려내어 조리하는 동안 독성물질이 제거되어 대부분의 다른 나물과 마찬가지로 크게 문제를 일으키지 않지만, 지나치게 많이 먹지 않도록 주의하는 것이 필요하다.

또한 자루나도고사리삼(*Ophioglossum petiolatum*)은 대만 북부에서 흔히 자라는 식물로 잎을 말려 차로 음용하는 것으로 알려졌고, 암공작고사리(*Adiantum capillus-junonis*)는 우리나라에서는 석회암지대 바위에 붙어서 드물게 자라지만, 열대온대지역에 널리 분포하는 식물로 잎은 말려 차로 만들거나 뿌리줄기를 시럽으로 만들어 과일주스나 설탕을 넣어 여름철 음료로 이용하는 것으로 알려졌다. 수생식물인 네가래속(*Marsilea*) 식물의 포자낭과(sporangiocarp)는 호주의 원주민들이 묽은 죽을 만들어 먹거나 빵을 만들어 물과 함께 소량을 즐겨 먹는 것으로 알려졌으나 물로 희석해 조리하지 않고 먹을 경우 중독사고로 죽음에 이르기도 한다(McCleary et al., 1977, 1980; Moran, 2004).

약용과 기타

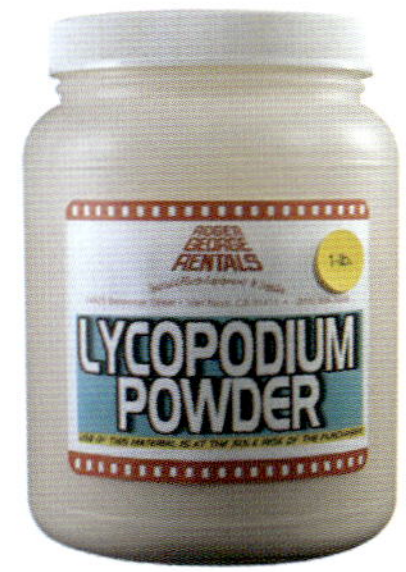

제품으로 판매하는 석송류의 건조 포자
(출처: Roger George Rentals)

우리나라에서 양치식물을 약용식물로 이용한 기록은 세종 13년(1431)에 간행된 『향약채취월령』에 의해 처음으로 알려졌으며 석위와 관중은 2월에 채취한다고 되어 있다. 『향약채취월령』은 155종의 토산약재를 12개월로 배열하고 채취에 적합한 시기 및 약초명과 이두로 된 향약명이 함께 기록되어 있다. 세종 15년(1433)에 여러 책의 향약방을 토대로 시기별, 지역별로 정리한 『향약집성방』을 완성하였고, 이곳에 바위손, 석위, 속새, 관중, 고사리가 약재로 기재되었다. 임록재(1999)의 『조선약용식물지』와 도봉섭, 임록재(2001)의 『한국약용식물사전』에는 900여 종의 약용식물에 관하여 형태, 산지, 성분, 채취가 공·임상 응용에 관하여 수록되었고, 이 중 40종의 양치식물을 약재로 기록하고 있다.

석송류(*Lycopodium*)의 건조 포자는 윤활제로 외과 수술용 고무장갑이나 콘돔에 사용된 바 있으며, 연극의 특수효과로 분진 폭발을 일으키는 데 사용하거나 물리교육 실험에도 활용된다. 관중속(*Dryopteris*) 식물의 뿌리줄기는 구충제로 이용되어 왔고, 부처손속(*Selaginella*)은 출혈이나 통증치료에 이용한다. 물개구리밥속(*Azolla*) 식물의 잎에는 질소고정박테리아가 있어 질소가 풍부하므로, 중국과 베트남에서 퇴비로 이용하고 있다(Carrapico & Diniz, 2000). 인도의 서 고츠(Western Ghats) 지방은 양치식물 272종류가 분포하는데 이 중 약용으로 이용되는 양치식물 85종의 사용 부위와 용도가 기록되었다(Maridass & Raju, 2010).

위/ 주름물개구리밥 아래/ 바위손 약재(권백) ⓒ최호영 관중

애기일엽초, 제주, 2020.3.15

8 용어설명

뿌리줄기

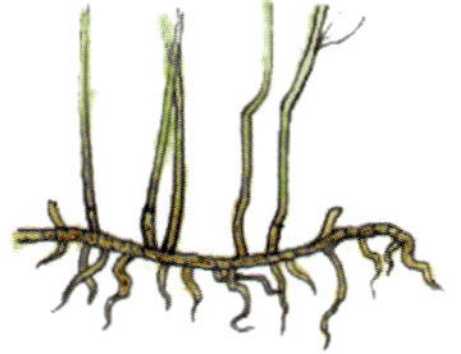

길게 김 long creeping

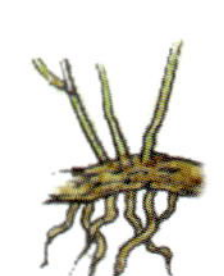

짧게 김 short creeping

뭉쳐남 tuft

곧게 섬 erect

비스듬히 섬 ascending

잎

귀 auricule	잎의 아랫부분에 생긴 귀모양으로 튀어나온 부위
관절 articulate	뿌리줄기와 잎자루, 잎자루·중축과 우축 사이, 중축 등에 생긴 마디
단엽 simple	잎몸이 갈라지지 않은 잎
복엽 compound	잎몸이 갈라져 우편, 소우편, 또는 열편을 갖고 있는 잎
엽설(설엽) ligule	물부추과, 부처손과의 줄기 잎겨드랑이에 붙어있는 혀모양의 작은 비늘조각
소우편 pinnule	잎몸에서 우편이 깃꼴로 갈라질 때 첫 조각
열편 pinnule segment	잎몸에서 소우편이 깃꼴로 갈라질 때 첫 조각
영양엽 sterile frond	포자낭이 형성되지 않는 잎
이형엽 heterophyll	영양엽과 포자엽이 따로 나서 2가지 형태의 잎을 가짐
잎자루 stipe	잎몸을 달고 있는 줄기
우축 pinna rachis	우상으로 갈라지는 잎몸의 경우 열편이 달리는 중심축
우편 pinna	잎몸에서 우상으로 갈라질 때 첫 조각
중축 rachis	우상으로 갈라지는 잎몸의 경우 우편이 달리는 중심축
중륵 midrib	열편의 중앙의 주맥
포자엽 sporophyll	고비, 꿩고비, 야산고비, 청나래고사리 등 이형엽을 가지는 식물에서 볼 수 있음
홈 concave	잎 표면에 있는 작은 골
치편 teeth	쇠뜨기에서 엽초의 가장자리 갈라진 부분

잎몸의 분열

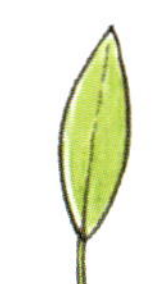

밋밋함, 전연
entire
가장자리가 갈라지지 않음

새발모양
pedate

부채꼴모양
flabellate

손바닥모양
palmate

네잎클로버모양
four-clover like

얕게 구불거림, 천열 lobed
얕게 갈라짐

중열 creft
중간까지 갈라짐

깊게 갈라짐, 심열 pinnatifid
중간 이상 깊게 갈라짐

우편, 소우편, 열편의 배열

마주나기 opposite
우편, 소우편, 열편이 각 축을 중심으로 마주나기

어긋나기 alternate
우편, 소우편, 열편이 각 축을 중심으로 어긋나기

2회 우상엽 binnate
우편, 소우편이
독립적으로 갈라짐

3회 우상엽처럼 갈라짐 triipinnatifid
엄밀히 2회 우상엽이나,
3회 우상처럼 소우편이 갈라짐

3회 우상엽 tripinnate
우편, 소우편, 열편이
독립적으로 갈라짐

잎몸과 비늘조각의 모양

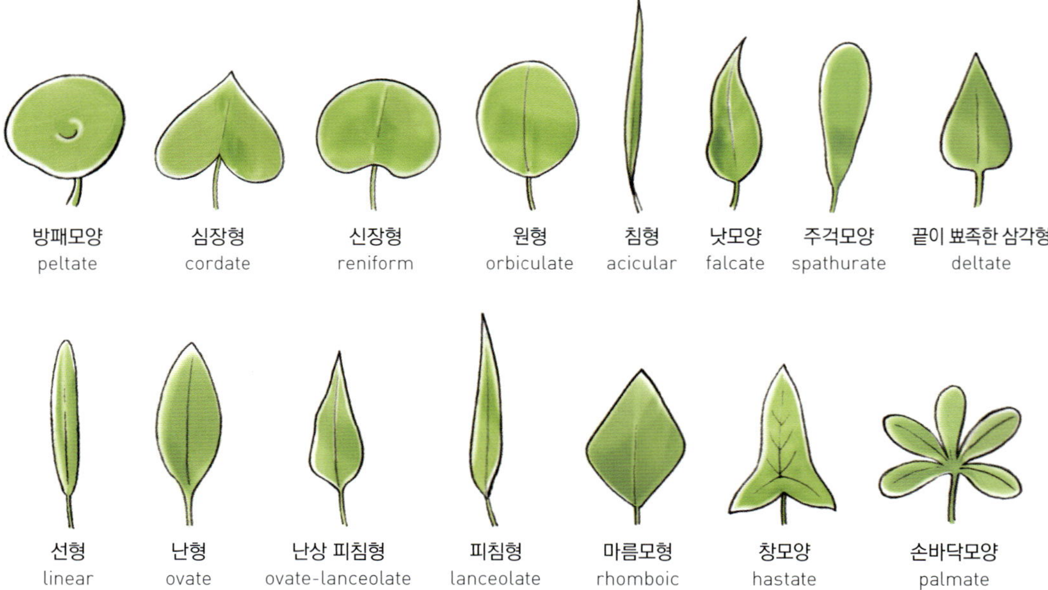

잎몸, 우편, 열편, 비늘조각의 가장자리

잎몸, 비늘조각의 끝

잎끝이 오목하게 들어간 모양, 요두
emarginate

편평하게 잘린 모양, 평두
truncate

좁고 길게 뾰족해지는 모양
attenuate

날카롭게 뾰족한 모양, 긴 점첨두
acuminate

뾰족한 모양, 예두
acute

끝부분에서 갑자기 뾰족해짐
cuspidate

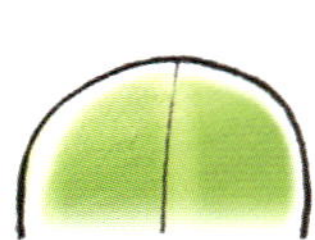
뭉뚝한 모양, 둔두
obtuse

조금 뾰족해짐, 미첨두
mucronate

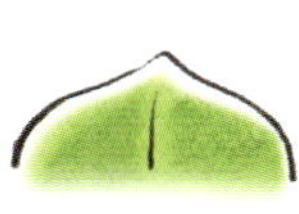
짧고 뾰족한 모양
apiculate

꼬리모양으로 뾰족함
caudate

잎의 아랫부분

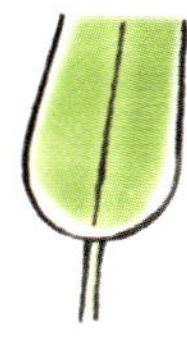
둔한 모양
obtuse

좁고 길게 뾰족해지는 모양
attenuate

편평하게 잘린 모양
truncate

쐐기모양
cuneate

한쪽이 귀모양 uniauriculate

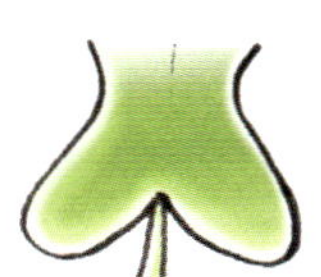
양쪽이 귀모양 biauriculate

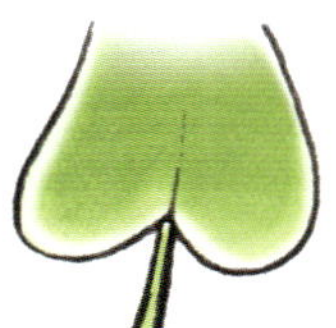
심장모양 cordate

창모양 hastate

잎맥

유리맥 free vein
잎몸의 맥이 결합되지 않고 유리된 맥
차상맥 forked vein
Y자로 갈라지는 맥

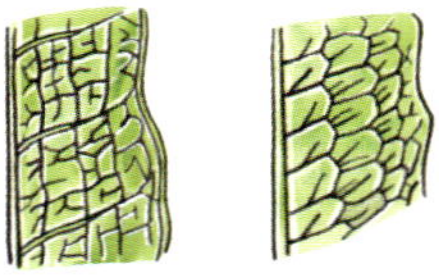

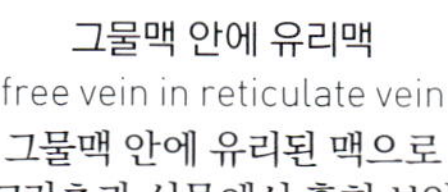
그물맥 안에 유리맥
free vein in reticulate vein
그물맥 안에 유리된 맥으로 고란초과 식물에서 흔히 보임

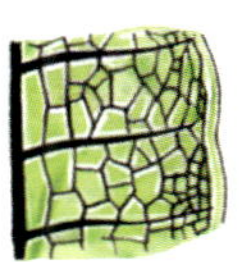
그물맥
reticulate vein
그물모양으로 막히는 맥

우상으로 갈라진 맥
pinnated vein
주맥에서 측맥이 수회로 갈라지는 맥

포자낭

대포자낭 macrosporangium	대포자가 들어 있는 포자낭
소포자낭 microsporangium	소포자가 들어 있는 포자낭
포자낭군 sori	포자낭의 무리
포자낭이삭(포자낭수) sporangium cone, strobili	속새류, 석송류의 생식기관으로 포자엽과 포자낭들이 구과모양을 이룬 것
포자낭과 sporangiocarp	생이가래과, 네가래과 식물에서 관찰되며, 물속에 잠겨 있는 잎의 밑부분에 형성된 포자낭주머니
포자낭자루 sporangiophore	포자낭과 잎을 이어주는 대
포자낭상 receptacle	잎몸의 조직으로 두툼해진 곳에 포자낭이 붙는 곳으로 처녀이끼과 식물에서 관찰됨

포막

위포막 false indusium	봉의꼬리과 식물에서 관찰되며 잎의 가장자리가 뒤로 말려서 포자낭군을 둘러싸고 있는 가짜 포막
포막 indusium	양치식물의 포자낭군을 덮고 있는 막편

포막과 위포막의 모양

포자

단지형 monolete	포자의 발아구 형태가 단지모양을 한 것
대포자 megaspore	부처손과, 물부추과의 포자에서 난자의 역할을 하는 큰 포자, 암배우체 형성
소포자 microspore	부처손과, 물부추과의 포자에서 정자의 역할을 하는 작은 포자, 수배우체 형성
삼지형 trilete	포자의 발아구 형태가 삼지모양을 한 것
주피 integument	포자 표피세포의 보호조직으로 육질성 피복층으로 꼬리고사리과 식물의 포자에서 관찰됨
탄사 elater	쇠뜨기과 식물의 포자를 둘러싸고 있는 것으로 멀리 펴져 나가게 함
후막세포 sclerenchyma cell	세포막이 비후된 세포로 보통 리그닌(lignin)을 함유하므로 목질화된 세포
환대 annulus	포자낭의 가장자리를 따라 연결된 두꺼운 세포벽을 가진 세포로 이루어져 있으며, 포자 산포 기능을 가짐

포자의 표면

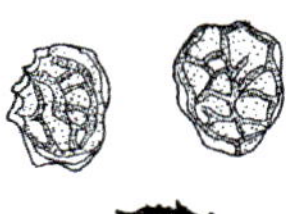

쇄상 echinate

미립상 microparticle

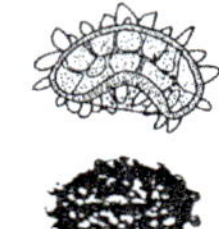

과립상 verrucate

유두상 papillate

털

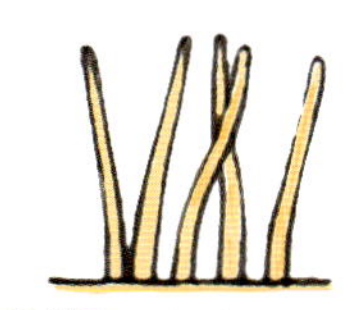

단세포 unicellular hair

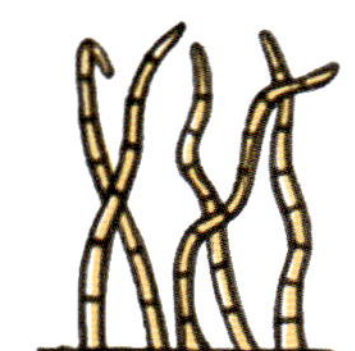

다세포 multicellular hair

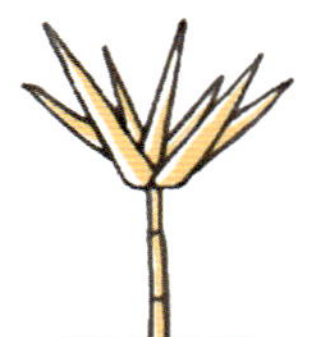

별모양털, 성상모 stellate

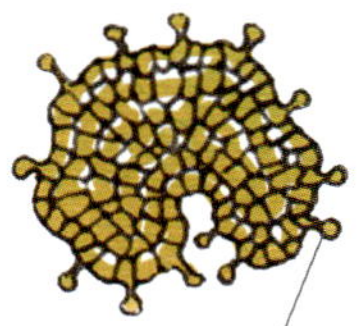

샘털 gladular hair

비늘조각

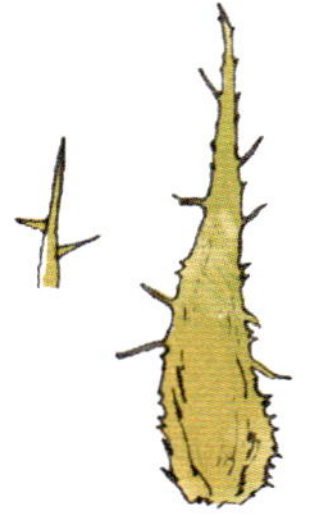

강모모양 bristles

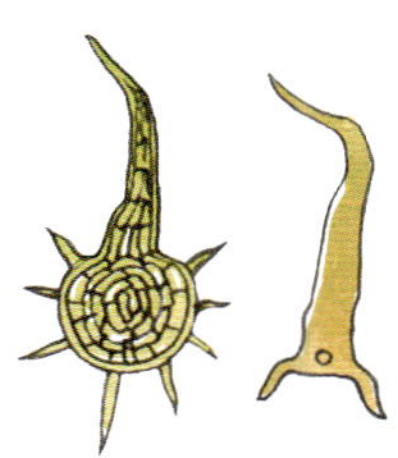

고리모양 hooked shape

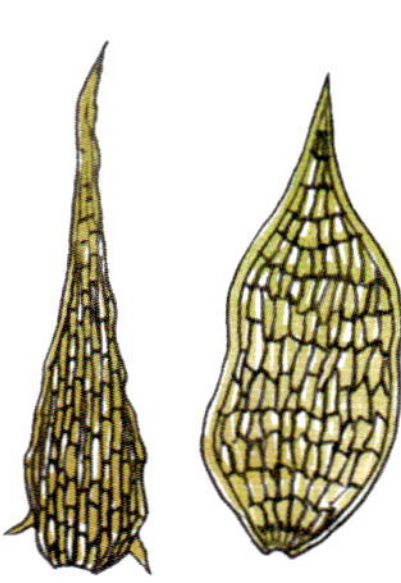

격자무늬 clathrate

9 한국산 양치식물의 계통과 검색표

양치식물의 계통연구는 여러 학자들에 의해 형태형질뿐만 아니라 분자적 연구를 통해 복합적인 계통을 세우고자 다각적인 방향에서 연구되어 왔다(Pryer et al., 1995, 1999, 2001, 2004; Schneider, 2007; Smith et al., 2005, 2006; Schneider et al., 2009). 그 중 Schneider et al.(2009)은 양치식물의 계통을 밝히려고 과거 연구(Smith et al., 2006; Kenrick & Crane, 1997)를 바탕으로 136개의 형태형질을 분석하였고, 아울러 DNA 분자연구를 종합해 계통을 세웠다. 최근, Schneider et al.(2016)은 그간의 연구를 밑바탕으로 PPG(Pteridophyte phylogeny Group) I classification을 세웠다. 초판과 제2판에서는 한국산 양치식물 33과의 계통을 알아보기 위하여 Schneider et al.(2009)가 분석한 형태형질 중 과(family) 간 식별형질이 가능한 뿌리, 줄기, 잎, 비늘조각, 잎몸, 잎맥, 포막, 포자낭군, 포자 등의 23개의 형태형질을 분석하여 PAUP version 4.01b(Swofford, 2002)를 이용하여 최대절약분석(maximum parsimony analysis)을 수행하여 계통수를 얻었다.

식물계통분류체계는 학문의 발전에 따라 바뀌어 왔다. 최근 DNA 염기서열 분석에 의한 계통들이 활발히 이루어지며, Schneider et al.(2016)이 세운 PPG I 분류체계를 따라 계통체계를 바꾸는 경향이 있어왔다. 따라서 본 3판에서는 PPG I 보다 업그레이드된 Nitta et al.(2022)의 분류체계를 따라 한국산 348분류군이 속하는 29과의 계통수를 얻었다. 얻어진 계통수 결과를 따라 검색표를 작성하고 과의 순서를 정하였다.

[표 3. 양치식물 계통분석에 사용한 형태형질]

	형질	형질상태 (0, 1, 2, 3, 4)
1	차상분지상 뿌리	있음 (0) / 없음 (1)
2	내피에서 측근의 발달	없음 (0) / 있음 (1)
3	어린잎	안 말림 (0) / 말림 (1)
4	잎의 분화	비늘잎 (0) / 영양엽, 포자엽 따로 남 (1) / 영양엽과 포자엽이 같음 (2)
5	새순의 털이나 비늘조각 유무	없음 (0) / 털이 남 (1) / 비늘조각 적음 (2) / 비늘조각 많음 (3)
6	줄기의 분지	차상분지 (0) / 한군데에서 나옴 (1)
7	잎자루	없음 (0) / 공통자루 (1) / 잎자루 (2)
8	잎의 분기	잎맥과 잎자루가 발달 안 되고 단엽 (0) / 1회 우상 (1) / 2회 우상 (2) / 3~4회 우상 (3) / 단엽 (4) /다양 (5)
9	잎의 분절의 유무	없음 (0) / 있음 (1)
10	잎의 발달	없거나 덜 발달함 (0) / 표피기공 발달 안 함 (1) / 표피기공 발달함 (2)
11	잎의 배열	줄기에 마디 있고, 잎이 돌려남 (0) / 마디 없고, 잎은 작고 돌려나거나 나선상 (1) / 마디 없고, 잎이 없음 (2) / 마디 없고, 가늘고 긴 잎 (3) / 넓은 잎 (4)
12	잎몸의 비늘조각 유무	없음 (0) / 있음 (1)
13	잎자루와 중축의 홈	안 파임 (0) / 파임 (1)
14	잎맥	발달 안 함 (0) / 유리맥 (1) / 그물맥 (2) / 그물맥 안에 유리맥 (3)
15	포자낭의 발달	포자낭이삭, 포자낭이 노출됨 (0) / 포자낭 표피세포에서 만들어지고, 환대 퇴화 (1) / 발달 (2)
16	환대 모습	포자낭 노출 (0) / 퇴화 (1) / 횡 정단, 횡 중앙 (2) / 사선 (3)
17	포자낭군	포자낭이삭이나 주머니에 싸임 (0) / 포자낭이 모임 (1)
18	포막의 발달	포자낭 노출 (0) / 위포막 (1) / 위포막 또는 포막 (2) / 포막 (3) / 포막 없음 (4)
19	포자의 모양	이형포자 (0) / 동형포자 (1)
20	포자의 유형	삼지형 (0) / 단지형 (1)
21	포자낭군 내 털 또는 비늘조각의 유무	없음 (0) / 비늘조각 (1) / 성상모로 덮임 (2)
22	비늘조각의 상태	없음 (0) / 비늘조각 세포벽과 무색 투명함 (1) / 얇은 세포벽과 유색, 가장자리 밋밋함 (2) / 가장자리에 돌기 (3) / 격자상 무늬방패상 (4)
23	서식처	수생 (0) / 착생 (1) / 착생 또는 지생 (2) / 지생 (3)

❶ 양치식물 계통수 1 (제1판, 제2판 수록 계통수)

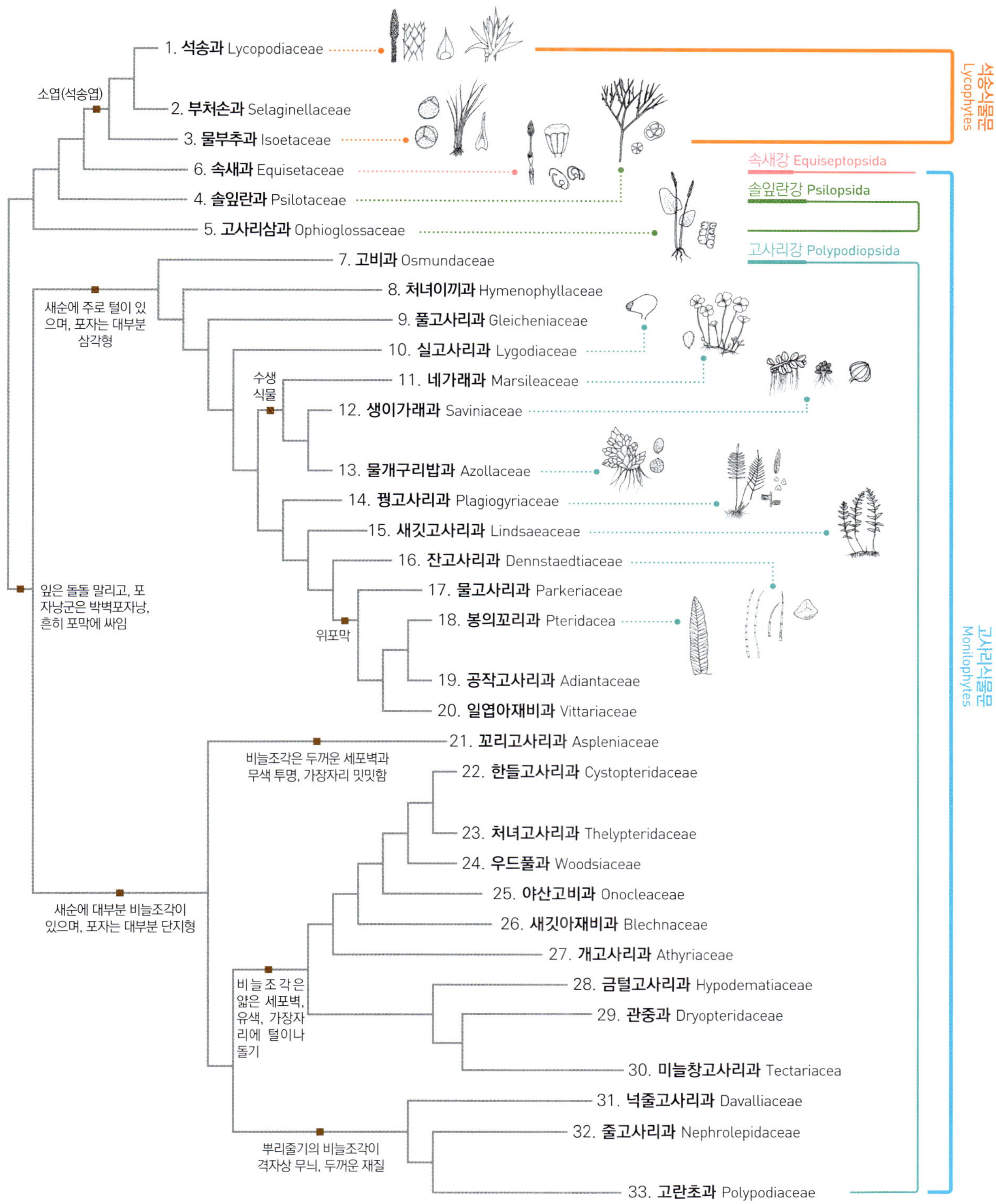

나사미역고사리, 제주 한라산, 2024.10.10.

❷ 양치식물 계통수 2 (제3판 계통수)

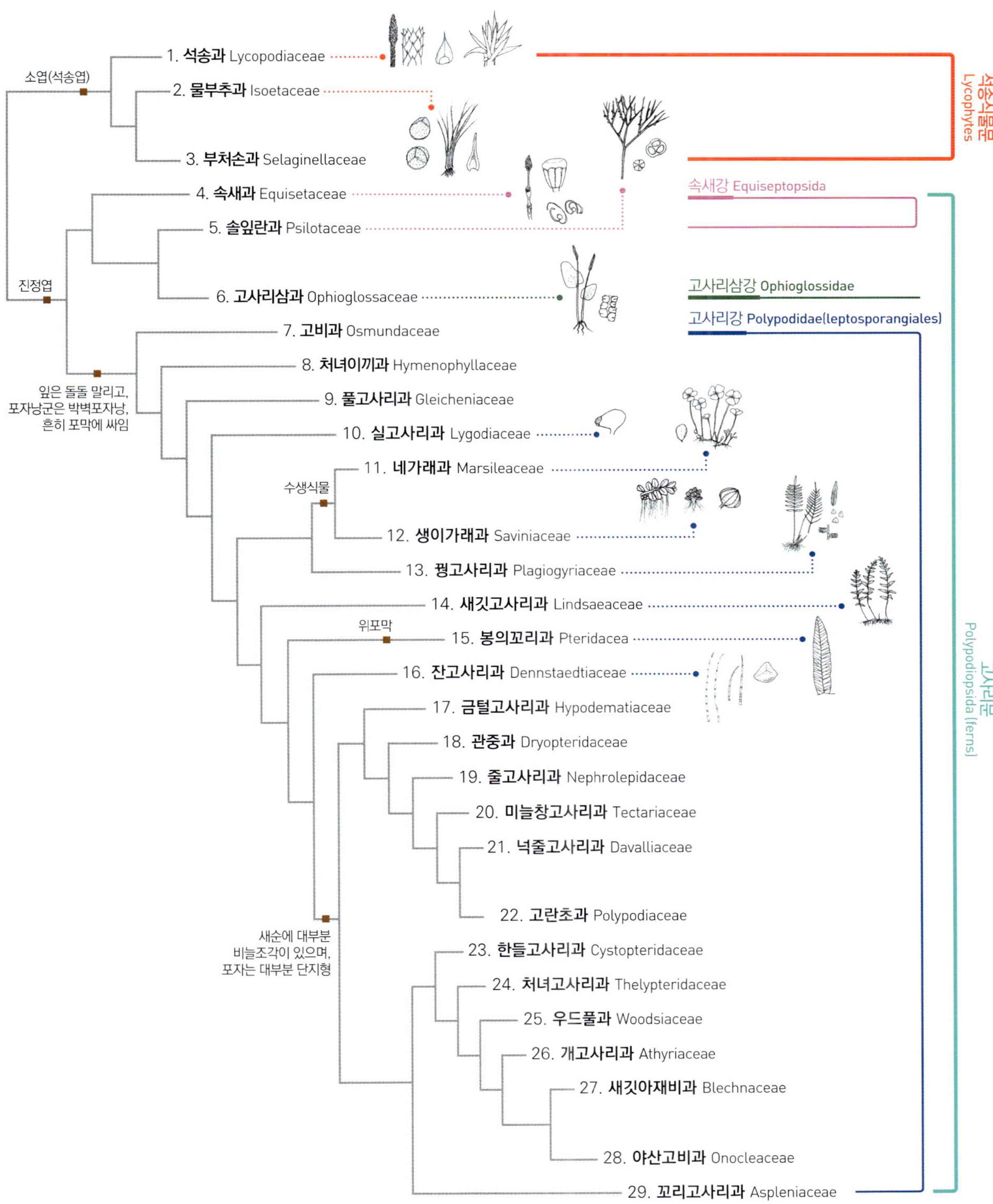

❸ 양치식물의 과 검색표

1. 어린잎은 말리지 않고 펴지며, 잎맥이 단순하게 유리하거나 드물게 잎이 없고, 포자낭군은 줄기나 잎의 축에서 만들어지며, 잎에서 만들더라도 잎의 표피세포의 표피면에 평형으로 갈라진 세포층에서 만들어지고, 흔히 이삭을 만든다.
  2. 잎은 침상, 비늘조각모양, 또는 부추잎 같은 잎이 작고 많으며, 포자낭은 줄기에서 만들거나 잎의 축에서 만들어진다.
    3. 잎은 뚜렷이 있으며, 줄기는 가지를 치지 않거나 불규칙하게 가지를 친다.
      4. 잎은 나선상으로 배열되며, 줄기는 마디가 없고, 줄기에 홈이 없거나 구멍이 없으며, 포자낭군은 우산 같은 조직 없이 이삭을 만들고 포자에 탄사도 없다.
        5. 포자는 동형포자이고, 포자낭은 줄기 끝에 1개 또는 여러 개가 모여 둥근 원통모양의 이삭을 만든다. ………… **1. 석송과 Lycopodiaceae 46**
        5. 포자는 이형포자이고, 포자낭은 대포자낭, 소포자낭 2가지 모양이며, 사각기둥모양의 이삭을 만든다.
          6. 물가나 물속에서 자라며, 잎은 길고 부추잎 같으며 포자낭은 잎 아래에 파묻혀 있다. ………… **2. 물부추과 Isoetaceae 64**
          6. 육지에서 자라며, 잎은 작고, 난상 피침형으로, 2가지 모양이거나 동일한 모양의 잎이 2줄 또는 4줄로 배열하며, 포자낭군은 사각기둥모양을 이룬다. ………… **3. 부처손과 Selaginellaceae 70**
      4. 잎은 돌려나며, 줄기에는 마디가 있고, 홈이 있으며 구멍이 나고, 포자낭군은 우산 같은 조직 아래에 원통형의 이삭을 만들고 포자는 4개의 탄사가 있다. ………… **4. 속새과 Equisetaceae 82**
    3. 잎은 없고, 줄기는 가지가 동일한 모양으로 균일하게 분지한다. ………… **5. 솔잎란과 Psilotaceae 90**
  2. 잎은 넓은 공통자루에서 포자엽과 영양엽이 나오고, 포자낭은 포자엽의 표피세포의 표피면에 평형으로 갈라진 바깥쪽에서 생긴다. ………… **6. 고사리삼과 Ophioglossaceae 92**
1. 잎은 돌돌 말리고, 포자낭군은 잎에서 만들어지며, 흔히 포막 안에 있고, 결코 이삭을 만들거나 가지나 잎의 축에서 만들어지지 않는다.
  7. 뿌리줄기에 주로 털이 있고, 비늘조각은 거의 없으며 있어도 약간 있고 단순한 모양이며, 포자는 대부분 삼지형이다.
    8. 포자낭의 환대는 흔적적이고, 포자엽과 영양엽이 따로 있다. ………… **7. 고비과 Osmundaceae 112**
    8. 포자낭의 환대는 뚜렷하고, 포자엽과 영양엽이 함께 있다.
      9. 잎몸은 얇아 막질이고 투명하며 발달된 기공 또는 표피가 없다. ………… **8. 처녀이끼과 Hymenophyllaceae 118**
      9. 잎몸은 두껍고 초질, 종이질이며, 뚜렷하게 발달된 기공과 표피가 있다.
        10. 잎자루는 차상분지를 하며 가지 끝에 새싹이 나온다. ………… **9. 풀고사리과 Gleicheniaceae 138**
        10. 잎자루는 차상분지하지 않으며 가지 끝에 주아가 없다.
          11. 덩굴성이고, 환대는 포자낭 위에 있다. ………… **10. 실고사리과 Lygodiaceae 142**
          11. 덩굴성이 아니고, 환대는 포자낭에 사선으로 배열한다.
            12. 포자는 소포자와 대포자를 갖는다.
              13. 잎은 4개의 소엽으로 되고, 잎자루가 길게 있다. ………… **11. 네가래과 Marsileaceae 144**
              13. 잎은 3장 또는 2열로 배열되며, 잎자루가 거의 없다. ………… **12. 생이가래과 Salviniaceae 146**
            12. 포자는 동일하다.
              14. 잎은 털과 비늘조각이 없다. ………… **13. 꿩고사리과 Plagiogyriaceae 152**
              14. 잎은 털 또는 비늘조각이 있거나 모두 있다.
                15. 뿌리줄기는 원생중심주 간혹 관상중심주이다. ………… **14. 새깃고사리과 Lindsaeaceae 156**
                15. 뿌리줄기는 관상중심주 또는 망상중심주이다.
                  16. 뿌리줄기는 비늘조각이 있다. ………… **15. 봉의꼬리과 Pteridacea 160**
                  16. 뿌리줄기는 털이 있거나 없고 비늘조각이 없다. ………… **16. 잔고사리과 Dennstaedtiaceae 190**
  7. 뿌리줄기에 주로 비늘조각이 밀집하고 흔히 가장자리가 째져 길게 털모양 또는 짧은 돌기모양이거나 밋밋하며, 포자는 대부분 단지형이다.

17. 뿌리줄기에 붙는 비늘조각의 세포벽은 얇고, 대부분 가장자리에 털이나 돌기가 있으며, 유색이며, 포자의 표면무늬는 흔히 과립상, 미립상, 간혹 두상, 그물모양이다.

18. 잎몸은 흔히 종이질이거나 가죽질이고, 비늘조각이 잎몸 전체에 퍼져난다.

19. 잎은 전체적으로 털이 퍼져 있고, 털모양의 좁은 선형의 비늘조각이 잎 전체에 퍼져 있다.
······························ **17. 금털고사리과 Hypodematiaceae 202**

19. 잎은 털이 거의 없고, 피침형의 비늘조각이 잎 전체에 퍼져 있다.

20. 잎자루 기부에 관절이 없으며, 대부분 지생하고 포막은 둥근 신장형이거나 방패형이다.

21. 잎맥은 흔히 유리맥이나 드물게 그물맥이다.

22. 잎몸은 대개 2~4회 우상으로 갈라지고 긴타원형, 난상 피침형, 삼각상 난형이다.
······························ **18. 관중과 Dryopteridaceae 208**

22. 잎몸은 1회 우상으로 갈라지고, 선상 피침형이며, 흔히 잎맥 끝에 수공이 있다.
······························ **19. 줄고사리과 Nephrolepidaceae 308**

21. 잎맥은 유리하나 흔히 그물맥으로, 그물맥 안에 소맥이 있다. ·················· **20. 미늘창고사리과 Tectariacea 310**

20. 잎자루는 뿌리줄기와 관절로 이어지고 나무나 바위에 착생하며 포막은 주머니모양이거나 없다.

23. 포막은 주머니모양이고, 잎맥은 유리한다. ······························ **21. 넉줄고사리과 Davalliaceae 312**

23. 포막은 없고, 잎맥은 그물맥으로 안에 유리맥을 갖는다. ························· **22. 고란초과 Polypodiaceae 314**

18. 잎몸은 흔히 초질이거나 종이질이고, 잎에 털이 흔히 나거나, 가는 비늘조각이 비교적 적게 분포한다.

24. 잎몸은 영양엽과 포자엽의 모양이 같다.

25. 잎맥은 유리맥이고, 포자낭군은 소맥의 위나 끝에 붙는다.

26. 포막은 난형, 원형, 둥근 신장형이다.

27. 포막은 난형, 난상 피침형, 원형, 둥근 신장형이며 포막은 가장자리를 들어 올려 터진다.

28. 잎에 털이 없으며, 포막은 난형, 난상 피침형, 원형이고 샘털이 없다.
······························ **23. 한들고사리과 Cystopteridaceae 354**

28. 잎에 침상의 털이 밀집해 있고, 포막은 둥근 신장형으로 흔히 털이나 샘털이 있고, 간혹 포막이 없다.
······························ **24. 처녀고사리과 Thelypteridaceae 362**

27. 포막은 공모양으로 포자낭군 아래에서 위로 감싸며, 위로 터진다. ············ **25. 우드풀과 Woodsiaceae 392**

26. 잎몸의 재질은 흔히 종이질이고, 포막은 선형, 말굽형, 갈고리형이거나 없다. ··· **26. 개고사리과 Athyriaceae 404**

25. 잎맥은 중륵 양쪽에 1줄의 그물맥을 만들고, 포자낭군은 중륵의 양쪽에 일렬로 붙는다.
······························ **27. 새깃아재비과 Blechnaceae 462**

24. 잎몸은 영양엽과 포자엽의 모양이 다르다. ······························ **28. 야산고비과 Onocleaceae 464**

17. 뿌리줄기에 붙는 비늘조각의 세포벽은 두껍고, 가장자리는 밋밋하고, 얇은 세포로 무색투명하며, 포자의 표면무늬는 쇄상이다.
······························ **29. 꼬리고사리과 Aspleniaceae 470**

석송과

Lycopodiaceae Mirbel

中 石松科
E Clubmoss Family
日 Hikage-no-kazura Ka
분류군수 6속(학자에 따라 10~15속), 350~400종(한반도 2속 11종 2변종)
분포 전 세계, 특히 열대지역

상록성 여러해살이풀로 착생 또는 지생한다. **줄기** 짧고 곧게 서거나 가늘고 길게 뻗으며 흔히 차상으로 갈라지고, 작은 잎이 붙는다. 줄기 끝에는 무성아가 있거나 없다. **잎** 진정엽과 달리 절간분열조직에 의해 만들어져 분화가 덜 된 잎이다. 단엽으로, 같은 모양이거나 2가지 모양이며, 나선상 또는 돌려나기로 배열된다. **잎맥** 가운데에 1개로 분열하지 않는다. **포자엽** 줄기의 끝에 1개씩 또는 여러 개가 영양엽과 유사한 모양을 하고 또는 약간 변형되어 포자낭을 만들거나, 줄기 끝에 포자낭이삭을 만들기도 한다. **포자낭** 잎겨드랑이에 붙는다. **포자** 동형포자로 구슬모양이며 표면에 작은 돌기가 있고 삼지형이다.

◆ 학자에 따라서 석송과(Lycopodiaceae)를 더욱 세분화하여 10여 개 이상의 속으로 나눈다(Øllgaard, 1987, 1990; Wagner & Beitel, 1992). Ching(1981, 1982)은 중국의 석송과 식물 연구에서 2과(Huperziaceae, Lycopodiaceae)로 나누어, Huperziaceae과에 2속[*Huperzia* Bernh., *Phlegmariurus* (Hert.) Holub.]을, Lycopodiaceae과에 5속(*Lycopodium* L., *Diphasiastrum* Holub., *Lycopodiella* Holub., *Lycopodiastrum* Holub., *Palhinhaea* Franco et Vasc.)을 포함시켰다. 최근 엽록체 DNA분자 분석 연구(Wiström et al., 1999; Wikström & Kenrick, 2000; Ji et al., 2008) 결과, 넓은 의미의 *Lycopodium*속에 속하는 분류군들은 *Huperzia*가 한 그룹을, *Lycopodium*과 *Lycopodiella*가 한 그룹을 형성하며, 후자의 그룹은 다시 2속으로 나눠졌다. 또한 Ji et al.(2008)의 연구 결과, 엽록체 DNA 일부 구간에서 Huperziaceae과에 속하는 분류군들은 *Huperzia*와 *Phlegmariurus*로 뚜렷하게 분지되었다. 이처럼 과, 속의 계통에 있어 학자 간에 의견을 달리하였다.

만년석송, 제주 한라산, 2024.10.9. ©한들

석송과의 속 검색표

1. 원줄기와 곁가지는 뚜렷하게 구분되지 않고, 줄기는 곧게 서거나 비스듬히 위를 향하며, 포자엽은 영양엽과 유사하거나 영양엽보다 작고 가늘며, 포자낭은 오래 붙어있고, 포자는 구멍이 나거나 작은 홈이 있다. ································ **뱀톱속 *Huperzia* 47**
1. 원줄기와 곁가지가 구분되고, 곁가지는 곧게 위를 향하며, 줄기는 기거나 기어오르고, 포자엽은 다른 모양이며, 잘 떨어지는 포자낭이삭이 있고, 포자는 그물모양이거나 작은 돌기가 있다. ·· **석송속 *Lycopodium* 48**

속명	원줄기와 곁가지	줄기	포자엽	포자의 표면
뱀톱속	구분 안 됨	곧게 서거나 비스듬함	영양엽과 거의 유사	구멍이나 홈이 있음
석송속	구분됨	기거나 기어오름	영양엽과 다른 모양	그물모양 또는 작은 돌기가 있음

뱀톱속 ***Huperzia*** Bernh., J. Bot. (Schrader) 1800(2): 126, 1801

中 蛇足石杉属
E Firmosses or Gemma Fir-moss Genus
日 Ko-sugi-ran Zoku

분류군수 300여 종(한반도 6종)
분포 전 세계

식물은 지생 또는 착생한다. **줄기** 곧게 서거나 약간 비스듬히 위를 향하며, 기부에서 뭉쳐나고, 무성아가 있거나 없다. **잎** 소형으로, 피침형 또는 비늘조각모양이고, 가장자리는 밋밋하거나 톱니가 있으며, 때로 2가지 모양이다. **포자엽** 영양엽과 유사하거나 약간 변형되었고, 잘 안 떨어진다. **포자낭** 신장형이고, 포자엽의 잎겨드랑이에 붙는다.

❖ 박(1961, 1975)에 의해 제주도에 분포하는 것으로 알려진 **줄석송**[*H. sieboldii* (Miq.) Holub]은 야생에서 발견되지 않고 있으나 제주도의 화원 등에서 재배하고 있다.

뱀톱속의 종 검색표

1. 잎 사이에 무성아가 달리며 흙에서 자란다.
  2. 잎가장자리에 톱니가 있다.
    3. 잎은 좁은 타원형으로, 중앙에서 기부로 가면서 좁아지며, 가장자리에 톱니가 있다.
      4. 잎의 중륵은 흐릿하게 융기되며, 끝이 침모양으로 돌출하지 않는다. 무성아는 광란형이다. ············· **뱀톱 *H. serrata* 49**
      4. 잎의 중륵은 뚜렷하게 융기되며, 끝이 침모양으로 돌출한다. 무성아는 피침형이다. ················ **큰뱀톱 *H. javanica* 50**
    3. 잎은 선상 피침형으로, 기부로 내려가며 좁아지지 않으며, 가장자리에 톱니가 윗부분에만 있다. ······· **긴다람쥐꼬리 *H. jejuensis* 51**
  2. 잎가장자리에 톱니가 없다.
    5. 잎은 침상 피침형이고, 기부로부터 점차 좁아지며, 영양줄기는 끝이 구부러진다. ············· **다람쥐꼬리 *H. miyoshiana* 52**
    5. 잎은 선상 피침형 또는 좁은 피침형이고, 위에서 1/3 지점까지 양측이 평행하다 점차 뾰족해지고, 영양줄기는 곧추선다. ·· **좀다람쥐꼬리 *H. selago* 53**
1. 잎 사이에 무성아가 없으며, 나무 또는 바위에 착생한다. ····································· **왕다람쥐꼬리 *H. cryptomerina* 54**

종명	잎의 모양	무성아	잎의 가장자리	서식지
뱀톱	좁은 피침형, 넓은 피침형	있음	날카로운 톱니	흙에서 지생
큰뱀톱	좁은 타원형	있음	날카로운 톱니	흙에서 지생
긴다람쥐꼬리	선상 피침형	있음	끝부분에만 미세한 톱니	흙에서 지생
다람쥐꼬리	침상 피침형	있음	밋밋함	흙에서 지생
좀다람쥐꼬리	선상 피침형	있음	밋밋함	흙에서 지생
왕다람쥐꼬리	선형, 선상 피침형	없음	밋밋함	나무나 바위에 착생

석송속 *Lycopodium* L., Sp. Pl. 2: 1100, 1753

中 石松属
E Clubmosses Genus
日 Hikage-no-kazura Zoku

분류군수 40여 종(한반도 5종 2변종)
분포 전 세계, 특히 열대지역

식물은 지생한다. **줄기** 2가지 모양으로 원줄기는 기며 많은 가지를 치고, 가지는 옆으로 벋거나, 원줄기에서 간격을 두고 나온다. **잎** 작고, 비늘조각 같으며, 같은 모양이거나 2가지 모양이다. **포자낭이삭** 자루가 있거나 없으며, 차상으로 가지를 치거나 치지 않는다. **포자낭** 포자엽의 기부 근처 또는 잎겨드랑이에 붙고, 신장형이며, 짧은 자루가 있다.

❖ **뫼석송**(*L. nikoense* Franch. & Sav., Enum. Pl. Jap. 198, 1879)은 박만규(1975), 이영노(2006)에 의해 북부지방에 서식하는 것으로 알려졌으나 발견되지 않고 있어 제외하였다.

석송속의 종 검색표

1. 잎(소엽)은 선형 또는 피침형이고, 포자낭이삭은 길이 15mm 이상으로 곧게 서거나 옆으로 벋는다.
    2. 잎은 가지에 6열 이상으로 배열하고, 줄기에 넓게 붙지 않으며, 끝이 옆을 향한다.
        3. 포자낭이삭은 공통의 긴 자루가 있고, 1~6개가 있으며, 잎 끝이 길게 뾰족하다.
            4. 포자낭이삭은 일반적으로 3~6개씩 나고 각각 짧은 자루가 있다. ·············· **석송 *L. clavatum* var. *nipponicum*** 56
            4. 포자낭이삭이 1~3개씩 나고 자루가 거의 없다. ······························ **두메석송 *L. clavatum* var. *asiaticum*** 57
        3. 포자낭이삭은 자루가 없이 1개씩 나고, 잎 끝이 짧게 뾰족하다.
            5. 주 줄기는 깊게 땅속을 기고, 주곁가지 윗부분에서 가지를 많이 쳐서 옆으로 퍼지며, 잎가장자리는 거의 밋밋하다. ·································· **만년석송 *L. dendroideum*** 58
            5. 주 줄기는 얕게 땅속 또는 땅위를 기고, 가지는 1~2회 갈라져, 위로 길어지며, 잎가장자리에 얕은 톱니가 있다. ·································· **개석송 *L. annotinum*** 59
    2. 잎은 가지에 4열로 배열되며, 줄기에 넓게 붙고, 끝이 거의 위를 향한다.
        6. 가지는 편평하고, 잎은 2형으로, 가운데 잎은 측엽보다 심하게 작으며, 포자낭이삭은 자루가 있고 가지 끝에 2~5개가 있다. ·································· **비늘석송 *L. complanatum*** 60
        6. 가지는 약간 편평하고, 잎은 거의 동형으로, 가운데 잎은 측엽보다 조금 작으며, 포자낭이삭은 자루가 없이 가지 끝에 1개가 있다. ·································· **산석송 *L. alpinum*** 61
1. 잎(소엽)은 가늘고, 침상이며, 끝이 뾰족하고, 흔히 끝부분이 안으로 구부러지며, 포자낭이삭은 10mm 이하이고, 아래로 축 늘어진다. ·································· **물석송 *L. cernuum*** 62

종명	잎의 배열	잎	잎의 가장자리	포자낭이삭의 자루
석송	6열 이상	같은 모양	밋밋함	있거나 간혹 없음
두메석송	6열 이상	같은 모양	거의 밋밋함	거의 없음
만년석송	6열 이상	같은 모양	밋밋함	없음
개석송	6열 이상	같은 모양	얕은 톱니	없음
비늘석송	4열	2가지 모양	밋밋함	있음
산석송	4열	같은 모양	밋밋함	없음
물석송	6열 이상	같은 모양	밋밋함	없음

뱀톱

Huperzia serrata **(Thunb.) Trevis.,**
Atti Soc. Ital. Sci. Nat. 17: 248, 1875
Lycopodium serratum Thunb., Fl. Jap.: 341, 1784

Baem-top (박만규, 1949, 1975; 이창복, 1980; 등[1])
배암톱(정태현 등, 1937)
中 蛇足石杉 E Toothed club-moss 日 Tōge-shiba

염색체수 n = 68, 136 포자기 6~9월
용도 관상용, 약용(지상부: 타박상, 출혈)
분포 전역, 산지의 그늘진 곳에서 자람; 일본, 중국, 동남아시아, 러시아, 하와이 등

상록성 여러해살이풀로 지생한다. **키** 7~25cm이다. **줄기** 기부가 약간 밑으로 눕거나 비스듬히 서고 모가 지며, 수회 차상으로 분지하고, 줄기 끝에 길이 약 5mm의 짙은 녹색을 띠는 무성아가 달리며, 떨어지면 싹이 돋는다. **잎** 줄기에 다소 엉성하게 옆으로 퍼져 붙으며 다소 휘고, 밑으로 처지며, 짙은 녹색으로 광택이 약간 있고, 길이 10~18mm, 너비 2~4mm이다. 모양과 크기가 다양하여 좁은 것에서 넓은 피침형에 이르며, 가장자리에 불규칙한 톱니가 있다. 기부는 자루모양으로 좁아지며 위쪽 끝이 뾰족하거나 또는 짧게 뾰족하다. **포자엽** 영양엽보다 짧고 가늘다. **포자낭** 보통 잎겨드랑이에 붙으며 황백색이고, 신장형으로 자루는 없다.

1. 강원 대암산, 2011.7.6.
2. 줄기가 누워 자라는 뱀톱, 강원 홍천, 2012.3.24.
3. 무성아, 제주, 2022.3.26.
4. 무성아, 광주 월각산, 2004.9.8.
5. 포자낭군, 제주 한라산, 2019.916.
6. 무성아에서 발아한 포자체, 강원, 2015.9.10.
7. 군락, 광주 무등산, 2004.9.7.

큰뱀톱

Huperzia javanica **(Sw.) C.Yang**, Bull. Acad. Mil. Med. Sci. 13: 368. 1989

Lycopodium javanicum Sw. J. Bot. (Schrader), 1800: 114. 1801

Lycopodium serratum var. *javanicum* (Sw.) Makino, Bot. Mag. Tokyo 12: 13. 1898

Lycopodium serratum Thunb. var. *longipetiolatum* Spring, Monogr. Lycop. 2: 18. 1850

Huperzia serrata Thunb. f. *longipetiolata* (Spring) Ching, Acta Bot. Yunnan 3: 294. 1981

Kuen-baem-top (Lim etc., 2015)

E Broad-leaf fitmoss

포자기 6~9월 **용도** 관상용

분포 제주도, 산지의 그늘진 곳에서 자람; 일본, 중국, 동남아시아

상록성 여러해살이풀로 지생한다. **키** 10~20cm이다. **줄기** 곧게 또는 비스듬히 서고, 기부가 약간 밑으로 눕는다. 1~2회 차상으로 분지하고, 끝에 무성아가 달리며 떨어지면 싹이 돋는다. **잎** 줄기에 다소 촘촘하게 옆으로 퍼져 붙으며, 다소 휘고 밑으로 처지며, 짙은 녹색으로 광택이 있다. 가장자리에 전체적으로 불규칙한 톱니가 있다. 기부는 자루모양으로 좁아지며, 위쪽 끝이 꼬리처럼 길게 뾰족해진다. 길이 1~2cm, 너비 2~4mm이다. **포자엽** 영양엽보다 짧고 가늘다. 선상 피침형이거나 선형으로 길이 2~5mm, 너비 0.3~1mm이고, 가장자리는 전체적으로 불규칙한 톱니가 있다. **포자낭** 보통 잎겨드랑이에 붙고 신장형이며, 황백색이고, 자루는 없다. 길이 0.6~1mm, 너비 1.2~1.6mm이다.

제주도에 서식하는 것으로 알려진 큰뱀톱은 뱀톱의 종내 변이로 같은 종 또는 변종으로 알려졌으나, 최근 Shrestha & Zhang(2015)에 의해 영양엽의 기부가 좁아져 뚜렷하게 짧은 자루를 만들고 포자엽이 많이 작아지는 점으로 뚜렷한 종으로 다루었다. 임 등(2015)은 뱀톱과 달리 잎의 끝이 꼬리처럼 뾰족해지고 전체적으로 톱니가 더 발달된다는 점으로 이들의 견해를 따랐다.

1. 제주, 2017.3.29.
2. 무성아, 제주, 2019.2.21.
3. 제주, 2019.9.17.
4. 포자낭군, 제주, 2016.9.4.
5. 무성아가지와 무성아, 제주, 2024.10.30.
6. 잎, 제주, 2024.10.30.
7. 잎몸 최상부, 제주, 2024.10.30.
8. 큰뱀톱과 뱀톱, 제주, 2016.9.13.

긴다람쥐꼬리

Huperzia jejuensis **B.Y.Sun & J.Lim**, Korean J. Pl. Taxon. 45(1): 17-21, 2015

Gin-da-ram-jwi-kko-ri (정태현 등, 1949; 이창복, 1980; 등[1])
곧은잎솔석송(박만규, 1961)
E Jeju club-moss

포자기 7~9월 **용도** 관상용
분포 제주도, 숲속에서 자람; 한국 특산종

상록성 여러해살이풀로 지생한다. **키** 약 15cm이다. **줄기** 단단하고, 녹색이며, 기부에서 갈라지고, 가지가 비스듬히 나거나 곧게 서며, 1회에서 수회 차상으로 분지하고 줄기 끝에 무성아가 달린다. **잎** 가지에 빽빽이 많이 붙으며, 선형 또는 선상 피침형이고, 윗부분이 점차 좁아지며, 끝이 날카롭게 뾰족하고, 기부로 가면서 좁아지지 않으며 짙은 녹색으로 광택이 약간 있다. 가장자리는 윗부분에만 톱니가 있고 아래는 거의 밋밋하며, 길이 15~20mm, 너비 1.5~2mm이다. **포자낭** 가지 끝의 잎겨드랑이에 붙으며, 신장형으로 자루가 없다.

*좀다람쥐꼬리와 유사하나 소엽의 윗부분에 톱니가 있는 점이 구별된다.

긴다람쥐꼬리는 Matsuda가 1911년 신변종으로 제주도에서 처음 발견해 *Lycopodium serratum* var. *integrifolium* Matsuda로 발표하였으나, 정식발표는 Nakai와 함께 1914년 종으로 승격시켜 *Lycopodium integrifolium*으로 사용하였고, 이어 속을 달리해 *Huperzia integrifolia* (Matsuda ex Nakai) Z. Satou로 사용되어 왔다. 그러나 임과 선(2015)은 긴다람쥐꼬리의 학명에 문제를 제기하고, 신종으로 발표하였다. 즉 과거 Nakai보다 이전, 1822에 Goldie가 캐나다 몬트리얼에서 발견한 것을 *L. integrifolium*라고 발표를 했으며, 긴다람쥐꼬리와는 형태적으로 달라 새로이 이름을 붙여서 신종 *H. jejuensis*로 사용하였다. 설악산에서 발견된 개체들은 백두다람쥐꼬리(*H. asiatica*)로 추정된다.

1. 제주 한라산, 2024.10.10. ⓒ한들
2. 줄기 끝에 붙은 무성아, 제주 한라산, 2024.10.10. ⓒ한들
3. 잎 상부의 톱니, 제주 한라산(좌), 강원 설악산(우)
4. 줄기 상부, 제주 한라산, 2024.10.10.
5. 다람쥐꼬리(위)와 긴다람쥐꼬리(아래) 무성아가지와 무성아 비교
6. 줄기 끝의 무성아와 포자낭군, 제주 한라산, 2024.10.10.
7. 백두다람쥐꼬리, 강원 설악산, 2025.11.2.

다람쥐꼬리

Huperzia miyoshiana **(Makino) Ching**, Acta Bot. Yunnan. 3: 303, 1981
Lycopodium miyoshianum Makino, Bot. Mag. (Tokyo) 12: 36, 1898

Da-ram-jwi-kko-ri (정태현 등, 1937; 이창복, 1980; 등[1])
북솔석송(박만규, 1961), 탐라쥐꼬리(박만규, 1975)
中 东北石杉 E Pacific firmoss 日 Hime-sugiran

염색체수 n = 68 **포자기** 7~8월
용도 약용(지상부: 타박상, 출혈), 관상용
분포 전역, 높은 산의 활엽, 침엽 교목대의 수림 아래 땅이나 바위 위에서 자람; 일본, 중국, 러시아(사할린), 북아메리카(알래스카)

상록성 여러해살이풀로 지생하고, 다소 단단하다. **키** 8~15cm이다. 영양줄기는 밑으로 처지고 포자줄기는 위로 선다. **줄기** 짧게 기며, 1회에서 수회 차상으로 분지하고, 직립하며, 끝에 무성아가 달린다. **무성아** 자루가 없고, 녹색이며, 좌우 날개가 있고 끝이 파인다. **잎** 침상 피침형으로, 자루가 없고 가장자리는 밋밋하며, 기부에서 위로 가면서 점차 좁아지고, 끝이 뾰족하다. 얇고 부드러우며, 황록색 또는 녹색으로 길이 4~7mm, 너비 0.5~0.7mm이다. 중륵은 뚜렷하지 않으며, 윗부분에서는 줄기에 옆으로 비스듬히 붙거나 또는 직각으로 붙고 바깥쪽으로 젖혀진다. **포자낭** 줄기 윗부분의 잎겨드랑이에 붙는다.

이 종은 과거 *H. chinensis*로 다루어 이명으로 처리하기도 하였다. 최근 *H. chinensis*는 중국에 분포하고 우리나라와 일본, 중국, 북미에 분포하는 *H. miyoshiana*는 잎이 보다 조밀하게 붙고, 끝이 송곳처럼 뾰족하므로 구별하여 다루고 있다.

1. 제주, 2019.9.16.
2, 3. 경북 영양, 2020.10.4.
4. 줄기 끝의 무성아, 강원 계방산, 2004.10.22.
5. 무성아에서 나온 포자체, 제주, 2019.9.16.
6. 잎, 다람쥐꼬리(좌), 좀다람쥐꼬리(우)
7. 밑으로 처진 영양줄기, 강원 가리왕산, 2012.5.18.

좀다람쥐꼬리

***Huperzia selago* (L.) Bernh. ex Schrank & Mart.**, Hort. Reg. Monac.: 3, 1829

Lycopodium selago L., Sp. Pl. 2: 1102, 1753

Jom-da-ram-jwi-kko-ri (정태현 등, 1949; 이창복, 1980; 등[1])
애기석송(박만규, 1949), 좀솔석송(박만규, 1961),
애기다람쥐꼬리(안학수 등, 1963), 다람쥐꼬리(박만규, 1975)
中 小杉兰石杉  E Fir club-moss 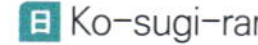 日 Ko-sugi-ran

염색체수 n = 136 **포자기** 7~10월
용도 관상용, 약용
분포 강원, 경기, 제주도, 울릉도, 고산의 숲속 아래 양지바른 곳에서 자람; 일본, 중국, 유럽, 북아메리카 등 북반구 온대지역과 열대의 고산지역

상록성 여러해살이풀로 지생하며, 식물체가 다소 단단하고 윤기가 돈다. **키** 5~12cm로 작다. **줄기** 기부에서 차상으로 수회 갈라져 모여나고, 아랫부분은 비스듬히 자라서 땅에 닿는 곳에 뿌리가 있으며, 위쪽에 길이 약 3~4mm의 편평한 무성아가 생긴다. **잎** 줄기에 빽빽이 붙고, 약간 두꺼우며 단단하고 중륵은 뚜렷하지 않으며, 선상 피침형 또는 녹색 또는 황록색이다. 길이 3~5mm, 너비 0.7~0.8mm이며, 위에서 1/5 지점에서 좁아지고, 가장자리는 밋밋하다. **포자엽** 영양엽보다 약간 작다. **포자낭** 신장형이고, 길이 2~3mm이며, 가지 윗부분의 잎겨드랑이에 붙는다. **포자** 표면은 과립이 있는 그물무늬다.

잎의 모양과 크기가 다양하여 일본에 여러 변이종들이 알려졌다(Iwatsuki et al., 1995).

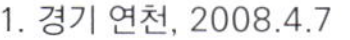
1. 경기 연천, 2008.4.7
2. 포자낭군, 경기 연천, 2008.4.7.
3. 줄기 끝에 붙은 무성아, 경기 연천, 2008.4.7.
4. 무성아, 제주 한라산, 2024.3.18.
5. 다람쥐꼬리(좌)와 좀다람쥐꼬리(우) 비교

왕다람쥐꼬리

***Huperzia cryptomerina* (Maxim.) R.D.Dixit**, J. Bombay Nat. Hist. Soc. 77(3): 541, 1981

Lycopodium cryptomerinum Maxim., Bull. Acad. Imp. Sci. Saint-Pet. 15: 231, 1870

Wang-da-ram-jwi-kko-ri (정태현 등, 1949; 이창복, 1980, 등[1])

탐라솔석송(박만규, 1961), 섬솔석송(박만규, 1975)

中 柳杉叶马尾杉　E Big club-moss　日 Sugi-ran

염색체수 n = 136　**포자기** 7~9월　**용도** 관상용

분포 전남, 제주도, 숲속의 나무나 바위 위에서 자람; 일본, 중국, 타이완

상록성 여러해살이풀로 착생한다. **키** 30cm에 달한다. **줄기** 차상으로 갈라지며 짧고 비스듬히 위로 서며, 길이 30cm 이상이고, 지름 3~5mm이다. **잎** 줄기에 직각으로 또는 비스듬히 밀집하여 붙고, 진한 녹색이며, 가죽질이고, 선형 또는 선상 피침형이며, 길이 12~18mm, 너비 1.5~2mm이다. 중간부위가 가장 넓고, 위쪽은 점차 좁아져 다소 뾰족해진다. 표면은 뚜렷한 중륵이 없고, 광택이 나며, 가장자리는 톱니가 없고, 약간 바깥쪽으로 뒤집어져서 굽는다. **포자엽** 영양엽보다 더 작고, 피침형이며, 길이 1~1.5cm, 너비 1.5mm이다. **포자낭** 가지 윗부분의 잎겨드랑이에 붙고 신장형이며, 연한 황색이다.

*다른 종에 비해 무성아가 달리지 않으며, 다람쥐꼬리에 비해 전체적으로 대형으로 잎은 가운데가 가장 넓다.

1. 늘어져 자란 모습, 경남 지리산, 2012.6.2.
2. 포자낭군, 광주 무등산, 2012.11.18.
3. 포자낭군, 광주 무등산, 2017.11.4
4. 퍼져 자란 모습, 광주 무등산, 2012.11.18.

5. 경남 지리산, 2012.6.2.
6. 줄기, 잎, 경남 지리산, 2012.6.2.
7. 곧추선 모습, 전남 완도, 2005.10.10.

석송

***Lycopodium clavatum* var. *nipponicum* Nakai**, Bot. Mag. (Tokyo) 39: 197, 1925

Lycopodium japonicum Thunb., Syst. Veg., ed. 14.: 944, 1784

Seok-song (정태현 등, 1937; 박만규, 1975; 이창복, 1980; 등[1])
애기석송(정태현 등, 1949)
中 石松 E Commom club-moss, Running club-moss
日 Hikage-no-kazura

염색체수 n = 34, 68 **포자기** 7~8월
용도 약용(포자를 석송자라 부르며, 포자를 모아 베이비파우더나 약 제조에 사용)
분포 주로 남부지방, 산지의 그늘진 숲속에서 자람; 일본, 중국, 네팔, 인도, 캄보디아. 미얀마, 라오스, 필리핀, 솔로몬섬.

상록성 여러해살이풀로 지생한다. **줄기** 땅 표면에서 길게 기는 원줄기에 곁가지가 사방으로 갈라지고, 잎이 드문드문 달리며 지름 2~4mm이고, 불규칙하게 부정형의 뿌리가 나온다. 곧게 서는 가지는 1회에서 수회 가지를 치며, 잎을 포함하여 지름 5~10mm이고, 옆으로 비스듬히 자라다가 Y자로 갈라지면서 곧추서며 잎이 빽빽하게 달린다. **잎** 선형 또는 선상 피침형이고, 길이 4~6mm, 너비 0.7~1mm이다. 끝이 날카롭게 뾰족해져 길이 2mm 정도의 실처럼 된다. **포자낭이삭** 원주형이고, 길이 2~5cm, 지름 4~6mm이다. 길이 2~10cm의 긴 가지 끝에 3~6개가 짧은 자루에 어긋나게 붙는다. **포자엽** 넓은 난형, 끝이 실처럼 되고, 가장자리는 투명한 막질이며, 물결모양이다.

석송(*L. clavatum* var. *nipponicum*)은 두메석송(*L. clavatum* var. *asiaticum*)과 함께, 2배체인 유럽원산 *L. clavatum*에 포함하여 이명으로 처리하기도 하나, 본 종은 포자낭이삭의 자루가 뚜렷하고, 2배체이나, 포자낭이삭의 자루가 거의 없으며 4배체인 두메석송과 구별한 분류학적 처리를 따랐다(Ebihara, 2016).

1. 경남 거제, 2012.11.3.
2. 포자낭이삭, 제주, 2021.9.11.
3. 줄기잎, 제주, 2021.1.27.
4. 제주, 2021.1.27.

두메석송(국내미기록)

***Lycopodium clavatum* var. *asiaticum* Ching**, Acta Bot. Yunnan. 4: 224, 1982

Dume-seok-song (국명신칭)
中 东北石松 E Asian running club-moss
日 Ejo-Hikage-no-kazura

염색체수 n = 68 포자기 7~8월
용도 약용(포자를 석송자라 부르며, 포자를 모아 베이비파우더나 약 제조에 사용)
분포 백두산, 한라산 등 높은 산 초지에서 자람; 일본, 중국

상록성 여러해살이풀로 지생한다. **줄기** 땅 표면에서 가늘고, 길게 기는 원줄기는 곁가지가 1, 2회 갈라지고, 잎이 드문드문 달리며 지름 1.5~2mm이고, 불규칙하게 부정형의 뿌리가 나온다. 곧게 서는 가지는 3~5회 가지를 치며, 잎을 포함하여 지름 6~9mm이고, 옆으로 비스듬히 자라다가 Y자로 갈라지면서 곧추서며 잎이 빽빽하게 달린다. **잎** 선상 피침형이고, 길이 4~6mm, 너비 0.7~1mm이고, 가죽질이며, 끝이 날카롭게 뾰족해져 길이 2mm 정도의 실처럼 되고, 가장자리는 밋밋하거나 미약한 거치가 있다. **포자낭이삭** 긴 자루의 끝에 1~3개가 있고, 원주형으로, 길이 2~4cm, 지름 4~6mm이며, 길이 0.3mm 이하의 매우 짧은 자루가 있거나 없다. **포자엽** 난상 마름모형이고, 끝이 뾰족하며 실처럼 되고, 가장자리는 막질이며, 불규칙한 톱니가 있다. 포자낭은 약간 노출된다.

1. 제주 한라산, 2016.7.19.
2. 포자낭이삭, 백두산, 2013.8.11.
3. 가지와 잎, 제주 한라산, 2024.10.10. ⓒ한들
4. 포자산포 후의 포자낭이삭, 제주 한라산, 2024.10.10. ⓒ한들

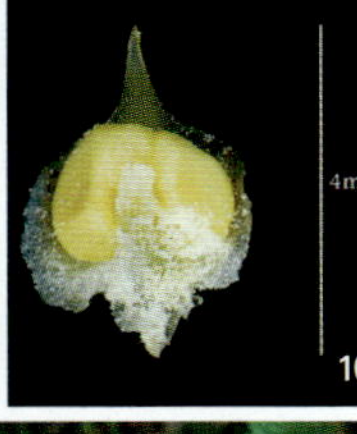

만년석송

***Lycopodium dendroideum* Michx.** Fl. Bor.-Amer. 2: 282, 1803

Man-nyeon-seok-song (정태현 등, 1956; 박만규, 1975; 이창복, 1980; 등[1])
비늘석송(정태현 등, 1937)
中 玉柏石松 E Rare club-moss 日 Mannen-sugi

염색체수 n = 34 **포자기** 7~9월
용도 약용(강장약), 관상용
분포 전역, 높은 산지 수림에서 자람; 일본, 중국, 러시아, 북아메리카 등 북반구 온대지역

상록성 여러해살이풀로 지생한다. **키** 10~30cm이다. **줄기** 원줄기는 땅속을 기며, 지름 2~2.5mm이고, 적갈색이며, 불규칙하게 가지를 친다. 곁가지의 주축은 군데군데에서 곧추 자라고, 윗부분은 가지가 많이 갈라지며, 아랫부분은 가지를 치지 않아 나뭇가지모양을 한다. 소지는 길이 3~7cm, 잎과 더불어 지름 4~7mm이다. **잎** 선형 또는 넓은 선형이며, 나선상으로 드물게 배열된다. 길이 3~4mm, 너비 0.5~0.7mm로, 가장자리에 톱니가 없고, 끝은 날카롭게 뾰족하며, 가지에 직각으로 붙는다. **포자엽** 난상 심장형이고, 끝이 매우 뾰족하며 가장자리는 투명한 막질로 물결모양이고, 길이 약 3mm, 너비 약 2mm이다. **포자낭이삭** 가지 끝에 1개씩 붙고, 자루가 없으며 원주형이고, 길이 2~5cm, 지름 5mm이다.

과거 학명으로 사용되었던 *L. obscurum*은 원줄기의 잎이 뒤틀리고, 가지의 단면이 납작하며, 잎 크기가 불균등한 특징(Hickey, 1977)을 가지고 있다. 국내에 분포하는 만년석송은 원줄기의 잎이 뒤틀리지 않고, 가지의 단면이 원형이며, 잎 크기가 균등한 점에서 히말라야, 러시아, 북미 등에 분포하는 *L. dendroideum*으로 보았다.

1. 제주 한라산, 2024.10.10. ©한들
2. 가지와 잎, 제주 한라산, 2024.10.10.
3. 가지, 제주 한라산, 2024.10.10.
4. 가지잎 단면(위), 줄기잎 단면(아래), 제주 한라산, 2024.10.10.
5. 가지잎, 강원 함백산, 2025.11.9.
6. 가지 단면, 강원 함백산, 2025.11.9.
7. 줄기 중심주, 제주 한라산
8. 전초, 제주 한라산
9. 포자엽, 제주 한라산
10. 포자엽과 포자낭, 제주 한라산
11. *L. hickeyi* type, 제주 한라산, 2020.7.18.

개석송

***Lycopodium annotinum* L.**, Sp. Pl. 2: 1103, 1753

Gae-seok-song (정태현 등, 1949; 이창복, 1980; 등[1])
삼잎석송(정태현 등, 1937)
中 多穗石松
E Interrupted club-moss, Stiff club-moss
日 Sugi-kazura

염색체수 n = 34 **포자기** 7~9월 **용도** 관상용
분포 강원, 높은 산 수림 아래에서 자람; 일본, 중국, 히말라야, 유럽, 북아메리카 등 북반구 온대지역

상록성 여러해살이풀로 지생한다. **키** 약 20cm이다. **줄기** 원줄기는 지표면에 옆으로 가늘고 길게 벋으며, 지름 1.5~2.5mm이고, 잎이 드문드문 달린다. 곁가지는 비스듬히 자라다가 1~2회 Y자로 갈라지며 위쪽은 곧추선다. 잎을 포함하여 지름 8~13mm, 길이 6~20cm이다. **잎** 줄기에 나선상으로 빽빽하게 달리며, 피침형으로 길이 4~8mm, 너비 1~1.5mm이며, 진한 녹색이다. 딱딱하고, 밖으로 퍼지거나 약간 뒤로 젖혀지며, 끝이 뚜렷하지 않은 중륵이 있다. 가장자리는 다소 투명한 막질이며, 고르지 못한 톱니가 있다. 잎끝이 가늘어져 떨어지기 쉬운 짧은 실모양으로 된다. **포자엽** 넓은 난형, 난상 삼각형이고, 길이 3mm, 너비 1.8~2mm이며, 가장자리가 막질이고 끝이 뾰족하다. **포자낭이삭** 가지 끝에 1개씩 붙으며 원주형으로, 자루가 없고, 길이 2~4cm, 지름 4~5mm이다.

* 다른 종에 비해 1~2회 가지를 치고, 잎의 가장자리는 다소 막질이며 고르지 못한 톱니가 있고 끝이 가늘어져 짧은 실모양이다.

1. 백두산, 2019.7.8.
2. 포자낭이삭, 강원 화천, 2003.10.9.
3. 가지와 잎, 강원 설악산, 2012.9.22.
4. 강원 평창, 2003.10.9.

비늘석송

***Lycopodium complanatum* L.**, Sp. Pl. 2: 1104, 1753

Diphasiastrum complanatum (L.) Holub in Preslia 47: 108, 1975

Bi-neul-seok-song (정태현 등, 1949; 이창복, 1980; 등[1])
솔석송(박만규, 1949, 1975), 편백석송(안학수 등, 1963)
中 扁枝石松 E Ground-pine 日 Asuhi-kazura

염색체수 n = 23 **포자기** 7~9월
용도 관상용, 약용(이뇨제, 살충제)
분포 강원, 높은 지역의 산속; 일본, 중국(동북부), 히말라야, 러시아(사할린, 시베리아), 유럽, 북아메리카 등 북반구 온대지역

상록성 여러해살이풀로 지생한다. **키** 약 10~ 30cm이다. **줄기** 원줄기는 길게 지상으로 벋으며 비늘 같은 잎이 드문드문 달린다. 곁가지는 비스듬히 서다가 2개씩 갈라져 부채꼴모양을 이룬다. 잎을 포함한 지름이 3~4mm이고, 가지의 표면은 녹색, 뒷면은 연한 녹색이다. **잎** 4줄로 달리고 밑부분이 넓게 가지에 붙으며 끝이 가시모양이다. 측엽은 좌우로 편평하고, 비스듬히 퍼지거나 곧추 달리며 안으로 약간 오그라든다. 뒤에 달린 잎은 선형으로 가지에 붙고, 앞에 달린 잎은 달라붙어서 침상의 작은 돌기로 퇴화한다. **포자엽** 넓은 난형이고, 끝이 뾰족하며, 가장자리는 다소 투명한 막질이고, 고르지 못한 톱니가 있다. **포자낭이삭** 가지 끝에 2~5개씩 붙으며 원주형이고, 길이 2~3cm, 지름 2~4mm이며, 길이 3~10cm의 자루가 있다.

*산석송과 유사하나 잎은 2가지 모양이고, 가운데 잎은 측엽보다 심하게 작으며, 포자낭이삭은 자루가 있고 가지 끝에 2~5개가 달린다.

1. 강원 설악산, 2005.8.27. ©김진석
2. 포자낭이삭, 강원 설악산, 2005.8.27. ©김진석
3. 가지잎, 강원 설악산, 2005.8.27.
4. 백두산, 2013.8.9.

산석송

***Lycopodium alpinum* L.**, Sp. Pl. 2: 1104, 1753

San-seok-song (정태현 등, 1937; 이창복, 1980; 등[2])
뫼석송(박만규, 1975; 한국양치식물연구회, 2005; 이영노, 2006)
中 高山扁枝石松 E Alpine club-moss
日 Chisima-hikagenokazura

염색체수 n = 22, 23, 24 **포자기** 7~9월
용도 관상용, 약용(진통제, 살충제)
분포 백두산, 높은 산에 이끼와 더불어 자람; 일본, 중국(사할린), 러시아(시베리아, 캄차카반도), 유럽, 북아메리카 등 북반구 온대지역

상록성 여러해살이풀로 지생한다. **키** 4~12cm이다. **줄기** 원줄기는 철사같이 가늘고, 옆으로 길게 벋으며 잎이 달라붙고, 군데군데에서 뿌리를 내린다. 비스듬히 위로 뻗는 줄기의 기부에서 2~4회 갈라져 나뭇가지모양을 이룬 가지는 약간 납작하고, 너비 2.5~3.5mm이며, 옅은 녹색이다. **잎** 가지에 4줄로 빽빽하게 달라붙는다. 좁은 피침형으로 끝이 뾰족하여 짧은 까락처럼 되고 안으로 굽는다. 길이 1.5~2mm이고, 녹색이다. **포자엽** 좁은 난상 삼각형이고, 가장자리가 다소 밋밋하며, 끝이 뾰족하다. **포자낭이삭** 자루가 없으며, 다소 긴 소지 끝에 1개씩 붙고, 길이 1~2cm, 너비 2mm이다.

좌우에 붙는 측엽이 줄기에 달라붙거나 뒤로 구부러진 차이에 의해 변종 var. *planiramulosum* Takeda로 구별해 다루기도 하나 구별이 모호하여 한 종으로 통합한 의견을 따랐다.

1

2

3

4

1, 3, 4. 백두산, 2023.7.18. ©이지열
2. 포자낭이삭, 백두산, 2008.7.9. ©임영희

물석송

***Lycopodium cernuum* L.** Sp. Pl. 2: 1103, 1753

Lycopodiella cernua (L.) Pic. Serm., Webbia 23(1): 166, 1968

Mul-seok-song (박만규, 1961, 1975; 이우철, 1996)

中 垂穗石松 E Staghorn clubmoss 日 Mizu-sugi

염색체수 n = 108, 104, 110, 136, 156, 208
포자기 7~10월
용도 약용(류머티즘, 백일해, 타박상, 화상, 간염, 신장결석), 관상용
분포 전남, 산지의 햇볕이 잘 드는 습지에서 자람; 일본, 중국, 타이완 등 세계의 열대, 아열대에 널리 분포

상록성 여러해살이풀로 지생한다. **키** 20~60cm이다. **줄기** 원줄기는 다소 가늘고, 지름 1.5~2.5mm이며, 아래는 곧게 서고, 위로 굽어서 차상으로 가지를 옆으로 많이 치며, 드물게 뿌리와 새싹이 생기고, 잎이 줄기에 다닥다닥 많이 붙는다. 옆으로 벋는 가지는 불규칙하게 Y자로 가지를 많이 치며, 잎을 포함하여 지름 4~5mm이고, 가지의 끝부분은 안쪽으로 짧게 굽으며, 옅은 녹색으로, 잎이 빽빽하게 나선상으로 달린다. **잎** 부드럽고 가는 바늘꼴이며, 가장자리는 톱니가 없고 직각으로 붙거나 또는 비스듬히 서며, 윗부분은 안쪽으로 굽으며, 종이질이고, 길이 3~4mm, 너비 0.3~0.5mm이다. 기부는 둥글고, 끝은 점차 좁아져서 부드러운 까락모양이며, 중륵은 희미하다. **포자엽** 난상 마름모형으로, 막질이고, 끝이 뾰족하며, 가장자리는 불규칙하게 톱니가 있다. **포자낭이삭** 곧게 선 줄기의 작은 가지 끝에 달리며, 아래를 향하여 1~2개씩 달리고, 연녹색이며, 짧은 원통형이고, 길이 5~10mm, 지름 2~3mm이며 자루가 없다.

1, 2. 전남 완도, 2017.8.23.
3. 가지와 잎, 전남 완도, 2017.8.23.
4. 잎끝의 톱니, 전남 완도, 2018.8.27.
5. 포자낭이삭, 전남 완도, 2017.8.23.
6. 줄기잎, 전남 완도, 2017.8.23.

7, 9, 10. 포자낭이삭이 달린 가지, 전남 완도, 2017.8.23.
8. 습지에 자라는 모습, 전남 완도, 2017.8.23.

물부추과

Isoetaceae Rchb.

中 水韭科
E Quillwort Family
日 Mizu-nira Ka
분류군수 1속 100여 종(한반도 1속 3종)
분포 전 세계

얕은 물속 또는 물가에서 자라는 소형의 여러해살이풀이다. **뿌리줄기** 짧고 굵어서 덩이줄기모양을 이루며 위쪽에서 가늘고 긴 잎이 많이 나오며 수많은 뿌리가 맨 아래에 난다. 1줄 또는 3줄의 홈에 의해 덩이줄기가 둘 또는 셋으로 갈라진다. **잎** 분화가 덜 된 잎으로, 여러 개가 나선상으로 나고, 선형으로 끝이 뾰족하며 맨 아래는 넓고, 작은 엽설과 포자낭이 있다. 기부에 오목하게 파인 부위가 있고, 그 가장자리가 자라서 덮개막이 되며, 포자낭을 덮는다. **포자낭** 2가지로, 바깥쪽 잎에는 대포자낭이, 안쪽 잎에는 소포자낭이 생긴다. 대포자낭 안에는 백여 개의 대포자가 있고, 소포자낭 안에는 수천 개의 소포자가 있다. **대포자** 삼지형이며 둥근모양이다. **소포자** 단지형이며 신장형이다.

참물부추, 경기 연천, 2023.9.3.

물부추속 *Isoetes* L., Sp. Pl. 2: 1100, 1753

中 水韭属
E Quillwort Genus
日 Mizu-nira Zoku

분류군수 100여 종(한반도 3종)
분포 전 세계

물부추과의 특징과 같으며, 종을 나누는 특징은 덩이줄기의 갈라진 수, 엽설의 형태와 크기, 덮개막의 유무, 대포자의 표면무늬 등으로 구별된다.

❖ **물부추**(*I. japonica*)는 박(1942)에 의해 경기도 평택에서 처음 보고된 이후 생육지가 발견되지 않고 있다. 그동안 물부추(*I. japonica*)로 알았던 식물은 **참물부추**(*I. coreana*)를 오동정하거나 완전히 멸종된 것으로 추정하고 있어 [정과 최(1986), Choi et al.(2008)과 정 등(2009)], 앞으로 환경부 멸종위기 야생동식물 II급인 *I. japonica*의 실체 연구가 필요하다.

물부추속의 종 검색표

1. 대포자 기부의 표면에 가시모양과 불규칙한 융기가 있고, 말단의 표면에는 불규칙한 융기가 있다. ·········· **참물부추 *I. coreana*** 66
1. 대포자 표면은 기부와 말단부 모두 주름모양 또는 가시모양이다.
   2. 대포자 표면은 주름모양이다. ···································· **제주물부추 *I. jejuensis*** 67
   2. 대포자 표면은 가시모양이다. ···································· **한라물부추 *I. hallasanensis*** 68

종명	대포자의 표면(기부)	대포자의 표면(말단부)
참물부추	가시모양과 불규칙한 융기	불규칙한 융기
제주물부추	주름모양	주름모양
한라물부추	가시모양	가시모양

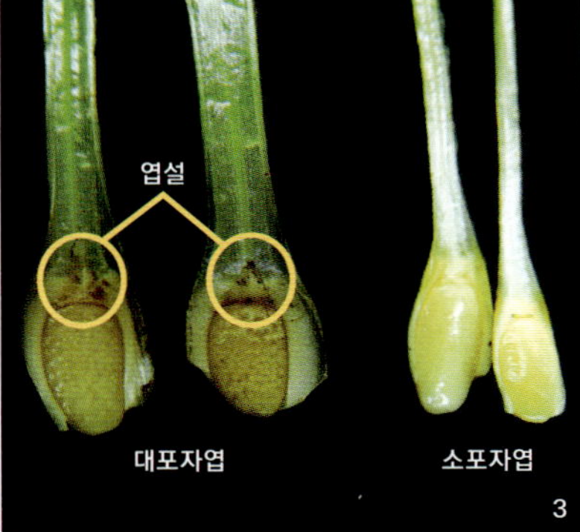

참물부추

***Isoetes coreana* Y.H.Chung & H.K.Choi,** Korean J. Pl. Taxon. 16: 2, 1986

Cham-mul-bu-chu (정영호·최홍근, 1986; 등[7])

E Korean quillwort

염색체수 2n = 66 **포자기** 7~9월 **용도** 관상용

분포 강원, 경기, 충남, 전남, 경남, 수심이 얕은 물속이나 물가에서 자람; 한국 특산종

하록성 여러해살이풀로 수생한다. **뿌리줄기** 3개로 갈라지고 지름 약 10mm, 길이 약 5mm이다. **잎** 직립하고, 모여나며, 길이 9~11.5cm로 양면에 많은 격막이 있다. 횡단면에는 4개의 큰 통기조직이 있고, 표피 맨 아래에 4개의 인피섬유가 있다. 대포자엽은 바깥에 약 20개가 있고, 소포자엽은 중심부에 약 15개가 있다. 엽설은 아삼각형이다. **포자낭** 포막이 없으며, 대포자낭은 길이 4.8~6.2mm, 너비 2.8~3.5mm이고, 소포자낭은 길이 약 0.2mm이다. **대포자** 구형으로 젖은 상태는 회색, 건조하면 흰빛을 띠며, 표면에 불규칙한 융기와 측면에 가시모양의 돌기가 있다. **소포자** 회갈색이고, 표면에 날카로운 가시모양의 돌기가 있다.

∗다른 종에 비해 대포자 기부의 표면에 가시모양과 불규칙한 융기가 있고, 말단의 표면에 불규칙한 융기가 있다.

1. 경기 포천, 2012.8.12.
2. 전초, 충남 공주, 2024.10.6.
3. 대포자엽과 소포자엽, 경기 연천, 2017.9.2.
4. 포자낭군, 경기 연천, 2017.9.2.
5. 대포자, 경기 연천, 2017.9.5.
6. 뿌리줄기 단면, 경기 연천, 2017.9.2.

제주물부추

Isoetes jejuensis **H.K.Choi, Ch.Kim & J.Jung,** J. Pl. Biol. 51(5): 356, 2008

Je-ju-mul-bu-chu (Choi et al., 2008)
E Jeju quillwort

염색체수 2n = 44 **포자기** 7~9월 **용도** 관상용
분포 제주도, 낮은 못이나 늪에서 자람; 한국 특산종

하록성 여러해살이풀로 수생한다. **뿌리줄기** 3개로 갈라지고 지름 10~20mm이다. **잎** 약간 기울어져 자라고, 아래는 흰색이지만 윗부분은 녹색을 띠며, 길이 9~26cm, 너비 1.5~2.5mm이고, 기부가 부풀어 있으며, 반원통형이다. 엽설은 아삼각형이고, 길이 2~4mm, 너비 2~2.5mm이다. **포자낭** 포막이 없으며, 포자낭벽은 뚜렷하다. **대포자** 회색이고, 표면은 기부와 말단부 모두 주름모양이다. **소포자** 갈색이고, 표면에 날카로운 가시모양돌기가 있다.
＊대포자 표면은 기부와 말단부 모두 주름모양으로 다른 종과 구별된다.

1. 제주, 2004.7.14.
2. 포자엽 기부, 제주, 2004.7.14.
3. 대포자엽, 제주, 2004.7.14.
4. 포자 ©최홍근(Choi et al., 2008; 정종덕 등, 2009)

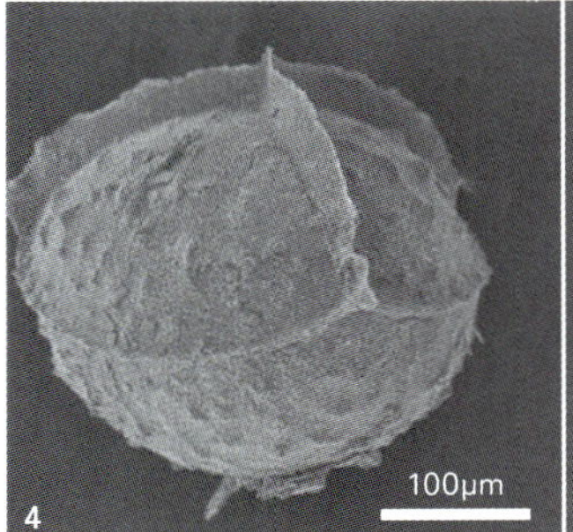

대포자

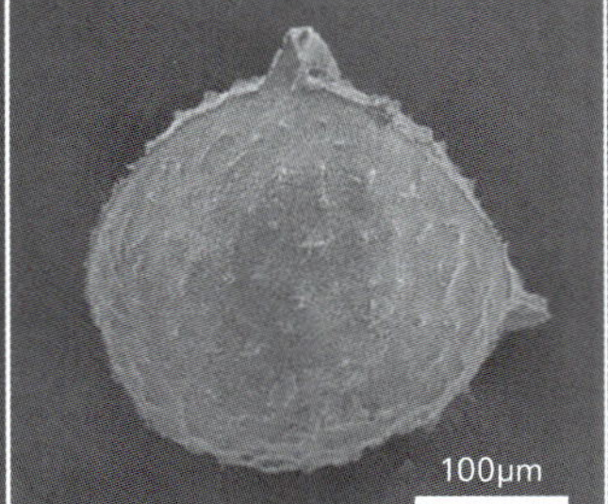

대포자

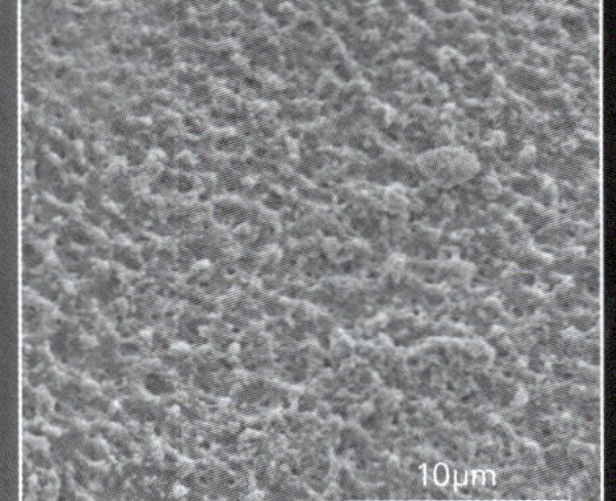

대포자의 표면

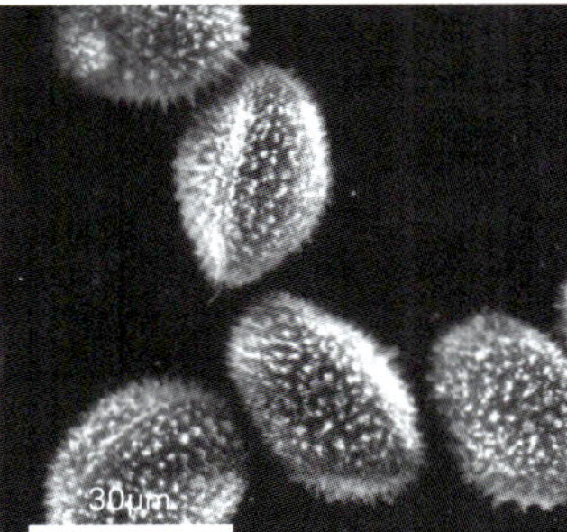

소포자

한라물부추

***Isoetes hallasanensis* H.K.Choi, Ch.Kim & J.Jung,** J. Pl. Biol. 51(5): 357, 2008

Hal-la-mul-bu-chu (Choi et al., 2008)
E Halla quillwort

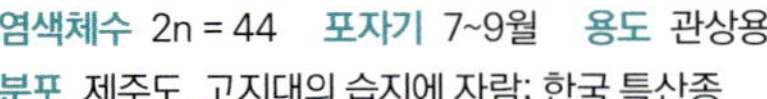

염색체수 2n = 44 **포자기** 7~9월 **용도** 관상용
분포 제주도, 고지대의 습지에 자람; 한국 특산종

하록성 여러해살이풀이다. **뿌리줄기** 3개로 갈라지고, 지름 10~18mm이다. **잎** 곧추 자라며, 아래는 흰색이지만 윗부분은 녹색을 띠며, 길이 5~19cm, 너비 1.5~2.5mm이고, 기부가 부풀어 있다. 엽설은 아삼각형이고, 길이 3~4mm, 너비 1.5~2mm이다. **포자낭** 포막이 없으며, 포자낭벽은 뚜렷하다. **대포자** 회색이고, 표면은 기부와 말단부 모두 가시모양이다. **소포자** 갈색이고, 표면에 날카로운 가시모양의 돌기가 있다.

* 대포자 표면은 기부와 말단부 모두 가시모양을 하여 다른 종과 구별된다.

1. 제주 한라산, 2003.6.4.
2. 어린 개체들, 제주 한라산, 2017.9.14.
3. 포자 ©최홍근(Choi et al., 2008; 정종덕 등, 2009)

대포자

대포자

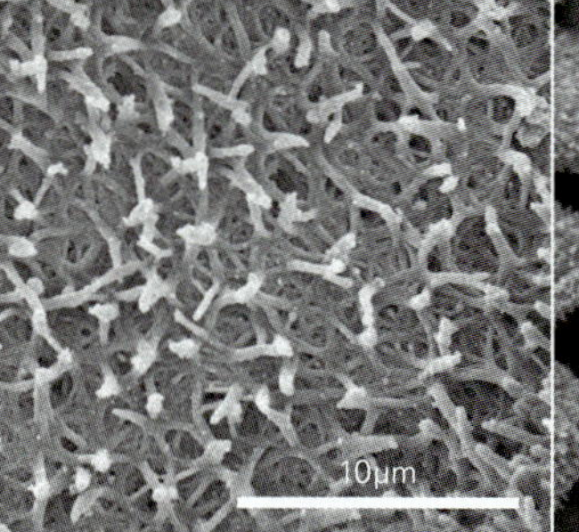

대포자의 표면

소포자

참물부추, 군생지, 경기 연천, 2017.9.19.

부처손과

Selaginellaceae
Willkomm in Willkomm & Lange

中 卷柏科
E Spike-moss Family
日 Iwa-hiba Ka
분류군수 1속 700여 종(한반도 1속 9종)
분포 전 세계, 특히 열대·아열대지역

여러해살이풀이다. **줄기** 보통 가늘고 길게 기며 작은 잎이 붙는다. 줄기가 갈라지는 곳에서 잎이 없는 가지가 돋아 새로운 뿌리가 난다. **잎** 진정엽과 달리 절간분열조직에 의해 만들어져 분화가 덜 된 잎이다. **영양엽** 같은 모양의 잎이 줄기에 나선상으로 붙어 여러 줄로 배열하거나 2가지 모양의 잎이 4줄로 배열하기도 한다. 맥이 1개 있고, 맨 아래에 아주 작은 엽설이 있다. **포자엽** 모여서 포자낭이삭을 만든다. 2가지인데, 하나는 모두 같은 모양으로 나선상으로 붙어 여러 줄로 배열하며, 또 하나는 대포자엽과 소포자엽, 2가지 잎으로 4줄로 배열한다. **포자낭이삭** 사각기둥모양 또는 크고 작은 2가지 형태를 가진다. **포자** 대포자와 소포자로 구별되며, 같은 포자낭이삭에 대포자낭과 소포자낭이 생기며, 대포자낭이 아래에 있다.

바위손, 대구, 2021.3.18.

부처손속 *Selaginella* P.Beauvois, Prodr. Aetheogam. 101, 1805

中 卷柏科属
E Spike-moss Genus
日 Iwa-hiba Zoku

분류군수 700여 종(한반도 9종)
분포 전 세계, 특히 열대·아열대지역

부처손과의 특징과 같으며, 종을 나누는 특징은 영양엽과 포자엽이 동일한 모양이거나 2가지 모양이고, 복엽(측면의 잎)과 배엽(중앙부의 잎)의 모양과 크기 등으로 구별된다.

부처손속의 종 검색표

1. 영양엽은 2가지 모양으로 측면과 중앙에 각기 2줄로 배열하고, 측면의 복엽이 중앙의 배엽보다 크다.
  2. 줄기는 한 묶음의 헛줄기에서 여러 개가 방사상으로 나온다. ······ **바위손 *S. tamariscina*** 72
  2. 줄기는 벋는 줄기에서 1개씩 나온다.
    3. 줄기는 곧게 자라다가 위에서 수회 가지를 친다.
      4. 측면의 복엽은 난상 피침형으로 끝이 날카롭게 뾰족하고, 맨 아래에 털 같은 돌기가 있다. ··· **개부처손 *S. stauntoniana*** 73
      4. 측면의 복엽은 난형으로 끝이 뾰족하고, 가장자리가 거의 밋밋하다. ······ **부처손 *S. involvens*** 74
    3. 줄기는 땅위를 기며 불규칙하게 가지를 친다.
      5. 포자낭이 붙는 줄기는 직립한다.
        6. 포자엽은 단일 모양이고, 중앙의 배엽은 대칭이며, 끝이 구부러지지 않는다.
          7. 측면의 복엽은 넓은 난형으로 끝이 침상으로 되고, 길이 약 2~3mm이다. ······ **선비늘이끼 *S. nipponica*** 75
          7. 측면의 복엽은 난형 또는 긴타원형으로 끝이 침상으로 되지 않고, 길이 약 1.5~1.8mm이다. ······ **왜구실사리 *S. helvetica*** 76
        6. 포자엽은 2가지 모양이고, 중앙의 배엽은 비대칭이며, 끝이 구부러진다. ······ **각시비늘이끼 *S. heterostachys*** 77
      5. 포자낭이 붙는 줄기는 직립하지 않는다.
        8. 측면의 복엽은 전체에 톱니가 있고, 가장자리에 털이 없으며, 길이 약 3mm이다. ······ **나도비늘이끼 *S. kraussiana*** 78
        8. 측면의 복엽은 상부에 톱니가 있고, 가장자리 기부에 긴 털이 있으며, 길이 약 2mm이다. ······ **구실사리 *S. rossii*** 79
1. 영양엽은 단일 모양으로, 잎이 나선상으로 배열한다. ······ **개실사리 *S. shakotanensis*** 80

바위손

Selaginella tamariscina **(P.Beauv.) Spring**, Bull. Acad. Roy. Sci. Bruxelles 10: 136, 1843

Ba-wi-son (정태현 등, 1949; 등[5])
부처손(박만규, 1949, 1961, 1975; 이창복, 1980; 등[4])
中 卷柏 E Little club-moss
日 Iwa-hiba, Iwa-matsu

염색체수 2n = 20 **포자기** 7~9월
용도 약용(지상부: 출혈, 통증), 관상용
분포 전역, 산지 암벽 위에서 자람; 일본, 중국, 타이완, 인도, 자바, 러시아(시베리아 동부) 등

상록성 여러해살이풀로 착생한다. 뿌리가 서로 엉켜 헛줄기를 만들며, 건조할 때는 가지가 안쪽으로 돌돌 말린다. **키** 약 20cm이다. **줄기** 헛줄기 끝에서 갈라져 20~30개의 가지가 벋어 나오고, 각 가지는 2~3회 우상으로 가지를 벋어 겉으로 보기에 넓은 난형 또는 난형이다. **영양엽** 중앙의 배엽과 측면의 복엽이 다른 모양이다. 중앙의 배엽은 비대칭 난형이고, 길이 1.5~2mm이며, 끝이 뾰족하고 가장자리에 톱니가 있으며, 측면의 복엽은 비대칭 난형으로 끝이 길게 뾰족하고, 기부가 둥글며 가장자리에 잔톱니가 있다. **포자엽** 난상 삼각형이며, 가장자리에 잔톱니가 있고, 끝이 바늘처럼 뾰족하다. **포자낭이삭** 작은 가지의 끝에 1개씩 붙고, 사각기둥모양이며, 길이 5~15mm, 지름 약 2mm이다. **포자낭** 대포자낭과 소포자낭이 같은 포자낭이삭에 있다. **포자** 소포자는 노란빛이 도는 주황색이고, 대포자는 연한 황색이다.

1. 제주, 2012.9.7.
2. 포자낭이삭, 국립수목원, 2012.12.20.
3. 대구, 2021.3.18.
4. 배엽, 경기도 포천, 2024.7.9.
5. 배엽(좌), 복엽(우), 경기도 포천, 2024.7.9.
6. 복엽, 경기도 포천, 2024.7.9.
7. 건조한 모습, 전남 신안, 2021.6.2.

개부처손

Selaginella stauntoniana **Spring**, Mém. Acad. Roy. Sci. Belgique 24: 71, 1850

Gae-bu-cheo-son (박만규, 1949; 이창복, 1980; 등[1])
바위부처손(정태현 등, 1949)
中 旱生卷柏 E Red stem spikemoss

포자기 7~9월
용도 약용(지상부: 치질, 자궁출혈, 동통), 관상용
분포 강원, 충북, 북부(평양), 석회암지대의 산지 암벽에서 자람; 중국

상록성 여러해살이풀로 착생한다. **키** 10~25cm이다. **땅속줄기** 길게 옆으로 벋으며 잎이 드문드문 달린다. **땅위줄기** 곧고, 주가지는 붉은빛이 돌고 상반부에서 가지가 갈라지며, 가지는 모가 지고 딱딱하다. 끝부분이 위로 솟아서 지상경이 되고, 위에서 3~4회 우상으로 갈라지며, 난형 또는 긴난형이고, 너비 약 5cm이며, 맨 아래는 잎자루같이 된다. **영양엽** 측면의 잎은 비스듬하게 붙고 넓은 난상 피침형으로, 끝이 뾰족하며, 길이 약 1mm이고, 윗가장자리에 톱니가 있다. 중앙의 잎은 측면의 잎 길이보다 작으며, 난상 피침형이고, 끝이 날카롭게 뾰족하며, 가장자리에 잔톱니가 있고 기부에 털 같은 돌기가 있다. **포자엽** 삼각상 난형으로 끝이 길고 날카롭게 뾰족하며, 가장자리에 잔톱니가 있고, 대포자엽과 소포자엽이 교대로 있거나 대포자엽이 아랫부분에 있다. **포자낭** 소포자낭은 타원형이다. **포자** 소포자는 노란빛이 도는 주황색이거나 붉은빛이 도는 주황색이고, 대포자는 노란빛이 도는 주황색이다.

*부처손과 유사하나 측면의 잎 끝이 날카롭게 뾰족하고 가장자리에 전반적으로 톱니가 있으며 기부에 털 같은 돌기가 있다.

1. 충북 단양, 2020.7.11.
2. 복엽(좌), 배엽(우)
3. 복엽
4. 줄기와 가지, 충북 단양, 2020.7.11.
5. 측면의 잎 기부에 난 돌기, 충북 제천, 2003.7.4.
6. 포자엽, 충북 단양, 2020.7.11.
7. 겨울철 모습, 강원 영월, 2013.11.11.

부처손

Selaginella involvens **(Sw.) Spring**, Bull. Acad. Roy. Sci. Bruxelles 10: 136, 1843

Lycopodium involvens Sw., Syn. Fil.: 182, 1806

Bu-cheo-son (정태현 등, 1937; 등[5])
바위손(정태현, 1956; 박만규, 1975; 이창복, 1980; 등[4])
中 兖州卷柏 E Tree spikemoss 日 Kata-hiba

염색체수 2n = 18, 20 **포자기** 7~9월
용도 약용(지상부: 출혈, 통증), 관상용
분포 제주도, 산지 음습한 곳에서 자람; 일본, 중국, 타이완, 인도 등

상록성 여러해살이풀로 착생하며, 밝은 갈색을 띤 녹색이다. **키** 15~40cm이다. **땅속줄기** 길게 기며, 새 줄기를 땅위로 낸다. **땅위줄기** 아래부터 1/3 이상에서 3~4회 깃꼴로 갈라지며, 난형 또는 긴난형으로, 길이 10~20cm, 너비 5~10cm이고, 줄기의 맨 아래는 가지가 갈라지지 않고 잎자루같이 된다. **영양엽** 원줄기에 드문드문 달리며, 맨 아래에서는 서로 같으나 위에서 차츰 크기가 달라져 2가지의 잎이 된다. 표면의 잎은 직각으로 붙고, 끝이 뾰족하며, 위쪽 가장자리에 잔톱니가 있다. **포자엽** 삼각상 난형이고, 끝이 뾰족하며, 길이 약 1mm이고, 가장자리에 잔톱니가 있다. 대포자엽과 소포자엽이 교대로 있거나 대포자엽이 아래에 있다. **포자낭이삭** 작은 가지 끝에 1개씩 붙고, 사각기둥모양이며, 길이 약 5~25mm, 지름 약 1mm이다. **포자낭** 소포자낭은 타원형이다. **포자** 소포자는 노란빛이 도는 주황색이며, 대포자는 흰색 또는 갈색이다.

1. 제주, 2014.1.13.
2. 포자낭이삭과 포자엽, 제주, 2014.6.9.
3. 배엽(좌)과 복엽(우)
4. 줄기와 가지의 잎, 평강식물원, 2010.8.27.
5. 군락, 제주, 2012.6.9.

선비늘이끼

***Selaginella nipponica* Franch. & Sav.**, Enum. Pl. Jap. 2: 615, 1877
Selaginella savatieri Baker, J. Bot. 22: 87, 1884

Seon-bi-neu-i-kki (박만규, 1961, 1975; 등[1])
中 伏地卷柏 E Erect selaginella
日 Tachi-kurama-goke

염색체수 2n = 18 **포자기** 7~9월 **용도** 관상용
분포 전남, 제주도, 울릉도, 햇볕이 드는 산기슭이나 길가에서 자람; 일본, 중국, 타이완, 인도차이나

상록성 여러해살이풀로 지생 또는 착생하며, 전체적으로 황록색을 띠고 연약하며, 겨울에 흔히 주가지가 죽고 붉은빛으로 변한다. **키** 5~20cm이다. **줄기** 땅위를 기고 가지가 갈라져 방사상으로 퍼지며, 곁가지와 뚜렷이 구별되지 않는다. **영양엽** 줄기에 밀집해서 붙는다. 측면의 잎은 넓은 난형으로, 길이 2~3mm이고, 직각으로 붙거나 약간 젖혀진다. 끝이 뾰족하고 가장자리에 잔톱니가 있으며 맨 아래는 거의 둥글고 다소 좌우가 불균형하다. 중앙의 잎은 난상 피침형이고, 길이 약 1mm이며, 끝이 날카롭게 뾰족하고 가장자리에 잔톱니가 있다. **포자엽** 가장자리에 잔톱니가 있으며, 끝이 약간 뾰족하다. 대포자엽은 아래쪽에 있다. **포자낭줄기** 가지가 1~2회 차상으로 갈라지며, 길이 약 5~10cm이고, 곧게 서고, 중앙의 잎은 서로 차이가 없으며, 점차 작아져서 포자낭이 붙고 따로 포자낭이삭이라고 할 만한 부위가 없다. 소포자낭은 타원형이다. **포자** 소포자는 주홍색, 대포자는 주황색이다.

＊왜구실사리와 가장 유사하나 측면의 잎은 더 넓은 난형이며 끝이 날카롭게 뾰족하다.

1. 제주, 2012.9.7.
2. 측면 잎 끝의 침상돌기, 제주, 2012.9.7.
3. 포자낭이 붙는 줄기, 평강식물원, 2014.7.25.
4. 선비늘이끼와 각시비늘이끼가 함께 서식하는 모습, 제주, 2016.2.24.

왜구실사리

Selaginella helvetica (L.) Spring, Flora 21(1) : 149, 1838

Lycopodium helveticum L., Sp. Pl. 2: 1104, 1753

Wae-gu-sil-sa-ri (정태현 등, 1949; 이창복, 1980; 등[1])
좀비늘이끼(박만규, 1949)
中 小卷柏 E Dwarf spikemoss
日 Ezo-no-hime-kurao-goke

염색체수 2n = 18 **포자기** 6~8월 **용도** 관상용
분포 강원, 경기, 충북, 전북, 경남, 제주도, 산지의 그늘지고 습한지역에서 자람; 일본, 중국 북부, 러시아(시베리아), 유럽, 북아메리카

상록성 여러해살이풀로 지생 또는 착생하며, 황록색이다. 겨울에 흔히 주가지가 죽고 붉은색으로 변한다. **키** 10cm가량이다. **줄기** 땅위에 붙어 기고 군데군데에서 모여나며, 잎과 더불어 지름 약 3mm가량이고, 불규칙하게 가지를 치며, 측가지와 구별이 어렵고, 뒤얽혀 있다. **잎** 2가지 모양으로, 측면의 잎은 직각으로 붙거나 약간 뒤쪽으로 젖혀지며, 난형 또는 난상 긴타원형이고, 끝이 뭉뚝하며, 길이 1.5~1.8mm이고, 가장자리는 톱니가 발달하며, 주맥이 희미하고, 연한 녹색이다. 중앙의 잎은 좁은 난형이고, 길이 약 1mm이며, 끝이 약간 뾰족하고, 비스듬히 난다. **포자엽** 같은 모양의 잎이 비스듬히 퍼지며, 길이 1.5mm로 끝이 뾰족하다. 대포자엽은 포자낭이삭의 아랫부분에 있고, 소포자엽은 교대로 있다. **포자낭이삭** 곧게 서며, 때로 1~2회 Y자로 갈라지고, 길이 2~8cm이다. **포자낭** 소포자낭은 타원형이거나 도란형이다.

*선비늘이끼에 비해 측면의 잎은 좁은 난형이며, 끝이 약간 뾰족하고 각시비늘이끼에 비해 측면과 중앙의 잎이 거의 같은 모양이다.

1. 강원 평창, 2004.7.27.
2. 대포자낭과 소포자낭, 2012.5.30.
3. 경북 의성, 2025.7.30.
4. 포자낭이삭이 올라오는 모습, 강원 평창, 2012.6.14.

각시비늘이끼

Selaginella heterostachys **Baker**, J. Bot. 23: 177, 1885

Gak-si-bi-neul-i-kki (Lee et al., 2008)
中 异穗卷柏 E Pretty selaginella
日 Hime-kurama-goke

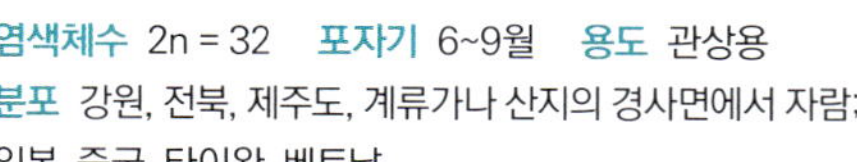

염색체수 2n = 32 **포자기** 6~9월 **용도** 관상용
분포 강원, 전북, 제주도, 계류가나 산지의 경사면에서 자람; 일본, 중국, 타이완, 베트남

상록성 여러해살이풀로 지생 또는 착생하며, 황록색이다. 겨울에 노랗고 붉은색으로 변한다. **키** 5~20cm이다. **줄기** 2가지 모양으로 주줄기는 땅위를 기고, 여름부터 가을까지 보이며, 잎을 포함하여 3~5mm이다. 곁가지는 곧게 서며, 잎을 포함하여 3~4mm이고, 키가 5~15cm이다. **영양엽** 2가지 모양으로 측면에 있는 잎은 중앙에 있는 잎보다 더 크며, 거의 대칭이고, 삼각상 난형으로 맨 아래는 심장저이며, 끝이 뾰족하고 가장자리에 잔톱니가 있다. 중앙의 잎은 거의 비대칭형이고, 긴타원형이며, 가장자리는 흰색 막질이고, 잔톱니가 있으며 정단부에서 꼬부라진다. **포자엽** 2가지 모양으로, 측면의 대포자엽은 길이 약 2mm이고 끝이 뾰족하며, 가장자리에 톱니가 있다. 중앙의 소포자엽은 길이 약 1.5mm이고 끝이 꼬리모양으로 길어진다. **포자낭이삭** 1~2개로, 곁가지 끝에 붙으며, 길이 0.5~1cm이나 길게 3cm까지 자란다.

＊선비늘이끼와 유사하나 겨울에도 잎이 뚜렷하게 보이고, 측면의 잎은 난형으로 아래는 심장저이고, 중앙의 잎은 길며 정단부에서 꼬부라지는 점이 다르다.

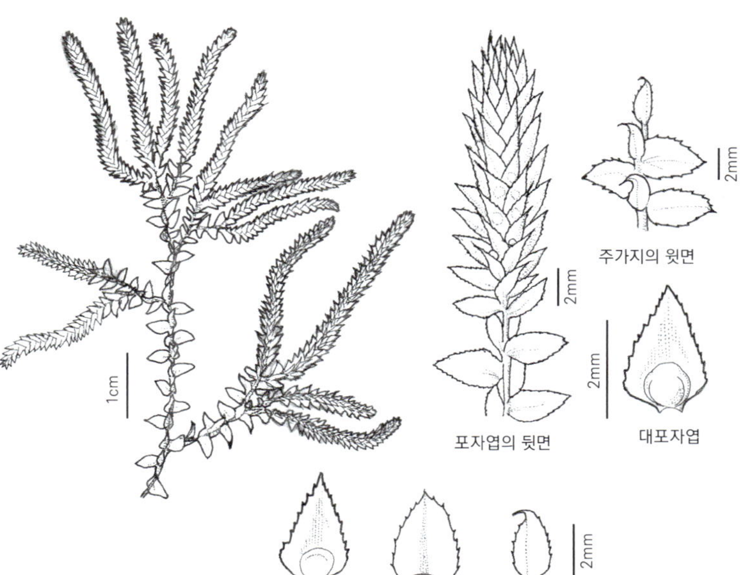

1. 강원 화천, 2022.8.6.
2. 포자낭이삭과 포자엽, 강원 춘천, 2010.7.25.
3. 포자낭이삭이 붙은 가지, 강원 춘천, 2020.7.25.

1. 평강식물원, 2009.12.2.
2. 배엽과 복엽, 제주(식재), 2024.3.18.
3. 배엽, 복엽, 포자낭이삭, 제주(식재), 2024.6.27.
4. 나도비늘이끼 복엽(좌), 구실사리 복엽(우)
5. 엽설(노란색 표시한 원 안)
6. 줄기중심주
7. 줄기와 가지, 제주(식재), 2024.6.27.
8. 포자낭이삭, 제주(식재), 2024.6.27.

나도비늘이끼

***Selaginella kraussiana* (Kunze) A.Braun**, Index Sem. (Berlin). 22. 1860.
Lycopodium kraussianum Kunze, Linnaea 18: 114. 1844; *Didiclis kraussiana* (Kunze) Rothmaler; *Lycopodioides kraussiana* (Kunze) Kuntze.

Na-do-bi-neu-i-kki (국명신칭)
中 小翠云
E Krauss' spikemoss, Krauss's clubmoss, African clubmoss

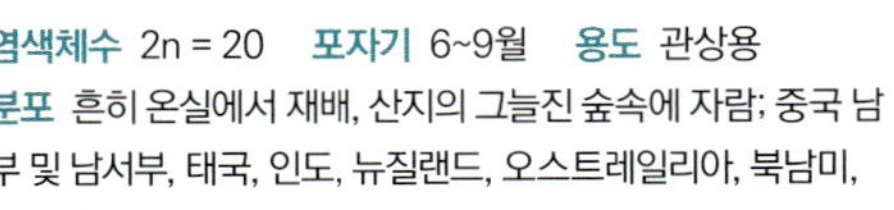

염색체수 2n = 20 **포자기** 6~9월 **용도** 관상용
분포 흔히 온실에서 재배, 산지의 그늘진 숲속에 자람; 중국 남부 및 남서부, 태국, 인도, 뉴질랜드, 오스트레일리아, 북남미, 유럽, 아프리카

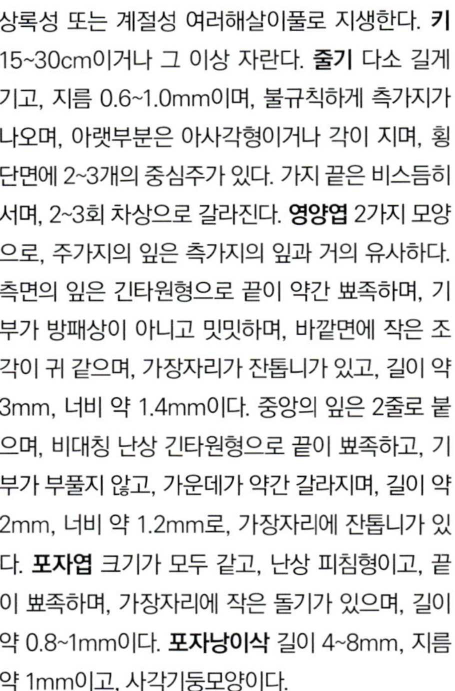

상록성 또는 계절성 여러해살이풀로 지생한다. **키** 15~30cm이거나 그 이상 자란다. **줄기** 다소 길게 기고, 지름 0.6~1.0mm이며, 불규칙하게 측가지가 나오며, 아랫부분은 아사각형이거나 각이 지며, 횡단면에 2~3개의 중심주가 있다. 가지 끝은 비스듬히 서며, 2~3회 차상으로 갈라진다. **영양엽** 2가지 모양으로, 주가지의 잎은 측가지의 잎과 거의 유사하다. 측면의 잎은 긴타원형으로 끝이 약간 뾰족하며, 기부가 방패상이 아니고 밋밋하며, 바깥면에 작은 조각이 귀 같으며, 가장자리가 잔톱니가 있고, 길이 약 3mm, 너비 약 1.4mm이다. 중앙의 잎은 2줄로 붙으며, 비대칭 난상 긴타원형으로 끝이 뾰족하고, 기부가 부풀지 않고, 가운데가 약간 갈라지며, 길이 약 2mm, 너비 약 1.2mm로, 가장자리에 잔톱니가 있다. **포자엽** 크기가 모두 같고, 난상 피침형이고, 끝이 뾰족하며, 가장자리에 작은 돌기가 있으며, 길이 약 0.8~1mm이다. **포자낭이삭** 길이 4~8mm, 지름 약 1mm이고, 사각기둥모양이다.

박(1961, 1975) 등이 제주도에 자생한다고 알려진 비늘이끼(*S. remotifolia* Spring)는 확인되지 않고 있고, 흔히 원예시장에서 유통되거나 온실 등에서 재배되고 있는 종은 최근 형태분석을 통해, 전 세계적으로 재배식물로 널리 보급된 *S. kraussiana*로 판단되어 새로 기재하였다.

구실사리

Selaginella rossii **(Baker) Warburg,**
Monsunia 1: 101, 1900
Selaginella mongholica Rupr. var. *rossii* Baker, J. Bot. 21: 45, 1883

Gu-sil-sa-ri (정태현 등, 1937; 등[1])
구실살이(박만규, 1975), 바위비늘이끼(박만규, 1949)
中 鹿角卷柏 E Bead selaginella
日 Harigane-hiba, Haigane-kazura

염색체수 2n = 30 포자기 7~9월
용도 약용(지상부: 민간에서 항암제), 관상용
분포 제주도를 제외한 전역, 산지 바위 겉에서 자람; 중국 북부, 러시아(우수리)

상록성 여러해살이풀로 착생한다. **키** 10~20cm이다. **줄기** 철사모양으로 단단하며, 지름 약 0.2mm이고, 붉은빛이 나고, 옆으로 벋으면서 차상으로 갈라지며 군데군데에서 뿌리를 낸다. **영양엽** 4줄로 배열하고, 표면은 초록색이며 뒷면은 연한 녹색이고, 난형이며, 양쪽 밑에 굵은 털 같은 톱니가 있고, 약간 밑으로 처지면서 수평으로 퍼진다. 측면의 잎은 긴난상 타원형이며, 맨 아래가 둥글고 끝은 뾰족하며, 길이 약 2mm이다. 중앙의 잎은 비스듬한 난형으로, 끝이 뾰족하며, 길이 약 1mm이다. **포자엽** 삼각상 난형으로, 끝이 뾰족하고, 배처럼 가장자리가 접어들며, 가장자리에 잔 톱니가 있다. 대포자엽은 포자낭이삭의 아래에 있다. **포자낭이삭** 가지 끝에 1~2개씩 자루가 없이 달리며, 길이 1cm, 지름 2mm이고, 사각기둥모양이다. **포자낭** 소포자낭은 신장형으로 두껍다. **포자** 소포자는 주황색 또는 연황색으로, 주름이 있고, 대포자는 흰색이며, 불규칙한 소돌기가 있다.

1. 울산, 2020.8.16.
2. 줄기 표면, 강원 춘천, 2020.7.25.
3. 엽설(노란색 표시한 원 안)
4. 배엽(좌)과 복엽(우)
5. 배엽, 복엽, 강원 춘천, 2020.7.8.
6. 대포자낭, 소포자낭, 포자낭이삭, 강원 춘천, 2020.7.8.
7. 경남 영축산, 2020.6.21.

개실사리

***Selaginella shakotanensis* (Franch. ex Takeda) Miyabe & Kudô**, J. Fac. Agr. Hokkaido Imp. Univ. Sapporo 26(1) : 63 (1930)

Gae-sil-sa-ri (박만규, 1961, 1975)
E Dense-leaf selaginella 日 Himo-kazura

포자기 7~9월 **용도** 관상용
분포 울릉도, 산지의 능선 부근, 바위에 붙어서 자람; 일본, 사할린

상록성 여러해살이풀로 착생한다. **키** 10cm 이하이고, 가지가 많이 갈라져서 다복하다. **줄기** 짧게 기고, 가지 끝이 비스듬히 서며 마르면 잎을 포함하여 지름 약 1mm로 가늘다. **영양엽** 잎 크기가 모두 같고, 나선상으로 여러 줄로 배열되며, 줄기에 딱 붙거나 또는 비스듬히 붙어서 윗부분이 안으로 굽고, 뒷면에 세로로 1줄의 홈이 있으며, 가장자리에 잔털이 있고, 오래 남아있으며, 약간 딱딱하다. 짙은 녹색이고, 선상 피침형으로 맨 아래가 좁아지며, 길이 1~1.2mm, 너비 0.3mm이고, 끝이 점차 뾰족해지며, 잎 길이의 1/5가량 되는 털 같은 부속물이 있다. **포자낭이삭** 소지 끝에 붙고 횡단면이 사각형, 길이 0.5~2.5cm, 지름 1.5mm이다. **포자엽** 크기가 모두 같고 4줄로 배열되며, 긴타원상 피침형이고, 길이 약 1.5mm, 가장자리에 잔털이 있으며, 끝이 짧게 까락모양을 한다.

＊울릉도에 분포하는 개체는 실사리(*S. sibirica*), 백두산에 자생하는 개체는 개실사리로 알려져 왔으나(박만규, 1961, 1975), 울릉도에 분포하는 개체들은 개실사리로 재확인되었다. 실사리는 영양엽의 끝이 거의 뭉툭하다 갑자기 좁아져 끝에 잎의 1/3 크기의 털 같은 돌기가 있으나, 울릉도에 자생하는 개체들은 영양엽의 끝이 서서히 좁아져 끝에 잎의 1/5 크기의 털 같은 돌기가 있다.

1. 2. 경북 울릉, 2022.11.6.
3. 포자낭이삭, 경북 울릉, 2022.11.6.
4. 포자낭이삭, 경북 울릉, 2014.7.8.
5. 소포자낭과 대포자낭, 경북 울릉, 2022.11.6.
6. 경북 울릉, 2014.8.11.
7. 대포자낭과 포자엽, 경북 울릉, 2022.11.6.

왜구실사리, 강원 평창, 2016.4.22.

속새과

Equisetaceae Michx. ex DC.

中 木贼科
E Horsetail Family
日 Tokusa Ka
분류군수 전 세계 1속 약 15종(한반도 1속 7종)
분포 오스트레일리아를 제외한 전 세계, 주로 북반구의 온대지역, 주로 습지에서 자람

여러해살이풀로, 주로 습생하며, 기는 뿌리줄기가 있다. **뿌리** 뿌리줄기의 마디나 줄기 기부에서 나온다. **줄기** 같은 모양이거나 2가지 모양이며, 마디가 뚜렷이 발달하고, 마디 사이는 속이 비었으며, 마디에서 돌려서 가지를 치거나 또는 치지 않는다. **잎** 비늘조각모양이며, 1줄의 잎맥이 있고, 잎이 붙은 마디의 위쪽 마디 사이의 홈에 맞서거나 서로 붙어서 엽초을 만들며, 엽초의 끝이 갈라져서 치편이 된다. **포자낭이삭** 줄기 끝에 또는 가지의 끝에서 생긴다. **포자엽** 육각형으로 된 방패형이고, 안쪽에 다수의 포자낭이 붙는다. 포자낭은 포자엽 안쪽에 포자엽 당 5~10개가 들어있고 길게 터진다. **포자** 동형포자이며, 녹색이고, 둥근모양으로 4개의 탄사(彈絲)가 있다.

쇠뜨기, 서울, 2015.4.19.

속새속 ***Equisetum*** (Plinius) L., Sp. Pl. 2: 1061, 1753

中 木贼属
E Horsetail Genus
日 Tokusa Zoku

분류군수 약 15종(한반도 7종)
분포 오스트레일리아를 제외한 전 세계, 주로 북반구의 온대지역, 주로 습지에서 자람

속새과의 특징과 같으며, 종을 나누는 특징은 줄기의 모양과 색, 포자낭이삭의 크기, 엽초의 모양과 색 등으로 구별된다.

속새속의 종 검색표

1. 줄기는 하록성이다.
   2. 줄기는 2가지 모양이고, 포자낭이삭이 있는 줄기는 담홍색 또는 담갈색이며, 포자가 안 생기는 줄기는 돌려나는 가지로 일정하게 배열된다.
      3. 엽초는 치편을 합쳐 길이 0.3~1cm인데, 포자낭이삭이 있는 것은 약 2cm이다.
         4. 줄기의 마디 사이는 돌기가 없이 매끄럽고, 엽초의 치편은 전체가 암갈색이다. ······················ **쇠뜨기 *E. arvense* 84**
         4. 줄기의 마디 사이는 미세한 돌기를 가졌고, 엽초의 치편은 투명하고 흰색 막질이다. ·············· **물쇠뜨기 *E. pratense* 85**
      3. 엽초는 치편을 합쳐 길이 1~3cm인데, 포자낭이삭이 있는 것은 약 5cm이다. ················· **능수쇠뜨기 *E. sylvaticum* 86**
   2. 줄기는 같은 모양이고, 녹색을 띠며, 드문드문 가지가 난다.
      5. 줄기의 마디능선은 5~10개이고, 다소 뚜렷하게 도드라졌으며, 줄기의 빈 속은 줄기 지름의 4/5 이하다. ·· **개쇠뜨기 *E. palustre* 85**
      5. 줄기의 마디능선은 15~25개이고, 뚜렷하지 않으며, 줄기의 빈 속은 줄기 지름의 4/5 이상이다.········ **물속새 *E. fluviatile* 87**
1. 줄기는 상록성이다.
   6. 줄기는 가지가 없으며, 지름이 약 5~7mm이다. ·· **속새 *E. hyemale* 88**
   6. 줄기는 중간 이하에 2, 3개의 가지가 불규칙하게 있으며, 지름이 약 3~5mm이다.··············· **개속새 *E. ramosissimum* 89**

❖ **좀속새**(*E. scirpoides* Michx., Fl. Bor.-Amer. 2: 281, 1803)는 줄기가 굴곡지며, 지름이 0.3~0.5mm로 가늘고 불규칙하게 구불구불 굽었으며, 속이 차있고, 뚜렷하게 튀어나온 능선이 6개이며, 엽초는 흑색 또는 흑갈색이고, 포자낭이삭은 줄기 끝에 자루 없이 한 개가 붙으며, 끝에 돌기가 있다. 우리나라 북부, 일본, 러시아, 유럽, 북미, 북반구 온대 북부에서 서식하는 것으로 박만규(1961, 1975)에 의해 보고되었지만 확인이 안 되었다.

종명	상태	줄기	엽초의 길이	줄기 마디 능선수	포자낭이삭의 자루
쇠뜨기	하록성	2가지 모양	5mm	6~10개	3~6cm
물쇠뜨기	하록성	2가지 모양	6~9mm	6~18개	2~5cm
능수쇠뜨기	하록성	2가지 모양	10~30mm	10~14개	2~6cm
개쇠뜨기	하록성	같은 모양	10~12mm	5~10개	0.5~3cm
물속새	하록성	같은 모양	5~10mm	15~25개	0.8~3cm
속새	상록성	같은 모양	8~15mm	10~18개	없음
개속새	상록성	같은 모양	8~15mm	5~20개	없음

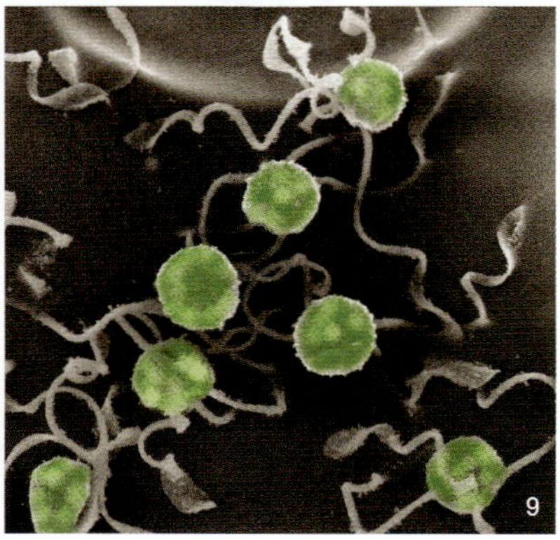

쇠뜨기

***Equisetum arvense* L.**, Sp. Pl. 2: 1061, 1753

Soe-tteu-gi (정태현 등, 1937; 박만규, 1975; 이창복, 1980; 등[1])
中 問荊 E Common horstail, Field horstail
日 Sugina

염색체수 n = 108 **포자기** 4~5월
용도 약용(지상부: 이뇨, 해수, 혈압강화), 관상용
분포 전역, 평지의 양지쪽 습지 또는 건조한 곳에서 흔히 자람; 전 세계, 북반구의 온대에서 난대지역

하록성 여러해살이풀로 습생과 지생한다. **키** 20~50cm이다. **뿌리줄기** 길게 뻗는다. **줄기** 2가지 모양으로 곧게 자란다. 포자체가 먼저 자라고 이후 영양체가 나온다. **영양체 줄기** 길이 20~40cm, 지름 2~4mm이고, 속은 비었으며 겉에 6~10개의 능선이 있다. 마디에 능선수와 같은 가지와 엽초가 돌려나며, 마디 사이는 돌기 없이 매끄럽다. **엽초** 치편을 포함하여 길이 약 5mm이고, 녹색이다. 치편은 피침형으로 끝이 뾰족하며, 길이 약 2mm이고, 암갈색이다. 치편의 수는 원줄기의 능선수와 같고, 마디에서 갈라진 가지에는 3~4개의 능선이 있으며, 치편은 3~4개로 다시 갈라지기도 한다. **포자체 줄기** 길이 10~30cm이며, 연분홍색 또는 연갈색이고, 가지를 치지 않는다. 엽초는 길이 약 1.5cm로 영양체의 엽초보다 크다. 이른 봄에 나와 끝에 뱀머리 같은 포자낭이삭을 만들고, 포자를 산포한 후 곧 죽는다. **포자낭이삭** 긴타원형이고, 길이 2~4cm이며, 육각형의 포자엽이 서로 밀착해 있고, 안쪽에 포자낭이 달리며, 3~6cm의 자루가 있다. **포자** 4개의 탄사가 있어 포자를 산포한다.

*가끔 영양체 줄기 끝에 포자낭이삭이 붙어서 개쇠뜨기로 오동정하기도 한다.

1. 경기 포천, 2013.5.5.
2. 줄기와 가지엽초, 경기 포천, 2025.5.13.
3. 영양체 군락, 서울, 2018.4.22.
4. 영양체 줄기 끝에 달린 포자낭이삭, 경기 오산, 2022.5.19. ©한들
5. 포자낭이삭, 서울 초안산, 2004.3.21.
6. 포자낭이삭 종단면, 서울, 2015.4.6.
7. 영양체 줄기의 횡단면, 전남 화순, 2020.7.1.
8. 뿌리줄기의 털, 경기 포천, 2011.6.13. / 9. 포자와 탄사

물쇠뜨기

***Equisetum pratense* Ehrn.**, Hannover. Mag. 22: 138, 1784

Mul-Soe-tteu-gi (정태현 등, 1937; 박만규, 1975; 이창복, 1980; 등[1])
뫼속새(박만규, 1949)
中 草間莉 E Meadow horstail 日 Yachi-sugina

염색체수 2n = 216 **포자기** 7~8월
용도 약용(전초), 관상용
분포 백두산, 그늘진 습지에서 자람; 일본, 중국, 러시아, 유럽, 북아메리카 등 북반구 온대지역

하록성 여러해살이풀이다. **키** 20~60cm이다. **뿌리줄기** 기거나 서며, 마디와 뿌리가 있다. **줄기** 2가지 모양이고, 영양체와 포자체가 동시에 나온다. **영양체 줄기** 길이 30~60cm, 지름 1~3mm이고, 6~18개의 능선이 있다. 능선 위에 가시 같은 잔돌기가 있고, 마디 사이는 2~3cm이다. 가지는 줄기의 상반부에 돌려나고 길이 3~10cm이다. **엽초** 치편을 포함하여 길이 6~9mm이고, 치편은 6~18개, 긴삼각형이며, 가장자리가 투명하고 흰색막질이다. **포자체 줄기** 길이 10~20cm이며, 연분홍색 또는 연갈색이고, 가지가 없거나 짧은 가지가 있으며, 마디 사이는 2~3cm이다. 엽초는 길이 5~10mm이다. 치편은 10~20개이고, 피침형이며, 길이 4~6mm, 투명한 막질이다. **포자낭이삭** 길이 1.5~3cm이고, 길이 2~5cm의 자루가 있다.

1. 포자줄기, 백두산
2. 줄기엽초와 가지엽초, 백두산
3. 엽초와 줄기의 돌기, 백두산

개쇠뜨기

***Equisetum palustre* L.**, Sp. Pl. 2: 1061, 1753

Gae-soe-tteu-gi (정태현 등, 1937; 박만규, 1975; 이창복, 1980; 등[1])
中 犬間莉 E Marsh horstail 日 Inu-sugina 

염색체수 2n = 216 **포자기** 7~8월
용도 약용(이뇨제, 관절류머티즘), 관상용
분포 백두산, 습지에서 자람; 일본, 중국, 러시아, 유럽, 북아메리카 등 북반구 온대지역

하록성 여러해살이풀로 습생한다. **키** 20~60cm이다. **뿌리줄기** 옆으로 길게 벋거나 곧게 서며, 마디가 있고 마디에서 잔뿌리가 돋는다. 영양체 줄기 끝에 포자낭이삭이 달린다. 능선은 5~10개로, 옆으로 잔주름이 많고 줄기의 빈 속은 줄기 지름의 4/5 이하다. 윗부분에 가지가 돌려나며, 끝부분에는 가지가 없다. 가지는 길이 5~20cm이다. **엽초** 치편을 포함하여, 길이 10~12mm이고, 녹색이다. 치편은 피침형으로 끝이 뾰족하고, 갈색에서 검은색으로 변하며, 가장자리는 흰색 막질이다. 맨 아래 가지의 맨 아래 마디의 엽초는 줄기의 엽초보다 짧다. **포자낭이삭** 줄기 끝에 나며 길이 1~3cm이고, 긴타원형이며, 자갈색에서 누런색으로 변하고, 자루가 있다.

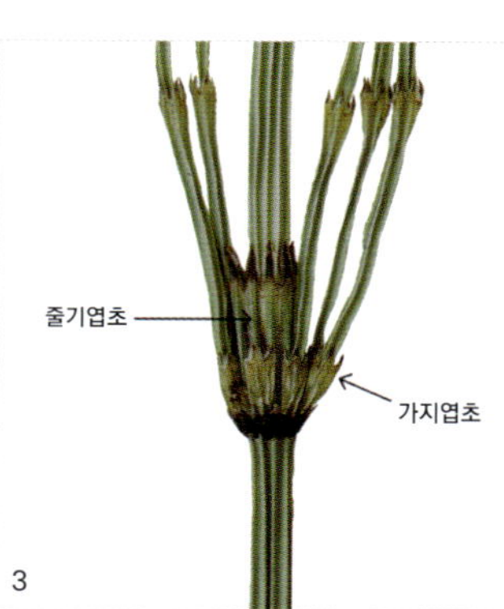

1. 전초, 백두산
2. 포자낭이삭, 백두산
3. 줄기와 가지엽초, 백두산

능수쇠뜨기

***Equisetum sylvaticum* L.**, Sp. Pl. 2: 1061, 1753

Neung-su-soe-tteu-gi (정태현 등, 1949; 이창복, 1980; 등[1])
솔속새(박만규, 1949), 솔쇠뜨기(박만규, 1961, 1975)
中 林木贼 E Woodland horstail
日 Fusa-sugina

포자기 4~6월
용도 관상용, 약용(지혈제, 류머티즘, 지혈성 설사)
분포 백두산, 그늘진 습지에서 자람; 일본, 중국, 러시아, 유럽, 북아메리카 등 북반구 온대지역

하록성의 부드러운 여러해살이풀로 습생한다. **키** 30~70cm이다. **뿌리줄기** 길게 기거나 곧게 선다. **줄기** 2가지 모양이다. **영양체 줄기** 지름 3~4mm이고, 녹색이며, 마디 사이의 능선 위에 잔가시 같은 돌기가 2줄로 배열되며, 줄기의 능선 수는 10~14개이다. 윗부분의 마디에서 가지가 돌려난다. 가지는 길이 3~10cm이고, 옆으로 퍼지며, 마디에서 다시 작은 가지를 벋고, 끝이 아래로 처진다. **엽초** 치편은 서로 합쳐져 3~4개의 열편으로 되며, 치편을 포함하여 길이 1~3cm이고, 녹색이며, 적갈색의 막질이다. **포자체 줄기** 처음에는 갈색이고, 적갈색이나 때때로 볏짚색이며, 길이 20~30cm, 지름 2~2.5mm이다. 10~14개의 모서리가 있고, 털이 없다. 처음엔 가지가 없으나, 곧 녹색의 가지가 돋는다. **포자낭이삭** 원통형이고, 끝이 뭉뚝하며, 길이 1~3cm이고, 2~6cm의 긴 자루가 있다.

*쇠뜨기에 비해 엽초와 포자낭이삭이 길고, 마디에서 가지를 벋다가 다시 작은 가지를 벋으며, 가지 끝이 아래로 처진다.

1, 6. 백두산, 2019.7.4.
2. 전초, 백두산, 2019.7.4.
3. 줄기의 돌기, 백두산, 2023.7.17. ©이지열
4. 마디에서 돌려나는 가지들, 백두산, 2019.7.4.
5. 가지, 백두산, 2019.7.4.

물속새

Equisetum fluviatile **L.**, Sp. Pl. 2: 1062, 1753

Mul-sok-sae (정태현 등, 1949; 박만규, 1975; 이창복, 1980; 등[1])

中 溪木贼 E Water horsetail

日 Mizu-dokusa

염색체수 2n = 216 **포자기** 7~9월

용도 약용(방광, 코감기, 지혈제), 관상용

분포 백두산, 습지, 시냇가나 도랑에서 자람; 일본, 중국 북부, 러시아, 유럽, 북아메리카 등 북반구 온대지역

하록성 여러해살이풀로 습생한다. **키** 50~100cm이다. **뿌리줄기** 물가 흙속에서 길게 기거나 곧게 서며, 속이 비어 있고, 갈색이며, 마디에서 뿌리가 나온다. **줄기** 흔히 모여 자라며, 포자엽이 따로 나오지 않고 끝에 포자낭이삭이 달리고, 길이 40~70cm, 지름 5~10mm이다. 짙은 녹색이고, 15~25개의 능선이 있지만 뚜렷하지 않다. 속이 4/5까지 거의 비어 있어 벽이 매우 얇다. 주가지의 아랫부분은 1~3개의 마디 사이가 있으며 광택이 있다. 짧은 가지를 불규칙하게 내거나 긴 가지가 규칙적으로 나온다. **엽초** 길이 5~10mm이고, 녹색이며, 빽빽이 줄기를 둘러싼다. 치편은 침상 피침형으로 끝이 매우 뾰족하며, 아랫면은 납작하고, 홈이 없으며 검은색이다. **포자낭이삭** 줄기의 끝에 1개씩 붙고, 원주형으로 길이 1~2cm, 지름 4~5mm이며, 자루가 있다. 자루의 길이는 0.8~3cm이다.

* 개쇠뜨기와 유사하나 줄기의 마디 능선 수가 15~25개로 많지만 뚜렷하지 않으며, 줄기는 속이 거의 비어있다.

1

2

3 4

5

6

7

1, 7. 백두산, 2019.7.5.
2. 영양체(좌)와 생식체(우)의 줄기, 백두산, 2019.7.5.
3. 줄기 표면, 백두산, 2019.7.5.
4. 줄기 속(좌), 줄기의 횡단면(우), 백두산, 2019.7.5.
5. 엽초와 치편, 백두산, 2019.7.5.
6. 포자낭이삭, 백두산, 2019.7.5.

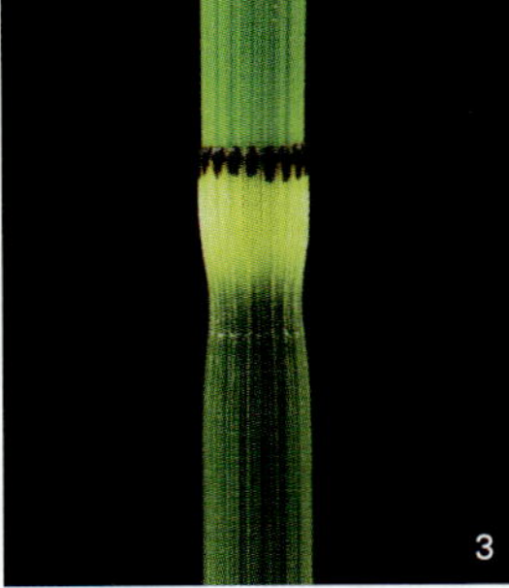

속새

***Equisetum hyemale* L.**, Sp. Pl. 2: 1062, 1753

Sok-sae (박만규, 1975; 이창복, 1980; 등[1])

中 木贼 E Scouringrush horstail, Dutch rush

日 Tokusa

염색체수 2n = 216 **포자기** 4~6월

용도 약용(지상부: 발한, 간암), 관상용

분포 강원, 경남, 산지의 계류가에서 자람; 일본, 중국 북부, 러시아, 유럽, 북아메리카 등 북반구의 온대지역

상록성 여러해살이풀로 습생한다. **키** 30~60cm이다. **뿌리줄기** 옆으로 길게 벋으며 지면 가까이에서 여러 개로 갈라진다. **줄기** 포자엽이 따로 나오지 않고, 한 가지 모양으로, 줄기 끝에 포자낭이삭이 달린다. 가지가 없으며, 지름이 약 5~7mm로 굵고, 짙은 녹색이다. 마디 사이는 5~8cm이고, 뚜렷한 마디 사이에 10~18개의 능선이 있으며, 속이 비었다. **엽초** 치편을 포함한 길이가 8~15mm이고, 줄기를 단단하게 둘러싸며, 가장자리는 갈색이다. 치편은 삼각형이고, 막질이며, 중앙부위가 어두운 갈색이고, 길이 3~6mm이며, 윗부분은 잘 떨어진다. **포자낭이삭** 원줄기 끝에 붙고, 원추형으로 길이 6~10mm이며, 자루가 없고, 끝이 뾰족하게 되며, 처음에는 녹갈색이나 황색으로 된다.

*개속새와 유사하나 줄기는 가지가 없고, 지름이 약 5~7mm로 보다 굵으며, 좀속새 *E. scirpoides*는 줄기가 굴곡지고 속이 차있는데 비해 줄기가 곧고 속이 비었다.

1. 강원 오대산, 2006.10.11.
2. 포자낭이삭, 국립수목원, 2011.9.20.
3. 줄기와 엽초, 강원도 평창, 2019.7.22.
4. 물속새(위)와 속새(아래)의 엽초
5. 군락, 강원 계방산, 2004.10.22.

개속새

***Equisetum ramosissimum* Desf.**, Fl. Atlant. 2: 398, 1799

Equisetum ramosissimum Desf. var. *japonicum* Milde, Ann. Mus. Bot. Lugal. - Bat. 1: 65, 1863

Gae-sok-sae (정태현 등, 1937; 박만규, 1975; 이창복, 1980; 등[1])

中 节节草 E Branched horsetail

日 Inu-dokusa, Kawara-dokusa

염색체수 2n = 216 **포자기** 5~6월

용도 약용(지상부: 각막혼탁증, 간염, 기관지염), 관상용

분포 전역, 산과 들의 양지쪽 풀밭, 바닷가 모래밭에서 자람; 일본, 중국, 러시아, 유럽, 북아메리카 등 열대지역을 제외한 구대륙의 북반구

상록성 여러해살이풀로 지생한다. **키** 30~ 100cm이다. **뿌리줄기** 옆으로 길게 벋으며 검은색이고, 줄기가 불규칙하게 갈라져 나온다. **줄기** 포자엽이 따로 나오지 않고 끝에 포자낭이삭이 달린다. 흰빛이 도는 녹색이며, 지름 3~5mm이다. 능선은 5~20개이고, 위에 잔점이 있거나 옆으로 주름이 진다. 가지는 없기도 하나 맨 아래 또는 중앙부에서 불규칙하게 나온다. **엽초** 엉성하게 줄기를 둘러싸며, 치편을 포함한 길이는 8~15mm이고, 녹색이다. 치편은 검은 갈색으로 8~24개이고, 길이 3~5mm이며, 좁은 피침형이고, 흔히 잘 안 떨어진다. **포자낭이삭** 줄기 또는 가지 끝에 붙고, 길이 1~2cm이며, 자루가 없고, 긴타원형으로 끝이 약간 뾰족하다.

∗속새와 유사하나 보다 가늘고 중간 이하에 2~3개의 불규칙한 가지가 있다.

1. 강원 영월, 2021.5.22.
2. 포자낭이삭, 서울, 2020.6.4.
3. 줄기의 엽초, 서울, 2020.6.4.
4. 줄기와 가지엽초, 제주, 2020.5.3.
5. 포자낭이삭이 달린 줄기, 강원 영월, 2021.5.22.
6. 뿌리줄기에서 모여난 줄기, 강원 영월, 2021.5.22.
7. 줄기의 횡단면, 제주, 2020.5.3.

솔잎란과

Psilotaceae Kanitz

中 松叶蕨科
E Whisk-fern Family
日 Matsuba-ran Ka
분류군수 2속 12종(한반도 1속 1종)
분포 난대, 열대와 아열대지역

상록성 여러해살이풀로 착생하거나 지생한다. **뿌리줄기** 길고 가늘게 기며, 나무 위, 바위틈 또는 지상에서 자라고, 뿌리는 없다. **줄기** 곧게 서거나 아래로 늘어지고, 위로 가면서 차상으로 갈라진다. **잎** 진정한 잎은 없으며, 납작하고 작은 비늘조각모양의 돌기가 있거나, 흔적이 있다. **합생포자낭(synangium)** 2개 또는 3개의 포자낭이 붙어서 3개의 방을 이루고, 포자낭에는 동형포자가 들어있다. **포자** 긴타원형으로 단지형이다. **배우체** 원통형으로 가지를 치며, 정자는 다수의 편모를 갖는다.

솔잎란속 ***Psilotum*** Sw., J. Bot. (Schrader) 1800(2): 8. 109, 1801

中 松叶蕨属
E Whisk-fern Genus
日 Matsuba-ran Zoku
분류군수 2~3종(한반도 1종)
분포 난대, 열대와 아열대지역

뿌리줄기 길게 기고, 가는 철사모양이다. **줄기** 줄기 아래 부위는 가지를 치지 않고 위로 가면서 차상으로 가지를 치고, 작은 비늘조각모양의 돌기가 있다. **잎** 축소되어 맥이 없고, 자루도 없으며, 잎이 있는 경우엔 영양엽과 포자엽의 2가지 모양을 하며, 영양엽은 비늘조각 같고, 뾰족한 삼각형이며, 포자엽은 둘로 갈라진다. **합생포자낭** 가지에 바로 붙어 있으며, 자루가 없고 단단하며, 등쪽이 세 갈래로 터진다. **포자** 긴타원형이다.

제주, 2021.1.26.

솔잎란

Psilotum nudum **(L.) P.Beauv.**, Prodr. Aethéogam.: 106, 1805

Lycopodium nudum L., Sp. Pl. 2: 1100, 1753

Sol-ip-ran (박만규, 1961, 1975; 이창복, 1980; 등[1])

솔잎난(박만규, 1949)

中 松葉蘭 E Whisk plant 日 Matsuba-ran

염색체수 n = 52, 78, 104, 208, 312 포자기 6~9월

용도 약용(전초), 관상용

분포 전남, 경남, 제주도, 해안가의 암벽이나 나무줄기 위에서 자람; 일본, 중국, 타이완, 세계 열대와 아열대지역

상록성 여러해살이풀로 착생식물이다. **키** 10~40cm이다. **뿌리줄기** 길게 기고, 불규칙하게 차상으로 갈라지며 지름 1~2mm이고, 암갈색 가근에 덮인다. **줄기** 다복이 나며, 윗부분은 가지가 차상으로 갈라지나 아래는 가지를 치지 않으며, 다소 모가 지고 녹색이며, 지름 1~1.5mm이고, 털이 없다. **잎** 없으며, 작고 피침형인 비늘조각모양의 돌기가 가지의 능선 위에 붙는다. **합생포자낭** 짧은 가지의 윗부분에 달리며, 납작한 둥근모양이고, 지름 1.5~2mm이며, 3개의 홈이 있고, 뭉뚝하게 삼각지며, 녹색이나 성숙하면 황색이나 연갈색으로 익고, 동형포자가 들어있다. **포자** 단지형이고, 긴타원형으로, 황색이다.

1. 제주, 2019.9.16.
2. 합생포자낭, 제주, 2019.9.16.
3. 뿌리줄기, 평강식물원, 2012.12.15.
4. 포자낭군, 제주, 2019.9.16.
5. 제주, 2022.12.7.

고사리삼과

Ophioglossaceae C. Agardh

中 瓶尔小草科
E Grapefern Family, The Adder's-tongue Family
日 Hana-yasuri Ka
분류군수 7속 70~90여 종(한반도 3속 15종 1교잡종)
분포 전 세계

대부분 땅위에서 자라는 여러해살이풀이다. **뿌리줄기** 대부분 짧고, 곧게 서며, 비늘조각이 없다. **잎** 줄기에 1개 또는 적은 수가 붙고 어릴 때 돌돌 말리지 않는다. **영양엽** 포자엽 맨 아래에 1~4회 우상으로 분열하여 입체적인 모양이다. **포자엽** 녹색이고, 납작한 부분이 없으며, 영양엽보다 길게 자라고, 영양엽 아래에 부착된 공통자루 끝에서 자란다. **포자낭** 구슬모양이며, 포자낭군을 형성하지 않는다. 우상으로 분지된 포자엽 축의 가장자리에 배열하고, 떨어져 있거나 조직 안에 절반쯤 묻혀있다. **포자** 삼지형이다.

❖ 일본, 타이완, 오스트레일리아 등 열대에 널리 분포하는 **다시마고사리삼**[*Ophioderma pendulum* (L.) C. Presl]이 전남 해남군 대둔산에 분포한다고 박만규(1961, 1975)에 의해 보고되었으나 표본 및 실체가 확인되지 않아 제외하였다.

고사리삼, 경북 영덕, 2017.9.28.

고사리삼과의 속 검색표

1. 영양엽은 단엽으로 거의 갈라지지 않고, 잎맥은 안에 유리맥을 갖는 그물맥이다. ········ **나도고사리삼속 *Ophioglossum* 93**
1. 영양엽은 우상으로 갈라지거나 3개로 갈라지고 다시 1, 2개가 갈라지며, 잎맥은 유리맥이다.
   2. 뿌리줄기는 직립하며, 영양엽은 우상으로 갈라지고, 포자낭은 노출된다. ····················· **고사리삼속 *Botrychium* 94**
   2. 뿌리줄기는 옆으로 벋으며, 영양엽은 3개로 갈라지다가 다시 1, 2개로 갈라지고, 포자낭은 잎조직에 묻힌다. ·· **제주고사리삼속 *Mankyua* 95**

속명	영양엽	잎맥	뿌리줄기
나도고사리삼속	흔히 단엽	유리맥을 갖는 그물맥	직립
고사리삼속	1~4회 우상	유리맥	직립
제주고사리삼속	1~2회 갈라짐	유리맥	옆으로 벋음

나도고사리삼속 *Ophioglossum* L., Sp. Pl. 2: 1062, 1753

中 瓶尔小草属
E Aadder's-tongue Genus
日 Hana-yasuri-Zoku

분류군수 30여 종(한반도 4종 1교잡종)
분포 전 세계

뿌리줄기 곧고, 때로 덩이줄기가 있다. 겨울눈이 잎의 맨 아래에 1개씩 생긴다. 영양엽과 포자엽이 공통된 자루에서 나온다. **영양엽** 단순한 홑잎이거나 1~2회 갈라지며, 가장자리가 밋밋하고, 자루가 있거나 없으며, 잎맥은 안에 유리맥을 갖는 그물맥이다. **포자엽** 영양엽의 기부에서 갈라져 나오고, 단순하며, 자루가 있다. **포자낭** 축에 2줄로 붙는다.

나도고사리삼속의 종 검색표

1. 영양엽은 잎자루가 거의 없다.
   2. 영양엽은 좁은 피침형 또는 좁은 난형, 길이 1~6cm이고, 포자의 표면은 약간 그물모양이거나 거의 밋밋하다. ·· **좀나도고사리삼 *O. thermale* 96**
   2. 영양엽은 넓은 피침형 또는 난형, 길이 6~12cm이고, 포자의 표면은 거친 그물모양이다.
      3. 영양엽은 넓은 피침형이거나 좁은 난형, 간혹 난형이고, 기부는 좁거나 넓은 쐐기형이며, 탁한 녹색이고, 가장자리는 거의 밋밋하다. ·· **나도고사리삼 *O. vulgatum* 97**
      3. 영양엽은 난형 또는 둥근 난형이고, 기부가 깊게 파인 심장꼴이며, 밝은 녹색이고, 가장자리는 약간 구불거린다. ·· **섬나도고사리삼 *O. reticulatum* 99**
1. 영양엽은 잎자루가 뚜렷하게 있다. ·· **자루나도고사리삼 *O. petiolatum* 98**

고사리삼속 *Botrychium* Sw., J. Bot. 1800(2): 8, 110, 1801

中 阴地蕨属
E Grapefern Genus
日 Hana-warabi Zoku

분류군수 50여 종(한반도 10종)
분포 북반구 온대지역

뿌리줄기 짧고 곧거나 약간 기며, 뿌리는 두껍고, 드문드문 가지를 친다. **영양엽** 긴 공통자루의 끝에 붙고, 자루가 없거나 또는 짧은 자루가 있다. **잎몸** 1~4회 우상으로 깊이 갈라지며, 난상 삼각형이고, 가장자리는 밋밋하거나 톱니가 있으며, 갈색을 띤 초록색이고, 약간 두껍다. **포자엽** 1~3회 깃꼴로 갈라진다. **포자낭** 2줄로 가지에 붙으며 자루가 없고, 환대 없이 횡으로 2조각을 내어 포자를 산포한다.

◆ 이 속의 종들은 잡종 현상이 많이 나타나고 있다. 고사리삼, 산꽃고사리삼, 숲고사리삼, 단풍고사리삼, 애기고사리삼 등 사이에서 자연잡종 현상이 흔히 나타나고 있다.

❖ 유럽에 분포하는 **난장이고사리삼**(*B. ramosum* A. Gray)이 우리나라 백두산에 분포한다고 하였으나(박만규, 1961, 1975) 관찰되지 않고 있다. 또한 일본, 유럽, 북아메리카에서 자라는 **좀고사리삼**(*B. simplex* Hitchcock)이 한반도의 북부에 분포한다고 하나 관찰·확인되지 않고 있다.

❖ **메고사리삼**[*B. boreale* J. Milde, Bot. Zeitung (Berlin) 15: 880, 1857]은 영양엽이 난상 삼각형이고, 2회 우상으로 깊게 갈라지며, 끝이 약간 뾰족해지고, 잎자루는 거의 없으며, 맨 아래 우편은 가장 크고 3~5쌍으로 거의 겹쳐나는 특징을 갖고 있다. 우리나라의 북부, 일본, 러시아, 유럽, 북미, 북반구 온대지역의 고산에서 자라는 것으로 박만규(1961, 1975)에 의해 보고되었으며, 북한에 분포하는 것으로 추정되나 확인은 안 된다.

고사리삼속의 종 검색표

1. 동록성이며, 영양엽은 포자엽과 같이 긴 잎자루가 있고, 공통자루는 영양엽의 잎자루보다 길이가 매우 짧거나 같다.
  2. 포자엽은 포자 산포 후에도 남아있고, 포자의 표면은 가시모양의 돌기가 있다.
    3. 영양엽의 열편은 좁은 타원형이고, 예두~예첨두이며, 잘고 날카로운 톱니가 있다. ·········· **산꽃고사리삼 *B. japonicum*** 100
    3. 영양엽의 열편은 광타원형~난형으로 예두~둔두이며, 불규칙하고 둔한 톱니가 있다. ··········· **숲고사리삼 *B. atrovirens*** 101
  2. 포자엽은 포자 산포 후에 낙엽지고, 포자의 표면은 그물모양으로 가시 같은 돌기가 없다.
    4. 영양엽의 우편 끝은 예두이고, 열편의 톱니는 날카롭다.
      5. 우편의 길이는 3cm 이상이며, 포자엽의 잎몸과 잎자루의 비율이 1/4 이상이다.
        6. 겨울철에 잎이 적갈색으로 물든다. ··· **단풍고사리삼 *B. nipponicum*** 102
        6. 겨울철에 잎가장자리만 약간 물든다. ···································· **나주고사리삼 *B. triangularifolium*** 103
      5. 우편의 길이는 3cm 이하이며, 포자엽의 잎몸과 잎자루의 비율이 1/4 이하이다. ····· **애기고사리삼 *B. microphyllum*** 104
    4. 영양엽의 우편 끝은 원두, 둔두이고, 열편의 톱니는 둔하다.
      7. 성숙한 영양엽은 털이 없고, 소우편의 자루가 뚜렷하다. ···································· **고사리삼 *B. ternatum*** 105
      7. 성숙한 영양엽에 긴 털이 있고, 소우편의 자루가 뚜렷하지 않다. ························· **산고사리삼 *B. robustum*** 106
1. 하록성이고, 영양엽은 잎자루가 없거나 또는 짧은 잎자루가 있고, 그 맨 아래에서 포자엽이 나온다.
  8. 영양엽은 2~4회 우상으로 갈라지며, 잎이 얇으며, 식물의 키는 30~60cm이다.
    9. 영양엽의 기부 소우편은 자루가 있고, 우축으로 흐르지 않는다. 포자엽은 3~4회 우상으로 갈라진다. ··· **늦고사리삼 *B. virginianum*** 107
    9. 영양엽의 기부 소우편은 자루가 없으며, 우축으로 흐르며, 포자엽은 2회 우상으로 갈라진다. ··· **긴꽃고사리삼 *B. strictum*** 108
  8. 영양엽은 1~2회 우상으로 갈라지며, 잎이 두껍고, 식물의 키는 5~20cm이다. ·················· **백두산고사리삼 *B. lunaria*** 109

제주고사리삼속 *Mankyua* B.Y.Sun, M.H.Kim & C.H.Kim, Taxon 50: 1020, 2001

분류군수 한반도 1종
분포 제주도; 한국 특산종

여러해살이풀로 습지에서 자란다. **키** 10~12cm이다. **뿌리줄기** 짙은 갈색이고, 옆으로 기며, 뿌리가 갈색이고 원통형이다. **영양엽** 뿌리 끝에서 나온 싹으로부터 나오며 공통자루가 발달하여 먼저 세 갈래지고 다시 두 갈래진다. **잎맥** 1회 드물게 2회 분지하는 유리맥이다. **포자엽** 영양엽의 표면에서 나오며, 선형이고, 거의 자루가 없다. **포자낭군** 포자엽의 가장자리를 따라 2줄로 배열되며 파묻혀 있다. **포자낭** 환대가 없다.

늦고사리삼, 제주, 2016.4.20.

좀나도고사리삼

***Ophioglossum thermale* Kom.**, Repert. Spec. Nov. Regni Veg. 13: 85, 1914
Ophioglossum nipponicum Miyabe et Kudô, Trans. Sapporo Nat. Hist. Soc. 6: 122, 1916

Jom-na-do-go-sa-ri-sam (이창복, 1980; 등[1])
갯줄고사리(박만규, 1975), 좀줄고사리(박만규, 1961)
中 狭叶瓶尔小草 E Meadow adder's tongue
日 Hana-yasuri

염색체수 n = 240, 480 **포자기** 6월 **용도** 관상용
분포 경기, 전남, 제주도, 해안가 모래 위나 비교적 건조한 풀밭; 일본, 중국, 타이완, 러시아(시베리아)

하록성 여러해살이풀로 지생한다. **키** 7~20cm이다. **뿌리줄기** 곧게 서고, 가늘며, 1개에서 수개의 잎이 모여난다. **공통자루** 녹색이나 땅속에 묻히면 연한 녹색이고, 길이 2~10cm이다. **영양엽** 단엽이며, 자루가 거의 없고, 길이 1.5~4cm, 너비 0.8~1.2cm이다. 선형 또는 좁은 도란형이며 가운데가 가장 넓고 끝이 약간 뾰족하거나 거의 뭉뚝하며, 아랫부분은 쐐기형으로 맨 아래가 좁아져 포자엽의 자루와 합쳐지고, 가장자리는 밋밋하며, 초질이다. **잎맥** 그물맥이 비교적 잘 발달되고, 일부 그물맥 안에 유리맥이 있다. **포자엽** 공통자루에서 길게 자라 자루가 5~10cm이고, 끝에 포자낭이삭이 붙는다. **포자낭이삭** 선형이고, 길이 2~4cm이다. **포자** 표면은 거의 밋밋하다.

*나도고사리삼에 비해 영양엽이 좁으며, 작고, 기부가 좁은 쐐기형이고, 포자의 표면이 밋밋하다.

좀나도고사리삼과 나도고사리삼의 비교

종명	영양엽의 너비	잎몸의 모양
좀나도고사리삼	0.8~1.2cm	선형, 좁은 도란형
나도고사리삼	3~7cm	넓은 난형, 긴타원형

1, 2, 6. 충남 태안, 2020.10.24.
3. 포자낭이삭, 경기 안산, 2011.6.14.
4. 포자낭이삭, 충남 태안, 2020.10.24.
5. 포자, 충남 태안, 2020.10.24.

나도고사리삼

***Ophioglossum vulgatum* L.**, Sp. Pl. 2: 1062, 1753

Na-do-go-sa-ri-sam (정태현 등, 1949; 이창복, 1980; 등[1])
줄고사리(박만규, 1949, 1975)
中 瓶尔小草 E Southern adder's tongue
日 Hiroha-hana-yasuri

염색체수 n = 240 포자기 6월
용도 관상용
분포 전남, 경남, 제주도, 산지 숲의 습기가 약간 있고 양지바른 풀밭; 일본, 아시아, 유럽, 북아메리카 온대에서 한대지역

하록성 여러해살이풀로 지생한다. **키** 15~30cm이며, 부드럽고, 전체에 털이 없다. **뿌리줄기** 곧게 서고, 원통모양이며, 밑에서 약간 굵은 뿌리가 퍼져나고, 그 끝에 잎이 1개씩 나온다. **공통자루** 길이 2~15cm이고, 단단하며, 약간 땅속에 묻힌다. **영양엽** 거의 자루가 없고 아랫부분이 갑자기 좁아져서 포자낭이삭의 자루를 반쯤 감싼다. **잎몸** 길이 4~8cm, 너비 3~4cm이고, 좁은 난형, 피침형 또는 긴타원형으로, 드물게 난형이고, 탁한 녹색이다. 끝이 둔하거나 약간 뾰족하고, 기부는 좁거나 넓은 쐐기형이며, 잎가장자리는 거의 밋밋하다. **잎맥** 그물맥이다. **포자낭이삭** 길게 자란 포자엽 끝에 붙고, 선형이며, 길이 2~4cm이다. **포자** 표면은 거친 그물모양이다.

1

2

3

4

1. 제주, 2020.11.8.
2. 울산, 2019.5.3.
3. 전초, 울산, 2023.5.7.
4. 군락, 전남 여수, 2019.5.8.

자루나도고사리삼

Ophioglossum petiolatum **Hook.**, Exot. Fl. 1: 56, 1823

Ja-ru-na-do-go-sa-ri-sam (정정채 · 임형탁, 2000; 등[1])
좀줄고사리(박만규, 1975), 줄고사리(박만규, 1961; 이우철, 1996), 나도고사리삼(이창복, 1969)
中 钝头瓶尔小草 E Stalked adder's-tongue
日 Ko-hiroha-hana-yasuri

염색체수 n = 480, ca. 510 **포자기** 5~10월
용도 관상용, 감미료용
분포 전남, 부산, 제주도, 숲에서 자람; 일본, 중국

하록성 여러해살이풀로 지생한다. **키** 8~25cm이다. **뿌리줄기** 곧게 서며, 지름 약 3mm이고, 1~3개의 잎이 나온다. 육질의 뿌리가 뭉쳐나거나 퍼지고 끝에 싹이 나온다. **공통자루** 길이 2~10cm이다. **영양엽** 단엽이다. 잎몸은 난형, 넓은 난형, 삼각상 난형, 긴타원형 등 여러 모양이고, 끝이 뾰족하거나 뭉뚝하며, 길이 1.5~6cm, 너비 1~3cm이고, 맨 아래가 갑자기 좁아지며, 잎자루가 있다. 잎몸의 가장자리는 밋밋하고, 연한 종이질이거나 초질이고, 기부가 포자엽의 자루를 둘러싸지 않는다. **잎맥** 그물맥이 뚜렷하다. **포자엽** 길이 6~16cm이다. **포자낭이삭** 길이 2~4cm이고, 끝이 뾰족하다. **포자** 표면에 거친 과립상 돌기가 있다.
*다른 종에 비해 영양엽은 잎자루가 뚜렷이 있다.

1. 부산, 2019.5.3. / 2. 제주 2024.6.7.
3. 영양엽의 자루, 제주, 2024.6.9.

자루좀나도고사리삼(국내미기록)

Ophioglossum petiolatum **Hook.** × ***O. thermale*** **Kom.**: The Standard of ferns and Lycophytes in Japan, 417, 2016

Ja-ru-jom-na-do-go-sa-ri-sam (국명신칭)
日 Gahana-yasuri E Stalked meadow adder's tongue

영양엽의 모양은 긴타원형으로 두 종의 중간형으로 기부가 점차 좁아져서 길게 잎자루가 뚜렷이 있다.

1. 전남 신안, 2023.5.14.
2. 잎맥, 전남 신안, 2023.5.14.
3. 전초, 전남 신안, 2023.5.14.

섬나도고사리삼(국내미기록)

***Ophioglossum reticulatum* L.**, Sp. Pl. 2: 1063, 1753

Ophioglossum vulgatum var. *reticulatum* (L.) D.C.Eaton, Mem. Amer. Acad. Arts, n.s., 8: 218, 1861

Seom-na-do-go-sa-ri-sam (국명신칭)

中 心叶瓶尔小草 E Netted adder's-tongue

염색체수 n = 240-1280 **포자기** 5월

용도 약용(항염증제), 관상용

분포 제주도, 산지 숲의 습기가 약간 있고 양지바른 풀밭; 중국, 타이완, 동남아시아, 아프리카, 남미, 등 아열대, 열대지역

하록성 여러해살이풀로 지생한다. **키** 10~30cm이며, 부드럽고, 전체에 털이 없다. **뿌리줄기** 곧게 서고, 원통모양이며, 가늘고, 밑에서 약간 굵은 뿌리가 퍼져나고, 그 끝에 잎이 1개씩 나온다. **공통자루** 길이 4~8cm이고, 연한녹색이며, 아래로 가며 점차 연해진다. **영양엽** 짧은 자루가 있거나 거의 자루가 없고, 아랫부분이 갑자기 좁아져서 포자낭이삭의 자루를 반쯤 감싼다. **잎몸** 길이 3~4cm, 너비 2.8~3.5cm이고, 난형 또는 둥근 난형이며, 밝은 녹색이고, 초질, 기부는 깊게 심장꼴이며, 잎가장자리는 약간 구불거리거나 거의 밋밋하고, 끝은 둥글거나 약간 뭉뚝하다. **잎맥** 그물맥이다. **포자낭이삭** 길게 자란 영양엽의 기부에서 나오고, 가늘며, 길이 3~3.5cm이다. **포자** 표면은 규칙적이거나 불규칙적이고, 약간 그물모양이다.

*나도고사리삼과 유사하나 영양엽은 난형 또는 둥근 난형이며, 기부는 깊은 심장꼴이고, 밝은 녹색이며, 가장자리는 약간 구불거린다.

1. 제주, 2021.9.25.
2. 제주, 2020.6.8.
3. 섬나도고사리삼과 자루나도고사리삼 잎맥 비교
4. 제주, 2020.11.9

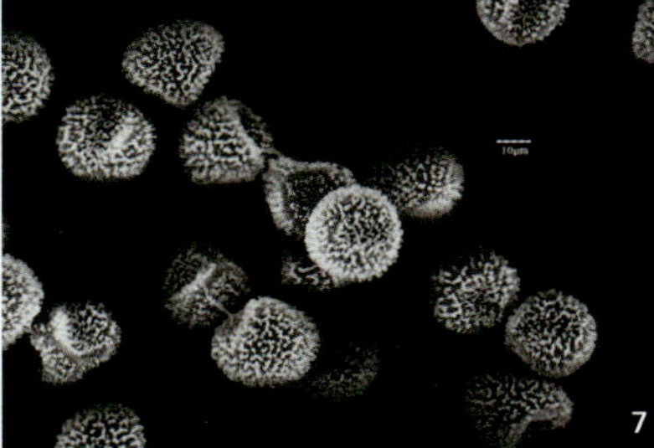

산꽃고사리삼

Botrychium japonicum **(Prantl) Underw.**, Bull. Torrey Bot. Club 25(10): 538, 1898

Sceptridium japonicum (Prantl) Lyon, Bot. Gaz. 40: 457, 1905

San-kkot-go-sa-ri-sam (이창복, 1969, 1980; 등[1])
큰고사리삼(정태현, 1970; 이우철, 1996), 산꽃고사리(박만규, 1961, 1975), 산고사리삼(박만규, 1949)
中 华东阴地蕨 E East Asian grapefern
日 Ō-hana-warabi

염색체수 n = 135 **포자기** 9~10월 **용도** 관상용
분포 전북, 전남, 제주도, 숲에서 자람; 일본, 중국

동록성 여러해살이풀로 지생한다. **키** 30~50cm이다. **뿌리줄기** 곧게 서고, 지름 약 4mm이다. **공통자루** 땅위 가까운 곳에서 갈라지므로 흰빛이 돌며, 길이 2~6cm로 짧고, 잿빛이 도는 긴 털이 있다. **영양엽** 3회 우상으로 갈라지고, 삼각상 오각형으로 끝이 뾰족하며, 길이 10~20cm, 너비 15cm이고, 맨 아래 우편에 가장 크고 긴 자루가 있다. 동절기에 잎가장자리가 붉게 물든다. **우편** 삼각상 마름모형이다. 우축에는 회색의 긴 털이 드문드문 나 있다. **소우편** 넓은 피침형이며, 끝이 길게 좁아진다. **열편** 넓은 타원형 또는 난형이고, 끝이 거의 둥글며, 가장자리에 잘고 날카로운 톱니가 있다. **포자엽** 삼각상으로 2~3회 우상으로 갈라지고, 영양엽보다 길며, 자루는 길이 17~25cm이고, 잎몸은 길이 6~10cm이며 털이 있다. **포자** 표면은 작은 가시모양의 돌기와 함께 그물모양이다.

1. 제주, 2016.1.30.
2. 영양엽, 전남 해남, 2019.1.25.
3. 중축의 털, 제주, 2020.1.17.
4. 잎자루의 털, 제주, 2023.2.6.
5. 포자엽, 제주, 2023.2.6.
6. 횡단면(공통자루, 영양엽과 포자엽의 줄기), 제주, 2023.2.6.
7. 포자, 2024.4.4.

숲고사리삼

Botrychium atrovirens **(Sahashi) M.Kato**, Fl. Jap., Iwatsuki et al., eds. 1: 26, 1995
Sceptridium atrovirens Sahashi, J. Jap. Bot. 54: 241, 1979

Sup-go-sa-ri-sam (Lee & Kim, 2012)
E Sup grapefern　日 Cichito-hana-warabi

염색체수 n = 135　**포자기** 9~10월　**용도** 관상용
분포 전남, 제주도, 산지의 숲에서 자람; 일본

동록성 여러해살이풀로 지생한다. **키** 20~50cm이다. **뿌리줄기** 곧고, 원통형이며, 길이 7~25mm, 지름 5~8mm이고, 두꺼운 뿌리를 갖는다. **공통자루** 길이 3~11cm이고, 붉은빛을 띤 짙은 녹색이다. **영양엽** 자루는 길이 4~15cm, 짙은 녹색이다. 잎몸은 2~3회 우상으로 갈라지며, 종이질이고, 오각형이며, 약간 세 갈래로 갈라지고, 길이 10~18cm, 너비 9~23cm이다. **우편** 어긋나거나 약간 마주나며, 피침형이거나 긴타원형 또는 거의 타원형으로 길이 5~10cm, 너비 2~4cm이고, 자루는 길이 1.5cm이다. **소우편** 선상 피침형이다. **열편** 넓은 타원형, 또는 난형이고, 끝이 약간 뾰족하거나 뭉뚝하다. 가장자리는 불규칙하고 둔한 톱니가 있다. **포자엽** 2~3회 우상으로 갈라지고, 자루는 길이 10~20cm이며, 잎몸은 길이 4~5cm이고, 드물게 털이 있다. **포자낭군** 짙은 갈색이나 성숙하면 황갈색이다. **포자** 표면은 불규칙한 유두돌기나 작은 가시모양의 돌기가 있다.
*산꽃고사리삼과 가장 유사해 보이나 굵은 뿌리줄기와 뿌리를 가지며, 열편의 톱니가 둔하고, 동절기에 가장자리가 붉게 되지 않는 점이 다르며, 포자엽의 길이가 짧은 점도 다르다.

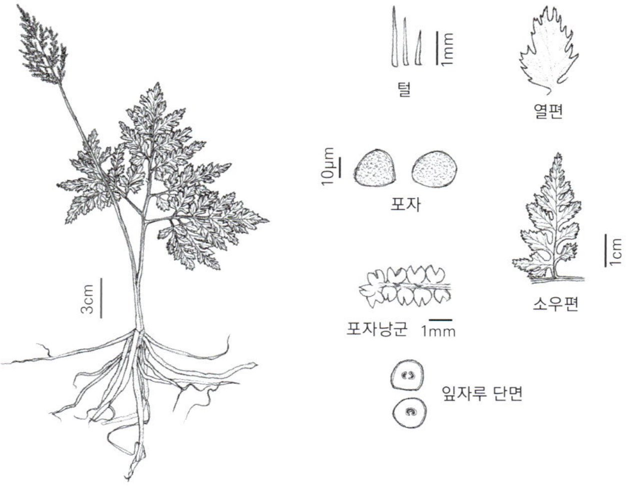

1, 2. 제주, 2022.9.23.
3. 전초, 제주, 2024.10.13.
4. 영양엽, 제주, 2024.10.13.
5. 열편톱니, 제주, 2020.1.19.
6. 포자낭과 포자, 제주, 2017.11.7.

단풍고사리삼

Botrychium nipponicum **Makino**, J. Jap. Bot. 1: 15, 1916

Sceptridium nipponicum (Makino) Holub, Preslia 45: 277, 1973

Dan-pung-go-sa-ri-sam (이영노, 2006; 등[5])

中 日本阴地蕨 E Mountain leathery grapefern

日 Aka-hanawarabi

염색체수 n = 45 **포자기** 9~10월 **용도** 관상용

분포 전역, 산지의 숲에서 자람; 일본, 중국

동록성 여러해살이풀로 지생한다. **키** 20~50cm이다. **뿌리줄기** 짧고 곧게 서며, 지름 약 3mm이고, 뿌리가 퍼져 나온다. **공통자루** 흰빛이 돌고, 털이 거의 없다. **영양엽** 자루는 길이 5~15cm이고 털이 없으며, 흑적색을 띠는 녹색이다. **잎몸** 2~3회 우상으로 갈라지고, 약간 삼출엽 모양이며, 길이와 너비가 7~10cm이고, 부드러운 가죽질이며, 겨울에 잎이 붉어진다. **우편** 맨 아래 우편은 긴 자루가 있으며 넓은 난형이고, 위로 가면서 좁아져 끝이 뾰족하다. **열편** 긴타원상 피침형이고, 가장자리에 날카로운 톱니가 있으며, 잎맥은 깃꼴로 갈라지며 유리한다. **포자엽** 잎자루는 길이 20~30cm이고, 영양엽보다 많이 길며, 포자 산포 후 낙엽이 지고, 잎몸은 영양엽보다 작다. **포자낭** 구형이고, 2줄로 가지에 붙으며 자루가 없고 환대 없이 가로로 2조각 난다. **포자** 표면은 그물모양의 작은 융기가 있을 뿐 거의 밋밋하다.

*고사리삼과 가장 유사해 보이나 겨울에 잎이 붉은 갈색을 띠며, 소우편과 열편 가장자리에 날카로운 톱니가 있는 점이 다르다.

1. 전남 장성, 2021.10.11.
2. 포자엽, 충남 논산, 2022.9.3.
3. 영양엽, 충남 태안, 2020.9.6.
4. 단풍 든 모습, 경기 포천, 2010.4.5.

나주고사리삼(국내미기록)

Botrychium triangularifolium
(Sahashi) M.Kato, Fl. Japan 1: 27, 1995
Sceptridium triangularifolium Sahashi, J. Jap. Bot. 58: 240, 1983

Na-ju-go-sa-ri-sam (국명신칭)
E Naju mountain leathery grapefern
日 Midori-hanawarabi

염색체수 n = 45 포자기 7~8월 용도 관상용
분포 전남, 산지의 숲에서 자람; 일본

동록성 여러해살이풀로 지생한다. **키** 25~45cm이다. **뿌리줄기** 짧고 곧게 서며, 지름 약 2~5mm이고, 지름 2~3mm인 뿌리가 퍼져 나온다. **공통자루** 어두운 녹색이고, 길이 1.8~2.8cm이며, 털이 거의 없다. **영양엽** 자루는 길이 10~13cm이고 털이 없으며, 흑적색을 띠는 녹색이다. **잎몸** 2~3회 우상으로 갈라지며, 넓은 오각형 또는 넓은 삼각형이고, 매우 드물게 솜털이 있으며, 길이와 너비가 7~12cm이고, 막질이거나 초질이며, 녹색이거나 탁한 녹색이고, 겨울에 잎가장자리만 약간 붉어진다. **우편** 맨 아래 우편은 길이 1~2cm의 긴 자루가 있으며, 난형 또는 긴타원형이고, 위로 가면서 좁아져 끝이 뾰족하다. **열편** 긴타원상 피침형이고, 가장자리에 날카로운 톱니가 있으며, 잎맥은 깃꼴로 갈라지며 유리한다. **포자엽** 잎자루는 길이 22~30cm이고, 영양엽보다 많이 길며, 잎몸은 길이 9~13cm으로 영양엽과 비슷하다. **포자낭** 구형으로 2줄로 가지에 붙으며 자루가 없고 환대 없이 가로로 2조각 난다. **포자** 표면은 그물모양의 작은 융기가 있다.

＊단풍고사리삼과 가장 유사해 보이나 겨울에 잎가장자리만 약간 붉은 갈색을 띤다.

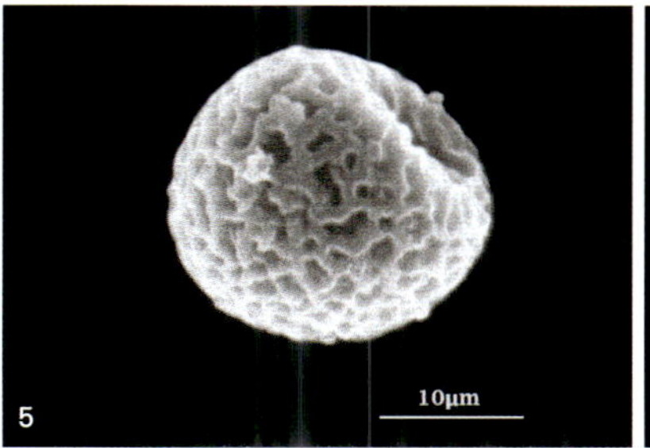

1. 전남 나주, 2018.12.19.
2. 전남 나주, 2018.12.19.
3. 영양엽, 전남 나주, 2018.12.19.
4. 우편, 소우편, 전남 나주, 2019.12.24.
5. 포자, 전남 나주, 2019.12.24.
6. 포자엽 줄기 관상중심주, 전남 나주, 2019.12.24.

애기고사리삼

Botrychium microphyllum (Sahashi) M.Kato, Fl. Jap. (Iwatsuki et al., eds.) 1: 27. 1995

Sceptridium microphyllum Sahashi, J. Jap. Bot. 56: 129, 1981

Ae-gi-go-sa-ri-sam (Lee & Kim, 2012)

E Small moonwort

염색체수 n = 45 **포자기** 9월 **용도** 관상용
분포 제주도, 수림 아래에서 자람; 일본

동록성 여러해살이풀로 지생한다. **키** 12~20cm이다. **뿌리줄기** 곧고, 원통형이며, 길이 15~20mm, 지름 1.5mm이고, 가는 뿌리를 갖는다. **공통자루** 길이 3cm이고, 흰색이다. **영양엽 자루** 길이 4~6cm이고, 짙은 녹색이다. **잎몸** 2~3회 우상으로 갈라진다. 약간 세 갈래로 갈라져 보이며, 아삼각형 또는 아오각형이고, 겨울철에 부분적으로 붉게 변하며, 길이 4cm, 너비 4.5cm이다. **우편** 맨 아래 우편은 모양이 균일하지 않으며, 피침형 또는 긴타원형이고, 길이 2.6cm, 너비 2cm이며, 자루는 길이 0.8cm이다. **소우편** 긴타원형 또는 넓은 피침형이고, 끝이 뾰족하다. **열편** 잎맥이 뚜렷하고 유리하며, 가장자리는 약간 날카로운 톱니가 있다. **포자엽** 2회 우상으로 갈라지고, 자루는 길이 약 12cm이며, 잎몸은 긴타원형이고, 길이 약 3.5cm이다. **포자낭** 2줄로 가지에 붙으며 자루가 없고, 환대가 없이 가로로 갈라져 포자를 산포한다. **포자** 표면은 작은 그물모양이다.

*다른 종에 비해 전체적으로 작고, 영양엽의 우편이 빽빽한 잎몸을 갖으며, 겨울에 부분적으로 붉은 색을 띠는 점이 구별된다.

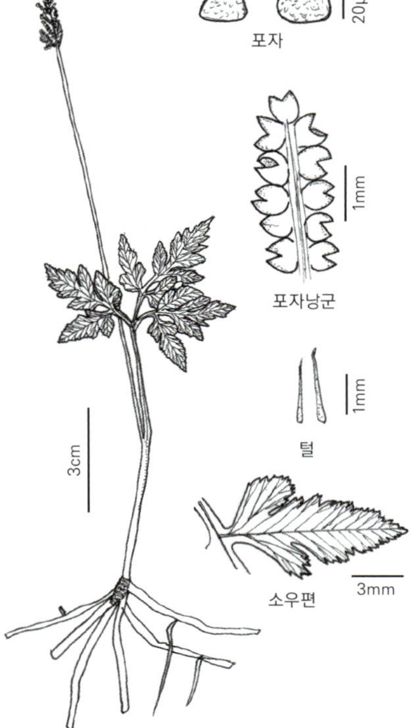

1. 제주, 2020.10.10.
2. 제주 2020.9.13
3. 제주 2020.9.12.
4. 영양엽 비교, 제주, 2017.11.7.
5. 포자엽, 제주, 2020.10.10.
6. 포자낭, 제주, 2020.10.9.

고사리삼

***Botrychium ternatum* (Thunb.) Sw.**, J. Bot. (Schrader), 1800(2): 111, 1801

Osmunda ternata Thunb., Syst. Veg., ed. 14(J. A. Murray), 927, 1784

Sceptridium ternatum (Thunb.) Lyon, Bot. Gaz. 40: 458, 1905

Go-sa-ri-sam (정태현 등, 1937; 이창복, 1980; 등[1])
꽃고사리(박만규, 1961, 1975)
中 陰地蕨 E Glabrous-ternate grapefern
日 Fuyu-no-hana-warabi

염색체수 n = 45 포자기 9~11월
용도 약용(전초), 관상용
분포 전역, 산지의 숲 아래 풀밭에서 자람; 일본, 중국, 타이완, 히말라야 등 온대 또는 따뜻한 온대 아시아

동록성 여러해살이풀로 지생한다. **키** 10~40cm이고, 전체에 털이 없다. **뿌리줄기** 곧게 서고, 지름은 약 3mm이다. **공통자루** 길이 약 2~4cm로 짧다. **영양엽** 잎몸은 3~4회 우상으로 갈라지며, 난형 또는 긴난형이고, 가장자리에 둔한 톱니가 있으며, 부드러운 가죽질이고, 녹색이며, 길이 5~12cm, 너비 8~12cm로 끝이 뾰족하고, 긴 자루가 있다. **우편** 긴난형 또는 난형이며, 바깥쪽 아래 첫번째 소우편이 가장 크다. **열편** 넓은 타원형 또는 넓은 난형이며, 끝이 둥글고, 너비 2~3mm이며, 가장자리에 둔한 톱니가 있다. **포자엽** 2~3회 우상으로 깊게 갈라지며, 영양엽보다 훨씬 길어 자루의 길이가 12~20cm, 잎몸의 길이가 4~10cm이다. **포자** 표면은 미립의 돌기와 함께 불규칙한 그물모양이다.

∗흔히 겨울에 잎이 변하지 않으며, 잎몸은 3~4회 우상으로 갈라지고, 열편 가장자리에 둔한 톱니가 있거나 거의 밋밋하다.

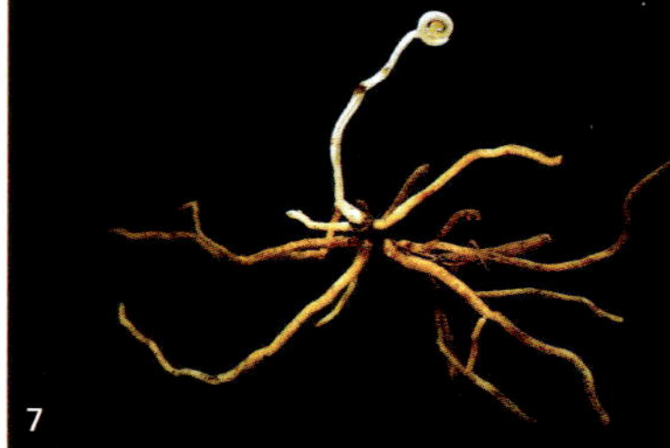

1. 경북 영덕, 2017.9.28.
2. 영양엽 자루(왼쪽)와 포자엽자루(오른쪽), 경기 포천, 2003.9.25.
3. 포자엽, 경기 포천, 2003.9.25.
4. 성숙한 포자낭군, 경기 포천, 2003.9.25.
5. 제주, 2020.11.7.
6. 새순, 제주, 2020.7.19.
7. 새순과 뿌리, 제주, 2020.2.19.

산고사리삼

***Botrychium robustum* (Rupr.) Underw.**, Bull. Torrey Bot. Club 30: 51, 1903

Botrychium multifidum (S.G.Gmel) Rupr. var. *robustum* (Rupr. ex Milde) C.Chr. ex Hultén, Kongl. Svenska Vetensk. Acad. Handl. 5(1): 48, 1927

San-go-sa-ri-sam (정태현 등, 1949; 이창복, 1980; 등[1])
메꽃고사리(박만규, 1961, 1975), 큰산고사리(박만규, 1949), 털꽃고사리(박만규, 1961)
中 粗壯阴地蕨 E Leathery grape fern
日 Ezo-fuyu-no-hanawarabi

염색체수 n = 45 **포자기** 9월 **용도** 관상용
분포 강원, 경기, 울릉도, 숲속 아래에서 자람; 일본, 중국, 우수리, 사할린, 쿠릴열도, 캄차카반도, 알래스카반도

동록성 여러해살이풀로 지생한다. **키** 15~25cm이며, 전체에 연한 갈색 털이 많이 있다. **뿌리줄기** 짧고 곧게 서며, 갈색 뿌리가 아래를 향해 많이 난다. **공통자루** 흰색의 비늘조각이 1개 있으며, 흰빛이 돌고, 연갈색 털이 있다. **영양엽** 3회 우상으로 깊게 갈라지며, 두꺼운 가죽질이고, 오각형 또는 삼각상 긴타원형이며, 끝이 약간 뾰족하고, 길이 5~15cm, 너비 10~20cm이다. **우편** 4~6쌍, 삼각형이며, 끝이 뭉뚝하다. **소우편** 좁은 긴타원형 또는 피침형이다. **열편** 난형~긴타원형이고, 끝이 뭉뚝하며, 얕게 갈라지거나 둔한 톱니가 있고, 가장자리는 다소 희고 투명하다. **포자엽** 2~3회 우상으로 갈라지고, 원추형이며, 긴 자루가 있고, 길이 5~12cm이며, 많은 포자낭이 붙는다. **포자** 표면은 작은 과립과 함께 그물모양이다.

1. 경북 영덕, 2017.9.28.
2. 경기 포천, 2003.9.25.
3. 포자엽, 경북 울릉, 2003.7.12.
4. 새잎과 긴털, 경북 울릉, 2003.8.6.
5. 공통자루의 털, 경북 울릉, 2022.11.6.
6. 중축의 털, 경북 울릉, 2019.4.15.
7. 영양엽, 경북 울릉, 2019.4.15.

늦고사리삼

Botrychium virginianum (L.) Sw., (Schrader) J. Bot. 1800(2): 111, 1801
Osmunda virginiana L., Sp. Pl. 1064, 1753
Japanobotrychium virginianum (L.) Nishida ex Tagawa, J. Jap. Bot. 33: 202, 1958

Neut-go-sa-ri-sam (정태현 등, 1949; 이창복, 1980; 등[1])
여름꽃고사리삼(정태현 등, 1937), 여름꽃고사리(박만규, 1961, 1975)
中 蕨萁 E Rattlesnake fern
日 Natsu-no-hana-warabi

염색체수 n = 92 포자기 6월 용도 관상용
분포 전역, 햇볕이 잘 드는 숲에서 자람; 일본, 중국, 인도, 유럽, 북아메리카

하록성 여러해살이풀로 지생한다. **키** 30~60cm이고, 전체에 털이 드문드문 있다. **뿌리줄기** 짧게 서며, 많은 뿌리를 내린다. **공통자루** 15~30cm이고, 기부에는 길이 2~3cm의 갈색 막질인 비늘조각이 있다. **영양엽** 자루가 없고, 3~4회 우상으로 갈라지며, 잎몸은 넓은 오각형 또는 아삼각형이고, 끝이 뾰족하거나 뭉뚝하며, 길이 5~25cm, 너비 7~27cm이고, 연녹색으로, 초질이다. **우편** 넓은 난형으로 맨 아래 우편이 가장 크다. **소우편** 긴타원형으로, 끝이 뾰족하고, 아래쪽 소우편은 자루가 있다. 맨 아래의 열편은 우측으로 흘러내리지 않는다. **열편** 타원형 또는 긴타원형이고, 끝이 뾰족하며, 깊게 갈라지거나 날카로운 톱니가 있다. **포자엽** 자루는 공통자루 끝에 달리고, 길이 10~30cm로 길며, 잎몸은 난상 삼각형이고, 3~4회 깃꼴로 갈라지며, 길이 10~20cm이다. **포자** 표면은 미립상이다.

1. 제주, 2012.6.8.
2. 포자엽, 제주, 2020.5.4.
3. 성숙한 포자엽, 제주, 2014.6.2.
4. 제주, 2019.4.19.
5. 경기 포천, 2022.5.12.

긴꽃고사리삼

***Botrychium strictum* Underw.**, Bull. Torrey Bot. Club 30: 52, 1903
Japanobotrychium strictum (Underw.) Nishida ex Tagawa, J. Jap. Bot. 33: 202, 1958

Gin-kkot-go-sa-ri-sam (정태현 등, 1937; 이창복, 1980; 등[1])
긴여름꽃고사리(박만규, 1961, 1975), 긴꽃고사리(정태현 등, 1949)
中 勁直陰地蕨 E Straight grapefern
日 Nogaho-no-natsuno-hanawarabi

염색체수 n = 44, 45 **포자기** 8~9월 **용도** 관상용
분포 전역, 숲속에서 자람; 일본, 중국, 남러시아, 극동아시아 등 온대지역

하록성 여러해살이풀로 지생한다. **키** 30~80cm이다. **뿌리줄기** 짧고 곧게 선다. **공통자루** 둥글고 길이 15~27cm, 지름 1cm로 약간 굵으며, 맨 아래는 막질인 비늘조각이 1개 있다. 비늘조각은 길이 2~3cm이고, 난형이며, 갈색이다. **영양엽** 잎몸은 2~3회 우상으로 갈라지며, 넓은 오각형이고 광택이 없는 녹색이다. 우축과 소우축의 뒷면에 흰색 털이 있다. **소우편** 좁은 긴타원형이고, 자루가 없다. 맨 아래의 열편은 우축으로 흘러 좁은 날개가 된다. **열편** 넓은 타원형이고, 끝이 둥글며, 가장자리에 둔한 톱니가 있다. **포자엽** 2회 우상으로 갈라지며, 영양엽과 길이가 비슷하고, 짧은 우편이 빽빽이 모여 긴 이삭을 이룬다. **포자** 표면은 미립상이다.
*늦고사리삼과 유사하나 영양엽의 기부 소우편은 자루가 없고 우축으로 흘러 좁은 날개로 되며 포자엽은 2회 우상으로 갈라진다.

1. 경기 포천, 2003.7.3.
2. 중축과 우편, 경기 포천, 2003.7.3.
3. 포자엽, 경기 포천, 2003.7.3.
4. 포자엽, 강원 정선, 2020.9.26.
5. 강원 영월, 2022.9.18.

백두산고사리삼

Botrychium lunaria **(L.) Sw.**, J. Bot. 1800(2): 110, 1801
Osmunda lunaria L., Sp. Pl. 2: 1064, 1753

Baek-du-san-go-sa-ri-sam (박만규, 1949; 이창복, 1980; 등[8])
고사리삼(박만규, 1961, 1975)
中 扇羽阴地蕨 E Common moonwort
日 Hime-hana-warabi

포자기 7~9월 **용도** 약용(자궁출혈, 이질), 관상용
분포 백두산을 비롯한 한반도 북부 고산 초지에 자람; 일본, 중국, 러시아, 히말라야, 유럽, 북아메리카, 남아메리카 등 북반구 온대지역

하록성 여러해살이풀로 지생한다. **키** 약 10~ 20cm이다. **뿌리줄기** 짧고 곧게 선다. **잎** 1개씩 나와 중앙에서 2개로 갈라져 포자엽과 영양엽이 된다. **영양엽** 짧은 자루가 있으며 1회 우상으로 갈라진다. 열편은 5~7쌍이고, 부채꼴이며, 가장자리에 둔한 톱니가 있고, 녹색이며, 털이 없고, 잎맥은 부채꼴로 퍼진다. **포자엽** 영양엽보다 길며, 1~2회 우상으로 깊게 갈라진다. **포자낭이삭** 좌우에 빽빽하게 붙는다. **포자낭** 황색이고, 좁쌀모양이며, 익으면 옆으로 갈라진다.
＊영양엽은 1회 우상으로 갈라지고 부채모양의 열편을 갖는 점이 다른 종과 구별된다.

1

2

3

1, 2, 3. 몽골, 2003.8.9. ⓒ박수현

제주고사리삼

***Mankyua chejuense* B.Y.Sun, M.H.Kim & C.H.Kim**, Taxon 50: 1020, 2001

Je-ju-go-sa-ri-sam (Sun et al., 2001; 등[7])
E Mankyua

염색체수 n=130 **포자기** 7~9월 **용도** 관상용
분포 제주도, 그늘진 습지에서 자람; 한국 특산종

동록성 여러해살이풀로 습지 주변에서 자란다. **키** 10~12cm이다. **뿌리줄기** 갈색이고, 지름 3~5mm이며, 옆으로 기고, 1~2개의 잎이 나오며, 측면에서 뿌리가 나온다. **뿌리** 갈색으로, 지름 2mm이며, 싹을 낸다. **공통자루** 길이 8~12cm, 지름 2mm이며, 털이 없고, 녹색이다. **영양엽** 우편이 방사상으로 퍼져 세 갈래로 갈라지며, 다시 두 갈래로 갈라져 5~6개의 우편조각으로 되고, 약간 단단하며, 가장자리에 톱니가 있다. **우편조각** 자루가 0.3~0.5mm로 짧으며, 길이 3~4cm, 너비 6~10mm, 난상 피침형이고, 끝이 둥글거나 약간 뾰족하다. **잎맥** 유리맥으로 1회 또는 드물게 2회 분기한다. **포자엽** 이삭모양이고, 영양엽의 아랫부분에서 1~3개가 나오고, 거의 자루가 없으며, 길이 2cm, 너비 1.5cm이고, 선형이다. **포자낭군** 포자엽 가장자리를 따라 2줄로 배열된다.

*포자낭이삭의 모양은 고사리삼속과 유사하나 영양엽의 우편이 방사상으로 퍼져 난 모양은 구대륙의 *Helminthostachys* Kaulf 속 식물과 유사하다.

제주고사리삼속과 *Helminthostachys*속의 비교

종명	포자엽	키
제주고사리삼속 (*Mankyua*)	1~3개 나옴	10~12cm
Helminthostachys	1개 나옴	20~60cm

2

3

4

1. 제주, 2019.3.14.
2. 제주, 2005.10.30. ⓒ김진석
3. 뿌리줄기와 새순, 평강식물원, 2003.8.20.
4. 제주, 2017.1.14.

비가 내려 물에 잠긴 제주고사리삼, 제주, 2016.2.1.

고비과

Osmundaceae Bercht. & J.Presl

中 紫萁科
E Royal Fern Family
日 Zenmai Ka
분류군수 4속 20여 종(한반도 2속 3종)
분포 전 세계

여러해살이풀로 지생한다. **뿌리줄기** 곧게 또는 비스듬히 나거나 짧게 기며, 비늘조각이 없다. **잎** 같은 모양이거나 2가지 모양이며, 나선상으로 모여난다. **잎자루** 기부에 약간의 날개가 있고, 뿌리줄기와 관절로 이어지지 않는다. **잎몸** 1~2회 우상으로 갈라지고, 어릴 때 털이 있으며, 성숙하면 털이 없어지거나 잔존한다. **잎맥** 서로 결합되지 않고 유리맥이며 차상으로 분지한다. **포자낭** 포자낭군을 형성하지 않고, 크기가 크며 동시에 익어 터지고, 진정한 환대가 없이 윗부분에 후막세포가 모여 있으며, 성숙하면 세로로 터진다. **포자** 동형포자이며 삼지형이다.

◆ 꿩고비의 분류학적 위치는 꿩고비속(*Osmundastrum*)이라는 독립된 속으로 최근 분자적 연구를 통하여 재조명되어 왔다(Miller, 1967, 1971; Yatabe et al., 1999; Yatabe et al., 2005). Metzgar et al.(2008)은 엽록체 DNA연구를 통하여 꿩고비를 독립된 꿩고비속으로 다루어야 함을 주장하였다. 또한 음양고비(*Osmunda claytoniana*)는 플라보노이드(Flavonoid) 연구(Sobel & Whalen, 1983)에 의하여, 꿩고비와 유사하다고 논한 바 있으나, 최근 Isozyme 연구(Stein et al., 1979)와 DNA연구(Yatabe et al., 2005; Metzgar et al., 2008) 등에 의하여 음양고비는 고비와 더 유사하여 꿩고비속에는 꿩고비만 소속됨을 주장하여 이를 따랐다.

고비, 경기 포천, 2010.5.30.

고비과의 속 검색표

1. 성숙한 영양엽의 중축 뒷면에 털이 없다. ············ **고비속 *Osmunda*** 113
1. 성숙한 영양엽의 중축 뒷면에 털이 남아있다. ············ **꿩고비속 *Osmundastrum*** 114

속명	잎몸	잎몸 상태	성숙 후 우편 뒷면의 털
고비속	1~2회 우상	2가지 모양이거나 부분적 2가지 모양	없음
꿩고비속	1회 우상	뚜렷한 2가지 모양	있음

고비속 ***Osmunda*** L. Sp. Pl. 2: 1063, 1753

中 紫萁属
E Royal Fern Genus
日 Zenmai Zoku

분류군수 7종(한반도 2종)
분포 전 세계

잎자루 맨 아래는 탁엽 같은 날개를 만들어 넓어지며, 어린잎일 때는 털로 덮인다. **잎** 2가지 모양이거나 부분적인 2가지 모양으로, 초질 또는 약간 가죽질이고, 뭉쳐난다. **잎몸** 1회 또는 2회 우상으로 갈라진다. 우편과 소우편은 축과 관절로 이어지지 않는다. **잎맥** 유리맥으로 수회 Y자로 갈라진다. **포자낭** 포자엽의 우편에 붙어있다. **포자** 녹색이고, 구형이며, 삼지형이다.

고비속의 종 검색표

1. 잎은 2회 우상으로 갈라지며, 뚜렷한 2가지 모양으로, 포자엽은 영양엽들이 돌려 자라난 가운데에서 나온다. ············ **고비 *O. japonica*** 115
1. 잎은 1회 우상으로 깊게 갈라지며, 부분적으로 2가지 모양을 하여, 포자엽은 영양엽의 1/3 지점에 위치한다. ············ **음양고비 *O. claytoniana*** 116

종명	잎몸	잎몸 상태	포자엽의 위치
고비	2회 우상	2가지 모양	영양엽이 돌려 자라난 가운데
음양고비	1회 우상	부분적 2가지 모양	영양엽의 1/3 지점

꿩고비속 *Osmundastrum* C.Presl., Abh. Boehm. Ges. Wiss. V. 5. 326. 1848

中 桂皮紫萁属
E Cinnamon Fern Genus
日 Yamadori-zenmai Zoku

분류군수 1종(한반도 1종)
분포 아시아, 북아메리카

하록성 여러해살이풀이다. **잎** 2가지 모양으로, 초질이고, 뭉쳐난다. **영양엽 잎몸** 1회 우상으로 갈라진다. 중축 뒷면에 적갈색 털이 모여 있다. **우편** 축과 불분명하게 관절로 이어진다. **잎맥** 유리맥으로 Y자로 갈라진다. **포자엽** 우편이 수축된다. **포자** 녹색으로 구형이며 삼지형이다.

고비, 제주, 2012.6.9.

고비

Osmunda japonica **Thunb.**, Nova Acta Regiae Soc. Sci. Upsal. 2: 209, 1780

Go-bi (정태현 등, 1937; 박만규, 1975; 이창복, 1980; 등[1])
中 紫萁 E Asian royal fern 日 Zenmai

염색체수 n = 22 **포자기** 3~5월
용도 약용(뿌리줄기: 청열, 해독, 지혈), 식용, 관상용
분포 전역, 산지에 자람; 일본, 중국, 타이완, 러시아(사할린), 히말라야 등

하록성 여러해살이풀로 지생한다. **뿌리줄기** 굵고 짧게 서며, 잎이 가깝게 모여난다. **잎** 2가지 모양이다. 어린잎은 얇으며, 갈색 또는 적갈색 다세포성 솜털로 덮여 있으며, 성숙 후 없어진다. **영양엽 잎자루** 황록색이나 간혹 적갈색을 띠며 맨 아래는 적갈색이다. **잎몸** 2회 우상으로 난상 피침형이며, 길이 30~70cm, 너비 20~50cm로, 표면은 녹색, 뒷면은 흰빛이 나는 녹색이다. 우축과 중축의 홈은 연결되지 않는다. **우편** 길이 10~25cm, 너비 3.5~16cm으로, 맨 아래 우편이 가장 크다. **소우편** 길이 3~8cm, 너비 1~2cm, 직각으로 붙으며, 피침형, 넓은 피침형 또는 긴타원상 피침형이다. 끝이 뾰족하거나 뭉뚝하며, 가장자리에 잔톱니가 있고, 자루가 없다. **잎맥** 측맥이 1~3회 Y자로 분지하며, 주맥과 측맥은 50° 각도로 교차한다. **포자엽** 영양엽이 둘러난 가운데 나며, 긴타원상 피침형이고, 곧게 서며, 적갈색을 띠는 자루가 있다. 우편은 길이 3~8cm, 너비 2~4cm로 50° 각도로 붙으며, 포자낭이 밀착해 붙는다. **포자** 미립상으로 외피가 흔적적으로 있다.

1

2

3

4

6

7
5

8

1. 경기 포천, 2011.5.11.
2. 포자엽 새순, 경기 포천, 2004.4.14.
3. 영양엽 새순, 경기 포천, 2012.4.24.
4. 포자낭군, 경기 포천, 2012.4.24.
5. 포자, 2024.4.3.
6. 어린 포자체, 전남 신안, 2021.8.1.
7. 영양엽 새순, 제주, 2020.4.9.
8. 제주, 2022.5.15.

음양고비

***Osmunda claytoniana* L.**, Sp. Pl. 2: 1066, 1753

Osmundastrum claytonianum (L.) Tagawa, J. Jap. Bot. 17: 697, 1941

Um-yang-go-bi (정태현 등, 1949; 이창복, 1980; 등[1])
개고비(박만규, 1949, 1961, 1975)
中 纖紫萁 E Interrupted fern 日 Oni-zenmai

염색체수 n = 22 **포자기** 5~7월
용도 약용(지혈제), 관상용
분포 강원, 경기, 경남, 서울, 산지의 습지에서 자람; 일본, 중국, 러시아(우수리), 히말라야, 북아메리카 동부 등

하록성 여러해살이풀로 지생한다. **키** 40~60cm이다. **뿌리줄기** 굵고, 짧게 서며, 잎이 모여난다. **잎** 부분적으로 2가지 모양이고, 어릴 때는 연한 자갈색, 회색, 회갈색 털이 있으나 곧 떨어진다. **잎자루** 잎몸보다 짧고, 길이 15~22cm이며, 녹색이고, 털로 덮인다. **잎몸** 1회 우상으로 깊게 갈라지며, 좁은 도피침형이고, 흰빛이 도는 녹색으로 길이 25~40cm, 너비 15~25cm이다. **영양엽 우편** 20~30쌍이며, 선상 피침형이고, 끝이 뾰족하거나 뭉뚝하며, 길이 20~25cm, 너비 2~3cm이다. **열편** 끝이 뭉뚝하고, 가장자리에 털이 없으나, 간혹 어릴 때 회백색 또는 회갈색 털이 있기도 하다. **포자엽** 영양엽의 1/3 지점에 달린다. **포자엽 우편** 너비가 약 5cm이고, 전체적으로 포자낭에 덮이며, 포자 산포 후 흑갈색으로 변한다. **포자** 구형으로, 삼지형이고, 녹색이다.

＊꿩고비와 유사하나 부분적으로 2가지 모양의 잎을 가진다.

1. 경기 용인, 2012.5.9. ©이만규
2. 잎몸 상부, 서울, 2020.7.11.
3. 서울, 2020.7.11.
4. 우편, 경기 용인, 2012.5.9. ©이만규
5. Y자로 갈라지는 잎맥, 경기 용인, 2012.5.9. ©이만규
6. 부분 포자엽, 천리포수목원 ©김명수
7. 포자낭군, 경기 용인, 2012.5.9. ©이만규

꿩고비

***Osmundastrum cinnamomeum* (L.) C.Presl**, Gefässbundel Farrn. 18, 1847

Osmunda cinnamomea L., Sp. Pl. 2: 1066, 1753

Osmunda asiatica (Fern.) Ohwi, Fl. Jap. Pterid.: 21, 1957

Kkwong-go-bi (정태현 등, 1937; 정태현 등, 1949; 박만규, 1975; 이창복, 1980; 등[1])

中 桂皮紫萁 E Cinnamon fern

日 Yamamadori-zenmai

염색체수 n = 22 **포자기** 5~7월

용도 약용(뿌리줄기: 지혈), 식용, 관상용

분포 제주도, 울릉도를 제외한 전역, 산지의 습기가 있는 곳에서 자람; 일본, 중국(만주), 타이완, 러시아(시베리아), 북아메리카 동부 등

하록성 여러해살이풀로 지생하며, 잎이 모여난다. **뿌리줄기** 짧게 기거나 서며, 잎은 2가지 모양이고, 어릴 때는 광택이 나는 적갈색 털로 덮이지만 성숙해지면 털이 적어진다. **잎자루** 짧고, 맨 아랫부분이 부풀어 있고, 날개를 형성하며, 적갈색 털이 모여 있다. **영양엽 잎몸** 1회 우상으로 갈라지며, 누런 초록색으로, 난상 피침형이다. 길이 30~80cm, 너비 10~25cm이고, 끝이 갑자기 뾰족해지며, 아랫부분이 다소 좁아지고, 연한 종이질이다. 중축 뒷면에 적갈색 털이 있다. **우편** 직각으로 붙고, 자루가 없으며, 길이 5~17cm, 너비 1.5~3cm이고, 끝이 뾰족하다. **열편** 가장자리가 밋밋하며, 끝이 둥글다. **잎맥** Y자로 갈라진다. **포자엽** 영양엽보다 짧고, 우편은 길이 2~4cm, 너비 1~1.5cm이며, 포자낭이 전체를 감싸며, 포자 산포 후 적갈색으로 변해 여름까지 남아있다. **포자** 구형이고, 삼지형으로 녹색이다.

1. 군락, 충북 영동, 2020.5.30.
2. 잎자루의 털, 경기 연천, 2020.5.16.
3. 중축, 경기 용인, 2012.5.9. ©이만규
4. 잎몸 정부, 강원 설악산, 2020.6.25.
5. 녹색의 포자, 경기 포천, 2004.5.14.
6. 포자엽, 경기 포천, 2004.4.22.
7. 포자낭군, 경기 포천, 2012.4.24.

처녀이끼과

Hymenophyllaceae Link

中 膜蕨科
E Filmy Fern Family
日 Koke-shindou Ka
분류군수 9속 600여 종(한반도 3속 9종 1품종, 2교잡종)
분포 주로 열대와 아열대지역에서 자라나, 온대지역에서도 자람

대부분 작은 식물로 바위나 나무 위에 붙어서 자라는 여러해살이풀이며 대체로 상록성이다. **키** 거의 20cm 이하로 작다. **뿌리줄기** 가늘고 길게 기거나 짧게 잎이 모여나며, 흑갈색 털이 드물게 있거나 밀생한다. **잎자루** 기부에 흔히 흑갈색 털이 있고 비늘조각은 없다. **잎몸** 잎질이 얇고 기공이 없으며, 1~수회 우상으로 갈라지고, 가장자리가 밋밋하거나 톱니가 있다. **잎맥** 거의 유리맥이다. **포자낭군** 잎가장자리의 잎맥 끝에 붙으며, 끝이 굵어져 포자낭상(포자낭군탁)을 만들어 포막 밖으로 튀어 나오기도 한다. **포자낭** 환대는 비스듬히 감고 세로로 터진다. **포막** 2개의 판막으로 되거나 컵모양이다. **포자** 삼지형이고, 녹색이다.

◆ 처녀이끼과(Hymenophyllaceae)의 속의 소속은 학자 간에 많은 차이가 있었다. Copeland(1938)는 이 과를 세분하여 34속으로 보았고, Morton(1968)은 크게 2속 90아속, 35절로 분류하였는데, 많은 학자들이 두 사람의 견해를 주로 따라왔다(Ohwi, 1965; Tagawa, 1959; Ching, 1959; Nakaike, 1992; 박만규, 1975; 이창복, 1980). 한편 Croxall(1975)은 단일속 처녀이끼속(*Hymenophyllum*)으로 넓게 다루기도 하였다. 그 후 Iwatsuki(1984, 1985)는 아시아의 처녀이끼과의 계통에 관하여 연구하면서 8속으로 정리하고, Ebihara et al.(2006)은 그간의 연구들과, 형태, 염색체, DNA연구 등을 통해 9속(*Hymenophyllum*, *Didymoglossum*, *Crepidomanes*, *Polyphlebium*, *Vandenboschia*, *Abrodictyum*, *Trichomanes*, *Cephalomanes*, *Callistopteris*)으로 분류하였다. 이 책에서는 Ebihara et al.(2006)의 견해에 따라 3속으로 정리하였다.

애기수염이끼, 제주, 2024.11.9.

처녀이끼과 속 검색표

1. 뿌리줄기는 갈색 털이 드물게 있으며, 포막은 2개의 판막으로 되어 있다. ······················ **처녀이끼속 *Hymenophyllum* 119**
1. 뿌리줄기는 흑갈색의 털이 빽빽이 붙으며, 포막은 컵모양이거나 깔때기모양이다.
   2. 포막은 반 정도만 열편 안으로 들어가 있다. ·· **괴불이끼속 *Crepidomanes* 121**
   2. 포막은 열편 안으로 거의 들어가 끝에서 두 갈래지거나 약간 파인다. ····················· **누운괴불이끼속 *Vandenboschia* 122**

속명	뿌리줄기 지름	포막	위맥
처녀이끼속	0.2~0.3mm	2개의 판막	없음
괴불이끼속	0.4~0.6mm	컵모양 또는 깔때기모양	있거나 없음
누운괴불이끼속	0.3~1mm	컵모양	없음

처녀이끼속 ***Hymenophyllum*** J.Sm., Scad. Roy. Sci. (Turin) 5: 418, 1793

中 膜蕨属
E Filmy Fern Genus
日 Koya-koke-shinobu Zoku

분류군수 250여 종(한반도 4종 1품종)
분포 주로 열대와 아열대지역에서 자라나, 온대지역에서도 자람

나무나 바위 위에서 착생하는 상록성 여러해살이풀이다. **뿌리줄기** 철사모양으로 길게 기며, 다소 털이 있거나 없다. **잎몸** 우상으로 갈라지며, 작고 얇으며 위맥이 없고, 열편 가장자리에 톱니가 발달하기도 한다. **포자낭군** 열편 끝에 있으며 맨 아래까지 입술모양의 2개로 갈라진 포막이 있고 가장자리에 톱니가 있기도 하다.

◆ 이 속은 잎과 포막의 가장자리에 톱니가 발달하는 수염이끼속(*Mecodium*)과 톱니가 없는 처녀이끼속(*Hymenophyllum*)으로 구분하여 다루기도 하나, Iwatsuki(1985), Ebihara et al.(2006)의 견해를 따라 1속으로 다루었다.

❖ **금강처녀이끼**(*H. oligosorum* Makino, Bot. Mag. Tokyo 13: 44, 1899)는 어린순이 잘 떨어지는 갈색 털로 덮이고, 잎자루는 날개가 없으며, 잎몸은 2~3회 우상으로 갈라지며, 난상 긴타원형 또는 긴타원상 피침형이고, 우축 뒷면에 잘 안 떨어지는 털이 있으며, 중축과 우축의 날개가 서로 겹친다. 포자낭군은 열편의 끝에 붙고, 포자낭상은 곤봉모양으로 포막 안에 있다. 처녀이끼와 유사하나 잎의 뒷면에 털이 오래 남아있는 특징으로 구별된다. 제주도, 일본, 타이완의 산지 음습한 바위 위에 붙어 자라는 것으로 박만규(1961)에 의해 기재되었으나 실체 확인이 필요하다.

처녀이끼속의 종 검색표

1. 최종열편의 가장자리에는 불규칙한 톱니가 있다. ······ **수염이끼 *H. barbatum*** 123
1. 최종열편의 가장자리에는 톱니가 없고 밋밋하다.
  2. 우편은 중축에 45~90°의 각도로 붙는다.
    3. 포막의 입술 가장자리는 밋밋하다.
      4. 포자낭군은 잎몸 아래까지 붙는다. ······ **좀처녀이끼 *H. polyanthos*** 124
      4. 포자낭군은 잎몸 상부에만 붙는다. ······ **애기수염이끼 *H. coreanum*** 125
    3. 포막의 입술 가장자리는 갈라진다. ······ **구름처녀이끼 *H. wrightii* f. *serratum*** 126
  2. 우편은 중축에 30~45°의 각도로 붙는다. ······ **처녀이끼 *H. wrightii*** 127

종명	잎자루의 털	잎몸의 모양	최종열편의 가장자리	포자낭의 분포
수염이끼	숙존성	긴타원형, 난형	불규칙한 톱니	전체
좀처녀이끼	잘 떨어짐	난상 피침형	밋밋함	전체
애기수염이끼	잘 떨어짐	난형, 긴타원형	밋밋함	잎몸의 상부
처녀이끼	잘 떨어짐	선상 긴타원형	밋밋함	열편의 끝
구름처녀이끼	잘 떨어짐	넓은 난형	밋밋함	열편의 맥 끝

제주괴불이끼, 제주, 2019.2.21.

괴불이끼속 ***Crepidomanes*** C.Presl, Abh. Konigl. Bohm. Ges. Wiss., ser. 5, 6: 618, 1851

中 假脉蕨属
日 Ao-horagoke Zoku

분류군수 30여 종(한반도 3종)
분포 열대지역, 난·온대지역

상록성 여러해살이풀로 흔히 착생한다. **뿌리줄기** 철사모양으로 가늘고 길게 긴다. 갈색에서 붉은 갈색의 털이 빽빽하게 붙는다. **잎** 단엽에서 4회 우상으로 분열하고 털이 없다. 가장자리에 톱니가 없다. **잎맥** 위맥이 있거나 없다. **포자낭군** 열편 끝에 붙는다. 포자낭상은 곤봉모양으로 포막 바깥으로 나온다. **포막** 반 정도가 열편 안으로 들어가 있으며, 위쪽이 두 갈래지고 위맥이 있을 때 입술모양이며, 위맥이 없을 때 컵모양이거나 종모양으로 다소 갈라진다.

◆ 광의의 개념으로 보면 *Trichomanes*(Morton, 1968)에 속하며, Copeland(1938)의 체계를 따라 세분하여 괴불이끼속(*Crepidomanes*), 부채괴불이끼속(*Gonocormus*), *Nesopteris* Copeland로 구분하여 다루어 왔으나(Ohwi, 1965; Tagawa, 1959; Ching, 1959; Nakaike, 1981; 박만규, 1975; 이창복, 1980), 최근 형태, 염색체, DNA 등 연구(Ebihara et al., 2006)를 통하여 이들을 한 속으로 다루고 2개의 *Crepidomanes*, *Nesopteris* 아속으로 다룬 체계를 따랐다.

괴불이끼속의 종 검색표

1. 잎몸은 단엽으로 수회 부채꼴로 갈라지며, 부채모양 또는 긴타원형이다. ·························· **부채괴불이끼 *C. minutum*** 132
1. 잎몸은 2~3회 우상으로 갈라지고, 긴타원상 피침형 또는 삼각상 피침형이다.
    2. 잎자루는 날개가 거의 없고, 열편에 위맥이 없으며 포막은 컵모양이다. ···················· **두메괴불이끼 *C. schmidtianum*** 128
    2. 잎자루에 좁은 날개가 있고, 열편에 위맥이 있으며 포막은 입술모양이다. ························ **괴불이끼 *C. latealatum*** 130

종명	잎자루의 날개	잎몸	위맥	포막
부채괴불이끼	없음	부채모양	없음	종모양
두메괴불이끼	없음	난상 삼각형	없음	컵모양
괴불이끼	있음	긴타원상 삼각형	있음	입술모양

누운괴불이끼속 ***Vandenboschia*** (Copel.) Ebihara et al., 2006, Blumea 51, 221-280

中 瓶蕨属
日 Horagoke Zoku

분류군수 약 15종(한반도 2종, 2교잡종)
분포 대부분 열대지역과 난·온대지역

상록성 여러해살이풀로 흔히 착생한다. **뿌리줄기** 철사모양으로 가늘고 길게 긴다. 흑갈색의 털이 빽빽하게 붙는다. **잎몸** 1~4회 우상으로 분열하고 털이 없다. 가장자리에 톱니가 없다. **잎맥** 위맥이 없다. **포자낭군** 열편 끝에 붙으며, 포자낭상은 곤봉모양으로 포막 바깥으로 나온다. **포막** 열편 안으로 거의 들어가 있고, 위쪽이 두 갈래지고 컵모양이거나 다소 갈라진다.

◆ 이 속을 Nakaike(1975)는 *Lacosteopsis*으로 다루기도 하였으나, 최근 형태, 염색체, DNA 등 연구를 통하여 Ebihara et al.(2006)은 두 개의 아속으로 처리하였고(*Vandenboschia* 아속: 우편이 2~4회 우상으로 갈라짐; *Lacosteopsis* 아속, 우편이 1회 우상으로 갈라짐) 이들의 체계를 따랐다.

◆ 제주도에서 자라는 누운괴불이끼를 *Vandenboschia radicans* var. *orientalis* (C.Chr.) H.Itŏ(이창복, 1980)로, *Crepidomanes radicans* (SW.) K.Iwats.로 보고하거나(박종욱 편집, 2007), *Crepidomanes orientalis* C.Chr.(국립수목원, 2008)으로 기재하여 혼돈되어 왔다. Iwatsuki(1985)는, *C. radicans*는 열대 미주지역에 기본종이 분포하는 것으로 보았고, 아시아산은 대형으로, 간격이 2~5cm 떨어져 잎이 나오는 것을 *C. radicans* var. *naseanum* (H.Christ) K.Iwats.로, 중형이고 간격 1cm인 것을 *C. birmanicum* (Bedd.) K.Iwats.으로 구분하였다. 그 후 Ebihara et al.(2005, 2006, 2009)은 *Vandenboschia radicans* complex의 형태, 분자적 연구와 종간 교잡연구를 통해 이들은 속내 종간 교잡이 잘 일어나고 있음을 밝혔다. 이 종은 동질배수체거나 동질삼배체이고 *V. orientalis*와 형태가 유사하나, *V. orientalis*는 *V. birmanica*와 *V. kalamocarpa*의 교잡에 의한 4배체임을 밝혀, 타이완이 원산지인 *V. kalamocarpa*로 사용함을 주장하였다. 따라서 지금까지 연구된 바로 누운괴불이끼는 동질배수체를 갖고 있는 *V. kalamocarpa*임이 밝혀졌다.

누운괴불이끼속의 종 검색표

1. 잎몸은 2~3회 우상으로 평면을 이룬다. ············ **누운괴불이끼 *V. kalamocarpa*** 133
1. 잎몸은 3회 우상으로 열편이 겹쳐져 입체감이 있다.
   2. 키는 10cm 이하이고, 뿌리줄기의 지름은 0.3~0.5mm이다.
      3. 잎자루에 약 0.5mm의 날개가 있으며, 잎몸의 너비가 1.5~2cm이다. ············ **난장이이끼 *V. nipponica*** 134
      3. 잎자루에 약 1mm의 날개가 있으며, 잎몸의 너비가 2.5~2.8cm이다. ············ **제주괴불이끼 *V. ×stenosiphon*** 136
   2. 키는 15cm 이상이고, 뿌리줄기의 지름은 0.5~0.8mm이다. ············ **큰괴불이끼 *V. ×quelpaertensis*** 135

수염이끼

***Hymenophyllum barbatum* (Bosch) Baker**, Syn. Fil. 68, 1867
Leptocionium barbatum Bosch, Ned. Kruidk. Arch. 5: 146, 1861

Su-yeom-i-kki (정태현 등, 1937; 정태현 등, 1949; 박만규, 1949, 1961; 이창복, 1980; 이우철, 1996; 이영노, 2006)
처녀이끼(박만규, 1975)
中 华东膜蕨 E Beard filmy fern
日 Kōya-koke-shinobu

염색체수 2n = 42 **포자기** 6~8월 **용도** 관상용
분포 충남, 경남, 제주도, 산지의 그늘지고 습한 바위나 나무 아래에 붙어서 자람; 일본, 중국, 타이완, 동남아시아

상록성 여러해살이풀로 착생한다. **키** 5~12cm이다. **뿌리줄기** 지름 0.2mm이고, 가늘고 길게 기며, 어릴 때 갈색 털로 덮이고, 잎들이 1.5~2.5cm 간격으로 드문드문 난다. **잎자루** 뿌리줄기보다 굵고, 길이 1~3cm로 잎몸보다 짧으며, 윗부분에 좁은 날개가 있고, 털이 밀집해 있다. **잎몸** 2~3회 우상으로 갈라지고, 길이 4~8cm, 너비 2~3cm이다. 긴타원형으로, 끝이 뾰족하고, 아래로 가면서 약간 좁아지거나 넓은 쐐기모양이다. 중축에 뚜렷하게 날개가 있으며, 우축과 소우축의 날개는 넓고, 뒷면에 털이 밀집해 있다. **우편** 다수의 열편으로 갈라지며, 선상 삼각형으로 끝이 뾰족하다. **열편** 너비 1.5~2mm이고, 선상 긴타원형이며, 가장자리에 실 같은 톱니가 있다. **포자낭군** 열편 끝에 붙는다. 포자낭상은 곤봉모양으로 포막 안에 있다. **포막** 입술모양의 넓은 난형이며, 가장자리에 톱니가 있다.

*다른 유사종에 비하여 최종열편의 가장자리에 불규칙한 톱니가 있다.

1. 제주, 2021.1.29.
2. 포자낭군과 포막, 제주, 2017.6.23.
3. 잎몸과 털, 제주, 2011.11.2.
4. 잎가장자리 톱니, 충남 논산, 2022.9.3.
5. 잎 뒷면의 잎맥에 난 갈색 털, 제주, 2011.11.2.
6. 군락, 충남 논산, 2022.9.3.

1

2

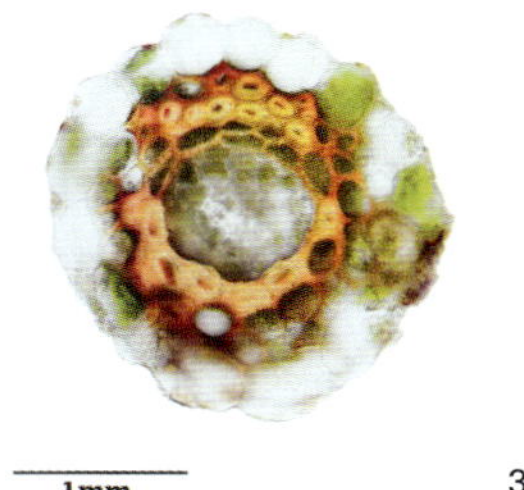

3

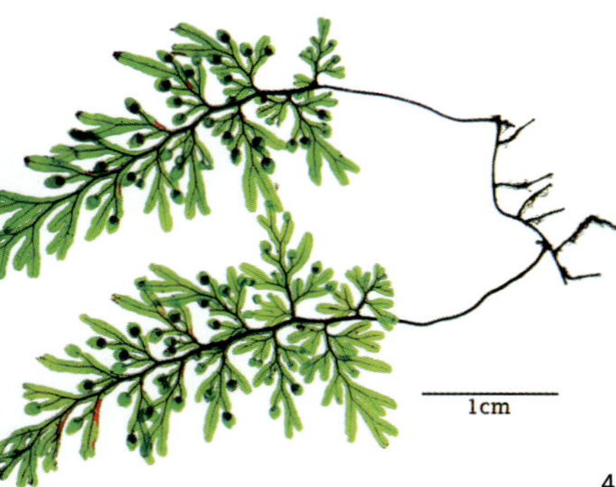

4

5

6

좀처녀이끼

Hymenophyllum polyanthos **(Sw.) Sw.**, J. Bot. (Schrader) 1800(2): 102, 1801
Mecodium polyanthos (Swartz) Copel., Philipp. J. Sci. 67: 19, 1938

Jom-cheo-nyeo-i-kki (박만규, 1961; 한국양치식물연구회, 2005; 이영노, 2006)
좀괴불이끼(박만규, 1975), 애기수염이끼(The Flora of Korea Editorial Committee, 2007)
中 长柄蕗蕨 E Smooth filmy fern
日 Hosoba-kokeshinobu

염색체수 2n = 56 **포자기** 7~9월 **용도** 관상용
분포 강원, 경남, 제주도, 산지의 바위나 나무에 붙어서 자람; 일본, 타이완 등 열대와 아열대지역

상록성 여러해살이풀로 착생한다. **키** 7~15cm이다. **뿌리줄기** 가늘고 길게 기며, 빨리 떨어지는 부드럽고 연한 갈색의 굽은 털이 드문드문 있다. **잎자루** 2~5cm이고, 윗부분에 좁은 날개가 있으며 맨 아래에 어두운 갈색의 곧은 털이 다복이 난다. **잎몸** 대부분 2~3회 우상으로 갈라지며, 크기와 모양이 피침형, 난형 또는 삼각형 등 매우 다양하다. 끝이 뾰족하며, 길이 3~7cm, 너비 2~4cm이고, 중축에 좁은 날개가 있다. **우편** 10쌍 이하이고, 가운데가 가장 크며, 위아래로 좁아지고, 우상으로 겹쳐나며, 45~75° 각도로 붙는다. **소우편** 짧고, 가장자리가 밋밋하거나 드물게 갈라진다. 꼭지열편은 위로 가며 너비가 좁아져 약 0.7~1mm이고, 끝이 뭉뚝하다. **포자낭군** 잎몸의 아랫부분까지 붙고, 꼭지열편 끝에 붙는다. 포자낭상은 곤봉모양으로 포막 안에 있다. **포막** 길이 약 1mm이고, 입술모양으로 끝이 둥글거나 뾰족하며, 가장자리는 밋밋하다.

∗일본에 자생하는 *H. polyanthos*는 열편이 좀더 가늘며, 포막이 좀더 길고 뾰족해 차이가 보여 앞으로 연구가 더 필요하다.

1. 강원 횡성, 2025.10.8.
2. 포막, 경남 지리산, 2020.11.14.
3. 원생중심주, 2024.4.9.
4. 전초, 강원 횡성, 2025.10.8.
5. 잎몸과 포자낭군, 제주 한라산, 2019.9.16.
6. 강원 횡성, 2025.10.8.

애기수염이끼

Hymenophyllum coreanum **Nakai**, Bot. Mag. (Tokyo) 40: 246, 1926
Mecodium coreanum (Nakai) Seriz, J. Jap. Bot. 46(1): 16, 1971

Ae-gi-su-yeom-i-kki (박만규, 1949; 이우철, 1996)
E Korean filmy fern   日 Hime-kokeshinobu

포자기 7~9월   **용도** 관상용
분포 강원, 경남, 제주도, 고산의 바위나 나무에 붙어서 자람; 일본

상록성 여러해살이풀로 착생한다. **키** 4~7cm이다. **뿌리줄기** 철사모양으로 가늘고 길게 기며, 빨리 떨어지는 부드럽고 연한 갈색의 굽은 털이 드문드문 있다. **잎몸** 2~3회 우상으로 갈라지며, 크기와 모양이 다양하고, 끝이 뭉뚝하다. 길이 1~3.5cm, 너비 2~4cm이고, 중축에 좁은 날개가 있다. **우편** 5~8쌍으로, 가운데가 가장 크며, 새깃모양으로 겹쳐난다. **소우편** 짧으며, 가장자리가 밋밋하거나 드물게 갈라진다. 꼭지열편은 긴타원형이며, 위로 갈수록 너비가 좁아지고 끝이 뭉뚝하다. **포자낭군** 잎몸의 상단부, 꼭지열편 끝에 붙으며, 포자낭상은 곤봉모양으로 포막 안에 있다. **포막** 둘로 갈라지는 입술모양을 하며, 끝이 둥글거나 뾰족하고, 가장자리는 밋밋하다.

*좀처녀이끼보다 작고, 잎몸이 덜 갈라지며, 더 넓은 열편과 포막을 가졌고, 좀처녀이끼의 포자낭군이 잎몸의 아래, 잎자루 근처까지 붙는 것에 비해 애기수염이끼는 잎몸의 상부에만 달리고 우편은 중축에 더 넓게 붙는다.

1. 강원 가리왕산, 2012.5.18.
2. 입술모양의 포막과 포자낭군, 강원 설악산, 2006.9.3.
3. 포자낭군, 강원 태백산, 2011.9.28.
4. 포막, 제주 한라산, 2018.12.3.
5. 중축, 제주 한라산, 2018.12.3.
6. 전초, 제주 한라산, 2019.1.28.

1. 제주 한라산, 2023.10.21.
2. 포자낭군, 제주, 2014.11.10.
3. 포막, 제주 한라산, 2023.10.21.
4. 전초, 제주 한라산, 2023.10.21.

구름처녀이끼

***Hymenophyllum wrightii* f. *serratum* C.S.Lee & K.H.Lee**, Korean J. Pl. Taxon. 44(4): 234, 2014

Gu-reum-cheo-nyeo-i-kki (Lee et al., 2014)

E Clustered filmy fern

포자기 7~9월 **용도** 관상용

분포 제주도, 고산의 그늘지고 습한 바위에 붙어서 자람; 한국 특산종

상록성 여러해살이풀로 착생한다. **키** 1.3~1.8cm로 매우 작다. **뿌리줄기** 가늘고 매우 길게 옆으로 벋으며, 흑갈색 뿌리털이 있는 뿌리가 있고, 잎이 1.5~2cm 간격으로 떨어져 난다. **잎자루** 잎몸보다 짧고, 길이 0.3~0.7cm이다. 맨 아래에 드물게 털이 있고 위로 가면서 털이 없으며, 윗부분을 제외하고 날개가 없다. **잎몸** 2회 우상으로 갈라지며, 넓은 난형이고, 끝이 둥글며, 녹색이고, 막질이며, 길이 1~1.3cm, 너비 1~1.5cm이다. 털이 없거나 간혹 2~3개의 세포로 이루어진 작은 털이 있다. **우편** 긴타원상 또는 난형이며 길이 0.7~1cm, 너비 0.3~0.4cm이고, 자루가 없으며, 중축에 45~90°로 붙는다. **열편** 선형이고, 가장자리가 밋밋하며, 끝이 둥글고, 길이 4~6mm, 너비 0.7~1mm이며, 이웃 열편과 거의 겹치지 않으나 약간 겹치기도 한다. **잎맥** 1맥이 뚜렷하게 있다. **포자낭군** 작은 열편의 맥 끝에 붙고, 포자낭상은 곤봉모양으로 포막 안에 있다. **포막** 2조각으로, 거의 중간까지 갈라지고, 난상 삼각형 또는 넓은 타원형으로 끝이 불규칙하게 갈라진다.

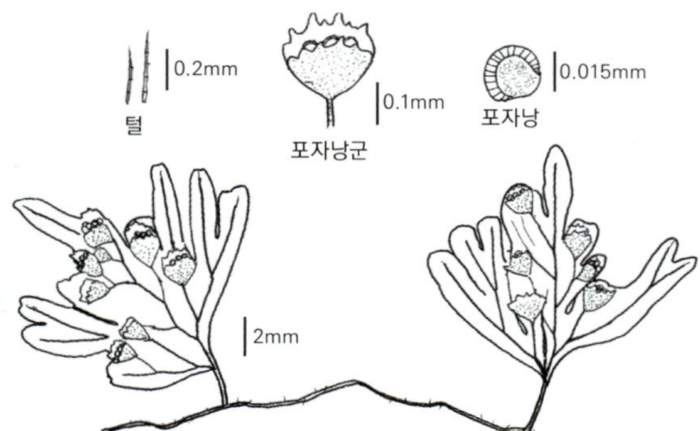

처녀이끼와 구름처녀이끼의 비교

특징	처녀이끼	구름처녀이끼
잎몸의 분기	2~3회 우상으로 갈라짐	2회 우상으로 갈라짐
잎몸의 모양	난상 피침형	넓은 난형
잎몸의 길이/너비	1.5~3.5cm/1~1.5cm	1~1.3cm/1~1.5cm
우편모양	난형 또는 도란형	긴타원형 또는 난형
포막의 길이	1~1.5mm	1.5~2mm

처녀이끼

***Hymenophyllum wrightii* Bosch**, Ned. Kruidk. Arch. 4: 391, 1859

Mecodium wrightii (Bosch) Copeland, Phillipp. J. Sci. 67: 23, 1938

Cheo-nyeo-i-kki (정태현 등, 1937; 정태현 등, 1949; 박민규, 1949, 1961; 이창복, 1980; 등[1])
괴불이끼(박만규, 1975)
中 莱氏蕗蕨　E Wright's filmy fern
日 Koke-shinobu

염색체수 n= 28, 2n = ca. 56, 84
포자기 6~8월　**용도** 관상용
분포 경남, 제주도, 고산의 그늘지고 습한 바위에 붙어서 자람; 일본, 러시아(사할린), 캐나다 등

상록성 여러해살이풀로 착생한다. **키** 4~7cm로 작다. **뿌리줄기** 가늘고 옆으로 길게 벋으며, 철사모양이고, 갈색 뿌리털이 있는 뿌리가 붙어있다. **잎자루** 잎몸보다 짧으며, 길이 0.8~2.5cm이고, 맨 아래에 털이 있지만 위로 가면서 털이 없으며, 윗부분을 제외하고 날개가 없다. **잎몸** 2~3회 우상으로 갈라지며, 선상 긴타원형 또는 난상 삼각형이고, 끝이 뾰족하거나 둥글다. 길이 3~5cm, 너비 1.5~2.5cm이고 털이 없거나 간혹 2~3개의 세포로 이루어진 작은 털이 있다. **우편** 중축에 30~45°로 붙는다. **열편** 너비 1.5~2mm로 1맥이 있다. **포자낭군** 열편의 끝에 붙고, 포자낭상은 곤봉모양으로 포막 안에 있다. **포막** 입술모양으로 거의 맨 아래까지 깊게 갈라지는 입술모양을 하며, 난상 삼각형 또는 넓은 타원형이다.
∗좀처녀이끼, 애기수염이끼와 유사하나 두 종에 비해 잎몸은 선상 긴타원형으로 보다 길고 좁다.

1. 제주, 2016.2.23.
2. 입술모양의 포막과 포자낭군, 제주, 2012.9.8.
3. 포자낭군이 달린 잎과 철사모양의 가는 뿌리줄기, 제주, 2011.11.2.
4. 처녀이끼와 주변에 자라는 독립배우체, 제주, 2014.3.30.
5. 독립배우체, 제주, 2016.2.23.

두메괴불이끼

***Crepidomanes schmidtianum* (Zenker ex Taschner) K.Iwats.**, J. Fac. Sci. Univ. Tokyo 13: 526, 1985

Trichomanes schmidtianum Zenker ex Taschner, Dissertation 34, 1843

Vandenboschia schmidtiana (Zenker ex Taschner) Copel., Philipp. J. Sci. 67: 53, 1938

Du-me-goe-bul-i-kki (Lee et al., 2013c)

中 西藏瓶蕨　E Alpine bristle fern

日 Chichibu-horagoke

염색체수 2n = 108　**포자기** 7~9월　**용도** 관상용

분포 경남, 제주도, 고산 수림 아래 습기 많은 바위에 붙어서 자람; 일본, 중국, 타이완, 히말라야

상록성 여러해살이풀로 착생한다. **키** 2~5cm로 작다. **뿌리줄기** 길게 기며, 갈색 털로 빽빽하게 덮인다. **잎자루** 길이 0.8~2cm이고, 날개가 거의 없다. 기부는 담황색을 띤 갈색의 털로 덮인다. **잎몸** 2회 우상으로 갈라지고, 크기와 모양이 다양하여, 작은 개체는 난상 삼각형이고 큰 개체는 난상 피침형으로, 길이 1.5~7cm, 길이 1~3cm이다. **열편** 너비 약 1.5.mm이고, 흔히 옆에 있는 열편들과 겹치며, 진한 녹색을 띠고, 마르면 갈색으로 변한다. **포자낭군** 짧은 열편 맥 끝에 붙는다. 포자낭상은 곤봉모양으로 포막 바깥으로 길게 나온다. **포막** 컵모양으로 길이 약 1.5mm, 너비 약 1.2mm이며, 가장자리가 넓게 벌어진다.

포자체는 퇴화되고, 배우체에서 무성아가 나와 영양번식으로 자라는 독립배우체인 *C. intricatum*이 Farrar에 의해 북미에서 발견되어 연구되었다(1967, 1971, 1992). 최근엔 이 독립배우체 *C. intricatum*과 일본에서 자라는 *C. schmidtianum*의 엽록체 DNA 검사 결과, 100% 일치하였고, 두메괴불이끼의 배우체와 유사한 점 등으로 동일종일 가능성을 논하였다(Ebihara et al., 2008). 국내에서도 두메괴불이끼(*C. schmidtianum*)와 북미의 *C. intricatum*과 유사한 독립배우체가 발견되었다(Lee et al., 2014; Lee et al., 2020).

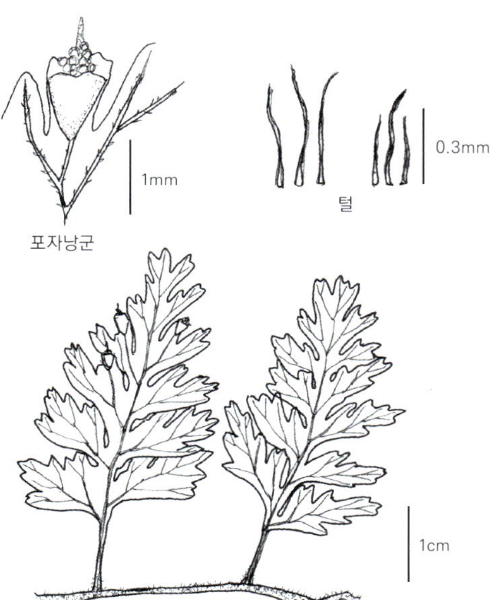

1. 제주, 2018.11.15.
2, 3. 전초, 경남 지리산, 2020.11.14.
4, 5. 경남 지리산, 2020.11.14.
6, 8. 독립배우체, 경남 지리산, 2014.3.8.
7. 독립배우체, 경기 양평, 2014.2.18.
9. 독립배우체 세포, 2014.2.23.

괴불이끼

Crepidomanes latealatum (Bosch) Copel., Philipp. J. Sci. 67: 60, 1938

Didymoglossum latealatum Bosch, Ned. Kruidk. Arch. 5: 138, 1863

Didymoglossum insigne Bosch, Ned. Kruidk. Arch. 5: 143, 1863

Goe-bul-i-kki (정태현 등, 1937; 정태현 등, 1949; 박만규, 1949, 1961; 이창복, 1980; 등[1])

수염이끼(박만규, 1975)

中 长柄假脉蕨 E Insignificant bristle fern

日 Ao-horagoke, Koke-horagoke, Ogasa-wara-horagoke

염색체수 n = 36 **포자기** 6~9월 **용도** 관상용

분포 전남, 제주도, 산지 계곡의 음습한 곳에서 자람; 일본, 중국, 타이완, 말레이시아 등 열대에서 아열대지역

상록성 여러해살이풀로 착생한다. **키** 4~10cm이다. **뿌리줄기** 철사모양이며, 지름 0.4~0.6mm로 가늘고 길게 기며, 흑갈색 털이 빽빽하게 덮인다. **잎자루** 길이 0.7~2.2cm로, 기부에 매우 좁은 날개가 있다. **잎몸** 2~3회 우상으로 깊게 갈라지며, 난상 긴타원형 또는 긴타원상 삼각형이다. 길이 3~7cm이며, 양면은 거의 털이 없고, 크기와 모양이 다양하다. 중축에 좁은 날개가 있다. **우편** 난형 또는 난상 피침형이다. **열편** 선형으로, 끝이 길게 뾰족하고, 가장자리가 밋밋하며, 짙은 녹색이다. 위맥이 있다. **포자낭군** 열편 끝에 붙고, 포자낭상은 곤봉모양으로 포막 바깥으로 길게 나온다. **포막** 입술모양으로, 위에서 1/3 정도 2개로 갈라지며, 길이 1.5mm이다.

* 다른 종에 비해 포막의 윗부분은 입술모양으로 갈라진다.

1. 제주, 2024.1.7.
2. 위맥과 포막, 제주, 2024.1.7.
3. 포막과 포자낭상, 제주, 2024.10.13.
4. 잎, 제주, 2024.10.13.
5. 제주, 2013.3.3.

*괴불이끼는 형태적 변이의 폭이 매우 크다. 6~11번 사진은 엽형이 둥글고, 열편 가장자리에 위맥이 뚜렷하고, 잎자루에 털이 많이 붙어 있어 일반적인 모습과 다르게 보인다. 그러나 엽록체 DNA 분석 결과 동일한 유형으로 나타나 동일 종으로 처리하였으나, 형태적 변이에 대한 보다 폭넓고 세밀한 연구가 필요하다.

6. 제주, 2023.4.17.
7. 잎자루 털, 제주, 2023.4.17.
8. 잎 하부, 제주, 2023.4.17.
9. 잎몸, 제주, 2023.4.17.
10. 포자낭군과 포막, 제주, 2023.4.17.
11. 위맥, 제주, 2023.4.17.

부채괴불이끼

Crepidomanes minutum **(Blume) K.Iwats.**, J. Fac. Sci. Univ. Tokyo 13: 524, 1985

Trichomanes minutum Blume, Enum. Pl. Javae 2: 223, 1828

Gonocormus minutus (Blume) Bosch, Hymenophyll. Javan. 7-8, Pl. 3, 1861

Bu-chae-goe-bul-i-kki (정태현 등, 1937; 정태현 등, 1949; 이창복, 1980; 등[1])

부채이끼(박만규, 1949, 1961, 1975)

中 团扇蕨 E Tiny bristle fern

日 Uchiwa-goke, Munin-horagoke

염색체수 2n = 72 **포자기** 6~9월 **용도** 관상용

분포 전역, 그늘지고 습한 바위나 고목 밑에 붙어서 자람; 일본, 만주, 중국, 타이완, 말레이시아 등 구열대에서 온대지역

상록성 여러해살이풀로 착생한다. **키** 1~2cm로 매우 작다. **뿌리줄기** 철사처럼 가늘고 길게 기며, 잘 떨어지는 흑갈색 털로 덮이며, 3~10mm 간격으로 떨어져 잎이 나온다. **잎자루** 길이 약 1cm이며, 가늘고 날개가 없다. **잎몸** 얇은 막질이고, 둥근 부채모양으로 불규칙하게 갈라지며, 길이 약 1cm이고, 흔히 너비가 더 크다. **열편** 1개의 맥으로 너비 약 0.8mm이며, 가장자리가 밋밋하고, 끝이 둥글거나 약간 뾰족하며, 약간 안으로 구부러지고, 털이 없다. **포자낭군** 열편 끝에 붙고, 포자낭상은 곤봉모양으로 포막 바깥으로 길게 나온다. **포막** 종모양으로, 끝이 약간 파이며, 길이 1.5mm이다.

∗다른 종들에 비하여 1~수회 부채모양으로 갈라지며, 위맥이 없고, 포막은 종모양이다.

1. 제주, 2024.8.17.
2. 포막과 포자낭군, 경기 연천, 2009.2.21.
3. 포막, 제주, 2024.8.17.
4. 대구, 2021.3.18.
5. 전초, 제주, 2024.8.17.
6. 나무줄기에 붙은 건조할 때의 모습, 제주, 2011.3.10
7. 건조할 때의 모습, 경기 양평, 2014.1.3.

누운괴불이끼

Vandenboschia kalamocarpa **(Hayata) Ebihara**, Acta Phytotax. Geobot. 60(1): 32, 2009

Crepidomanes birmanicum (Bedd.) K.Iwats., J. Fac. Sci. Univ. Tokyo 13: 530, 1985

Trichomanes birmanicum Bedd., Ferns Brit. India Suppl.: 3, 1876

Vandenboschia radicans var. *orientalis* (C.Chr.) H.Ito, J. Jap. Bot. 24: 125, 1954

Nu-un-goe-bul-i-kki (정태현 등, 1937; 정태현 등, 1949; 이창복, 1980; 등[1])

좀난장이이끼(박만규, 1961, 1975), 털담쟁이이끼(박만규, 1949)

中 华东瓶蕨 E Burman bristle fern

日 Hai-horagoke

유전체 αα, ααα **포자기** 6~9월 **용도** 관상용

분포 제주도, 저산지 계류가의 그늘진 바위나 고목 밑에 붙어서 자람; 일본, 중국, 타이완

상록성 여러해살이풀로 착생한다. **키** 15~25cm이다. **뿌리줄기** 지름 약 1mm로, 옆으로 길게 뻗으며, 흑갈색 털로 덮여 있고, 1~3cm 간격으로 잎이 나온다. **잎자루** 길이 3~5cm이고, 어릴 때 털로 덮이며, 날개가 있다. **잎몸** 2~3회 우상으로 갈라지며, 잎자루보다 길다. 길이 6~20cm, 너비 3~8cm이고, 긴타원상 피침형으로, 끝이 뾰족하며, 잎은 마르면 녹색에서 검은색으로 변하고, 완전히 납작하다. 중축은 날개가 전체적으로 발달하며, 날개의 너비는 약 0.5mm이다. **우편** 삼각상 또는 난형이고, 끝이 뾰족하며 좁은 날개가 있는 자루가 있다. **열편** 선형으로, 끝이 둔하고, 밋밋하다. **포자낭군** 열편 끝에 붙고, 포자낭상은 곤봉 모양으로 포막 바깥으로 길게 나온다. **포막** 컵모양이고, 입구가 약간 갈라지며, 길이 약 1.5mm, 너비 약 0.5mm이다.

1, 2. 제주, 2024.10.13.
3. 포막, 제주, 2024.10.13.
4. 포자낭상, 제주, 2024.10.13.
5. 잎몸 상부, 제주, 2024.10.13.

난장이이끼

Vandenboschia nipponica **(Nakai) Ebihara et al.**, Acta Phytotax. Geobot. 60(1): 32, 2009

Crepidomanes amabile (Nakai) K.Iwats., J. Fac. Sci. Univ. Tokyo 13: 531, 1985

Trichomanes amabile Nakai, Bot. Mag. (Tokyo) 28: 65, 1914

Nan-jang-i-kki (박만규, 1961, 1975; 이창복, 1980; 등[1])
난쟁이이끼(박만규, 1949; 이우철, 1996)
E Pinnate-lobe bristle fern 日 Hime-hai-horagoke

유전체 ββ or βββ **포자기** 6~9월 **용도** 관상용
분포 제주도, 울릉도, 저산지 계류가의 그늘진 바위에 붙어서 자람; 일본

상록성 여러해살이풀로 착생한다. **키** 4~8cm이다. **뿌리줄기** 옆으로 벋고, 지름 0.3~0.5mm이며, 갈색 또는 흑갈색 털로 덮인다. 잎은 비교적 가깝게 나온다. **잎자루** 너비가 약 0.5mm인 날개가 있으며, 길이 1~2.5cm이고, 기부는 흑갈색 털로 에워싸인다. **잎몸** 3회 우상으로 갈라지며, 타원형 또는 긴삼각상 타원형으로, 끝이 비교적 뾰족하다. 길이 3~5cm, 너비 1.5~2cm이고, 입체감이 있다. 중축의 날개가 넓다. **열편** 좁고, 너비 0.7mm 이하로 서로 겹친다. 축의 뒷면에 갈색 털이 드물게 있다. **포자낭군** 열편 끝에 1개씩 붙고, 주로 잎몸의 윗부분에 있다. 포자낭상은 곤봉모양으로 포막 바깥으로 길게 나온다. **포막** 컵모양으로 가장자리가 뒤로 약간 젖혀지며, 길이 1mm 이하이다.

난장이이끼는 *Crepidomanes amabile* (Nakai) K. Iwats., *Lacosteopsis orientalis* var. *abbreviata* (C. Chr.) Nakaike로 사용되어 왔으나 Ebihara(2009)는 형태, 염색체 및 분자적 연구를 통하여 *C. amabile*의 원기재에 사용된 표본은 삼배체인 *V.* × *stenosiphon*임을 밝히면서 2배체인 *V. nipponica*으로 처리하였다. 이 견해를 따랐으나 좀 더 세밀한 연구가 필요하다.

Vandenboschia nipponica

1, 5. 경북 울릉, 2022.4.28.
2. 포막, 경북 울릉, 2022.11.7.
3. 중축의 날개, 경북 울릉, 2022.4.28.
4, 6. 경북 울릉, 2022.11.6.

큰괴불이끼

***Vandenboschia × quelpaertensis* (Nakai) Ebihara**, Acta Phytotax. Geobot. 60(1): 38, 2009

Trichomanes quelpaertense Nakai, Bot. Mag. (Tokyo) 28: 66, 1914

Keun-goe-bul-i-ki (이창숙, 이강협, 2015; 2018)

E Big bristle fern　日 Seitaka-horagoke

유전체 $\alpha\alpha\gamma$ or $\alpha\gamma\gamma$　**포자기** 6~9월　**용도** 관상용

분포 제주도, 그늘진 계류가나 함몰지의 바위에 붙어서 자람; 일본

상록성 여러해살이풀로 착생한다. **키** 20~30cm이다. **뿌리줄기** 지름 0.5~0.8mm로 옆으로 길게 벋으며 흑갈색 털로 덮여 있고, 1~3cm 간격으로 잎이 나온다. **잎자루** 길이 3~5cm이고, 어릴 때 털로 덮이며, 중축과 더불어 날개가 있다. **잎몸** 3회 우상으로 갈라지며, 잎자루보다 길다. 길이 10~25cm, 너비 4~7cm이며, 긴타원상 피침형으로, 끝이 뾰족하다. **열편** 서로 겹친다. **포자낭군** 열편 끝에 1개씩 붙고, 포자낭상은 곤봉모양이며 포막 바깥으로 길게 나온다. **포막** 컵모양이다.

Nakai(1914)가 *Trichomanes quelpaertense* Nakai로 발표할 때 사용된 원기재의 표본[T. Nakai 1386 (holo-TI (#00042236)]은 제주도에서 채집되었고, Ebihara et al.(2009)에 의해 *V. birmanica*와 *V. kalamocarpa*의 교배로 생겨난 종임이 밝혀졌다. 두 종의 유전체를 갖고 있어 중간형질을 보이며, 4배체인 *V. orientalis*와 가장 유사하게 보이나, 중축의 날개가 더 넓은 점으로 구별됨이 밝혀졌다(Ebihara et al., 2009). 아직까지 국내에서 4배체인 *V. orientalis*는 발견되지 않고 있어 차후 이들에 관한 세밀한 연구가 필요하다.

1. 제주, 2004.11.28.
2. 잎몸 중상부, 제주, 2013.12.3.
3. 새순, 제주, 2016.1.31.
4. 잎몸 뒷면, 제주, 2016.1.31.
5. 잎자루의 날개, 제주, 2016.1.31.
6. 열편에 묻힌 포막, 제주, 2016.1.31.

제주괴불이끼

***Vandenboschia × stenosiphon* (Christ) Copel.**, Philipp. J. Sci. 67: 52, 1938
Trichomanes stenosiphon H.Christ in H.Lév., Repert. Spec. Nov. Regni Veg. 5:10, 1908

Je-ju-goe-bul-i-ki (이창숙, 이강협, 2015; 2018)
E Jeju bristle fern 日 Ko-haihoragoke

유전체 αβ, ααβ or αββ **포자기** 6~9월 **용도** 관상용
분포 제주도, 저산지 계곡의 그늘진 바위에 붙어서 자람; 일본

상록성 여러해살이풀로 착생한다. **키** 5~10cm이다. **뿌리줄기** 옆으로 번어 불규칙하게 새순이 나와 비교적 가깝게 잎이 나오며, 지름 0.3~0.5mm이고, 갈색 또는 흑갈색 털로 덮인다. **잎자루** 길이 2~3cm이다. 너비가 약 1mm인 날개가 거의 기부까지 있다. **잎몸** 3회 우상으로 갈라지며, 넓은 타원형 또는 삼각상 타원형이다. 끝이 비교적 뾰족하며, 길이 3~7cm, 너비 2.5~2.8cm이고, 크기와 모양이 다양하다. **열편** 선형으로, 끝이 둔하고, 너비 0.7mm 이하로 서로 겹친다. **포자낭군** 열편 끝에 1개씩 붙고, 주로 잎몸의 윗부분에 있다. 포자낭상은 곤봉모양으로 포막 바깥으로 길게 나온다. **포막** 컵모양으로, 약간 두 갈래지고, 길이 1mm 이하이다.

Ebihara et al.(2009)은 이 종의 실체를 위해 원기재에 사용한 표본[Cheju Isl., South Korea, Faurie 108 (holotype: P!; isotype KYO)]을 사용하였다. 또한 Nakai(1914)가 제주도에서 발견한 *Trichomanes amabile* Nakai의 원기재 표본[Taquet 5307, Cheju Isl.), South Korea, Oct 1911 [holotype: TI (#00000241)]을 이용하여 유전체실험을 하였다. 그 결과 *V. kalamocarpa*와 *V. nipponica*의 교잡종임이 밝혀졌다.

1. 제주, 2021.1.28.
2. 새순, 제주, 2020.1.17.
3. 포자낭군, 제주, 2020.1.17.
4. 잎몸 뒷면, 제주, 2016.1.31.
5. 잎자루의 날개, 제주, 2016.1.31.
6. 포막, 제주, 2016.1.31.
7. 포막 속에 들어있는 포자낭군, 제주, 2016.1.31.

8. 제주, 2021.1.27.
9. 제주, 2020.1.17.
10. 포막과 포자낭상, 제주, 2019.2.21.
11. 제주, 2019.2.21.

풀고사리과

Gleicheniaceae C.Presl

中 里白科
E Forking Fern Family
日 Urajiro Ka
분류군수 6속 130종(한반도 2속 2종)
분포 전 세계, 특히 열대와 아열대지역

상록성 여러해살이풀로 지생한다. **뿌리줄기** 길게 기며, 털과 비늘조각이 있거나 또는 털만 있다. **잎** 잎자루와 뿌리줄기가 관절로 이어지지 않으며, 잎몸이 우상으로 분기하나, 중축 끝에서 생장이 중지하므로 중축과 우편이 자라지 못하고 눈이 생긴다. **잎맥** 서로 결합하지 않고 유리한다. **포자낭군** 10여 개의 큰 포자낭으로 되며, 환대는 거의 중앙을 비스듬히 감는다. **포막** 없다. **포자** 단지형 또는 삼지형이다.

풀고사리과의 속 검색표

1\. 뿌리줄기에 털만 있고, 비늘조각이 없으며, 잎맥은 2~4회 Y자 모양으로 갈라진다. ··············· **발풀고사리속 *Dicranopteris*** 139

1\. 뿌리줄기에 별모양인 털과 비늘조각이 있으며, 잎맥은 단순하거나 1회 Y자로 갈라진다. ·········· **풀고사리속 *Diplopterygium*** 139

속명	뿌리줄기의 비늘조각	잎맥의 분기	포자낭군
발풀고사리속	없음	2~4회	8~15개 포자낭
풀고사리속	있음	단순, 1회	2~5개의 포자낭

풀고사리, 제주, 2024.6.9.

발풀고사리속 ***Dicranopteris*** Bernh. Neues J. Bot. 1(2): 38, 1805

中 芒萁属
E Forking Fern Genus
日 Ko-shida zoku

분류군수 10종(한반도 1종)
분포 열대와 아열대, 난대지역

뿌리줄기 털이 있고, 비늘조각은 없다. **잎** 중축지는 성장이 끝나기 전에 생장을 멈추고, 제2차 중축지를 만들어 새로 잎을 만들어 내고 중축지의 분기점에 눈을 만든다. 털이 있다. **잎맥** 2~4회 Y자로 분열한다. **포자낭군** 작고 둥글며 8~15개의 포자낭들이 모여 있다. **포막** 없다.

풀고사리속 ***Diplopterygium*** (Diels) Nakai, Bull. Natl. Sci. Mus. Tokyo 29: 47, 1950

中 里白属
日 Urajiro Zoku

분류군수 120여 종(한반도 1종)
분포 열대나 아열대, 난대지역

뿌리줄기 길게 기며 단단하다. 비늘조각과 별모양인 털 또는 단세포로 된 털이 있다. 비늘조각은 검은 갈색이고, 가장자리가 털모양으로 갈라진다. **잎** 크고 우상으로 갈라지며, 중축의 끝에 눈이 생기며, 눈은 비늘조각과 별모양인 털로 덮인다. **잎맥** 단순하거나 Y자로 한 번 갈라진다. **포자낭군** 2~5개의 큰 포자낭으로 되어있다. **포막** 없다.

❖ **암풀고사리**[*D. laevissimum* (Christ) Nakai]는 제주도에 분포한다고(박, 1975; 이, 1980; 이, 2006) 기록되어 있으나 확인되지 않고 있다.

발풀고사리, 경남 통영, 2020.2.12.

발풀고사리

***Dicranopteris linearis* (Burm.f.) Underw.**, Bull. Torrey Bot. Club 34: 250, 1907

Dicranopteris dichotoma (Thunb.) Bernh., J. Bot. (Schrader) 1801: 38, 1806

Gleichenia dichotoma (Thunb.) Hook., Sp. Fil. 1: 12, 1844

Bal-pul-go-sa-ri (정태현 등, 1937; 정태현 등, 1949; 박만규, 1949, 1961; 이창복, 1980; 등[1])

中 铁芒萁 E Scrambling fern 日 Ko-shida

염색체수 2n = 78 **포자기** 6~9월 **용도** 관상용

분포 전남, 경남, 제주도, 저산지의 숲가장자리나 양지바르고 건조한 곳에서 자람; 일본, 중국, 타이완, 인도차이나, 인도 등

상록성 여러해살이풀로 지생한다. **키** 40~150cm이다. **뿌리줄기** 땅속을 길게 기며, 딱딱하고, 지름 2~3mm이며, 적갈색이고, 까슬까슬한 털로 덮여 있으며, 윤채가 있다. **잎자루** 20~60cm이고, 철사 같이 딱딱하며, 자갈색 윤채가 있고 끝이 두 갈래로 갈라진다. **잎몸** 3~4회 차상으로 분지하며, 털로 덮인 눈이 있고, 길이 20~70cm이다. 가지 끝의 순은 털로 덮이는데, 털은 다세포성이며, 길이 0.8~2mm이다. 표면은 녹색이고, 뒷면은 흰색이며, 종이질이다. **우편** 자루가 없고 선상 피침형 또는 긴타원상 피침형으로, 우상으로 깊이 갈라지며, 끝이 점차 뾰족해지고 기부로 가면서 비대칭으로 약간 좁아진다. 중축에 75~82° 각도로 붙어있으며, 길이 15~30cm, 너비 3~7cm이다. **열편** 선형으로, 너비 3~4mm이고, 가장자리가 밋밋하다. **잎맥** 2~4회 Y자로 분열한다. **포자낭군** 작고 둥글며, 열편의 중륵과 잎가장자리의 중간에 붙는다. **포막** 없다.

1. 경남 마산, 2022.1.16.
2. 새순, 제주, 2021.1.18.
3. 새순, 경남 통영, 2020.2.12.
4. 잎맥과 포자낭군, 경남 통영, 2023.3.25.
5. 포자낭군이 달린 열편, 제주, 2004.12.30.
6. 잎 표면, 제주, 2021.1.18.
7. 관상중심주, 경남 통영, 2023.3.25.
8. 잎 뒷면, 제주, 2021.1.18.
9. 전남 신안, 2021.8.1.

풀고사리

Diplopterygium glaucum **(Thunb. ex Houtt.) Nakai**, Bull. Natl. Sci. Mus. Tokyo 29: 51, 1950

Polypodium glaucum Thunb. ex Houtt. Nat. Hist. 14: 177, 1783

Gleichenia japonica Spreng, Syst. Veg. 4: 25, 1827

Pul-go-sa-ri (정태현 등, 1937; 정태현 등, 1949; 박만규, 1949, 1961; 이창복, 1980; 등[1])

中 里白 E Forked fern 日 Urajiro

염색체수 n = 56 **포자기** 6~9월 **용도** 관상용
분포 전남, 경남, 제주도, 저산지의 건조한 숲가장자리에서 자람; 일본, 타이완, 인도, 오스트레일리아, 폴리네시아 등

상록성 여러해살이풀로 지생한다. **키** 60~200cm이다. **뿌리줄기** 지름이 5~6mm이고, 둥글고 단단한 철사모양을 한다. **잎** 간격을 두고 붙으며, 어릴 때는 비늘조각에 덮이는데, 비늘조각은 피침상 삼각형이고 가장자리가 털모양으로 갈라지며, 길이 6~7mm로 끝이 뾰족하고, 성숙하면 잎의 눈을 제외하고는 탈락한다. **잎자루** 녹갈색이고 길이 30~100cm이다. **잎몸** 중축 끝에 비늘조각에 덮인 눈이 있고, 눈의 기부는 잎모양의 포에 싸여있다. **우편** 2회 우상으로 갈라지고, 피침형에서 긴피침형으로 깊이 갈라지며, 길이 50~100cm, 너비 20~30cm이다. 표면은 녹색이고, 뒷면은 흰빛을 띠며, 다소 광택이 나고, 종이질이다. **소우편** 서로 접근하여 배열하고, 수평으로 붙어 나며, 선상 피침형 또는 넓은 선형이고, 너비 15~30mm이다. 자루가 없다. **열편** 선상 피침형이다. **잎맥** 1회 Y자로 갈라진다. **포자낭군** 3~4개씩 모여 잎맥 끝에 1줄로 배열한다. **포자낭** 환대가 옆으로 발달한다. **포막** 없다.

1. 제주, 2021.1.18.
2. 새순, 제주, 2020.3.11.
3. 새순, 제주, 2021.1.18.
4. 제주, 2019.4.17.
5. 중축 끝에 자란 새순, 울산, 2013.6.8.
6. 포자낭군, 2014.6.27. ©김현식
7. 월동아, 경남 통영, 2023.3.25 .
8. 잎맥과 포자낭군, 경남 통영, 2023.3.25.
9. 관상중심주, 제주, 2023.4.6.
10. 잎자루 비늘조각, 경남 통영, 2023.3.25.
11. 경남 남해, 2009.7.11.

실고사리과

Lygodiaceae C.Presl

中 海金沙科
E Climbing Fern Family
日 Kani-kusa Ka
분류군수 1속 40여 종(한반도 1속 1종), 땅위에서 자람
분포 주로 열대와 아열대지역

덩굴성 여러해살이풀로 지생한다. **뿌리줄기** 땅속을 기거나 비스듬히 나며, 털 또는 비늘조각이 있다. **잎자루** 뿌리줄기와 관절로 이어져 있지 않으며, Y자 모양으로 분열하거나 분열하지 않는 홑잎이다. **포자낭군** 잎가장자리에 생겨서 성장함에 따라 뒤로 옮겨지고 잎맥 끝 또는 표면에 붙으며, 한꺼번에 성숙해 포자를 산포한다. **포자** 삼지형이나 드물게 단지형이고, 표면무늬는 다양하다.

실고사리속 *Lygodium* Swartz, J. Bot. (Schrader) 1800: 7, 106, 1801

中 海金沙属
E Climbing Fern Genus
日 Kani-kusa Zoku

염색체수 n = 28, 29, 30
분류군수 40여 종(한반도 1종)
분포 한국, 일본, 중국, 히말라야, 남아메리카, 뉴질랜드 등

뿌리줄기 땅속을 기며 털이 있고 비늘조각은 없다. **잎** 길게 자라고 덩굴로 된다. **우편** 1쌍의 소우편을 낸 뒤 성장을 정지하므로 Y자로 분기하는 것 같다. 갈림점에 눈이 생긴다. **소우편** 손모양 또는 새깃모양으로 갈라진다. **잎맥** 유리맥이다. **포자낭군** 소우편의 열편 가장자리 뒤쪽에 2줄로 붙으며, 열편 끝은 포막에 덮인다.

실고사리, 제주, 2023.10.23.

실고사리

Lygodium japonicum **(Thunb.) Sw.**, J. Bot. (Schrader) 1800(2): 106, 1801

Sil-go-sa-ri (정태현 등, 1937; 정태현 등, 1949; 박만규, 1949, 1961; 이창복, 1980; 등[1])

中 海金沙 E Vine-like fern

日 Kani-kusa, Tsuru-shinobu

염색체수 n = 58 포자기 8월~다음 해 1월

용도 약용(포자, 지상부: 편도선염, 유선염, 이뇨, 결석), 관상용

분포 전북, 전남, 경남, 제주도, 해안가, 저산지의 숲가장자리에서 자람; 일본, 중국, 타이완, 히말라야 등 열대아시아

하록성 여러해살이풀로 지생하며, 가늘고 다소 딱딱하며, 덩굴성이다. 뿌리줄기와 잎자루 맨 아래에는 검은색이고, 길이 0.5~1mm인 다세포성 털이 있다. 잎의 중축이 길게 자라 다른 물체를 감아 올라간다. **뿌리줄기** 옆으로 기며, 차상으로 벋고, 지름 2~4mm이며, 흑갈색 털이 밀집해 있다. 잎은 서로 접근해 붙는다. **잎자루** 길이 30cm이고, 연갈색으로, 검은색 털이 있으며, 가늘고 딱딱하며 광택이 있다. **잎몸** 2~3회 우상으로 갈라지며, 얇은 종이질이다. **우편** 서로 간격을 두고 어긋나며, 우축 위 끝에 길이 0.1~0.5mm이고, 다세포성인 털에 덮인 눈이 1개 있다. **소우편** 꼭지열편은 길게 자라며, 가장자리에 잔톱니가 있고, 양면 맥 위에 드문드문 털이 있다. 모양, 크기, 분열 정도는 변화가 심하다. **잎맥** 2~3회 Y자로 분열한다. **포자낭군** 좁은 열편의 뒷면 끝에 붙는다. **포막** 가장자리에 불규칙한 톱니가 있다. **포자** 미립상 또는 과립상의 무늬가 있다.

1. 영양엽(왼쪽)과 포자엽(오른쪽), 제주, 2016.9.4.
2. 새순, 제주 추자도, 2019.4.18.
3. 새순, 2012.5.16.
4. 포자낭군이 달린 열편의 뒷면, 제주, 2014.1.9. ⓒ김명수
5. 억새 줄기를 감고 올라가는 새순, 경남 마산, 2012.5.5. ⓒ이만규
6. 열편 끝에 붙은 포막과 포자낭군, 경남 하동 ⓒ김명수

네가래과

Marsileaceae Mirb.

中 蘋科
E Water Clover Family
日 Denji-so Ka
분류군수 3속 70여 종(한반도 1속 1종)
분포 전 세계, 열대에서 온대지역

얕은 물속의 진흙이나 흙에서 자라는 소형의 풀이다. **뿌리줄기** 가늘고, 길게 기며, 털이 있다. **잎** 단순하거나 긴 자루 위에 1~2쌍의 작은잎이 붙는다. **잎맥** 수회 Y자로 갈라지고 위쪽 끝에서 서로 붙는다. **포자낭과** 단단하고 잎자루 아래 또는 기부에 붙는다. **포자낭군** 안에 대포자낭과 소포자낭이 들어있다. **포자** 대포자낭 안에 1개의 대포자와 소포자낭 안에 다수의 소포자가 있으며, 삼지형이다.

네가래속 *Marsilea* L., Sp. Pl. 2: 1099, 1753

中 蘋屬
E Water-clover Genus, Pepperwort Genus
日 Denji-so Zoku
분류군수 약 50종(한반도 1종)
분포 전 세계

물속에서 자라거나 물이 있는 진흙에서 자라는 풀이다. 잎이 물 위에 뜨거나 솟아오르며, 마른 지역에서는 뿌리줄기와 잎자루가 짧다. **뿌리줄기** 길게 긴다. **잎자루** 길다. **잎몸** 4개의 작은잎이 있고, 흙에서 자라는 잎은 물에서 자라는 잎보다 작다. **잎맥** 드물게 차상으로 갈라진다. **포자낭과** 단단하고 겉에 털이 있으며 2개의 판막으로 갈라진다.

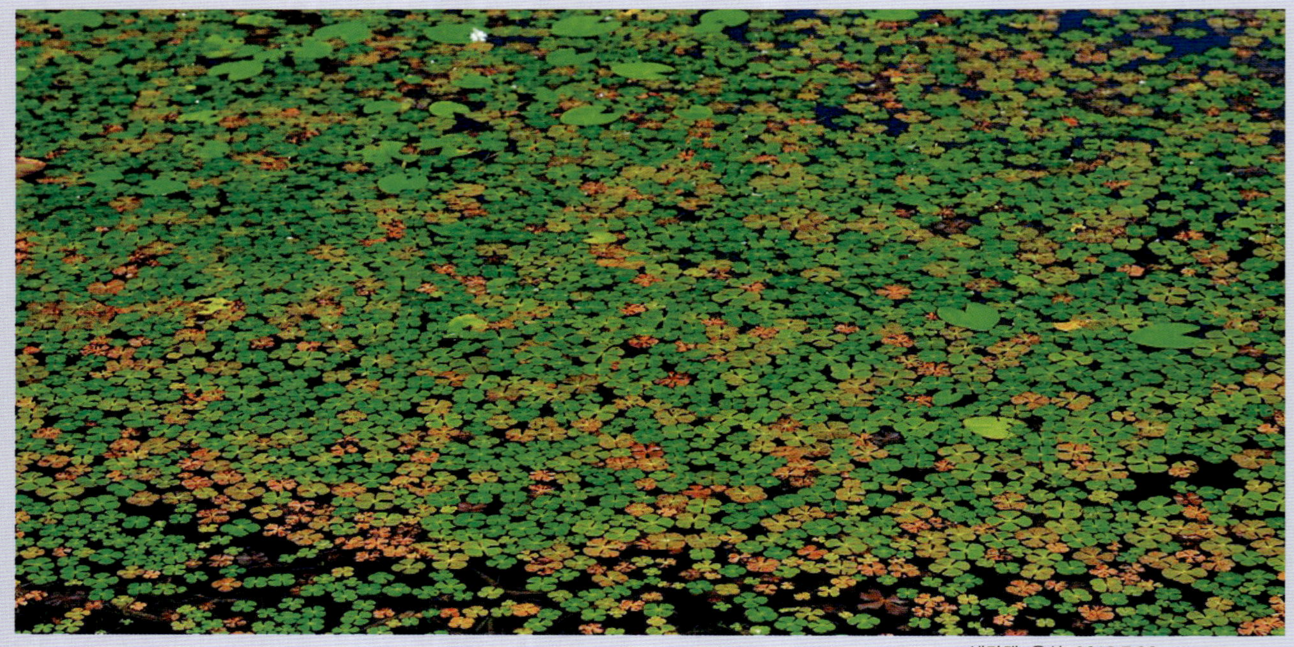

네가래, 울산, 2012.7.28.

네가래

***Marsilea quadrifolia* L.**, Sp. Pl. 2: 1099, 1753

Ne-ga-rae (정태현 등, 1937; 정태현 등, 1949; 박만규, 1949, 1961; 이창복, 1980; 등[1])

中 蘋　E Water clover　日 Denji-so

염색체수 n = 20　**포자기** 9~10월
용도 약용(지상부: 해독, 지혈), 관상용
분포 울릉도를 제외한 전역, 물이나 진흙에서 자람; 일본, 중국, 인도 북부, 유럽

하록성 여러해살이풀로 수생한다. 어릴 때는 부드럽고, 누런 갈색 털이 달라붙는다. **뿌리줄기** 지름 1.5~2mm이고, 길게 기며, 잎이 드문드문 난다. **잎자루** 길이 10~15cm이고, 맨 아래가 진갈색이며, 물속에 들어있으나 물이 마르면 서기도 한다. **잎몸** 녹색 또는 볏짚색이고, 4개의 작은잎이 있다. 작은잎은 거꾸로 된 삼각상 부채꼴이고, 얇으며, 길이와 너비가 1~2cm이고, 가장자리가 밋밋하며, 표면에 털이 없다. **잎맥** 가늘며 서로 평행하고, Y자 모양으로 갈라지며, 손바닥모양으로 배열하고, 맥의 일부는 그물맥으로 된다. **포자낭과 자루** 2~3개씩 모이고, 짧으며, 곧게 서고 맨 아래는 서로 붙어있다. **포자낭과** 타원형이고, 길이 4~5mm이며, 자루에 1개씩 붙는다. 겉에 부드러운 털이 많고 성숙하면 다소 털이 없어지며, 그 안에 크고 작은 포자낭을 형성한다. **포자** 구형이고, 2가지 모양으로, 대포자낭 안에 대포자, 소포자낭 안에 소포자가 있다.

1. 충남 아산, 2016.8.27.
2. 새순, 경기 포천, 2005.7.15.
3. 잎 표면, 경기 양평, 2008.8.26.
4. 잎 뒷면, 서울, 2016.8.18.
5. 포자낭과, 충남 아산, 2016.8.27.
6. 포자낭과 속의 포자낭, 경기 포천, 2023.7.19.
7. 수면 위에 떠 있는 잎, 경기 포천, 2023.5.16.

생이가래과

Salviniaceae Martinov

中 槐叶苹科
E Floating Fern Family, Water Spangle Family
日 Sansho-mo Ka
분류군수 2속 18종(한반도 2속 3종 1교잡종)
분포 열대에서 온대지역

물 위에 떠서 자라는 부유성 풀이다. **뿌리** 없거나[생이가래속(*Salvinia*)], 있다[물개구리밥속(*Azolla*)]. **줄기** 원생중심주이고, 분열에 의해 영양번식을 한다. **잎** 3장씩 돌려나고, 직각으로 붙으며, 다소 겹쳐나는데 위쪽 2장은 마주나며 물 위에 뜨고 1장은 물속에 잠겨 잘게 갈라져 양분을 흡수하는 뿌리 역할을 하거나(생이가래속), 2줄로 어긋나고, 위아래 2조각으로 갈라지며, 위쪽의 열편은 두껍고, 물 위에 뜨며, 엽록조직과 숨구멍이 있고, 안쪽에는 점액질로 차있는 구멍속에 남조류의 일종인 *Anabaena*가 있어 공생하며, 아래쪽 열편은 위쪽 열편보다 더 크고, 색이 없다. 겨울에 흔히 붉은색으로 변한다(물개구리밥속). **포자낭과** 둥근모양으로 털로 덮이고, 물속에 잠겨 있는 잎의 짧은 가지에 붙어있으며, 막질의 포막으로 둘러싸이고, 안에 대포자낭군과 소포자낭군이 같이 섞여 있있거나(생이가래속), 소포자낭과는 많은 구슬모양의 소포자낭이 있고, 대포자낭과는 소포자낭과보다 크기가 더 작으나 두꺼운 막에 싸인다(물개구리밥속). **포자** 대포자낭 안에 1개의 대포자가 들어 있고, 소포자낭 안에 많은 수의 소포자가 있다.

생이가래과의 속 검색표

1. 뿌리가 없고, 잎은 3장씩 돌려나고, 2장은 물 위에 떠 있다. ········ **생이가래속 *Salvinia* 146**
1. 뿌리가 있고, 잎은 2열로 배열한다. ········ **물개구리밥속 *Azolla* 146**

생이가래속 ***Salvinia*** Seg., Pl. Veron. 3: 52, 1754

中 槐叶萍属
E Floating Fern Genus, Water Spangle Genus
日 Sansho-mo Zoku
분류군수 약 10종(한반도 1종)
분포 열대에서 온대지역

생이가래과의 특징과 같다.

물개구리밥속 ***Azolla*** Lam., Encycl. 1: 343, 1783

中 满江红属
E Mosquito Fern Genus, Water Velvet Genus
日 Aka-uki-kusa Zoku
분류군수 약 7종(한반도 2종 1교잡종)
분포 전 세계

❖ 국내 자생하는 것으로 알려져 왔던(박만규, 1949, 1961, 1975; 이창복, 1980; 등[1]) **물개구리밥**(*Azolla imbricata* = *A. pinnata* subs. *asiatica*)은 최근 연구결과, 국내에는 분포하지 않는 것으로 본다.

❖ **큰물개구리밥**(*A. japonica* Franch. & Sav., Pl. Jap. 2: 195, 1877)이 남부지방의 논이나 연못에 자란다고(박만규, 1961, 1975; 이창복, 1980; 등[8]) 보고된 바 있으나 확인되지 않고 있다. 이 종은 물개구리밥과 달리 좀 더 크고 뿌리가 가늘고 뿌리털이 없으며 잎의 표면에 돌기가 없거나 모호한 돌기를 갖는다.

생이가래

***Salvinia natans* (L.) All.**, Fl. Pedem. 2: 289, 1785

Marsilea natans L., Sp. Pl. 2: 1099, 1753

Saeng-i-ga-rae (정태현 등, 1937; 정태현 등, 1949; 박만규, 1949, 1961; 이창복, 1980; 등[1])

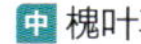  槐叶苹 E Floating watermoss   Sansho-mo

염색체수 n = 9 **포자기** 10~11월

용도 관상용

분포 울릉도를 제외한 전역, 물 위에 떠서 자람; 일본, 중국, 인도, 러시아(시베리아), 유럽

일년생 수생식물이다. **키** 7~10cm이다. **줄기** 짧게 기며 불규칙하게 다세포성 털로 덮여 있고, 잎이 빽빽이 붙으며, 길이 5~16mm이다. **잎** 3장이 돌려나고, 위쪽의 2장은 물 위에 뜨고, 중륵과 측맥이 있으며, 타원형 또는 긴타원형이고, 녹색이며, 직각으로 겹쳐난다. 길이 8~15mm, 너비 6~10mm이고, 끝은 둥글며, 맨 아래는 다소 심장모양 또는 둥근모양으로 가장자리가 밋밋하다. 기부에 짧은 자루가 있으며, 윗면에 단단한 털이 있고, 아랫면에는 부드러운 잔털이 있다. 1개의 잎은 물속에 잠겨 있으며, 잘게 갈라져서 양분을 흡수하는 뿌리의 역할을 한다. **포자낭과** 수중엽 아래에 생기며, 둥글고, 안에 대포자낭과 소포자낭이 같이 섞여있으며, 부드러운 털이 있다. **포자** 2가지로, 대포자낭 안에 대포자, 소포자낭 안에 소포자가 들어있다.

*식물체가 다세포성 털로 덮이며, 3장의 잎 중 2장은 떠있고 1장은 물속에 잠겨 있어 뿌리 역할을 한다. 줄기는 통기조직이 발달되어 있다.

1. 군락, 충남 부여, 2024.10.5.
2. 포자낭과, 경기 양평, 2021.10.30.
3. 포자낭과, 경기 포천, 2012.10.18.
4. 수중엽에 달린 포자낭과, 경기 포천, 2004.9.10.
5. 충남 부여, 2024.10.5.

1

2

3

4

주름물개구리밥(국내미기록)

***Azolla filiculoides* Lam.**, Encycl. 1: 343, 1783

Zu-leum-mul-gae-gu-ri-bap (국명신칭)
中 细叶满江红 E Red water fern
日 Nisino-o-aka-uki-kusa

포자기 9~10월
용도 질소고정생물로 알려진 유기농비료로 사용
분포 울릉도를 제외한 전역, 연이나 미나리 재배지, 연못의 물위에 떠서 자람; 전 세계

소형의 일년생 수생 부유성식물이다. **키** 2~2.5cm이다. **뿌리** 붉은색을 띠는 긴 뿌리털이 있다. **원줄기** 우상으로 갈라져 전체가 삼각형이고, 다소 둥글며, 실 같은 뿌리가 생긴다. 물에 잠긴 원줄기는 많은 뿌리를 내린다. **잎** 잎자루가 없고 길이 1~1.6mm, 너비 0.8~1.0mm로 위 아래 두 갈래로 갈라지고, 성숙한 개체는 표면이 주름이 지며, 줄기와 함께 잎 표면에 단세포성 돌기가 많이 붙어 있다. **열편** 삼각상 타원형이고, 끝이 둥글거나 뭉뚝하며, 가장자리는 반투명한 막질이다. 잎 표면은 옅은 녹색이나 가을에 붉은색을 띤다. 위쪽 열편은 두껍고, 물위에 떠 있으며, 아래쪽 열편은 얇고, 색이 없으며, 물속에 잠긴다. **포자낭군** 뒷면 수중엽 사이의 포자낭과에 달리며, 흰색 바탕에 붉은 빛이 난다. 소포자낭군(구상체, 球狀體, massulae)은 둥근 주머니모양의 포막에 싸여 있으며, 많은 소포자낭이 들어 있고, 구상체에 단세포성 털(구모, 球毛, glochidia)이 있다. 대포자낭군은 1개의 대포자낭을 갖는다.

1. 제주, 2017.3.30.
2. 엽상체 뒷면, 제주, 2019.6.13.
3. 뿌리털, 충남 부여, 2016.8.18.
4. 잎 표면 돌기, 충남 부여, 2016.8.18.
5. 대포자낭과와 소포자낭과, 충남 부여, 2016.11.8.
6. 전경, 제주, 2017.3.30.
7. 구상체, 화살표모양의 구모, 충남 부여, 2016.8.18.
8. 소포자낭, 구상체, 충남 부여, 2016.8.18.
9. 소포자낭과와 구상체의 구모
10. 대포자낭과
11. 소포자낭과와 소포자낭
12. 잎 표면
13. 소포자낭과
14. 붉게 물든 군락지 전경, 제주, 2017.3.30

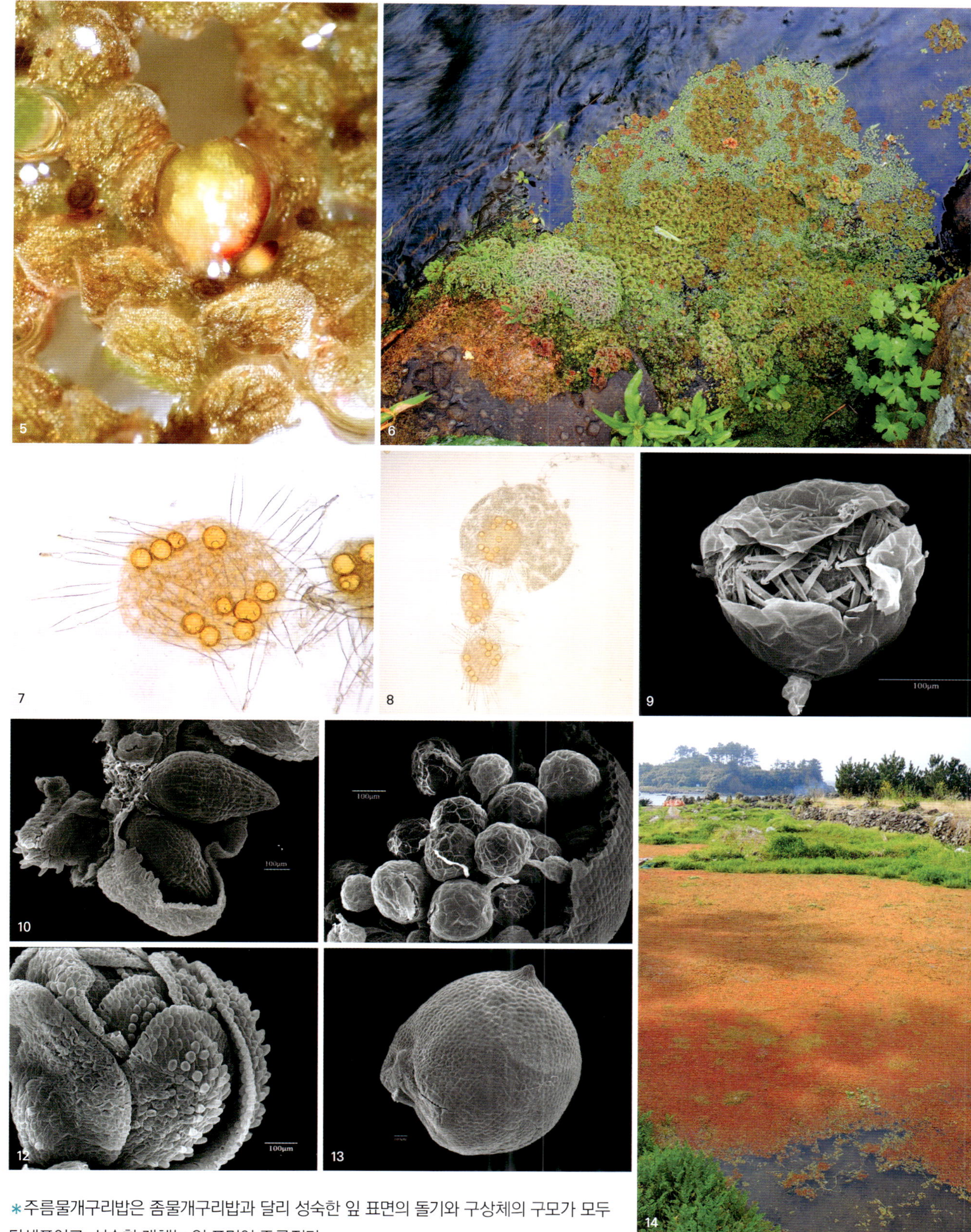

* 주름물개구리밥은 좀물개구리밥과 달리 성숙한 잎 표면의 돌기와 구상체의 구모가 모두 단세포이고, 성숙한 개체는 잎 표면이 주름진다.

좀물개구리밥(국내미기록)

***Azolla cristata* Kaulf.**, Enum. Filic.: 274, 1824

Azolla filiculoides subsp. *cristata* (Kaulf.) Fraser-Jenk. Bull. Natl. Mus. Nat. Sci., Tokyo, B. 38: 178, 2012

Zom-mul-gae-gu-ri-bap (국명신칭)
E Carolina mosquitofern
日 Amerika-oo-aka-uki-kusa

포자기 9~10월 **용도** 질소고정 비료용
분포 경기, 전남, 연못의 물위에 떠서 자람; 일본, 인도, 남미, 북미, 독일, 이탈리아, 스위스, 서히말라야

소형의 일년생 수생 부유성식물이다. **키** 1~2.5cm 이다. **뿌리** 긴 뿌리털이 있다. **원줄기** 우상으로 갈라져 전체가 삼각형이고, 다소 둥글며, 물에 잠긴 원줄기는 많은 뿌리를 내리는데, 뿌리는 실같이 길다. **잎** 잎자루가 없고 길이 0.6~1.4mm, 너비 0.4~1.0mm로 위 아래 두 갈래로 갈라지고, 표면에 주름이 안지며, 줄기와 함께 다세포성 돌기가 많이 붙어 있다. **열편** 삼각상 타원형이고, 끝이 둥글거나 뭉뚝하며, 가장자리는 반투명한 막질이다. 잎 표면은 옅은 녹색이나 가을에 붉은색을 띤다. 위쪽 열편은 두껍고, 물위에 떠 있으며, 아래쪽 열편은 얇고, 색이 없으며, 물속에 잠긴다. **포자낭군** 뒷면 수중엽 사이에 포자낭과에 달리며, 흰색 바탕에 붉은 빛이 난다. 소포자낭군(구상체, 球狀體, massulae)은 둥근 주머니모양의 포막에 싸여 있으며, 많은 소포자낭이 들어 있고, 구상체에 다세포성 털(구모, 球毛, glochidia)이 있다. 대포자낭군은 1개의 대포자낭을 갖는다.

∗좀물개구리밥은 주름물개구리밥과 달리 성숙한 잎 표면에 돌기와 구상체의 구모가 모두 다세포이고, 성숙한 개체는 잎 표면이 주름지지 않는다.

1. 경기 광주, 2016.10.8.
2, 3. 경기 시흥, 2016.10.5.
4. 잎표피 돌기, 2016.10.5
5. 전초, 인천, 2020.11.20.

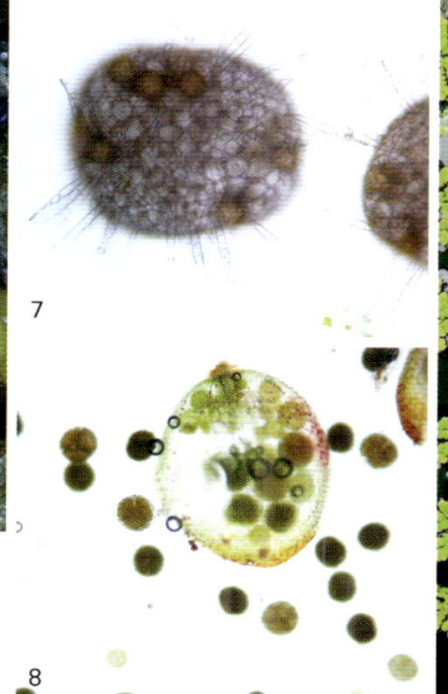

6. 소포자낭과, 소포자낭, 인천, 2020.11.20.
7. 소포자낭, 구모, 전남 무안, 2016.10.11.
8. 소포자낭과와 소포자낭, 경기 시흥, 2016.10.5.
9. 전남 무안, 2016.10.11.

좀주름물개구리밥(국내미기록)

***Azolla cristata* Kaulf. × *A. filiculoides* Lam.**, The Standard of ferns and Lycophytes in Japan, 337, 2016

Zom-zu-leum-mul-gae-gu-ri-bap (국명신칭)

E Red Carolina water fern 日 Ai-oo-aka-uki-kusa

포자기 9~10월 용도 관상용

분포 충남, 저수지나 하천의 수면 위에 떠서 떠서 자람; 일본

좀개구리밥과 주름개구리밥의 교잡종으로 중간 모양이다. 일본에 분포하며, 국내 여러 곳에서 발견되었다. 엽형은 좀개구리밥과 주름개구리밥의 중간 형태이다. 잎 표면에 돌기와 구상체의 구모가 모두 단세포 또는 2세포이고, 성숙한 개체는 표면이 약간 주름진다.

1. 2. 경기 시흥, 2016.10.5.
3. 경기 광주, 2023.11.5.
4. 뿌리털, 충남 아산, 2016.8.27.
5. 잎, 충남 아산, 2016.8.27.
6. 잎, 경기 광주, 2023.11.5.

꿩고사리과

Plagiogyriaceae Bower

中 瘤足蕨科
E Pheasant Tail Fern Family
日 Kiji-no-o-shida Ka
분류군수 1속 50여 종(한반도 2종)
분포 아열대와 열대지역, 아시아

숲속에서 자라는 중형의 여러해살이풀로 지생한다. **뿌리줄기** 짧고, 곧게 서며, 털이 없다. **잎** 모여나고 2가지 모양이다. 어릴 때 점액이 나오고 비늘조각과 털은 없다. **잎자루** 뿌리줄기와 관절로 이어지지 않는다. 기부가 넓어져 그 단면이 삼각형이다. **잎몸** 1회 우상으로 갈라진다. **잎맥** Y자 모양으로 분기하며, 평행하게 배열한다. **포자엽** 우편은 매우 좁다. **포자낭군** 두 갈래로 갈라진 잎맥을 따라 붙고, 잎가장자리가 뒤집힌 곳에 붙는다.

꿩고사리속 *Plagiogyria* (Kunze) Mett., Abh. Senckenberg. Naturf. Ges. 2: 1, 268, 1858

中 瘤足蕨属
E Pheasant Tail Fern Genus
日 Kiji-no-o-shida Ka
분류군수 50여 종(한반도 2종)
분포 아열대와 열대지역, 아시아

꿩고사리과의 특성과 같다.

꿩고사리속의 종 검색표

1. 영양엽의 하부 측우편은 자루가 거의 없다. ······ **섬꿩고사리 *P. japonica*** 153
1. 영양엽의 하부 측우편은 짧더라도 확실한 자루가 있다. ······ **꿩고사리 *P. euphlebia*** 154

종명	영양엽의 하부 우편 자루	잎맥
섬꿩고사리	거의 없음	대부분 1회 Y자로 갈라짐
꿩고사리	뚜렷한 자루	대부분 단순함

섬꿩고사리

***Plagiogyria japonica* Nakai**, Bot. Mag. (Tokyo) 42: 206, 1928

Plagiogyria japonica var. *pseudojaponica* (Nakaike) K. Iwats., J. Fac. Sci. Univ. Tokyo, Sect. 3, Bot. 14: 71, 1987

Seom-kkwong-go-sa-ri (박만규, 1961; 이창복, 1980; 등[1])
암꿩고사리(박만규, 1961), 꿩고사리(박만규, 1975)
中 华东瘤足蕨 E Petiole pheasant's tail fern
日 Kijino-o-shida

염색체수 n = ca. 100, 2n = 260
포자기 7~9월 **용도** 관상용
분포 부산, 경남, 울산, 제주도, 숲속에서 자람; 일본, 중국, 타이완, 인도, 오스트레일리아 등

상록성 여러해살이풀로 지생한다. **키** 50~90cm이다. **뿌리줄기** 짧고 굵으며, 털과 비늘조각이 없다. **잎** 2가지 모양이고, 모여난다. **영양엽 잎자루** 잎몸보다 짧고, 맨 아랫부분이 퍼져서 넓어지며, 양쪽에 피목 같은 돌기가 있다. **잎몸** 1회 우상으로 갈라지고, 길이 30~50cm, 너비 10~25cm이다. **우편** 10~18쌍, 선상 피침형으로, 직각으로 붙으며, 맨 아랫부분이 중축으로 흘러 날개로 되고, 위로 올라갈수록 현저하게 작아지며 끝이 뾰족하다. 가장자리는 밋밋하거나 위쪽 가장자리에 날카로운 톱니가 있고, 자루가 거의 없으며, 측맥은 옆으로 나란히 발달하고, 2개씩 갈라진다. **포자엽** 잎몸보다 긴 잎자루가 있고, 길이 70~90cm이다. **포자낭군** 2개로 갈라진 잎맥의 끝에 달리며, 뒤로 말린 잎가장자리로 덮인다. **포자** 표면은 드물게 과립상 돌기가 있다.

1. 울산, 2014.6.9. ⓒ김동언
2. 새순, 부산, 2024.4.6.
3. 포자엽, 울산, 2014.6.9. ⓒ김동언
4. 영양엽, 울산, 2013.1.4.
5. 부산, 2024.4.6.

꿩고사리

Plagiogyria euphlebia **(Kunze) Mett.**, Abh. Senckenberg. Naturf. Ges. (Plagiogyria) 2: 274, 1858

Lomaria euplebia Kunze, Bot. Zeitung (Berlin) 6. 521, 1848

Plagiogyria koidzumii Tagawa, Acta Phytotax. Geobot, 2: 189, 1933

Kkwong-go-sa-ri (박만규, 1961; 이창복, 1980; 등[1])

中 華中瘤足蕨　E Pheasant's tail fern

日 O-kiji-no-o

염색체수 n = ca. 125, ca. 130

포자기 7~9월　**용도** 관상용

분포 제주도, 숲속에서 자람; 일본, 중국, 타이완, 히말라야, 인도차이나, 필리핀 등

상록성 여러해살이풀로 지생한다. **키** 50~100cm이다. **뿌리줄기** 짧고 굵으며, 잎은 방사상으로 난다. **잎** 2가지 모양이다. **영양엽 잎자루** 길이 20~30cm이고, 맨 아랫부분은 넓어지며, 흑자색이다. **잎몸** 1회 우상으로 갈라지고, 긴타원상 피침형으로, 길이 30~45cm이다. 중축에 2줄의 홈이 있고, 뒷면이 둥글며, 중축 위쪽을 제외 하고는 날개가 없다. **우편** 선상 피침형으로, 가장자리는 밋밋하나 위로 올라갈수록 뚜렷한 톱니가 있으며, 짧은 자루가 있다. **포자엽 잎자루** 길이 30~55cm이고, 흑녹색이며, 맨 아랫부분이 굵어져 세모지고, 뒷면 양쪽에 피목 같은 돌기가 있다. **잎몸** 영양엽보다 크고, 1회 우상으로 갈라진다. **우편** 길이 5~10cm이고, 뚜렷하게 자루가 있다. **포자낭군** 뒤로 젖혀진 잎가장자리로 덮인다.

*섬꿩고사리보다 높은 곳에서 자란다.

1. 영양엽, 제주, 2011.3.10.
2. 어린잎, 제주, 2011.3.10.
3. 제주, 2023.2.5.
4. 포자엽, 2012.2.16. ⓒ김명준
5. 포자낭군, 제주, 2012.2.16. ⓒ김명준

평고사리, 제주, 2011.3.10.

새깃고사리과

Lindsaeaceae Pic. Serm.

中 鱗始蕨科
日 Hongu-shida Ka
분류군수 6~9속 200여 종(한반도 2속 2종)
분포 주로 열대지역

땅위나 나무, 바위에 지생 또는 착생하는 상록성 여러해살이풀이다. **뿌리줄기** 기며, 불규칙하게 가지를 치고, 선상 피침형 또는 선형의 비늘조각과 털이 있다. **잎자루** 관절이 없으며, 표면에 홈이 있다. **잎몸** 1~3회 우상으로 갈라지며 간혹 단엽이다. **잎맥** 유리맥이거나 간혹 그물맥이다. **포자낭군** 거의 잎가장자리 또는 잎맥의 끝에 1개가 붙거나 여러 개가 붙는다. **포막** 가장자리를 향해 열린다. **포자** 삼지형이나, 드물게 이지형이거나 단지형이다.

◆ 새깃고사리과(Lindsaeaceae) 식물들은 과거 광의의 Pteridaceae E. D. M. Kirchner로 다루기도 하였으나 Kramer(1972)가 세분하여 다루고 있다. 과 내 속들의 계통에 관하여 여러 학자들이 의견을 달리하여 왔으며, 최근 Lehtonen et al.(2010)은 전 세계 새깃고사리과 식물 175분류군들을 대상으로 속 및 종들의 계통학적 위치를 파악하고자 55개의 형태, 형질분석과 분자계통학적 연구를 통하여 새깃고사리과를 6속(*Sphenomeris*, *Odontosoria*, *Osmolindsaea*, *Nesolindsaea*, *Tapeinidium*, *Lindsaea*)으로 재정립하여 이를 따랐다.

새깃고사리과의 속 검색표

1. 잎은 3회 이상 우상으로 갈라지며, 열편은 거의 좌우가 같고 기부는 폭이 좁은 쐐기꼴이다. ········ **바위고사리속** ***Odontosoria*** **157**
1. 잎은 1회 우상으로 갈라지고, 우편과 소우편은 좌우가 서로 같지 않으며 기부는 폭이 넓은 쐐기꼴이다. ········ **새깃고사리속** ***Osmolindsaea*** **157**

바위고사리, 제주, 2023.11.5.

바위고사리속 *Odontosoria* Fée, Mém. Foug. 5: 325, 1852

中 乌蕨属
E Wedgelet Fern Genus
日 Hoha-shinobu Zoku

분류군수 20여 종(한반도 1종)
분포 열대에서 온대지역

뿌리줄기 짧게 기며, 검은 갈색이고, 좁은 삼각형, 바늘모양 또는 털모양의 비늘조각으로 덮인다. **잎몸** 중간 크기로 수회 우상으로 세열되고, 털이 없다. **잎맥** 유리한다. **포자낭군** 한 개의 맥 끝에 붙거나 2~3개의 맥 끝을 연결하여 붙는다. **포막** 열편의 가장자리에 또는 다소 아래쪽에 붙으며 가장자리를 향해 열린다. **포자** 삼지형 또는 단지형이다.

◆ 이 속은 그동안 *Sphenomeris* Maxon, *Stenoloma* Fée속으로 다루어 왔으나 최근 Lehtonen et al.(2010)의 형태 및 분자계통학적 연구를 통하여 새로이 독립된 속으로 다루었다.

❖ **갯바위고사리**[*O. biflora* (Kaulf.) C.Chr., Index Filic. 207. 1905]는 바위고사리에 비하여 맨 아래 우편이 가장 길고 열편이 넓은 난형으로 구분한다. 제주도 양지바른 곳에 서식한다고 하였으나, 뚜렷이 구분할 만한 개체를 확인하지 못하다.

새깃고사리속

Osmolindsaea (K.U.Kramer) Lehtonen & Christenh., Bot. J. Linn. Soc. 163: 335, 2010

中 香鳞始蕨属
日 Hongu-shida-zoku

분류군수 200여 종(한반도 1종)
분포 주로 열대와 아열대지역

바위에서 자라는 소형 여러해살이풀이다. **뿌리줄기** 짧게 또는 길게 기며 비늘조각으로 덮인다. **잎자루** 볏짚색이거나 밤색, 또는 검은색으로 털이 없다. **잎몸** 1회 우상으로 갈라지며, 피침형이고, 초질 또는 종이질이며, 털이 없고, 쿠마린향이 난다. **우편** 자루가 없다. **잎맥** 유리맥이거나 그물맥이다. **포자낭군** 우편의 가장자리 끝쪽에 붙는다. **포막** 가장자리는 톱니가 거의 없고, 우편의 가장자리까지 거의 다다른다.

◆ *Lindsaea*속은 Kramer(1967, 1971)가 *L. odorata*를 *Osmolindsaea*절로 다루었고, Lehtonen et al.(2010)은 분자계통학적 연구를 통하여 *Osmolindsaea* (K.U.Kramer) Lehtonen & Christenh.으로 속을 구별해야 한다고 주장하였다.

❖ **새깃고사리**[*O. odorata* (Roxb.) Lehtonen & Christenh., Bot. J. Linn. Soc. 163: 335. 2010]는 잎몸에 15~30쌍의 우편이 있고, 우편 가장자리는 갈라지며, 정우편이 뚜렷하지 않고, 포자낭군은 잎가장자리를 따라 연결되지 않는 점이 좀새깃고사리와 구별된다. 일본, 중국, 타이완, 인도, 인도네시아, 말레이시아, 필리핀, 네팔, 아프리카 등에 분포하는 이 종은 Nakai(1911)와 박만규(1975)에 국내 분포한다고 하였으나 아직까지 발견되지 않고 있어 실체에 관하여 연구가 필요하다.

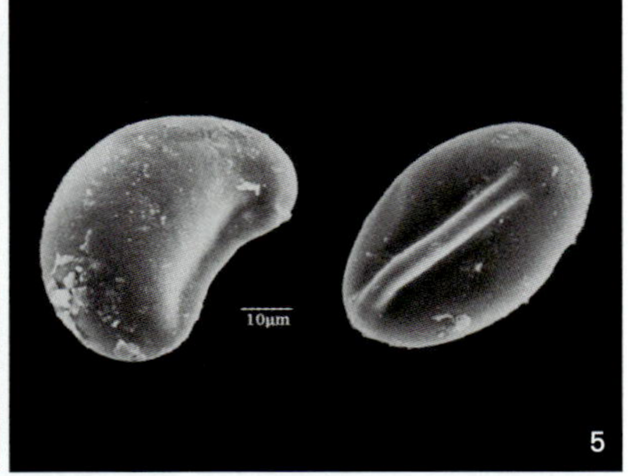

바위고사리

Odontosoria chinensis (L.) J.Sm., Bot. Voy. Herald 10: 430, 1857

Sphenomeris chinensis (L.) Maxon, J. Wash. Acad. Sci. 3(5): 144, 1913

Stenoloma chusanum (L.) Ching, Sinensia 3: 337, 1933

Ba-wi-go-sa-ri (정태현 등, 1949; 이창복, 1980; 이우철, 1996; 등[2])

이끼고사리(박만규, 1949, 1961, 1975; 이영노, 2006)

中 乌蕨　E Chinese wedgele fern

日 Hora-shinobu

염색체수 n = 48, 94, ca. 96, ca. 98

포자기 7~9월　**용도** 약용(전초: 해독), 관상용

분포 전남, 경남, 제주도, 저산지의 길가 바위틈이나 경사면에서 자람; 일본, 중국, 타이완, 필리핀, 태국, 말레이시아, 네팔, 마다가스카르, 폴리네시아 등

상록성 여러해살이풀로 지생하거나 바위틈에 난다. **키** 30~80cm이다. **뿌리줄기** 지름 3~5mm이며, 옆으로 짧게 기고, 딱딱하며 잎이 빽빽이 붙는다. 비늘조각은 길이 2~3mm이고, 진한 갈색으로, 털모양이며, 광택이 있다. **잎자루** 갈색이거나 붉은 갈색이고, 길이 10~30cm이며, 기부에는 길이 2~3mm의 짙은 갈색을 띠는 비늘조각이 있다. **잎몸** 3~4회 우상으로 갈라지며, 긴타원상 피침형이고, 두꺼운 초질이거나 가죽질이다. 길이 20~50cm, 너비 8~20cm이며, 아래에서 두번째 우편이 가장 크다. 적자색으로 단풍 든다. **우편** 넓은 피침형이고, 길이 4~10cm, 너비 2~5cm이며, 자루는 길이 2.5~5mm이다. **열편** 타원형이거나 난형으로, 길이 1~2.5cm, 너비 0.5~1.2cm이다. 길이 1.5~2.5mm인 자루가 있다. **잎맥** 뚜렷하지 않으며 Y자 모양으로 갈라진다. **포자낭군** 열편의 가장자리에 1~3개씩 붙는다. **포막** 컵모양이고, 가장자리가 거의 밋밋하며, 납작하고 간혹 부분적으로 붙으며, 길이 0.6~0.8mm, 너비 0.5~1.2mm이다. **포자** 단지형이고 미립상이다.

1. 제주, 2016.9.4.
2. 새순, 평강식물원, 2012.4.4.
3. 포자낭군, 제주, 2020.7.30.
4. 잎몸, 제주, 2020.7.30.
5. 포자, 2024.4.4.
6. 단풍 든 모습, 경남 통영, 2013.12.17.

좀새깃고사리

***Osmolindsaea japonica* (Baker) Lehtonen & Christenh.**, Bot. J. Linn. Soc., 163: 336, 2010

Lindsaea odorata Roxb. var. *japonica* (Baker) K.U. Kramer, Gard. Bull. Singap. 26(1): 42, 1972

Lindsaea cultrata (Willd.) Sw. var. *japonica* Baker, Synopsis Filicum 1st ed. 105, 1868

Jom-se-gik-go-sa-ri (박만규, 1949, 1961, 1975; 이영노, 2006)

비고사리(이창복, 1980; 이우철, 1996, 등[2])

中 日本鳞始蕨　E East Asian necklace fern

日 Saigoku-hongu-shida

염색체수 n = ca. 75, n = ca. 80

포자기 6~9월　**용도** 관상용

분포 제주도, 동굴의 습기가 많은 절벽에서 자람; 일본, 중국, 타이완

소형의 상록성 여러해살이풀로 착생하며, 털이 없다. **키** 5~25cm이다. **뿌리줄기** 짧게 기며 지름 약 1.5~2mm이다. 비늘조각은 선상 피침형이며, 어두운 갈색으로, 광택이 있고, 톱니가 없으며, 길이 약 2mm이다. **잎자루** 길이 3~15cm이며, 위쪽은 녹색, 기부는 붉은 갈색으로, 표면에 홈이 1개 있고, 그 양쪽에 모가 난 줄이 있다. 털은 없고 기부 부근에 비늘조각이 몇 개 있다. **잎몸** 1회 우상으로 갈라지며, 5~12쌍의 우편이 있고, 선상 피침형으로, 위쪽이 점차 좁아져서 뾰족하다. 길이 2~7cm, 너비 1~2.5cm 이고, 녹색이다. **우편** 얇은 초질이며, 직각으로 붙고, 짧은 자루가 있다. 길이 8~14mm, 너비 4~7mm 이며, 가장자리는 톱니가 거의 없거나 또는 얕게 갈라진다. 정단부 우편은 쐐기모양으로 맨 아래 측우편의 크기와 같다. **포자낭군** 우편의 가장자리 끝쪽에 서로 연속하여 붙는다. **포막** 가장자리에 톱니가 없고, 우편의 가장자리까지 이른다.

1

2

3

4

5

1. 좀새깃고사리, 제주, 2001.7.21. ©김봉찬
2. 새깃고사리, 서울 식재, 2007.5.22.
3. 새깃고사리 잎몸, 서울 식재, 2007.5.22.
4. 새깃고사리 우편, 서울 식재, 2007.5.22.
5. 새깃고사리 포자낭군, 서울 식재, 2005.1.4.

좀새깃고사리와 새깃고사리의 비교

종명	우편	우편 가장자리	포자낭군	정우편
좀새깃고사리	5~12쌍	거의 밋밋함	우편 가장자리에서 연결됨	뚜렷함
새깃고사리	15~30쌍	갈라짐	우편 가장자리에서 연결 안 됨	뚜렷하지 않음

봉의꼬리과
Pteridaceae E.D.M.Kirchn

中 凤尾蕨科
E Maidenhair Fern Family
日 I-no-moto-so-shida Ka
분류군수 약 40속 1000여 종(한반도 8속 20종 2교잡종)
분포 주로 열대, 드물게 온대지역

뿌리줄기 곧게 서거나 짧게 기고, 털 또는 비늘조각이 있다. **잎** 같은 모양이거나 2가지 모양이고, 모여난다. **잎자루** 흔히 볏짚색이며, 매끄럽고, 드물게 비늘조각이 있다. **잎몸** 1회에서 수회 우상으로 갈라진다. 우편은 가장자리가 밋밋하거나 세열되며, 잎맥은 유리하거나 드물게 유리맥을 포함하지 않는 그물맥이다. **포자낭군** 맥 위에 붙거나 가장자리를 따라 달리는 맥 위에 붙고, 잎가장자리가 뒤집어져 생긴 위포막에 덮인다. **포자** 삼지형이다.

◆ 광의의 봉의꼬리과(Pteridaceae)(Copeland, 1947)는 다양한 형질을 소유하고 있어 외부, 내부 형태, 형질, 플라보노이드(flavonoid) 성분 분석, 분자적 연구 등 많은 연구(Pichi Sermolli, 1977; Tryon, 1986; 이, 1987; Tryon et al., 1990; Smith, 2006; Prado et al., 2007)를 통하여 과나 아과로 세분화하려는 연구가 있어왔다. 최근 형태와 분자연구를 통하여 이들의 계통을 재확인하려는 시도 결과(Prado et al., 2007), 5개의 아과(Cryptogrammoids, Ceratopteridoids, Pteridoids, Adiantoids, Cheilanthoids)와 Vittariaceae를 자매군으로 분리하는 경향이 있었으나, 업데이트된 PPG Ⅰ(Nitta et al., 2022)을 반영하여 Parkeriaceae, Vittariaceae를 포함하였다.

봉의꼬리과의 속 검색표

1. 수생하고 한해살이풀로 잎자루가 다육질이다. ······ **물고사리속 *Ceratopteris*** 161
1. 지생하고 여러해살이풀로 잎자루가 다육질이 아니다.
    2. 잎은 1~3회 우상으로 갈라지고 잎자루가 길게 있고, 잎맥은 유리맥 또는 유리맥과 그물맥을 함께 갖는다.
        3. 포자낭군은 잎가장자리 가까이에 붙고 위포막에 덮인다.
            4. 포자낭군은 위포막과 떨어져 붙는다.
                5. 잎은 동형이고, 위포막은 열편의 중륵에 맞닿지 않는다.
                    6. 위포막은 선형이며 길이가 1cm 이상이다. ······ **봉의꼬리속 *Pteris*** 161
                    6. 위포막은 타원형, 긴타원형으로 길이 1cm 미만이다. ······ **부싯깃고사리속 *Cheilanthes*** 162
                5. 잎은 이형이며, 위포막은 열편의 중륵에 맞닿는다. ······ **선바위고사리속 *Onychium*** 162
            4. 포자낭군은 위포막 안쪽 면에 붙는다. ······ **공작고사리속 *Adiantum*** 163
        3. 포자낭군은 측맥을 따라 붙고, 포막이 없다. ······ **고비고사리속 *Coniogramme*** 164
    2. 잎은 단엽이고, 잎자루가 거의 없고, 잎맥은 그물맥만 있다.
        7. 잎몸은 선형으로 길고, 중륵은 잎몸 끝까지 뚜렷하고, 잎맥은 모호하다. ······ **일엽아재비속 *Haplopteris*** 165
        7. 잎몸은 피침형 또는 도란형이고, 중륵은 모호하거나 단지 기부에 있고, 잎맥은 뚜렷하다. ······ **주걱고사리속 *Antrophyrum*** 165

속명	잎몸	잎맥	포자낭군의 위치	포막
물고사리속	2~4회	그물맥	잎가장자리	위포막
봉의꼬리속	1~3회	유리맥, 그물맥	잎가장자리	위포막
선바위고사리속	3회 이상	유리맥	잎가장자리	위포막
부싯깃고사리속	1~2회	유리맥	잎가장자리	위포막
고비고사리속	1~3회	유리맥, 그물맥	측맥 위	없음
공작고사리속	1~3회	유리맥, 그물맥	잎가장자리의 위포막 안쪽 면	위포막
일엽아재비속	단엽	그물맥	잎가장자리	없음
주걱고사리속	단엽	그물맥	잎몸	없음

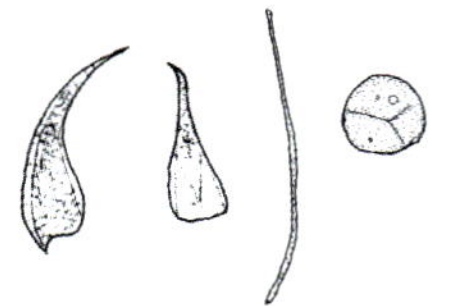
봉의꼬리과

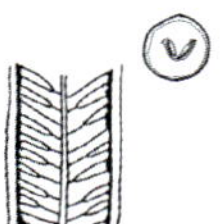
봉의꼬리속

선바위고사리속

부싯깃고사리속

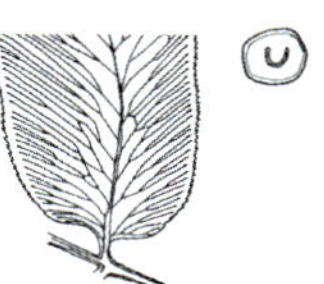
고비고사리속

물고사리속 *Ceratopteris* Brougn, Bull. Sci. Soc. Philom. Paris, 8: 186, 1822

中 水蕨属
E Floating Fern Genus, Water Fern Genus, Water Sprite Genus, Indian Fern Genus
日 Mizu-warabi-zoku

분류군수 4종(한반도 1종)
분포 주로 열대와 아열대지역을 중심으로 전 세계

봉의꼬리속 *Pteris* L., Sp. Pl. 2: 1073, 1753

中 凤尾蕨属
E Brake Fern Genus
日 I-no-moto-so Zoku

분류군수 250여 종(한반도 6종 1교잡종)
분포 전 세계, 거의 열대나 아열대지역

뿌리줄기 비교적 짧고 곧게 서거나 기며, 비늘조각으로 덮인다. 비늘조각은 갈색이며, 좁은 피침형이거나 선형이고, 막질이며 단단하다. **잎** 모여난다. **잎자루** 기부 외에는 비늘조각이 없고, 매끈하거나 간혹 털이 있기도 하고, 표면에 홈이 있다. **잎몸** 1회 또는 수회 우상으로 갈라지거나 또는 새발모양으로 펴져난다. **잎맥** 유리하거나 유리맥을 혼합하지 않고 결합해 만든 그물맥이 있다. **포자낭군** 선형으로 가장자리를 따라 달리는 맥에 붙고 위포막에 덮인다. **포자** 거의 삼지형으로 표면무늬는 미립상 또는 과립상이다.

❖ 일본, 타이완, 중국의 남서부, 필리핀, 히말라야 등 열대 아시아에 분포하는 **큰반쪽고사리**(*P. semipinnata* L., Sp. Pl. 2. 1076, 1753)는 우편의 상측이 분열되지 않고, 잎맥은 잎가장자리에 닿지 않는 점이 반쪽고사리와 구별되며, 국내 제주도에 분포한다고 알려진 바 있고(박만규, 1961, 1975), 오래전 국내에서 채집된 표본이 외국에 소장되어 있다고 하나, 최근까지 국내 표본 및 실체가 확인되지 않고 있다.

봉의꼬리속의 종 검색표

1. 꼭지우편은 가장자리가 밋밋하거나 갈라지지 않는다.
  2. 영양엽의 소맥은 잎가장자리까지 이르지 못하고, 잎몸의 중축에 날개가 있다. ········ **봉의꼬리 *P. multifida*** 168
  2. 영양엽의 소맥은 잎가장자리까지 연결되며, 잎몸의 중축에 날개가 없다.
    3. 영양엽은 황록색으로, 무늬가 없으며, 측우편은 3~7쌍으로 선형이다. ········ **큰봉의꼬리 *P. cretica*** 169
    3. 영양엽은 진한 녹색으로 흔히 우편 중륵을 따라 무늬가 있고, 측우편은 1~3쌍이며 긴타원형이다. ········ **알록큰봉의꼬리 *P. nipponica*** 170
1. 꼭지우편은 우상으로 깊이 갈라진다.
  4. 우편과 열편의 가장자리는 톱니가 있으며, 잎맥은 열편의 가장자리까지 도달하지 않는다.
    5. 우축과 열편 중륵의 분기점에 가시 같은 돌기가 없다. ········ **반쪽고사리 *P. dispar*** 171
    5. 우축과 열편 중륵의 분기점에 가시 같은 돌기가 있다. ········ **깃반쪽고사리 *P. terminalis*** 172
  4. 우편과 열편의 가장자리는 밋밋하고 잎맥은 열편의 가장자리까지 도달한다. ········ **오름깃고사리 *P. fauriei*** 173

선바위고사리속 ***Onychium*** Kaulf., Berlin. Jahrb. Pharm. Verbundenen Wiss. 21: 45, 1820

中 金粉蕨属
E Carrot Fern Genus, Sichuan Lace Genus, Cat's Claw Fern Genus
日 Tachi-shinobu Zoku

분류군수 약 7종(한반도 1종)
분포 열대에서 난대지역

뿌리줄기 기거나 짧게 서고, 좁은 피침형의 비늘조각에 덮인다. 비늘조각은 연갈색 또는 적갈색이고, 선상 피침형이거나 난상 피침형이며, 가장자리가 밋밋하다. **잎** 1~2가지 모양이고, 중간 크기이다. **잎자루** 기부에 비늘조각이 있으나 그 외는 없다. **잎몸** 3회 우상으로 갈라지며, 털이 없고, 중축 표면에 홈이 있다. **잎맥** 유리맥이다. **포자낭군** 열편 가장자리에서 중륵을 향해 양쪽으로 붙는다. **포막** 잎가장자리가 뒤집어져 생긴 위포막이다. **포자** 삼지형이다.

부싯깃고사리속 ***Cheilanthes*** Sw., Syst. Fil. 5, 126, 1806

中 碎米蕨属
E Lip Fern Genus
日 Ebigora-shida Zoku

분류군수 약 150종(한반도 3종)
분포 전 세계

뿌리줄기 짧게 기거나, 또는 곧게 서며 비늘조각이 있다. **잎** 작으며, 모여난다. **잎몸** 1회에서 수회 우상으로 갈라지며, 피침형 또는 긴타원상 피침형, 긴타원형, 난상 오각형 등 다양한 모양이고, 털 또는 비늘조각이 있거나 간혹 털이 없이 매끄럽다. **잎맥** 서로 결합하지 않고 유리한다. **포자낭군** 잎가장자리에 붙고, 작은 맥의 끝에 생기며, 서로 접근하나 연속하지 않는다. **포막** 잎가장자리가 뒤집어져 생긴 위포막이다. **포자** 삼지형이다.

부싯깃고사리속의 종 검색표

1\. 잎몸은 넓은 삼각형 또는 오각형이고, 종이질이며, 1회 우상으로 갈라지고, 잎자루는 잎몸보다 길다.
.... **부싯깃고사리 *C. argentea*** 175

1\. 잎몸은 피침형 또는 긴타원상 피침형이고, 초질이며, 2회 우상으로 갈라지고, 잎자루는 잎몸보다 짧다.
  2. 잎몸의 뒷면은 흰색 또는 황색의 가루로 덮이며, 위포막이 가장자리를 따라 연결된다. .... **산부싯깃고사리 *C. kuhnii*** 176
  2. 잎몸의 뒷면은 흰색 또는 황색의 가루로 덮이지 않으며, 위포막이 가장자리를 따라 연결되지 않는다.
.... **개부싯깃고사리 *C. chusana*** 177

종명	잎몸	잎의 재질	잎몸에 대한 잎자루 길이	위포막
부싯깃고사리	넓은 삼각형, 오각형	단단한 초질	길다	가장자리 따라 연결됨
산부싯깃고사리	타원상 피침형	초질	짧다	가장자리 따라 연결됨
개부싯깃고사리	긴타원상 피침형, 피침형	초질	짧다	연결 안 됨

공작고사리속 ***Adiantum*** L., Sp. Pl. 2: 1094, 1753

中 铁线蕨属
E Maidenhair Fern Genus
日 Hakone-shida Zoku

분류군수 200여 종(한반도 3종)
분포 전 세계, 주로 열대, 드물게 온대지역

뿌리줄기 곧게 서거나 짧게 기고, 비늘조각을 갖는다. 비늘조각은 갈색 또는 검은색이고, 너비가 좁다. **잎** 크기가 소형이거나 중간형이다. **잎자루** 가늘고 기부에만 비늘조각이 있으며, 검은색으로, 광택이 나며, 때로는 다소 털이 있다. **잎몸** 1회에서 수회 우상으로 갈라지거나 간혹 홑잎인 것도 있다. **잎맥** 유리하거나 드물게 그물맥을 만든다. **포자낭군** 잎가장자리가 뒤집어져서 말린 위포막 안쪽 면에 붙는다. **위포막** 둥근모양, 신장형, 긴타원형으로 떨어져 있거나 연결되어 있다. **포자** 노란색으로 삼지형이다.

❖ **고려공작고사리**(*A. coreanum* Tagawa, Acta Phytotax. Geobot. 1: 159, 1932)는 중국의 *A. davidii* Franch.와 유사하나 뿌리줄기가 길게 벋고, 난상 피침형 비늘조각이 있으며, 잎몸이 보다 넓은 점, 소우편의 너비가 좁은 점, 잎가장자리에 규칙적인 톱니가 있는 점으로 한국 특산종으로 알려진 종이나 확인되지 않고 있다.

공작고사리속의 종 검색표

1. 잎몸은 1회 우상으로 갈라지고 우편은 둥글다. ······ **암공작고사리 *A. capillus-junonis*** 178
1. 잎몸은 2~3회 우상으로 갈라지거나 부채모양으로 배열하고 우편은 삼각형 또는 선상 피침형이다.
    2. 잎몸은 2~3회 우상으로 갈라지며, 열편은 도란형 또는 도삼각형이다. ······ **섬공작고사리 *A. monochlamys*** 180
    2. 잎몸은 부채모양으로 갈라지며, 열편은 초승달모양에서 긴타원형이다. ······ **공작고사리 *A. pedatum*** 181

종명	잎몸	키	우편
암공작고사리	1회 우상	8~20cm	둥근모양
섬공작고사리	2~3회 우상	15~50cm	삼각형
공작고사리	부채꼴모양	40~70cm	선상 피침형

공작고사리, 경북 울릉, 2024.5.15.

고비고사리속 *Coniogramme* Fée, Mém. Soc. Mus. Hist. Nat. Strasbourg 5: 167, 1852

中 凤了蕨属
E Bamboo Fern Genus, Japanese Bamboo Fern Genus
日 Mizu-warabi

분류군수 20여 종(한반도 4종 1교잡종)
분포 동남아시아, 동북아시아, 아프리카, 폴리네시아

뿌리줄기 땅속을 기고, 드물게 비늘조각이 있다. 비늘조각은 갈색을 띠고, 피침형으로 가장자리가 밋밋하다. **잎자루** 볏짚색이거나 밤갈색이다. **잎몸** 1~3회 우상이고, 톱니가 없거나 잔톱니가 약간 있으며, 털이 있거나 없고, 종이질이고, 다소 단단하다. **우편** 가장자리가 밋밋하거나 톱니가 있다. **잎맥** 유리하거나, 모여 그물맥을 형성하나 그물맥 안에 유리맥은 없다. **포자낭군** 잎맥을 따라 길게 붙는다. **포막** 없다. **포자** 삼지형이다.

고비고사리속의 종 검색표

1. 잎맥은 모두 유리맥이고, 가장자리 톱니까지 도달한다.
   2. 상록성이고, 주로 절벽이나 경사지에 나고, 잎이 아래로 처지며, 두툼한 선상의 수공조직이 톱니 안으로 벋어 있다. ······ **고비고사리 *C. intermedia*** 182
   2. 하록성이고, 주로 평지에 나며, 잎은 직립하고, 약간 두툼한 수공조직이 톱니 기부까지 벋어 있다. ···· **산고비고사리 *C. affinis*** 183
1. 잎맥은 유리맥과 그물맥이 섞여있고, 맥의 끝이 잎의 톱니까지 도달하지 않는다.
   3. 상록성이며, 소우편 기부는 대부분 쐐기저이다.
      4. 잎맥은 양쪽 중륵 가까이, 1~3줄로 규칙적으로 그물맥을 만들고 이어서 유리한다. ·········· **가지고비고사리 *C. japonica*** 184
      4. 잎맥은 1~2회 Y자로 유리하고, 중륵 근처에서 불연속적으로 1~2회 그물맥을 만든다.······ **개가지고비고사리 *C.* × *fauriei*** 186
   3. 하록성이며, 소우편 기부는 대부분 아심장저이다.······ **넓은고비고사리 *C. wilsonii*** 185

산고비고사리 고비고사리

일엽아재비속 *Haplopteris* C.Presl

中 书带蕨属
E Shoestring Fern Genus
日 Shishi-ran Zoke

분류군수 약 40종(한반도 1종)
분포 세계 열대에서 난대를 중심으로 자람

바위 또는 나무에 붙어서 사는 여러해살이풀이다. **뿌리줄기** 짧게 기며, 가늘고, 털이 많으며, 잎이 모여난다. 사다리무늬가 있는 비늘조각에 덮인다. 비늘조각은 갈색에서 검은색이다. **잎몸** 단엽이고, 좁은 선형이며, 가장자리가 밋밋하고, 털이 없으며, 단단하다. **잎맥** 가장자리의 맥이 중륵과 연결되어 그물맥을 만든다. **포자낭군** 흔히 잎몸의 가장자리에 붙고, 보통 겉쪽을 향하거나 잎가장자리가 말려서 된 깊은 홈 속에 있다. **포자** 단지형이다.

◆ Crane(1997)은 Vittariaceae의 형태와 분자연구를 통하여 포자낭의 부속체인 측사(paraphyses)가 깔때기세포모양이고 2열로 된 잎차례모양을 갖는 *Vittaria*속 식물을 *Haplopteris* C.Presl속으로 재배치하여 이를 따랐다.

❖ **섬일엽아재비**[*H. zosterifolia* (Willd.) E. H. Crane, Syst. Bot. 22: 514, 1997]는 일본, 중국, 타이완, 인도차이나, 말레이시아, 폴리네시아 등 열대지방에서 자라는 식물로, 일엽아재비와 유사하나 잎 뒷면의 중륵이 모호하고, 포자낭군이 잎가장자리의 홈 속에 붙는 점이 다르다. 이 종이 분포한다고 기록되어 있으나(박, 1949, 1961, 1975; 이, 1980) 확인되지 않고 있다.

주걱고사리속 *Antrophyum* Kaulf., Enum. Filic.: 197, 1824

中 车前蕨属
E Lineleaf Fern Genus
日 Takimi-shida Zoke

분류군수 40여 종(한반도 1종)
분포 세계 열대 아시아와 태평양 섬에서 자람

착생하는 여러해살이풀이다. **뿌리줄기** 짧고 곧거나 기며, 털이 많고, 잎이 모여나며, 격자무늬가 있는 비늘조각에 덮인다. **잎몸** 단엽이고, 초질이거나 가죽질이고, 넓은 피침형, 도피침형, 선형, 주걱형, 도란형이며, 기부가 점차 좁아져 잎자루와 연결되고, 중륵은 모호하고, 잎몸 기부에만 있다. **잎맥** 유리맥 없고, 모두 그물맥이다. **포자낭군** 선상으로 측맥 위 잎뒷면 전체에 붙거나 또는 몰려있고, 그물 같거나 가지를 치며, 곤봉상, 두상, 사상의 측사가 풍부하다. **포자** 삼지형으로 작은 돌기가 있다.

물고사리

***Ceratopteris gaudichaudii* var. *vulgaris* Masuyama & Watano**, Acta Phytotax. Geobot. 61: 79, 2010

Ceratopteris thalictroides subsp. *gaudichaudii* (Brongn.) Fraser-Jenk. & Pariyar, Ferns Fern-Allies Nepal 1: 25, 2015

Mul-go-sa-ri (박만규, 1949, 1961, 1975; 이창복, 1980; 등[1])

E Oriental waterfern 日 Hime-mizu-warabi

염색체수 n = 78 **포자기** 8~10월 **용도** 관상용

분포 충북, 충남, 전북, 전남, 경남, 제주도, 논밭이나 늪에서 자람; 중국, 일본, 네팔, 타이완, 괌, 하와이

한해살이풀로 수생한다. **키** 10~40cm이다. **뿌리줄기** 짧고, 곧으며, 잎이 모여 난다. **잎** 2가지 모양이고, 잎의 크기와 갈라지는 정도는 변이가 많다. **영양엽** 표면 또는 갈라지는 곳에 무성아가 생긴다. **잎자루** 잎몸의 1/3~3/4이며, 녹색이고, 길이 3~30cm이며, 드물게 비늘조각이 있다. 비늘조각은 난형으로 연갈색 또는 연한 적갈색이며, 가장자리가 밋밋하고, 얇으며, 막질이다. **잎몸** 2~3회 우상으로 갈라지며, 4~8쌍의 우편이 어긋나게 배열되고, 삼각상 난형이며, 길이 6~20cm, 너비 4~10cm이다. 맨 아래 1, 2쌍의 우편이 가장 크다. **소우편** 1~4쌍의 열편으로 어긋나게 배열되며, 짧은 자루가 있고, 좁은 날개가 있다. 꼭지열편은 피침형이고, 끝은 뾰족하거나 밋밋하며, 가장자리가 밋밋하다. **잎맥** 서로 결합해 그물맥을 만든다. **포자엽** 영양엽보다 조금 크다. 잎몸 길이 5~30cm, 너비 5~20cm이고, 삼각형 또는 삼각상 난형이며, 2~3회 우상으로 갈라지고, 꼭지열편은 선형 또는 넓은 선형이며, 길이 7~10cm, 너비 2mm이다. **포자낭군** 위포막에 덮인다. **포자** 삼지형이다.

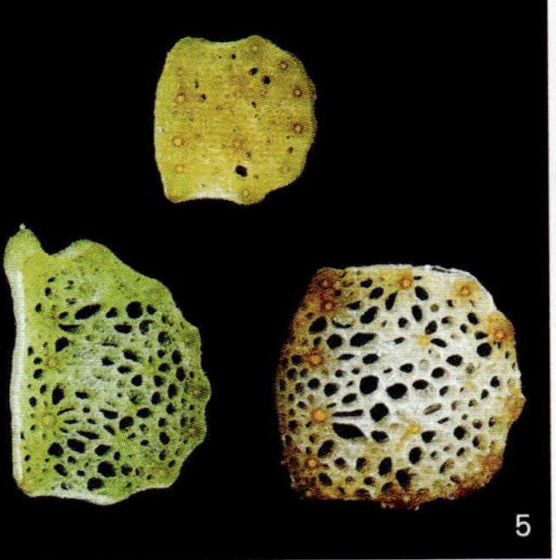

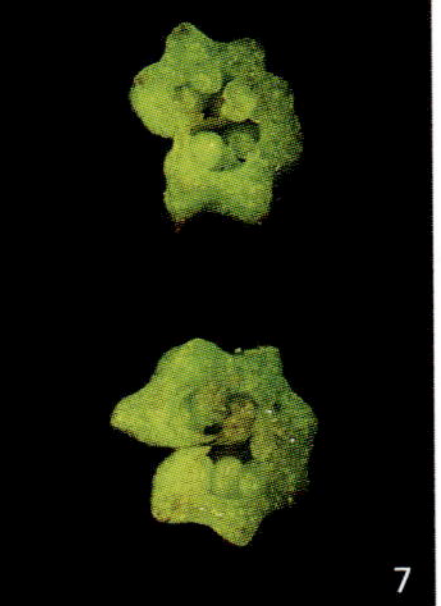

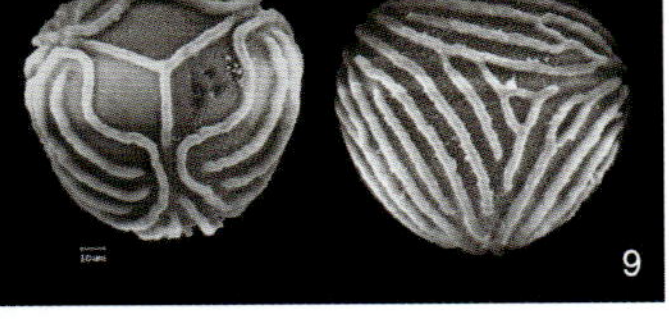

1. 전북 익산, 2010.9.10.
2, 3. 무성아, 전북 익산, 2010.9.26.
4. 새순
5. 줄기 횡단면, 제주, 2019.11.12.
6. 포자낭군, 제주, 2019.11.12
7. 포자엽 열편의 단면, 제주, 2019.11.20
8. 제주, 2019.11.10.
9. 포자, 2024.3.15.

국내 남부지역에 알려진 물고사리는 열대·아열대 지역에서 자라는 *C. thalictroides*로 사용되었으나, Masumura & Watano(2010)는 중국, 일본, 한국, 타이완과 괌, 하와이에 분포하며 잎자루가 잎몸보다 짧고, 우편이 더 많으며, 열편 끝이 뾰족하고, 환대수가 더 많다는 점에서 구별하여 *C. gaudichaudii* var. *vulgaris*로 다루었고 이를 따랐다.

10, 11. 전북 익산. 2010.9.10.
12. 전초, 충북 진천, 2024.10.16
13. 포자엽, 제주, 2024.10.12.
14, 15. 포자엽

봉의꼬리

***Pteris multifida* Poir**, Lam., Encycl. 5: 714, 1804

Bong-ui-kko-ri (정태현 등, 1937; 정태현 등, 1949; 박만규, 1949, 1961, 1975; 이창복, 1980; 등[1])
中 井栏边草 E Spider brake 日 Inomotoso

염색체수 n = 58 **포자기** 7~9월
용도 약용(지상부: 이질, 황달, 간염, 위장염, 유선염, 자궁출혈), 관상용
분포 전남, 경남, 제주도, 숲가장자리나 민가 주변의 바위틈에 자람; 일본, 중국, 타이완, 인도차이나

상록성 여러해살이풀로 지생한다. **키** 30~50cm이다. **뿌리줄기** 옆으로 짧게 자라며, 지름 2.5~4mm이고, 잎이 모여나며, 흑갈색의 비늘조각이 있다. 비늘조각은 넓은 선형이고, 가장자리는 톱니가 없이 밋밋하며, 길이 1~4mm, 너비 0.2~0.5mm이다. **잎자루** 털이 없이 매끄러우며, 잎몸과 길이가 거의 같고 길이 12~25cm로, 포자엽은 영양엽보다 길다. 기부에는 길이가 약 2~3.5mm 정도의 갈색 비늘조각이 있다. **영양엽** 연한 녹색이고, 3~5갈래로 갈라지며, 넓은 난형이고, 중축에 날개가 있다. **우편** 흔히 3쌍이고 마주난다. 꼭지열편은 선형 또는 피침형이고, 끝이 길게 뾰족하며 고르지 못한 톱니가 있다. **잎맥** 1회 Y자로 유리하며 규칙적으로 대칭 분기하며, 잎가장자리까지 연결되지 않는다. **포자엽** 4~6쌍의 우편이 있다. **포자낭군** 열편 가장자리를 따라 연결하여 붙고, 길이 0.3~0.6mm인 위포막에 덮인다. **포자** 삼지형이고 표면무늬는 과립상이며 작은 나선무늬가 있고, 외피가 있다.

1. 경남 통영, 2013.12.18.
2. 잎맥, 2024.7.17.
3. 잎, 경남 마산, 2015.6.13.
4. 위포막과 포자낭군, 경남 하동, 2012.9.30. ©김명수
5. 경남 통영, 2013.12.17.

큰봉의꼬리

***Pteris cretica* L.**, Mant. Pl. 1: 130, 1767

Keun-bong-ui-kko-ri (정태현 등, 1937; 정태현 등, 1949; 박만규, 1949, 1961, 1975; 이창복, 1980; 등[1])
中 欧洲凤尾蕨 E Cretan brake
日 Oba-no-inomotoso

염색체수 n = 58, 87 **포자기** 7~9월 **용도** 관상용
분포 전남, 경남, 제주도, 저산지의 그늘진 숲가장자리나 숲속에서 자람; 일본, 중국, 타이완, 세계의 열대와 아열대지역

상록성 여러해살이풀로 지생한다. **키** 30~70cm이다. **뿌리줄기** 짧게 기거나 서며, 단단하고, 자갈색의 광택이 있는 비늘조각이 있으며, 잎은 모여난다. **잎자루** 연녹색이며, 기부 부근의 일부가 흑색이며, 길이 10~30cm이고, 기부에 비늘조각이 있으며, 드물게 털이 있다. 비늘조각은 피침형이고, 갈색으로, 선형이며, 길이 약 5mm이고, 가장자리가 밋밋하다. 포자엽은 영양엽보다 더 길다. **잎몸** 1회 우상으로 갈라지며, 영양엽은 삼각상 난형이고, 포자엽은 긴타원상 난형이며, 길이 30~47cm, 너비 27~45cm이다. **우편** 맨 아래 우편은 2~3개로 갈라지고 가장자리에 불규칙한 톱니가 있다. 잎가장자리는 흰색의 물렁뼈질로 되어있고, 우편의 중륵에 진갈색의 다세포성 털이 있다. 포자엽의 우편은 길이 14~20cm, 너비 2~3.5cm이다. **소우편** 짧은 자루가 있고, 좁은 피침형 또는 선형으로 끝이 뾰족하며, 잎맥은 잎가장자리까지 연결된다. **포자낭군** 열편 가장자리를 따라 붙고, 너비 0.5~0.8mm로, 열편 가장자리가 말린 막질의 위포막에 덮인다. **포자** 삼지형으로 크기가 다양하다.

＊봉의꼬리와 유사하나 영양엽의 잎맥은 잎가장자리까지 연결되고 중축에 날개가 없다.

1. 제주, 2014.1.9. ©김명수
2. 잎가장자리 톱니, 제주, 2020.11.9.
3. 위포막과 포자낭군, 제주, 2020.11.9.
4. 위포막과 포자낭군, 제주, 2014.1.9. ©김명수
5. 제주, 2018.12.5.

알록큰봉의꼬리

***Pteris nipponica* W.C.Shieh**, Bot. Mag. (Tokyo) 79(936): 285, 1966

Al-rok-keun-bong-ui-kko-ri (박만규, 1961, 1975; 등[1])
中 日本凤尾蕨 E Variegate cretan brake fern
日 Matsuzaka-shida

염색체수 3n = 87 **포자기** 7~9월 **용도** 관상용
분포 제주도, 저지대 함몰지나 그늘진 계류가에서 자람; 일본, 타이완

상록성 여러해살이풀로 지생한다. **키** 25~50cm이다. **뿌리줄기** 짧게 기며, 광택이 나는 비늘조각에 덮인다. 비늘조각은 선형으로, 갈색이고 가장자리는 밋밋하다. 잎이 모여나고, 2가지 모양이다. **잎자루** 털이 없고, 볏짚색을 띠며 기부는 갈색이고, 길이 10~50cm로 포자엽이 영양엽보다 길다. **잎몸** 선상 긴타원형이다. 1~3쌍의 우편이 있으며, 끝이 뾰족하지 않고, 단단한 종이질이다. **우편** 길이 10~20cm, 너비 2~3.5cm이고, 털이 없으며 가장자리에 불규칙한 톱니가 있다. 중앙부에 세로로 흰색 또는 백녹색의 무늬가 있다. **잎맥** 잎가장자리까지 연결된다. 포자엽의 우편은 영양엽의 우편보다 길어서 길이 20~30cm, 너비 약 1.5cm로, 선형이고, 짧은 자루가 있다. **포자낭군** 열편 가장자리를 따라 붙고, 너비 0.5~1.5mm이며, 열편 가장자리가 말린 막질의 위포막을 갖는다.
*큰봉의꼬리와 달리 흔히 흰색 또는 백녹색 무늬가 있으며, 측우편은 긴타원형이고 1~3쌍이다. 외형이 큰봉의꼬리와 닮아 큰봉의꼬리의 변종으로 다루기도 한다.

1. 제주, 2021.1.29. / 2. 중축의 골, 제주, 2021.1.29
3. 잎맥과 잎가장자리 톱니, 제주, 2021.1.29.
4. 위포막과 포자낭군, 평강식물원, 2004.11.17.
5. 포자, 2024.4.3. / 6. 영양엽, 제주, 2012.2.10.

너도봉의꼬리(국내미기록)

***Pteris* × *pseudosefuricola* Ebihara, Nakato & S.Matsumoto**, Bull. Natl. Mus. Nat. Sci., Tokyo, B. 41: 18, 2015
Neo-do-bong-ui-ko-li (국명신칭)
E Spide cretan brake 日 Ai-inomotoso **분포** 제주도, 숲에서 자람; 일본

큰봉의꼬리와 봉의꼬리의 교잡종으로 일본에 분포하고, 3배체와 4배체가 알려졌고, 국내 제주도에서 발견되었다. 큰봉의꼬리와 유사하나 잎몸의 최상부 측우편 사이 중축에 날개가 있다.

1. 제주, 2012.6.10.

반쪽고사리

Pteris dispar **Kunze**, Bot. Zeitung (Berlin) 6: 539, 1848

Ban-jjok-go-sa-ri (정태현 등, 1937; 정태현 등, 1949; 박만규, 1961, 1975; 등[1])
나래반쪽고사리(박만규, 1949), 날개반쪽고사리(이창복, 1967)
中 刺齿半边旗 E Unequal-lobe brake fern
日 Amakusa-shida

염색체수 n = 29, 58 **포자기** 6~9월 **용도** 관상용
분포 경남, 제주도, 저산지의 그늘진 숲가장자리에서 자람; 일본, 중국, 타이완, 필리핀, 베트남, 태국, 말레이시아

상록성 여러해살이풀로 지생한다. **키** 40~70cm이다. **뿌리줄기** 짧고 비스듬히 서며 지름이 3~ 6mm이고 흑갈색의 비늘조각이 있다. 비늘조각은 길이 2~3.5mm, 너비 0.3~0.5mm이며 선상 피침형으로 길게 뾰족하다. **잎자루** 윤기가 나고, 적갈색이며, 길이 20~40cm로, 기부에 비늘조각이 있다. **잎몸** 2회 우상으로 갈라지며, 5~8쌍의 측우편이 거의 마주나서 배열되며, 긴타원상 피침형이고, 길이 20~38cm, 너비 20~35cm이며, 가장자리에 날카로운 톱니가 있다. 중축의 표면에 홈이 있으며, 중축과 우축은 55° 각도로 연결된다. **우편** 선형이거나 긴타원상이며, 길이 9~17cm이고, 자루가 없다. **소우편** 선형이고, 길이 4~7cm이다. **잎맥** 단순하거나 1회 Y자로 규칙적으로 대칭 분기하며, 잎가장자리까지 연결되지 않는다. **포자낭군** 열편 가장자리를 따라 붙고, 선형이며, 열편 가장자리가 말린 길이 4~7cm, 너비 0.5~0.7mm인 위포막이 있다. **포자** 삼지형이고, 표면무늬는 나선상이며, 약간 굴곡지고, 매우 두꺼운 외피가 있다.

1. 제주, 2021.9.12.
2. 포자낭군, 전남 여수, 2020.10.13.
3. 우편, 전남 여수, 2020.10.13.
4. 위포막과 포자낭군, 제주, 2012.12.20.
5. 우편, 제주, 2021.9.12.
6. 제주, 2013.3.4.

깃반쪽고사리

***Pteris terminalis* Wall.**, Number. List [Wallich] n. 101. 1829; Ag. Rec. 20, 1839

Pteris excelsa Gaud., Freycinet, Voy. Uranie: 388, 1827

Pteris inaequalis Baker var. *aequata* (Miq.) Tagawa, J. Jap. Bot. 14: 600, 1938

Pteris semipinnata L. var. *aequata* Miq., Ann. Mus. Bot. Lugd.-Bat. 3: 172, 1867

Git-ban-jjok-go-sa-ri (박만규, 1961, 1975; 등[9])
큰나래고사리(박만규, 1949), 큰반쪽고사리(정태현 등, 1937; 이창복, 1980; 이우철, 1996)
中 溪边凤尾蕨 E Feather-like-unequal-lobe brake fern
日 Oba-no-hachijoshida

염색체수 n = 29, 87 **포자기** 7~9월 **용도** 관상용
분포 제주도, 숲속에서 자람; 일본, 중국, 동남아시아, 오세아니아 등

상록성 여러해살이풀로 지생한다. **키** 140~ 200cm이다. **뿌리줄기** 짧게 기거나 서며, 굵고, 듬성듬성 비늘조각에 덮인다. 비늘조각은 선형이고, 갈색이며, 가장자리가 밋밋하다. **잎자루** 길이 40~100cm이고, 흑자색이며, 기부는 검은색이고, 광택이 있다. **잎몸** 잎자루보다 크며, 1회 우상으로 갈라지고, 긴타원상 난형이며, 두꺼운 종이질이고, 길이와 너비가 100cm이다. 중축은 볏짚색으로 표면에 홈이 있다. **우편** 3~7쌍이고, 규칙적으로 분열하고, 윗부분이 길게 자라서 선형으로 되며, 끝이 날카롭게 뾰족하고, 길이 15~30cm이다. 끝이 뾰족해 긴 꼬리모양을 한다. **열편** 중륵 표면에는 작은 돌기가 있고, 잎맥은 잎가장자리까지 연결되지 않는다. **포자낭군** 열편 가장자리를 따라 길게 붙는다. **포막** 얇은 종이질의 위포막이다.

1. 서울 식재, 2004.8.7.
2. 위포막과 포자낭군, 서울 식재, 2004.8.7.
3. 포자낭군, 서울 식재, 2014.7.15.
4. 서울 식재, 2014.7.15.

깃반쪽고사리의 변종으로 Tagawa(1938)에 의해 일본과 중국에 분포하는 것으로 알려진 **섬깃반쪽고사리**[박만규, 1961, 1975; 이우철, 1996 : *P. excelsa* Gaudich. var. *inaequalis* (Baker) S.H.Wu, Fl. Reipubl. Popularis Sin. 3(1): 50, 1990]와 **탐라반쪽고사리**[박만규, 1961, 1975; 이창복, 1980; *P. inaequalis* Baker var. *fauriei* (Christ) Tagawa, J. Jap. Bot. 14: 603, 1938]가 제주도에 분포한다고 기재되었다. 섬깃반쪽고사리는 깃반쪽고사리와 달리 우편의 끝이 길게 꼬리모양을 이루며, 우편 아래가 우상으로 갈라지고, 위는 갈라지지 않거나 또는 불규칙하게 소수의 열편이 있는 점이 다르다. 탐라반쪽고사리는 우편이 뚜렷하게 위쪽을 향하고 있고, 잎몸이 긴타원상 피침형을 이룬다. 그러나 섬깃반쪽고사리와 탐라반쪽고사리를 합쳐서 깃반쪽고사리로 통합해 보는 견해도 있다.

오름깃고사리

Pteris fauriei **Hieron.**, Hedwigia 55: 345, 1914

Pteris linearis var. *fauriei* (Hieron.) C.Chr. & Tardieu., Fl. Indo-Chine 7: 159, 1939

O-reum-git-go-sa-ri (문명옥 등, 2014)
中 傅氏凤尾蕨
日 Hachijo-shida, Shima-hachijoshida

염색체수 n = 29, 2n = 58, 87, 89 **포자기** 6~9월
용도 관상용
분포 제주도, 오름의 함몰지역에서 자람; 중국, 일본, 타이완, 인도, 미얀마, 네팔, 필리핀, 베트남

상록성 여러해살이풀로 지생한다. **키** 50~90cm이다. **뿌리줄기** 짧고, 비스듬히 서거나 곧게 서며, 지름 약 1cm이고, 윗부분에 비늘조각이 밀생한다. 비늘조각은 가운데는 흑갈색이고 가장자리는 갈색이며, 선상 피침형이고, 길이 약 3mm이다. **잎자루** 길이 30~50cm이고, 표면에 홈이 있으며, 볏짚색이고, 기부에 흑갈색 비늘조각이 밀생한다. **잎몸** 1회 우상으로 갈라지고, 긴타원형 또는 난상 삼각형이며, 종이질 또는 부드러운 가죽질이다. 길이 30~45cm, 너비 20~30cm로, 잎자루보다 길거나 드물게 짧으며 기부에서 약간 좁아지고, 밝은 녹색 또는 연녹색이며 중축은 밝은 갈색이다. **우편** 4~7쌍이고, 4~7cm 정도 떨어져 나며, 긴타원상 피침형이고, 길이 6~12cm로, 맨 아래 우편은 다소 좁아지며, 가장자리는 거의 아래까지 갈라지고 주맥이 뚜렷하다. 중륵 표면 위에는 짧은 돌기가 있다. **열편** 긴타원형이고, 20~30쌍이며, 어긋나거나 마주나며, 넓은 피침형이고, 끝은 뭉뚝하며, 가장자리는 밋밋하다. **잎맥** 양면에 뚜렷하고, 2회 Y자로 분기하고 가장자리까지 연결된다. **포자낭군** 열편의 가장자리를 따라 길게 붙는다. **포막** 위포막으로 선형이며, 막질이다.

1

2

3

4

5

6

1. 제주, 2020.9.12.
2. 잎몸, 제주, 2020.9.12.
3. 우편, 제주, 2020.9.12.
4. 잎맥, 제주, 2013.12.1.
5. 우편 중륵의 돌기, 제주, 2013.12.1.
6. 포자낭군, 제주, 2013.12.1.

선바위고사리

***Onychium japonicum* (Thunb.) Kunze**, Bot. Zeitung (Berlin) 6: 507, 1848

Trichomanes japonicum Thunb. in Murray, Syst. Veg., ed. 14, 941, 1784

Seon-ba-wi-go-sa-ri (정태현 등, 1937; 정태현 등, 1949; 박만규, 1961, 1975; 이창복, 1980; 등[1])

中 野雉尾金粉蕨 E Carrot fern 日 Tachi-shinobu

염색체수 n = 58 **포자기** 7~9월 **용도** 관상용
분포 전남, 경남, 제주도, 저산지의 숲가장자리에서 자람; 일본, 중국, 타이완, 말레이시아, 인도 등

상록성 여러해살이풀이다. **키** 50~80cm이다. **뿌리줄기** 길게 기고, 잎이 다소 가깝게 붙으며, 지름 3~4mm이고, 비늘조각으로 덮인다. 비늘조각은 피침형이고 가장자리가 밋밋하며, 막질이고, 길이 약 5mm이다. **잎** 2가지 모양으로, 영양엽이 포자엽보다 작고 덜 갈라진다. **잎자루** 볏짚색이고, 기부는 붉은 갈색이며, 가운데는 자갈색을 띠고, 길이 10~20cm이다. **잎몸** 3~4회 우상으로 갈라지며, 끝이 뾰족한 삼각상 난형이고, 10~14쌍의 우편이 있으며, 종이질이다. 맨 아래 우편이 가장 크고, 포자엽의 큰 것은 길이 50~60cm이다. **우편** 삼각상 난형으로, 길이 6~15cm, 너비 8~12cm이고, 길이 1~1.5cm의 자루가 있다. 최종열편은 끝이 뾰족하다. **잎맥** 1~2회 Y자로 분기한다. **포자낭군** 열편 가장자리에서 중륵을 향해 양쪽으로 붙는다. **포막** 선형이고, 반투명하며, 가장자리는 밋밋하다. 열편의 가장자리가 뒤집어져 생긴 위포막으로, 양쪽이 열편의 중륵에 서로 맞닿는다.

1. 제주, 2014.1.19. ©이성권
2. 새순, 제주, 2018.4.18.
3. 새순, 평강식물원, 2012.4.10.
4. 전엽체와 어린 포자체, 제주, 2021.11.14.
5. 잎몸, 제주, 2021.9.12.
6. 포자낭군과 포막, 제주, 2021.9.14.
7. 제주, 2019.6.20.
8. 제주, 2003.6.5.
9. 경남 하동, 2015.6.13.

부싯깃고사리

***Cheilanthes argentea* (S.G.Gmel) Kunze**, Linneaea 23: 242, 1850
Aleuritopteris argentea (S.G.Gmel) Fée, Mém. Foug. 5: 154, 1852

Bu-sit-git-go-sa-ri (정태현 등, 1937; 정태현 등, 1949; 박만규, 1961, 1975; 이창복, 1980; 등[1])

  银粉背蕨  E Silver cloak fern H Hime-urajiro

염색체수 n = 58~60 **포자기** 7~9월 **용도** 관상용
분포 제주도, 울릉도를 제외한 전역, 저산지나 민가 주변의 바위틈에서 자람; 일본, 중국, 만주, 타이완, 말레이시아, 인도, 시베리아 등

소형의 상록성 여러해살이풀로 착생한다. **키** 7~25cm이다. **뿌리줄기** 짧고 잎은 모여나며, 지름 4~5mm이고, 비늘조각으로 덮인다. 비늘조각은 자갈색이고, 가장자리는 갈색이며, 피침형이다. **잎자루** 자갈색이고, 광택이 나며, 둥글고 딱딱하고, 길이 4~13.5cm로 잎몸보다 길며, 기부에 비늘조각이 드문드문 있다. **잎몸** 1회 우상으로 갈라지고, 오각형이며, 길이와 너비가 3~10cm이고, 털이 없다. 표면은 녹색, 중축은 갈색이며, 뒷면은 흰색이거나 미색 가루에 덮인다. **우편** 길이 2.5~5cm이고, 난상 삼각형으로, 끝이 뭉뚝하고 자루가 없다. **열편** 긴타원상 난형이고, 가장자리에 물결모양의 톱니가 있다. **잎맥** 1~2회 Y자로 분기한다. **포자낭군** 잎 뒷면의 가장자리에 생긴다. **포막** 반투명하고, 가장자리는 밋밋하거나 물결모양의 위포막이다. **포자** 삼지형이다.

부싯깃고사리의 잎 뒷면이 녹색인 개체들을 **청부싯깃고사리**[*C. argentea* (S.G.Gmel) Kunze var. *obscura* Christ., Nuovo Giorn. Bot. Ital. n.s., 4(1): 88. 1897]로 구별하기도 하나 개체간 변이로 본다.

1

2

3

4

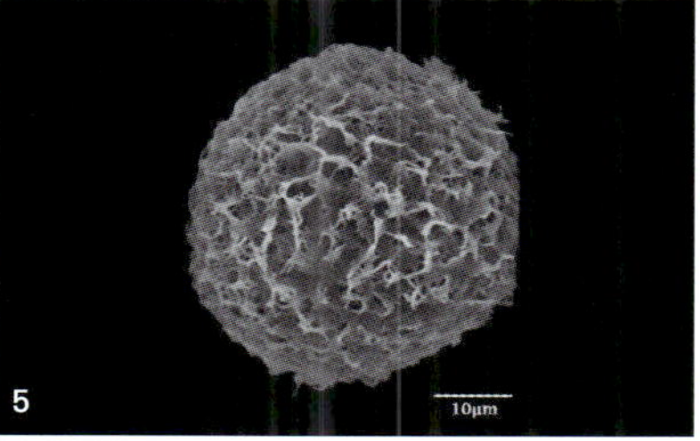

5

6

7

8

1. 경남 남해, 2016.7.2.
2. 새순, 2012.3.33
3. 잎 뒷면, 전남 구례, 2020.7.5.
4. 잎 뒷면, 충북 옥천, 2020.8.2.
5. 포자, 2024.4.4.
6. 건조시 말린 모습, 서울 북한산, 2006.11.5.
7. 군락, 전남 구례, 2020.7.5.
8. 강원 평창, 2013.11.11..

산부싯깃고사리

***Cheilanthes kuhnii* Milde**, Bot. Zeitung (Berlin) 25: 149, 1867

San-bu-sit-git-go-sa-ri (박만규, 1949, 1961, 1975; 이창복, 1980; 등[7])
부싯깃꼬리고사리(정태현 등, 1949; 이우철, 1996), 바위부시깃고사리(박만규, 1949)
中 华北粉背蕨 E Northern lipfern 日 Iwa-urajiro

염색체수 n=29, 30 **포자기** 7~9월 **용도** 관상용
분포 백두산, 강원, 경기, 경남, 산지의 그늘진 바위틈에서 자람; 일본, 중국

하록성 여러해살이풀로 착생한다. **키** 15~40cm이다. **뿌리줄기** 짧고, 비늘조각이 있으며, 말라 죽은 잎몸과 잎자루가 남아있다. **잎자루** 쇠줄 같고 광택이 나며, 자녹색이고, 길이 5~15cm이며, 잘 부러지고, 기부에 비늘조각이 있다. 비늘조각은 선상 피침형이고, 길이 2.5~3mm이며, 검은 갈색 또는 연갈색이다. **잎몸** 2회 우상으로 갈라지며, 타원상 피침형 또는 난상 긴삼각형이고, 길이 10~25cm, 너비 4~10cm로 잎자루보다 길며, 표면은 녹색, 뒷면은 흰빛이 난다. 첫째 우편에는 짧은 자루가 있으나 위로 올라 갈수록 없어진다. 중축의 표면은 홈이 있으며, 얇은 초질이다. **소우편** 끝이 둔하며, 난상 긴타원형이고, 가장자리에 둔한 치아상의 톱니가 있다. **잎맥** 1~3회 Y로 분기한다. **포자낭군** 열편의 가장자리를 따라 연결되어 너비 약 2mm의 위포막에 싸인다. **포자** 삼지형이다.

북부싯깃고사리(*C. kuhnii* Milde f. *gracilis* Kitagawa)는 산부싯깃고사리와 닮았으나 잎이 얇고 연약한 것으로 이창복(1980)에 의해 기재되어 있다. 백두산의 개체들이 북부싯깃고사리와 유사한 모습이나 산부싯깃고사리와 뚜렷이 구별되지 않아 따로 처리하지 않았다.

1, 5. 경기 남양주, 2020.7.25.
2. 새순, 경기 남양주, 2020.7.25.
3. 잎자루 하부 비늘조각, 백두산, 2019.7.4.
4. 잎몸 뒷면, 경기 남양주, 2020.7.25.

개부싯깃고사리

***Cheilanthes chusana* Hook.**, Sp. Fil. 2: 95, 1852

Gae-bu-sit-git-go-sa-ri (박만규, 1961, 1975; 이창복, 1980; 등[1])
中 毛轴碎米蕨 E Ford's cloak fern
日 Ebigara-shida

염색체수 2n = 90 **포자기** 7~9월 **용도** 관상용
분포 경남, 제주도, 강가나 저지대의 그늘진 바위틈에서 자람; 일본, 중국, 인도차이나 등

상록성 여러해살이풀로 착생한다. **키** 10~25cm이다. **뿌리줄기** 짧고 비스듬히 서며 비늘조각에 싸인다. 비늘조각은 선상 피침형이고, 길이 2~3.5mm이며, 진한 갈색이다. **잎** 모여나며, 말라 죽은 잎자루가 남아있다. **잎자루** 길이 1.5~10cm이며, 흑갈색이고, 광택이 나며 표면에 2줄이 있다. 비늘조각은 크기가 서로 다르고, 선형이며, 직각으로 붙고 어두운 갈색으로, 길이 1~2mm이다. **잎몸** 2회 우상으로 갈라지며, 긴타원상 피침형 또는 피침형이고, 기부는 약간 좁아지며, 길이 8~25cm, 너비 2~6cm이고, 초질로, 중축의 표면에 홈이 있다. **우편** 자루가 없고 7~15쌍이고, 삼각상 난형이며, 털이 없고, 마르면 갈색을 띠며, 주맥이 뒷면으로 튀어나온다. **소우편** 좁은 긴타원형으로 끝이 둥글고, 기부는 중축으로 흐른다. **포자낭군** 잎가장자리에 독립적으로 뒤로 젖혀진 위포막으로 덮이고, 때때로 2~3개가 인접하여 붙는다.

*산부싯깃고사리와 유사하나 잎몸의 뒷면에 가루가 없으며, 위포막은 잎의 가장자리를 따라 연결되지 않고 떨어져있다.

개부싯깃고사리와 산부싯깃고사리의 비교

종명	잎 뒷면의 가루	위포막
개부싯고사리	없음	연결 안 됨
산부싯깃고사리	있음	연결됨

1. 경남 진주, 2015.9.23.
2. 비늘조각에 싸인 새순, 제주, 2009.3.2. ©임영희
3. 어린 개체, 경남 진주, 2015.9.23.
4. 위포막과 포자낭군, 경남 진주, 2015.9.23.
5. 성숙한 포자낭군, 경남 진주, 2015.9.23.

암공작고사리

***Adiantum capillus-junonis* Ruprt.**, Beitr. Pflanzenk. Russ. Riches 3: 49, 1845

Am-gong-jak-go-sa-ri (박만규, 1949, 1961, 1975; 이창복, 1980; 등[1])

中 团羽铁线蕨 E Junos-hair fern 日 Hōrai-kujaku

염색체수 n = 30 **포자기** 7~9월

용도 식용, 약용(감기, 목감기, 숙취해소), 관상용

분포 강원, 석회암지대의 계류가 그늘진 바위틈에서 자람; 일본, 중국(만주), 타이완, 필리핀, 말레이시아, 미얀마, 네팔, 인도 북부 등

하록성 여러해살이풀로 착생하며, 연약하고 전체에 털이 없다. **키** 8~20cm이다. **뿌리줄기** 짧고, 위쪽에 마른 잎의 기부가 모여 붙는다. 비늘조각은 선형 또는 선상 피침형이고, 갈색이다. **잎자루** 길이 2~7cm로, 짙은 자갈색을 띠고, 광택이 나며, 철사처럼 가늘고, 기부에 뿌리줄기에 붙는 것과 같은 비늘조각이 있다. **잎몸** 1회 우상으로 갈라지며, 4~8쌍의 우편이 거의 마주나서 배열되고, 길이 6~20cm, 너비 2.5~4cm이며, 긴타원상 피침형이다. 중축은 가늘며, 자갈색이고, 위쪽이 길게 자라 무성아가 생긴다. **우편** 거의 둥글고, 드문드문 붙으며 길이 약 2mm인 짧은 자루가 있고, 자루는 늦가을 잎몸이 떨어진 후에도 남아있다. 얇은 초질이며, 위쪽 가장자리에 잔물결모양의 톱니와 2~4개의 오목하게 패인 결각이 있다. **포자낭군** 우편의 상부 가장자리에 2~4개가 서로 떨어지거나 연결되어 붙고, 포자낭군이 붙은 부분이 뒤로 말린다. **포막** 잎가장자리가 말려 생긴 위포막이다.

1. 강원 평창, 2003.7.15.
2. 무성아, 강원 평창, 2011.8.4. ©임영희
3. 새순, 강원 평창, 2011.8.4. ©임영희
4. 중축이 길게 자라는 모습, 강원 평창, 2012.9.2.
5. 포자낭군, 강원 평창, 2013.9.23.
6, 7. 강원 평창, 2013.9.23.
8. 군락, 강원 평창, 2013.10.10.
9. 군락, 강원 평창, 2011.8.4.

6
7
8
9

섬공작고사리

***Adiantum monochlamys* D.C.Eaton,**
Proc. Amer. Acad. Arts. 4: 110, 1858

Seom-gong-jak-go-sa-ri (정태현 등, 1937; 정태현 등, 1949; 박만규, 1949, 1961, 1975; 이창복, 1980; 등[1])
中 单盖铁线蕨 E Mono-sorus maiden hair fern
日 Hakone-shida

염색체수 n = 58 **포자기** 6~9월 **용도** 관상용, 약용
분포 전남, 제주도, 울릉도, 계류가의 그늘진 절벽 바위틈에서 자람; 일본, 중국, 타이완

상록성 여러해살이풀로 착생한다. **키** 15~50cm이다. **뿌리줄기** 짧게 옆으로 누우며, 지름 3~4mm이다. 비늘조각은 좁은 피침형이고, 적갈색 또는 흑갈색이며, 광택이 있고, 가장자리가 밋밋하며, 길이 3~4mm, 너비 0.5~0.8mm이다. **잎자루** 적갈색 또는 짙은 갈색이며, 길이 10~20cm이다. 기부에 붙는 비늘조각은 긴타원상 피침형, 길이 2~3mm이다. **잎몸** 2~3회 우상으로 갈라지고, 난상 삼각형이며, 초질이다. 길이 10~35cm, 너비 4~8cm이며, 털이나 비늘조각이 없다. **우편** 6~8쌍이 있으며, 맨 아래 우편이 가장 크고, 길이 4~8cm, 너비 2~5cm로 삼각형이며, 자루의 길이는 1~2cm이다. **소우편** 거꾸로 된 삼각형이며, 길이 6~10mm, 너비 5~8mm이고, 아랫면은 회녹색이고, 가장자리에 날카로운 톱니가 있다. **잎맥** 1~4회 Y자로 규칙적으로 갈라진다. **포자낭군** 열편에 1~3개씩 달리며, 소우편의 끝부분에 생긴 위포막의 안쪽 면에 붙는다. **포막** 위포막으로, 둥근 신장형이고, 길이 2~3mm, 너비 2.5~4mm이다. **포자** 삼지형이다.

큰섬공작고사리(*A. monochlamys* D.C.Eaton var. *plurisorum* Christ)는 섬공작고사리보다 크고 포자낭군이 1개 또는 2, 3개씩 붙는 점이 다른 것으로 한국 특산종으로 기재되었으나(박만규, 1949, 1961, 1975; 이창복, 1980), 포자낭군이 붙는 개수 이외에는 구별이 안 되어 섬공작고사리의 이명으로 처리하였다.

1. 제주, 2010.6.9.
2. 새순, 제주, 2019.3.16.
3. 소우편과 위포막, 제주, 2019.12.10.
4. 잎몸 상부, 제주, 2004.12.2.
5. 큰섬공작고사리 타입, 전남 화순, 2012.11.18.

공작고사리

***Adiantum pedatum* L.**, Sp. Pl. 2: 1095, 1753

Gong-jak-go-sa-ri (정태현 등, 1937; 정태현 등, 1949; 박만규, 1949, 1961, 1975; 이창복, 1980; 등[1])

中 掌叶铁线蕨 E Northern maiden hair

日 Kujaku-shida

염색체수 n = 29, 30 **포자기** 6~9월

용도 약용(지상부: 외용), 관상용

분포 강원, 경기, 제주도, 울릉도, 비교적 높은 산지의 숲속에서 자람; 일본, 중국, 네팔, 동북 인도, 러시아, 북아메리카 등

하록성 여러해살이풀로 지생한다. **키** 40~70cm이다. **뿌리줄기** 짧고 곧게 서거나, 옆으로 누우며, 지름 3~4mm이고, 비늘조각에 덮인다. 비늘조각은 자갈색이고, 피침형이며, 광택이 나고, 가장자리가 밋밋하며, 길이 2~5mm, 너비 0.7~1mm이다. **잎자루** 흑갈색이며, 단단하고 광택이 나며, 길이 20~40cm이다. 기부에 비늘조각은 길이 1.8~3.2mm이다. 횡단면의 중심주는 U자형이다. **잎몸** 부채모양이고, 길이 20~30cm, 너비 30~45cm이며, 각 우편은 1회 우상으로 갈라지고, 우편마다 20~30쌍의 소우편이 어긋나서 배열한다. **우편** 길이 18~26cm, 너비 2~4cm이고, 선상 피침형이며, 길이 1~1.3cm의 자루가 있고, 초질이며, 녹색이고, 뒷면은 다소 흰빛을 띤다. **소우편** 비대칭 삼각상 피침형으로, 아랫면은 직선이고, 가장자리가 밋밋하고, 윗면은 구불거리거나 희미한 톱니가 있으며, 길이 1~2cm, 너비 0.4~0.6cm이다. **포자낭군** 소우편의 가장자리에 붙는다. **포막** 긴타원형으로 위포막이고, 안쪽을 향해 터진다.

1. 경북 울릉, 2024.5.15.
2, 3. 새순, 경기 연천, 2013.4.24.
4. 새순, 경기 연천, 2012.4.13.
5. 경북 울릉, 2022.6.5.
6. 소우편, 경기 연천, 2020.5.16.
7. 잎가장자리에 달린 위포막과 포자낭군, 경기 연천, 2011.11.23.
8. 경기 연천, 2012.7.8.

고비고사리

***Coniogramme intermedia* Hieron.,**
Hedwigia 57: 301, 1916

Go-bi-go-sa-ri (정태현 등, 1937; 정태현 등, 1949; 박만규, 1961, 1975; 이창복, 1980; 등[1])
中 普通凤丫蕨 E Oriental bamboo fern
日 Iwagane-zenmai

염색체수 n = 60 **포자기** 6~9월
용도 약용(지상부: 전신통, 요통), 관상용
분포 전남, 제주도, 그늘진 저산지 경사면이나 함몰지의 절벽 바위틈에서 자람; 일본, 중국, 타이완, 인도, 러시아(사할린), 남쿠릴열도

상록성 여러해살이풀로 절벽 바위틈에 착생하거나 경사면에 난다. **키** 60~110cm이다. **뿌리줄기** 지름 3~6mm이고, 옆으로 길게 뻗으며, 갈색의 비늘조각이 있다. 비늘조각은 피침형이고, 길이 2~5mm이며, 가장자리에 톱니가 없이 밋밋하고, 끝이 뾰족하다. **잎자루** 볏짚색이고, 길이 22~56cm로, 잎몸 길이와 거의 같다. 기부는 자색이며, 소수의 비늘조각이 있다. **잎몸** 1~2회 우상으로 갈라지며, 난형이고, 길이 18~47cm, 너비 22~55cm이다. 5~9쌍의 우편이 있고, 맨 아래 우편이 가장 크며, 끝이 짧게 뾰족해 진다. **기부 우편** 긴타원상 피침형이고, 가장자리에 잔톱니가 있으며, 길이 11~28cm, 너비 11~26cm이며, 표면은 녹색, 뒷면은 연한 녹색이며, 초질이다. 다세포성이고 희고 부드러운 털이 있다. **열편** 선상 피침형이고, 길이 8~17cm, 너비 2~3cm이며, 가장자리에 불규칙한 잔톱니가 있다. **잎맥** 단순하거나 1~2회 Y자로 분기하며, 평행하게 열편 가장자리까지 닿으며, 선상의 수공이 톱니 안으로 벋어 있다. **포자낭군** 작은 잎맥을 따라서 길게 붙고, 가장자리에서 약 5~10mm 떨어진 곳에서 멈춘다. **포막** 없다.

1. 제주, 2019.11.17.
2. 새순, 제주, 2022.2.21.
3. 측맥정부, 제주, 2019.11.20.
4. 잎맥, 제주, 2019.11.20.
5. 뿌리줄기, 제주, 2023.2.4.
6. 포자낭군, 제주, 2019.11.20.
7. 포자, 2024.4.3.
8. 제주, 2019.11.17.
9. 제주, 2023.1.14.

산고비고사리(국내미기록)

Coniogramme affinis **Hieron.**, Hedwigia 57: 297, 1916.

Coniogramme affinis var. *pilosa* H.S.Kung, Acta Bot. Yunnan. 5: 358, 1983; *Coniogramme argutiserrata* Ching & Shing, Bull. Bot. Res., Harbin 4(3): 3, 1984

San-go-bi-go-sa-ri (국명신칭)
中 尖齿凤了蕨 E Mountain bamboo fern

포자기 6~9월 **용도** 관상용
분포 강원, 전북, 전남, 경남 산지의 숲속에서 자람; 중국, 미얀마, 네팔, 인도

하록성 여러해살이풀로 지생한다. **키** 60~120cm이다. **뿌리줄기** 지름 3~6mm이고, 옆으로 길게 뻗으며, 갈색의 비늘조각이 있다. 비늘조각은 피침형이고, 길이 2~5mm이며, 가장자리에 톱니가 없이 밋밋하고, 끝이 뾰족하다. **잎자루** 볏짚색 또는 갈색이고, 길이 28~60cm로, 잎몸 길이와 거의 같다. 기부는 자색이며, 소수의 비늘조각이 있다. **잎몸** 1~2회 우상, 드물게 1회 우상으로 갈라지며, 좁은 난형 또는 난상 긴타원형이고, 길이 20~55cm, 너비 20~50cm이다. 5~8쌍의 우편이 있고, 맨 아래 우편이 가장 크다. 우편 기부는 난상 또는 긴타원형이고, 끝이 점차 뾰족해지며, 길이 15~25cm, 너비 12~20cm이고, 갈색빛 나는 녹색이며, 초질이다. 다세포성이고 희고 부드러운 털이 드물게 있다. **측우편** 또는 **열편** 선상 피침형, 길이 5~16cm, 너비 2~3cm이고, 짧은 자루가 있거나 없으며 기부는 약간 어그러진 쐐기모양이다. 가장자리에 약간 불규칙한 잔톱니가 있으며, 톱니는 날카롭고 연골질이고, 약간 두툼한 수공이 톱니 기부까지 벋어 있다. **잎맥** 1~2회 Y자로 분기하며, 평행하게 열편 가장자리까지 닿는다. **포자낭군** 작은 잎맥을 따라서 길게 붙고, 잎맥의 2/3 지점까지 달린다. **포막** 없다.

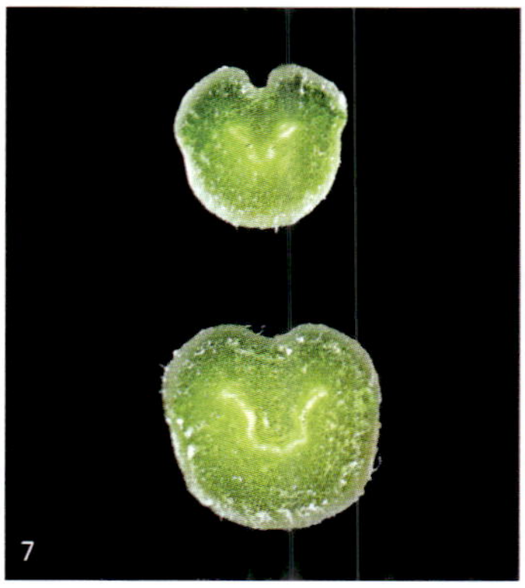

1. 강원 화천, 2015.5.27.
2. 잎자루 비늘조각, 강원 화천, 2019.5.17.
3. 잎 표면 맥 위의 털, 강원 태백, 2023.9.2.
4. 잎몸, 강원 삼척, 20210905.
5. 포자낭군, 강원 화천, 2004.4.30.
6. 포자낭군, 강원 태백, 2023.9.2.
7. 관상중심주, 강원 태백, 2023.9.2.
8. 산고비고사리(위)와 고비고사리(아래) 우편 끝 비교

가지고비고사리

Coniogramme japonica **(Thunb.) Diels**, Nat. Pflanzenfam. 1: 262, 1899

Ga-ji-go-bi-go-sa-ri (정태현 등, 1937; 정태현 등, 1949; 박만규, 1975; 이창복, 1980; 등[1])
가지고사리(박만규, 1949), 가지고비(박만규, 1961)
中 凤丫蕨 E Bamboo fern 日 Iwagane-sŏ

염색체수 n = 60 **포자기** 7~9월
용도 약용(전초: 근육과 골격의 통증, 복통, 유방염), 관상용
분포 전북, 전남, 경남, 제주도, 숲속에서 자람; 일본, 중국, 타이완

상록성 여러해살이풀로 지생한다. **키** 60~90cm이다. **뿌리줄기** 비스듬히 땅속을 기며, 지름 3~5mm이고, 잎은 드문드문 나오며, 갈색의 비늘조각이 있다. 비늘조각은 피침형이며, 가장자리는 밋밋하고, 길이 3~5.5mm, 너비 0.6~1.2mm이며, 기부 가까이에 많이 붙는다. **잎자루** 연녹색이고, 뒷면은 흑갈색이며, 길이 20~50cm이고, 비늘조각이 있다. **잎몸** 1~2회 우상으로 갈라지며, 긴난형이거나 넓은 난형이고, 가장자리에 잔톱니가 있으며, 길이 35~40cm 너비 20~40cm이고, 종이질이며 양면에 털이 없다. **우편** 3~5쌍이 있고, 맨 아래 우편이 가장 크며, 난상 삼각형으로, 길이 20~30cm, 너비 10~15cm이고, 길이 1~2cm 자루가 있다. **소우편** 1~3쌍이고, 피침형 또는 넓은 피침형이며, 길이 8~15cm, 너비 2~3cm이고, 기부는 쐐기꼴이다. **잎맥** 중륵 가까이에서는 그물맥이고, 가장자리로 가면서 불규칙하게 1~2회 분기하는 유리맥으로, 가장자리까지 도달하지 않는다. 수공조직은 방추형이다. **포자낭군** 측맥을 따라 잎맥 끝까지 붙는다. **포막** 없다.

1. 제주, 2021.10.17.
2. 잎맥, 제주, 2021.12.27.
3. 잎가장자리의 톱니와 수공조직, 제주, 2025.11.29.
4. 잎가장자리, 제주, 2023.7.18.
5. 포자낭군, 제주, 2020.11.7.
6. 새순, 제주, 2019.5.22.
7. 잎몸, 제주, 2019.2.21.
8. 포자, 2024.4.3.
9. 군락, 제주, 2020.10.10.

넓은고비고사리(국내미기록)

***Coniogramme wilsonii* Hieron.,**
Hedwigia 57: 321, 1916

Neol-beun-go-bi-go-sa-ri (국명신칭)
中 疏网凤了蕨　E Broad bamboo fern

포자기 6~9월　**용도** 관상용
분포 전남, 경남, 제주도, 산지의 숲속에서 자람; 중국

하록성 여러해살이풀로 지생한다. **키** 60~90cm이다. **뿌리줄기** 비스듬히 땅속을 기며, 지름 4~5mm이고, 잎은 드문드문 나오며, 갈색의 비늘조각이 있다. 비늘조각은 피침형이며, 가장자리는 밋밋하고, 길이 3~4mm, 너비 0.6~1mm이며, 기부 가까이에 많이 붙는다. **잎자루** 연녹색 또는 어두운 연녹색이고, 뒷면은 흑갈색 또는 연녹색이며 길이 35~45cm이고, 비늘조각이 기부에 약간 있다. **잎몸** 2회 우상으로 갈라지며, 난상 삼각형이거나 난상 긴타원형이고, 가장자리에 잔톱니가 있으며, 길이 30~50cm 너비 20~40cm이고, 종이질이며 양면에 털이 없다. **우편** 3~5쌍이 있고, 맨 아래 우편이 가장 크며, 난상 삼각형으로, 길이 20~30cm, 너비 10~20cm이고, 길이 2~3cm의 자루가 있다. **소우편** 1~3쌍이고, 피침형이며, 길이 5~10cm, 너비 2~3.5cm이고, 짧은 자루가 있거나 우축에서 흐르고, 기부는 뚜렷하게 비대칭하거나 아심장저 또는 둥근 쐐기형이고 가장자리는 거치가 얕게 있다. **잎맥** 유리하나 중륵 가까이에 약간의 그물맥이 있고, 가장자리의 톱니 기부까지 도달하지 않는다. 수공조직은 선형이다. **포자낭군** 측맥을 따라 가장자리 가까이까지 붙는다. **포막** 없다.

1. 전북 정읍, 2022.8.21.
2. 우편 기부, 제주, 2022.9.23.
3. 잎몸, 제주, 2022.9.23
4. 포자낭군, 전남 영광, 2022.8.25.
5. 우편, 전북 정읍, 2022.8.21.
6. 중심주, 전북 정읍, 2022.8.21.
7. 그물맥과 유리맥, 전북 정읍, 2022.8.21.
8. 잎맥 위의 털, 전북 정읍, 2022.8.21.
9. 잎맥, 전북 정읍, 2022.8.21.
10. 잎가장자리와 수공조직, 전남 영광, 2023.9.8.
11. 전남 나주, 2018.12.19.

개가지고비고사리

***Coniogramme* × *fauriei* Hieron.**, Hedwigia 57: 320, 1916

Coniogramme japonica (Thunb.) Diels var. *fauriei* (Hieron.) Tagawa, J. Jap. Bot. 15: 427, 1939

Gae-ga-ji-go-bi-go-sa-ri (박만규, 1975; 이창복, 1980; 등[1])

개가지고사리(박만규, 1961)

中 单网凤了蕨　E Faurie's bamboo fern

日 Inu-iwagane-so

염색체수 2n = 120　**포자기** 7~9월　**용도** 관상용

분포 전남, 제주도, 숲속에서 자람; 일본, 중국

상록성 또는 하록성 여러해살이풀로 지생한다. **키** 40~60cm이다. **뿌리줄기** 땅 속으로 벋어나고, 비늘조각에 덮인다. 비늘조각은 피침형으로 흑갈색이다. **잎자루** 밤갈색이고 길이 20~50cm이다. **잎몸** 1~2회 우상으로 갈라지며, 난상 긴타원형이고, 잎자루와 길이가 거의 같고, 너비 20~50cm이다. 종이질이고, 뒷면은 갈색 털이 있으나 표면은 털이 없다. **우편** 5쌍 이내이고, 맨 아래 우편이 가장 크며, 길이 15~18cm, 너비 2~3cm이고, 길이 1cm의 자루가 있다. **소우편** 1~3쌍이고, 피침형 또는 넓은 피침형이며, 기부는 둥글거나 쐐기꼴이다. **잎맥** 맥의 끝이 잎의 톱니 안까지 이르지 못하고, 측맥은 주로 유리맥이나 중륵 근처에서 드물게 그물맥이다. **포자낭군** 잎가장자리까지 퍼져있다. **포막** 없다.

＊고비고사리와 가지고비고사리의 교잡종으로 고비고사리와 같이 측맥이 유리맥이나 가지고비고사리와 같이 잎가장자리까지 잎맥이 이르지 못하고, 우편 중륵 근처에서 드물게 그물맥을 만든다.

1. 제주, 2022.6.29.
2. 막질 비늘조각이 밀생하는 새순, 평강식물원, 2012.3.19.
3. 부분적으로 보이는 그물맥, 평강식물원, 2011.10.14.
4. 군락, 제주, 2012.6.10.

일엽아재비

Haplopteris flexuosa **(Fée) E.H.Crane,**
Syst. Bot. 22: 514, 1997
Vittaria flexuosa Fée, Mém. Foug. 3: 16, 1852

Il-yeop-a-jae-bi (박만규, 1961, 1975; 등[1])
사자란(정태현, 1970)
中 书带蕨 E Reflexed-margine single-leaf fern
日 Shishi-ran

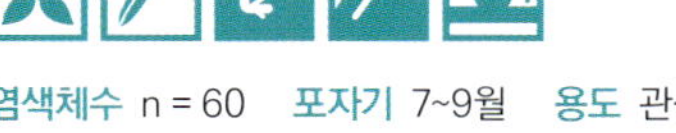

염색체수 n = 60 **포자기** 7~9월 **용도** 관상용
분포 전남, 제주도, 산지나 계류가의 절벽 바위틈이나 나무에 붙어서 자람; 일본, 중국, 타이완, 미얀마, 네팔, 태국, 인도차이나, 인도 북부

상록성 여러해살이풀로, 착생하며, 털이 없다. **키** 25~50cm이다. **뿌리줄기** 짧게 옆으로 기며, 지름 약 4mm이고, 비늘조각이 많이 있으나 잘 떨어지며, 잎이 가까이 모여난다. 비늘조각은 어두운 갈색이고, 막질이며, 넓은 선형이고, 길이 2.5~4mm, 너비 0.5~0.7mm이며, 가장자리에 톱니가 약간 있다. **잎자루** 짧고 가늘며, 날개가 있어 뚜렷하지 않고, 기부에 작은 털 같은 비늘조각이 있다. **잎몸** 가죽질이며, 길이 25~50cm, 너비 5~8mm이고, 표면은 진한 녹색이며, 광택이 난다. 선형이며 위아래 양쪽으로 점차 좁아져 가늘어지고, 아래는 짧은 자루와 연결된다. 중륵은 표면에 홈이 있고, 뒷면이 튀어나오며, 마르면 잎가장자리가 말린다. **잎맥** 모호하다. **포자낭군** 잎의 끝부분을 제외하고 잎의 뒷면 가장자리의 위쪽 부분에 1줄로 오목하게 들어간 홈에 들어있고 측사가 발달한다. **포막** 부분적으로 잎가장자리가 말린 위포막이다. **포자** 단지형이고 표면에 유두상 돌기가 있다.

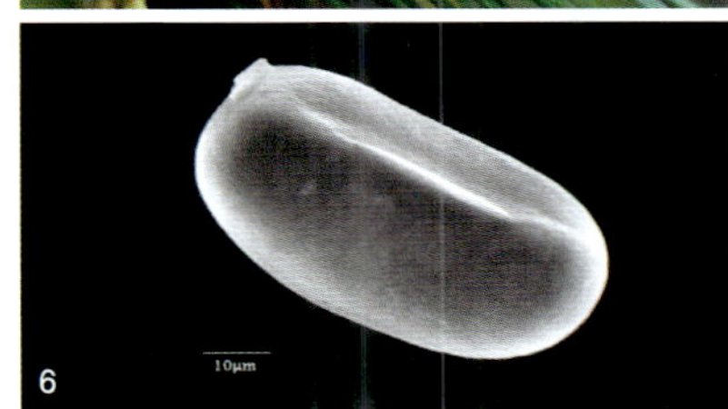

1. 전남 해남, 2023.10.2.
2. 잎 표면, 제주, 2021.12.6.
3. 위포막과 포자낭군, 제주, 2004.7.26.
4. 비늘조각에 덮인 뿌리줄기, 제주, 2012.9.8.
5. 새순, 제주, 2015.5.16. ©김상희
6. 포자
7. 제주, 2012.9.8.

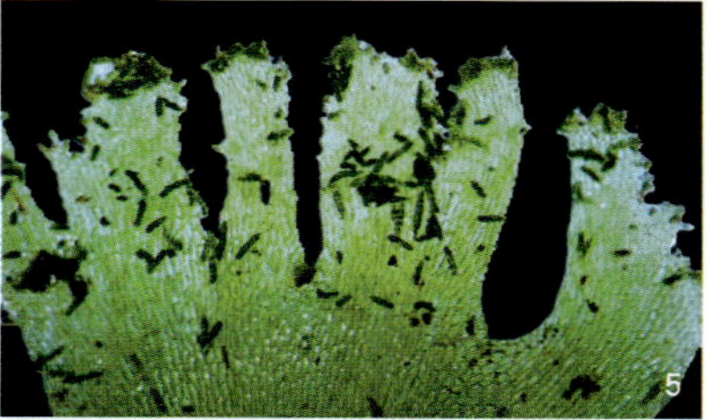

긴주걱고사리

***Antrophyum obovatum* Baker**, Bull. Misc. Inform. Kew 1898: 233, 1898

Gin Ju-geok-go-sa-ri
中 长柄车前蕨 E Spatulate lineleaf fern
日 Takimi-shida

염색체수 n = 60 **포자기** 7~9월 **용도** 관상용
분포 제주도, 산지 계곡의 습기 있는 바위에서 자람; 일본, 중국, 타이완, 베트남, 네팔, 미얀마, 히말라야

상록성 여러해살이풀로 착생한다. **키** 10~20cm이고, 잎이 뭉쳐난다. **뿌리줄기** 짧고, 곧으며, 분절이 있고, 비늘조각이 붙어있다. 비늘조각은 막질이고, 어두운 갈색이며, 격자무늬가 있고, 피침형이며, 끝이 길고 날카롭게 뾰족하고, 길이 6~10mm로, 가장자리에 불규칙한 돌기가 있다. **잎자루** 어두운 녹색 또는 어두운 갈색으로, 길이 약 5~10cm이고, 기부에 비늘조각이 밀생한다. **잎몸** 단엽이며, 도란형으로 윗부분이 가장 넓고, 길이 5~10cm, 너비 2~8cm이며, 종이질이고, 끝이 뾰족하다. 잎몸 기부가 차츰 좁아져 잎자루와 연결되며, 가장자리가 밋밋하나 윗부분이 다소 구불거리고, 녹색이며, 털이 없다. **잎맥** 잎몸에 묻혀 불분명하며, 유리맥이 없는 그물맥이다. **포자낭군** 선상으로 측맥을 따라 얕은 홈 위에 전체적으로 또는 약간 모여서 그물모양으로 붙는다. 측사는 곤봉상이다. **포자** 삼지형이고, 표면은 돌기가 있다.

이 식물은 Lee(2017)에 의해 제주도에서 독립배우체를 최초로 발견하였고, 성숙한 포자체가 발견된 적이 있으나 현재는 독립배우체와 함께 어린 포자체만 확인되었다.

1, 2. 어린 포자체, 제주, 2024.1.14.
3. 독립배우체 전경, 제주, 2019.9.16.
4~8. 독립배우체와 무성아, 제주, 2017.9.13.

일엽아재비, 제주, 2020.1.18.

잔고사리과

Dennstaedtiaceae Ching

中 碗蕨科
E Bracken Fern Family
日 Koba-no-ishi-kaguma Ka
분류군수 11~15속 300여 종(한반도 4속 6종 2변종)
분포 열대, 아열대, 온대지역

여러해살이풀로 지생한다. **뿌리줄기** 가늘고, 길게 기거나 곧게 자라며, 다세포성 털로 덮이고 간혹 비늘조각이 있다. **잎자루** 관절이 없으며, 털로 덮이나 드물게 털이 없이 매끄럽다. **잎몸** 1~4회 우상으로 갈라지고, 얇은 초질이거나 가죽질이며 털로 덮이거나 털 없이 매끄럽고 중축은 윗면에 홈이 있다. **잎맥** 유리하거나 유리맥을 포함하지 않는 그물맥이다. **포자낭군** 맥 끝에 붙는다. **포막** 컵모양이거나 입술모양 또는 가장자리를 따라 이어지는 위포막이 있다. **포자낭** 거의 수직으로 환대가 있다. **포자** 삼지형이거나 간혹 단지형이다.

잔고사리, 강원 화천, 2024.10.6.

잔고사리과의 속 검색표

1. 포자낭군은 컵모양 또는 주머니모양의 진정한 포막이 있다.
   2. 포자낭군은 잎가장자리에 붙고, 포막과 연결되어 컵모양을 이룬다. ………………………… **잔고사리속 *Dennstaedtia*** 191
   2. 포자낭군은 잎가장자리에서 다소 안쪽에 붙고, 포막의 양측과 기부가 잎에 붙어 주머니모양을 이룬다. ……………………………………………………………………………… **돌잔고사리속 *Microlepia*** 192
1. 포자낭군은 포막이 없거나 잎가장자리의 맥을 따라 연결된 위포막에 덮인다.
   3. 포자낭군은 잎맥의 끝에 달리며, 포막이 없다. ……………………………………………… **점고사리속 *Hypolepis*** 192
   3. 포자낭군은 잎가장자리의 맥을 따라 연결된 위포막에 덮인다. …………………………………… **고사리속 *Pteridium*** 193

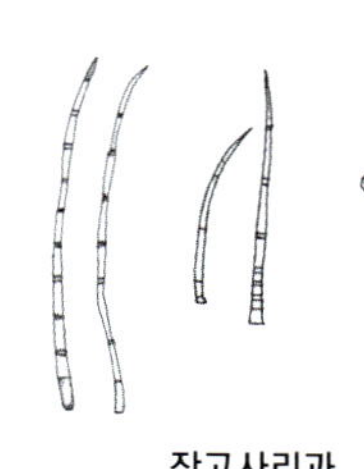

잔고사리과

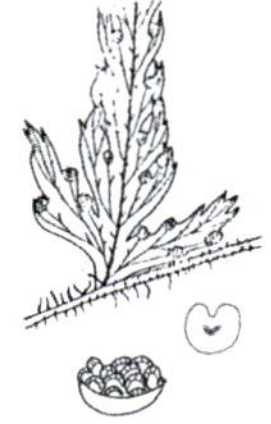
잔고사리속

돌잔고사리속

점고사리속

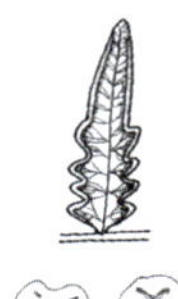
고사리속

잔고사리속 ***Dennstaedtia*** Bernhardi, J. Bot. (Schrader) 1800 (2): 124, 1801

中 碗蕨属
日 Kora-no-ishi-kaguma Zoku
분류군수 70여 종(한반도 3종)
분포 열대에서 난온대지역

여러해살이풀로 지생한다. **뿌리줄기** 가늘고, 단단하며, 다세포성 털로 덮여 있다. **잎자루** 표면에 홈이 있고, 어릴 때 털로 덮여 있으나 성숙해가면서 잘 떨어지고, 약간 까칠까칠하다. **잎몸** 2~4회 우상으로 갈라진다. 털이 있거나 간혹 없다. **잎맥** 유리맥으로, 수회 Y자로 분기하나 가장자리까지 도달하지 않는다. **포자낭군** 잎맥 끝에 붙는다. **포막** 컵모양이고, 가장자리는 밋밋하며 드물게 톱니가 있다. **포자** 삼지형이다.

잔고사리속의 종 검색표

1. 잎몸은 삼각상으로 너비가 15cm 이상이다. ……………………………………………… **사철잔고사리 *D. scabra*** 195
1. 잎몸은 타원상 피침형으로 너비가 15cm 이하이다.
   2. 뿌리줄기는 짧고, 잎이 모여나며, 잎자루는 광택이 없고, 잎에는 긴 털이 있다. ………………………… **잔고사리 *D. hirsuta*** 194
   2. 뿌리줄기는 길고, 잎이 약간 드문드문 나며, 잎자루는 광택이 나고, 잎에는 긴 털이 없다. …………… **황고사리 *D. wilfordii*** 196

종명	뿌리줄기	잎몸	잎몸의 너비	잎몸의 분기	잎몸의 털
사철잔고사리	길게 김	삼각형	15~35cm	3~4회	거센 털
잔고사리	짧게 김	긴타원상 피침형	2~5cm	2회	부드러운 털
황고사리	길게 김	긴타원상 피침형	5~15cm	2~3회	없음

돌잔고사리속 ***Microlepia*** C.Presl, Tent. Pterid. 124, pl. 4, f. 21-23, 1836

中 鱗盖蕨属
日 Fumoto-shida Zoku

분류군수 60여 종(한반도 2종 1변종)
분포 주로 열대와 아열대, 난대지역

여러해살이풀로 지생한다. **뿌리줄기** 옆으로 기며 붉은색이고, 다세포성의 회색 털로 덮여 있으며, 비늘조각은 없다. **잎자루** 관절이 없으며, 표면에 홈이 있고, 털로 덮여 있다. **잎몸** 종이질이거나 초질이다. 1~4회 우상으로 갈라지며, 긴타원형 또는 난상 긴타원형이고, 표면은 털이 없거나 있으며, 뒷면은 털로 덮이고, 중축과 중륵은 표면에 홈이 있다. **잎맥** 유리맥으로 가장자리까지 도달하지 않는다. **포자낭군** 열편 가장자리 안쪽의 잎맥 끝에 붙는다. **포막** 얇고, 컵모양이며 털이 있으나 없기도 하고, 강모가 있기도 하다.

❖ **겹돌잔고사리**[*M. pseudostrigosa* Makino, Bot. Mag. (Tokyo) 28: 337. 1914]는 잎몸이 2회 우상으로 갈라지고, 25~30쌍의 우편이 어긋나 배열되며, 긴타원상 피침형으로 첫째 우편이 다소 짧아지고, 소우편이 밑으로 흐르지 않는 점 등이 깃돌잔고사리와 비슷하다. 돌토끼고사리 중 얕게 갈라지는 것과도 비슷하지만 우축의 표면에 털이 있고, 포자낭군이 열편 가장자리에서 약간 떨어져 있는 것은 돌잔고사리와 유사하다. 국내에 분포한다고 하였으나 아직까지 발견되지 않고 있다.

돌잔고사리속의 종 검색표

1. 잎몸은 1회 우상으로 갈라지며, 우편자루가 거의 없다. ········ **돌잔고사리 *M. marginata*** 197
1. 잎몸은 1회 이상 우상으로 갈라지며, 우편자루가 있다.
   2. 잎몸은 1~2회 우상으로 갈라지고, 우축의 표면에 털이 있다. ········ **깃돌잔고사리 *M. marginata* var. *bipinnata*** 198
   2. 잎몸은 2회 우상으로 갈라지고, 우축의 표면에 털이 없다. ········ **돌토끼고사리 *M. strigosa*** 199

점고사리속 ***Hypolepis*** Bernhardi, Neues, J. Bot. 1(2): 34, 1805

中 姬蕨属
E Bramble Ferns Genus
日 Iwa-hime-warabi Zoku

분류군수 50여 종(한반도 1종)
분포 열대와 아열대, 난대지역

뿌리줄기 길게 기고, 붉은 갈색이며 다세포성 털로 덮인다. **잎** 중간형에서 대형까지 있다. **잎자루** 관절이 없다. **잎몸** 2회 또는 수회 우상으로 갈라지며, 흔히 많은 털이 있다. 삼각상으로, 초질이거나 종이질이고, 중축과 우축 표면에 홈에 있다. **잎맥** 유리하며 우상으로 갈라지고, 가장자리까지 도달하지 않는다. **포자낭군** 둥근모양으로, 잎가장자리의 맥 끝에 붙는다. **포막** 없다. **포자** 단지형이고, 약간의 돌기를 갖거나 드물게 밋밋하다.

고사리속 *Pteridium* Gled. ex Scop., Fl. Carniol. 169, 1760

中 蕨属
E Bracken Ferns Genus
日 Warabi Zoku

분류군수 1종(한반도 1변종)
분포 전 세계, 특히 열대, 난대지역

뿌리줄기 땅속을 길게 기며, 붉은 갈색의 털로 덮여 있고 비늘조각이 없다. **잎몸** 3~4회 우상으로 갈라지며, 난형 또는 넓은 삼각형이고, 가죽질이거나 종이질이며, 다소 털이 있고 중축과 우축 표면에 홈이 있다. **잎맥** 유리맥으로 1~2회 Y자로 분기한다. **포자낭군** 잎가장자리를 따라 연결된 맥 위에 붙는다. **포막** 잎의 가장자리가 말려서 위포막으로 형성된다. **포자** 삼지형이다.

◆ 변이가 심하여 13종으로 보는 견해도 있다(Liao et al., 2013).

고사리의 새순, 전남 신안 2016.4.26.

잔고사리

Dennstaedtia hirsuta **(Sw.) Mett. ex Miq.**, Ann. Mus. Bot. Lugduno-Batavi 3: 181, 1867

Davallia hirsuta Sw., J. Bot. (Schrader) 1800 (2): 87, 1801

Jan-go-sa-ri (정태현 등, 1937; 정태현 등, 1949; 박만규, 1961, 1975; 이창복, 1980; 등[1])
양지고사리(박만규, 1949)
中 细毛碗蕨 E Hairy hayscented fern 日 Inu-shida

염색체수 n = 30 **포자기** 7~9월 **용도** 관상용
분포 전역, 산지의 그늘진 바위틈이나 경사면에 자람; 일본, 중국, 타이완, 러시아(시베리아) 등

영양엽은 동록성, 포자엽은 하록성인 여러해살이 풀로 지생한다. **키** 15~35cm이다. **뿌리줄기** 가늘고 짧게 기며, 지름 0.7~1.5mm이고, 긴 털이 밀생한다. 털은 다세포성이며 부드럽고 회갈색이며, 길이 0.7~2mm이다. **잎** 2가지 모양으로, 포자엽이 영양엽보다 훨씬 크다. **잎자루** 옅은 황록색이고 길이 5~15cm, 지름 1mm이다. 다세포성이며 회갈색인 털이 있다. **잎몸** 2회 우상으로 갈라지며, 10~15쌍의 우편이 배열되고, 긴타원상 피침형으로, 끝이 약간 뾰족하다. 초질이고, 양면에 회갈색 털이 있다. **영양엽** 길이 7~15cm, 너비 2~5cm이다. **포자엽** 길이 15~25cm, 너비 5~12cm이다. **우편** 긴타원상 피침형이고, 자루는 짧고 좁은 날개가 있거나 거의 없다. **영양엽 우편** 길이 0.8~3cm, 너비 0.4~2cm이다. **포자엽 우편** 길이 2~5cm, 너비 2~3cm이다. **열편** 기부 열편이 가장 길며, 긴타원형이고, 가장자리에 톱니가 있고, 맥을 따라 회갈색 털이 있다. **잎맥** 1~4회 Y자로 갈라진다. **포자낭군** 잎의 가장자리, 잎맥 끝에 1개씩 붙는다. **포막** 컵모양이고, 흰색 또는 연갈색으로, 다세포성 털이 있다. **포자** 삼지형으로 표면무늬는 평활하다.

1. 서울 불암산, 2012.5.28.
2. 새순, 제주, 2023.1.14.
3. 중축의 퍼진 털, 제주, 2023.1.14.
4. 포자낭군, 서울 북한산, 2007.8.19.
5. 영양엽이 월동하는 모습, 서울 북한산, 2004.11.3.
6. 제주, 2015.4.17.
7. 경남 거제, 2013.6.8.

사철잔고사리

***Dennstaedtia scabra* (Wall. ex Hook.) T.Moore**, Index Fil. 307, 1861

Sa-cheol-jan-go-sa-ri (박만규, 1961, 1975)
中 碗蕨 E Rough hayscented fern
日 Koba-no-ishikaguma

염색체수 66 **포자기** 7~9월 **용도** 관상용
분포 전남, 제주도, 산지 숲속 그늘에서 자람; 일본, 중국, 타이완, 필리핀, 인도네시아, 네팔, 태국, 인도

상록성 여러해살이풀로 지생한다. **키** 40~60cm이다. **뿌리줄기** 길게 기고, 지름 2~3mm이며, 어릴 때는 옅은 갈색 또는 어두운 갈색이고 다세포성 털로 덮이며, 잎은 직각으로 붙는다. **잎자루** 붉은 갈색 또는 어둡고 붉은 갈색이고, 광택이 나며, 길이 20~35cm이고, 뒷면은 둥글며, 표면에 홈이 있다. 기부에 희고 다세포성 거센 털이 남아서 껄끔거린다. **잎몸** 3~4회 우상으로 갈라지고, 좁은 삼각형 또는 긴타원형으로, 표면은 녹색, 뒷면은 다소 색이 옅으며, 길이 20~45cm, 너비 15~35cm이다. 중축은 갈색을 띠며, 양면에 거센 털이 드물게 있고, 홈이 있다. **우편** 10~20쌍이 거의 어긋나며, 위쪽에 있는 것일수록 차차 작아져서 삼각상 피침형, 또는 넓은 피침형이고, 끝이 날카롭게 뾰족하며, 맨 아래 우편이 가장 커서 길이 10~30cm, 너비 4~10cm이고, 짧은 자루가 있다. **소우편** 넓은 피침형이며, 기부는 우축에 좁은 날개로 연결된다. **잎맥** 수회로 갈라지고, 측맥이 가장자리까지 도달하지 않는다. **포자낭군** 잎의 가장자리 근처 잎맥의 끝에 붙는다. **포막** 컵모양이며, 지름 약 0.7mm로 가장자리에 톱니가 없다.

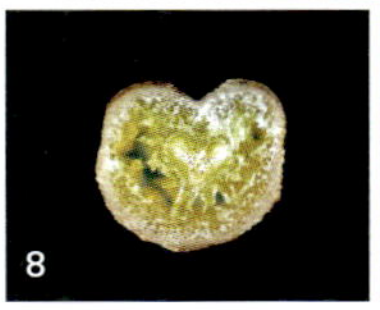

1. 제주, 2017.7.24.
2. 잎자루의 털, 제주, 2017.11.6.
3. 새순, 제주, 2017.11.6.
4. 뿌리줄기, 제주, 2017.11.6.
5. 우편, 제주, 2020.9.12.
6. 포자낭군, 제주, 2020.9.12.
7. 잎, 제주, 2020.9.12.
8. 관상중심주, 제주, 2020.10.9.
9. 제주, 2020.9.12.

황고사리

Dennstaedtia wilfordii **(T.Moore) Christ**, Geogr. Farne 192, 195, 1910

Hwang-go-sa-ri (정태현 등, 1937; 정태현 등, 1949; 박만규, 1949, 1961, 1975; 이창복, 1980; 등[1])

中 溪洞碗蕨 E Wilford's hayscented fern

日 Ō-ren-shida

염색체수 n = 31 **포자기** 7~9월 **용도** 관상용

분포 전역, 저산지의 계류가에서 자람; 일본, 중국, 인도, 러시아(우수리)

하록성 여러해살이풀로 지생한다. **키** 20~50cm이다. **뿌리줄기** 지름 1~3mm로, 옆으로 길게 벋으며, 잎이 드문드문 나거나 가까이 나기도 하고, 갈색의 털로 덮인다. **잎** 영양엽과 포자엽이 비슷한 2가지 모양으로, 영양엽은 포자엽보다 약간 작다. **잎자루** 길이 5~30cm, 지름 1.5mm이고, 아랫부분은 흑자색이며 광택이 있다. **잎몸** 2~3회 우상으로 갈라지며, 12~15개의 우편쌍이 2~3cm 떨어져서 어긋나며, 긴타원상 피침형이다. 영양엽은 길이 10~18.5cm, 너비 5~11cm이다. 포자엽은 길이 15~40cm, 너비 5~16cm이고, 황록색이며, 얇은 초질로 전체적으로 털이 없다. 중축의 표면에 홈이 있다. **우편** 삼각상 난형이며, 영양엽의 우편은 길이 2~8cm, 너비 1.2~3cm이고, 포자엽의 우편은 길이 3~8cm, 너비 1.6~6cm이며, 우편자루는 2~8mm이다. **열편** 삼각상 난형으로 밋밋하고 끝이 약간 뾰족하다. **잎맥** 1~4회 Y자로 갈라지며 가장자리까지 도달하지 않는다. **포자낭군** 열편의 측맥 끝에 1개씩 붙는다. **포막** 컵모양으로, 털이 없이 가장자리가 밋밋하거나 약간의 톱니가 있다. **포자** 삼지형이고, 표면무늬는 과립상이다.

1. 서울 북한산, 2004.5.26.
2. 포자낭군, 경기 포천, 2020.7.27.
3. 포자낭군과 포막, 경기 포천, 2020.7.27.
4. 포자엽, 경기 포천, 2020.7.27.
5. 새순, 서울 북한산, 2012.4.24.
6. 서울, 2021.5.5.

돌잔고사리

Microlepia marginata **(Panz.) C.Chr.,**
Index Filic. 4: 212, 1905
Polypodium marginatum Panz. Vollst. Pflanzensyst. 13: 199, 1786

Dol-jan-go-sa-ri (박만규, 1961, 9175; 이창복, 1980; 등[7])
기슭고사리(정태현 등, 1937; 박만규, 1949), 털돌잔고사리(정태현, 1970; 이우철, 1996)
中 边缘鳞盖蕨 E Rock lace fern 日 Fumoto-shida

염색체수 n = ca. 86 포자기 7~9월 용도 관상용
분포 전남, 경남, 제주도, 울릉도, 숲속에서 자람; 일본, 중국, 타이완, 인도, 히말라야 등

상록성 여러해살이풀로 지생한다. **키** 40~110cm이다. **뿌리줄기** 길게 기고, 지름 4~6mm이며, 다소 접근해 잎이 붙고, 다세포로 된 옅은 황색 또는 갈색의 길이 0.7~1.5mm인 털이 밀생한다. **잎자루** 볏짚색으로, 길이 15~35cm이며, 광택이 나고, 기부는 털이 떨어져 껄끄럽다. **잎몸** 1회 우상으로 갈라지고, 22~25쌍의 우편이 3~4cm 간격으로 배열되며 긴타원상 피침형이고, 끝이 점차적으로 뾰족해진다. 길이 30~60cm, 너비 15~30cm이며, 단단한 초질 또는 종이질이다. 중축은 거의 홈이 없고, 어두운 보랏빛이 도는 갈색이다. 중축 기부는 회백색의 거센 털이 밀생한다. **우편** 선상 피침형으로, 자루가 거의 없으며, 너비 1.5~3cm이고, 종이질이며, 끝이 날카롭게 뾰족하나 작은 잎에서는 끝이 뭉뚝해진다. 기부 열편은 귀모양이다. **잎맥** 유리맥으로 1~2회 Y자로 분기한다. **포자낭군** 열편 가장자리에 2~5개가 붙는다. **포막** 컵모양이고, 가장자리에 털이 있다.

1. 군락, 제주, 2019.6.19.
2. 새순, 평강식물원, 2012.3.30.
3. 잎 뒷면의 포자낭군, 울산, 2013.6.27. ⓒ김동언
4. 포막과 포자낭군
5. 울산, 2013.6.27. ⓒ김동언

깃돌잔고사리

***Microlepia marginata* (Panz.) C.Chr. var. *bipinnata* Makino**, J. Jap. Bot. 3: 47, 1926

Microlepia × *bipinnata* (Makino) Y.Shimura, J. Phytogeogr. Taxon 27(1): 41, 1979

Git-dol-jan-go-sa-ri (등[7])

中 二回羽叶边缘鳞盖蕨 E Bipinnate lace fern

日 Kujaku-fumotoshida

염색체수 2n = ca. 126, 128

포자기 7~9월 **용도** 관상용

분포 전남, 제주도, 산지의 건조한 기슭; 일본, 중국, 타이완, 베트남, 네팔, 인도 북부, 파푸아뉴기니 등

상록성 여러해살이풀로 지생한다. **키** 50~80cm이다. **뿌리줄기** 갈색 털이 밀집해 있다. **잎자루** 길이 30~50cm이고 털이 있다. **잎몸** 1~2회 우상으로 갈라지며, 초질이고, 표면, 뒷면 전체에 털이 있다. **우편** 피침형이고, 길이 15~20cm이며, 우축에 날개가 있고 짧은 자루가 있으며, 표면에 털이 있다. **소우편** 맨 아래 소우편은 짧은 자루가 있고, 비대칭 긴타원형으로 끝이 약간 뾰족하며, 가장자리에 톱니가 있다. **포자낭군** 열편 가장자리에 붙는다. **포막** 컵모양이고, 길이 0.7~1.5mm이고, 다세포성 털이 많다.

돌잔고사리와 유사하나 우편이 깊게 갈라져 돌잔고사리의 변종으로 보기도 하며, 돌잔고사리(*M. marginata*)와 돌토끼고사리(*M. strigosa*)의 교잡종으로 보는 견해(Shimura, 1979)도 있어 차후 세밀한 연구가 필요하다.

1. 제주, 2012.2.9.
2. 잎자루 하부 비늘조각, 제주, 2024.10.12.
3. 잎자루 하부 중심주, 2024.10.12.
4. 우편 중륵의 털, 제주, 2024.10.12.
5. 열편과 포자낭군, 제주, 2024.10.12.
6. 포막과 털, 제주, 2024.10.12.
7. 우편과 잎맥, 제주, 2020.3.17.

돌토끼고사리

Microlepia strigosa **(Thunb.) C.Presl,**
Epimel. Bot.: 95, 1851
Trichomanes strigosum Thunb, Fl. Jap.: 339, 1784

Dol-to-kki-go-sa-ri (정태현 등, 1937; 이창복, 1980; 등[2])
민돌잔고사리(박만규, 1961, 1975; 이영노, 2006),
돌잔고사리(정태현 등, 1949; 이우철, 1996)

中 亚粗毛鳞盖蕨 E Rigid lace fern 日 Ishi-kaguma

염색체수 n = 43 **포자기** 7~9월 **용도** 관상용
분포 경남, 제주도, 저산지의 숲가장자리에 자람; 일본, 중국, 타이완, 말레이시아, 인도, 폴리네시아 등

상록성 여러해살이풀로 지생한다. **키** 60~130cm이다. **뿌리줄기** 옆으로 길게 뻗으며, 지름 3~5mm이다. 갈색의 다세포성이며, 길이 3.5~4mm인 털이 있다. 잎이 약 2cm 정도 간격으로 떨어져 난다. **잎자루** 길이가 30~60cm이고, 기부의 지름이 약 4mm이며, 아래쪽에 털이 많고, 표면에 홈이 있다. **잎몸** 2회 우상으로 갈라지고, 25~35쌍의 우편이 어긋나서 4~5cm 떨어져 배열되며, 긴타원형 또는 긴타원상 피침형이고, 길이 20~80cm, 너비 20~30cm이다. 기부 우편은 다소 짧고, 종이질이다. 표면은 어두운 녹색이고, 뒷면은 옅은 색이며 털이 있다. **우편** 선상 피침형이며, 길이 10~20cm, 너비 3~5cm이고, 길이 2~2.5mm인 자루가 있다. **소우편** 비대칭 긴타원형으로 열편 가장자리에 톱니가 있고 표면에 털이 없다. **잎맥** 유리맥이며, 1~2회 Y자로 갈라진다. **포자낭군** 거의 잎가장자리에 붙는다. **포막** 주머니모양이고, 털이 없으나 때때로 1~2개의 털이 있기도 하다.

* 깃돌잔고사리에 비해 우축 표면에 털이 없다.

1. 제주, 2019.6.19.
2. 새순, 제주, 2019.2.20.
3. 잎자루의 밀생하는 털, 제주, 2003.11.5.
4. 중축 뒷면, 제주, 2019.12.10.
5. 포자낭군, 제주, 2019.12.10.
6. 포막, 제주, 2019.12.10.
7. 잎몸 중부, 제주, 2019.6.19.

점고사리

Hypolepis punctata **(Thunb.) Mett. ex Kuhn**, Filic. Afr. 120, 1868

Polypodium punctatum Thunb., Fl. Jap.: 337, 1784

Joem-go-sa-ri (정태현 등, 1937; 정태현 등, 1949; 박만규, 1961, 1975; 이창복, 1980; 등[1])

산고사리(박만규, 1949)

中 姬蕨 E Downy ground fern

日 Iwa-hime-warabi

염색체수 n = 90, 98, 100

포자기 7~9월 **용도** 관상용

분포 전남, 경남, 제주도, 약간 습기가 있고 양지바른 풀밭에서 자람; 일본, 중국, 타이완 등 아열대 지역

하록성 여러해살이풀로 지생한다. **키** 50~120cm이다. **뿌리줄기** 옆으로 길게 뻗으며, 지름 3~4mm이고, 연한 붉은 갈색이다. 부드럽고, 길이 1.2~2.2mm인 다세포성 털로 덮인다. **잎자루** 길이 20~60cm, 너비 2.5~5mm이고, 누런 갈색이며, 잘 떨어지는 털이 있다. **잎몸** 초질이고, 녹색이다. 2~3회 우상으로 갈라지며, 10~25쌍의 우편들이 거의 마주나서 배열된다. 긴삼각상 난형으로, 끝이 뾰족하고, 아랫부분이 가장 넓으며, 길이 30~70cm, 너비 20~40cm이다. 길이 0.6~0.9mm인 털이 있다. **우편** 긴타원상 난형이고, 길이 30~35cm, 너비 10~15cm이다. **소우편** 긴타원상 피침형 또는 좁은 삼각형으로 길이 3~10cm, 너비 2~4cm이다. **열편** 긴타원상 난형으로 끝이 뭉뚝하며, 길이 5~20mm, 너비 3~7mm이고, 가장자리가 톱니모양으로 갈라진다. **잎맥** 1~4회 Y자로 갈라지며, 잎의 가장자리까지 이른다. **포자낭군** 둥글고 작으며, 잎가장자리의 안쪽에 붙는다. **포막** 없다.

1. 제주, 2019.6.20.
2. 새순, 평강식물원, 2004.3.26.
3. 길게 뻗은 뿌리줄기, 제주, 2008.12.22.
4. 중축의 다세포성 털과 샘털, 경남 통영, 2021.10.18.
5. 포자낭군, 제주, 2023.8.29.

고사리

***Pteridium aquilinum* (L.) Kuhn var. *latiusculum* (Desv.) Underw. ex A.Heller**, Cat. N. Amer. Pl., ed. 3, 17, 1909

Pteris latiuscula Desv., Mém. Soc. Linn. 6(2): 303, 1827

Go-sa-ri (정태현 등, 1937; 정태현 등, 1949; 박만규, 1949, 1961, 1975; 이창복, 1980; 등[1])

中 蕨 E Eastern bracken 日 Warabi

염색체수 n = 52 포자기 7~9월

용도 약용(어린순: 청열, 이뇨), 식용, 관상용

분포 전역, 산지의 양지쪽 경사면에서 자람; 일본, 중국, 타이완, 러시아(시베리아, 사할린), 유럽, 북아메리카

하록성 여러해살이풀로 지생한다. **키** 1~3m이다. **뿌리줄기** 땅속 깊이 길게 뻗으며 지름 3.5~8mm이고, 흔히 단세포성이나 간혹 다세포성인 부드러운 갈색 털이 있다. **잎자루** 길이 1m 이상이고, 볏짚색으로, 아랫부분은 흑갈색 또는 흑색이며, 연갈색 털로 덮인다. 횡단면의 중심주는 다조형의 망상중심주이다. **잎몸** 3~4회 우상으로 갈라지며, 길이 30~95cm, 너비 25~68cm이다. 흰 털이 있으며, 난상 삼각형으로 맨 아래 우편이 특별히 커서 잎몸의 1/2이다. **우편** 난상 삼각형으로, 끝이 뾰족하며, 길이 10~30cm, 너비 10~15cm이다. **소우편** 선상 긴타원형이고, 중륵을 제외하고 털이 없다. **열편** 끝이 뭉뚝하고 약간 뒤로 말린다. **잎맥** 1~2회 Y자로 불규칙하게 갈라진다. **포자낭군** 잎의 가장자리에 붙고 서로 연속된다. **포막** 위포막이다. **포자** 삼지형으로 미립상이고, 외피가 흔적적이다.

털의 유무, 잎의 세열 정도 등의 변이 폭이 커서 아종 또는 변종으로 다루고 있으나 앞으로 이들에 대한 연구가 필요하다.

1. 제주 2017.6.14.
2. 새순, 제주, 2019.5.21.
3. 열편의 측맥, 경기 포천, 2024.7.9.
4. 잎자루하부 망상중심주, 경기 포천, 2024.7.9.
5. 단풍, 경남 지리산, 2013.10.19.
6. 잎가장자리에 연속해 붙은 포자낭군, 제주, 2010.10.2.
7. 제주, 2020.5.5.

금털고사리과

Hypodematiaceae Ching

中 肿足蕨科
日 Kinmo-warabi Ka
분류군수 3속 20여 종(한반도 1속 3종)
분포 아시아, 아프리카의 열대~아열대, 온대지역

석회암지대의 바위에서 자라고 드물게 지생하는 하록성 여러해살이풀이다. **뿌리줄기** 짧게 기거나 곧게 서거나, 길게 기며, 비늘조각과 털에 덮인다. 비늘조각은 난상 피침형이거나 드물게 선상 피침형이다. 잎은 다소 모여난다. 전체적으로 털이 퍼져 있으며, 때로 작은 두상의 샘털을 갖는다. **잎자루** 기부가 부풀어 오르고 아랫부분에 많은 비늘조각으로 덮여 있고, 뿌리줄기와의 사이에 관절이 있다. **잎몸** 2~3회 우상으로 갈라지고, 난형, 삼각상 난형, 또는 오각형이며, 초질~종이질이다. 각 축의 양면에 흔히 털 또는 샘털이 있으며, 드물게 털이 없다. **잎맥** 유리맥으로, 단순하거나 굽어진다. **포자낭군** 둥글고, 열편 측맥의 등쪽에 붙거나 측맥이 만나는 곳에 붙는다. **포막** 크고, 둥근 신장형이며, 털이 있거나 없다. **포자** 단지형이다.

금털고사리속 *Hypodematium* Kunze, Flora 16: 690, 1833

中 肿足蕨属
日 Kinmo-warabi Zoku
분류군수 약 16종(한국 3종)
분포 서남아프리카~동아시아의 아열대, 온대지역

석회암지대의 바위에서 자라는 하록성 여러해살이풀이다. **뿌리줄기** 짧게 기며, 큰 막질의 비늘조각이 밀생한다. 잎은 다소 모여난다. 전체적으로 털이 퍼져 있으며 때로 작은 두상의 샘털을 갖는다. **잎자루** 기부가 부풀어 있으며, 많은 비늘조각으로 덮여 있고, 중심주는 2개이다. **잎몸** 2~3회 우상으로 갈라지고, 난형, 삼각상 난형, 또는 오각형이며, 중축 표면에 홈이 있고, 흰색의 강모가 많이 있다. **잎맥** 유리맥으로, 단순하거나 굽어진다. **포자낭군** 둥글고, 열편 측맥의 등쪽에 붙거나 측맥이 만나는 곳에 붙는다. **포막** 둥근 신장형이거나 말굽형으로, 막질이다.

금털고사리속의 종 검색표

1. 땅속줄기와 잎자루 기부에 비늘조각은 피침형이고, 잎자루, 잎몸, 포막에 샘털이 많다. ······ **금털고사리 *H. glandulosopilosum* 203**
1. 땅속줄기와 잎자루 기부에 비늘조각은 선상 피침형이고, 잎자루, 잎몸, 포막에 샘털이 약간 있거나 거의 없다.
   2. 잎자루는 털이 거의 없이 매끄럽고, 땅속줄기와 잎자루 기부에 비늘조각은 가장자리에 작은 돌기가 있고, 소우편은 긴타원상 피침형이고, 포막에 털이 거의 없다. ······ **가는잎금털고사리 *H. angustifolium* 204**
   2. 잎자루는 아래를 향한 하얀 긴털이 밀생하며, 비늘조각은 가장자리가 밋밋하고, 소우편은 난상 삼각형이고, 포막에 긴털이 밀집해 있다. ······ **흰금털고사리 *H. squamuloso-pilosum* 206**

종명	땅속줄기와 잎자루 기부의 비늘조각	잎자루	기부 소우편	포막
금털고사리	피침형	희고 짧은 털과 막대기모양의 노란 샘털이 전체에 밀집함	난상 긴타원형	짧은 털과 샘털이 밀집함
가는잎 금털고사리	선상 피침형으로, 가장자리에 작은 돌기가 있음	털과 샘털이 드물게 남	긴타원상 피침형	짧은 털이 약간 있거나 거의 없음
흰금털고사리	선상 피침형으로, 가장자리 밋밋함	희고 길며, 아래를 향한 털이 밀집함	난상 삼각형	희고 긴 털이 밀집함

금털고사리

***Hypodematium glandulosopilosum* (Tagawa) Ohwi**, Bull. Nat. Sci. Mus. Tokyo 3: 98, 1956
Hyodematium fauriei (Kodama) Tagawa f. *glanduloso-pilosum* Tagawa, J. Jap. Bot. 27(10): 321, 1952

Geum-teol-go-sa-ri (정태현, 1956; 이창복, 1980; 등[1])
털금빛고사리(박만규, 1961), 금빛고사리(박만규,1975)
中 球腺肿足蕨 E Golden hair fern
日 Ke-kinmō-warabi

포자기 6~9월 **용도** 관상용
분포 강원, 충북, 전남, 경남, 저산지나 하천가의 절벽 바위틈에서 자람; 일본, 중국, 태국

하록성 여러해살이풀이다. **키** 12~35cm이다. **뿌리줄기** 짧고 굵으며, 비늘조각이 밀생한다. 비늘조각은 피침형이고, 적황색 또는 갈색으로, 길이 6~15mm, 너비 1~3mm이다. **잎자루** 연한 황갈색이고, 길이 7~19cm이다. 비늘조각은 피침형이며, 적황색 또는 갈색의 윤기가 나고, 길이 3.5~3.7mm, 너비 1~1.5mm이다. 백색이고, 길이 0.8~0.9mm인 털과 샘털이 있다. **잎몸** 2회 우상으로 갈라지며, 난형이고, 길이 10~25cm, 너비 7~20cm이다. 초질로, 양면에 털과 샘털이 밀생하고, 때로 선상 피침형, 갈색 또는 암갈색인 비늘조각이 함께 섞여 있다. 비늘조각은 길이 1.6~2mm, 너비 0.3~0.5mm이고, 털은 흰색이거나 연황색으로, 길이 0.1~1mm이다. 중축과 우축의 홈은 연결되어 있다. **우편** 8~12쌍이 떨어져 있고, 길이 3~10cm, 너비 2.5~4.5cm로, 좁은 난형 또는 난상 피침형이며, 맨 아래가 가장 넓다. 길이 2~6mm인 자루가 있다. **열편** 타원형으로, 길이 1.5~2.7cm이다. **잎맥** 유리맥이고, 3~4회 Y자로 분기하다. **포자낭군** 소우편의 중륵 가까이에 붙는다. **포막** 신장형이고, 길이 0.6~1.3mm, 너비 0.9~1mm이다. **포자** 단지형이고, 표면무늬는 나선상이고 외피가 있다.

1. 경남 마산, 2015.6.14.
2. 잎자루, 경남 마산, 2020.8.19.
3. 잎자루 샘털, 강원 영월, 2020.9.23.
4, 5. 뿌리줄기의 비늘조각, 경남 마산, 2020.8.19.
6. 포자낭군과 포막, 강원 영월, 2020.9.23.
7. 포자낭군과 포막, 경남 마산, 2020.8.19.
8. 포자, 경남 마산, 2020.8.19.
9. 경남 마산, 2015.6.14.

*강원도지역의 개체군(사진 3, 6)은 잎자루와 잎몸의 샘털이 다른 지역에 비해 아주 많이 밀생하고, 포자낭군들은 좀더 소우편 가장자리에 붙는다. DNA분석 결과(Lee et al., 2018)에는 차이가 없었다. 충북 옥천 개체는 잎 표면에 샘털이 없고 긴 털이 밀생하며 뒷면은 긴털이 있고, 샘털은 드물게 있어 중국의 특산종으로 최근 알려진(Li et al., 2018) *H. confertivillosum*으로 추정되어 강원도 개체군과 함께 앞으로 세밀한 연구를 요한다.

가는잎금털고사리

Hypodematium angustifolium **C.S.Lee & K.H.Lee**, Pteridophytes of Korea, II: 336-337, 2018.

Ga-neun-ip-geum-teol-go-sa-ri (이창숙, 이강협, 2018)

E Narrow-leaf godlen hair fern

염색체수 n = 123 **포자기** 6~9월 **용도** 관상용

분포 서울, 충북, 석회암지역의 저산지 바위 절벽이나 성곽의 바위틈에 자람; 한국 특산종

하록성 여러해살이풀이다. **키** 18~40cm이다. **뿌리줄기** 짧게 기고, 지름 2~3mm이며, 부풀어 오른 잎자루 기부와 함께 비늘조각이 밀생한다. 비늘조각은 선상 피침형, 가장자리가 거의 밋밋하나 짧은 돌기나 긴털모양의 돌기가 있고, 갈색 또는 연갈색이며, 길이 7~12mm, 너비 1~1.5mm이고, 광택이 나며, 막질이다. **잎자루** 볏짚색이며, 길이 12~28cm, 너비 1mm, 전체적으로 거의 매끄럽고, 아랫부분에 드물게 선형의 비늘조각이 있다. **잎몸** 3~4회 우상으로 갈라지고, 난상 삼각형, 끝이 뾰족하고, 기부는 심장꼴이다. 길이 13~28cm, 너비 15~30cm, 초질이고, 양면에 길이 약 0.15~1.3mm인 짧은 털과 샘털이 드물게 있으며, 중축, 우축, 중륵, 잎맥을 따라 샘털이 밀집해 있다. **우편** 10~12쌍이며, 맨 아래 우편은 다음 우편과 3~6cm 떨어지며, 가장 크고, 거의 마주나며, 긴타원상 삼각형, 끝이 뾰족하며, 2~3회 우상으로 갈라지고, 길이 8~15cm, 너비 6~10cm이며, 길이 1.5~2cm인 자루가 있다. **소우편** 5~7쌍이다. 끝은 뾰족해지고, 자루가 있다. 맨 아래 가장 큰 소우편은 긴타원상 삼각형으로 길이 4~5mm의 자루가 있다. **열편** 잎몸 윗부분의 열편은 긴타원형이고, 맨 아래 가장 큰 열편은 길이 1.8~2cm이다. **잎맥** 유리맥으로 단순하고, 뚜렷하며, 가장자리까지 이른다. **포자낭군** 측맥의 중간에 붙는다. **포막** 둥근 신장형으로 흰색이고, 가장자리가 거의 밋밋하며, 잘 안 떨어지고, 짧은 털이 아주 드물게 있다.

1, 6. 충북 옥천, 2020.8.2.
2. 잎몸의 샘털, 충북 옥천, 2020.8.12.
3. 포자낭군, 충북 옥천, 2020.8.12.
4. 뿌리줄기의 비늘조각, 서울, 2013.11.3. / 5. 포자, 2024.3.25.

이 종은 금털고사리와 달리 땅속줄기와 잎자루 기부의 비늘조각이 선상 피침형이며 가장자리에 짧은 돌기가 있고, 잎몸이 전체적으로 가늘고 길며, 잎자루에 짧은 털과 샘털이 드물게 있으며, 맨 아래 우편은 긴타원상 삼각형이고, 포막에 털이 거의 없다는 점에서 구별된다.

Hypodematium angustifolium C.S.Lee & K.H.Lee, Pteridophytes of Korea, II: 336-337, 2018.

Ga-neun-ip-geum-teol-go-sa-ri (가는잎금털고사리)

KOREA. 135 m, Mt. Dunjubong in Okcheon-gun, Chungcheong-bug-do, 3 Dec. 2013 C.S.Lee & K.Lee 131221 (EWH) holotype: EWH; isotype: KH, EWH (3 sheets); paratype: EWH, KH, NIBR [9 Oct. 2014 C.S.Lee & K.Lee 140901-3 (3 sheets), 14 Sept. 2017 C.S. Lee 170901-3 (3 sheets)]

Summer green herb. Rhizomes short creeping, densely scaly with swollen stipe base, scales linear lanceolate, shortly or lengthily serrated margin, 7-12 mm length, 1-1.5 mm width, brown or yellowish brown, lustrous, membranous. Stipes stramineous, thin, 12-28 cm length, rarely glandular hairs, rarely linear scaled near base. Laminae 3-4 pinnatifid, 10-12 lateral pinnae pairs, ovate-triangular, gradually over the long narrowed acuminate apex, herbaceous, 13-28 cm length, 15-30 cm width, covered with short hairs and rarely glandular hairs in surface, densely glandular haired in rachis, costae, and costules; pinnae 10-12 pairs, basal pair largest, 3-6 cm apart with next upper pair, oblong triangular, shortly acuminate apex, 8-15 cm length, 4-10 cm width, 1.5-2 cm stalked; pinnules 5-7 pairs, basal pair largest, lanceolate or narrowly lanceolate, shortly acuminate apex, 4-5 mm stalked; basal segments largest, 1.8-2 cm length; veins free, simple, obvious, ending to margin. Sori at middle of lateral veinlet; indusia round reniform, white, almost entire margin, permanent, almost glabrous.

This taxon is distinguished from *H. glandulosopilosum* by having linear lanceolate scales with shortly serrate margin in rhizomes and base of stipes, thinner and longer lamina, almost glabrous stipe, and almost glabrous indusia. on rocks of limestone mountain. Mt. Dunjubong in Okcheon-gun, endemic to Korea.

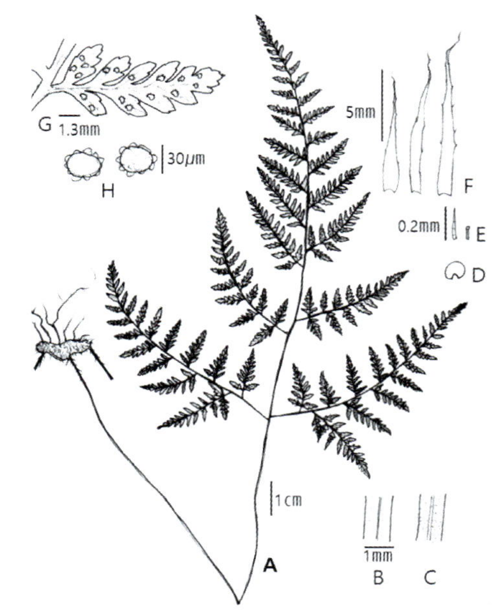

7. Illustrations of *Hypodematium angustifolium* C.S.Lee & K.H.Lee taken in a limestone forest at Okcheon-gun, Chungcheongbug-do, Korea, 03 Dec. 2013. A. Habit; B. Stipe upper part with sparse glandular hairs; C. Rachis; D. Indusium; E. Multicellular hairs and glandular hairs in lamina; F. Scales with shortly or lengthily serrated margin in base of stipe; G. Sori and involucre in pinnules; H. spore
8. Holotype specimen.

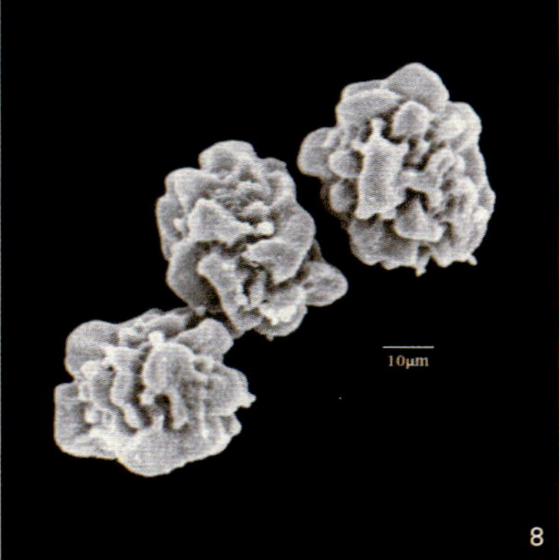

흰금털고사리

***Hypodematium squamuloso-pilosum* Ching**, Fl. jiang Su 1: 465. 1977

Huin-geum-teol-go-sa-ri (Lee et al., 2017)
中 鱗毛肿足蕨 E White golden hair fern

포자기 6~9월 **용도** 관상용
분포 강원, 석회암지역의 하천가 그늘진 바위 절벽에서 자람; 중국

하록성 여러해살이풀이다. **키** 12~30cm이다. **뿌리줄기** 짧게 기고, 지름 1~2mm이며, 비늘조각이 밀생한다. 비늘조각은 선상 피침형이고, 적갈색으로, 길이 10~17mm, 너비 1~1.7mm이고, 광택이 나며, 막질이다. **잎자루** 볏짚색이고, 길이 5~23cm이다. 부풀어 오른 기부는 비늘조각이 밀생하고, 전체에 백색이며, 길이 약 1mm인 털이 밀집해 있다. 윗부분에 드물게 굽어진 선형의 비늘조각이 있다. **잎몸** 3~4회 우상으로 갈라지고, 난상 긴타원형으로, 끝이 뾰족하고, 기부는 심장꼴이다. 길이 8~15cm, 너비 7~12cm이고, 초질로, 양면이 백색이며, 길이 약 1mm인 털이 밀집해 있다. 중축과 우축은 가끔 샘털과 구부러진 선형의 적갈색 비늘조각이 섞여 있다. **우편** 8~12쌍이며, 맨 아래 우편은 다음 우편과 2~4cm 떨어지며, 가장 크고, 거의 마주나며, 긴타원상 피침형이고, 끝이 짧게 뾰족하며, 2~3회 우상으로 갈라지고, 길이 5~8cm, 너비 2.5~3.5cm이며, 짧은 자루가 있다. **소우편** 5~7쌍이며, 어긋나 있고, 위로 가면서 작아진다. 끝은 둥글거나 뭉뚝하고, 가장자리에 톱니가 있으며, 짧은 자루가 있다. **열편** 긴타원형 또는 난형이고, 길이 3~5mm이다. **잎맥** 유리맥으로 단순하고, 뚜렷하며, 가장자리까지 이른다. **포자낭군** 측맥의 중간에 붙는다. **포막** 신장형으로 가장자리가 거의 밋밋하거나 약간 갈라지며, 잘 안떨어지고, 백색 털이 밀집해 있다.

1. 강원 영월, 2016.10.1.
2. 잎자루 기부의 비늘조각, 강원 영월, 2016.9.24.
3. 뿌리줄기의 비늘조각, 강원, 2017.9.3.
4. 중축의 털, 강원 영월, 2020.7.25.
5. 잎자루의 털, 강원 영월, 2020.7.25.
6. 포자낭군, 강원 영월, 2020.7.25.
7. 소우편의 포막, 강원 영월, 2020.7.25.
8. 포자, 2024.4.3.
9, 10. 강원 영월, 2020.7.25.

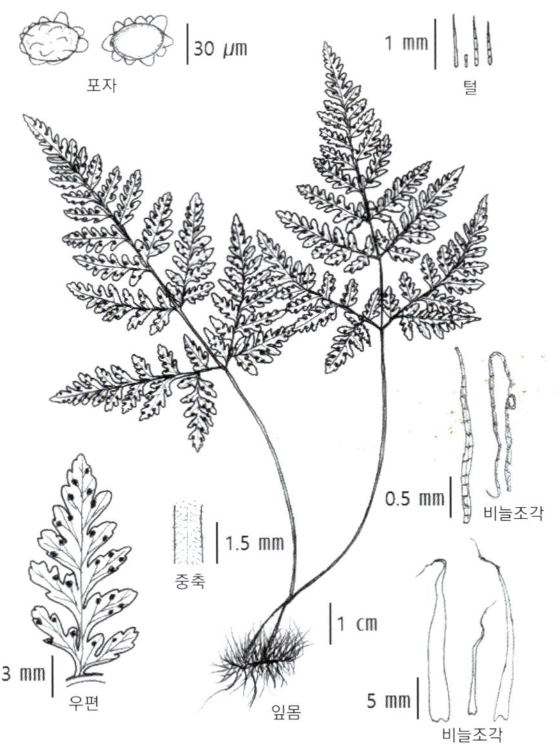

이 종은 금털고사리와 달리 땅속줄기와 잎자루 기부의 비늘조각은 선상 피침형 또는 좁은 피침형이며, 잎 전체에 희고 긴 털을 가지며, 잎자루에 드물게 적갈색이고 굽은 선형의 비늘조각이 있는 점, 잎몸은 3~4회 우상으로 갈라진 점, 맨 아래 우편은 긴타원상 피침형이라는 점에서 구별된다.

관중과

Dryopteridaceae Herter

中 鱗毛蕨科
E Wood Fern Family
日 O-shida Ka
분류군수 약 25속 2,000여 종(한반도 4속 73종 1아종 4변종 1품종 10교잡종)
분포 전 세계

상록성 또는 하록성인 여러해살이풀로 지생 또는 착생한다. **뿌리줄기** 곧게 서고, 간혹 길게 기며, 잎의 기부가 오래도록 남아있다. 비늘조각은 대부분 피침형~난형이며, 가장자리는 밋밋하거나 털 같은 돌기가 있고, 연갈색 또는 흑갈색이다. **잎** 대부분 모여나며, 간혹 떨어져 나거나 가까이에서 나온다. 비늘조각은 불투명하고 크기, 모양, 색, 재질이 아주 다양하다. **잎몸** 1~4회 우상으로 갈라지고, 드물게 단엽도 있다. 중축은 표면에 깊게 홈이 나있으며, 대부분 우축 홈과 연결되고, 다세포성 또는 단세포성 털이 있거나 없으며, 비늘조각에 덮인다. **잎맥** 거의 유리하나 드물게 그물맥을 갖는다. **포자낭군** 둥글고, 잎맥의 등쪽이나 끝부분에 붙는다. **포막** 둥글고, 가운데가 붙어있는 방패형이며, 드물게 자루가 있는 구형이다. **포자** 단지형이다.

◆ 남방고사리속[*Ctenitis* (C.Chr.) C.Chr.]에 속하는 **남방고사리**[*C. sinii* (Ching) Ohwi, Fl. Japan Pterid. 92, 1957]는 제주도에 분포하는 것으로 알려져 있으나(박만규, 1975), 확인되지 않고 있다. 이 속은 세계의 난대지역에 분포하는 것으로 잎몸의 중축 윗면이 튀어나오고, 소우편은 양면에 모호한 잎맥을 갖으며, 중축과 우축에 다세포성 털을 갖고, 잎자루에 비늘조각이 밀생한다. 비늘조각 가장자리에 털이 있고, 격자상 무늬가 있는 점이 다른 속과 구별된다.

관중, 경기 연천, 2020.5.16.

관중과의 속 검색표

1. 포막은 둥근 방패형이고, 중앙에 부착점이 있다.
   2. 잎맥은 규칙적으로 복잡한 그물맥을 이룬다. ······ **쇠고비속 *Cyrtomium*** 210
   2. 잎맥은 거의 유리맥이다. ······ **십자고사리속 *Polystichum*** 211
1. 포막은 신장형으로 중심부까지 갈라져서 그 아래 부착된다.
   3. 모든 우편의 소우편은 위쪽부터 갈라진다. ······ **쇠고사리속 *Arachniodes*** 213
   3. 아래에서 세번째 우편부터는 소우편이 아래쪽부터 갈라진다(단, 진저리고사리 제외). ······ **관중속 *Dryopteris*** 214

속명	잎몸	잎맥	포막
쇠고비속	1회 우상	대부분 그물맥	둥근 방패형
십자고사리속	1~2회	대부분 유리맥	둥근 방패형
쇠고사리속	2~4회 우상	유리맥	신장형
관중속	2~4회 우상	유리맥	신장형

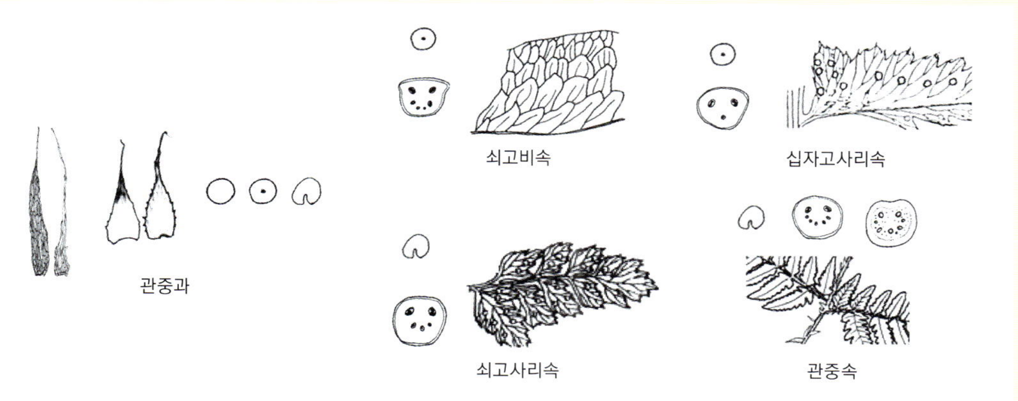

쇠고비속 ***Cyrtomium*** C.Presl, Tent. Pterid. 86, pl. 2, f. 26, 1836

中 贯众属
E Asiatic Holly Fern Genus
日 yabu-sotetsu Zoku

분류군수 약 35종(한반도 5종 1아종 1품종)
분포 동아시아에 주로 분포, 히말라야 동부~하와이, 히말라야 서부~아프리카

상록성 여러해살이풀이다. **뿌리줄기** 곧게 서거나 짧게 비스듬히 서고, 비늘조각이 많다. 비늘조각은 1가지 또는 2가지 색으로, 담갈색 또는 흑갈색이고, 난형 또는 넓은 피침형으로 가장자리가 털모양 또는 톱니모양이거나 밋밋하며, 끝이 뾰족하다. **잎자루** 기부에 특히 비늘조각이 많으며, 밀생하거나 드물게 있다. **잎몸** 1회 우상으로 갈라지고, 선상 피침형, 피침형, 난상 피침형, 삼각상 난형이며, 단단하다. **우편** 끝이 보통 낫모양으로 굽는다. 우축의 홈은 중축의 홈과 연결되지 않으며, 털 같은 비늘조각이 밀생하거나 드물게 있다. **잎맥** 1개에서 수개의 유리맥을 포함하는 그물맥으로 결합하나 간혹 그물맥을 형성하지 않는 것도 있다. **포자낭군** 둥글고, 그물맥 안의 유리맥 위에 또는 끝에 붙어있다. **포막** 둥근 방패형으로 밋밋하거나 톱니가 있다. **포자** 단지형이다.

❖ **참쇠고비** 또는 **섬쇠고비**(*Cyrtomium caryotideum* (Wall. ex Hook. & Grev.) C.Presl var. *coreanum* Nakai)는 정태현 등, 1949; 이창복, 1980 등에 의해 기재되었으나 자생지가 발견되지 않아 제외하였다.

쇠고비속의 종 검색표

1. 우편의 가장자리는 밋밋하거나 얕은 물결모양이다.
  2. 우편은 난상 피침형이고, 기부가 둥글며, 포막은 전체가 회백색이거나 중심부가 검은색을 띤다.
    2a. 키가 30~50cm이고, 우편은 10~14쌍이며, 난상 피침형이다. ······························ **도깨비쇠고비 *C. falcatum*** 218
    2b. 키가 10~30cm이고, 우편은 3~8쌍으로 적으며, 난형 또는 좁은 난형이다.
    ·· **애기도깨비쇠고비 *C. falcatum* subsp. *littorale*** 219
  2. 우편은 피침형이고, 기부가 쐐기모양이며, 포막은 전체가 검은색을 띤다. ··········· **긴잎도깨비쇠고비 *C. devexiscapulae*** 222
1. 우편의 가장자리는 톱니가 발달한다.
  3. 포막은 회백색으로 단일색이다.
    4. 잎몸 표면에 광택이 나지 않고, 귀가 발달하기도 하며, 포자낭군은 그물맥 안의 유리소맥의 끝에 붙는다.
    ·· **쇠고비 *C. fortunei*** 223
    4. 잎몸 표면에 광택이 나고, 귀가 발달하지 않으며, 포자낭군은 그물맥 안의 유리소맥의 중간에 붙는다.
    ··· **윤쇠고비 *C. laetevirens*** 224
  3. 포막 중앙은 암갈색 또는 흑색으로 이중색이다. ·· **반들산쇠고비 *C. yamamotoi*** 225

종명	우편 가장자리	우편의 광택	포막 가장자리
도깨비쇠고비	밋밋하거나 물결모양	있음	밋밋함
애기도깨비쇠고비	밋밋하거나 물결모양	있음	밋밋하거나 돌기
긴잎도깨비쇠고비	밋밋하거나 물결모양	있음	밋밋함
윤쇠고비	잔톱니	있음	밋밋함
쇠고비	잔톱니	거의 없음	밋밋함
반들산쇠고비	잔톱니	있음	밋밋함

십자고사리속 ***Polystichum*** Roth, Tent. Fl. Germ. 3: 31, 69, 1799

中 耳蕨属
E Sword Fern Genus, Christmas Fern Genus, Holly Fern Genus
日 Inode Zoku

분류군수 약 500종(한반도 13종 2변종 2교잡종)
분포 전 세계, 아열대, 온대지역

하록성이거나 상록성인 여러해살이풀로 지생한다. **뿌리줄기** 짧고 곧으며, 대부분 가장자리가 갈라진 비늘조각이 있다. **잎자루** 모여나고, 비늘조각은 특히 기부에 밀생한다. **잎몸** 대부분 1~2회, 간혹 3회 우상으로 갈라지며, 선형에서 긴타원상 피침형 또는 넓은 난상 피침형이고, 일부 종은 중축 끝에 무성아가 생긴다. 중축은 표면에 홈이 있다. **소우편** 끝이 날카롭게 뾰족하며, 가시와 같은 톱니가 있다. 비늘조각은 대부분 실모양으로 갈라진다. **잎맥** 대부분 유리맥이나 드물게 1~2줄의 그물맥을 갖는다. **포자낭군** 둥글고, 잎 뒷면에 붙거나 때로 맥의 끝 가까이에 붙는다. **포막** 둥근 방패형이고, 숙존하거나 일찍 떨어진다.

◆ 이 속은 종간에 자연잡종현상이 일어나는데, 특히 나도히초미, 좀나도히초미, 참나도히초미 사이에 많이 일어나고 있다.

❖ 중국과 일본에 분포하는 **윤개관중**[*P. makinoi* (Tagawa) Tagawa, Acta Phytotax. Geobot. 5: 258, 1936]은 나도개관중과 유사하며, 제주도에 분포한다고 기재되어 있으나(박만규, 1949, 1961, 1975; 이창복, 1980; 이우철, 1996), 아직 표본이나 확증할 만한 실물이 관찰되지 않고 있다.

❖ **가시개관중**(*P. rigens* Tagawa, Acta Phytotax. Geobot. 6: 91, 1937)은 중국과 일본에 분포하고 있는 종으로, 제주도에 분포한다고 기재되었으나(박만규, 1961, 1975), 확증할 표본이나 실물이 발견되지 않고 있다. 특징은 소우편 톱니의 끝이 가시처럼 되며, 중륵의 비늘조각이 피침형이고, 포자낭군은 소우편의 중륵과 가장자리의 중간에 붙는다.

❖ **제주십자고사리**[*P. hancokii* (Hance) Diels]와 **애기십자고사리**[*P. yaeyamense* (Makino) Makino]가 제주도 산기슭 계곡에 분포하는 것으로 알려졌으나, 두 종은 **십자고사리**(*P. tripteron*)를 오동정된 것으로 보아 제외하였다.

십자고사리속의 종 검색표

1. 잎몸은 1회 우상으로 갈라지고, 중축은 길게 벋어 끝부분에 무성아가 생긴다.
  2. 우편은 길이 3~7cm이고, 포자낭군은 잎맥의 등쪽에 붙으며, 포막은 작고 일찍 떨어진다.
    3. 우편 가장자리가 밋밋하고, 포자낭군은 중륵 양쪽에 2줄 또는 3~4줄로 붙는다. ········ **더부살이고사리 *P. lepidocaulon*** 226
    3. 우편 가장자리에 뾰족한 톱니가 있고, 포자낭군은 중륵 양쪽에 한 줄로 붙는다. ······ **톱니더부살이고사리 *P. putuoense*** 227
  2. 우편은 3cm 이하이고, 포자낭군은 잎맥의 끝에 붙으며, 포막은 크고 오래 남아있다. ······ **낚시고사리 *P. craspedosorum*** 228
1. 잎몸은 2회 우상으로 갈라지며, 중축은 길게 벋지 않고 끝부분에 무성아가 생기지 않는다.
  4. 맨 아래 우편은 특히 크게 발달하여 2회 우상으로 분열하고, 나머지 우편은 1회 우상으로 갈라진다.
    4a. 땅속줄기가 짧게 옆으로 벋어 있고, 비늘조각은 피침형 내지 좁은 피침형이며, 우편의 톱니가 얕게 갈라지고 끝이 짧게 뾰족하다. ··························· **십자고사리 *P. tripteron*** 229
    4b. 땅속줄기가 뭉쳐나고, 비늘조각은 타원상 피침형 내지 원형이며, 우편의 톱니가 깊게 갈라지고 끝이 길게 뾰족하다. ··························· **큰십자고사리 *P. tripteron* var. *subtripinnatum*** 230
  4. 맨 아래 우편은 특히 크게 발달한 것이 없고, 다른 우편과 같다.
    5. 잎몸은 단단한 가죽질로, 톱니의 끝이 바늘처럼 된다. 잎맥에 붙는 비늘조각은 끝이 둔하다.
      6. 잎자루와 잎몸은 길이가 거의 비슷하고, 비늘조각은 흑갈색이며, 포자낭군은 잎몸 아래부터 붙는다. ··························· **검정개관중 *P. tsus-simense*** 231
      6. 잎자루는 잎몸보다 짧고, 비늘조각은 암갈색~갈색이며, 포자낭군은 잎몸 맨 위부터 붙는다. ·· **큰개관중 *P. mayebarae*** 232

5. 잎몸은 단단한 초질이거나 부드러운 가죽질이고, 잎가장자리 톱니의 끝이 부드럽다. 잎맥에 붙는 비늘조각은 털 같다.

7. 잎몸은 중앙 아래로 가면서 점차 좁아져서, 맨 아래 우편이 가장 짧다. ·························· **좀나도히초미 *P. braunii*** 233

7. 잎몸은 중앙 아래로 가면서 좁아지지 않고, 맨 아래 우편은 작아지지 않거나 약간 작아진다.

8. 잎자루 아랫부분의 비늘조각은 2가지 색으로 가운데가 암갈색, 바깥이 연갈색을 띤다.

9. 잎몸 표면은 광택이 없고, 잎자루의 비늘조각은 가장자리가 지저분하게 갈라진다. ·· **나도개관중 *P. pseudomakinoi*** 234

9. 잎몸 표면은 약간 광택이 나고, 잎자루의 비늘조각은 가장자리가 밋밋하거나 드문드문 돌기가 있다.
·· **섬나도히초미 *P. longifrons*** 237

8. 잎자루 아랫부분의 비늘조각은 단일색으로 갈색 또는 적갈색이다.

10. 상록성이고, 잎몸 표면은 광택이 있다.

11. 중축 아랫면의 비늘조각은 피침형이고, 포자낭군은 소우편의 가장자리에 가깝게 붙는다.
·· **긴개관중 *P. tagawanum*** 235

11. 중축 아랫면의 비늘조각은 털같이 되고, 포자낭군은 소우편의 중륵과 가장자리의 중간에 붙는다.
·· **나도히초미 *P. polyblepharum*** 236

10. 하록성이고, 잎몸 표면은 광택이 없다.

12. 중축 아랫면의 비늘조각은 중축에 압착된다. ·························· **비늘개관중 *P. retrosopaleaceum*** 238

12. 중축 아랫면의 비늘조각은 중축에 압착되지 않는다.

12a. 중축 하부의 비늘조각은 넓은 난형으로 끝이 갑자기 좁아진다. ········· **지리개관중 *P. ovatopaleaceum*** 239

12b. 중축 하부의 비늘조각은 난상 피침형으로 끝이 점차 좁아진다.
·· **참나도히초미 *P. ovatopaleaceum* var. *coraiense*** 240

종명	잎몸	무성아	포자낭군 위치
더부살이고사리	1회 우상	있음	중륵 가까이, 3~4줄
톱니더부살이고사리	1회 우상	있음	중륵 가까이 1줄
낚시고사리	1회 우상	있음	가장자리, 1줄
십자고사리	2회 우상	없음	중륵과 가장자리 중간
큰십자고사리	2회 우상	없음	중륵과 가장자리 중간
검정개관중	2회 우상	없음	중륵과 가장자리 중간
큰개관중	2회 우상	없음	중륵과 가장자리 중간
좀나도히초미	2회 우상	없음	중륵 가까이
나도개관중	2회 우상	없음	가장자리 가까이
긴개관중	2회 우상	없음	가장자리 가까이
나도히초미	2회 우상	없음	중륵과 가장자리 중간
섬나도히초미	2회 우상	없음	거의 가장자리 가까이
비늘개관중	2회 우상	없음	중륵과 가장자리 중간
지리개관중	2회 우상	없음	거의 가장자리 가까이
참나도히초미	2회 우상	없음	거의 가장자리 가까이

❖ **털개관중**[*P. fibrilloso-paleaceum* (Kodama) Tagawa, Acta Phytotax. Geobot. 14(1): 16, 1949]은 비늘조각이 털같이 가늘고 가장자리가 밋밋하고, 제주도에 자생하는 것으로 알려졌으나(이창복, 1980) 확인되지 않고 있다.

쇠고사리속 ***Arachniodes*** Blume, Enum. Pl. Jav. 241, 1828

中 复叶耳蕨属
E East Indian Holly Fern Genus
日 Kana-warabi Zoku

분류군수 약 100여 종(한반도 9종 1변종 1교잡종)
분포 열대나 아열대지역, 동남아시아, 뉴질랜드, 동아시아

상록성 여러해살이풀로 지생한다. **뿌리줄기** 짧거나 길게 기며, 비늘조각이 밀생한다. **잎자루** 잎몸과 길이가 거의 같으며, 기부에 비늘조각이 밀생한다. **잎몸** 난형 또는 타원형이고, 아랫부분이 넓으며 2~4회 우상으로 갈라지며, 위을 향해 점차적으로 좁아지거나 또는 뭉뚝하게 좁아진다. 중축의 표면에 홈이 있고 드물게 비늘조각이 있다. 중축과 우축의 홈은 연결되고, 기부 우편과 소우편은 가장 크며, 대부분 마름모형이고, 털이 있다. **잎맥** 유리맥으로, 가장자리까지 도달하지 못한다. **포자낭군** 둥글고, 측맥의 끝이나 위에 붙는다. **포자낭** 환대에 13~16개의 두꺼운 세포가 있다. **포막** 둥근 신장형이다. **포자** 단지형이다.

쇠고사리속의 종 검색표

1. 잎몸은 얇은 초질이고, 잎 표면에는 단세포로 된 털이 있다.
    2. 잎자루는 녹색이고, 우축 표면에 털이 거의 없으며, 포자낭군은 지름이 0.7~1mm이다. ············· **왁살고사리 *A. borealis* 242**
    2. 잎자루는 적갈색을 띠고, 우축 표면에 털이 밀생하며, 포자낭군은 지름이 1~1.5mm이다. ··············· **제주왁살고사리 *A. miqueliana* 243**
1. 잎몸은 종이질 또는 단단한 가죽질이며, 잎 표면에는 단세포로 된 털이 없다.
    3. 잎몸은 연한 종이질이며, 최종열편의 가장자리에 가시 같은 톱니가 없다.
        4. 비늘조각은 잎자루 기부에만 밀생하고, 포자낭군은 잎몸의 아래쪽부터 붙는다. ··············· **일색고사리 *A. standishii* 244**
        4. 비늘조각은 잎자루 전체에 밀생하고, 포자낭군은 잎몸의 윗쪽부터 붙는다. ··················· **털비늘고사리 *A. mutica* 245**
    3. 잎몸은 두꺼운 종이질 또는 가죽질이고, 최종열편의 가장자리에 가시 같은 톱니가 있다.
        5. 아래에서 첫째 우편의 아래쪽 첫번째 소우편을 제외하고는 2회 우상이다.
            6. 잎몸의 끝부분에 뚜렷한 정우편이 있다.
                7. 포막 가장자리는 털같이 갈라진다. ··············· **쇠고사리 *A. rhomboidea* 246**
                7. 포막 가장자리는 밋밋하다.
                    7a. 측우편은 3~4쌍이고, 잎자루 기부의 비늘조각은 피침형으로 흑갈색이다. ·········· **꼬리쇠고사리 *A. simplicior* 247**
                    7b. 측우편은 4~5쌍이고, 잎자루 기부의 비늘조각은 난상 피침형으로 갈색이다. ··············· **큰꼬리쇠고사리 *A. simplicior* var. *magnusfolia* 248**
            6. 잎몸은 위로 갈수록 점차 짧아지고, 정우편을 만들지 않는다. ··············· **큰쇠고사리 *A. chinensis* 250**
        5. 아래에서 첫째 우편의 아래쪽 첫번째 소우편을 제외하고도, 3회 우상복엽이다.
            8. 뿌리줄기는 짧고, 상부 우편은 점차 짧아지며, 정우편처럼 되지 않고, 잎자루와 중축의 비늘조각은 가장자리가 밋밋하다. ··············· **좀쇠고사리 *A. sporadosora* 251**
            8. 뿌리줄기는 길고, 잎몸의 상부는 자루가 있는 정우편같이 되며, 잎자루와 중축의 비늘조각의 가장자리는 갈라진다. ··············· **가는쇠고사리 *A. exilis* 252**

관중속 ***Dryopteris*** Adans., Fam. Pl. 2: 20. 551, 1763

中 鳞毛蕨属
E Wood Fern Genus, Shield Fern Genus, Male Fern Genus
日 O-shida Zoku

분류군수 약 250여 종(한반도 46종 1변종 7교잡종)
분포 동아시아, 북반구 온대지역

여러해살이풀로 지생한다. **뿌리줄기** 직립하거나 드물게 짧게 기며, 비늘조각에 덮인다. 비늘조각은 적갈색, 밤갈색, 연갈색, 갈색 또는 흑갈색이며, 가장자리가 밋밋하거나 톱니가 있다. **잎자루** 곧으며, 대부분 비늘조각이 있고, 잎이 모여난다. **잎몸** 2~4회 우상으로 갈라지고, 대부분 위로 가면서 점차 좁아지거나 약간 뭉뚝하게 좁아지며, 아랫부분이 점차 좁아지거나 넓어진다. 중축은 표면에 홈이 발달하며, 양면에 비늘조각이 밀생하거나 드물게 약간 있다. 중축의 비늘조각은 선상 피침형 또는 난형이고, 기부가 납작하거나 부푼 모양을 한다. **잎맥** 유리맥이고, 1~4회 Y자로 분기한다. **포자낭군** 대부분 맥 위에, 드물게 맥 끝에 붙는다. **포막** 크고, 둥근 신장형으로, 가장자리가 밋밋하거나 드물게 갈라진다. **포자** 단지형이고, 표면무늬는 과립상이거나 넓게 날개가 있다.

❖ **산비늘고사리**[*D. polylepis* (Franch. et Sav.) C.Chr., Index. Filic. fasc 5: Filic.: 285, 1905]는 일본에 분포하며, 관중과 매우 유사하나 열편의 너비가 좁고, 비늘조각의 색이 더 진하며, 열편의 측맥이 갈라지지 않고, 포자낭군이 열편의 가장자리에 가깝게 붙는 것이 다르다. 박만규(1961, 1975)가 전남 지리산에 분포하는 것으로 기재하였으나 확인되지 않고 있다.

❖ **뫼족제비고사리**[*D. sabaei* (Franch. & Sav.) C.Chr., Ind. Filic.: 290, 1905]는 가는잎족제비고사리와 유사하나, 하부 1~2쌍의 우편이 붙는 간격이 크고, 소우편 자루가 없으며, 포자낭군이 잎몸 윗부분에만 붙는 것이 다르다. 박만규(1961, 1975)에 의해 국내 중북부에 분포하는 것으로 알려졌으나 확인되지 않고 있다.

❖ **아물고사리**[*D. amurensis* (Milde) Christ, Bull. Acad. Géogr. Bot. 20(1): 164, 1909]는 잎자루가 볏짚색이고, 기부는 검은색을 띠기도 하며, 중축, 우축과 더불어 연갈색 비늘조각이 드문드문 달린다. 잎몸은 3회 우상으로 완전히 또는 깊게 갈라지며, 오각상 넓은 난형이고, 윗부분이 갑자기 좁아져서 뾰족해진다. 우편은 5~7쌍으로, 맨 아래가 가장 크고, 뒤쪽이 보다 넓으며 갑자기 작아지고, 기부에 자루가 있다. 소우편은 긴타원형, 또는 난상 긴타원형이고, 자루가 극히 짧으며, 우상으로 깊게 또는 완전히 갈라지고 뒷면에 주머니모양의 비늘조각이 있다. 열편은 끝이 뾰족한 톱니가 있다. 포자낭군은 아랫부분의 잎맥 위쪽에 달리고, 포막은 신장형에 가까우며, 가장자리가 밋밋하다. 국내 북부와 일본, 중국, 동부 러시아의 습기가 있는 고산에서 자라는 것으로 박만규(1949), 이창복(1980), 이우철(1996)에 기재되었으나 확인하지 못하였다.

❖ **흰비늘고사리**[*D. maximowicziana* (Miq.) C.Chr.]는 *Ctenitis*속으로 다루기도 하였다. *Ctenitis*속은 잎자루에 비늘조각이 많이 있으나 뭉쳐 있지 않고, 격자무늬가 없으며, 가장자리에 다세포성 털이 있고, 흔히 털 같은 비늘조각을 갖는다는 점에서 *Dryopsis*속으로부터 독립되었다(Holttum & Edward, 1986). *Dryopsis*속은 잎의 갈라짐, 중축의 비늘조각 모양이 관중속(*Dryopteris*)과 유사하나 잎면의 다세포성 특유의 털을 갖는다는 점에서 *Ctenitis*속과도 유사하다. 최근 분자계통적 연구(Zhang et al., 2012)에 의하면 몇 개의 *Dryopsis*속 식물은 *Ctenitis*속과는 멀리 떨어져 있고, 관중속 식물과 유집되어 관중속으로 합쳐서 다루어야 함을 강력히 시사하고 있어 이를 반영하였다.

관중속의 종 검색표

1.잎몸은 1회 기수 우상으로 갈라지며, 측우편과 유사한 정우편이 뚜렷하다. ·························· **그늘고사리 *D. sieboldii* 254**

1.잎몸은 1회 이상 우상으로 갈라지며, 정우편이 뚜렷하지 않다.

2. 소우축이나 열편의 중륵에는 기부가 주머니모양인 비늘조각이 없다.

3. 잎몸은 1회 우상으로 갈라지거나, 또는 1회 우상으로 갈라지나 잎몸 하부에서 2회 우상으로 갈라진다.

4. 잎몸은 1회 우상으로 갈라진다.

5. 우편은 얕게 또는 중간 정도 갈라진다.

6. 잎몸은 아래로 갈수록 좁아지지 않거나 약간 좁아지며, 우편의 아랫부분이 귀모양으로 돌출하지 않는다.

7. 우편의 표면은 잎맥이 뚜렷하게 보이지 않는다.

8. 포막은 일찍 떨어지거나 작아서, 없는 것처럼 보인다. ···················· **애기톱지네고사리 *D. commixta* 255**

8. 포막은 오랫동안 남아있고, 뚜렷이 보일 정도로 크다.

9. 우편 가장자리는 1/5 정도로 얕게 갈라지고, 우편의 너비는 1.5~2cm이다.

10. 중축에 비늘조각은 검은색, 잎자루에 비늘조각은 흑갈색이고, 피침형 또는 좁은 피침형이며, 우편은 기부에서 3/5~2/3 지점에서 좁아져 짧게 뾰족해진다. ····················· **톱지네고사리 *D. atrata* 256**

10. 중축에 비늘조각은 흑갈색, 잎자루에 비늘조각은 갈색이고, 선상 피침형으로 가늘며, 우편은 1/2 지점에서 좁아져 길게 뾰족해진다. ······································ **나도톱지네고사리 *D. cycadina* 257**

9. 우편 가장자리는 1/2 정도로 깊게 갈라지고, 우편의 너비가 1.2cm 이하이다.
·· **각시톱지네고사리 *D. hangchowensis* 258**

7. 우편의 표면은 잎맥이 뚜렷하게 보인다.

11. 포자낭군은 우편 가장자리 가까이에 붙는다. ······························ **큰톱지네고사리 *D. dickinsii* 261**

11. 포자낭군은 우편의 중륵과 가장자리 중간에 붙는다.

12. 우편 표면의 맥은 홈이 얕아 약간 흐릿하게 보인다. ············· **한라톱지네고사리 *D. hallasanensis* 262**

12. 우편 표면의 맥은 홈이 깊어 뚜렷하게 보인다. ······················ **탐라톱지네고사리 *D. namegatae* 260**

6. 잎몸은 중간부터 아래로 가면서 점차 좁아져 맨 아래 우편은 매우 짧고, 우편의 아랫부분이 귀모양으로 돌출한다.
·· **느리미고사리 *D. tokyoensis* 264**

5. 우편은 깊게 갈라진다.

13. 잎몸은 긴타원형이며, 아래로 갈수록 좁아지지 않는다. ························· **왕지네고사리 *D. monticola* 265**

13. 잎몸은 선상 피침형이며, 중간에서 아래로 갈수록 뚜렷하게 좁아진다.

14. 잎자루와 중축의 비늘조각은 갈색, 흑갈색으로 밀생하여 붙는다. ················· **관중 *D. craasirhizoma* 266**

14. 잎자루와 중축의 비늘조각은 밝은 갈색으로 밀생하지 않는다. ············· **북관중 *D. coreano-montana* 267**

4. 잎몸은 주로 1회 우상으로 갈라지지만, 하부는 2회 우상으로 갈라지기도 한다.

15. 잎몸의 너비가 5~10cm이고, 포자낭군은 우편의 중륵 가까이 1줄씩 달린다. ······· **장수고사리 *D. woodsiisora* 268**

15. 잎몸의 너비가 20cm 이상이고, 포자낭군은 각 열편의 중륵과 가장자리 중간 또는 가까이에 달린다.

16. 잎 표면의 맥은 뚜렷하게 파이고, 잎몸의 포자낭군이 붙는 부위는 축소된다. ············· **비늘고사리 *D. lacera* 269**

16. 잎 표면의 맥은 뚜렷하게 파이지 않고, 잎몸의 포자낭군이 붙는 부위가 축소되지 않는다.

17. 잎몸은 선상 피침형이고, 잎에 샘털이 없다. ······························ **곰비늘고사리 *D. uniformis* 270**

17. 잎몸은 삼각상이고, 잎에 샘털이 있다. ·· **참비늘고사리 *D. sericea* 271**

3. 잎몸은 2회 이상 우상으로 갈라진다.

18. 잎몸은 긴타원상 피침형이며, 잎에 황색 샘털이 있다. ································· **주저리고사리 *D. fragrans* 272**

18. 잎몸은 난상 피침형이거나 삼각상이며, 잎에 샘털이 없다.

19. 열편 톱니의 끝이 뾰족하다.

20. 뿌리줄기는 짧게 기고, 비늘조각은 오래 남는다.

21. 최하우편의 하향 제1소우편이 가장 크고, 최하우편은 삼각형 또는 삼각상 난형으로 된다.
·· **퍼진고사리 *D. expansa* 273**

21. 최하우편의 하향 제1소우편이 두번째보다 작고, 최하우편은 긴타원상 피침형이다.
·· **바위틈고사리 *D. goeringiana* 274**

20. 뿌리줄기는 길게 벋고, 비늘조각은 일찍 떨어진다. ························ **진저리고사리 *D. maximowiczii* 275**

19. 열편 톱니의 끝이 둔하다.

22. 중축과 우축은 홈으로 연결되지 않고, 막질 비늘조각이 밀생하며, 다세포성 털이 있다.
······ **흰비늘고사리 *D. maximowicziana*** 276

22. 중축과 우축은 홈으로 연결되고, 막질 비늘조각이 없으며, 잎에 털이 없다.

23. 잎자루, 중축, 우축의 비늘조각은 일찍 떨어진다.

24. 잎몸은 2~3회 우상으로 갈라지고, 난형 또는 긴타원상 난형이다.

25 . 우편은 끝이 약간 뾰족해지고, 포막이 불규칙하게 갈라진다. ······ **계곡고사리 *D. subexaltata*** 277

25. 우편은 끝이 길게 뾰족해지고, 포막이 밋밋하거나 물결모양이다.

26. 잎몸은 삼각상 넓은 피침형이고, 소우편의 측맥은 우상분지한다.
······ **검은족제비고사리 *D. melanocarpa*** 278

26. 잎몸은 난상 넓은 피침형이고, 소우편의 측맥은 차상분지한다. ······ **오름족제비고사리 *D. sparsa*** 279

24. 잎몸은 3회 우상으로 갈라지고, 난상 오각형 또는 난상 삼각형이다. ······ **금족제비고사리 *D. gymnophylla*** 280

23. 잎자루, 중축, 우축의 비늘조각은 오래 남아있다. ······ **가는잎족제비고사리 *D. chinensis*** 281

2. 소우축이나 열편의 중륵에는 기부가 주머니모양인 비늘조각이 있다.

26. 잎몸은 1회 우상으로 갈라지고, 우편은 중간 또는 깊게 갈라진다.

27. 잎몸의 하부 우편은 천열 또는 중열이고, 포자낭군은 우편의 중륵 양쪽에 1열로 붙는다. ······ **공작지네고사리 *D. decipiens*** 282

27. 잎몸의 하부 우편은 대부분 심열하며, 맨 아래 제1열편은 주로 독립되고, 포자낭군은 열편의 중륵 양쪽에 2~3쌍으로 붙는다.
······ **애기지네고사리 *D. decipiens* var. *diplaziodes*** 283

26. 잎몸은 2회 이상 우상으로 갈라진다.

28. 최하부 우편의 맨 아래 하부 첫번째 소우편이 다음 소우편에 비해 작아지는 경향이 있다.

29. 우축의 비늘조각은 기부가 주머니모양을 하거나 하지않은 것이 함께 있다.

30. 소우편의 측맥은 차상분지가 많고, 엽축의 비늘조각은 하부에만 돌기가 있다. ······ **제주지네고사리 *D. championii*** 284

30. 소우편의 측맥은 대부분 우상분지하며, 엽축의 비늘조각은 전체에 불규칙한 돌기가 있다.

31. 우편은 중축에 거의 수직으로 붙는다. ······ **층층지네고사리 *D. paomowanensis*** 285

31. 우편은 중축에 거의 45° 각도로 붙는다. ······ **엷은잎지네고사리 *D. kinkiensis*** 286

29. 우축의 비늘조각은 모두 기부가 주머니모양을 하고 있다.

32. 잎자루의 비늘조각은 좁은 피침형이다.

33. 잎 표면은 광택이 거의 없고, 잎자루 기부의 비늘조각은 적갈색이며, 포막의 직경은 1.2~1.5mm이다.
······ **큰지네고사리 *D. fuscipes*** 287

33. 잎 표면은 광택이 있고, 잎자루 기부의 비늘조각은 갈색이며, 포막의 직경은 1~1.2mm이다.
······ **반들지네고사리 *D. medioxima*** 288

32. 잎자루의 비늘조각은 선형 또는 선상 피침형이다.

34. 포막의 직경은 1.4~1.7mm이고, 포자낭 안에 포자수는 32개이다. ······ **홍지네고사리 *D. erythrosora*** 289

34. 포막의 직경은 1.0~1.1mm이고, 포자낭 안에 포자수는 64개이다. ······ **가는홍지네고사리 *D. caudipinna*** 290

28. 최하부 우편의 맨 아래 하부 첫번째 소우편은 다른 소우편에 비해 크거나 비슷하다.

35. 우축에는 기부가 주머니모양인 비늘조각이 있다.

36. 잎자루의 비늘조각은 축을 향해 위로 기울어져 붙는다.

37. 열편의 끝이 날카롭다.

38. 잎몸 상부가 갑자기 좁아지지만 꼬리처럼 길어지지 않는다. ······ **참지네고사리 *D. nipponensis*** 291

38. 잎몸 상부가 갑자기 좁아져 꼬리처럼 길게 벋는다. ······ **꼬리족제비고사리 *D. formosana*** 293

37. 열편의 끝이 둔하다.

39. 잎자루 상부의 비늘조각은 주머니모양이다. ······ **들족제비고사리 *D. protobissetiana*** 294

39. 잎자루 상부의 비늘조각은 납작하다. ······ **산족제비고사리 *D. bissetiana*** 295

36. 잎자루의 비늘조각은 축에 직각으로 붙는다.

40. 주로 바위틈에 나고, 잎은 아래로 쳐지며, 잎몸은 난상 피침형이다. ······ **바위족제비고사리 *D. saxifraga*** 296

40. 주로 지생하고, 잎은 곧게 서며, 잎몸은 삼각상 난형이다. ······ **광릉족제비고사리 *D. saxifragi-varia*** 297

35. 우축에는 기부가 주머니모양인 비늘조각이 거의 없다.

41. 잎몸 상부는 갑자기 좁아져 꼬리처럼 보인다. ·· **족제비고사리 *D. varia*** 298

41. 잎몸 상부는 점차 좁아진다.

42. 잎자루 비늘조각은 피침상이다.

43. 잎자루의 비늘조각은 광택이 나는 흑색이고, 가장자리 연갈색이다.

44. 잎몸은 종이질, 오각상 난형, 측우편의 자루가 1~1.5cm, 우축 뒷면의 비늘조각은 난상 피침형이다.
··· **애기족제비고사리 *D. sacrosancta*** 299

44. 잎몸은 초질, 삼각상 난형, 측우편의 자루가 1cm 이하, 우축 뒷면의 비늘조각은 선상 피침형이다.
··· **누른애기족제비고사리 *D. kobayashii*** 300

43. 잎자루의 비늘조각은 광택이 없는 흑갈색이다. ··························· **큰홍지네고사리 *D. hondoensis*** 292

42. 잎자루의 비늘조각은 털같이 가늘고 길어진다.

45.우편 정단부의 가장자리는 깊은 톱니모양이고, 포막 가장자리에 섬모가 있거나 밋밋하다.
··· **큰족제비고사리 *D. hikonensis*** 301

45. 우편 정단부의 가장자리는 얕은 톱니모양이고, 포막 가장자리는 밋밋하다.
··· **나도큰족제비고사리 *D. subhikonensis*** 302

주저리고사리, 경북 안동, 2021.8.29.

도깨비쇠고비

Cyrtomium falcatum **(L.f.) C.Presl,**
Tent. Pterid. 86, 1836
Polypodium falcatum L.f., suppl. Pl. 446, 1781

Do-kkae-bi-soe-go-bi (정태현 등, 1937; 정태현 등, 1949; 등[6])
도깨비고비(박만규, 1949, 1961, 1975; 이창복, 1980)
中 全缘贯众 E Holly fern
日 Oni-yabu-sotetsu

염색체수 n = 41 **포자기** 7~9월
용도 약용(뿌리줄기: 해열, 지혈, 살충), 관상용
분포 충북을 제외한 전역, 해안가 바위틈이나 숲가장자리의 땅위에서 자람; 일본, 중국, 타이완, 말레이시아, 인도, 남아프리카, 하와이, 북아메리카 등

상록성 여러해살이풀로 지생하거나 바위틈에 착생한다. **키** 30~50cm이다. **뿌리줄기** 굵고 짧다. **잎자루** 광택이 있는 붉은 갈색이고, 길이 11~22cm이며, 기부에 비늘조각이 밀생한다. 비늘조각은 광택이 나는 흑갈색 또는 밝은 갈색이고, 넓은 피침형 또는 난상 피침형이며, 가장자리에 긴 돌기가 있고, 길이 5~25mm, 너비 0.3~6mm이다. **잎몸** 1회 우상으로 갈라지며, 긴타원형이고, 길이 14~33cm, 너비 10~20cm이다. 비늘조각은 연한 황색 또는 갈색이고, 선상 피침형 또는 피침형이며, 길이 3~12mm, 너비 0.1~0.2mm이고, 털 같은 돌기가 있다. **우편** 10~14쌍으로, 피침형 또는 난상 피침형이고, 가장자리가 밋밋하거나 구불구불하며, 짧은 자루가 있고, 길이 5~18cm, 너비 2~5cm이다. **잎맥** 그물맥 안에 1~2개의 유리맥이 있다. **포자낭군** 우편 뒷면에 흩어져 붙고, 그물맥 안의 유리맥 중간에 붙는다. **포막** 중심부가 검은색이며, 지름 0.8~1.5mm이고, 방패형이다. **포자** 단지형이다.

1. 제주, 2019.2.20.
2. 새순, 전남 신안, 2023.4.9.
3. 잎자루 하부의 비늘조각, 제주, 2014.3.13.
4. 망상중심주, 제주, 2023.12.29.
5. 어린 포자체, 제주, 2019.3.24.
6. 중축 하부의 비늘조각, 제주, 2023.12.29.
7. 포자낭군과 포막, 제주, 2010.12.22.
8. 제주, 2022.5.14.
9. 경북 울진, 2016.8.4.

애기도깨비쇠고비(미기록종)

***Cyrtomium falcatum* subsp. *littorale* S.Matsumoto ex S.Matsumoto & Ebihara**, Bull. Natl. Mus. Nat. Sci., Tokyo, B. 43:21, 2017

Ae-gi-do-kkae-bi-soe-go-bi (국명신칭)
E Midget weeping fern 日 Hime-oni-yabusotetsu

염색체수 n = 41 포자기 7~9월
분포 제주도, 해안가 바위 위에서 자람; 일본

상록성 여러해살이풀로 수직 경사면의 바위틈에 착생한다. **키** 10~30cm이다. **뿌리줄기** 굵고 짧다. **잎자루** 광택이 있는 연녹색이고, 길이 2~15cm이며, 기부에 비늘조각이 밀생하고, 위에는 드물게 있다. 비늘조각은 연갈색이고, 난상 피침형으로 끝이 다소 꼬리같이 길어지며, 가장자리에 불규칙한 돌기가 있고, 길이 8~15mm, 너비 0.6~5mm이다. **잎몸** 1회 우상으로 갈라지고, 넓은 긴타원상 피침형이며, 길이 8~20cm, 너비 7~14cm이고 단단한 가죽질이며, 윗면은 광택이 나는 진녹색이다. 정우편이 있다. **우편** 3~8쌍으로, 난형 또는 좁은 난형이고, 가장자리가 밋밋하거나 구불구불하며, 짧은 자루가 있고, 길이 3~6cm, 너비 2~4cm이다. **잎맥** 그물맥 안에 1~2개의 유리맥이 있다. **포자낭군** 우편 뒷면에 흩어져 붙고, 그물맥 안의 유리맥 중간에 붙는다. **포막** 회백색이며, 지름 0.9~1.2mm이고, 방패형으로 매끈하거나 갈라진다. **포자** 단지형이다.

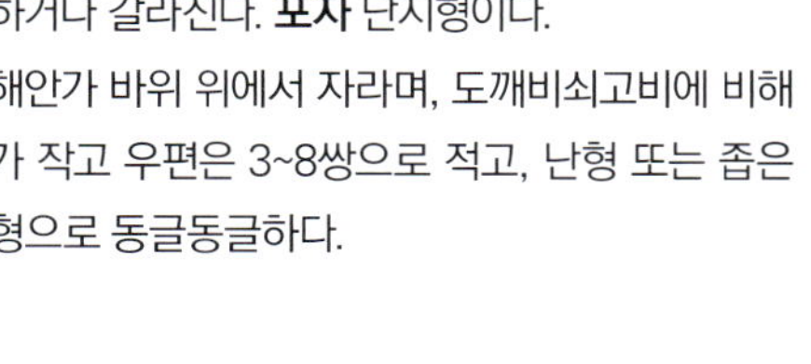

∗해안가 바위 위에서 자라며, 도깨비쇠고비에 비해 키가 작고 우편은 3~8쌍으로 적고, 난형 또는 좁은 난형으로 동글동글하다.

1, 2. 제주, 2023.6.3.
3. 잎, 제주, 2023.6.7.
4. 우편, 제주, 2023.6.7.
5. 포막과 포자낭군, 제주, 2023.6.7.

깃도깨비쇠고비(신품종)

***Cyrtomium falcatum* for. *pinnatilobus* C.S.Lee & K.H.Lee, for. nov.**

Gik-do-kkae-bi-soe-go-bi (국명신칭)

E Pinnate asian holly fern

분포 제주도, 해안가 바위 위에서 자람; 한국 특산종

도깨비쇠고비의 엽형을 가지고 있으나 우편 가장자리가 1/5~1/3 정도 갈라지며 우편 위쪽 최하부 열편이 귀처럼 돌출하고, 포막 가장자리에 톱니가 발달한다.

1. 엽신, 제주, 2018.11.7.
2, 3. 천열 우편, 제주, 2018.11.7.
4. 우편 기부 열편, 제주, 2018.11.7.
5. 우편 뒷면의 모상 비늘조각, 제주, 2018.11.7.
6. 잎자루 하부 비늘조각, 제주, 2018.11.7.
7. 잎자루 비늘조각, 제주, 2018.11.7.
8. 포막과 포자낭군, 제주, 2018.11.7.
9. 포자낭군, 제주, 2018.11.7.
10. 포막, 제주, 2018.11.7.
11. 망상중심주, 제주, 2018.11.7.
12. 제주, 2020.1.17. ⓒ황영심

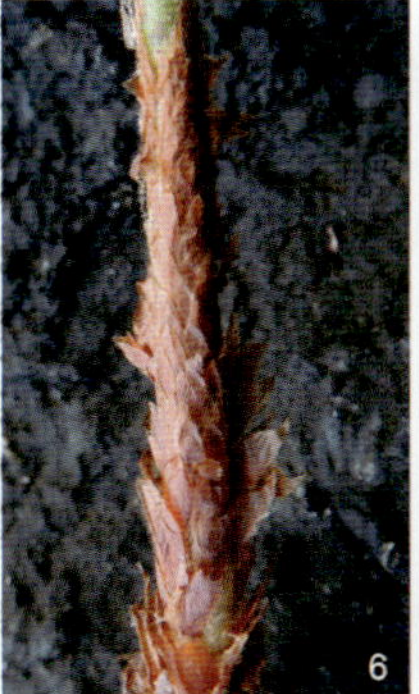

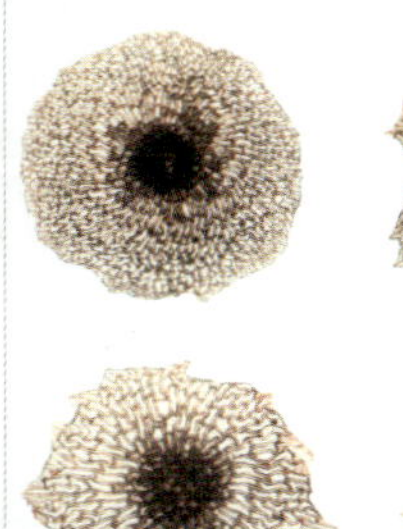

Cyrtomium falcatum for. *pinnatilobus* C.S.Lee & K.H.Lee, for. nov.

Gik-do-kkae-bi-soe-go-bi (깃도깨비쇠고비)

KOREA, Jeju-do, Seogwiposi, Gangjeongdong, Alt. 5 m, 7 Sep. 2018, K.H. Lee, *Lee1811010* (Holotype: KH)

It is similar morphological characters to *Cyrtomium falcatum* for. *falcatum*, but pinna margin is 1/5 to 1/3 cleft. The lowermost segment of pinna protrudes like an ear, and the indusium margin is serrated.

긴잎도깨비쇠고비

***Cyrtomium devexiscapulae* (Koidz.) Koidz. & Ching**, Bull. Chin. Bot. Soc. 2(2): 96, 1936

Cyrtomium falcatum (L.f.) C.Presl var. *devexiscapulae* (Koidz.) Tagawa, Acta Phytotax. Geobot. 3(2): 60, 1934

Polystichum devexiscapulae Koidz., Acta Phytotax. Geobot. 1(1): 33, 1932

Gin-yip-do-kkae-bi-soe-go-bi (한국양치식물연구회, 2005; 이영노, 2006; 국립수목원, 2008)

中 披针贯众 E Long-leaf Asian holly fern

日 Nagaba-yabusotetsu

염색체수 n = 82 **포자기** 7~9월 **용도** 관상용

분포 전남, 경남, 제주도, 숲속 그늘진 바위틈이나 땅위에서 자람; 일본, 중국, 타이완, 베트남

상록성 여러해살이풀로 지생한다. **키** 50~130cm이다. **뿌리줄기** 굵고, 짧다. **잎자루** 볏짚색이며, 길이 20~50cm이고, 기부에 비늘조각이 밀생하며, 비늘조각은 피침형이고, 가장자리는 갈색, 가운데는 흑갈색이며 털모양으로 갈라진다. **잎몸** 1회 우상으로 갈라지고, 긴타원형이며, 길이 30~80cm, 너비 15~28cm이고, 표면에 광택이 나며, 끝이 뾰족하고, 가죽질이다. **우편** 9~12쌍이 어긋나며, 폭이 좁고, 피침형으로 가장자리가 밋밋하거나 구불거린다. 길이 8~16cm, 너비 2~4cm이며, 좌우가 거의 같다. 기부는 쐐기모양이고, 끝이 뾰족하거나 꼬리모양이다. 대부분 하부가 가장 넓고, 위를 향해 약간 기울어지며, 짧은 자루가 있다. 양면에 털이 없다. **잎맥** 그물맥 안에 1~2개의 유리맥이 있다. **포자낭군** 중륵부터 가장자리까지 흩어져 전체적으로 퍼져있고, 그물맥 안의 유리맥 중간에 붙는다. **포막** 가장자리가 거의 매끈하고, 가운데가 검은색이나 익으면 전체가 검은색을 띤다.

1. 군락, 제주, 2021.10.16.
2. 우편, 제주, 2021.10.16.
3. 포막과 포자낭군, 제주, 2013.2.17. ©이만규
4. 포막, 제주, 2024.3.14.
5. 잎몸, 제주, 2014.1.13.

쇠고비

***Cyrtomium fortunei* J.Sm.**, Ferns Brit. For. 286, 1866

Cyrtomium fortunei var. *clivicola* (Makino) Tagawa, Acta Phytotax. Geobot. 4: 39, 1935

Soe-go-bi (정태현 등, 1949; 박만규, 1949, 1961, 1975; 이창복, 1980; 등[1])

中 贯众 E Fortune's holly fern 日 Yabu-sotetsu

염색체수 n = 123 **포자기** 7~9월

용도 약용(뿌리줄기: 해열, 살충, 출혈, 두통), 관상용

분포 전역, 저산지의 그늘진 숲속이나 계류가에 자람; 일본, 중국, 태국, 베트남, 인도, 유럽, 북아메리카

상록성 여러해살이풀로 지생한다. **키** 30~50cm이다. **뿌리줄기** 곧게 서고, 비늘조각이 많이 붙는다. 비늘조각은 광택이 나는 갈색이거나 또는 가운데 흑갈색 띠가 있으며, 난형 또는 난상 피침형으로 가장자리에 털모양 돌기가 많고, 길이 2.5~18mm, 너비 0.3~7.5mm이다. **잎자루** 볏짚색이고, 길이 10~20cm이며, 기부의 비늘조각은 난형 또는 피침형으로, 길이 1.5~18mm, 너비 0.2~4.5mm이고, 털모양 돌기가 있다. **잎몸** 1회 우상으로 갈라지며, 넓은 피침형이고, 기부는 약간 좁아지며, 길이 27~33cm, 너비 10~12cm이다. 비늘조각은 연노란색 또는 갈색의 피침형이며, 길이 1~8mm, 너비 0.1~2mm이고, 털모양의 돌기가 있다. **우편** 16~30쌍이 어긋나고, 난상 긴타원형으로, 기부는 비대칭이며, 약간의 귀가 발달되고, 가장자리에 잔톱니가 있으며, 길이 5~6.2cm이고, 자루는 없다. **잎맥** 그물맥 안에 1~2개의 유리맥이 있다. **포자낭군** 우편 뒷면의 중륵 양쪽에 넓게 퍼져 붙고, 그물맥 안의 유리맥 끝에 붙는다. **포막** 회백색으로 단일색이며, 방패모양이고, 지름 약 0.5~0.7mm이다. **포자** 단지형이다.

1. 제주, 2021.10.16.
2. 새순, 제주, 2019.4.19.
3. 동절기 모습, 전남 나주, 2018.12.19.
4. 잎몸 중앙, 서울, 2021.5.8.
5. 포막과 포자낭군, 제주, 2023.5.31.
6. 유리소맥 끝에 붙는 포자낭군, 제주, 2023.5.31.
7. 군락, 제주, 2020.5.4.

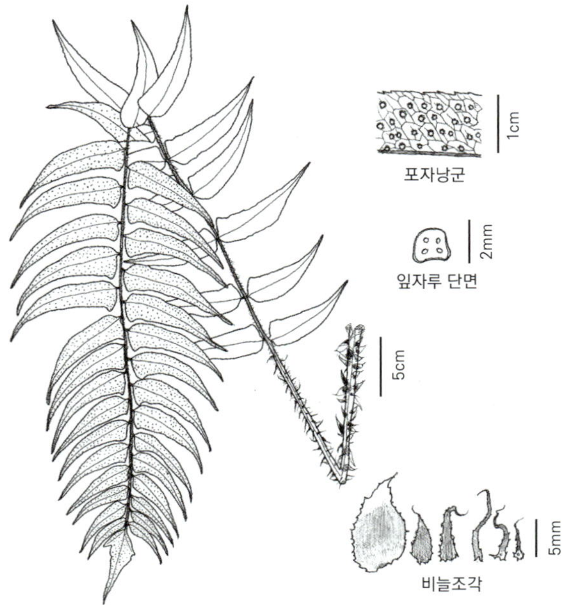

윤쇠고비

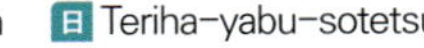

Cyrtomium laetevirens* (Hiyama) Nakaike, New Fl. Japan, Pterid.: 840, 1992

Cyrtomium fortunei J.Sm. for. *laetevirens* Hiyama, J. Jap. Bot. 28: 218, 1953

Yun-soe-go-bi (Lee et al., 2013)

E Lustrous holly fern J Teriha-yabu-sotetsu

포자기 7~9월

분포 전남, 경남, 제주도, 저산지의 그늘진 숲가장자리에서 자람; 일본

상록성 여러해살이풀로 지생한다. **키** 60~90cm이다. **뿌리줄기** 굵고, 짧으며, 곧게 서고, 비늘조각에 덮인다. 비늘조각은 광택이 나는 흑갈색이고, 넓은 피침형 또는 난상 피침형으로, 길이 5~20mm, 너비 0.2~6mm이다. **잎자루** 광택이 나는 녹색으로, 길이 25~35cm이다. 기부의 비늘조각은 흑갈색이고, 난형 또는 피침형이며, 길이 1.5~16mm, 너비 0.2~4.5mm이고, 가장자리에 털 같은 돌기가 있다. **잎몸** 1회 우상으로 갈라지며, 좁은 피침형이고, 길이 35~60cm, 너비 14~20cm이다. 비늘조각은 갈색이고, 피침형이며, 길이 2~7mm, 너비 0.1~2mm이고, 가장자리에 털 같은 돌기가 있다. **우편** 16~25쌍으로, 좁은 피침형이고, 가장자리 전체에 톱니가 있으며, 표면에 광택이 나며, 길이 6~9.5cm, 너비 1.7~3cm이며, 자루는 약 2mm이다. **포자낭군** 잎의 뒷면에 흩어져 붙고, 주로 그물맥 안의 유리맥 중간에 붙는다. **포막** 회백색으로 단일색이며, 방패모양으로 가장자리가 밋밋하고, 지름 약 1.2mm이다. **포자** 단지형이다.

*쇠고비와 유사하나 잎이 곧추서는 경향이 있고, 잎몸에 광택이 나며, 포자낭군은 주로 그물맥 안의 유리맥 중간에 붙는 점이 다르다.

1. 경남 통영, 2022.1.15.
2. 포막과 포자낭군, 울산, 2013.11.29.
3. 제주, 2021.1.30.

반들산쇠고비

Cyrtomium yamamotoi **Tagawa**, Acta Phytotax. Geobot. 7: 187, 1938

Cyrtomium fortunei var. *intermedium* (Diels) Tagawa, Acta Phytotax. Geobot. 4: 39, 1935

Ban-deul-san-soe-go-bi (선 등, 2019)
中 阔羽贯众 E Shiny arching holly fern
日 Miyako-yabusotetsu

포자기 7~9월
분포 제주도, 저산지의 그늘진 숲속에서 자람; 일본, 중국, 타이완

상록성 여러해살이풀로 지생한다. **키** 40~80cm이다. **뿌리줄기** 짧고, 곧게 서며, 비늘조각이 밀생한다. 비늘조각은 광택이 나는 흑갈색이고, 긴타원상 피침형 또는 긴난형이며, 가장자리가 밋밋하고, 길이 10~15mm이다. **잎자루** 녹색 또는 연녹색으로, 길이 20~40cm, 직경 2~3mm이다. 기부의 비늘조각은 흑갈색이고, 난형 또는 피침형이며, 가장자리에 잔 돌기가 있다. **잎몸** 1회 우상으로 갈라지며, 난형 또는 난상 피침형으로 두꺼운 종이질이다. 길이 20~50cm, 너비 18~20cm이고, 중축과 중륵에 비늘조각이 드물게 있다. 비늘조각은 갈색, 피침형이며, 가장자리에 털 같은 돌기가 있다. **우편** 10~12쌍이며, 피침형 또는 피침상 난형이고, 가장자리 전체에 파상으로 얕은 톱니가 있으며, 기부는 넓거나 둥근 쐐기형으로, 표면에 광택이 나고, 길이 6~15cm, 너비 약 4cm이며, 자루는 길이 약 2mm이다. 정우편은 마름모꼴 난형으로, 측우편보다 넓다. **포자낭군** 잎몸의 뒷면에 흩어져 붙고, 주로 그물맥 안의 유리맥 중간에 붙는다. **포막** 중앙은 암갈색 또는 흑색이며, 가장자리는 연녹색을 띠고, 방패모양으로 가장자리가 거의 밋밋하며, 지름 약 1.1mm이다. **포자** 단지형이다.

*쇠고비와 유사하나 포막 중심부가 흑색을 띠고, 비늘조각이 이중색으로 중앙은 암갈색 또는 흑색이며, 가장자리 연녹색이고, 잎몸에 광택이 나는 점이 다르다.

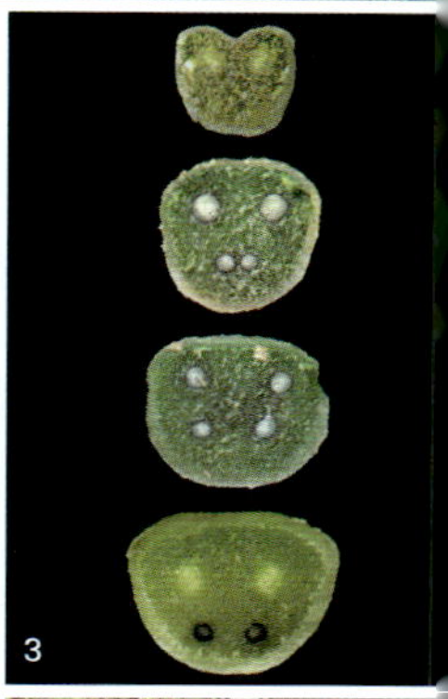

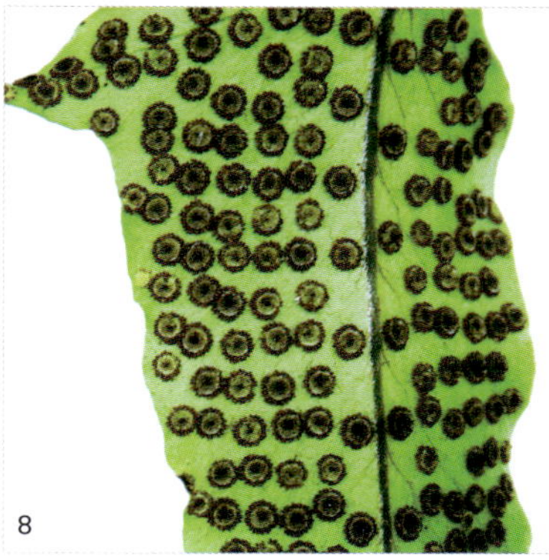

1, 2. 제주, 2019.5.4. / 3. 망상중심주, 제주, 2023.2.6.
4. 새순, 제주, 2019.4.19.
5. 잎자루 비늘조각, 제주, 2023.2.6.
6. 잎자루 하부 비늘조각, 제주, 2018.1.18.
7. 포자낭군, 제주, 2019.5.4.
8. 포자낭군, 포막, 제주, 2018.5.25.

더부살이고사리

Polystichum lepidocaulon **(Hook.) J.Sm.**, Ferns Brit. For. 286, 1866

Deo-bu-sa-ri-go-sa-ri (박만규, 1949; 정태현 등, 1949; 이창복, 1980; 등[1])
싹고사리(박만규, 1961, 1975), 더부사리고사리(정태현, 1937; 이우철, 1996)

中 鞭叶耳蕨 E Japanese holly fern
日 Orizuru-shida

염색체수 n = 41 **포자기** 7~9월 **용도** 관상용
분포 전남, 제주도, 저산지의 그늘진 숲속에서 자람; 일본, 중국, 타이완

상록성 여러해살이풀로 지생한다. **키** 25~80cm이다. **뿌리줄기** 짧고 곧게 나며, 잎이 모여난다. **잎자루** 길이 10~40cm이고, 우중충한 갈색의 비늘조각이 밀생한다. 비늘조각은 막질이고, 가장자리에 털 같은 돌기가 있으며, 난상 긴타원형 또는 선형이고, 끝이 실같이 가늘다. **잎몸** 1회 우상으로 갈라지며, 넓은 피침형으로, 아랫부분이 가장 넓고, 길이 15~40cm, 너비 6~15cm이며, 중축의 끝이 덩굴모양으로 자라서 무성아가 난다. 중축과 우편 중륵에는 막질의 비늘조각이 붙는다. **우편** 10~20쌍이 어긋나고, 직각으로 붙으며, 피침형으로, 위로 굽어있고, 길이 3~10cm, 너비 6~20mm이다. 가장자리는 밋밋하고, 끝이 길게 뾰족하며, 자루가 없고, 기부 위쪽에 삼각상 귀가 있으며, 아래는 둥글고, 거의 중축에 평행하며, 3/5 지점에서 좁아져 끝이 뾰족하다. 표면은 짙은 녹색이고, 윤채가 나며, 뒷면은 흰빛이 돈다. 뒷면에 작은 비늘조각이 납작하게 붙는다. **잎맥** 측맥은 거의 유리맥이나 드물게 그물맥이 있다. **포자낭군** 우편의 중륵 가까이 2줄 또는 3~4줄로 붙는다. **포막** 작고 둥글며, 빨리 떨어진다.

1. 제주, 2004.11.29.
2. 새순, 제주, 2023.4.16.
3. 잎자루의 비늘조각, 제주, 2023.4.16.
4. 부분적으로 그물맥이 보이는 잎맥, 제주, 2023.4.21.
5. 포자낭군, 제주, 2023.4.21.
6. 잎몸, 제주, 2021.9.12.
7. 제주, 2003.6.9.
8. 제주, 2024.11.10.

톱니더부살이고사리(국내미기록)

***Polystichum putuoense* Li Bing Zhang**, Phytotaxa 60: 58, 2012

Top-ni-deo-bu-sa-ri-go-sa-ri (국명신칭)

中 普陀鞭叶耳蕨　E Saw-toothed Japanese holly fern

포자기 7~9월
분포 전남, 저산지 음습한 지대에서 자람; 중국

상록성 여러해살이풀로 지생한다. **키** 45~70cm이다. **뿌리줄기** 짧으며, 곧게 서고, 비늘조각이 밀생한다. 비늘조각은 갈색이고, 난상 피침형 또는 피침형이며, 가장자리에 털 같은 돌기가 있고, 끝이 실처럼 가늘다. **잎** 2가지 모양이다. **영양엽** 포자엽보다 작고, 우편수도 적으며, 중축 끝이 길어져, 끝에 비늘조각에 덮인 무성아가 달린다. **포자엽 잎자루** 갈색빛 도는 볏짚색으로, 길이 10~30cm이고, 기부의 비늘조각은 뿌리줄기의 것과 유사하나 더 드물고 작다. **잎몸** 1회 우상으로 갈라지며, 마르면 녹색을 띠고, 얇은 가죽질이며, 피침형으로 기부가 가장 넓거나 약간 둥글고, 길이 13~25cm, 너비 5~10cm이며, 끝이 갈라지고, 뾰족하며, 중축은 볏짚색이고, 뒷면에 드물게 비늘조각이 있다. 비늘조각은 연갈색을 띠고, 난상 피침형 또는 피침형으로, 가장자리에 털 같은 돌기가 있으며, 끝이 실같이 가늘고 길다. **우편** 6~13쌍이며, 어긋나고, 거의 직각으로 붙으며, 피침형으로, 위로 굽어 있고, 길이 4~5cm, 너비 8~11mm이다. 가장자리는 뾰족한 톱니가 발달하고, 끝이 길게 뾰족하며, 기부는 둥글고, 자루는 짧다. 기부 윗쪽은 삼각상 귀가 있으며, 귀는 가장자리가 밋밋하고, 끝이 뾰족하다. **잎맥** 3, 4회 우상으로 갈라지나, 표면은 모호하게 측맥이 갈라진다. **포자낭군** 우편의 중륵 가까이 1줄로 붙고, 흔히 귀의 측맥 위에 2줄로 붙는다. **포막** 작고, 잘 떨어진다.

∗더부살이고사리와 매우 유사하나 우편 가장자리에 뾰족한 톱니가 있고, 포자낭군은 중륵 양쪽에 한 줄로 달리는 점이 다르다.

1. 전남 여수, 2023.6.21.
2. 포자낭군과 잎맥, 전남 여수, 2023.6.21.
3. 우편 뒷면의 비늘조각, 전남 여수, 2023.6.21.
4. 우편 기부의 삼각형 귀, 전남 여수, 2023.6.21.
5. 중축의 비늘조각, 전남 여수, 2023.6.21.
6. 잎자루의 비늘조각, 전남 여수, 2023.6.21.
7. 잎몸, 전남 여수, 2023.6.21.

낚시고사리

Polystichum craspedosorum **(Maxim.) Diels,** Engl. et Pranle, Nat. Pflanzenfam 1(4): 189. 1899

Aspidium craspedosorum Maxim., Bull. Acad. Imp. Sci. Saint-Petersbourg 15. 231. 1870

Nak-si-go-sa-ri (정태현 등, 1937; 정태현 등, 1949; 박만규, 1949, 1961, 1975; 이창복, 1980; 등[1])

中 华北耳蕨 E Jumping holly fern 日 Tsuru-denda

염색체수 n = 41 **포자기** 7~9월 **용도** 관상용

분포 강원, 경기, 충북, 충남, 전북, 경북, 경남, 제주도, 산지의 그늘진 절벽 바위에 붙어서 자람; 일본, 중국, 러시아(동시베리아)

상록성 여러해살이풀로 경사면의 바위 겉에 착생한다. **키** 10~35cm이다. **뿌리줄기** 짧으며, 갈색의 피침형 비늘조각이 밀생한다. 비늘조각은 길이 1.8~6mm, 너비 0.2~1.5mm이다. 잎이 모여 난다. **잎자루** 황갈색으로, 길이 2.7~12.6cm, 지름 1~1.2mm이다. 비늘조각은 길이 2.3~5mm, 너비 0.3~1.2mm이며, 가장자리에 털 같은 돌기가 있다. **잎몸** 1회 우상으로 갈라지고, 선상 피침형이며, 길이 8~20cm, 너비 1.5~3.5cm이다. 끝이 길게 자라 무성아가 생기며 중축과 우편 중륵의 각도는 약 90° 이다. **우편** 15~25쌍이 가까이 달리고, 비대칭 긴타원형이며, 끝이 뭉뚝하고, 위쪽에 작은 귀가 있거나 없으며, 가장자리에 잔톱니가 있고, 길이 0.6~1.8cm, 너비 4~8mm이며, 자루는 없다. 연갈색의 작은 비늘조각이 있다. **잎맥** 유리맥이고, 2~3회 Y자로 분기한다. **포자낭군** 우편의 뒷면 위쪽 가장자리에 1줄로 붙는다. **포막** 둥글며, 방패형으로 가장자리가 밋밋하고, 길이 1~1.2mm, 너비 1~2.2mm이다. **포자** 단지형으로 쇄상무늬가 있으며, 외피가 있다.

1. 경기 연천, 2020.4.30.
2. 새순, 강원 평창, 2020.4.18.
3. 포막과 포자낭군, 강원 평창, 2004.6.30.
4. 강원 평창, 2019.7.18.
5. 잎 끝에 자란 무성아, 강원 춘천, 2011.9.2.
6. 강원 평창, 2019.7.18.

십자고사리

Polystichum tripteron (Kunze) C.Presl, Epimel. Bot. 55, 1851
Aspidium tripteron Kunze, Bot. Zeitung (Berlin) 6: 569, 1848

Sip-ja-go-sa-ri (정태현 등, 1937; 정태현 등, 1949; 박만규, 1975; 이창복, 1980; 등[1])
붉은눈고사리(박만규, 1949)
中 戟叶耳蕨 E Trifid holly fern
日 Jumonji-shida

염색체수 n = 41 **포자기** 7~9월
용도 관상용
분포 전역, 숲속에서 자람; 일본, 중국, 동시베리아

하록성 여러해살이풀로 지생한다. **키** 30~75cm이다. **뿌리줄기** 곧거나 짧게 옆으로 기고, 비늘조각이 많으며, 비늘조각은 흑갈색이고, 타원상 피침형으로, 길이 4~22mm, 너비 0.3~9mm이며, 잎이 모여 난다. **잎자루** 갈색이고, 길이 10~30cm이다. 아랫부분에 밀생하는 비늘조각은 타원상 피침형으로, 흐린 갈색 또는 갈색이고, 길이 3~12mm, 너비 1~5mm이다. **잎몸** 2회 우상으로 갈라지고, 첫째 우편이 크게 자라 십자모양을 만든다. 길이 25~40cm, 너비 10~20cm이다. 중축과 우축의 홈은 연결된다. **우편** 길이 3~10cm이고, 긴타원상 피침형으로, 최하부를 제외한 우편은 23~28쌍이 서로 어긋나며, 비대칭이고, 거의 평행하며, 끝이 뾰족하고, 길이 1.5~3cm이다. 비늘조각은 밝은 황색 또는 흐린 갈색이고, 피침형 또는 난상 타원형이며, 길이 0.7~1.6mm, 너비 0.2~0.6mm이다. **열편** 피침형이다. **잎맥** 3~4회 Y자로 갈라지며, 가장자리에 도달하지 않는다. **포자낭군** 우편과 열편의 중륵 가까이에 붙는다. **포막** 길이와 너비가 0.2~0.5mm이며, 둥근 방패형으로, 가장자리는 갈라지고, 잘 떨어진다. **포자** 단지형으로 긴타원형이다.

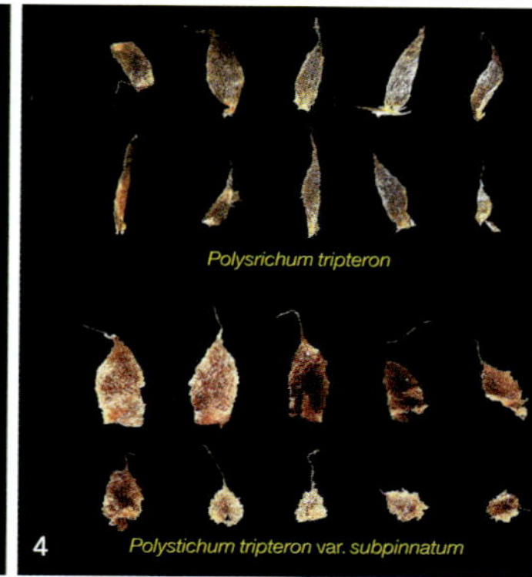

1. 경기 포천, 2012.5.31.
2. 새순, 경기 포천, 2014.1.27.
3. 잎자루의 비늘조각, 제주, 2021.3.13.
4. 십자고사리와 큰십자고사리의 중축의 비늘조각 비교, 2021.6.24.
5. 중축과 우편 기부, 경기 양평, 2021.3.11.
6. 십자고사리(위)와 큰십자고사리(아래)의 우편 비교, 2021.3.11.
7. 계류형, 제주, 2020.11.7.

1. 경북 울릉, 2022.6.5.
2. 새순, 경북 울릉, 2022.4.28.
3. 4. 잎자루의 비늘조각, 경북 울릉, 2022.6.5.
5. 중축, 우편 기부, 경북 울릉, 2021.9.11.
6. 미성숙 포자낭군, 경기 포천, 2003.6.17.

큰십자고사리

***Polystichum tripteron* var. *subpinnatum* (H.Itô) Honda**, Nom. Pl. Japonic., ed. emend.: 15, 1957

Polystichum tripteron f. *subpinnatum* H.Itô, J. Jap. Bot. 11: 423, 1935

Keum-sip-ja-go-sa-ri (정태현 등, 1937; 정태현 등, 1949; 박만규, 1975; 이우철, 1996)
붉은눈고사리(박만규, 1949)
E Big cross holly fern

포자기 7~9월
분포 울릉도, 숲속에서 자람; 일본

하록성 여러해살이풀로 지생한다. **키** 50~100cm이다. **뿌리줄기** 뭉쳐나고, 비늘조각이 많으며, 비늘조각은 흑갈색이고, 난상 피침형으로, 길이 5~22mm, 너비 3~9mm이며, 잎이 모여난다. **잎자루** 녹색이고, 길이 15~40cm이다. 아랫부분에 밀생하는 비늘조각은 난상 피침형 또는 난형으로, 끝이 길게 뾰족해 긴털 같고, 적갈색 또는 갈색이며, 길이 4~12mm, 너비 3~6mm이다. **잎몸** 2회 우상으로 갈라지고, 첫째 우편이 크게 자라 십자모양을 만든다. 중축과 우축의 홈은 연결된다. **우편** 길이 3~15cm이고, 긴타원상 피침형으로, 최하부를 제외한 우편은 비대칭이고, 거의 평행하며, 끝이 뾰족하고, 가장자리의 톱니는 깊게 갈라지며 끝도 매우 뾰족하고 구부러지며, 길이 1.5~3cm이다. 비늘조각은 밝은 적황색 또는 흐린 적갈색이고, 난상 피침형 또는 난형으로 끝이 길게 뾰족해져 간털 같으며, 길이 0.8~1.6mm, 너비 0.6~1mm이다. **열편** 피침형이다. **잎맥** 3~4회 Y자로 갈라지며, 표면 맥이 뚜렷하다. **포자낭군** 우편과 열편의 중륵 가까이에 붙는다.

이 종은 십자고사리의 이명으로 처리되기도 하나, 뿌리줄기가 굵고, 잎자루 기부의 비늘조각이 난상 피침형이며, 우편의 거치가 심한 점, 대형인 점 등이 십자고사리와 형태적 차이를 뚜렷이 보여 본 책에서 변종으로 취급하였다. 그러나 cpDNA(*rbcL*, *psbA-trnH*)분석 결과 모두 동일한 염기서열을 갖고 있어 보다 세밀한 연구가 요구된다.

검정개관중

Polystichum tsus-simense **(Hook.) J. Sm.**, Hist. Fil. 219, 1875

Polystichum luctuosum (Kunze) T.Moore, Index Fil.: 95, 1858

Aspidium tsus-simense Hook., Sp. Fil. 4: 16, pl. 220, 1862

Geom-jeong-gae-gwan-jung (박만규, 1961; 이창복, 1980; 등[1])

나도쇠고사리(박만규, 1975; 정태현, 1970), 섬봉의꼬리(박만규, 1949)

中 对马耳蕨 E Tsu-sima holly fern

日 Hime-kana-warabi, Kiyozumi-shida

염색체수 n = 123 **포자기** 6~9월 **용도** 관상용

분포 경남, 제주도, 숲속에서 자람; 일본, 중국, 베트남, 태국, 인도차이나

상록성 여러해살이풀로 지생한다. **키** 25~60cm이다. **뿌리줄기** 짧고, 잎이 모여난다. **잎자루** 연한 녹색 또는 볏짚색이고, 아랫부분은 갈색이며, 길이 15~30cm이다. 비늘조각은 흑갈색이며, 피침형이고, 가장자리에 불규칙한 돌기가 있으며, 길이 3~5mm이다. **잎몸** 2회 우상으로 갈라지며, 넓은 피침형 또는 긴타원상 난형이고, 길이 25~35cm, 너비 10~20cm로, 잎자루와 길이가 비슷하다. **우편** 20~25쌍으로, 선상 피침형이며, 짧은 자루가 있고, 기부에 귀가 발달하고, 끝으로 가면서 점차 가늘게 갈라진다. **소우편** 7~12쌍으로, 난형 또는 긴타원상 난형이며, 자루가 있고, 끝이 까락같이 날카롭다. 표면은 회녹색이고, 털이 없으며, 뒷면은 색이 연하고, 털 같은 비늘조각이 있으며, 비늘조각은 가장자리에 까락 같은 돌기가 있다. **포자낭군** 소우편의 중륵 가까이에 붙는다. **포막** 둥글고 곧 떨어지며, 지름 약 1mm이고, 가장자리는 밋밋하다.

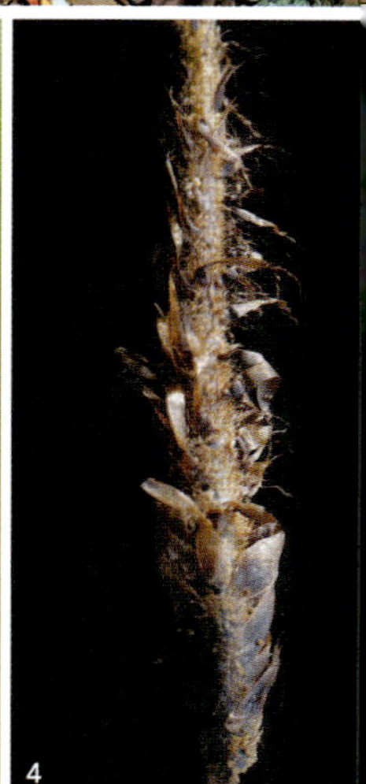

1. 제주, 2016.6.16.
2. 포막과 포자낭군, 제주, 2004.6.30.
3. 새순, 제주, 2004.6.30.
4. 잎자루 기부의 비늘조각, 2004.6.30.
5. 잎, 제주, 2022.2.16

큰개관중

Polystichum mayebarae **Tagawa**, Acta Phytotax. Geobot. 3(2): 91, 1934

Polystichum tsus-simense (Hook.) J.Sm. var. *mayebarae* (Tagawa) Sa Kurata, Hokuriku J. Bot. 6: 9, 1957

Keun-gae-gwan-jung (등[7])

中 前原耳蕨 E Leathery holly fern

日 Ō-kiyozumi-shida

염색체수 n = 123 **포자기** 6~9월 **용도** 관상용

분포 전남, 제주도, 저산지의 그늘진 숲속에서 자람; 일본, 중국

상록성 여러해살이풀로 지생한다. **키** 45~60cm이다. **뿌리줄기** 곧게 서며, 비늘조각이 밀생한다. 비늘조각은 좁은 피침형이고, 얇은 종이질이며, 흑갈색이다. **잎자루** 길이 20~30cm이고, 전체에 비늘조각이 밀생하며, 비늘조각은 좁은 피침형이고 가장자리에 털모양의 돌기가 있다. **잎몸** 2회 우상으로 갈라지고, 좁은 난형 또는 넓은 피침형이며, 가죽질이고, 길이 30~45cm, 너비 10~14cm이며, 끝이 뾰족하다. **우편** 20~25쌍으로, 피침형이고, 짧은 자루가 있으며, 길이 5~10cm, 너비 1.5~2.5cm이다. **소우편** 10~14쌍으로, 짧은 자루가 있으며, 기부에 작은 삼각상 귀가 있고, 끝은 뾰족하며, 가장자리에 작고 날카로운 톱니가 있다. **포자낭군** 소우편의 중륵 가까이에 달린다. **포막** 가장자리가 밋밋하다.

*검정개관중과 유사하나 우편은 아래에서 중간까지 거의 평행하고, 비늘조각은 갈색으로, 가장자리가 털모양으로 가늘게 갈라지며 잎자루는 잎몸보다 짧다.

1. 제주, 2006.4.8.
2. 잎자루, 제주, 2004.1.3.
3. 새순, 제주, 2008.3.13.
4. 포막과 포자낭군, 제주, 2004.6.30.
5. 잎몸, 제주, 2012.2.23.
6. 제주, 2012.2.23.
7. 제주, 2006.4.8.

좀나도히초미

***Polystichum braunii* (Spenn.) Fée,** Mém, Foug. 5: 278, 1852
Aspidium braunii Spenn, Fl. Friburg. 1: 9. pl. 2, 1825

Jom-na-do-hi-cho-mi (정태현 등, 1949; 이창복, 1980; 등[7])
가는개관중(박만규, 1961. 1975), 개비늘고사리(박만규, 1949)
中 布朗耳蕨 E Braun's holly fern
日 Hoso-inode

염색체수 n = 82 **포자기** 6~9월 **용도** 관상용
분포 강원, 경기, 충북, 경북, 고산의 숲속에서 자람; 일본, 중국, 러시아, 유럽, 북아메리카

하록성 여러해살이풀로 지생한다. **키** 50~100cm이다. **뿌리줄기** 짧고, 잎이 모여난다. **잎자루** 기부는 갈색이고, 길이 10~25cm이며, 비늘조각이 밀생한다. 비늘조각은 밝은 황색 또는 밝은 갈색이고, 길이 10~30mm, 너비 1.2~9mm이며, 타원상 피침형이다. **잎몸** 2회 우상으로 갈라지고, 긴타원형이며, 아래로 갈수록 점차 좁아지고, 길이 20~70cm, 너비 10~23cm이며, 뒷면에 선형 또는 피침형의 비늘조각이 밀생한다. 중축과 우축의 홈은 연결되지 않는다. **우편** 19~25쌍이 어긋나며, 길이 3~14cm이고, 피침형으로, 짧은 자루가 있다. **소우편** 7~17쌍이며, 자루가 없고, 비대칭 긴타원형으로, 톱니 끝이 뾰족해 가시모양이며, 귀는 긴타원형이다. 비늘조각은 백황색이거나 황갈색이며, 피침형 또는 선상 피침형이고, 길이 2~3.4mm, 너비 0.2~0.5mm이다. **잎맥** 유리맥이고, 3~4회 Y자로 갈라지며, 맥이 열편 가장자리까지 도달하지 않는다. **포자낭군** 소우편의 중륵 가까이 붙는다. **포막** 길이와 너비는 0.3~0.4mm이며, 둥근 방패형으로, 가장자리가 밋밋하다.

1. 경기 포천, 2004.6.6.
2. 새순, 강원 평창, 2019.4.25.
3. 잎자루의 비늘조각, 경기 포천, 2007.10.5.
4. 포막과 포자낭군, 경기 포천, 2013.6.6.
5. 중축과 우축의 비늘조각, 강원 정선, 2015.6.10.
6. 강원 원주, 2011.5.8.

나도개관중

Polystichum pseudomakinoi **Tagawa**,
Acta Phytotax. Geobot. 5(4): 257, 1936

Na-do-gae-gwan-jung (한국양치식물연구회, 2005; 이영노, 2006; 국립수목원, 2008)
너도히초미(박종욱 등 편집, 2007)
中 假黑鱗耳蕨 E Two-color-scale- holly fern
日 Saigoku-inode

염색체수 n = 82 **포자기** 6~9월 **용도** 관상용
분포 전북, 전남, 경북, 경남, 제주도, 저산지의 그늘진 숲속에서 자람; 일본, 중국의 난대지역

상록성 여러해살이풀로 지생한다. **키** 60~100cm이다. **뿌리줄기** 짧고, 곧게 선다. **잎** 모여난다. **잎자루** 길이 20~40cm이며, 볏짚색이고, 비늘조각이 많이 붙는다. 아랫부분의 비늘조각은 중심부가 광택이 나는 흑갈색이고, 가장자리는 연한 갈색으로, 난상 피침형 또는 피침형이며, 길이 6~8mm, 너비 2~3.5mm이다. 윗부분의 비늘조각은 연한 갈색으로, 가장자리가 털모양으로 갈라진다. **잎몸** 2회 우상으로 갈라지고, 난상 피침형으로, 길이 40~60cm, 너비 15~25cm이다. 중축에는 갈색의 비늘조각이 밀생하며, 피침형 또는 선형이고, 길이 약 4mm, 너비 1mm이며, 직각으로 붙거나 또는 바깥으로 뒤집힌다. **우편** 15~20쌍이 어긋나고, 피침형이며, 끝이 뾰족하고, 짧은 자루가 있다. **소우편** 15~20쌍이 어긋나고, 비스듬한 난형이며, 짧은 자루가 있고, 귀가 또렷하지 않다. 가장자리는 거의 밋밋하며, 두툼한 초질이다. **포자낭군** 소우편의 가장자리에 붙는다. **포막** 지름 약 0.7mm이고, 가장자리가 거의 밋밋하다.

1. 광주, 2011.10.5.
2. 잎자루의 비늘조각, 2012.3.9.
3. 새순, 광주, 2012.3.9.
4. 중축과 우편 표면, 광주, 2012.5.17.
5. 포자낭군, 광주, 2012.5.17.
6. 광주, 2007.11.13.

긴개관중

Polystichum tagawanum **Sa.Kurata**, J. Geobot. 7: 41, 1958
Polystichum pseudomakinoi Tagawa var. *ambiguum* Tagawa, Acta Phytotax. Geobot. 5(4): 258, 1936

Gin-gae-gwan-jung (한국양치식물연구회, 2005; 이영노, 2006; 국립수목원, 2008)
E Lusterless- holly fern 日 Inode-modoki

염색체수 n = 82 **포자기** 6~9월 **용도** 관상용
분포 전남, 경남, 제주도, 저산지의 그늘진 숲속에서 자람; 일본

상록성 여러해살이풀로 지생한다. **키** 80~120cm이다. **뿌리줄기** 짧고, 곧게 서거나 약간 누우며, 많은 비늘조각에 싸여있다. **잎자루** 잎몸보다 짧으며, 길이 20~30cm이고, 비늘조각이 밀생한다. 비늘조각은 난상 피침형에서 피침형이며, 끝이 뾰족하다. 가장자리가 갈라져 털모양이고, 연한 갈색이며, 드물게 흑갈색이고, 막질이다. **잎몸** 2회 우상으로 갈라지고, 좁은 피침형이거나 피침형이며, 가운데가 약간 넓고, 길이 60~90cm, 너비 15~20cm이다. 중축과 우축에 비늘조각이 밀생한다. **우편** 18~23쌍이 어긋나고, 선형이며, 우축에 선상 피침형 또는 선형의 비늘조각이 있다. **소우편** 14~20쌍으로, 끝이 뭉뚝하거나 약간 뾰족하며, 기부에 귀가 발달되며, 양면이 실 같은 비늘조각으로 덮이고, 종이질이며, 표면이 연한 녹색이다. **포자낭군** 소우편의 가장자리에 붙는다. **포막** 거의 밋밋하거나, 드물게 짧고 불규칙한 돌기가 있다.

종명	잎몸의 너비/길이	중축아래 비늘조각	포자낭군
긴개관종	1/4	피침형	가장자리 가까움
나도히초미	1/2~2/5	털모양	중륵과 가장자리 중간

1. 경남 거제, 2012.11.3.
2. 새순, 광주, 2004.3.15.
3. 잎자루의 비늘조각, 광주, 2004.6.30.
4. 중축의 비늘조각, 광주, 2004.6.30.
5. 포자낭군, 경남 거제, 2013.6.8.
6. 광주, 2011.11.25.

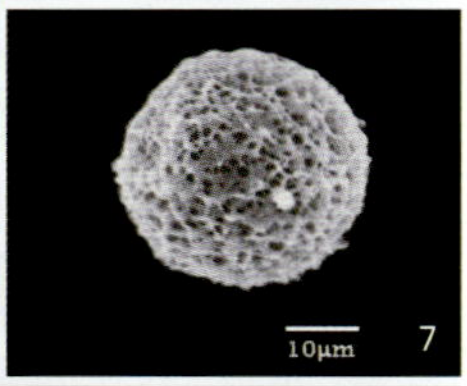

나도히초미

Polystichum polyblepharum **(Roem. ex Kunze) C.Presl.**, Abh. Königl. Böhm. Ges. Wiss., ser. 5, 6: 56, 1851

Aspidium polyblepharon Roem. ex Kunze, Bot. Zeitung (Berlin) 6: 572, 1848

Na-do-hi-cho-mi (이창복, 1980; 등[1])
개관중(박만규, 1961, 1975), 섬봉의꼬리(정태현 등, 1949; 박만규, 1949)
中 棕鳞耳蕨 E Multiciliate holly fern 日 Inode

염색체수 n = 82 **포자기** 6~9월
용도 약용(뿌리줄기: 내열복통), 관상용
분포 전남, 경북, 경남, 제주도, 울릉도, 저산지의 그늘진 숲속에서 자람; 일본, 중국 동부

상록성 여러해살이풀로 지생한다. **키** 30~90cm이다. **뿌리줄기** 짧게 서며, 잎이 모여 나온다. **잎자루** 갈색 또는 진한 갈색이고, 길이 20~30cm이다. 기부에 밀생하는 비늘조각은 갈색이고, 길이 10~23mm, 너비 2.5~7.5mm이며, 타원상 피침형 또는 타원상 난형이고, 가장자리에 불규칙한 돌기가 있다. **잎몸** 2회 우상으로 갈라지고, 긴타원형이며, 아래가 약간 좁아지고, 길이 30~60cm, 너비 15~25cm이며, 뒷면에 선형의 갈색 비늘조각이 밀생한다. **우편** 20~25쌍이 어긋나며, 짧은 자루가 있다. **소우편** 15~20쌍이 어긋나고, 짧은 자루가 있으며, 긴타원형이다. 비늘조각은 연한 갈색, 선상 피침형이며, 길이 1.8~4.2mm이다. **잎맥** 유리맥으로, 2~3회 Y자로 분기하며, 가장자리까지 도달하지 않는다. **포자낭군** 소우편의 가장자리와 중륵의 중간에 달린다. **포막** 둥근 방패형이며, 가장자리는 거의 밋밋하다.

10μm

1. 제주, 2020.5.3.
2. 새순, 제주, 2020.3.25.
3. 잎자루 비늘조각, 제주, 2023.2.6.
4. 소우편, 제주, 2023.6.1.
5. 포막과 포자낭군, 제주, 2023.5.31.
6. 망상중심주, 제주, 2023.2.6.
7. 포자, 2024.4.3.
8. 우편, 제주, 2023.5.31.
9. 제주, 2012.6.10.

섬나도히초미

Polystichum longifrons **Sa.Kurata**, Sci. Rep. Yokosuka City Mus. 10: 31, 1964

Seom-na-do-hi-cho-mi (국립수목원, 2008)
E Long-frond holly fern  Ai-asukainode

염색체수 n = 82 **포자기** 6~9월 **용도** 관상용
분포 전남, 제주도, 저산지의 그늘진 숲속에서 자람; 일본

상록성 여러해살이풀로 지생한다. **키** 65~110cm이다. **뿌리줄기** 짧게 서며, 비늘조각이 많이 있다. 비늘조각은 좁은 피침형이고, 길이 15~30mm, 너비 2~5mm이다. 잎이 모여난다. **잎자루** 비늘조각이 밀생하고, 비늘조각은 피침형이며, 가장자리가 거의 밋밋하고 갈색이나, 아랫부분의 큰 것은 가운데는 흑갈색이고, 가장자리는 연갈색이다. **잎몸** 2회 우상으로 갈라지고, 좁은 피침형으로, 맨 아래의 우편 4~5쌍은 아래를 향하며, 길이 50~60cn, 너비 15~20cm로, 좁고 길다. **우편** 22~25쌍이 어긋난다. **소우편** 비대칭 타원형이고 귀가 발달하며, 가시처럼 긴 톱니가 있다. **잎맥** 유리맥으로, 2~3회 Y자로 분기하며, 가장자리까지 도달하지 않는다. **포자낭군** 소우편의 중륵과 가장자리의 중간에 붙거나 약간 가장자리에 치우친다. **포막** 둥근 방패형으로 가장자리는 밋밋하다.

섬나도히초미와 나도히초미의 비교

종명	잎몸	잎자루 하부의 비늘조각	비늘조각의 가장자리
섬나도히초미	좁은 피침형	2색성	거의 밋밋함
나도히초미	긴타원형	단색성	불규칙한 돌기

1. 제주, 2021.9.26.
2. 새순, 전남 신안, 2013.3.18.
3. 우편, 제주, 2021.9.26.
4. 잎자루 하부의 2색성 비늘조각, 전남 신안, 2013.3.18.
5. 중축의 비늘조각, 제주, 2021.9.26.
6. 포자낭군, 제주, 2021.9.26.

비늘개관중

Polystichum retrosopaleaceum **(Kodama) Tagawa**, J. Jap. Bot. 13: 187, 1937

Polystichum aculeatum (L.) Roth ex Mert. var. *retrosopaleaceum* Kodama, Bot. Mag. (Tokyo) 29: 330, 1915

Bi-neul-gae-gwan-jung (박만규, 1961, 1975; 등[10])
산나도히초미(정태현 등, 1949; 이우철, 1996; 박종욱 등 편집, 2007), 비늘관중(박만규, 1949)
中 倒鱗耳蕨 E Scaly holly fern 日 Sakage-inode

염색체수 n = 41 **포자기** 6~9월 **용도** 관상용
분포 울릉도, 숲속에서 자람; 일본, 중국 남부

하록성 여러해살이풀로 지생한다. **키** 60~140cm이다. **뿌리줄기** 굵고 짧으며, 잎은 모여난다. **잎자루** 길이 20~40cm이다. 비늘조각은 연한 갈색이고, 막질이며, 가장자리에 돌기가 있고, 광택이 있다. 큰 비늘조각은 기부 가까이에 붙고, 난형이며, 직각으로 붙는다. 길이 8~20mm, 너비 5~10mm이고, 위쪽 끝이 갑자기 좁아져 짧은 꼬리모양이 된다. 중간크기의 비늘조각은 수가 많고, 납작하게 붙거나 또는 직각으로 붙으며, 난형으로, 끝이 갑자기 짧은 꼬리모양이고, 길이 6mm이다. 작은 비늘조각은 둥글거나 난형으로, 납작하게 붙으며, 길이 1~2mm이고, 때로는 긴 꼬리가 끝에 달린다. **잎몸** 2회 우상으로 갈라지고, 길이 40~100cm, 너비 15~30cm이며, 아랫부분은 좁아지지 않거나 약간 좁아지고, 표면은 밝은 녹색, 뒷면은 연한 녹색이다. 중축 뒷면의 비늘조각은 난상 피침형 또는 피침형이고, 끝이 꼬리처럼 길어지며, 아래를 향해 압착해 많이 붙는다. **우편** 선형으로, 자루가 없으며, 끝이 뾰족하다. **소우편** 난형 또는 긴타원형으로, 끝이 둔하고, 가장자리에 가시 같으나 부드러운 톱니가 있으며, 짧은 자루가 있다. **포자낭군** 소우편의 중륵과 가장자리 중간에 달린다. **포막** 둥글며 중앙부가 오목하다.

1. 경북 울릉, 2022.6.5.
2. 중축의 비늘조각, 경북 울릉, 2014.6.24.
3. 잎자루의 비늘조각, 경북 울릉, 2014.6.24.
4. 잎몸, 경북 울릉, 2013.5.15.
5. 포막과 포자낭군, 경북 울릉, 2014.6.5.

지리개관중

***Polystichum ovatopaleaceum* (Kodama) Sa.Kurata**, Sci. Rep. Yokosuka City Mus. 10: 35, 1964

Polystichum retrosopaleaceum (Kodama) Tagawa var. *ovatopaleaceum* (Kodama) Tagawa, J. Jap. Bot. 13(3): 187, 1937

Ji-ri-gae-gwan-jung (박만규, 1961, 1975; 등[10])
지이관중(박만규, 1949), 드문나도히초미(박종욱 등 편집, 2007)

 中 卵鱗耳蕨 E Jiri holly fern  日 Tsuyanashi-inode

염색체수 n = 82 **포자기** 6~9월 **용도** 관상용
분포 강원, 경기, 충남, 전북, 전남, 경북, 제주도, 숲속에서 자람; 일본, 중국

하록성 여러해살이풀로 지생한다. **키** 50~100cm이다. **뿌리줄기** 굵고, 짧으며 잎은 모여난다. **잎자루** 25~35cm이고, 기부에 큰 비늘조각이 밀생한다. 비늘조각은 갈색이고, 긴난형으로, 가장자리가 털처럼 가늘게 갈라진다. **잎몸** 2회 우상으로 갈라지고, 긴타원상 피침형이며, 아래로 가면서 약간 좁아지고, 끝이 뾰족하며, 길이 45~60cm, 너비 20~25cm이다. 중축에는 넓은 난형이고, 끝이 갑자기 좁아져 뾰족해진 비늘조각이 위를 향해 붙고, 압착되지 않는다. **우편** 23~25쌍이 아래는 마주나고, 위는 어긋나며, 중축과 거의 직각으로 붙고, 짧은 자루가 있다. **소우편** 15~20쌍이 어긋나며, 짧은 자루가 있고, 긴타원형이며, 귀가 발달하고, 양면은 긴 털모양의 비늘조각에 덮인다. **포자낭군** 소우편의 중륵과 가장자리의 중간에 붙는다. **포막** 둥글며, 가장자리는 밋밋하다.

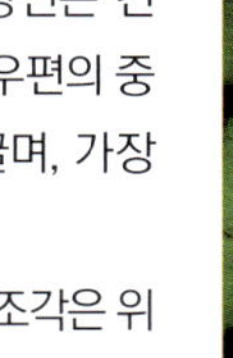

＊비늘개관중과 유사하나 중축 하부의 비늘조각은 위를 향해 붙으며, 압착되지 않고, 길이 5~ 8mm이다.

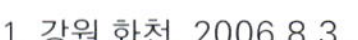

1. 강원 화천, 2006.8.3.
2. 잎자루의 비늘조각, 강원 계방산, 2004.10.22.
3. 포자낭군, 경기 포천, 2023.10.5.
4, 5. 중축 하부의 비늘조각, 충남 세종, 2023.9.1.

참나도히초미

Polystichum ovatopaleaceum (Kodama) Sa.Kurata var. *coraiense* (Christ) Sa.Kurata, Sci. Rep. Yokosuka City Mus. 10: 35, 1964

Polystichum aculeatum (L.) Roth ex Mert. var. *coraiense* Christ, Repert. Spec. Nov. Regni Veg. 5: 11, 1908

Cham-na-do-hi-cho-mi (정태현 등, 1949; 이창복, 1980; 등[1])
수비늘관중(박만규, 1949)
E Korean holly fern 日 Iwashiro-inode

염색체수 n = 82 **포자기** 6~9월 **용도** 관상용
분포 강원, 경기, 충북, 전북, 전남, 경남, 제주도, 산지의 숲속에서 자람; 일본

하록성 여러해살이풀로 지생한다. **키** 60~120cm이다. **뿌리줄기** 짧게 비스듬하거나, 덩이줄기 같고, 잎이 모여 나온다. **잎자루** 길이 20~40cm이고, 비늘조각이 밀생한다. 비늘조각은 난상 피침형 또는 피침형이고, 거의 투명하며, 연한 갈색이고, 가장자리가 털처럼 갈라진다. **잎몸** 2회 우상으로 갈라지고, 피침형이며, 아래로 가면서 약간 좁아지고, 길이 40~100cm이다. 중축 표면에 홈이 있으며, 비늘조각이 밀생한다. 비늘조각은 난상 피침형 또는 피침형이고, 넓고 거의 투명하며, 연한 갈색이다. **우편** 25~30쌍이 어긋나고, 피침형이다. **소우편** 비대칭 긴타원형으로, 귀가 발달한다. **포자낭군** 소우편의 중륵과 가장자리의 중간에 붙는다. **포막** 둥글며, 가장자리는 밋밋하다.

∗지리개관중과 매우 유사하여 중축 하부의 비늘조각 모양 외에 다른 뚜렷한 형태적 차이가 없어 종 또는 종내 위치에 관하여 검토를 요한다.

1. 경기 포천, 2003.6.20.
2. 새순, 강원 평창, 2019.4.25.
3. 잎자루의 비늘조각, 경기 포천, 2008.4.24.
4. 포막과 포자낭군, 경기 포천, 2004.6.6.
5. 새순, 경기 포천, 2008.4.24.
6. 경기 포천, 2003.10.28.

참나도개관중(국내미기록)

Polystichum ovateopaleaceum (Kodama) Sa.Kurata var. _coraiense_ (H.Christ) Sa.Kurata × _P. pseudomakinoi_ Tagawa, The Standard of ferns and Lycophytes in Japan, II, 418, 2016

Cham-na-do-na-do-gae-gwan-jung (국명신칭)

E Koean two-color-scale- holly fern

日 Kanaeya-mainodae

참나도히초미와 나도개관중의 교잡종으로 일본에 분포하고, n=82로 알려져 있으며, 광주의 참나도히초미와 나도개관중의 혼생지에서 발견되었다. 전체적인 엽형은 두 종의 중간형으로 피침형이고, 비늘조각의 가장자리는 난상 피침형, 피침형 또는 선상 피침형으로 갈색이며, 가장자리는 털처럼 갈라진다. 포자낭군은 소우편의 중륵과 가장자리 중간에 붙는다.

1. 광주, 2011.11.25.
2. 중축 중부 비늘조각, 광주, 2011.11.25.
3. 잎자루 중부 비늘조각, 광주, 2011.11.25.
4. 잎자루 하부 비늘조각, 광주, 2011.11.25.

좀참나도히초미(국내미기록)

Polystichum × _titibuense_ Sa.Kurata, J. Geobot. (Kanazawa) 12: 68, 1963

Jom-cham-na-do-hi-cho-mi (국명신칭)

E Korean braun's holly fern 日 Kaneya-mainode

좀나도히초미와 참나도히초미의 교잡종으로 일본에 분포하고, 4배체로 알려져 있으며, 강원도 평창의 좀나도히초미와 참나도히초미의 혼생지에서 발견되었다. 전체적인 엽형은 좀나도히초미와 참나도히초미의 중간형으로 아래로 가면서 조금 좁아지고, 비늘조각은 밝은 갈색의 난상 피침형 또는 피침형, 선상 피침형으로 가장자리가 갈라지며, 포자낭군은 소우편의 중륵과 가장자리 중간에 붙는다.

1. 강원 평창, 2006.10.11.
2. 포자낭군, 강원 평창, 2006.10.11.

왁살고사리

***Arachniodes borealis* Seriz.**, J. Jap. Bot. 61(2): 48, 1986

Wak-sal-go-sa-ri (이창복, 1980; 등[1])
큰산고사리(박만규, 1961, 1975), 큰가새고사리(박만규, 1949)
E Northern upside-down fern
日 Hosoba-narai-shida, Narai-shida

염색체수 n = 41 **포자기** 7~9월 **용도** 관상용
분포 전역, 숲속에서 자람; 일본

중형의 하록성 여러해살이풀로 지생한다. **키** 40~80cm이다. **뿌리줄기** 길게 뻗으며, 잎이 드문드문 달린다. **잎자루** 볏짚색 또는 부분적으로 붉은 갈색이고, 길이는 20~40cm로, 잎몸과 거의 같다. **잎자루** 아랫부분에는 비늘조각이 밀생하며, 비늘조각은 밝은 갈색이고, 길이 5~12mm, 너비 1~3.5mm이며, 피침형이다. **잎몸** 3~4회 우상으로 갈라지며, 넓은 오각형으로, 양면에 털이 있고, 잿빛이 도는 녹색이며, 길이 25~40cm, 너비 20~35cm이다. **우편** 6~8쌍이 어긋나며, 길이 2~18cm이다. **소우편** 난형으로, 길이 3~9cm이며, 피침형이고 밝은 갈색의 비늘조각이 있다. **열편** 난상 타원형이고, 중륵에 털이 밀생한다. **잎맥** 열편의 측맥은 유리맥으로, 1~2회 Y자로 갈라지며, 가장자리까지 도달하지 않는다. **포자낭군** 지름 0.7~1mm이다. **포막** 둥근 신장형이며, 가장자리는 밋밋하고, 길이 0.3~0.5mm, 너비 0.4~0.6mm이다.

1. 서울, 2020.5.20.
2. 새순, 경기 포천, 2014.4.13.
3. 어린 포자체, 광주, 2013.12.12.
4. 포막과 포자낭군, 서울, 2020.7.11.
5. 잎몸, 서울, 2020.7.11.

제주왁살고사리

***Arachniodes miqueliana* (Maxim. ex Franch. & Sav.) Ohwi**, J. Jap. Bot. 37: 76, 1962

Je-ju-wak-sal-go-sa-ri (이영노, 2006)
中 毛枝蕨 日 Nangoku-narai-shida

염색체수 n = 82 **포자기** 7~9월 **용도** 관상용
분포 전북, 경북, 경남, 제주도, 숲이 트인 그늘에서 자람; 일본, 중국

하록성 여러해살이풀로 지생한다. **키** 80~120cm이다. **뿌리줄기** 길게 기고, 잎이 떨어져 나오며, 비늘조각에 싸인다. **잎자루** 윗부분은 볏짚색이며, 기부는 어두운 자갈색이고, 길이 30~60cm이며, 비늘조각이 드문드문 달린다. 비늘조각은 좁은 피침형으로, 진한 갈색이고, 길이 4~5mm, 너비 1~1.2mm이다. **잎몸** 3회 우상으로 갈라지고, 삼각상 오각형이며, 길이 35~55cm, 너비 25~35cm이고, 초질이다. **우편** 6~10쌍이 어긋나고, 맨 아래는 삼각상 피침형으로, 길이 25~27cm, 너비 18~19cm이며, 자루는 길이 약 2cm이다. 우축 표면의 홈에 털이 밀생한다. **소우편** 약 18쌍이고, 아삼각형 또는 넓은 피침형이고, 끝이 뾰족하며, 자루는 약 5mm이다. 소우축의 비늘조각은 넓은 피침형이고, 길이 0.3~0.7mm, 너비 0.2~0.3mm이며, 가장자리가 밋밋하다. 털은 표면에 많고, 뒷면에 드물며, 양면에 단세포성 털이 있고, 뒷면에 다세포성 털이 있다. **열편** 뚜렷하게 톱니가 발달하나 톱니에 가시는 없다. **포자낭군** 지름 1~1.5mm이다. **포막** 둥근 신장형으로 가장자리에 털이 없이 매끈하다.

* 왁살고사리와 혼동되어 왔으나 왁살고사리에 비해 잎자루가 자갈색을 띠고, 우축 표면 홈에 털이 밀생하며, 주로 남쪽에 분포하며 하록성이다. 그러나 일본에 분포하는 것은 상록성으로 알려져 있다.

1. 경북 경주, 2022.7.3.
2. 새순, 부산, 2015.5.9. ©이성원
3. 중축의 털, 부산, 2019.9.6.
4. 망상중심주, 부산, 2019.9.6.
5. 우축 표면의 털, 울산, 2020.10.21.
6. 포막과 포자낭군, 울산, 2020.10.21.
7. 소우축의 비늘조각, 부산, 2019.9.6.

일색고사리

Arachniodes standishii **(T.Moore) Ohwi**, J. Jap. Bot. 37: 76, 1962

Lastrea standii T.Moore, Gard. Chron. 292. 1863

Il-saek-go-sa-ri (정태현 등, 1949; 이창복, 1980; 등[1])
양면고사리(박만규, 1949, 1961, 1975)
E Upside-down holly fern 日 Ryomen-shida

염색체수 n = 41 **포자기** 7~9월 **용도** 관상용
분포 제주도, 울릉도, 숲속의 습한 곳에서 자람; 일본

상록성 여러해살이풀로 지생한다. **키** 35~90cm이다. **뿌리줄기** 지름 4~7mm이고, 옆으로 벋으며, 비늘조각이 밀생한다. 비늘조각은 갈색을 띠고, 피침형이거나 선상 피침형이며, 길이 3~12mm, 너비 0.2~1.7mm이다. **잎자루** 잎몸의 약 1/2이며, 연한 황갈색이고, 선상 피침형의 비늘조각이 아랫부분에 밀생하나 위로 갈수록 드문드문 있다. **잎몸** 3~4회 우상으로 갈라지며, 긴타원상 난형이고, 길이 25~60cm, 너비 15~35cm이다. 연한 종이질이며, 털이 없고, 뒷면에는 비늘조각이 드문드문 있다. 비늘조각은 갈색이고, 난형 또는 긴타원상 피침형이며, 길이 2~3mm, 너비 0.2~1mm이다. 중축과 우축의 홈은 연결된다. **우편** 피침형이고, 길이 7~18cm, 너비 3.8~12cm이며, 자루는 길이 10~17mm이다. **열편** 긴타원형 또는 피침형이고, 뾰족한 톱니가 있다. **잎맥** 유리맥으로 3~4회 Y자로 갈라진다. **포자낭군** 잎몸 아랫부분부터 붙는다. **포막** 둥근 신장형이고, 가까이 겹쳐있으며, 가장자리가 밋밋하다. **포자** 단지형이고, 길이 0.8~1mm, 너비 0.8~1mm이다.

* 털비늘고사리와 유사하나 비늘조각은 잎자루 아래에만 밀생하고, 포자낭군은 잎몸의 아래부터 붙는다.

1. 잎몸, 제주, 2004.11.28.
2. 새순, 경북 울릉, 2022.4.28.
3. 망상중심주, 제주, 2023.2.6.
4. 새순, 2012.3.27.
5. 잎몸 중앙부, 제주, 2020.7.17.
6. 포막과 포자낭군, 제주, 2004.10.21.
7. 군락, 제주, 2020.10.10.

털비늘고사리

Arachniodes mutica **(Franch. & Sav.) Ohwi**, J. Jap. Bot. 37: 76, 1962
Aspidium muticum Franch. et Sav., Enum. Pl. Jap. 2: 240, 1877; 635, 1879

Teol-bi-neul-go-sa-ri (정태현 등, 1937; 이창복, 1980; 등[7])
털쇠고사리(박만규, 1961, 1975; 이우철, 1996), 나도쇠고사리(정태현 등, 1949), 털가위고사리(박만규, 1949)
E Asian hairy-scale holly fern 日 Shinobu-kaguma

염색체수 n = 41, 82 **포자기** 7~9월 **용도** 관상용
분포 울릉도, 숲속에서 자람; 일본, 러시아(사할린)

상록성 여러해살이풀로 지생한다. **키** 40~85cm이다. **뿌리줄기** 굵고, 짧으며 덩어리 같고, 잎이 모여난다. **잎자루** 길이 15~35cm이고, 볏짚색이며, 비늘조각이 많이 붙는다. 비늘조각은 긴타원상 난형 또는 피침형으로, 연한 갈색, 검은색, 검은 갈색이며, 길이 5~20mm이고, 끝이 길게 뻗으며, 가장자리에 고르지 못한 톱니가 있다. **잎몸** 3회 우상으로 갈라지며, 난상 긴타원형이고, 끝이 길게 뾰족하며, 길이 25~50cm, 너비 13~25cm이다. **우편** 좁은 난형이고, 끝이 뾰족하며, 맨 아래 우편은 삼각상 난형이거나 피침형이고, 길이 5~7mm의 자루가 있다. 우축의 비늘조각은 넓은 난형이고, 다소 주머니처럼 말리고, 끝은 꼬리처럼 길다. **소우편** 길이 7~10cm이며, 맨 아래 소우편이 가장 크고, 그보다 위쪽 것은 차츰 짧아진다. **열편** 아랫부분은 쐐기모양이고, 자루가 없으며, 가장자리에 톱니가 있다. **포자낭군** 잎몸의 위쪽에 붙고, 밑에 있는 1~2쌍의 우편에는 붙지 않는다. 소우편의 가장자리 가까이에 붙는다. **포막** 둥근 신장형이며, 가장자리에 톱니가 있고, 털은 없다.

1. 경북 울릉, 2004.5.20.
2. 잎자루 비늘조각, 경북 울릉, 2014.7.22. ⓒ이만규
3. 중축 비늘조각, 경북 울릉, 2014.7.22. ⓒ이만규
4. 소우편, 경북 울릉, 2004.5.20.
5. 잎몸 상부, 경북 울릉, 2004.5.20.
6. 포막과 포자낭군, 경북 울릉, 2014.7.22. ⓒ이만규

쇠고사리

***Arachniodes rhomboidea* (Wall. ex C.Presl) Ching**, Acta Phytotax. Sin. 9: 383, 1964

Arachniodes amabilis var. *fimbriata* K.Iwats., Acta Phytotax. Geobot. 30: 42, 1979

Soe-go-sa-ri (정태현 등, 1949; 박만규, 1961, 1975; 이창복, 1980; 등[1])
개가새고사리(박만규, 1949)
中 斜方复叶耳蕨 E Atractive holly fern
日 O-kanawarabi

염색체수 n = 41 **포자기** 6~9월 **용도** 관상용
분포 경남, 제주도, 숲속에서 자람; 일본, 중국, 타이완, 말레이시아, 인도

상록성 여러해살이풀로 지생한다. **키** 45~90cm이다. **뿌리줄기** 짧고, 끝에서 잎이 접근해 나온다. 비늘조각이 많이 있으며, 비늘조각은 적갈색 또는 밝은 갈색이고, 넓은 피침형이며, 막질이고, 가장자리가 밋밋하며, 위가 좁아져 실모양이고, 길이 8~10mm, 너비 2mm이다. **잎자루** 길이 20~40cm이고, 짙은 녹색이며, 떨어지기 쉬운 비늘조각이 있다. 비늘조각은 실모양이고, 길이 2~5mm이다. **잎몸** 2~3회 우상으로 갈라지며, 길이 25~50cm, 너비 15~35cm이고, 난상 타원형으로, 끝이 갑자기 좁아져 정우편으로 된다. **우편** 3~7쌍이 어긋나게 배열하며, 선상 피침형이고, 위로 올라갈수록 점점 좁아져 뾰족하며, 맨 아래 우편은 길이 1~1.5cm의 자루가 있고, 길이 12~20cm, 너비 2~3.5cm이다. **소우편** 삼각상 난형이거나 긴타원상 난형이며, 짧은 자루가 있고, 다소 끝이 뾰족하여 잔가시가 된다. 양면에 털이 없고, 표면에 다소 광택이 난다. **포자낭군** 소우편의 가장자리에 붙는다. **포막** 둥근 신장형이고, 지름 1~1.5mm이며, 가장자리에 짧은 털이 있다.

1. 제주, 2021.11.13.
2. 소우편과 포자낭군, 제주, 2023.6.4.
3. 소우편, 제주, 2023.2.4.
4. 망상중심주, 제주, 2023.2.4.
5. 잎몸, 제주, 2021.11.13.
6. 우축과 포자낭군, 제주, 2023.6.4.
7. 포막, 제주, 2023.6.4.
8. 제주, 2024.10.30.

꼬리쇠고사리

Arachniodes simplicior **(Makino) Ohwi**, J. Jap. Bot. 37(3): 76, 1962
Aspidium aristatum (G.Forst.) Sw. var. *simplicior* Makino, Bot. Mag. (Tokyo) 15(170): 65, 1901

Kko-ri-soe-go-sa-ri (한국양치식물연구회, 2005; 이영노, 2006; 국립수목원, 2008)
낫쇠고사리(박종욱 등 편집, 2007)
中 异羽复叶耳蕨 E Caudate holly fern
日 Hakata-shida

염색체수 n = 82 **포자기** 7~9월 **용도** 관상용
분포 전남, 경남, 제주도, 숲속에서 자람; 일본, 중국

상록성 여러해살이풀로 지생한다. **키** 50~90cm이다. **뿌리줄기** 짧고, 기거나 비스듬히 서며, 다소 단단하다. 비늘조각은 선상 피침형으로, 흑갈색이며, 길이 5~8mm이고, 끝이 털 같으며, 흔히 구부러지고, 가장자리는 밋밋하다. **잎자루** 연한 볏짚색이고, 길이 25~45cm이며, 기부에 비늘조각이 많고, 위로 가면서 드문드문 난다. **잎몸** 2~3회 우상으로 갈라지며, 긴타원상 난형 또는 오각형이고, 길이 30~60cm, 너비 15~35cm이며, 단단한 종이질이거나 가죽질이다. 중축은 피침형의 비늘조각이 드물게 있고, 털은 없다. **우편** 주로 3쌍이고, 기부가 가장 넓으며, 위쪽 우편은 갑자기 짧아져 자루가 있는 정우편을 만들고, 맨 아래 우편에 짧은 자루가 있는 1쌍의 긴 소우편이 있다. 때로 우축을 따라 백녹색 또는 흰색 무늬가 뚜렷하게 있다. **소우편** 첫번째 우편의 소우편은 15~20쌍으로, 1cm의 자루가 있고, 피침형이며, 끝이 뾰족하다. 다른 소우편은 긴타원형으로, 가장자리에 뾰족한 톱니가 발달하며, 중륵과 측맥에는 작고 흑갈색인 비늘조각이 있다. **포자낭군** 측맥의 끝, 소우편의 중륵과 가장자리의 중간에 달린다. **포막** 둥근 신장형으로 막질이고, 밋밋하다.

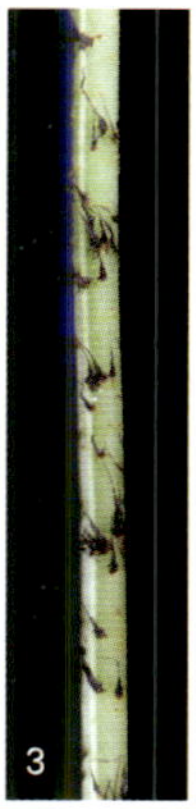

1. 경남 마산, 2022.1.16.
2, 4. 잎자루의 비늘조각, 제주, 2023.2.6.
3. 잎자루의 비늘조각, 경남 거제, 2019.10.27.
5. 망상중심주, 제주, 2023.2.6.
6. 포자낭군, 경남 마산, 2022.1.16.
7. 광주, 2005.10.9.

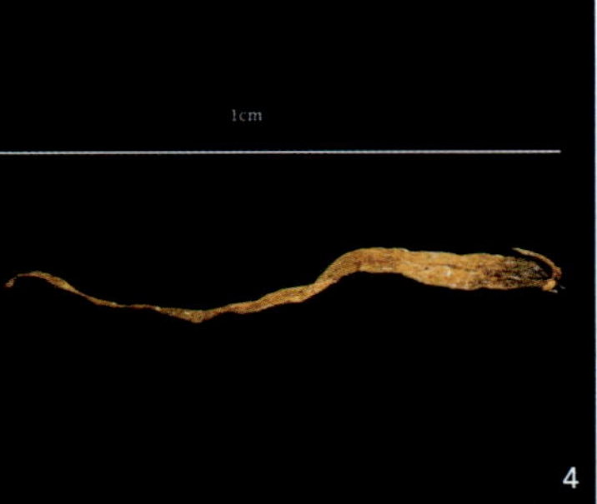

큰꼬리쇠고사리(신변종)

Arachniodes simplicior* var. *magnusfolia
C.S.Lee & K.H.Lee, var. nov.

Keun-kko-ri-soe-go-sa-ri (국명신칭)
E Big caudate holy fern

분포 전북, 전남, 낮은 산지의 상록수림 아래에서 자람; 한국 특산종

상록성 여러해살이풀로 지생한다. **키** 50~90cm이다. **뿌리줄기** 짧게 기거나 뭉쳐난다. 비늘조각은 선상 피침형으로, 갈색이며, 길이 약 5~8mm이고, 끝이 털 같으며, 가장자리가 밋밋하다. **잎자루** 볏짚색이고, 길이 35~45cm이며, 갈색을 띠고 기부가 넓은 난상피침형 비늘조각이 많고, 위로 가면서 드문드문 난다. **잎몸** 2~3회 우상으로 갈라지며, 타원상 난형 또는 타원상 오각형이고, 길이 30~50cm, 너비 30~50cm이며, 표면은 회색빛나는 녹색이며, 뒷면은 누런빛 나는 녹색이고, 약간 단단한 종이질이다. 중축은 난상 피침형의 비늘조각이 드물게 있고, 털은 없다. **우편** 4~5쌍, 기부가 가장 넓으며, 위쪽 우편은 갑자기 짧아져 자루가 있는 정우편을 만든다. 맨 아래 우편은 짧은 자루가 있는 1쌍의 긴 소우편이 있다. **소우편** 기부 우편의 소우편은 15~20쌍의 열편이 있고, 0.5cm의 자루가 있으며, 피침형이고, 끝이 뾰족하다. 다른 소우편은 긴타원형으로, 가장자리에 뾰족한 톱니가 발달하며, 중륵과 측맥에는 작고 흑갈색인 비늘조각이 있다. **포자낭군** 소우편의 중륵과 가장자리의 중간에 달린다. **포막** 둥근 신장형으로 막질이고, 가장자리에 불규칙한 돌기가 있다.

*이 종은 꼬리쇠고사리와 유사하나 보다 크고 잎자루의 비늘조각은 갈색이고 기부가 넓은 난상피침형이며, 포막에 불규칙한 돌기가 있고, 잎몸이 더 단단한 종이질인 점이 다르다.

1. 전남 신안, 2014.9.30.
2. 우편 앞면, 전남 신안, 2023.5.10.
3. 뿌리줄기 비늘조각, 전남 신안, 2023.5.10.
4. 뿌리줄기 비늘조각, 전남 신안, 2023.5.12.
5. 꼬리쇠고사리와 큰꼬리쇠고사리 잎자루 비늘조각 비교
6. 소우편과 포자낭군, 전남 신안, 2024.7.9.
7. 우축비늘조각, 전북 고창, 2024.7.7.

8. 잎 표면, 전남 신안, 2023.5.10.
9. 전북 고창, 2024.2.4.

Arachniodes simplicior var. *magnusfolia* C.S.Lee & K.H.Lee, var. nov.

∗ This species is similar to *A. simplicior*, but differs from it by being larger, having brown scales on the stipes, broadly ovate-lanceolate at base, irregular projections on the margins of indusia, and the harder papery lamina.

Lee, Lee230510 (KH) holotype: KH; isotype: KH (2 sheets).

KOREA, Jeonnam, Hongdo, Gikdaebong, 11 May 2023, K.H. Lee, Lee230510 (Holotype: KH, Isotype: KH, 2 sheets)

Evergreen perennial herb. 50–90 cm tall. Rhizome short creeping or clumping. Scales linear lanceolate, brown, 5–8 mm length, hairly apex, margin entire. Stipes stramineous, 35–45 cm length, with many scales at the base, rarely at the upper part; scales brown, widely at base,. ovate-lanceolate. Leaf blade 2–3 pinnatifid, elliptic-ovate or elliptic-pentagonal, 30–50 cm length, 30–50 cm width, grayish green on the surface, yellowish green on the back, slightly papery; rachis sparsely ovate-lanceolate scales and no hairs; pinnae 4–5 pairs, baseal pair largest, upper pinnae abruptly shortly acuminate apex to form a regular pinnae, basal pinnae long pinnules with a short stalk; basal pinnule 15–20 pairs segments with about 0.5 cm stalk, lanceolate, acuminate apex; other pinnule oblong, sharply toothed margins, with small and blackish-brown scales on the midrib and lateral veins. Sori are located between the middle-rib and margins of the pinnule. Indusia are round-reniform, membranous, with irregular projections on the margins.

큰쇠고사리

***Arachniodes chinensis* (Rosenstock) Ching**, Acta Bot. Sin. 10: 257. 1962.
Arachniodes simplicior (Makino) Ohwi var. *major* (Tagawa) Ohwi, J. Jap. Bot. 37(3): 76, 1962

Keun-soe-go-sa-ri (한국양치식물연구회, 2005; 이영노, 2006; 국립수목원, 2008)
큰낫쇠고사리(박종욱 등 편집, 2007)

E Big-caudate holly fern 日 Oni-kanawarabi

염색체수 n = 82 **포자기** 6~9월 **용도** 관상용
분포 전남, 경남, 제주도, 숲속에서 자람; 일본

상록성 여러해살이풀로 지생한다. **키** 50~80cm이다. **뿌리줄기** 짧게 벋으며, 다소 단단하다. 비늘조각은 선상 피침형이며, 갈색으로, 길이 6~12mm, 너비 약 2mm이고, 가장자리에 돌기가 있다. **잎자루** 연한 볏짚색이고, 길이 20~35cm이며, 맨 아래에 비늘조각이 많고, 위로 가면서 적어진다. **잎몸** 2회 우상으로 갈라지며, 긴타원상 피침형 또는 오각상 피침형이고, 길이 30~45cm, 너비 20~30cm이며, 단단한 종이질이다. 중축과 중륵에는 길이 2~4mm이며, 흑갈색이고 피침형인 비늘조각이 있다. **우편** 8~11쌍이고, 하부 우편이 가장 넓고 길이 15~20cm이며, 위쪽 우편은 점차 짧아져 뾰족해진다. **소우편** 맨 아래 첫번째 우편의 첫 소우편이 가장 크고, 약 12쌍의 열편이 있다. 다른 소우편은 난상 긴타원형으로, 끝이 뾰족하고, 가장자리에 톱니가 있으며, 톱니 끝이 가시모양이다. **포자낭군** 측맥의 끝, 소우편의 중륵과 가장자리의 중간에 달린다. **포막** 둥근 신장형으로 막질이고, 가장자리가 밋밋하다.

*꼬리쇠고사리에 비해 우편수가 더욱 많으며, 위로 가면서 점차 작아져 정단부의 우편이 뚜렷하지 않다.

1. 제주, 2020.10.9.
2. 잎몸, 제주, 2020.10.9.
3. 새순, 평강식물원, 2007.3.14.
4. 잎자루 상부 망상중심주, 제주, 2024.10.30.
5. 잎자루 하부 망상중심주, 제주, 2024.10.30.
6. 제주, 2019.2.21.
7, 8. 소우편과 포자낭군, 제주, 2024.10.30.
9. 우축 비늘조각, 제주, 2024.10.30.

좀쇠고사리

Arachniodes sporadosora **(Kunze) Nakaike**, Enum. Pterid. Jap.: Filic. 192, 1975

Rumohra pseudoaristata (Tagawa) H.Itô, J. Jap. Bot. 11(8): 577, 1935

Jom-soe-go-sa-ri (정태현 등, 1949; 박만규, 1961, 1975; 이창복, 1980; 등[1])

中 华东复叶耳蕨 E Short-rhizome holly fern

日 Koba-no-kanawarabi

염색체수 n = 41 **포자기** 7~9월 **용도** 관상용

분포 전남, 경남, 제주도, 숲속에서 자람; 일본, 중국, 타이완, 말레이시아, 뉴기니

상록성 여러해살이풀로 지생한다. **키** 60~100cm이다. **뿌리줄기** 짧고, 비스듬히 나거나 옆으로 기며, 단단하고, 비늘조각이 많다. 비늘조각은 갈색이고, 선상 피침형이며, 끝이 매우 뾰족하고, 가장자리가 거의 밋밋하다. 잎은 서로 접근해 붙는다. **잎자루** 길이 40~60cm이고, 볏짚색이며, 아랫부분은 갈색이고, 비늘조각이 밀생하나 위로 가면서 적어진다. **잎몸** 2~3회 우상으로 갈라지며, 길이 20~40cm, 너비 15~20cm이고, 난형 또는 긴타원형이다. 중축, 우축, 잎맥에는 가는 비늘조각이 붙는다. **우편** 맨 아래 우편이 가장 크고, 위로 점차 작아지고 뾰족해지며, 단단한 종이질이고, 표면에 털이 없으며, 자루가 있고, 약 10쌍의 열편이 있다. **열편** 긴타원형으로 날카로운 가시모양의 톱니가 있다. **포자낭군** 열편의 측맥 위, 소우편의 중륵 가까이에 붙는다. **포막** 둥근 신장형이고, 가장자리가 밋밋하며, 털이 없다.

＊뿌리줄기가 짧고, 상부 우편은 점차 짧아지며, 정우편같이 되지 않는다.

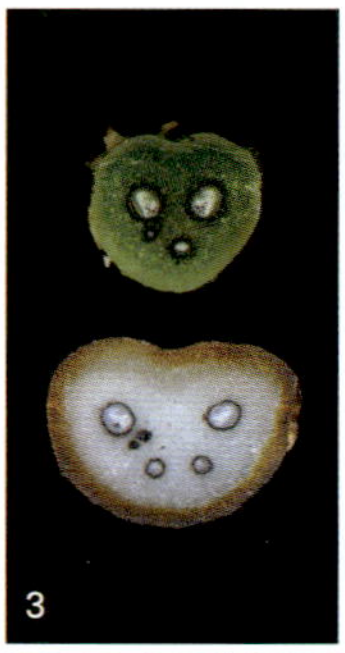

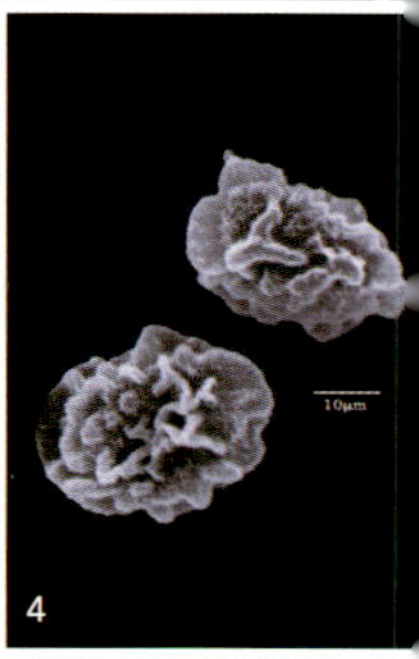

1. 제주, 2023.1.15.
2. 전초, 전남 신안, 2023.5.10.
3. 망상중심주, 제주, 2023.2.5.
4. 포자, 2024.4.3.
5. 포자낭군, 제주, 2014.1.14. ©김명수

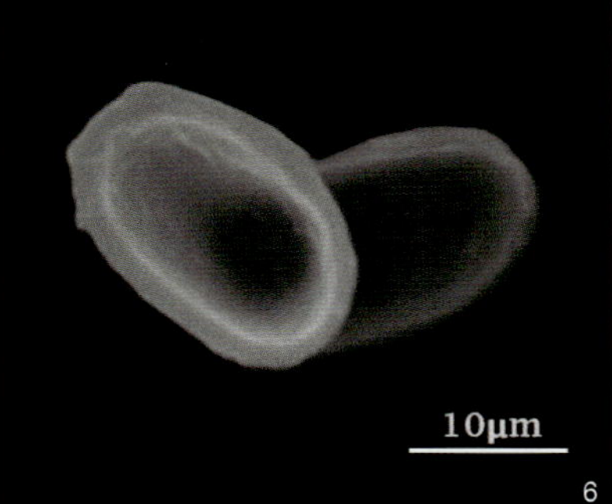

가는쇠고사리

***Arachniodes exilis* (Hance) Ching,**
Acta Bot. Sin. 10: 256, 1962
Arachniodes arestata (G.Forst.) Tindale, Contr. New South Wales Natl. Herb. 3: 89, 1961

Ga-neun-soe-go-sa-ri (정태현 등, 1949; 박만규, 1961, 1975; 이창복, 1980; 등[1])
애기가새고사리(박만규, 1949)
中 刺头复叶耳蕨 E East Indian holly fern
日 Hosoba-kanawarabi

염색체수 n = 41 **포자기** 7~9월 **용도** 관상용
분포 전남, 제주도, 산지의 숲속에서 자람; 일본, 중국, 타이완, 말레이시아, 인도, 폴리네시아, 뉴질랜드

상록성 여러해살이풀로 지생한다. **키** 50~100cm이다. **뿌리줄기** 길게 기며, 지름 약 1cm이고, 적갈색 비늘조각에 덮이며, 잎이 드문드문 붙는다. **잎자루** 표면에 홈이 있고, 연녹색 또는 볏짚색이며, 길이 30~60cm이고, 잎몸보다 크며, 기부에 비늘조각이 밀생한다. 비늘조각은 선상 피침형 또는 피침형으로, 누런 갈색이며, 막질이고, 위로 갈수록 차차 좁아지며, 끝이 긴 실마리 같고, 길이 4~7mm, 너비 약 1mm이며, 가장자리가 밋밋하다. **잎몸** 2~3회 우상으로 갈라지며, 난상 타원형으로, 끝이 뾰족하며, 길이 30~45cm, 너비 20~30cm이다. **우편** 맨 아래 우편이 가장 크고, 난상 삼각형이다. 그 위 5쌍의 측우편이 위로 가면서 작아지고, 피침형이며, 끝이 뾰족하고, 0.5cm의 자루가 있으며, 더 위로 가면서 갑자기 좁아져 뾰족해진다. **소우편** 맨 아래 우편의 아래 첫째 소우편이 가장 커서 15~18쌍의 열편이 있고, 피침형이며, 털이 없고, 표면에 윤기가 있다. **열편** 톱니 끝이 까락처럼 뾰족하다. **포자낭군** 소우편의 중륵 가까이에 붙는다. **포막** 둥근 신장형이고, 가장자리가 밋밋하다.

1. 제주, 2019.11.16.
2. 새순, 평강식물원, 2012.4.10.
3. 잎자루 하부 비늘조각, 전남 여수, 2020.10.14.
4. 망상중심주, 제주, 2023.2.4.
5. 포막과 포자낭군, 전남 여수, 2023.6.20.
6. 포자, 2024.3.25.
7. 군락, 제주, 2015.11.11.

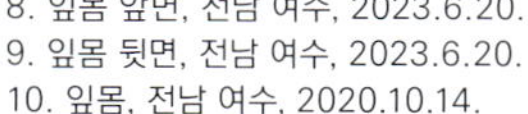

8. 잎몸 앞면, 전남 여수, 2023.6.20.
9. 잎몸 뒷면, 전남 여수, 2023.6.20.
10. 잎몸, 전남 여수, 2020.10.14.

좀가는쇠고사리(국내미기록)

***Arachnioides sporadosora* (Kunze) Nakaike × *A. exilis* (Hance) Ching**: The Standard of ferns and Lycophytes in Japan, II, 397, 2016

Jom-ga-neun-sae-go-sa-ri (국명신칭)

E East short-rhizome holly fern 日 Hosokoba-kanawarabi

＊좀쇠고사리와 가는쇠고사리의 교잡종으로 일본에 분포하고, 제주도에서 발견되었다. 뿌리줄기는 길게 기며, 전체적인 엽형은 좀쇠고사리와 가는쇠고사리의 중간형이다. 포자낭군은 소우편의 중륵과 가장자리 중간에 붙는다.

1. 제주, 2023.1.15.

그늘고사리(국내미기록종)

Dryopteris sieboldii **(T.Moore) Kuntze**, Revis. Gen. Pl. 2: 813, 1891

Lastrea sieboldii (T. Moore) T. Moore, Index Fil.: lxxxviii, 1857

Pycnopteris sieboldii T. Moore, Gard. Chron. 1855: 468, 1855

Geu-neul-go-sa-ri (국명신칭)

中 奇羽鱗毛蕨 E Siebold's wood fern

日 Nagasaki-shida

염색체수 n = 82 **포자기** 7~9월 **용도** 관상용

분포 경남, 제주도, 숲속 그늘에서 자람; 일본, 중국

상록성 여러해살이풀로 지생한다. **키** 45~100cm이다. **뿌리줄기** 짧게 직립하고, 잎이 뭉쳐나며, 비늘조각이 밀생한다. **잎자루** 길이 20~60cm이고, 윗부분은 약간 매끄러우며, 볏짚색이고, 기부는 비늘조각이 밀생하며 검은 적색을 띤다. 비늘조각은 피침형 또는 선형이며, 끝이 뾰족하고, 가장자리 밋밋하거나 드물게 불규칙한 돌기가 있으며, 연갈색 또는 흑갈색이고 길이 1~1.2cm이며, 막질이다. **잎몸** 1회 기수 우상으로 갈라지며, 넓은 난형 또는 삼각상 난형이고, 길이 25~40cm, 너비 18~25cm이다. **우편** 2~6쌍이고, 정우편은 측우편과 크기와 모양이 유사하며, 넓은 피침형 또는 긴타원상 피침형이고, 길이 15~20cm, 너비 2.5~3.5cm이다. 아래는 둥글거나 둥근 쐐기꼴이고, 약간 이형이며, 정우편은 자루가 없거나 중축에 흐르고, 측우편은 짧은 자루가 있다. 끝은 뾰족하고, 가장자리는 밋밋하거나 톱니가 있으며, 두꺼운 가죽질이고, 표면은 매끄러우나 간혹 털 같은 비늘조각이 드물게 있다. **잎맥** 단순하거나 1회 유리한다. **포자낭군** 우편 뒷면 맥 위 중륵 가까이에 3줄 또는 4줄로 불규칙하게 달린다. **포막** 둥근 신장형이고, 가장자리가 밋밋하며, 잘 떨어진다.

1. 경남 2016.5.12.
2. 잎자루 비늘조각, 경남 2016.5.12. ©조현래
3. 잎맥, 경남 2016.5.12. ©조현래
4. 포자낭군, 경남 2016.5.12. ©조현래

애기톱지네고사리

***Dryopteris commixta* Tagawa**, Acta Phytotax. Geobot. 2: 190, 1933
Dryopteris scottii (Bedd.) Ching var. *commixta* (Tagawa) Tagawa, Acta Phytotax. Geobot. 15: 14, 1953

Ae-gi-top-ji-ne-go-sa-ri (한국양치식물연구회, 2005; 이영노, 2006; 국립수목원, 2008)
中 混淆鳞毛蕨 E Little shaggy shield fern
日 Tsukushi-iwahego

염색체수 n = 82 **포자기** 7~9월 **용도** 관상용
분포 전남, 경남, 제주도, 습기가 많은 산지에서 자람; 일본, 중국

상록성 여러해살이풀로 지생한다. **키** 50~86cm이다. **뿌리줄기** 짧고 굵으며, 곧게 선다. **잎자루** 길이 20~35cm이고, 비늘조각이 전체에 밀생한다. 비늘조각은 피침형이고, 광택이 없으며, 흑갈색으로, 가장자리에 돌기가 있다. **잎몸** 1회 우상으로 갈라지고, 피침형 또는 긴타원상 피침형이며, 가운데가 가장 넓어 너비 약 25cm이고, 길이 30~50cm이며, 아래로 가면서 약간 좁아지고, 끝이 뾰족하다. 중축은 흑갈색 비늘조각이 밀생한다. **우편** 17~20쌍이 어긋나고, 가장자리는 1/4 정도로 얕게 갈라지고, 맨 아래 2~3개의 우편은 아래를 향한다. **열편** 가장자리는 밋밋하고, 윗면은 매끄러우며, 뒷면 측맥을 따라 드문드문 털 같은 비늘조각이 있다. **포자낭군** 우편의 중륵 가까이 2~3줄로 붙는다. **포막** 신장형으로 크기가 다양하고, 매우 작아서 포자낭군에 묻혀 잘 안 보이고, 빨리 떨어진다.

＊톱지네고사리와 유사하나, 우편이 17~20쌍으로 수가 적고, 포막은 크기가 작아서 없는 것처럼 보인다.

1. 제주, 2022.5.15.
2. 잎자루의 비늘조각, 제주, 2020.5.2.
3. 중축의 비늘조각, 제주, 2022.5.15.
4. 포자엽, 제주, 2020.5.2.
5. 포자낭군, 제주, 2020.5.2.
6. 포자낭군, 제주, 2023.6.1.
7. 제주, 2021.9.26.

톱지네고사리

***Dryopteris atrata* (Wall. ex Kunze) Ching**, Sinensia 3: 326, 1933

Aspidium atratum Wall. ex Kunze, Linnaea 24: 279, 1851

Top-ji-ne-go-sa-ri (정태현 등, 1937; 이창복, 1980; 등[7])

中 暗鱗鱗毛蕨 E Shaggy shield fern 日 Iwa-hego

염색체수 n = 123 **포자기** 7~9월 **용도** 관상용

분포 전북, 전남, 숲속 계류가에서 자람; 일본, 중국, 타이완, 베트남, 태국, 인도

상록성 여러해살이풀로 지생한다. **키** 50~70cm이다. **뿌리줄기** 짧고 굵으며, 갈색의 비늘조각이 있다. **잎** 돌려난다. **잎자루** 길이 15~30cm이고, 비늘조각이 전체적으로 밀생한다. 비늘조각은 직각으로 붙고, 검정색, 또는 검정 자갈색이며, 광택이 있고, 피침형 또는 좁은 피침형이며, 기부의 1/2 지점에서 차차 좁아져 긴 실마리 같이 되고, 가장자리에 털 같은 돌기가 있다. **잎몸** 1회 우상이며, 도피침형 또는 긴타원상 피침형이고, 끝이 갑자기 좁아져 뾰족해지며, 맨 아래 우편은 다소 밑으로 처지고, 길이 40~60cm, 너비 15~25cm이다. 중축의 비늘조각은 작고, 검정색이며, 넓은 난형이고, 가장자리에 드문드문 돌기가 있다. **우편** 20~30쌍이고, 좁은 피침형이며, 자루가 없고 3/5~2/3 지점에서 점차 뾰족하며, 가장자리에 얕은 톱니가 있고, 종이질이며, 짙은 녹색이거나 녹색이다. 중륵에 검정색 비늘조각이 듬성듬성 있다. **잎맥** 유리한다. **포자낭군** 우편 뒷면 전체에 달리며 중륵 부근에 다소 많이 붙는다. **포막** 둥근 신장형이고, 가장자리가 밋밋하며, 지름 0.5mm이다.

기준표본은 인도(Nilgiri)로 되어 있고 일본, 한국에서 보고된 종은 *Dryopteris atrata*와 다르다고 주장하는 의견이 있으나 구체적인 연구가 이루어지지 않아 톱지네고사리의 학명을 지금까지 사용되어온 *Dryopteris atrata*로 사용하였다. 앞으로 세밀한 연구 검토가 필요하다.

1. 전체 모습, 전남 영광, 2017.6.8.
2. 잎자루 하부의 비늘조각, 전남 영광, 2017.6.8.
3. 잎자루 중부의 비늘조각, 전남 영광, 2017.6.8.
4. 중축의 비늘조각과 포자낭군, 전남 영광, 2017.6.8.
5. 포막과 포자낭군, 전남 영광, 2017.6.8.
6. 군락지의 모습, 전남 영광, 2017.6.8.

나도톱지네고사리

Dryopteris cycadina **(Fr. & Sav.) C.Christ.**, Index Filic. 260. 1905.
Aspidium cycadium Fr.& Sav.) Enum. Pl. Jap. 2: 236, 630. 1879

Na-do-top-Ji-ne-go-sa-ri (이창숙, 이강협, 2018)
中 桫椤鳞毛蕨 E Shaggy shield fern or Black wood fern
日 Inuilwa-hego

염색체수 n = 123 **포자기** 7~9월 **용도** 관상용
분포 제주도, 숲속에서 자람; 일본, 중국

상록성 여러해살이풀로 지생한다. **키** 50~70cm이다. **뿌리줄기** 짧고 굵으며, 갈색의 비늘조각이 있다. **잎** 모여서 돌려난다. **잎자루** 잎몸 길이의 1/2 정도로 길이 20~30cm이고, 비늘조각이 전체적으로 밀생한다. 비늘조각은 직각으로 붙고, 흑갈색 또는 갈색이며, 광택이 있고, 선상 피침형이며, 기부에서 차차 좁아져 긴 실마리 같이 되고, 가장자리에 드물게 털 같은 돌기가 있다. **잎몸** 1회 우상으로, 피침형 또는 긴타원상 피침형이고, 끝이 좁아져 뾰족해지며, 기부는 약간 좁아지고, 길이 30~40cm, 너비 15~25cm이다. 중축의 비늘조각은 작고, 좁은 피침형이며, 가장자리에 드문드문 돌기가 있다. **우편** 20~30쌍이고, 선상 피침형이며, 자루가 없고, 1/2 지점이 가장 넓으며, 위로 가면서 길게 뾰족하고, 가장자리에 얕은 톱니가 있으며, 종이질이고, 짙은 녹색이거나 녹색이다. 중륵에 검은색 또는 검은 갈색 비늘조각이 듬성듬성 있다. **잎맥** 유리한다. **포자낭군** 우편 뒷면 전체에 달리며, 중륵 부근에 다소 많이 붙는다. **포막** 둥근 신장형이고, 가장자리가 밋밋하다.

∗외부형태가 매우 유사하여 과거 톱지네고사리와 같은 종으로 다루기도 하였으나, 비늘조각은 좀 더 갈색을 띠며 좁은 선상 피침형이고, 우편모양이 좀 더 길게 뾰족해진다는 점에서 구별된다.

1. 제주, 2013.7.29.
2. 잎 표면, 제주, 2013.7.29.
3. 잎자루 비늘조각, 제주, 2013.7.29.
4. 포자낭군, 제주, 2013.12.2.
5. 중축 비늘조각, 제주, 2013.7.29.
6. 서울 식재, 2014.9.4.

각시톱지네고사리

Dryopteris hangchowensis **Ching**, Bull. Fan Mem. Inst. Biol., Bot. 8(6): 414, 1938

Gak-si-top-ji-ne-go-sa-ri (Lee et al., 2013)
中 杭州鱗毛蕨 E Southern shaggy shield fern
日 Kiyisima-iwahego

포자기 7~9월 **용도** 관상용
분포 전남, 저산지의 계류가 숲속에서 자람; 일본, 중국

상록성 여러해살이풀로 지생한다. **키** 40~60cm이다. **뿌리줄기** 짧고, 두꺼우며, 곧게 서고, 비늘조각이 밀생한다. 비늘조각은 피침형으로 끝이 갑자기 좁아지며, 가장자리에 작고 불규칙한 돌기가 있으며, 광택이 나는 흑갈색 또는 검은색이고, 길이 10~13mm, 너비 2~3mm이다. **잎자루** 길이 13~20cm이고, 녹색을 띠며 비늘조각이 전체적으로 밀생한다. 비늘조각은 선상 피침형으로, 가장자리에 가시 같은 돌기가 뚜렷이 있으며, 길이 3~10mm, 너비 0.2~2mm이다. **잎몸** 1회 우상으로 갈라지고, 20~26쌍의 우편이 있으며, 가운데가 가장 넓고, 긴타원상 피침형 또는 피침형이며, 끝을 향해 점차 좁아져 뾰족하다. 맨 아래 우편이 가장 짧으며, 광택이 나고, 초질이며, 길이 25~38cm, 너비 11~15cm이다. 중축은 진한 녹색으로 빽빽하게 비늘조각이 있다. **우편** 선형이고, 길이 7~9cm, 너비 9~12mm이며, 아랫부분은 둥글고, 약 1mm의 짧은 자루가 있다. 대개 1/2 정도 갈라지나 아랫부분은 깊게 중륵까지 갈라지기도 한다. **잎맥** 단순하다. **포자낭군** 우편의 중륵 가까이에 퍼져 붙는다. **포막** 둥근 신장형으로, 늦게까지 남아있으며, 가장자리는 밋밋하다.

1. 광주, 2004.9.7.
2. 잎자루 하부 비늘조각, 광주, 2012.11.8.
3. 잎자루 상부, 광주, 2012.11.8.
4. 중축 비늘조각, 광주, 2020.10.2.
5. 우편, 광주, 2010.12.1.
6. 포막과 포자낭군, 광주, 2012.10.24.
7. 광주, 2010.12.1.
8. 포막, 광주, 2012.10.2.

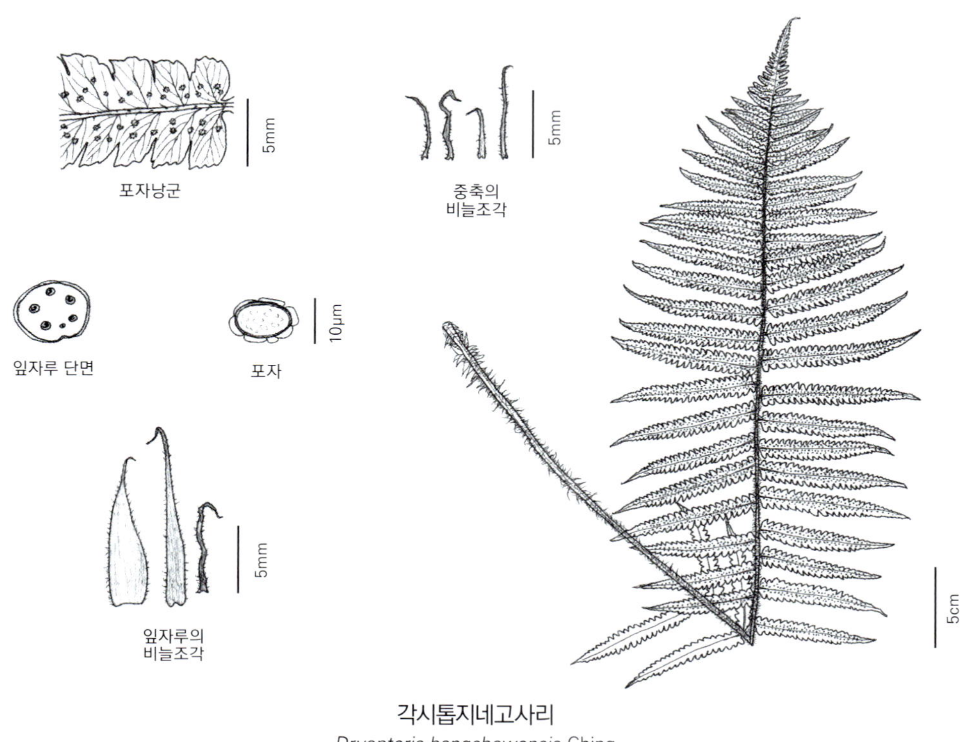

각시톱지네고사리
Dryopteris hangchowensis Ching

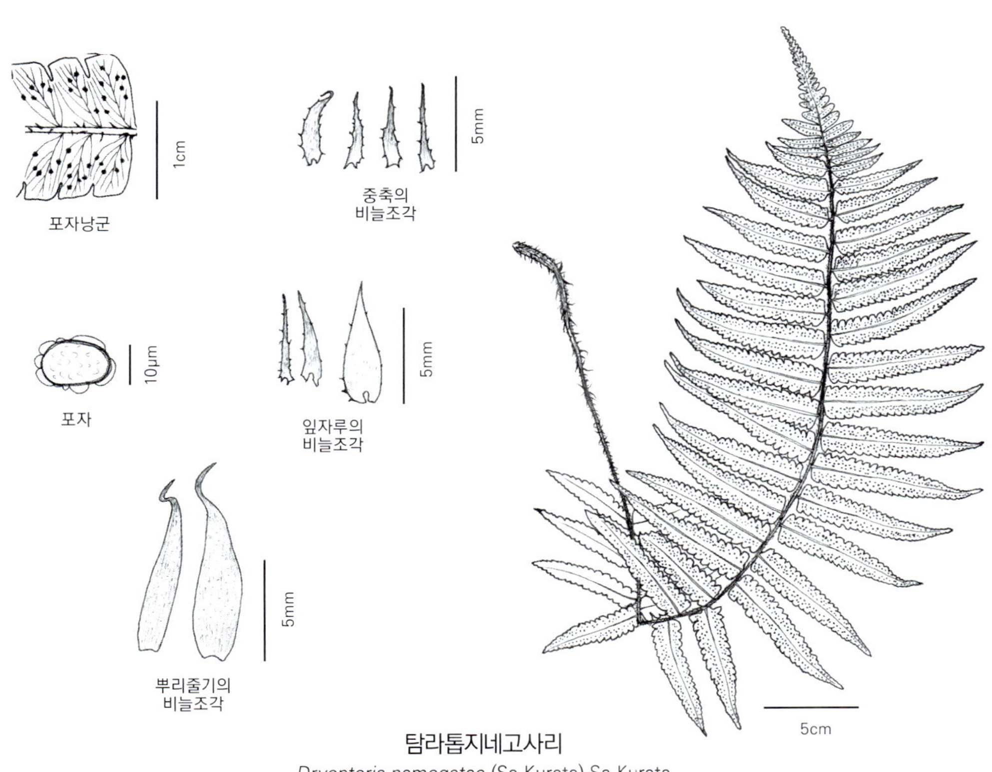

탐라톱지네고사리
Dryopteris namegatae (Sa.Kurata) Sa.Kurata

탐라톱지네고사리

***Dryopteris namegatae* (Sa.Kurata) Sa. Kurata**, J. Geobot. 17: 89, 1969

Tam-ra-top-ji-ne-go-sa-ri (Lee et al., 2013)
中 黑鳞远轴鳞毛蕨 E Black scaled shield fern
日 Kiyozumi-ōkujaku

염색체수 n = 123 **포자기** 7~9월 **용도** 관상용
분포 충남, 제주도, 습기가 많은 산지에서 자람; 일본, 중국

상록성 여러해살이풀로 지생한다. **키** 50~80cm이다. **뿌리줄기** 짧고, 두꺼우며, 곧게 서고, 비늘조각이 붙는다. 비늘조각은 피침형이고, 가장자리는 밋밋하며, 연한 검은색이고, 길이 8~10mm, 너비 2~3mm이다. **잎자루** 길이 18~25cm이고, 비늘조각이 전체적으로 밀생한다. 비늘조각은 피침형 또는 선상 피침형이며, 검은색으로, 점차 끝이 뾰족하고, 가장자리는 작은 돌기가 있으며, 길이 3~8mm, 너비 0.2~1.5mm이다. **잎몸** 1회 우상으로 갈라지며, 긴타원상 피침형이고 끝으로 가면서 점차 좁아진다. 맨 아래 우편은 약간 짧아지며, 종이질이고, 길이 35~50cm, 너비 20~27cm이며, 진한 녹색이다. 중축은 볏짚색이고 잎자루에 있는 것 보다 작은 비늘조각이 붙는다. 비늘조각은 가장자리에 불규칙한 돌기가 있다. **우편** 25~30쌍으로, 선형이며 길이 9~10cm, 너비 18~23mm이고, 약 1mm의 짧은 자루가 있다. 가장자리는 얕게 갈라진다. **잎맥** 단순하며, 맥을 따라 잎 표면이 파인다. **포자낭군** 우편의 중륵과 가장자리 중간에 붙는다. **포막** 둥근 신장형이고, 가장자리가 약간 밋밋하다.

종명	우편너비	잎맥	포자낭군
탐라톱지네고사리	1.8~2.3cm	잎맥이 뚜렷함	중륵과 가장자리 중간
톱지네고사리	1.5~2cm	뚜렷지 않음	중륵 가까이

1. 세종, 2023.9.1.
2. 잎자루 하부의 비늘조각, 세종, 2023.9.1.
3. 중축의 비늘조각, 세종, 2023.9.1.
4. 새순, 세종, 2023.9.1.
5. 잎자루 하부의 비늘조각, 세종, 2023.4.3.
6. 중축과 우편, 세종, 2023.9.1.
7. 포자낭군과 잎맥, 제주, 2024.1.7.

큰톱지네고사리

***Dryopteris dickinsii* (Franch. & Sav.) C.Chr.**, Index Filic. 262, 1905
Aspidium dickinsii Franch. & Sav., Enum. Pl. Jap. 2: 236, 1876

Keun- top-ji-ne-go-sa-ri (등[7])
中 远轴鳞毛蕨 E Big shaggy fern
日 Ō-kujaku-shida

염색체수 n = 82 **포자기** 7~9월 **용도** 관상용
분포 충남, 전남, 경남, 제주도, 습기가 많은 산지에서 자람; 일본, 중국, 인도, 파키스탄, 히말라야

상록성 여러해살이풀로 지생한다. **키** 50~90cm이다. **뿌리줄기** 짧고, 곧게 서며, 비늘조각이 있다. 잎이 돌려난다. **잎자루** 길이 10~20cm이고, 볏짚색을 띠며, 기부에 비늘조각이 밀생한다. 비늘조각은 선상 피침형 또는 긴타원형이고, 끝으로 가면서 갑자기 좁아진다. 길이 0.5~1cm이고, 가장자리가 밋밋하며, 적갈색에서 갈색을 띠고, 얇거나 두꺼운 종이질이다. **잎몸** 1회 우상으로 갈라지며, 20~30쌍의 우편이 어긋나 있고, 긴타원상 피침형이다. 위쪽의 1/4 지점이 가장 넓으며, 점차 우편이 짧아진다. 길이 40~70cm, 너비 15~25cm이고, 다소 두꺼운 종이질이다. 중축의 비늘조각은 산재하여 붙고, 가장자리에 작은 돌기가 있다. **우편** 20~30쌍이고, 선상 피침형이며, 끝이 뾰족해지고, 아래 몇 개의 우편이 약간 짧아지며, 가장자리는 둔한 톱니이거나 얕게 갈라진다. 길이 8~11cm, 너비 16~20mm이고, 짧은 자루가 있거나 없다. **잎맥** 우상으로 분기하며, 맥을 따라 잎 표면이 파인다. **포자낭군** 둥글고 작으며 우편의 가장자리 가까이에 퍼져있다. **포막** 둥근 신장형으로 가장자리가 밋밋하다.

1. 제주, 2016.6.16.
2. 잎자루, 제주, 2014.1.12.
3. 중축 뒷면, 제주, 2010.7.25.
4. 중축 앞면, 제주, 2010.7.25.
5. 망상중심주, 제주, 2020.10.10.
6. 잎몸 표면, 제주, 2020.10.10.
7. 포자낭군, 제주, 2020.10.10.
8. 군락, 충남 천안, 2015.11.4.

1. 제주, 2018.5.21.
2. 중축 비늘조각, 제주, 2019.7.24.3.
3. 잎자루 하부 비늘조각, 제주, 2019.7.24.
4. 잎자루 기부 비늘조각, 제주, 2019.7.24.
5. 포자낭군, 제주, 2019.7.24.
6. 우편 비늘조각, 제주, 2019.7.24.
7. 우편 표면의 맥 비교. 탐라톱지네고사리(좌), 한라톱지네고사리(우)
8. 잎 뒷면, 제주, 2021.9.26.
9. 제주, 2020.1.17.

한라톱지네고사리(신종)

***Dryopteris hallasanensis* C.S.Lee & K.H.Lee, sp. nov.**

Halla-top-ji-ne-go-sa-ri (국명신칭)

E Halla shaggy shield fern

포자기 5~6월 **용도** 관상용

분포 제주도, 습기가 많은 산지에서 자람; 한국 특산종

상록성 여러해살이풀로 지생한다. **키** 60~80cm이다. **뿌리줄기** 짧고, 두꺼우며, 곧게 서고, 비늘조각이 밀집해 붙는다. 비늘조각은 피침형 또는 좁은 피침형이고, 가장자리는 밋밋하며, 탁한 갈색이고 기부는 검은색, 길이 10~12mm, 너비 2~4mm이다. **잎자루** 길이 16~24cm이고, 볏짚색이며, 비늘조각이 전체적으로 밀생한다. 비늘조각은 피침형 또는 선상 피침형이고, 탁한 갈색이고 기부는 검은색으로, 점차 끝이 뾰족하고, 가장자리는 밋밋하며, 길이 8~10mm, 너비 1~1.5mm이다. **잎몸** 1회 우상으로 갈라지며, 긴타원상 피침형이고, 기부 4개 우편이 점차 좁아져 맨 아래 우편은 큰 우편의 1/2 정도로 짧아지고, 끝에서 1/3지점에서 점차 좁아지다 거의 끝에서 갑자기 좁아진다. 종이질이고, 길이 40~55cm, 너비 20~23cm이며, 진한 녹색이다. 중축은 볏짚색, 작은 연갈색의 비늘조각이 붙으며, 비늘조각은 가장자리에 작은 돌기가 있다. **우편** 26~28쌍으로, 선형이고, 끝이 뾰족하며 길이 9~11cm, 너비 15~20mm이고, 약 0.5mm의 짧은 자루가 있다. 가장자리는 거의 중열로 갈라지고, 열편이 거의 겹친다. 뒷면의 우편축에 연갈색을 띠며, 가장자리에 털 같은 돌기가 있는 비늘조각이 있다. **잎맥** 잎몸 표면의 맥은 단순하며 약간 흐릿하게 보인다. **포자낭군** 우편의 중륵과 가장자리 중간에 붙고, 열편의 측맥 위, 가장자리 가까이에 달린다. **포막** 둥근 신장형이고, 가장자리가 밋밋하다.

*큰톱지네고사리와 유사하나 잎몸은 기부우편 4개가 좁아져 맨 아래는 거의 반 정도로 좁아지고, 비늘조각이 흑갈색을 띠며, 포자낭군은 우편의 중륵과 가장자리의 중간에 붙는다.

Dryopteris hallasanensis C.S.Lee & K.H.Lee, sp. nov.

This taxon is distinguished from *D. dickinsii* by having lamina with 4 basal pinna narrowed to almost half of regular pinna, dark brown scales, sori located between midrib and margin of pinna.

Halla-top-ji-ne-go-sa-ri (한라톱지네고사리)

KOREA, Jeju-do, Gyolaeri, Mt. Halla, Alt 480 m, 26 Sept. 2021, K.H. Lee, Lee2109015 (Holotype : KH, Isotype : KH, 1 sheet)

Winter green perennial herb, height 50–80cm. Rhizome short, thick, erect, scaly; scales lanceolate to narrowly lanceolate, entire margin, dark brown with basal black, 10–12 mm length, 2–4 mm width. Stipes 16–24 cm length, straw-colored, scaly densely throughout; scales lanceolate or linear-lanceolate, dull brown, black at the base, entire margin, 8–10 mm length and 1–1.5 mm width. Laminae one pinnate pinnate, oblong lanceolate, basal 4 pairs of lateral pinnae gradually narrowing, lowest pinnae shortened to about 1/2 of the larger pinnae, upper few pinna suddenly narrowing towards acuminate apex, papery, 40–55 cm length, 20–23 cm width, dark green, rachis straw-colored, with smaller scales than stipe; scales light brown, small projection at margin; lateral pinnae 26–28 pairs, linear, 9–11 cm length, 15–20 mm width, short stalked, 0.5 mm length, base of pinnae split into 3/5–1/2, almost middle; lobes entire to a few teeth at apex, lobes almost overlap; abaxial surface scaly, scales light brown, hair-like projection at margin. Veinlets simple, indistant. Sori dispersed medial to somewhat near margin above the lateral vein. Indusia round reniform, subentire.

느리미고사리

Dryopteris tokyoensis **(Matsum. ex Makino) C.Chr.**, Index Filic. 298. 1905
Nephrodium tokyoense Matsum. ex Makino, Bot. Mag. Tokyo 12: 87. 1898

Neu-ri-mi-go-sa-ri (정태현 등, 1937; 정태현 등, 1949; 박만규, 1961, 1975; 이창복, 1980; 등[1])
中 东京鳞毛蕨 E Sword-leaf wood fern
日 Tani-hego

염색체수 n = 41 **포자기** 7~9월 **용도** 관상용
분포 강원, 경기, 전남, 산지 계류가나 저지대 습지에서 자람; 일본, 중국

하록성 여러해살이풀로 지생한다. **키** 80~100cm이다. **뿌리줄기** 굵고 짧게 기며, 비늘조각은 연황색 또는 갈색, 난형 또는 피침형으로, 길이 5~15mm, 너비 0.2~9mm이다. 잎이 모여난다. **잎자루** 길이 20~25cm이고, 비늘조각이 특히 아랫부분에 많이 밀생한다. 비늘조각은 연황색이고, 난형 또는 긴타원상 피침형으로, 길이 2~11mm, 너비 1.2~7mm이며, 가장자리는 밋밋하다. **잎몸** 1회 우상으로 갈라지며, 긴타원상 피침형이고, 길이 60~90cm, 너비 10~25cm이다. 비늘조각은 연황색이거나 갈색으로, 피침형이며, 길이 1~2mm, 너비 0.2~1mm이다. 중축과 우축의 홈은 연결된다. **우편** 30~40쌍이고, 타원상 피침형으로 가운데 우편이 가장 넓으며, 아래로 가면서 점차 짧아지고, 길이 10~11cm이고, 자루는 1~1.5mm이다. 맨 아래 열편은 귀모양이다. **열편** 가장자리는 날카로운 톱니가 있다. **잎맥** 유리맥으로, 3~4회 Y자로 갈라진다. **포자낭군** 잎몸의 윗부분에만 붙고, 우편의 중륵 가까이에 붙는다. **포막** 둥근 신장형이고, 길이와 너비가 1~1.2mm이며, 가장자리가 밋밋하다.

1. 경기 김포, 2023.5.20.
2. 새잎이 나오는 모습, 경기 포천, 2011.5.17.
3. 배우체와 어린 포자체, 평강식물원, 2003.10.21.
4. 중축의 비늘조각, 경기 포천, 2024.6.23.
5. 잎몸 상부의 우편, 경기 포천, 2004.9.10.
6. 횡주하는 뿌리줄기, 경기 포천, 2024.6.24.
7. 포자낭군, 경기 포천, 2023.6.16.
8. 포막, 경기 포천, 2023.6.16.
9, 10. 포자낭군, 경기 포천, 2024.6.23.
11. 잎, 경기 포천, 2024.6.24.

왕지네고사리

Dryopteris monticola **(Makino) C.Chr.**, Index Filic. 278, 1905

Nephrodium monticola Makino, Bot. Mag. (Tokyo) 13: 80, 1899

Wang-ji-ne-go-sa-ri (정태현 등, 1937; 정태현 등, 1949; 박만규, 1961, 1975; 이창복, 1980; 등[1])

참왕지네고사리(박만규, 1949)

中 山地鱗毛蕨 E King wood fern

日 Miyama-benishida

염색체수 n = 41 **포자기** 7~9월 **용도** 관상용

분포 전역, 숲속에서 자람; 일본, 중국

하록성 여러해살이풀로 지생한다. **키** 90~120cm이다. **뿌리줄기** 굵고, 짧게 기며, 끝에서 잎들이 모여 난다. 비늘조각은 넓은 선형 또는 긴타원형으로, 가장자리가 밋밋하고, 끝이 뾰족하며, 짙은 갈색이고, 길이 1~1.5cm이다. **잎자루** 잎몸보다 짧으며, 길이 35~50cm이고, 뿌리줄기와 유사한 비늘조각이 기부에 밀생한다. 비늘조각은 흑갈색, 피침형 또는 선상 피침형이고, 가장자리는 밋밋하다. **잎몸** 1~2회 우상으로 갈라지고, 길이 40~80cm, 너비 20~35cm이다. 긴타원상 난형 또는 긴타원형이고, 끝이 갑자기 뾰족하며, 기부가 좁아지지 않고, 뒷면은 약간 흰빛을 띤다. 중축의 비늘조각은 선형이고, 막질이며, 연한 갈색이다. **우편** 12~20쌍으로, 선상 피침형이고, 끝이 날카롭게 뾰족하다. 매우 짧은 자루가 있고, 너비 2~4cm이며, 우축 뒷면에 좁은 비늘조각이 드문드문 있다. **열편** 긴타원상 피침형이고, 너비 5~7mm이며, 톱니 끝이 뾰족하다. **포자낭군** 소우편 또는 열편의 중륵 가까이에 붙는다. **포막** 둥근 신장형이고, 가장자리가 밋밋하다.

1

2

3

4

5

6

1. 경기 연천, 2004.5.30.
2. 새순, 경기 포천, 2013.4.29.
3. 잎자루 하부의 비늘조각, 경기 포천, 2014.6.24.
4. 중축과 우편, 경기 포천, 2004.6.30.
5. 포막과 포자낭군, 울산, 2012.5.26. ©김동언
6. 포자낭군, 경기 가평, 2022.7.1.
7. 새순, 경기 양평, 2020.4.25.

관중

Dryopteris crassirhizoma **Nakai**, Cat. Sem. Spor. Hort. Bot. Univ. Tokyo 32, 1920

Gwan-jung (정태현 등, 1949; 박만규, 1961, 1975; 이창복, 1980; 등[1])

中 粗茎鳞毛蕨 E Shield fern, Crown Wood-Fern

日 O-shida, Menma

염색체수 n = 41 **포자기** 6~9월

용도 약용(뿌리줄기: 살충, 해열, 해독, 지혈), 관상용

분포 전역, 산지의 숲속 그늘에서 자람; 일본, 중국, 러시아(사할린)

하록성 여러해살이풀로 지생한다. **키** 60~100cm이다. **뿌리줄기** 굵고 곧으며, 잎이 모여난다. **잎자루** 갈색이거나 적갈색이고, 길이 14~25cm이며, 잎몸보다 짧다. 아랫부분에 밀생하는 비늘조각은 밝은 갈색이고, 길이 12~22mm, 너비 2~9mm이며, 피침형 또는 난형이다. **잎몸** 1회 우상으로 갈라지며, 긴타원형으로, 양 끝으로 가면서 점차 좁아지고, 길이 40~80cm, 너비 20~25cm이다. 중축에 황색의 털 같은 비늘조각이 밀생한다. **우편** 27~33쌍이고, 선상 피침형이며, 길이 10~15cm, 너비 2~3cm이고, 자루가 없다. **열편** 긴타원형으로 가까이 붙고, 가장자리가 밋밋하거나 약간의 톱니가 있으며, 끝이 둥글다. 비늘조각은 황갈색 또는 갈색의 피침형이고, 길이 0.8~1.7mm, 너비 0.3~0.4mm이다. **잎맥** 유리맥이고, 1~2회 Y자로 갈라지며, 열편 가장자리까지 도달하지 않는다. **포자낭군** 열편의 중륵과 가장자리 중간에 붙고, 우편 중륵에 치우쳐 붙는다. **포막** 길이 0.4~1mm, 너비 1~1.4mm이며, 신장형으로, 가장자리는 밋밋하다. **포자** 단지형으로, 과립상 무늬가 있다.

1. 경북 울릉, 2022.4.28.
2. 새순, 경기 연천, 2020.4.30.
3. 잎자루 기부의 비늘조각, 국립수목원, 2011.6.7.
4. 중축의 비늘조각, 국립수목원, 2011.6.7.
5. 우편 뒷면의 비늘조각, 강원 태백, 2020.7.27.
6. 포막과 포자낭군, 국립수목원, 2011.6.7.
7. 망상중심주, 강원 태백, 2020.7.27.
8. 포자, 2024.4.3.
9. 제주, 2021.5.17.
10. 군락, 경기 연천, 2020.5.16.

북관중

Dryopteris coreano-montana **Nakai**, Bot. Mag. (Tokyo) 35: 132, 1921
Dryopteris crassirhizoma Nakai var. *setosa* (Christ) Miyabe & Kudô, Fl. Hokkaido 15, 1930

Buk-gwan-jung (박만규, 1961, 1975; 이우철, 1996; 이영노, 2006)
보태면마(이창복, 1969, 1980; 등[2])
中 东北亚鳞毛蕨 E Northern shield fern
日 Karafuto-menma

염색체수 n = 41 **포자기** 7~9월 **용도** 관상용
분포 함북, 강원, 산지의 숲속 그늘에서 자람; 일본, 중국, 러시아 동부

하록성 여러해살이풀로 지생한다. **키** 70~120cm이다. **뿌리줄기** 굵고, 짧으며, 잎이 모여난다. **잎자루** 길이 15~30cm이고, 2가지 모양의 비늘조각이 달리며, 큰 것은 길이 27mm, 너비 6~7mm이고, 막질이며, 작은 것은 길이 2~10mm, 너비 0.2~0.8mm이고, 선형이다. **잎몸** 1회 우상으로 갈라지고, 긴타원상 피침형이며, 아래로 가면서 점차 좁아지고, 끝이 뾰족하다. 길이 60~80cm이다. **우편** 30쌍이 어긋나고, 2~4cm 간격으로 떨어져 있으며, 중앙 이하가 가장 넓고, 길이 10~14cm, 너비 2~3cm이며, 선상 피침형이고, 뾰족하다. 우축에 달린 털 같은 비늘조각은 곧 떨어진다. **열편** 18쌍이 가까이 있으나 아래 2~3쌍은 떨어져 있고, 길이 1~1.5cm, 너비 5~7mm이다. 가장자리는 희고 불규칙한 잔톱니가 있다. **포자낭군** 열편의 중륵과 가장자리의 중간에 달린다. **포막** 지름 1mm이고, 신장형이며, 털이 없다.
*관중과 유사하나 열편 사이가 넓고 톱니가 약간 깊으며, 비늘조각은 잘 떨어져 잎자루 상부와 중축에 거의 남아있지 않는다.

1. 백두산, 2019.7.5.
2. 포자낭군, 백두산, 2019.7.3.
3. 우축 뒷면의 비늘조각, 강원 태백산, 2020.7.27.
4. 관중, 강원 태백산, 2020.9.27.
5. 북관중, 강원 태백산, 2020.9.27.
6. 관중과 북관중의 혼생지, 백두산 2019.7.5.

장수고사리

Dryopteris woodsiisora **Hayata**, Icon. Pl. Formosan. 6: 158, 1916
Dryopteris woodsiisora Hayata var. *tenuissima* (Tagawa) Li & J.Z.Wang, Bull. Bot. Res., Harbin 9(4): 80, 1989
Dryopteris tenuissima Tagawa, Acta Phytotax. Geobot. 1(4): 308, 1932

Jang-su-go-sa-ri (박만규, 1961, 1975; 이우철, 1996; 박종욱 등 편집, 2007)
제주주걱고사리(박만규, 1949)
中 细叶鳞毛蕨 E Gladular wood fern

포자기 7~9월 **용도** 관상용
분포 강원, 저산지의 그늘진 절벽 바위틈에서 자람; 중국, 몽골, 타이완, 미얀마, 티베트, 네팔, 인도

하록성 여러해살이풀로 수직 경사면의 바위틈에 착생한다. **키** 20~55cm이다. **뿌리줄기** 직립하고, 잎이 모여난다. **잎자루** 6~18cm이고, 기부에 밀생하는 비늘조각은 피침형 또는 긴타원상 피침형이고, 막질이며, 연갈색으로, 가장자리에 작은 톱니가 있다. 위쪽에 있는 비늘조각은 길이 3~5mm이다. **잎몸** 1~2회 우상으로 갈라지고, 길이 15~40cm, 너비 5~10cm이다. 피침형 또는 타원상 피침형이고, 끝이 약간 뾰족하며 아래는 좁아지지 않는다. **우편** 8~14쌍이며, 피침형 또는 난상 피침형으로, 끝이 그다지 뾰족하지 않고, 기부도 그다지 좁아지지 않으며, 길이 2.5~5cm, 너비 1~2cm이다. **열편** 둥글거나 긴타원형으로 끝이 둥글고, 너비 3~6mm이며 끝이 둔하거나 날카로운 톱니가 있고, 표면과 뒷면, 가장자리에 샘털이 있으며, 선형의 작은 비늘조각이 있다. **포자낭군** 우축 가까이에 1~2쌍씩 붙는다. **포막** 둥근 신장형으로 가장자리가 밋밋하며, 샘털이 있다.

1. 자생지의 생육모습, 강원 정선, 2016.9.20.
2. 잎자루 하부 비늘조각, 강원 정선, 2016.8.24.
3. 중축 비늘조각과 샘털, 강원 정선, 2023.7.30.
4. 포자낭군, 강원 정선, 2023.7.30.
5. 중축과 우편의 뒷면, 강원 정선, 2016.8.24.
6. 포막과 샘털, 강원 정선, 2023.7.22.
7. 잎몸 표면, 강원 춘천, 2012.10.3. ©김명수
8. 강원 정선, 2016.9.20.

비늘고사리

Dryopteris lacera **(Thunb.) Kuntze**, Revis. Gen. Pl. 2: 813, 1891
Polypodium lacerum Thunb., Fl. Jap. 337, 1784

Bi-neul-go-sa-ri (정태현 등, 1949; 이창복, 1980; 등[1])
곰고사리(박만규, 1961, 1975), 비눌고사리(정태현 등, 1937)
中 狭顶鳞毛蕨 E Lacerate wood-fern, Leathery wood fern
日 Kuma-warabi

염색체수 n = 41 **포자기** 6~9월
용도 약용(구충제), 관상용
분포 전역, 저산지의 그늘진 숲속에서 자람; 일본, 중국

상록성 여러해살이풀로 지생한다. **키** 50~80cm이다. **뿌리줄기** 짧고, 굵으며 잎이 모여난다. **잎자루** 황갈색 또는 밝은 갈색이고, 길이 15~30cm이며, 잎몸보다 짧다. 아랫부분에 밀생하는 비늘조각은 갈색 또는 황갈색이고, 길이 10~20mm, 너비 3~9mm이며, 피침형이거나 난형이다. **잎몸** 1~2회 우상으로 갈라지며, 넓은 피침형이고, 길이 30~50cm, 너비 20~30cm이다. 중축과 우축의 홈은 연결된다. **우편** 10~13쌍으로, 길이 7~14cm이고, 긴타원형이며, 짧은 자루가 있다. **열편** 피침형 또는 긴타원상 피침형이며, 길이 1.5~2cm, 너비 0.5~1cm이다. 비늘조각은 밝은 갈색 또는 갈색으로 피침형이고, 길이 0.9~3mm, 너비 0.3~0.6mm이다. **잎맥** 유리맥으로, 2~3회 Y자로 갈라지며, 열편 가장자리까지 도달하지 않는다. **포자낭군** 잎몸의 윗부분 1/3(우편 5~9쌍)까지만 붙고, 포자낭군이 붙는 우편은 수축된다. **포막** 신장형으로 길이 0.3~1.2mm, 너비 0.4~1mm이며, 표면에 샘털이 있거나 없다. **포자** 단지형이고, 표면무늬는 쇄상이며, 외피가 있다.

1

2

3

4

5

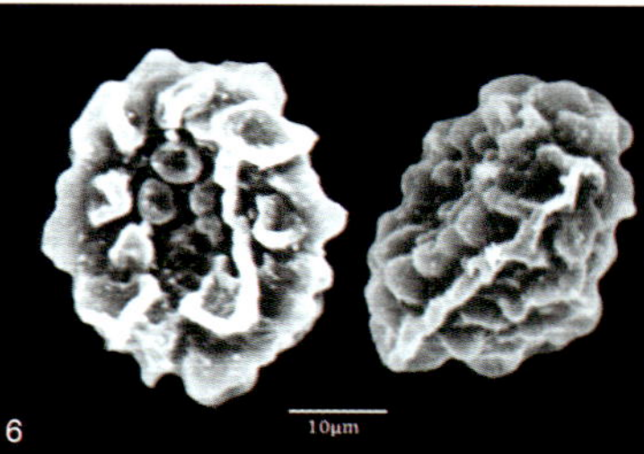

6

7

1. 강원 정선, 2003.7.15.
2. 새순, 전남 지리산, 2010.4.6.
3. 포자엽 앞면, 경남 거제, 2012.11.3.
4. 잎몸 상부의 포자낭군, 경기 포천, 2004.6.30.
5. 경남 통영, 2021.10.27.
6. 포자, 2024.4.4.
7. 서울, 2003.7.17.

곰비늘고사리

***Dryopteris uniformis* (Makino) Makino**, Bot. Mag. (Tokyo) 23: 145, 1909

Gom-bi-neul-go-sa-ri (정태현 등, 1949; 이창복, 1980; 등[1])
숫곰고사리(박만규, 1961, 1975), 곰고사리(박만규, 1949)
中 同形鱗毛蕨 E Uniform Wood Fern
日 O-kumawarabi

염색체수 n = 82 **포자기** 6~9월
용도 약용(뿌리줄기), 관상용
분포 전역, 습기가 있는 산지에서 자람; 일본, 중국

상록성 여러해살이풀로 지생한다. **키** 50~80cm이다. **뿌리줄기** 짧고, 굵으며, 곧게 서거나 약간 비스듬히 선다. **잎자루** 길이 15~30cm이며, 굵고, 비늘조각이 많이 붙는다. 비늘조각은 흑갈색 또는 진한 갈색으로, 넓은 피침형 또는 선형이며, 광택이 있고, 크고 작은 것이 있으며, 길이 1~2cm이고, 가장자리에 털 같은 돌기가 있다. **잎몸** 1~2회 우상으로 갈라지며, 넓은 피침형이고, 끝이 뾰족하며, 길이 40~60cm, 너비 15~22cm로, 종이질이며, 양면에 털이 없고, 잘 떨어지는 흑색 비늘조각만 있다. **우편** 15~17쌍이 아래부터 위까지 크기가 비슷하고, 직각으로 붙으며, 피침형으로, 너비 1~3.5cm이다. 짧은 자루가 있으며 우축 뒷면에 비늘조각이 드물게 있다. **열편** 긴타원형에서 넓은 피침형이고 자루가 없다. **잎맥** 열편, 또는 소우편의 측맥이 Y자로 갈라지거나 또는 단순하다. **포자낭군** 잎몸 위쪽 1/4~3/4에 붙고, 열편 또는 소우편의 중륵과 가장자리의 중간에 붙는다. **포막** 둥근 신장형이고, 가장자리에 톱니가 없으며, 지름 0.7~1mm이다.

1. 제주, 2012.6.9.
2. 새순, 제주, 2012.4.5.
3. 잎자루 비늘조각, 경남 울산, 2020.6.21.
4. 유리소맥, 제주, 2024.7.15.
5. 우축비늘조각, 제주, 2024.7.15.
6. 배생포자낭군, 제주, 2024.7.15.
7. 포막과 포자낭군, 제주, 2012.6.9.
8. 묵은잎과 새잎, 제주, 2019.4.17.
9. 광주, 2011.10.5.

참비늘고사리(국내미기록)

***Dryopteris sericea* C.Chr.**, Bot. Gaz. 56: 336, 1913

Cham-bi-neul-go-sa-ri (국명신칭)
中 腺毛鳞毛蕨　E Glandula Wood Fern

포자기 7~9월
분포 충북, 산지의 그늘진 숲속에서 자람; 중국 중부

상록성 여러해살이풀로 지생한다. **키** 20~50cm이다. **뿌리줄기** 비스듬히 선다. **잎자루** 볏짚색이 도는 녹색이고, 길이 10~20cm, 직경 2mm이며, 잎몸보다 짧고, 샘털로 덮혀 있으며, 등쪽에 비늘조각이 붙어있다. 비늘조각은 갈색이고, 길이 10~13mm, 너비 3~4mm이며, 피침형으로 가장자리에 돌기가 있다. **잎몸** 1~2회 우상으로 갈라지며, 난상 긴타원형이고, 단단한 초질로, 전체에 샘털이 있으며, 특히 표면에 많이 있고, 길이 20~25cm, 너비 10~15cm이다. 중축과 우편 중륵에 작고 선상 피침형 또는 선형의 비늘조각이 드물게 있다. 비늘조각은 밝은 갈색 또는 갈색으로 피침형이고, 길이 0.9~2.5mm, 너비 0.3~0.5mm이다. **우편** 8~11쌍으로, 2~4cm 간격으로 있고, 길이 7~9cm, 너비 2~3cm이며, 기부가 많이 좁아지지 않고, 긴타원형이며, 3~4mm의 짧은 자루가 있다. **열편** 긴타원형이며, 길이 1.2~1.6cm, 너비 0.5~0.7cm이고, 기부가 양쪽으로 약간 귀모양을 하며, 가장자리가 파상이거나 거친 톱니가 있고, 끝은 뭉뚝하다. **잎맥** 유리맥으로, 2~3회 Y자로 갈라진다. **포자낭군** 잎몸의 윗부분과 아래부분의 우편 끝에 붙고, 열편 측맥 끝에 붙는다. **포막** 신장형으로 길이 0.8~1.1mm, 너비 0.5~0.7mm이며, 표면에 샘털이 있다.

*곰비늘고사리에 비해 잎 전체에 샘털이 밀집해 있고, 아래부분 우편의 정단부에 포자낭군이 붙는다. 본 종은 충북 청주에서 발견되었다.

1

2

3

4

1. 충북 청주, 2006.8.29.
2. 잎 뒷면, 충북 청주, 2006.8.29.
3. 포막과 포자낭군, 충북 청주, 2006.8.29.
4. 포막 샘털, 충북 청주, 2006.8.29.

주저리고사리

***Dryopteris fragrans* (L.) Schott**, Gen. Fil. pl. 9, 1834

Polypodium fragrans L., Sp. Pl. 2: 1089, 1753

Ju-jeo-ri-go-sa-ri (정태현 등, 1937; 정태현 등, 1949; 박만규, 1949, 1961, 1975; 이창복, 1980; 등[1])

中 香鱗毛蕨 E Fragrant woodfern

日 Nioi-shida

염색체수 n = 41 **포자기** 6~9월

용도 약용(구충제), 관상용

분포 강원, 경기, 경북, 경남, 산이나 풍혈지의 너덜지대에 자람; 일본, 중국, 러시아, 유럽, 북아메리카

하록성 여러해살이풀로 지생한다. **키** 20~30cm이고, 전체에 샘털이 많다. **뿌리줄기** 굵고, 덩어리모양이며, 다소 곧게 서고, 잎이 모여 나오며 마른 잎이 오랫동안 남아있다. **잎자루** 길이 3~8cm이고, 비늘조각이 많이 붙어있다. 비늘조각은 갈색이고, 넓은 난형 또는 넓은 피침형이며, 얇은 막질이고, 길이 3~7mm이며, 가장자리에 털 같은 돌기가 있고, 노란색 샘털이 함께 있다. **잎몸** 2~3회 우상으로 갈라지며, 길이 10~20cm, 너비 2~4cm이고, 도피침형 또는 넓은 피침형이다. 아래로 가면서 매우 좁아져 귀모양이 되며, 끝이 뾰족하고, 초질이며, 마르면 잎이 많이 말린다. **우편** 약 20쌍으로, 선상 피침형이고, 길이 1.5~2cm, 너비 5~8mm이다. 끝이 뭉뚝하며, 짧은 자루가 있고, 우축 뒷면에 피침상 비늘조각이 있다. **포자낭군** 소우편의 중륵 가까이 1~3줄로 붙는다. **포막** 지름 2mm이며, 서로 겹쳐 나고, 둥근 신장형이며, 가장자리와 표면에 샘털이 있다.

1. 경기 연천, 2008.10.14.
2, 3. 새순, 강원 평창, 2012.5.19.
4. 잎몸 중앙부, 강원 평창, 2008.10.23.
5. 포막과 포자낭군, 경기 연천, 2008.10.14.
6. 강원 평창, 2005.8.21.

퍼진고사리

Dryopteris expansa (C.Presl) Fraser-Jenk. et Jermy, Brit. Fern Gaz. 11: 338, 1977

Nephrodium expansum C.Presl, Reliq. Haenk. 1(1): 38, 1825

Dryopteris siranensis Nakai, Bull. Natl. Sci. Mus. 33: 3, 1953

Peo-jin-go-sa-ri (정태현 등, 1949; 박만규, 1975; 이창복, 1980; 등[1])

지리개관중(박만규, 1961), 지이산개고사리(박만규, 1949)

中 广布鳞毛蕨 E Spreading woodfern , Alpine buckler fern

日 Shirane-warabi

염색체수 n = 41 **포자기** 7~9월

용도 약용(구충제), 관상용

분포 강원, 경기, 충북, 경북, 경남, 제주도, 울릉도, 고산지 수림 아래에서 자람; 일본, 중국, 러시아, 유럽, 북아메리카 등 북반구 온대지역

하록성 여러해살이풀로 지생한다. **키** 40~90cm이다. **뿌리줄기** 굵고 짧게 기며, 잎이 모여난다. **잎자루** 길이 20~40cm이고, 볏짚색이며, 광택이 있고, 비늘조각이 많이 붙는다. 비늘조각은 난형이고, 길이 10~15mm, 너비 3~5mm로, 연한 갈색이고, 막질이며, 광택이 있다. **잎몸** 3회 우상으로 갈라지고, 오각상 넓은 난형, 또는 긴타원상 난형이고, 길이 25~50cm, 너비 20~30cm이다. **우편** 6~11쌍이 마주나고, 맨 아래 우편이 가장 크며, 삼각상 난형으로, 끝이 날카롭게 뾰족하고, 짧은 자루가 있다. 맨 아래 우편의 최하 소우편이 가장 크고, 길이 10~15cm, 너비 3.4~4cm이다. 그 외의 우편은 선상 피침형으로, 끝이 뾰족하거나 뭉뚝하고 간혹 둥글며, 짧은 자루가 있고, 위로 가면서 점점 작아진다. **소우편** 긴타원형 또는 피침상 긴타원형이고, 끝이 뾰족하며, 자루가 거의 없고, 중륵 뒷면에 비늘조각이 약간 있다. **열편** 너비 2~4mm이고, 끝에 까락 같은 톱니가 있다. **포자낭군** 소우편의 중륵과 가장자리의 중간에 붙는다. **포막** 둥근 신장형이고, 가장자리는 밋밋하다.

1, 4. 강원 가리왕산, 2012.5.18.
2. 잎자루 비늘조각, 전북 무주, 2020.5.31.
3. 포막과 포자낭군, 강원 덕항산, 2004.6.13.
5. 강원 태백산, 2004.7.28.

바위틈고사리

***Dryopteris goeringiana* (Kunze) Koidz.**, Bot. Mag. (Tokyo) 43(512): 386, 1929

Aspidium goeringiana Kunze, Bot. Zeitung (Berlin) 6: 557, 1848

Ba-wi-teum-go-sa-ri (박만규, 1949; 이창복, 1980; 등[1])
고려고사리(박만규, 1961, 1975)
中 华北鳞毛蕨 E Gladular wood fern, Goering's wood fern
日 Iwakage-warabi

포자기 7~9월 **용도** 관상용
분포 강원, 경북, 석회암지대의 산지 숲속에서 자람; 중국 북부, 러시아 동부

하록성 여러해살이풀로 지생한다. **키** 50~90cm이다. **뿌리줄기** 짧게 옆으로 뻗고 잎이 가까이에 모여 난다. **잎자루** 25~50cm이고, 흑갈색이며, 비늘조각에 싸인다. 비늘조각은 연갈색이며, 막질로, 가장자리가 밋밋하고, 넓은 피침형 또는 선형이며, 길이 15mm이다. **잎몸** 2~3회 우상으로 갈라지며, 난상 긴타원형 또는 삼각상 난형이고, 끝이 뾰족하며, 길이 30~40cm, 너비 25~30cm이고, 밝은 녹색이며, 초질이거나 얇은 종이질이다. 우축과 소우편의 중륵 뒷면에 가는 비늘조각이 있다. **우편** 18~20쌍이 어긋나며, 피침형 또는 긴타원상 피침형이다. 자루는 없거나 극히 짧은 자루가 있으며, 너비 7~10cm이다. **열편** 긴타원형이고, 까락 같은 톱니가 발달한다. **잎맥** 유리하고, 3~4회 분기한다. **포자낭군** 소우편 또는 열편의 중륵 가까이 붙는다. **포막** 둥근 신장형이며, 가장자리가 불규칙하게 갈라진다.

국내 석회암지대에서 자라고 있는 바위틈고사리는 우편자루가 없거나 극히 짧고 소우편의 열편들 사이가 좁아 거의 붙어 보이는 *Dryopteris laeta* 보다는 우편자루가 뚜렷하고, 소우편의 열편들 사이가 넓은 특징으로 보아 *Dryopteris goeringiana*로 본다.

1. 강원 삼척, 2004.6.13.
2. 새순, 강원 영월, 2020.5.1.
3. 군락, 강원 석병산, 2013.5.29
4. 소우편과 열편, 강원 평창, 2014.6.5.
5. 포막과 포자낭군, 강원 삼척, 2004.6.13.
6. 포막과 포자낭군, 강원 태백, 2011.8.5.
7. 강원 홍천, 2022.6.19.

진저리고사리

Dryopteris maximowiczii **(Baker) Kuntze**, Revis. Gen. Pl. 2: 813, 1891

Arachniodes maximowiczii (Baker) Ohwi, J. Jap. Bot. 37: 76, 1962

Athyriorumohra maximowiczii (Baker) Sugimoto, Keys Herb. Pl. Jap. Pterid. 192, 403, 1966

Jin-jeo-ri-go-sa-ri (박만규, 1949, 1961, 1975; 이창복, 1980; 등[1])

한라고사리(정태현, 1956, 이우철, 1996)

E East Asian wood fern 日 Nantai-shida

염색체수 n = 41 **포자기** 7~9월 **용도** 관상용

분포 강원, 전남, 경남, 제주도, 고산의 숲속에서 자람; 일본

하록성 여러해살이풀로 지생한다. **키** 30~70cm이다. **뿌리줄기** 짧게 옆으로 벋으며, 비늘조각이 있다. 잎은 서로 접근해 자란다. **잎자루** 황갈색 또는 갈색으로 아랫부분은 적갈색이고, 길이 20~30cm이며, 기부에 밀생하는 비늘조각은 매우 밝은 갈색이고, 길이 5~11mm이며, 넓은 난형으로 끝이 뾰족하고, 가장자리는 밋밋하다. **잎몸** 3~4회 우상으로 갈라지며, 넓은 오각상 난형이고, 양면에 털이 없으며, 밝은 녹색이다. 길이 15~35cm, 너비 16~30cm이며, 맨 아래 우편이 가장 넓다. **우편** 10~14쌍이 어긋나고, 길이 8~20cm이며, 삼각상 피침형으로 맨 아래 소우편이 가장 넓고 끝이 꼬리처럼 길게 뾰족하다. **소우편** 삼각상 피침형이며, 자루가 있고, 길이 4~9cm이다. **열편** 난상 타원형이고, 불규칙한 톱니가 있다. **잎맥** 유리맥으로, 1~2회 Y자로 갈라지며, 맥이 가장자리까지 도달하지 않는다. **포자낭군** 잎맥의 끝에 붙으며, 열편 가장자리 가까이에 붙는다. **포막** 길이 0.3~0.5mm, 너비 0.4~0.7mm이며, 둥근 신장형이고, 가장자리는 밋밋하다.

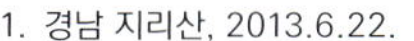

1. 경남 지리산, 2013.6.22.
2. 새순, 제주, 2012.5.20.
3. 포막과 포자낭군, 경남 지리산, 2013.6.22.
4, 5. 경남 지리산, 2013.6.22.

흰비늘고사리

***Dryopteris maximowicziana* (Miq.) C.Chr.**, Acta Horti Gothob. 1: 63. 1924

Dryopsis maximowicziana (Miq.) Holttum & P.J.Edwards, Kew Bull. 41(1): 197, 1986

Aspidium maximowicziana Miq., Ann. Mus. Bot. Lugduno-Batavi 3: 178, 1867

Ctenitis maximowicziana (Miq.) Ching, Bull. Fan Mem. Inst. Biol., Bot. 8(5): 294, 1938

Huin-bi-neul-go-sa-ri (김철환 등, 2004; 등[7])

中 阔鳞轴鳞蕨 E White-scale wood fern

日 Kiyosumi-himewarabi, Shiraga-shida

염색체수 n = 41 **포자기** 6~9월 **용도** 관상용

분포 충남, 전남, 경남, 제주도, 습기가 많은 저산지대 숲속에서 자람; 일본, 중국, 타이완

중형의 하록성 여러해살이풀로 지생한다. **키** 50~100cm이다. **뿌리줄기** 짧게 서고, 비늘조각이 밀생하며, 잎은 모여난다. **잎자루** 볏짚색으로 길이 20~50cm이며, 기부에 비늘조각이 밀생한다. 비늘조각은 난형으로, 끝이 뾰족하며, 가장자리가 밋밋하고, 길이 1~1.3cm, 너비 0.3cm이며, 얇고, 어릴 때는 흰색으로 반투명하나 자라면서 갈색을 띤다. **잎몸** 3회 우상으로 깊게 갈라지고, 긴타원상 난형으로, 끝이 뾰족하고, 기부가 둥글다. 길이 35~60cm, 너비 25~35cm이다. 중축에 가장자리가 밋밋한 비늘조각이 있다. **우편** 10~15쌍이며, 선상 긴타원형이고, 짧은 자루를 가진다. **소우편** 선상 긴타원형으로 끝이 약간 뾰족하고, 짧은 자루가 있다. **열편** 선상 긴타원형으로 가장자리에 약간의 톱니가 있거나 밋밋하고 중륵의 표면에 다세포성 털이 있다. **포자낭군** 열편의 중륵과 가장자리의 중간에 붙고, 둥글다. **포막** 둥근 신장형이며, 가장자리가 불규칙하게 갈라진다.

1. 충남 태안, 2020.9.6.
2. 새순, 제주, 2021.4.17.
3. 잎자루 비늘조각, 제주, 2022.5.15.
4. 잎자루 비늘조각, 충남 태안, 2020.9.6.
5. 중축 비늘조각, 충남 태안, 2020.9.6.
6. 새잎, 충남 태안, 2020.9.6.
7. 열편과 포자낭군, 충남 태안, 2020.9.6.
8. 잎몸, 충남 태안, 2020.9.6.

계곡고사리

Dryopteris subexaltata **(Christ) C.Chr.**, Index Filic. fasc. 5: 295, 1905
Dryopteris hayatae Tagawa, Acta Phytotax. Geobot. 1(2): 156, 1932

Gye-gok-go-sa-ri (문명옥 등, 2002; 한국양치식물연구회, 2005; 이영노, 2006; 박종욱 외 편집, 2007)
中 裂盖鳞毛蕨 E Valley wood fern
日 Inu-tama-shida

염색체수 n = 41, 82 **포자기** 7~9월 **용도** 관상용
분포 제주도, 산지 계곡의 절벽 바위틈에 자람; 일본, 중국, 타이완

상록성 여러해살이풀로 착생한다. **키** 30~45cm이다. **뿌리줄기** 곧게 서거나 약간 비스듬히 서며, 잎이 모여난다. **잎자루** 10~15cm이고, 비늘조각에 싸인다. 비늘조각은 좁은 피침형이고, 길이 3~6mm, 너비 0.8~1mm이며, 가장자리가 밋밋하다. **잎몸** 1~2회 우상으로 갈라지고, 피침형 또는 난상 피침형이며, 끝이 점차 좁아져 뾰족하고, 맨 아랫부분이 가장 넓으며, 길이 15~25cm, 너비 5~12cm이다. **우편** 6~9쌍이 거의 마주나고, 길이 4~5cm, 너비 2~3cm이며, 끝이 둥글거나 약간 뾰족하고, 길이 약 3mm의 자루가 있다. **열편** 타원형이고, 가장자리에 불규칙한 톱니가 있으며, 자루가 거의 없다. **포자낭군** 열편의 중륵과 가장자리의 중간에 붙는다. **포막** 둥근 신장형이며, 지름이 약 1mm이고, 성숙하면 가장자리가 불규칙하게 갈라진다.

제주도에서 알려진 계곡고사리(*D. subexaltata*)는 잎자루, 중축 등에 샘털이 밀생하고, 열편의 측맥이 차상분지하며, 포막이 갈라지지 않는 점이 새로 알려진 오름족제비고사리(*D. sparsa*)와 형태적으로 매우 유사하다. 최근 제주도에 자생한다고 보고된 검은족제비고사리(*D. melanocarpa*)와 함께 면밀한 연구가 필요하다.

1. 제주, 2025.11.30.
2. 잎 뒷면의 포자낭군, 제주, 2025.11.30.
3. 잎자루 비늘조각, 제주, 2017.11.6.
4. 잎자루 하부 비늘조각, 제주, 2025.11.30.
5. 차상분지하는 측맥, 제주, 2025.11.30.
6. 갈라지지 않는 포막과 샘털, 제주, 2025.11.30.
7. 군생하는 모습, 제주, 2025.11.3.

검은족제비고사리

Dryopteris melanocarpa **Hayata**, Icon. Pl. Formosan. 4: 163. 1914

Geom-eun-jok-je-bi-go-sa-ri (Ko, et al., 2024)
中 黑苞鱗毛蕨 E Black wood fern
日 Kuromi-no-itachi-shida

포자기 6~9월 **용도** 관상용
분포 제주도, 낮은 산지의 동굴 입구에서 자람; 일본, 타이완

상록성 여러해살이풀로 경사면 바위틈에 자란다. **키** 55~80cm이다. **뿌리줄기** 짧고 비스듬히 서며, 비늘조각이 밀생한다. 몇 개의 잎이 모여난다. **잎자루** 길이 30~40cm이고, 볏짚색이나 연갈색 또는 갈색이고, 비늘조각이 밀생하며, 비늘조각은 넓은 피침형 또는 좁은 난형으로 가장자리가 밋밋하고, 연갈색 또는 갈색이며, 광택이 나고, 길이 약 0.7cm로 잘 떨어진다. **잎몸** 2~3회 우상으로 갈라지며, 난형으로 25~40cm이고, 심장꼴로 기부가 가장 넓고, 끝은 뾰족해지며, 종이질이고, 털이 있으며, 선록색으로 표면에 광택이 적다. **우편** 약간 마주나고, 삼각상 피침형으로 길게 뾰족해지며, 맨 아래 우편이 가장 크고, 길이 30~40cm, 2회 우상으로 갈라지며, 짧은 자루가 있다. 우축 뒷면의 비늘조각은 주머니처럼 되지 않는다. **소우편** 긴타원형으로 기부는 쐐기꼴이며, 맨 아래가 가장 크고, 길이 9~10cm다. **열편** 긴타원형으로, 길이 1.8~2cm이며, 가장자리에 톱니가 있고, 끝은 뭉뚝하다. **포자낭군** 작고, 열편의 중륵과 가장자리 중간에 붙는다. **포막** 둥근 신장형이고, 가장자리가 물결모양이며, 회백색이다.

*오름족제비고사리와 가장 유사하나 기부 우편이 2~3회 우상모양으로 갈라지며, 측우편의 기부가 많이 크다.

1, 2. 제주, 2019.2.20.
3. 잎 앞면과 뒷면, 제주, 2019.2.20.
4. 새순, 제주, 2019.2.20.
5. 잎자루 하부 비늘조각, 제주, 2019.2.20.
6. 중축의 샘털, 제주, 2019.2.20.
7. 포막과 포자낭군, 제주, 2019.2.20.
8. 겨울을 난 새순, 제주, 2019.2.20.

오름족제비고사리(국내미기록)

Dryopteris sparsa **(D.Don) Kuntze**,
Revis. Gen. Pl. 2: 813 (1891)

O-leum-jok-je-bi-go-sa-ri (국명신칭)
中 稀羽鱗毛蕨 E Sparsa wood fern
日 Nagaba-no-itachi-shida

염색체수 n = 82, 123 **포자기** 7~9월 **용도** 관상용
분포 제주도, 산지의 음습한 숲속에서 자람; 중국, 일본, 히말라야, 티베트, 네팔, 스리랑카, 부탄, 인도, 타이완, 베트남

상록성 여러해살이풀로 경사면 바위틈에 착생한다. **키** 50~65cm이다. **뿌리줄기** 곧게 서거나 약간 비스듬히 서며, 잎이 모여난다. **잎자루** 길이 20~40cm이고, 기부에 비늘조각이 밀생하고, 윗부분에는 비늘조각이 거의 없다. 비늘조각은 피침형이고, 길이 3~6mm, 너비 0.8~1mm이며, 가장자리가 밋밋하고, 갈색이다. **잎몸** 2~3회 우상으로 갈라지고, 난상 긴타원형 또는 삼각상 난형이며, 끝이 점차 좁아져 뾰족하고, 맨 아랫부분이 가장 넓으며, 길이 30~45cm, 너비 15~20cm이고, 약간 두꺼운 초질이고, 표면에 털이 많다. 중축에는 비늘조각이 거의 없다. **우편** 7~9쌍이 거의 마주나고, 맨 아래 우편은 길이 10~17cm, 너비 7~9cm, 끝이 길게 뾰족해진다. **소우편** 13~15쌍이 어긋나고, 피침형 또는 난상 피침형이고, 길이 2~8cm, 너비 1.0~1.3cm이며, 끝이 둥글거나 약간 뾰족하고, 길이 약 3mm의 자루가 있다. **열편** 긴타원형이고, 끝이 둔하며, 가장자리에 드물게 톱니가 있다. **포자낭군** 열편의 중륵과 가장 자리의 중간에 붙는다. **포막** 둥근 신장형이며, 지름이 약 1mm이고, 가장자리가 밋밋하다.

*D. sparsa*는 *D. subexaltata*와 형태적으로 유사하여 구별이 매우 어렵다. 이들 종들 사이에 분류계통에 관해 보다 세밀한 연구가 필요하다.

1. 제주, 2018.10.24. / 2. 잎, 제주, 2018.11.15.
3. 잎자루 중부 비늘조각(좌), 잎자루 하부 비늘조각(우), 제주, 2024.7.16.
4. 차상분지맥, 제주, 2024.7.16.
5. 포자낭군, 제주, 2018.11.15.
6. 소우편의 포막과 포자낭군, 2024.7.16.
7. 포막, 포자낭군, 제주, 2024.7.16. / 8. 제주, 2018.11.15.

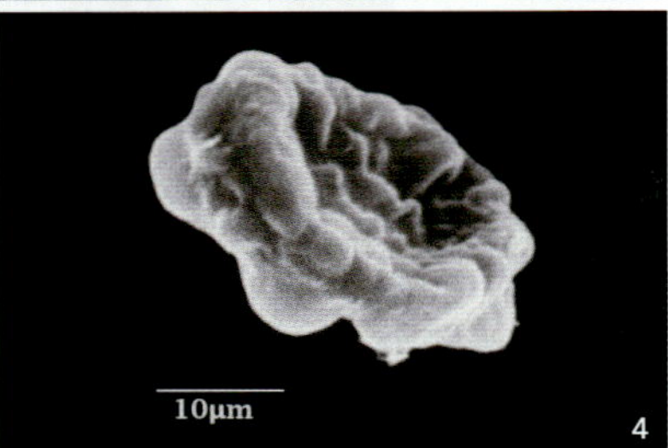

금족제비고사리

***Dryopteris gymnophylla* (Baker) C.Chr.**, Index Filic. fasc. 5: 269, 1905

Nephrodium gymnophyllum Baker, J. Bot. 25: 170, 1887

Geum-jok-je-bi-go-sa-ri (박만규, 1949, 1961, 1975; 이창복, 1980; 등[1])

中 裸叶鳞毛蕨 E Golden buckler fern

日 Sakurai-kaguma

염색체수 n = 41 **포자기** 6~9월 **용도** 관상용

분포 전역, 산지의 그늘진 경사면에서 자람; 일본, 중국

상록성 여러해살이풀로 주로 경사지에 지생하거나 바위틈에 난다. **키** 50~80cm이다. **뿌리줄기** 덩어리모양으로 짧게 기며, 잎이 모여난다. **잎자루** 길이 30~40cm이며, 가늘고 딱딱하며, 볏짚색이다. 비늘조각은 갈색이고, 난상 피침형 또는 피침형이며, 길이 5~10mm로, 거의 없거나 드물게 있다. **잎몸** 3회 우상으로 갈라지고, 길이 20~40cm, 너비 15~30cm이며, 오각상 넓은 난형이고, 위쪽이 갑자기 좁아져서 길게 뾰족하다. **우편** 7~9쌍으로, 어긋나거나 약간 마주나고, 긴타원상 피침형 또는 선상 타원형이며, 끝이 길게 뾰족하다. 맨 아래 우편은 폭이 가장 넓으며, 자루가 길고, 맨 아래 소우편이 가장 커서 일그러진 삼각형 또는 삼각상 넓은 난형이다. **소우편** 10~12쌍이고, 긴타원상 피침형이며, 자루가 있고, 가장자리에 둔한 톱니가 있다. **열편** 자루가 없고, 끝이 뭉뚝하며, 가장자리가 밋밋하다. **포자낭군** 소우편의 중륵과 가장자리의 중간에 붙는다. **포막** 둥근 신장형이고, 투명한 막질이며, 가장자리가 밋밋하다.

1. 충남 태안, 2020.9.6.
2. 강원 홍천, 2022.6.19
3. 포자낭군, 경남 통영, 2013.12.18.
4. 포자, 2024.4.3.
5. 군락, 경북 포항, 2006.11.5.

가는잎족제비고사리

Dryopteris chinensis **(Baker) Koidz.**, Fl. Symb. Orient.-Asiat. 39, 1930
Nephrodium chinensis Baker, Syn. Fil. (Hooker & Baker) 278, 1867

Ga-neun-ip-jok-je-bi-go-sa-ri (박만규, 1961, 1975; 이창복, 1980; 등[1])
화엄고사리(박만규, 1949)
中 中华鳞毛蕨 E Narrow-leaf buckler fern
日 Misaki-kaguma, Hosoba-itachi-shida

염색체수 n = 123 **포자기** 6~9월 **용도** 관상용
분포 전역, 산지에서 자람; 일본, 중국

하록성 여러해살이풀로 경사면에 지생하거나 바위틈에 난다. **키** 30~50cm이다. **뿌리줄기** 굵고 짧게 기며, 잎이 모여난다. **잎자루** 광택이 나는 황갈색 또는 갈색이고, 길이 13~30cm이다. 하부에 밀생하는 비늘조각은 밝은 갈색이거나 갈색이고, 길이 3~11mm, 너비 0.8~ 4mm이며, 피침형이다. **잎몸** 3회 우상으로 갈라지고, 오각형으로, 맨 아래가 가장 넓으며, 끝이 뾰족하고, 길이 15~27cm, 너비 15~30cm이다. **우편** 5~8쌍으로, 삼각상 피침형이고, 길이 6~12cm, 너비 3~8cm이며, 자루는 길이 0.8~ 1.2cm이다. **소우편** 삼각상 피침형으로, 아래가 가장 넓고, 길이 3~6cm, 너비 1.5~2.5cm이다. 비늘조각은 갈색 또는 진한 갈색이고, 피침형이며, 길이 0.7~1.2mm, 너비 0.2~0.7mm이다. **열편** 긴타원형이고, 가장자리에 톱니가 있다. **잎맥** 유리맥이고, 3~4회 Y자로 갈라지며 잎가장자리까지 도달하지 않는다. **포자낭군** 열편의 중륵과 가장자리의 중간에 붙는다. **포막** 길이 0.4~0.5mm, 너비 0.4~0.6mm이며, 둥근 신장형으로, 가장자리는 밋밋하다. **포자** 단지형이고, 과립상의 무늬가 있다.

1

2

3

4

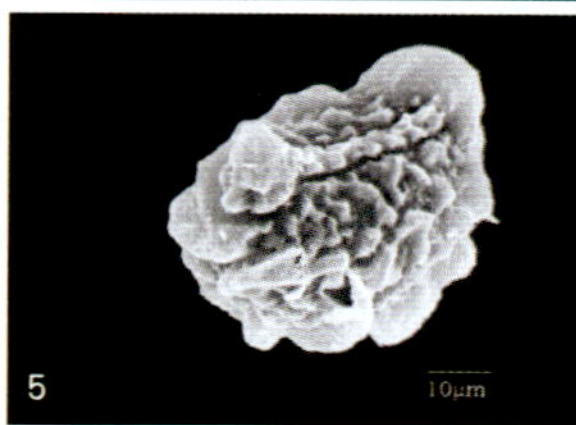

5

6

1. 강원 춘천, 2013.7.1. ⓒ손경식
2. 새순, 서울 북한산, 2012.4.28.
3. 포막과 포자낭군, 강원 원주, 2023.7.16.
4. 잎자루 하부 비늘조각, 강원 원주, 2023.7.16.
5. 포자, 2024.4.3.
6. 군락, 경기 포천, 2012.5.29.

공작지네고사리

Dryopteris decipiens (Hook.) Kuntze, Revis. Gen. Pl. 2: 812, 1891

Nephrodium decipiens Hook., Sp. Fil. [W. J. Hooker] 4: 86, t. 243, 1862

Gong-jak-ji-ne-go-sa-ri (김정근 등, 2007; 선은미 등, 2012)

中 迷人鱗毛蕨　E Autumn fern　日 Nachi-kujaku

염색체수 n = 123　**포자기** 7~9월　**용도** 관상용

분포 전남, 제주도, 수림 아래에서 자람; 일본, 중국

상록성 여러해살이풀로 지생한다. **키** 30~70cm이다. **뿌리줄기** 곧게 서며, 몇 개의 잎이 모여나고 비늘조각이 밀생한다. **잎자루** 길이 10~30cm이며, 아랫부분은 검은색을 띤 볏짚색이고, 비늘조각이 밀생한다. 비늘조각은 선상 피침형으로, 가장자리가 밋밋하고, 길이 6~8mm이며, 갈색 또는 흑갈색이고, 잘 떨어진다. **잎몸** 1회 우상으로 갈라지며, 피침형 또는 긴타원상 피침형이고, 길이 20~40cm, 너비 15~20cm이고, 종이질이며, 뒷면이 회녹색을 띤다. 중축에는 피침형이고 흑갈색인 비늘조각이 있다. **우편** 10~15쌍으로, 피침형이며, 길이 5~8cm, 너비 1~2cm이고, 짧은 자루가 있으며, 가장자리는 물결모양으로 거치가 있거나 우상으로 중열하고 맨 아래 우편은 깊게 갈라진다. 우축에는 주머니모양의 작은 비늘조각이 있다. **열편** 밋밋하거나 작은 톱니가 있다. **잎맥** 유리맥으로 단순하거나 또는 분기한다. **포자낭군** 우편의 중륵 가까이에 1열로 붙고, 깊게 파인 우편에서는 2~3열로 붙는다. **포막** 둥근 신장형으로, 가장자리가 밋밋하고, 털이 없다. **포자** 표면에는 크고 작은 돌기가 있다.

1. 전남 여수, 2019.5.9.
2. 어린잎, 서울 식재, 2012.5.30.
3. 포자낭군과 중축 비늘조각, 전남 여수, 2019.5.9.
4. 잎몸, 서울 식재, 2014.7.25
5. 잎몸 표면, 서울 식재, 2014.7.25.
6. 포막과 포자낭군, 서울 식재, 2012.12.18.

애기지네고사리

***Dryopteris decipiens* (Hook.) Kuntze var. *diplazioides* (Christ) Ching**, Bull. Fan. Mem. Inst. Biol. Bot. 8(6): 476, 1938

Polystichum diplaziodes Christ, Bull. Acad. Int. Géogr. Bot. 11: 260, 1902

Ae-gi-ji-ne-go-sa-ri (김철환 등, 2004; 한국양치식물연구회, 2005; 이영노 2006; 국립수목원, 2008; 등[10])

中 深裂迷人鳞毛蕨 E Baby-saw autumn fern

日 Inunachikujaku

포자기 7~9월 **용도** 관상용

분포 전남, 경남, 제주도, 숲속이나 그늘진 계류가에서 자람; 일본, 중국

상록성 여러해살이풀로 지생한다. **키** 30~70cm이다. **뿌리줄기** 약간 덩어리지며, 비스듬히 서고, 잎은 모여난다. **잎자루** 길이 10~20cm이고, 비늘조각은 기부에 다소 밀생하며, 길이 1cm 내외이고, 선형 또는 좁은 피침형이며, 갈색 또는 흑갈색이다. **잎몸** 1회 우상으로 갈라지며, 난상 피침형 또는 피침형이고, 기부가 가장 넓으며, 길이 20~40cm, 너비 10~20cm이다. 중축에는 좁은 피침형의 비늘조각이 붙어있으나 잘 떨어진다. **우편** 16~18쌍이 약 2.5cm 간격으로 거의 마주나고, 선상 피침형으로, 윗부분은 얕게, 아랫부분은 깊게 갈라진다. 길이 6~10cm, 너비 1~1.5mm이며, 짧은 자루가 있고, 우축에는 아랫부분이 주머니모양인 비늘조각이 있다. **열편** 가장자리가 거의 밋밋하다. **포자낭군** 우편 전체에 붙고, 우편의 중륵 가까이 2~3열로 배열한다. **포막** 둥근 신장형이고, 가장자리는 밋밋하다.

애기지네고사리와 공작지네고사리의 비교

종명	잎몸의 하부우편	포자낭군의 배열
애기지네고사리	깊게 갈라짐	2~3열
공작지네고사리	얕게, 중간쯤 갈라짐	거의 1열

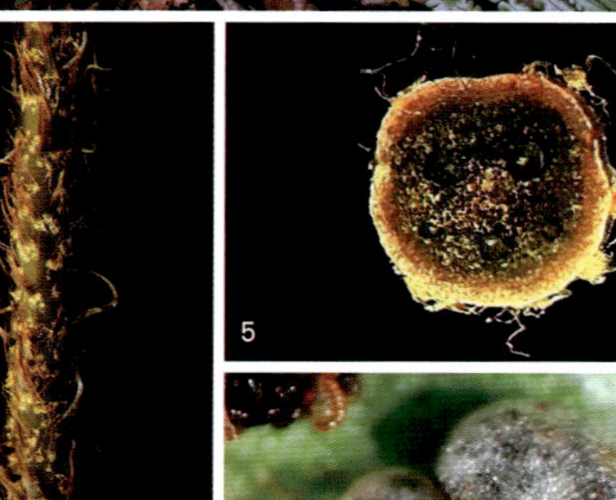

1. 제주, 2012.6.10. / 2. 새순, 제주, 2019.4.17.
3. 잎자루 비늘조각, 제주, 2019.4.17.
4. 포자낭군, 제주, 2019.7.25.
5. 망상중심주, 제주, 2019.4.17.
6. 포막, 제주, 2019.4.17.
7. 포자, 2024.4.3. / 8. 새잎과 묵은잎, 제주, 2012.6.10.

제주지네고사리

***Dryopteris championii* (Benth.) C.Chr. ex Ching**, Sinensia 3: 327, 1933
Aspidium championii Benth., Fl. Hongk. 456, 1861

Je-ju-ji-ne-go-sa-ri (박만규, 1961, 1975; 이창복, 1980; 등[1])
족제비고사리(박만규, 1949)
中 阔鳞鳞毛蕨 E Champion's Wood Fern
日 Saigoku-benishida

염색체수 n = 123 **포자기** 6~9월 **용도** 관상용
분포 충남, 전남, 경남, 제주도, 건조하고 낮은 산의 숲속에서 자람; 일본, 중국

상록성 여러해살이풀로 지생한다. **키** 70~100cm이다. **뿌리줄기** 덩어리져 나오고, 잎이 모여난다. **잎자루** 길이 25~35cm이고, 비늘조각이 많이 붙는다. 비늘조각은 적갈색 또는 갈색이고, 막질이며, 다소 광택이 있고, 선상 피침형 또는 피침상 삼각형, 때로 난상 피침형이고, 위쪽이 좁아져 실처럼 되며, 아래쪽 가장자리에 불규칙한 돌기가 있다. **잎몸** 2회 우상으로 갈라지고, 난형 또는 난상 긴타원형으로 끝이 뾰족하며, 길이 40~50cm, 너비 25~30cm이고, 단단한 초질이며, 어두운 녹색을 띤다. **우편** 10~15쌍으로, 피침형 또는 난상 피침형이고, 맨 아래가 약간 좁아지며, 길이 8~15cm, 너비 2.5~5cm이며, 짧은 자루가 있다. **소우편** 10~13쌍으로, 피침형이며, 길이 2~3cm이고, 끝이 뭉뚝하거나 양쪽 기부에 귀가 있는 경우가 있으며 양면에 털이 없고, 중륵 뒷면에 주머니 같은 비늘조각과 털모양인 비늘조각이 붙는다. **포자낭군** 소우편의 가장자리 가깝게 또는 중륵과의 중간에 붙는다. **포막** 둥근 신장형이고, 가장자리가 다소 밋밋하다.

1. 광주, 2016.6.12.
2. 새순, 2011.4.14.
3. 잎자루의 비늘조각, 2011.4.14.
4. 소우편 표면, 2007.11.15.
5. 포자낭군, 충남 태안, 2020.9.6.
6. 광주, 2009.6.9.
7. 포막과 포자낭군, 광주, 2007.11.15.
8. 경남 거제, 2013.6.18.

층층지네고사리

Dryopteris paomowanensis Ching & Z.Y.Liu, Bull. Bot. Res., Harbin 4(4): 10, 1984

Dryopteris simasakii (H.Itô) Sa.Kurata var. *paleacea* (H. Itô) Sa. Kurata, J. Geobot. (Kanazawa) 18: 5, 1970

Cheung-cheung-ji-ne-go-sa-ri (Lee et al., 2013)
中 密鳞高蕨毛蕨 E Shiny buckler fern
日 Atsugi-no-nukaitachishidamagai

염색체수 n = 123 포자기 6~9월 용도 관상용
분포 서울, 충남, 전북, 전남, 경북, 경남, 제주도, 숲속에서 자람; 일본, 중국

상록성 여러해살이풀로 지생한다. **키** 50~90cm이다. **뿌리줄기** 덩어리지며, 잎은 모여난다. **잎자루** 길이 25~40cm이고, 비늘조각이 촘촘히 밀생한다. 비늘조각은 갈색으로, 선상 피침형과 난상 피침형 2가지이며, 막질이고 가장자리가 거의 밋밋하거나 약간의 돌기가 있다. **잎몸** 2회 우상으로 갈라지고, 난형 또는 난상 긴타원형으로 끝이 뾰족하며, 길이 30~50cm, 너비 25~40cm로 잎자루보다 길다. 아래에서 두번째 우편이 가장 길며, 중축에는 비늘조각이 밀생하고, 비늘조각의 가장자리는 불규칙한 돌기가 있다. **우편** 선상 피침형으로 끝이 꼬리처럼 길게 뾰족하다. **소우편** 가장자리에 약간의 톱니가 있거나 거의 밋밋하나 맨 아래 소우편의 아랫부분은 깊게 갈라진다. 소우축에는 연갈색이고 난상 피침형인 비늘조각과 주머니모양의 비늘조각이 있다. **포자낭군** 소우편의 중륵과 가장자리의 중간에 붙는다. **포막** 둥근 신장형으로, 가장자리는 밋밋하다.

＊제주지네고사리와 가장 유사하나, 잎자루와 중축에 난상 피침형 비늘조각이 붙는 점이 다르다.

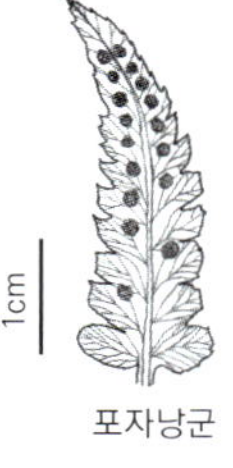

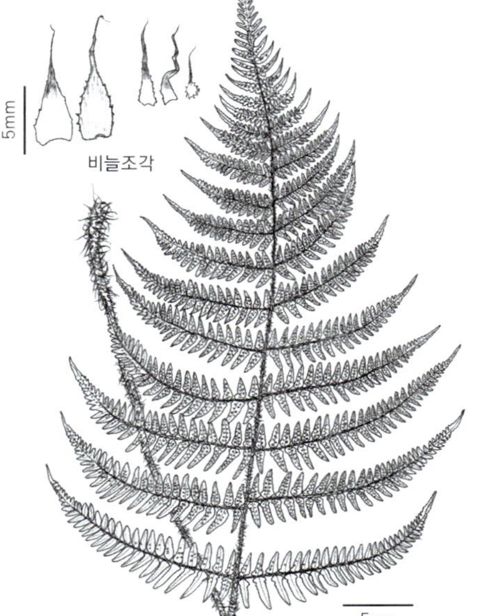

1. 광주, 2010.10.21.
2. 새순, 제주, 2019.5.23.
3. 잎자루의 비늘조각, 2007.3.14.
4. 포자낭군, 울산, 2013.10.16. ⓒ김동언

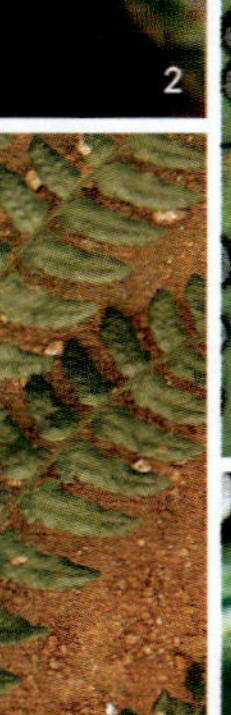

엷은잎지네고사리

***Dryopteris kinkiensis* Koidz. ex Tagawa**, Acta Phytotax. Geobot. 2: 200, 1933

Dryopteris championii (Benth.) C.Chr. ex Ching var. *tenuifrons* H.Itô, Nov. Fl. Jap. 4: 48, 1939

Yeol-beun-ip-ji-ne-go-sa-ri (박만규, 1961, 1975; 이창복, 1980; 등[10])

中 京鶴鱗毛蕨 E Thin autumn fern

日 Gifu-benishida

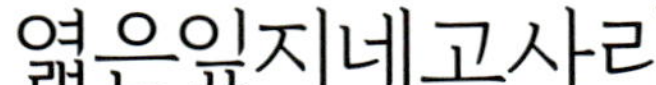

염색체수 n = 82 **포자기** 6~9월 **용도** 관상용

분포 전북, 전남, 경남, 제주도, 산지의 숲속에서 자람; 일본, 중국

상록성 여러해살이풀로 지생한다. **키** 50~80cm이다. **뿌리줄기** 덩어리지며 비스듬히 서고, 진한 갈색이고, 피침형인 비늘조각이 밀생한다. **잎자루** 길이 20~35cm이고, 비늘조각이 아래에 밀생한다. 비늘조각은 흑갈색으로, 피침형이고, 가장자리가 갈라지며, 길이 15~20mm이다. **잎몸** 2회우상으로 갈라지고, 난상 긴타원형 또는 긴타원형이고, 길이 30~50cm, 너비 20~25cm이다. 상부 우편은 중축과 약 45° 각도로 붙는다. **우편** 10~15쌍이고, 선상 피침형으로 끝이 뾰족하며, 짧은 자루가 있다. 우축의 비늘조각은 대부분 아랫부분이 편평하고 넓다. **소우편** 10~12쌍이고, 난상 피침형으로, 거의 가장자리가 밋밋한 것부터 약간 갈라진 것이 있으며, 길이 2~3cm, 너비 약 1cm이고, 거의 자루가 없으며, 소우축에 드물게 주머니모양인 비늘조각이 있다. **포자낭군** 소우편의 중륵과 가장자리의 중간에 붙는다. **포막** 가장자리가 밋밋하다.

1. 울산, 2013.10.6.
2. 새순, 울산, 2012.3.22.
3. 잎자루의 비늘조각, 제주, 2020.2.26.
4. 포막과 포자낭군, 제주, 2021.11.14.
5. 중축과 45도 기운 우편, 광주, 2007.11.15.
6. 우편, 제주, 2021.11.14.
7. 포막, 울산, 2011.10.14.

큰지네고사리

***Dryopteris fuscipes* C.Chr.**, Index Filic., Suppl. 2: 14, 1917

Keun-ji-ne-go-sa-ri (박만규, 1961, 1975; 이창복, 1980; 등[1])

中 黑足鱗毛蕨 E Big autumn fern

日 Maruba-benishida

염색체수 n = 123 **포자기** 6~9월 **용도** 관상용

분포 충남, 전남, 경남, 제주도, 저산지의 숲속에서 자람; 일본, 중국, 타이완, 베트남

상록성 여러해살이풀로 지생한다. **키** 40~90cm이다. **뿌리줄기** 덩어리지며, 비스듬히 서고, 비늘조각이 많이 붙는다. **잎자루** 길이 20~40cm으로, 비늘조각은 붉은 갈색 또는 갈색이고, 선상 피침형이며, 가장자리가 밋밋하고, 길이 약 1cm이며, 위쪽의 것은 짧고 가늘며 떨어지기 쉽다. **잎몸** 2회 우상으로 갈라지고, 난상 피침형 또는 삼각상 난형이며, 맨 아래 우편이 약간 짧아지고, 길이 25~50cm, 너비 15~30cm이며, 단단한 종이질이고, 중축에 선형의 가는 비늘조각이 남는다. 중축, 우축 표면에 홈이 있다. **우편** 10~15쌍이며, 피침형으로, 가늘고 길다. 우축 뒷면에 주머니모양의 비늘조각이 밀생한다. **소우편** 얕게 갈라진 것은 10~12쌍으로, 긴타원형이고, 끝이 둥글며, 가장자리에 잔톱니가 있다. 깊이 갈라진 것은 끝이 뭉뚝하거나 뾰족하고, 아랫부분의 양쪽 면이 귀모양이다. **포자낭군** 소우편의 중륵 가까이에 붙고, 둥글다. **포막** 둥근 신장형으로, 가장자리는 밋밋하고, 지름 1~1.5mm이다.

*반들지네고사리에 비해 잎자루의 비늘조각이 적갈색을 띤다.

1. 광주, 2004.9.7.
2. 새순, 2012.3.19.
3. 잎자루의 비늘조각, 2010.4.18.
4. 잎자루의 비늘조각, 제주, 2023.2.4.
5. 우축의 주머니모양 비늘조각, 제주, 2023.2.4.
6. 망상중심주, 제주, 2023.2.4.
7. 포막과 포자낭군, 광주, 2006.11.11.
8. 광주, 2009.6.9.

반들지네고사리

Dryopteris medioxima **Koidz.**, Acta Phytotax. Geobot. 1: 32, 1932

Ban-deul-ji-ne-go-sa-ri (한국양치식물연구회, 2005; 국립수목원, 2008)

E Shiny autumn fern　日 Maruba-benishida

포자기 6~9월　**용도** 관상용

분포 서울, 충남, 전남, 경남, 경북, 제주도, 저산지의 숲속에서 자람; 일본

상록성 여러해살이풀로 지생한다. **키** 60~100cm이다. **뿌리줄기** 덩어리지고, 잎이 모여난다. **잎자루** 30~50cm이고, 비늘조각이 밀생하며, 비늘조각은 선상 피침형이고, 어두운 갈색이며, 가장자리가 밋밋하고, 길이 10~13mm, 너비 1.8~2.3mm이다. **잎몸** 2회 우상으로 갈라지며, 길이 30~50cm이고, 난형 또는 난상 긴타원형이며, 종이질이고, 윗면에 광택이 난다. 중축에는 드물게 비늘조각이 달리는데 비늘조각은 선상 피침형으로, 가장자리가 밋밋하다. **우편** 15~17쌍이 어긋나고, 약 3cm 간격으로 떨어져 있으며, 좁은 피침형으로, 기부가 약간 좁아지며 끝이 뾰족하다. 우축에 달리는 비늘조각은 아랫부분이 주머니모양이다. **소우편** 긴타원상 피침형으로, 뾰족하며, 길이 3~4cm이고, 끝에 톱니가 있으며, 맨 아래는 귀모양을 한다. **포자낭군** 소우편의 중륵 가까이에 붙는다. **포막** 신장형이며, 가장자리는 밋밋하다.

1. 제주, 2019.6.14.
2. 새순, 2010.4.8.
3. 잎자루 하부의 비늘조각, 경남 거제, 2013.6.8.
4. 잎자루 중부의 비늘조각, 2010.4.8.
5. 잎자루 하부의 비늘조각, 제주, 2023.6.1.
6. 우편, 충남 태안, 2020.9.6.
7. 우축의 주머니모양 비늘조각, 제주, 2023.6.1.
8. 포자낭군과 포막, 제주, 2023.6.1.
9, 10. 충남 태안, 2020.9.6.

홍지네고사리

Dryopteris erythrosora **(D.C.Eaton) Kuntze**, Revis. Gen. Pl. 2: 812, 1891
Aspidium erythrosorum D.C.Eaton., Narr. Exped. China Japan [Perry] 2: 330, 1856

Hong-ji-ne-go-sa-ri (정태현 등, 1937; 박만규, 1961, 1975; 이창복, 1980; 등[1])
中 红盖鳞毛蕨 E Brilliance autumn fern, Autumn fern
日 Beni-shida

염색체수 n = 123 **포자기** 6~9월 **용도** 관상용
분포 강원을 제외한 전역, 저산지의 숲속에서 자람; 일본, 중국

상록성 여러해살이풀로 지생한다. **키** 60~120cm이다. **뿌리줄기** 덩어리모양이며, 굵고, 비스듬히 나며, 잎은 모여난다. **잎자루** 길이 20~60cm이고, 볏짚색이며, 단단하고, 표면에 홈이 있으며, 비늘조각이 많이 붙는다. 비늘조각은 선형 또는 선상 피침형이고, 거의 가장자리가 밋밋하며, 갈색 또는 흑갈색이고, 위로 올라갈수록 작아지며 잘 떨어진다. **잎몸** 2회 우상으로 갈라지고, 긴타원형 또는 난상 긴타원형으로, 끝이 뾰족하며, 표면에 광택이 나고, 길이 40~70cm, 너비 20~30cm이다. **우편** 10~15쌍이 거의 어긋나고, 피침형으로, 끝이 뾰족하며, 길이 15~20cm, 너비 4~7cm이고, 5~7cm 떨어져 있으며, 짧은 자루가 있고, 우축 뒷면에 주머니모양의 비늘조각이 달린다. **소우편** 12~15쌍으로, 긴타원형 또는 선형이고, 맨 아래 소우편이 짧으며, 끝이 둥글거나 뾰족하고, 가장자리가 톱니처럼 얕게 갈라진다. **포자낭군** 소우편의 중륵 가까이 붙는다. **포막** 둥근 신장형으로, 가장자리가 밋밋하며, 붉은색을 띠나 간혹 회백색을 띤다.

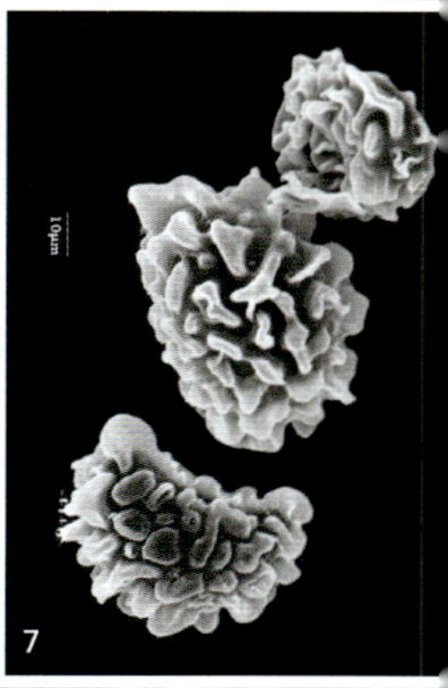

1. 제주, 2023.1.15.
2. 새순, 제주, 2020.3.25.
3. 어린잎, 제주, 2012.5.30.
4. 우축의 주머니모양의 비늘조각, 제주, 2020.11.8.
5. 포막과 포자낭군, 제주, 2004.5.20.
6. 주머니모양의 비늘조각과 포막, 제주, 2023.7.2.
7. 포자, 2024.4.3.
8. 새잎, 제주, 2019.5.22.
9. 군락, 제주, 2012.6.10.

가는홍지네고사리

Dryopteris caudipinna **Nakai**, Bot. Mag. (Tokyo) 45: 96, 1931

Ga-neun-hong-ji-ne-go-sa-ri (등[10])

E Caudate autumn fern 日 Hachijō-beni-shida

염색체수 n = 82 **포자기** 6~9월 **용도** 관상용
분포 제주도, 숲속에서 자람; 일본

상록성 여러해살이풀로 지생한다. **키** 80~120cm이다. **뿌리줄기** 짧고 굵으며 비스듬히 난다. **잎자루** 길이 35~45cm이고, 비늘조각이 밀생한다. 비늘조각은 흑갈색이고 피침형이며, 길이 15~20mm, 너비 2mm이다. **잎몸** 2회 우상으로 갈라지고, 긴타원형으로 길이 60~90cm, 너비 45~55cm이며, 종이질이고, 표면에 광택이 있다. **우편** 12~15쌍이고, 긴타원상 피침형으로 끝이 길게 뾰족하며, 맨 아래 우편은 약간 아래를 향한다. 우축 뒷면에 주머니 같은 비늘조각이 붙는다. **소우편** 14~16쌍이며, 선상 피침형 또는 선형으로 길이 3~6cm, 너비 4~7mm이며, 자루가 없으며, 가장자리가 구불거리거나 약간 갈라지고, 끝이 뾰족하다. **포자낭군** 소우편과 열편의 중륵 가까이에 붙는다. **포막** 둥근 신장형으로, 회백색을 띠고, 가장자리가 밋밋하다.

가는홍지네고사리는 2배체 유성생식을 하므로, 포자낭 안에 64개의 포자를 갖는데 반해, 홍지네고사리는 3배체로 무성생식을 하므로, 포자낭 안에 32개의 포자를 갖는다.

---

1. 제주, 2011.4.14. ©임영희
2. 우편 앞면, 제주, 2011.4.14. ©임영희
3. 중축과 우편 뒷면, 포자낭군, 제주, 2011.4.14. ©임영희
4. 포막과 포자낭군
5. 제주, 2011.4.14. ©임영희

참지네고사리

***Dryopteris nipponensis* Koidz.**, Acta Phytotax. Geobot. 1: 28, 1932
Dryopteris erythrosora (D.C.Eaton) Kuntze var. *dilatata* (Koidz.) Sugimoto, J. Geobot. 11: 85, 1962
Dryopteris erythrosora (D.C.Eaton) Kuntze var. *ambigens* Nakai, Bot. Mag. (Tokyo) 39: 119, 1925

Cham-ji-ne-go-sa-ri (박만규, 1961, 1975; 등[10])
반들고사리(이창복, 1980), 촘촘처녀고사리(정태현 등, 1937)
E True autumn fern　日 Tōgoku-shida

염색체수 n = 123　**포자기** 6~9월　**용도** 관상용
분포 충남, 전남, 경북, 경남, 제주도, 산지 숲속에서 자람; 일본

상록성 여러해살이풀로 지생한다. **키** 70~90cm이다. **뿌리줄기** 짧고 굵으며, 비스듬히 선다. **잎자루** 길이 30~40cm이고, 흑갈색 비늘조각이 많이 붙으나 잘 떨어진다. **잎몸** 2~3회 우상으로 갈라지고, 넓은 난형이며, 길이 50~70cm이고, 윗부분이 갑자기 좁아져 짧게 뾰족하며, 종이질이고, 표면은 광택이 난다. **우편** 7~9쌍이 거의 마주나고, 다소 삼각상 또는 긴타원상 피침형이다. 우축 뒷면에 주머니 같은 비늘조각이 붙는다. **소우편** 다소 빽빽이 붙고, 피침상 긴타원형 또는 선상 긴타원형이다. 맨 아래 우편의 맨 아래 소우편은 다음 소우편에 비해 약간 길거나 비슷하며, 매우 짧은 자루가 있다. **포자낭군** 소우축의 중륵 가까이에 붙으며, 아래쪽 우편에는 포자낭군이 붙지 않는 것이 많다. **포막** 둥근 신장형으로, 가장자리가 밋밋하며, 회백색이다.

∗이 종은 홍지네고사리와 유사하여 같은 종으로 보일 수도 있으나, 잎몸이 넓은 난형이고, 상부가 갑자기 좁아지며, 최하 우편의 아래쪽 첫번째 소우편이 다른 소우편에 비해 크게 발달하는 점이 홍지네고사리와 구별된다.

1, 6. 제주, 2019.2.21.
2. 새순, 2008.4.13.
3. 어린잎, 제주, 2013.3.4.
4. 잎몸 하부, 경남 거제, 2012.11.3.
5. 포자낭군, 2004.12.30.
7. 광주, 2011.11.26.

큰홍지네고사리

Dryopteris hondoensis **Koidz.**, Acta Phytotax. Geobot. 1: 31, 1932

Keun-hong-ji-ne-go-sa-ri (등[10])

中 桃花岛鳞毛蕨 E Larger red autumn fern

日 Ō-beni-shida

염색체수 n = 123 **포자기** 6~9월 **용도** 관상용

분포 서울, 전남, 경남, 제주도, 숲속에서 자람; 일본, 중국

상록성 여러해살이풀로 지생한다. **키** 50~100cm이다. **뿌리줄기** 짧게 서며, 많은 비늘조각에 덮이고, 잎이 모여난다. **잎자루** 길이 20~50cm이고, 볏짚색이나 때로 갈색이며, 아랫부분의 비늘조각은 선형 또는 선상 피침형이고, 가장자리가 거의 밋밋하며, 갈색 또는 흑갈색이다. **잎몸** 2회 우상으로 갈라지며, 넓은 난상 삼각형이고, 끝이 뾰족하며, 길이 30~50cm, 너비 20~30cm이다. **우편** 10~15쌍이 거의 어긋나고, 난상 피침형이며, 끝이 뾰족하고, 짧은 자루가 있다. 우축 뒷면의 비늘조각은 피침형으로 기부가 주머니모양이 아니다. **소우편** 10~13쌍으로, 피침형이고, 끝이 둥글거나 뾰족하며, 길이 3~4cm, 너비 0.8~1.2cm이고, 가장자리는 톱니처럼 얕게 갈라지며, 단단한 초질이고, 연한 황록색이며, 광택이 나지 않는다. **포자낭군** 소우편의 중륵 가까이에 붙는다. **포막** 둥근 신장형으로, 회백색을 띠고, 붉은색을 띠기도 하며, 가장자리가 밋밋하다.

1. 경남 거제, 2013.6.8.
2. 새순, 2012.3.22.
3. 잎자루의 비늘조각, 2008.3.16.
4. 포자낭군과 회백색 포막, 광주, 2007.11.12.
5. 포자낭군과 붉은색 포막, 경남 거제, 2012.11.3.
6. 최하우편의 자루, 2007.11.15.
7. 경남 거제, 2012.11.3.

꼬리족제비고사리

Dryopteris formosana **(Christ) C.Chr.**, Index Filic. fasc. 5: 266, 1905

Kko-ri-jok-je-bi-go-sa-ri (등[10])
홍노족제비고사리(박종욱 등 편집, 2007)
中 台湾鳞毛蕨 E Lime light wood fern
日 Takasago-shida

염색체수 n = 123 포자기 6~9월 용도 관상용
분포 제주도, 계류가의 숲속에서 자람; 일본, 중국, 타이완, 필리핀

상록성 여러해살이풀로 주로 경사면에 지생한다. **키** 60~80cm이다. **뿌리줄기** 덩이모양이고, 짧게 서며, 비늘조각이 밀생하고, 몇 개의 잎이 난다. **잎자루** 길이 30~40cm이고, 뒷면 아랫부분은 흑갈색이다. 아랫부분의 비늘조각은 피침형으로, 가장자리가 밋밋하며, 길이 5~15mm이고, 흑갈색 또는 검은색이며, 광택이 난다. **잎몸** 2~3회 우상으로 갈라지고, 오각형이며, 끝이 꼬리처럼 뾰족하고, 길이 30~40cm, 너비 25~35cm이다. **우편** 8~10쌍으로, 넓은 피침형이고, 길이 12~15cm이며, 맨 아랫부분의 우편은 맨 아래쪽 소우편이 매우 길어서 비대칭 삼각형이다. 우축 뒷면에 주머니 같은 비늘조각이 밀생한다. **소우편** 맨 아래 소우편은 가장 크고, 길이 약 10cm이다. 소우축의 비늘조각은 좀 더 작고 잘 떨어진다. **열편** 긴타원형이고, 끝이 침상이며, 단단한 초질 또는 종이질이고, 짙은 녹색이며, 털이 없다. **포자낭군** 소우편의 중륵과 가장자리 중간에 붙는다. **포막** 둥근 신장형이고, 지름 약 1mm이며, 털이 없고, 밋밋하다. **포자** 표면에 얇은 가시 같은 돌기가 있다.

1. 제주, 2020.10.9.
2. 새순, 2011.10.27.
3. 잎자루 하부의 비늘조각, 제주, 2020.10.9.
4. 열편 끝부분이 침상으로 발달한 모습, 2011.10.27.
5. 우편의 열편, 2011.10.27
6. 포자낭군, 2011.10.27.
7. 우축의 주머니모양 비늘조각, 제주, 2020.10.9.
8. 제주, 2020.10.9.

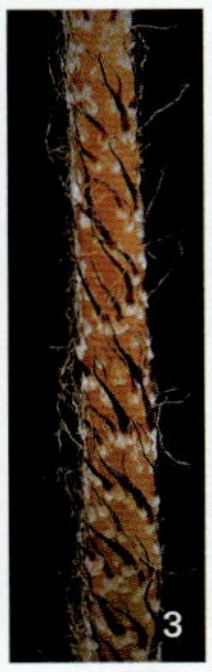

들족제비고사리(국내미기록)

***Dryopteris protobissetiana* K.Hori & N.Murak.**, Acta Phytotax. Geobot. 66: 54, 2015

Deul-jog-je-bi-go-sa-ri (국명신칭)
E Southern apricot fern J Moto-itachishida

염색체수 n = 82 **포자기** 7~9월 **용도** 관상용
분포 전남, 숲속에서 자람; 일본

상록성 여러해살이풀로 지생한다. **키** 20~70cm이다. **뿌리줄기** 곧거나 약간 비스듬히 선다. 비늘조각이 밀생하며, 잎이 모여난다. **잎자루** 황녹색이나 어릴 때는 살구색이고, 길이 10~30cm이며, 비늘조각이 밀생한다. 기부의 비늘조각은 납작하고, 피침형으로 끝이 실처럼 가늘어지며 길이 4~8mm, 검은색으로, 반투명하고, 가장자리에 톱니가 약간 있다. 윗부분의 비늘조각은 주머니모양이고, 길이 0.5~1mm, 갈색이고 끝부분은 검은색으로 가장자리가 밋밋하다. **잎몸** 2회 우상으로 갈라지나 때로 기부가 3회 우상으로 갈라지며, 길이 10~40cm, 너비 10~20cm이고, 좁은 삼각형으로, 맨 아래가 가장 넓고, 끝으로 가며 점차 좁아진다. 검은 녹색이고, 연한 가죽질이며, 표면은 광택이 나고, 가장자리가 편평하다. 중축과 우축에 주머니모양의 비늘조각이 밀생한다. **우편** 13~15쌍이 어긋나며, 넓은 피침형이고, 맨 아래쪽 제1소우편이 가장 크다. **소우편** 8~10쌍으로, 피침형이고, 맨 아래가 가장 넓으며, 정단부 가장자리에 잘게 톱니가 있고, 자루가 없으나 기부 것은 2~7mm의 자루가 있다. **포자낭군** 소우편의 중륵과 가장자리의 중간 또는 중륵보다 가장자리 가까이에 붙는다. **포막** 둥근 신장형으로, 가장자리가 밋밋하거나 약간 고르지 않고, 반투명하다.

1. 전남 순천, 2024.9.23.
2. 새순, 전남 순천, 2018.9.21.
3. 잎자루 중부 비늘조각, 전남 순천, 2018.9.21.
4. 중축의 주머니모양의 비늘조각, 제주, 2025.11.29.
5. 소우편 중륵의 비늘조각, 전남 순천, 2018.9.21.
6. 잎몸, 전남 순천, 2018.3.16.
7. 새순의 비늘조각, 전남 순천, 2018.3.16.
8. 포자낭군, 전남 순천, 2018.3.16.

산족제비고사리

Dryopteris bissetiana **(Baker) C.Chr.**, Index Filic. 254, 1905

Nephrodium bissetianum Baker, J. Bot. 15: 366, 1877

Dryopteris setosa (Thunb.) Akasawa, Bull. Kochi Women's Univ., Ser. Nat. Sci. 7: 27. 1959

San-jok-je-bi-go-sa-ri (박만규, 1961, 1975; 등[1])
족제비고사리(이창복, 1969, 1980), 큰검정털고사리 (박만규, 1949)

中 两色鳞毛蕨 E Mountain buckler fern

日 Yama-itachi-shida

염색체수 n = 82 **포자기** 6~9월 **용도** 관상용

분포 전역, 산지의 숲속에 자람; 일본, 중국

상록성 여러해살이풀로 주로 경사면에 지생하거나 바위틈에 난다. **키** 30~70cm이다. **뿌리줄기** 짧게 서며, 끝에 흑색이고, 좁은 피침형인 비늘조각이 밀생한다. **잎자루** 황갈색이거나 갈색으로, 길이 10~35cm이고, 잎몸보다 짧다. 아랫부분에 밀생하는 비늘조각은 갈색이거나 흑갈색이고, 길이 1~20mm, 너비 1~1.5mm이며, 선형 또는 피침형이다. **잎몸** 2~3회 우상으로 갈라지며, 난상 긴타원형이고, 맨 아래가 가장 넓으며, 길이 15~40cm, 너비 15~30cm이다. **우편** 10~15쌍이 어긋나며, 길이 7.5~16cm이고, 비대칭 피침형으로 맨 아래가 가장 넓으며, 짧은 자루가 있다. 우축 뒷면에 주머니 모양의 비늘조각이 밀생한다. **소우편** 피침형이고, 길이 1.5~3cm, 너비 0.6~1cm이다. **열편** 긴타원형이고, 가장자리가 밋밋하며, 약간 뒤로 말린다. **잎맥** 유리맥으로, 2~3회 Y자로 갈라지며, 가장자리까지 도달하지 않는다. **포자낭군** 소우축 가까이 붙는다. **포막** 신장형이며, 가장자리는 밋밋하다.

*잎자루와 중축에 비늘조각은 비스듬히 위를 향해 붙는다.

1. 전북 정읍, 2022.8.21.
2. 잎자루의 비늘조각, 전남 완도, 2022.7.20.
3. 중축의 비늘조각, 울산, 2020.6.21.
4. 우축·소우축의 주머니모양 비늘조각, 2011.6.3.
5. 우축의 주머니모양 비늘조각, 제주, 2021.3.31.
6. 소우편, 전남 해남, 2023.10.2.
7. 열편 가장자리와 포막, 전남 해남, 2023.10.2.
8. 포막과 포자낭군, 2011.6.3.
9. 전남 완도, 2022.7.20.

바위족제비고사리

Dryopteris saxifraga **H.Itô**, Bot. Mag. (Tokyo) 50: 125, 1936

Ba-wi-jok-je-bi-go-sa-ri (박만규, 1961, 1975; 이창복, 1980; 등[1])
털지네고사리(박만규, 1949)
中 虎耳鱗毛蕨 E Rock buckler fern
日 Iwa-itachi-shida

염색체수 n = 41 **포자기** 6~9월 **용도** 관상용
분포 전역, 높은 산지의 숲속에 자람; 일본, 중국

상록성 여러해살이풀로 수직경사면의 바위틈에 반착생한다. **키** 10~ 30cm이다. **뿌리줄기** 짧게, 비스듬히 서며, 끝에 진갈색이며, 좁은 피침형인 비늘조각이 밀생하고, 잎이 모여난다. **잎자루** 기부가 굵고, 길이 10~15cm이며, 볏짚색으로 아랫부분은 갈색이다. 비늘조각은 선형 또는 넓은 선형이고, 검은 갈색이나 아래는 연한 갈색이며, 가장자리가 밋밋하며, 상부에서는 축에 직각으로 붙고 끝이 약간 위를 향해 있다. **잎몸** 2회 우상으로 갈라지고, 난상 피침형으로, 끝이 뾰족하며, 길이 15~30cm, 너비 10~15cm이고, 단단한 초질이다. **우편** 12~15쌍이며, 다소 엉성하게 붙는다. 간격이 2~5cm이고, 길이 5~8cm, 너비 2~4cm이며, 짧은 자루가 있다. 끝이 뾰족하고, 아랫부분이 가장 넓다. 우축 뒷면에 주머니모양의 비늘조각이 밀생한다. **소우편** 5~8쌍이며, 선상 긴타원형이고, 끝이 뾰족하며, 우측으로 흘러내린다. **포자낭군** 소우편의 중륵 가까이에 붙는다. **포막** 둥근 신장형으로, 가장자리는 밋밋하며, 간혹 털 같은 돌기가 있다.

*산족제비고사리에 비해 작고, 잎자루와 중축에 비늘조각이 직각으로 붙고, 우편은 약간 위쪽으로 구부러지며, 광릉족제비고사리에 비해 잎몸이 작고, 긴타원형이다.

1. 경기 남양주, 2021.11.20.
2. 잎자루의 비늘조각, 2011.5.27.
3. 포자낭군, 경남 지리산, 2012.10.3.
4. 경남 지리산, 2012.10.3.
5. 중축과 소우편의 포막과 포자낭군, 제주, 2012.7.27. ©이만규
6. 강원 설악산, 2024.9.14.

광릉족제비고사리

Dryopteris saxifragi-varia **Nakai**, J. Jap. Bot. 18: 286, 1942

Gwang-reung-jok-je-bi-go-sa-ri (이창복, 1980; 등[7])
E Gwangneung buckler fern　J Koumori-shida

포자기 6~9월　**용도** 관상용
분포 전역, 산지의 숲속에 자람; 일본

상록성 여러해살이풀로 지생한다. **키** 20~50cm이다. **뿌리줄기** 짧고, 비스듬히 서며, 잎이 모여난다. **잎자루** 길이 10~20cm이고, 비늘조각이 밀생한다. 비늘조각은 선형 또는 넓은 선형으로 끝으로 가면서 점차 뾰족해지고, 가장자리가 밋밋하며, 검은색이고, 축의 아래를 향한다. **잎몸** 2~3회 우상으로 갈라지며, 삼각상 난형으로 맨 아래 우편이 가장 넓고, 끝이 뾰족하며, 길이 20~50cm, 너비 10~15cm이고, 부드러운 종이질이다. **우편** 짧은 자루가 있으며, 끝이 길게 뾰족하고, 맨 아랫부분이 가장 넓다. 우축 뒷면에 주머니모양의 비늘조각이 밀생한다. **소우편** 선상 긴 타원형 또는 피침형이고, 끝이 뾰족하며, 우축 아래로 흘러내린다. **포자낭군** 소우축 가까이에 붙는다. **포막** 둥근 신장형이며, 가장자리는 밋밋하다.

*잎자루에 붙는 비늘조각이 축에 직각으로 붙는 점이 바위족제비고사리와 유사하지만, 잎이 처지지 않고 서는 경향이 있으며, 잎몸이 삼각상 난형으로 더 넓고 크며, 잎자루의 비늘조각의 기부가 짧게 위를 향하다 아래로 굽는 점이 다르다.

바위족제비고사리와 산족제비고사리의 교잡종으로 보이며 광릉에서 처음 발견되었으나, 전국적으로 퍼져있다.

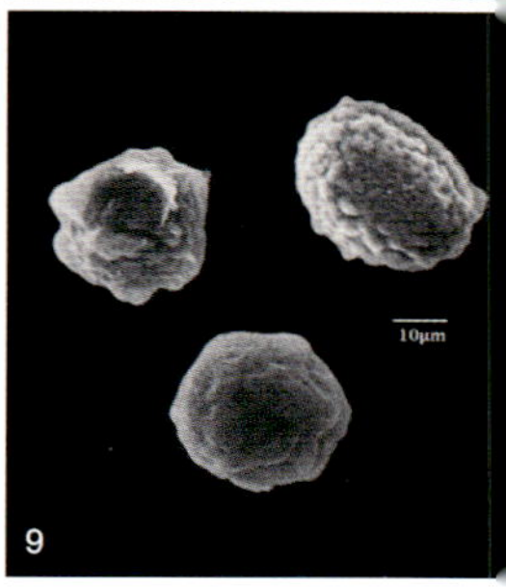

---

1. 제주, 2023.3.18.
2. 새순, 제주, 2019.5.21.
3. 잎자루의 비늘조각, 제주, 2023.3.18.
4. 잎자루의 비늘조각, 제주, 2023.5.31.
5. 망상중심주, 제주, 2023.3.18.
6. 우축의 비늘조각, 제주, 2023.5.31.
7. 포막, 제주, 2023.5.31.
8. 잎몸, 제주, 2023.3.18.
9. 포자, 2024.4.3.

족제비고사리

***Dryopteris varia* (L.) Kuntze**, Revis. Gen. Pl. 2: 814, 1891

Jok-je-bi-go-sa-ri (정태현 등, 1956; 박만규, 1961, 1975; 등[1])
검정털고사리(박만규, 1949), 쪽제비고사리(정태현 등, 1949)
中 变异鳞毛蕨 E Apricot fern
日 Nankai-itachi-shida, itachi-shida-modoki

염색체수 n = 82 **포자기** 6~9월
용도 약용(뿌리줄기: 동통, 부종, 어혈, 출혈, 구충), 관상용
분포 제주도, 저산지의 숲속에 자람; 일본, 중국, 타이완, 필리핀, 베트남, 인도

상록성 여러해살이풀로 지생한다. **키** 30~80cm이다. **뿌리줄기** 덩어리모양이고, 짧게 약간 비스듬히 나며, 잎이 모여 나온다. **잎자루** 20~50cm이고, 비늘조각이 많이 있다. 비늘조각은 붉은 갈색, 황갈색, 또는 검은 갈색이고, 길이 1~2cm, 너비 1~1.5mm이며, 선형 또는 피침형이고, 기부에 불규칙한 돌기가 있다. **잎몸** 2회 우상으로 갈라지며, 난상 긴타원형으로, 아래가 가장 넓으나 위로 가면서 좁아지다 거의 끝부분에서 갑자기 좁아지며, 길이 30~50cm, 너비 20~35cm이다. **우편** 7~9쌍으로, 길이 8~16cm이며, 비대칭 삼각상 긴타원형으로 기부가 가장 넓고 위로 가면서 차차 짧아진다. **소우편** 선형으로, 끝이 뾰족하며, 길이 3~8cm이고, 둔한 톱니가 다소 있거나 거의 없으며, 비늘조각은 갈색 또는 흑갈색 피침형이고, 길이 1~2mm, 너비 0.3~0.4mm이다. **열편** 긴타원형으로, 끝이 다소 둔하다. **포자낭군** 크고, 소우편의 중륵과 가장자리의 중간에 붙는다. **포막** 둥근 신장형으로, 길이 0.4~0.9mm, 지름 0.5~1mm이며, 가장자리는 밋밋하나 간혹 털 같은 돌기가 있다.

1. 제주, 2007.7.6.
2. 잎자루 하부의 비늘조각, 평강식물원, 2008.3.20.
3. 잎자루, 중축의 비늘조각, 제주, 2023.2.6.
4. 잎자루 하부의 비늘조각, 제주, 2023.2.6.
5. 붉은빛이 나는 새잎, 제주, 2003.6.30.
6. 포자낭군, 제주, 2014.1.9. ⓒ김명수
7. 망상중심주, 제주, 2023.2.6.
8. 제주, 2003.6.9.

애기족제비고사리

***Dryopteris sacrosancta* Koidz.**, Bot. Mag. (Tokyo) 38: 108, 1924

Ae-gi-jok-je-bi-go-sa-ri (정태현, 1956; 이창복, 1980; 등[1])
좀족제비고사리(박만규, 1961, 1975), 애기쪽제비고사리(정태현, 1949)
中 棕边鳞毛蕨 E Baby buckler fern
日 Hime-itachi-shida

염색체수 n = 123 포자기 6~9월 용도 관상용
분포 전남, 경북, 경남, 제주도, 저산지의 숲속에서 자람; 일본, 중국

상록성 여러해살이풀로 지생한다. **키** 50~80cm이다. **뿌리줄기** 짧고 비스듬히 서며, 비늘조각이 밀생한다. 몇 개의 잎이 모여난다. **잎자루** 길이 20~40cm이며, 옅은 녹색이고, 비늘조각이 밀생하며, 비늘조각은 선상 피침형으로 가장자리가 밋밋하고, 검은색이나 가장자리는 연갈색이며, 광택이 나고, 길이 약 1cm로 성숙 후에도 잘 안 떨어진다. **잎몸** 3회 우상으로 갈라지며, 오각상 넓은 난형이고, 종이질이며, 표면에 광택이 난다. **우편** 10~13쌍으로, 난상 피침형이고, 맨 아래 우편이 가장 크며, 아래 우편은 짧은 자루가 있다. 우축 뒷면의 비늘조각은 기부가 주머니처럼 되지 않고, 난상 피침형이다. **소우편** 8~10쌍으로, 좁은 삼각형이며, 맨 아래가 가장 크다. 소우편의 중륵 뒷면의 비늘조각은 작은 주머니모양이고, 연갈색으로 중심부가 흑갈색이다. **열편** 가장자리에 잔톱니가 있다. **포자낭군** 작고, 열편 측맥의 끝에, 소우축 가까이에 붙는다. **포막** 둥근 신장형이다.

1. 경남 거제도, 2020.2.11.
2. 잎자루의 비늘조각, 경남 거제도, 2020.5.22.
3. 중축과 우축의 비늘조각, 경남 거제도, 2020.5.22.
4. 망상중심주, 경남 거제도, 2020.2.11.
5. 우축의 비늘조각, 경남 거제도, 2020.2.11.
6. 우축, 소우편 중륵의 비늘조각, 경남 거제도, 2020.8.26.
7. 중축 비늘조각, 열편의 가장자리와 포자낭군, 경남 거제도, 2020.2.11.
8. 제주, 2023.6.4.
9. 포자, 2024.4.3.

누른애기족제비고사리(국내미기록)

***Dryopteris kobayashii* Kitag.**, Rep. Exped. Manchoukuo Sect. IV 2: 56, 1935

Nu-leun-ae-gi-jok-je-bi-go-sa-ri (국명신칭)
中 棕边鳞毛蕨 E Yellowish buckler fern
日 Ryotou-itachi-shida

염색체수 n = 123 **포자기** 6~9월 **용도** 관상용
분포 전역, 산지의 숲속이나 가장자리에 자람; 일본, 중국

상록성 여러해살이풀로 지생한다. **키** 50~70cm이다. **뿌리줄기** 짧고 비스듬히 서며, 비늘조각이 밀생한다. 몇 개의 잎이 모여난다. **잎자루** 길이 25~35cm이고, 옅은 녹색이며, 비늘조각이 밀생하고, 비늘조각은 선상 피침형으로 가장자리가 밋밋하고, 중앙부는 흑갈색이며, 광택이 나고, 가장자리는 연한 갈색이며, 길이 8~11mm로 성숙 후에도 잘 안 떨어진다. **잎몸** 3회 우상으로 갈라지며, 삼각상 난형이고, 길이 25~40cm, 너비 18~25cm이며, 단단한 초질이고, 황록색으로 표면에 광택이 적다. **우편** 10~13쌍으로, 난상 피침형이고, 맨 아래 우편이 가장 크며, 길이 13~18cm, 너비 7~10cm이고, 길이 8~12mm의 짧은 자루가 있다. 우축 뒷면의 비늘조각은 주머니처럼 되지 않고 피침형이다. **소우편** 5~7쌍으로, 긴타원상 피침형으로 맨 아래가 가장 크다. 소우편의 중륵 뒷면의 비늘조각은 작은 주머니모양이고, 아래는 검은색 위는 흑갈색이다. **열편** 가장자리에 물결모양 또는 잔톱니가 있다. **포자낭군** 작고, 열편 측맥의 끝에, 소우축 가까이에 붙는다. **포막** 둥근 신장형이다.

애기족제비고사리에 비해 잎몸이 초질이고, 삼각상 난형이며, 측우편의 자루가 짧고, 소우편은 긴타원상 피침형이다. Fraser-Jenkins(1986)는 *D. sacrosancta*의 이명으로 처리하기도 하여 Wu et al.(2003) 등이 따랐으나 두 종을 구분한 Ebihara(2016)를 따랐다.

1. 서울, 2012.5.29.
2. 충남 태안, 2020.9.6.
3. 누른애기족제비고사리와 애기족제비고사리 잎 비교
4. 중축 비늘조각, 경남 울산, 2020.6.21
5. 포막과 우축 비늘조각, 경남 양산, 2023.6.24
6. 누른애기족제비고사리와 애기족제비고사리 우축 비늘조각 비교

큰족제비고사리

Dryopteris hikonensis **(H.Itô) Nakaike**, New Fl. Jap.Pterid.: 841, 1992
Dryopteris immixta Ching, Fl. Tsinling. 2: 225, 1974

Keun-jok-je-bi-go-sa-ri (박만규, 1961, 1975; 이창복, 1980; 등[1])
中 太平鱗毛蕨 E Big buckler fern
日 Ō-itachi-shida

염색체수 n = 82 **포자기** 6~9월 **용도** 관상용
분포 전남, 경남, 제주도, 저산지 숲속에 자람; 일본, 중국

상록성 여러해살이풀로 지생한다. **키** 70~100cm이다. **뿌리줄기** 짧고, 비스듬히 선다. 검은색의 털 같은 비늘조각에 덮이며, 잎이 모여난다. **잎자루** 볏짚색이고, 길이 30~40cm이며, 비늘조각이 밀생한다. 비늘조각은 검은색 또는 흑갈색이고, 끝이 실처럼 가늘어진다. **잎몸** 2~3회 우상으로 갈라지며, 길이 40~60cm, 너비 25~40cm이고, 오각상 난형이며, 맨 아래가 가장 넓고, 윗부분은 갑자기 좁아진다. 중축과 우축에 아래가 편평한 비늘조각이 밀생한다. **우편** 10~15쌍이 어긋나며, 넓은 피침형이고, 맨 아래쪽 제1소우편이 가장 크다. **소우편** 10~15쌍으로, 피침형이고, 맨 아래가 가장 넓으며, 광택이 없거나 있고, 기부 것은 짧은 자루가 있으며, 가장자리에 얕은 톱니가 있다. **포자낭군** 소우편의 중륵과 가장자리의 중간에 붙는다. **포막** 크고, 회백색이거나 간혹 홍색이며, 가장자리에 털이 있다.

* 족제비고사리에 비해 비늘조각은 검은 갈색 또는 검은색이고, 잎몸의 끝은 점차 좁아진다. 산족제비고사리에 비해 우축 뒷면의 비늘조각 기부가 부풀지 않고 열편 가장자리에 톱니가 있다.

1. 제주, 2003.6.9.
2. 새순, 평강식물원, 2003.5.30.
3. 잎자루의 비늘조각, 제주, 2021.12.4.
4. 우축 비늘조각
5. 망상중심주, 제주, 2023.2.6.
6. 잎자루 비늘조각, 제주, 2024.10.30.
7. 중축 비늘조각, 제주, 2024.10.30.
8. 잎몸 최상부, 제주, 2024.10.30.
9. 포자낭군, 제주, 2021.12.4.
10. 포막 가장자리의 돌기, 제주, 2012.6.8.
11. 새잎, 제주, 2012.6.8.

나도큰족제비고사리(국내미기록)

Dryopteris subbikonensis **K.Hori & N.Murak.**, Acta Phytotax. Geobot. 69: 99, 2018

Na-do-Keun-jog-je-bi-go-sa-ri (국명신칭)

E Southern buckler fern 日 Iwa-O-itachishida

염색체수 n = 123 **포자기** 7~9월 **용도** 관상용
분포 제주도, 숲속에서 자람; 일본

상록성 여러해살이풀로 지생한다. **키** 30~90cm이다. **뿌리줄기** 곧거나 약간 비스듬히 선다. 비늘조각이 밀생하며, 잎이 모여난다. **잎자루** 황록색이나 어릴 때는 살구색이고, 길이 10~40cm이며, 비늘조각이 밀생한다. 기부의 비늘조각은 편평하고, 선상 피침형으로 끝이 실처럼 가늘어지고 길이 1.5~2cm 검은색으로, 반투명하며, 가장자리에 톱니가 약간 있다. 윗부분의 비늘조각은 편평하고, 길이 8~9mm 검은색이고 아랫부분은 갈색으로 가장자리가 밋밋하다. **잎몸** 2회 우상으로 갈라지나 때로 기부가 3회 우상으로 갈라지며, 길이 20~50cm, 너비 10~30cm이고, 넓은 삼각형으로, 맨 아래가 가장 넓고, 끝이 약간 뭉뚝하게 좁아진다. 검은 녹색이고, 연한 가죽질이며, 표면은 약간 광택이 나며, 가장자리가 편평하다. 중축과 우축에 주머니모양으로 검은색이나 아래가 갈색인 비늘조각이 밀생한다. **우편** 13~15쌍이 어긋나며, 넓은 피침형으로 구부러지고, 맨 아래쪽 제1소우편이 가장 크다. **소우편** 피침형이고, 맨 아래가 가장 넓으며, 정단부 가장자리에 약간의 톱니가 있거나 밋밋하고, 짧은 자루가 있다. **포자낭군** 소우편의 중륵과 가장자리의 중간에 붙는다. **포막** 둥근 신장형으로, 가장자리가 밋밋하고, 반투명하고, 직경 1.5~1.8mm이다.

1. 제주, 2019.5.22.
2. 잎자루 하부 비늘조각, 제주, 2024.10.12.
3. 잎자루 중부 비늘조각, 제주, 2024.10.12.
4. 잎몸 상부, 제주, 2024.10.12.
5. 잎몸, 경남 통영, 2020.2.12.
6. 포막과 포자낭군, 제주, 2018.11.3. ©이만규
7. 포막, 제주, 2024.10.12.
8. 제주, 2017.12.3.

남도톱지네고사리(국내미기록)

***Dryopteris* × *mayebarae* Tagawa**, Acta Phytotax. Geobot. 7: 185, 1938

Nam-do-top-ji-ne-go-sa-ri (국명신칭)

E Namdo Little shaggy shield fern

日 I-wa-he-go-mo-do-ki

애기톱지네고사리와 곰비늘고사리의 교잡종으로 일본에 분포하며, 4배체로 알려졌고, 전남에서 발견되었다. 전체적인 엽형은 애기톱지네고사리와 곰비늘고사리의 중간형으로 아래로 가면서 약간 좁아지고, 잎몸은 1회 우상으로 갈라지며, 열편은 긴타원형으로 가장자리에 톱니가 약간 있고, 포자낭군은 잎몸 윗쪽에 붙으며 열편의 중륵과 가장자리 중간에 붙는다.

*김 등(2004)에 의해 광주 월각산에서 발견한 미기록종을 *D. lusanensis*로 동정하고, 국명을 남도톱지네고사리로 명하여 보고하였다. 그러나 발표된 표본 분석 결과 이 잡종을 오동정한 것으로 판단되며, 남도톱지네고사리라는 국명을 그대로 사용하였다.

1. 광주, 2011.11.25 .
2. 우편 기부와 중축 비늘조각, 광주, 2011.11.25.
3. 중축 비늘조각, 광주, 2011.11.25.
4. 잎자루 비늘조각, 광주, 2011.11.25.
5. 잎 표면의 맥, 광주, 2011.11.25.
6. 포막과 포자낭군

왕지네느리미고사리(국내미기록)

***Dryopteris* × *kominatoensis* Tagawa**, Acta Phytotax. Geobot. 6: 154, 1937

Wang-ji-ne-neu-ri-mi-go-sa-ri (국명신칭)

E King sword-leaf wood fern　日 Tanihegomodoki

왕지네고사리와 느리미고사리의 교잡종으로 일본에 분포하고, 일본산은 2배체 불임으로 알려졌으나(Ebihara, 2017), 국내산은 포자의 형태가 3배체로 추정된다. 경기도 포천에서 발견되었다. 전체적인 엽형은 왕지네고사리와 느리미고사리고사리의 중간형으로 아래로 가면서 좁아지고, 잎자루는 볏짚색으로 기부에 비늘조각이 밀집하는데 비늘조각은 어두운 갈색, 가장자리가 밋밋하다. 잎몸은 1회 우상으로 우편은 중축 가까이 깊게 갈라지며, 열편은 긴타원형으로 가장자리에 약간 톱니가 있고, 잎맥은 2~3회 유리하며, 표면에 맥이 파여 잎맥이 뚜렷하다. 포자낭군은 잎몸 윗쪽에 붙고, 열편의 중륵 가까이 붙는다.

1. 잎몸 상부와 포자낭군, 경기 포천, 2004.10.5.
2. 잎, 경기 포천, 2004.10.5.
3. 잎자루의 비늘조각, 경기 포천, 2004.10.5.
4. 잎 표면, 경기 포천, 2004.10.5.
5. 포자낭군, 경기 포천, 2004.10.5.

비늘관중(국내미기록)

***Dryopteris* × *fujipedis* Sa.Kurata**, J. Geobot. 14: 35, 1965

Bi-neul-gwan-jung (국명신칭)

E Lacerate shield fern　日 Fujikuma-warabi

비늘고사리와 관중의 교잡종으로 일본에 분포하고, 일본산은 2배체 불임으로 알려졌으나(Ebihara, 2017), 국내산은 포자의 형태가 3배체로 추정되며, 울릉도 나리분지에서 발견되었다. 전체적인 엽형은 관중과 비늘고사리의 중간형으로 아래로 가면서 약간 좁아지고, 잎몸은 1회 우상으로 갈라지며, 열편은 긴타원형으로 가장자리에 톱니가 약간 있고, 포자낭군은 잎몸 윗쪽에 붙으며 약간 수축된다.

1. 경북 울릉, 2018.5.15.
2. 잎몸(좌: 관중, 우: 비늘관중), 경북 울릉, 2018.5.15.

개비늘고사리(국내미기록)

***Dryopteris* × *mituii* Seriz.**, J. Jap. Bot. 46: 19, 1971 Geobot. 6: 154, 1937

Ge-bi-neul-go-sa-ri (국명신칭)

E Lacerate uniform Wood Fern　日 Ainokuma-warabi

비늘고사리와 곰비늘고사리의 교잡종으로 일본에 분포하며, 3배체로 알려졌고(Ebihara, 2017), 전국적으로 관찰된다. 비늘고사리처럼 기부우편은 긴타원상 피침형이고, 잎몸의 기부로 가면서 우편이 넓어지나 소우편이나 열편의 끝은 뭉뚝하고, 잎 표면의 맥은 뚜렷하게 파이지 않으며, 잎몸의 포자낭군이 붙는 부위가 많이 축소되지 않는다.

1. 잎몸, 제주, 2017.6.14.

곰비늘관중(국내미기록)

***Dryopteris* × *watanabei* Sa. Kurata**, J. Geobot. 14: 36, 1965

Gom-bi-neul-gwan-jung (국명신칭)

E Uniform shield fern　日 Fuji-oshiba

관중과 곰비늘고사리의 교잡종으로 일본에 분포하며, 3배체로 알려졌고(Ebihara, 2017), 제주도에서 발견되었다. 전체적인 엽형은 관중과 곰비늘고사리의 중간형으로 아래로 가면서 약간 좁아지고, 잎몸은 1회 우상으로 갈라지며, 열편은 긴타원형으로 가장자리가 밋밋하거나 약간 톱니가 있고, 포자낭군은 잎몸 윗쪽에 붙으며 열편의 중륵과 가장자리 중간에 붙고 우편의 중륵에 치우쳐 붙는다.

1. 제주, 2017.10.26.
2. 포자낭군이 붙는 잎몸 상부, 제주, 2013.12.2.
3. 잎몸 표면, 제주, 2013.12.2.
4. 중축비늘조각, 제주, 2013.12.2.

넓은잎관중

***Dryopteris crassirhizoma* Nakai ×**
***Dryopteris monticola* (Makino) C.Chr.**, The Standard of ferns and Lycophytes in Japan, II, 374, 2016

Neol-beun-ip-gwan-jung (국명신칭)
E King crown Wood-Fern　日 Miyama-oshida

관중과 왕지네고사리의 교잡종으로 일본에 분포하고, 제주도에서 발견되었다. 전체적인 엽형은 두종의 중간형으로 잎몸은 1회 우상으로 갈라지며, 열편은 긴타원형으로 가장자리에 톱니가 있고, 잎자루 기부의 비늘조각은 갈색, 중축의 비늘조각은 연갈색으로 포자낭군은 소우편의 중륵 가까이에 붙는다.

1. 잎몸, 제주, 2007.7.5.
2. 중축 표면, 제주, 2007.7.5.
3. 중축 뒷면, 제주, 2007.7.5.
4. 잎자루 비늘조각, 제주, 2007.7.5.

바위틈비늘고사리(신교잡종)

***Dryopteris goeringiana* (Kunze) Koidz. ×**
***D. lacera* (Thunb.) Kunze**

Ba-wi-teum-bi-neul-go-sa-ri
E Lacerate goering's wood fern
한국 특산종

바위틈고사리와 비늘고사리의 교잡종으로 영월에서 처음으로 발견되었다. 전체적인 엽형은 바위틈고사리와 비늘고사리의 중간형으로 소우편 기부가 가장 넓으며, 열편은 가장자리 약간 톱니가 있고, 포자낭군이 붙는 잎몸 상부가 약간 축소된다.

It is a hybrid between *D. goeringiana* and *D. lacera* and was first discovered in Yeongwol. The overall leaf type is intermediate between *D. goeringiana* and *D. lacera*, with the base of pinnule being the widest, the segments having slightly serrated margin. The top of the leaf body, where the sporangia attach, is slightly reduced.

1. 강원 영월, 2017.6.4.

톱지네고사리, 전북 고창, 2024.7.7.

줄고사리과

Nephrolepidaceae Pic. Serm.

中 腎蕨科
E Boston Fern Family
日 Tsuru-shida-Ka
분류군수 1속 20종(한반도 1속 1종)
분포 대부분 열대지역

상록성 여러해살이풀이다. **뿌리줄기** 대부분 길게 기거나 짧게 기고, 드물게 곧게 서며, 비늘조각으로 덮인다. 비늘조각은 방패형으로 가장자리에 털이 있다. **잎** 떨어져 나거나 모여난다. **잎자루** 뿌리줄기와는 관절로 연결되지 않고, 단단하며, 잎몸 길이에 비해 짧다. **잎몸** 1회 우상으로 갈라지며, 긴타원형 또는 선상 피침형이다. **우편** 자루가 없으며, 기부에 관절이 있어 떨어지기 쉽고, 귀가 발달한다. 중륵의 표면에 홈이 있으며, 비늘조각이 있다. **잎맥** 유리맥으로 1~2회 갈라지며, 흔히 맥의 끝에 수공이 있다. **포자낭군** 둥글고, 측맥의 끝에 붙는다. **포막** 둥근 신장형이다.

줄고사리속 *Nephrolepis* Shott Gen. Fil. pl. 3, 1834

中 腎蕨属
E Boston Fern Genus
日 Tama-shida-zoku
분류군수 20여 종(한반도 1종)
분포 대부분 열대지역

줄고사리과의 특징과 같다.

줄고사리, 제주 서귀포, 2022.3.29.

줄고사리

***Nephrolepis cordifolia* (L.) C.Presl,**
Tent. Pterid. 79, 1836
Polypodium cordifolium L., Sp. Pl. 2: 1089, 1753

Jul-go-sa-ri (이창복, 1980; 등[7])
中 肾蕨 E Tuberous sword fern 日 Tama-shida

염색체수 n = 41 **포자기** 6~8월
용도 관상용, 장식용
분포 제주도, 동굴 입구에서 자람; 일본, 중국, 동남아시아, 네팔, 인도, 아프리카, 북아메리카, 남아메리카, 오스트레일리아

상록성 여러해살이풀로 지생 또는 착생한다. **키** 30~100cm이다. **뿌리줄기** 짧으며, 쇠줄같이 단단한 줄기가 옆으로 퍼져, 털 같은 비늘조각에 덮인 덩이줄기를 낸다. 비늘조각은 연한 갈색이며, 방패모양이고, 좁은 피침형으로, 끝이 가늘어 길게 뾰족하며, 길이 3~10mm이다. **잎** 모여난다. **잎자루** 길이 5~10cm이고, 흑갈색이며, 선형의 비늘조각으로 덮인다. **잎몸** 1회 우상으로 갈라지며, 선상 피침형이고, 길이 25~90cm, 너비 3~6cm로, 끝이 뾰족하며, 아래로 가면서 점차 좁아지고, 우편들이 비대칭으로 배열한다. 중축에는 잘 떨어지는 털을 가진 비늘조각이 있다. **우편** 40~80쌍이 가까이 있으며, 선상 피침형 또는 좁은 피침형으로 자루가 없고, 가장자리에 작은 톱니가 있다. 길이 3~6cm, 너비 6~7mm이고, 가운데 부분의 우편이 가장 길며, 아래로 가면서 짧아진다. 중축에 가까운 우편 기부는 귀모양을 한다. **포자낭군** 잎가장자리에 붙는다. **포막** 신장형이며, 너비 1~1.5mm이고, 가장자리가 밋밋하다.

흔히 원예용으로 재배하여 왔으나 근래 김철환 등(2005)에 의해 제주도에 자생하는 것이 알려졌다.

1

2

3

4

5

6

1. 제주, 2016.2.24.
2. 새순, 제주, 2023.6.6.
3. 새순, 제주, 2014.5.21.
4. 잎몸 표면, 제주, 2014.5.21.
5. 덩이줄기, 제주, 2012.5.4.
6. 포막과 포자낭군, 제주, 2012.12.17.

미늘창고사리과

Tectariacea Panigrahi

中 三叉蕨科
日 Nanapageshida Ka
분류군수 8~15속 300종(한반도 1속 1종)
분포 열대지역

대부분 지상에서 자란다. **땅속줄기** 대개 짧게 기거나 약간 옆으로 서며, 끝부분은 비늘조각으로 덮인다. 땅속줄기와 잎자루 기부의 비늘조각은 갈색이고 선형이거나 피침형이며, 가장자리는 대개 밋밋하고 잘게 톱니가 있거나 잔털이 있고 막질이다. **잎자루** 황색, 갈색 또는 검은색으로 기부에 비늘조각이 있거나 때로 전체에 비늘조각이 있다. **잎** 단형에서 이형까지 있다. **잎몸** 단엽이거나 1~4회 우상으로 갈라지며, 흔히 삼각형 또는 오각형이다. 중축과 중륵은 대개 분절성 다세포 털로 덮인다. **잎맥** 유리하거나 흔히 망상맥을 가지며 때로 소맥을 갖는다. **포자낭군** 소맥의 끝에 달리고, 맥의 등쪽에 달리거나 잎맥과 잎맥 연결 부위에 달린다. **포막** 둥근 신장형이다. **포자** 갈색빛이 나고, 단지형이며 다양한 무늬가 있다.

백록고사리속 *Tectaria* Cavanilles, Ann. Hist. Nat. 1: 115. 1799

中 叉蕨属
日 Nanapageshida Zoku
분류군수 약 230여 종(한반도 1종)
분포 열대지역

지생한다. **땅속줄기** 짧게 기거나 서며, 끝에 비늘조각이 밀집해 있다. **비늘조각** 갈색이며 피침형으로 가장자리가 밋밋하거나 털처럼 갈라지고 막질이다. **잎자루** 볏짚색이거나 갈색 또는 검은색이고, 비늘조각이 기부에만 있거나 전체에 붙는다. **잎몸** 단엽 또는 1회 갈라지거나 다수 우상으로 갈라지고, 흔히 삼각형 또는 오각형이며, 우편과 열편은 가장자리가 밋밋하고 중축, 우측, 중륵에 분절성 다세포 털로 덮이며, 중축은 홈이 있다. **잎맥** 망상맥이며 때로 소맥이 있다. **포자낭군** 가장자리와 중륵 사이에 달린다. **포막** 둥근 신장형이다. **포자** 단지형이다.

백록고사리, 제주, 2018.6.15.

백록고사리

***Tectaria fuscipes* (Wall. ex Bedd.) C.Chr.**, Contr. U.S. Natl. Herb. 26: 290, 1931

Aspidium fuscipes Wallich ex Beddome, Suppl. Ferns S. Ind. 15. 1876

Baek-rok-go-sa-ri (신혜우 등, 2017[1])

中 黑鳞轴脉蕨 E Halberd fern

염색체수 2n = 40 **포자기** 6~8월

용도 관상용

분포 제주도, 습기가 있는 작은 동굴 안에서 자람; 중국 남부, 타이완, 인도 남부, 인도네시아, 미얀마, 베트남 북부

상록성 여러해살이풀로 지생한다. **키** 40~70cm이다. **땅속줄기** 곧게 또는 비스듬히 서며, 지름 1~1.5cm이고, 끝은 비늘조각에 덮인다. 비늘조각은 피침형이고, 흑갈색으로 가장자리가 연한색이며, 길이 7~8mm이고, 끝이 실처럼 되며, 광택이 있다. **잎** 뭉쳐나며, 이형 또는 반이형이고, 포자엽은 더 크고 좁아진다. **잎자루** 길이 20~30cm이고, 드물게 연갈색의 분절성 다세포 털로 덮여 있고, 비늘조각은 붙어 있으나 위로 가면서 작고 좁아지고, 윗면에 홈이 있다. **잎몸** 기부는 2회 우상, 위로 가면서 1회 우상으로 갈라지고, 타원상 피침형으로 끝이 뾰족해지며, 길이 25~35cm, 너비 15~20cm로, 초질이고, 갈색의 다세포성 털로 덮이며, 드물게 선상의 흑갈색 비늘조각이 있다. **우편** 3~10쌍이며, 기부우편이 가장 크고, 비대칭하며, 난상 삼각형으로, 끝이 뾰족해지고, 길이 8~15cm, 너비 6~10cm이며, 자루는 약 1cm이다. **소우편** 기부가 가장 크며 피침형, 가장자리가 갈라지며, 끝이 뾰족해지고, 길이 5~7cm, 너비 1.5~2cm이다. **잎맥** 뚜렷하고, 유리하거나 중륵 가까이서 그물코를 형성한다. **포자낭군** 둥글며, 5~7쌍이 열편의 잎맥 끝에 붙는다. **포막** 갈색으로 막질이고, 둥근 신장형이며, 털이 있다.

1. 자생지의 생육 모습, 제주, 2018.6.12.
2. 새순, 제주, 2018.10.25.
3. 잎자루의 비늘조각, 2022.8.16.
4. 포자엽의 표면, 제주, 2018.6.12.
5. 포자엽, 제주, 2017.3.7. ⓒ김명준
6. 동굴 속의 군락, 제주, 2018.6.12.

넉줄고사리과

Davalliaceae Mett. ex A.B.Frank

中 骨碎补科
E Deer's Foot Fern Family
日 Shinobu Ka
분류군수 5속 110종(한반도 1속 1종)
분포 열대, 온대지역

대부분 나무나 바위에 붙어서 자란다. **뿌리줄기** 길게 기거나 간혹 다소 곧게 서며, 비늘조각으로 덮인다. 잎은 간격을 두고 붙으며, 잎자루와 관절로 연결된다. **잎** 단엽에서 1회 또는 수회 우상으로 갈라지고, 넓은 삼각형이며, 단단한 초질이거나 가죽질이고, 털이 없거나 때로 비늘조각이나 털로 덮인다. **잎맥** 유리맥이며 대부분 분기한다. 몇몇 종은 위맥이 있다. **포자낭군** 잎맥 끝에 붙는다. **포막** 주머니모양으로 가장자리를 향해 열린다. **포자** 단지형이다.

넉줄고사리속 *Davallia* Sm., Mem. Acad. Roy. Sci. (Turin) 5: 414, pl. 9, f. 6, 1793

中 骨碎补属
E Deer's Foot Fern Genus, Hare's Foot Fern Genus
日 Shinobu Zoku
분류군수 약 40여 종(한반도 1종)
분포 열대와 아열대지역의 아시아, 아프리카, 오스트레일리아, 마다가스카르

대부분 착생하나 드물게 지생한다. **뿌리줄기** 길게 기며, 검은색이고, 방패형의 비늘조각이 밀생한다. 비늘조각은 가장자리에 털이 있다. **잎자루** 거리를 두고 붙으며, 표면에 홈이 있다. **잎몸** 단엽에서 1~4회 우상으로 갈라지고, 삼각형 또는 오각형이며, 단단한 초질이거나 가죽질이고 털이 없거나 때로 비늘조각이나 털로 덮인다. **잎맥** 유리맥이며 대부분 분기한다. **포자낭군** 잎맥 끝에 붙는다. **포막** 주머니모양이며, 열편의 가장자리를 향해 열린다. **포자** 단지형이다.

넉줄고사리, 서울, 2006.6.30.

넉줄고사리

***Davallia mariesii* T.Moore ex Baker**, Ann. Bot. (Oxford) 5: 201, 1891

Davallia trichomanoides Blume, Enum. Pl. Javae 2: 238, 1828

Neok-jul-go-sa-ri (정태현 등, 1937; 정태현 등, 1949; 박만규, 1949, 1961, 1975; 등[1])

中 骨碎补 E Hare's-foot fern 日 Shinobu

염색체수 2n = 80, 120 **포자기** 6~8월

용도 약용(뿌리줄기: 골절, 탈모), 관상용

분포 울릉도를 제외한 전역, 산지의 바위 또는 나무에 붙어서 자람; 일본, 중국, 타이완

하록성 여러해살이풀로 바위나 나무에 착생한다. **키** 20~45cm이다. **뿌리줄기** 길게 기며, 다소 굵고, 지름 3.5~ 5mm이며, 잎자루와 관절로 연결된다. 비늘조각은 갈색이며, 광택이 있고, 선상 피침형으로 방패모양이며, 길이 6~7mm이고, 끝이 날카롭게 뾰족하며, 가장자리는 투명하고, 돌기가 있다. **잎자루** 길이 8~15cm이고, 붉은빛이 돌며, 비늘조각이 붙어있고 표면에 홈이 있다. **잎몸** 3~4회 우상으로 갈라지며, 첫째 우편이 가장 크고, 난상 삼각형이며, 길이 10~30cm, 너비 8~17cm이다. 중축과 우축은 털 없이 매끄럽다. **우편** 난상 삼각형이다. **열편** 긴타원상 피침형으로, 끝이 뾰족하며, 너비 1~2mm이다. **잎맥** 1~2회 Y자로 갈라지거나 단순하고, 가장자리까지 도달하지 않는다. **포자낭군** 꼭지열편의 잎맥 끝에 1개씩 붙는다. **포막** 막질이고, 주머니모양이며, 가장자리가 밋밋하고, 길이 1.5~2mm, 너비 약 1mm이다.

1

2

3

4

5

6

7

1. 제주, 2023.7.1.
2. 새순, 경기 포천, 2004.3.15.
3. 뿌리줄기, 서울 북한산, 2012.12.17.
4. 새순과 뿌리줄기, 서울 북한산, 2015.5.1.
5. 단풍 든 모습, 경남 통영, 2012.11.4.
6. 주머니모양의 포막과 포자낭군, 서울 북한산, 2011.9.18.
7. 전남 영취산, 2013.7.12.

고란초과

Polypodiaceae Bercht. & J.Presl

中 水龙骨科
E Polypody Fern Family
日 Urabisi-Ka
분류군수 약 50속 1,200여 종(한반도 9속 25종 4교잡종)
분포 세계의 열대, 아열대지역, 아시아의 온대지역

대부분 착생식물로, 나무나 이끼가 덮인 바위에 붙어서 살며, 간혹 땅위에 사는 여러해살이풀이다. **뿌리줄기** 길게 기며 때로는 비스듬히 나고, 비늘조각에 덮인다. 비늘조각은 방패모양으로, 격자무늬가 있으며, 간혹 털모양 또는 까락모양인 것도 있다. **잎자루** 뿌리줄기와 관절로 이어진다. **잎몸** 단엽에서 2회 우상으로 갈라지기도 하며, 비늘조각이 흔히 있고, 선형의 털이 있다. **잎맥** 유리맥이거나 대부분 그물맥을 이루고 그 안에 유리맥이 들어있다. **포자낭군** 둥글거나 타원형 또는 선형이다. **포막** 없으나 어릴 때는 긴 자루가 달린 방패모양의 측사에 덮이는 것도 있다. **포자** 단지형이다.

◆ 최근의 고란초과(Polypodiaceae)는 분자적 연구에 의해 5개의 아과(Subfamily Loxogrammoideae H.Schneid. 2011; Subfamily Drynarioideae Crabbe, Jermy & Mickel 1975; Subfamily Platycerioideae B.K.Nayar 1970; Subfamily Microsoroideae B.K.Nayar 1970; Subfamily Polypodioideae B.K.Nayar 1970)로 나뉘었거나 또는 6개의 과(Drynariaceae, Grammitidaceae, Gymnogrammitidaceae, Loxogrammaceae, Platyceriaceae, Pleurisoriopsidaceae)로 분류하기도 하였다(Christenhusz et al., 2011).

고란초, 경남 마산 2015.6.13.

고란초과의 속 검색표

1. 잎몸에 별모양의 털이 있다. ········ **석위속 *Pyrrosia* 315**
1. 잎몸에 별모양의 털이 없다.
  2. 포자낭군은 원형, 타원형, 선형이다.
    3. 잎맥은 유리맥으로 결합되지 않는다. ········ **미역고사리속 *Polypodium* 316**
    3. 잎맥은 그물맥이고, 그 안에 갈라지는 유리맥이 있다.
      4. 포자낭군에 측사가 있어, 어릴 때 포자낭군을 덮는다.
        5. 포자낭군은 중륵의 양측에 일렬, 또는 길게 선형으로 전면에 붙는다. ········ **일엽초속 *Lepisorus* 317**
        5. 포자낭군은 중륵의 양측에 약간 불규칙하게 퍼져 붙는다. ········ **밤일엽속 *Neocheiropteris* 319**
      4. 포자낭군에 측사가 없다.
        6. 잎몸의 가장자리에 미세 톱니가 있고, 포자낭군은 중륵의 양측에 일렬로 붙는다. ········ **고란초속 *Selliguea* 318**
        6. 잎몸의 가장자리에 톱니가 없고, 포자낭군은 중륵의 양측에 퍼져 붙는다. ········ **창일엽속 *Microsorum* 319**
  2. 포자낭군은 길게 선형이거나 또는 넓게 퍼져 빽빽이 붙는다.
    7. 잎맥은 그물맥이고, 그 안에 유리맥이 있거나 없다.
      8. 잎맥은 그물맥 안에 유리맥이 뚜렷이 있고, 중륵 근처의 그물맥이 중륵과 평행하지 않으며, 포자는 성숙 시 황색이다. ········ **손고비속 *Leptochilus* 319**
      8. 잎맥은 그물맥 안에 유리맥이 없거나 있어도 분기하지 않고, 중륵 근처 그물맥은 중륵과 평행하며, 포자는 성숙 시 녹색이다. ········ **주걱일엽속 *Loxogramme* 320**
    7. 잎맥은 유리맥으로 Y자로 분기한다. ········ **좀고사리속 *Pleurosoriopsis* 321**

속명	잎몸 재질	잎몸 털	잎맥	포자낭군 모양
석위속	두툼한 가죽질	별모양의 털	그물맥, 안에 유리맥	원형
미역고사리속	얇은 종이질	없거나 다세포성 털	유리맥	원형
일엽초속	가죽질, 종이질, 두툼한 가죽질	없음	그물맥, 안에 유리맥	원형, 타원형, 선형
밤일엽속	종이질	없음	그물맥, 안에 유리맥	원형, 타원형
고란초속	종이질	없음	그물맥, 안에 유리맥	원형
창일엽속	가죽질	없음	그물맥, 안에 유리맥	원형
손고비속	가죽질	없음	그물맥, 안에 유리맥	선형
주걱일엽속	가죽질	없음	그물맥, 안에 유리맥	선형
좀고사리속	초질	다세포성 털	유리맥	타원형

석위속 ***Pyrrosia*** Mirb., Hist. Nat. Veg. 3: 471, 1802

中 石韦属
E Felt Fern Genus
日 Hitotsuba Zoku

분류군수 약 100여 종(한반도 4종 1교잡종)
분포 동남아시아를 중심으로 아시아대륙, 유럽대륙, 아프리카대륙

흔히 착생하는 상록성 여러해살이풀이다. **뿌리줄기** 길게 기고, 비늘조각은 원형에서 피침형으로, 가장자리가 밋밋하거나 약간의 털모양으로 갈라진다. **잎자루** 있거나 없다. **잎몸** 흔히 단엽이나 드물게 새깃모양으로 갈라지고, 양면에 별모양의 털이 오래도록 남아있다. **잎맥** 불분명하나 그물맥으로, 그 안에 유리맥이 있다. **포자낭군** 원형이고, 흔히 잎몸의 위쪽 반을 덮으며 어릴 때는 별모양의 털로 덮인다.

❖ **세뿔우단일엽**(이영노, 2006) 또는 **우단석위**(한국식물지편집위원회, 2015) [*P. davidii* (Gies.) Ching, Acta Phytotax. Sin. 10(4): 301, 1965], **단풍잎석위**[*P. polydactyla* (Hance) Ching, Bull. Chin. Bot. Soc. 1(1): 48, 1935]가 제주도에 분포한다고 하였으나, 야생에서 발견되지 않고 있다.

석위속의 종 검색표

1. 포자낭군은 중륵의 양측에 1~수열로 드문드문 배열한다.
   2. 잎몸은 선형으로, 기부는 점차 좁아지고, 끝은 대개 주걱모양으로 둥글고, 포자낭군은 중륵의 양측에 1~2열로 배열한다. ········ **우단일엽 *P. linearifolia* 322**
   2. 잎몸은 선상 긴타원형, 도피침형 또는 긴삼각상 피침형으로, 종종 기부가 3열로 갈라지며, 흔히 끝이 약간 뾰족해지고, 포자낭군은 중륵의 양측에 3~6열로 배열한다 ········ **큰우단일엽 *P. x nipponica* 326**
1. 포자낭군은 잎몸의 위에서부터 뒷면을 전체적으로 덮는다.
   2. 잎몸은 갈라지지 않는다.
      3. 잎몸은 넓은 피침형이고, 길이 15cm 이상이며, 잎자루에 홈이 없다. ········ **석위 *P. lingua* 323**
      3. 잎몸은 타원형이고, 길이 7cm 이하이며, 잎자루에 홈이 있다. ········ **애기석위 *P. petiolosa* 324**
   2. 잎몸은 기부에서 3~5열로 갈라진다. ········ **세뿔석위 *P. hastata* 325**

종명	잎몸	잎몸 길이	잎자루 길이	포자낭군의 분포
우단일엽	선형, 기부는 점차 좁아짐	3~10cm	거의 없음	2열
큰우단일엽	선상 긴타원형, 도피침형, 또는 긴삼각상 피침형, 흔히 기부는 3열로 갈라짐	6~10cm	1~5cm	3~6열
석위	넓은 피침형	12~23cm	5~20cm	전체
애기석위	타원형	3~7cm	4~9cm	전체
세뿔석위	3~5열로 갈라짐	5~15cm	5~17cm	전체

미역고사리속 ***Polypodium*** L., Sp. Pl. 2: 1082. 1753

E Polypody Fern Genus
日 Ezo-denda Zoku

분류군수 100여 종(한반도 3종)
분포 주로 북반구

바위, 나무 또는 흙에서 자라는 상록성, 동록성 또는 하록성 여러해살이풀이다. **뿌리줄기** 길게 기며, 어릴 때 비늘조각이 붙어있으나, 일부 종은 빨리 떨어진다. 비늘조각은 난상 피침형이고, 가장자리가 밋밋하거나 톱니가 있으며, 갈색에서 검은색이고, 잎자루 기부에 방패모양으로 붙는다. **잎몸** 우상으로 갈라지거나 깊게 우상으로 겹쳐난다. **잎맥** 유리맥이다. **포자낭군** 둥글고, 중륵 양쪽에 1줄씩, 작은 맥 끝에 붙는다. **포막** 없다.

미역고사리속의 종 검색표

1. 잎은 마르면 안으로 말리고, 잎 뒷면에 긴 회색 털이 있다. ········ **나사미역고사리 *P. fauriei* 328**
1. 잎은 말라도 안으로 말리지 않으며, 잎 뒷면에 털이 없다.
   2. 열편은 선상 긴타원형이며, 길이 1.7~2cm이고, 뿌리줄기의 비늘조각은 대부분 2가지 색으로 중심부가 암갈색이며, 포자낭군은 열편의 가장자리에 붙는다. ········ **좀미역고사리 *P. sibiricum* 330**
   2. 열편은 선상 피침형이며, 길이 4~5cm이고, 뿌리줄기의 비늘조각은 1가지 색으로 담갈색이며, 포자낭군은 열편의 가장자리와 중륵의 중간에 붙는다. ········ **미역고사리 *P. vulgare* 331**

종명	열편의 모양	뒷면의 털	비늘조각	포자낭군
나사미역고사리	선상 피침형	있음	1가지 색	열편의 가장자리와 중륵의 중간
좀미역고사리	선상 긴타원형	없음	2가지 색	열편의 가장자리
미역고사리	선상 피침형	없음	1가지 색	열편의 가장자리와 중륵의 중간

일엽초속 ***Lepisorus*** (J.Sm.) Ching, Bull. Fan Mem. Inst. Biol. 4: 47, 1933

日 Noki-shinobu Zoku

분류군수 약 40종(한반도 6종)
분포 아시아의 온대에서 열대

지생 또는 착생하는 상록 또는 하록성 여러해살이풀이다. **뿌리줄기** 길게 기며 비늘조각이 붙어있다. 비늘조각은 난상 피침형이고, 밋밋하거나 톱니가 있다. **잎자루** 대부분 짧고, 뿌리줄기와 관절로 이어진다. **잎몸** 단엽이고, 선형 또는 피침형이며, 종이질에서 가죽질까지 있고, 가장자리는 밋밋하다. **잎맥** 그물맥이고, 그물맥 안에 유리맥이 있다. **포자낭군** 둥글거나 타원형이고, 중륵과 평행하며, 양쪽에 1줄로 배열하거나 또는 서로 붙어서 중륵에 평행하여 길어지기도 하고, 방패모양의 측사로 덮인다. **포막** 없다.

❖ **다시마일엽초**[*L. annuifrons* (Makino) Ching, Bull. Fan. Mem. Inst. Biol. 4: 70, 1933(정태현 등, 1937; 이창복, 1969, 1980; 등[3])]는 제주도에 분포한다고 기재되었으나 아직까지 확인된 바 없다. 특징은 잎몸이 피침형으로 아래에서 1/5 지점이 가장 넓으며, 폭이 1~3cm이다.

❖ **방망이일엽초**[*L. uchiyamae* (Makino) H.Itô, J. Jap. Bot. 11(2): 93, 1935(정태현 등, 1937; 정태현 등, 1949; 박만규, 1949, 1961, 1975; 이창복, 1980; 등[1])]는 경북, 전남, 제주도에 분포한다고 기재되었으나(한국양치식물도감, 2005) 오동정으로 여겨진다. 일엽초와 달리 뿌리줄기를 덮는 비늘조각이 단색성이다.

❖ **긴콩짜개덩굴**(*L. microphyllum* var. *obovatum*)은 영양엽의 잎몸은 타원형 또는 긴타원형으로 끝이 약간 뾰족하고, 너비가 1cm 이하이며, 긴 자루가 있어 보다 넓고 길며, 포자엽도 가늘고 길다는 점에서 구별해 왔으나 콩짜개덩굴의 중간 타입도 보이고 있어 개체간 변이로 보는 의견을 따라 긴콩짜개덩굴은 콩짜개덩굴로 포함하였다.

일엽초속의 종 검색표

1. 포자낭군은 원형 또는 타원형으로 중륵 양쪽에 평행하게 배열하며, 잎몸은 종이질이거나 또는 가죽질이다.
  2. 뿌리줄기의 비늘조각은 피침형이고, 대부분 2가지 색으로, 중심부는 짙은색으로 불투명하고, 나머지는 투명하며, 잎몸은 가죽질이다.
    3. 뿌리줄기는 지름 2mm 이하이고, 잎몸은 길이 10cm 이하이며, 끝이 둥글거나 약간 뾰족하다.
      4. 잎자루는 모호하거나 짧아서 0.3~1cm이고, 잎몸은 길이 3~8mm, 너비 3~10mm이다. ·········· **애기일엽초 *L. onoei* 332**
      4. 잎자루는 명확하고 1~2cm이고, 잎몸은 길이 5~10mm, 너비 5~11mm이다. ············· **섬일엽초 *L. hachijoensis* 333**
    3. 뿌리줄기는 지름 2mm 이상으로, 잎몸은 길이 15cm 이상이며, 끝이 뾰족하다.
      5. 잎이 0.5~1cm 떨어져 나고, 잎자루는 볏짚색, 잎몸은 15~20cm이다. ···················· **일엽초 *L. thunbergianus* 334**
      5. 잎이 0.3~0.6cm 떨어져 나고, 잎자루는 흑색을 띠며, 잎몸은 15~28cm이다. ··············· **검은일엽초 *L. nigripes* 335**
  2. 뿌리줄기의 비늘조각은 삼각상 난형이고, 단색이며, 비늘조각의 세포는 거의 투명하고, 잎몸은 종이질 또는 얇은 가죽질이다. ·· **산일엽초 *L. ussuriensis* 336**
1. 포자낭군은 아랫부분을 제외하고 선형으로 전면에 퍼져 있고, 잎몸은 두툼한 가죽질이다. ········ **콩짜개덩굴 *L. microphyllus* 337**

종명	잎몸의 길이	뿌리줄기 지름	뿌리줄기의 비늘조각	잎자루 길이
애기일엽초	3~8cm	0.8~1mm	피침형, 2색성	0.3~0.8cm
섬일엽초	5~10cm	1~1.5mm	피침형, 2색성	1~2cm
일엽초	15~20cm	2~3mm	피침형, 2색성	0.7~2.6cm
검은일엽초	15~28cm	2~3mm	피침형, 2색성	0.7~4cm
산일엽초	7~20cm	1.2~1.5mm	삼각상 난형, 단색	1.5~5cm
콩짜개덩굴	1~3.5cm	0.6~1.2mm	타원형, 단색	1~15mm

고란초속 *Selliguea* Bory, Dict. Class. d'hist. Nat. 6: 587, 1824

中 修蕨属
日 Mitsude-uraboshi Zoku

분류군수 약 80여 종(한반도 3종 1교잡종)
분포 동남아시아에서 말레이시아, 인도, 오스트레일리아, 뉴기니, 동아시아

바위나 나무에 붙어서 자라거나 지상에서 자라는 상록성 또는 하록성 여러해살이풀이다. **뿌리줄기** 짧게 또는 길게 기며, 비늘조각은 방패형으로 붙으며, 끝이 점차적으로 뾰족해진다. **잎몸** 1가지 모양이거나 2가지 모양이며, 단엽, 또는 깊게 갈라지거나 우상으로 갈라진다. 포자엽은 대체로 좁아지며, 초질, 종이질이고, 털이 있거나 없으며, 아랫면에 드물게 비늘조각이 있다. **잎맥** 뚜렷하고, 측맥은 그물맥이며, 안에 유리맥이 있다. **포자낭군** 둥글며 오목하게 들어간 곳 또는 들어가지 않은 곳에 1줄로 붙는다. **포막** 없다. **포자** 단지형으로 갈색이다.

◆ *Crypsinus* C. Presl, (Epimel. Bot. 123. 1851)속은 동아시아지역에서 통용되어 왔다. 그러나 중국에서는 Lu(2000)가 *Phymatopteris* Pic. Serm.(Webbia 28: 460. 1973)속으로 다루기도 하였다. 한편 Hovenkamp(1998)는 말레이시아 태평양지역의 식물을 대상으로 *Crypsinus*속은 *Selliguea*속과 합쳐야 한다고 주장하였고, Ohashi & Ohashi(2009)는 동아시아지역의 *Crypsinus*속도 *Selliguea*속으로 합쳐야 한다고 주장한 바 이를 따랐다.

고란초속의 종 검색표

1. 잎은 상록성으로, 단엽이거나 2~3개로 갈라진다.
  2. 잎은 단엽이거나 2~3개로 갈라지고, 기부가 가장 넓고, 넓은 쐐기형이거나 둥글다. ························ **고란초 *S. hastata* 338**
  2. 잎은 단엽이며, 중앙부위가 가장 넓고, 기부가 쐐기형이다.
    3. 키는 15~45cm이고, 포자낭군은 붙는 자리가 오목하게 들어가지 않는다. ························ **큰고란초 *S. engleri* 339**
    3. 키는 10~25cm이고, 포자낭군은 붙는 자리가 오목하게 들어간다. ································· **제주고란초 *S. sp.* 340**
1. 잎은 하록성이고, 우상으로 깊이 갈라진다. ··· **층층고란초 *S. veitchii* 341**

밤일엽속 ***Neocheiropteris*** H.Christ, Bull. Soc. Bot. France 52 (Mem. 1): 21, 1905

中 扇蕨属　　분류군수 약 5~10종(한반도 1종)
日 Kuri-ha-ran Zoku　　분포 한국, 일본, 중국, 인도

바위 위나 또는 흙에서 자라는 상록성 여러해살이풀이다. **뿌리줄기** 길게 기며 비늘조각이 붙는다. 비늘조각은 난형 또는 난상 피침형이고, 막질이며, 격자무늬가 있고, 가장자리에 불규칙한 돌기와 긴 털이 있다. **잎** 드문드문 붙는다. **잎자루** 볏짚색이고, 비늘조각이 붙으며, 횡단면의 유관속은 망상중심주이다. **잎몸** 대부분 단엽으로, 가장자리가 밋밋하나 손모양으로 갈라지기도 하며, 드문드문 비늘조각이 붙는다. **잎맥** 그물맥으로, 안에 유리맥이 있다. **포자낭군** 원형이거나 타원형이고, 결합한 맥 위에 붙으며, 불규칙하게 흩어져 있고, 어릴 때 측사가 포자낭군을 덮는다. **포막** 없다.

창일엽속 ***Microsorum*** Link, Hort. Berol. 2: 110, 1833

中 星蕨属　　분류군수 약 40여 종(한반도 1종)
日 Nukaboshi-kuriharan Zoku　　분포 대부분 열대아시아, 일부는 아프리카, 아시아

땅위에 자라거나 주로 나무에 붙어서 자란다. **뿌리줄기** 대부분 길게 기며, 비늘조각이 밀생한다. 비늘조각은 검은 갈색이고, 기부가 방패모양이며, 상부는 길게 뾰족하다. **잎** 드문드문 난다. **잎자루** 뿌리줄기와 관절로 연결된다. **잎몸** 단엽이고, 대부분 갈라지지 않으나 1개나 2개로 갈라지기도 하며, 종이질이거나 가죽질이고, 가장자리는 밋밋하다. **잎맥** 그물맥이며, 그 안에 유리맥이 있다. **포자낭군** 작고 둥글며, 전체적으로 불규칙하게 흩어져 있고, 어릴 때 가는 측사가 보이고 성숙하면 거의 안 보인다. **포막** 없다.

손고비속 ***Leptochilus*** **Kaulf.**, Enum. Filic.: 147, 1824

Colysis **C.Presl**, Abh. Königl. Böhm. Ges. Wiss., ser. 5, 6: 146, 1851

中 薄唇蕨属　　분류군수 약 30여 종(한반도 3종 2교잡종)
日 Iwa-hltô de Zoku　　분포 동아시아, 주로 열대와 아열대 아시아지역, 아프리카 일부

대부분 흙에서 자라고, 간혹 바위나 나무에 붙어서 자라는 상록성 여러해살이풀이다. **뿌리줄기** 길게 긴다. **잎** 드문드문 붙는다. 비늘조각은 원형, 난형 또는 피침형으로 드문드문 붙고, 막질이며, 가장자리가 밋밋하고 얇다. **잎몸** 단엽이거나 우상으로 분열하고, 가죽질이며, 톱니와 털이 없다. **잎맥** 그물맥으로 그 안에 유리맥이 있다. **포자낭군** 주맥 사이에 1줄로 배열하나 보통 붙어서 선형을 이룬다. **포막** 없다.

손고비속의 종 검색표

1. 잎몸은 대부분 가장자리가 밋밋한 단엽이거나 하부에 불규칙한 우편이 생기기도 하며, 잎자루에 날개가 있다.
   2. 잎맥은 뚜렷하게 보이고, 상단부의 잎몸이나 우편은 너비가 4cm 이상이다.
      3. 잎몸은 10~30cm로, 기부가 가장 넓고, 가장자리가 구불구불하며, 잎자루는 기부까지 날개가 넓다. ………… **밤잎고사리 *L. wrightii* 345**
      3. 잎몸은 25~50cm로, 잎몸의 중간부위가 가장 넓고, 가장자리가 밋밋하며, 잎자루는 날개가 좁다. ………… **제주창고사리 *L. ×shintenensis* 348**
   2. 잎맥은 뚜렷하게 보이지 않고, 상단부의 잎몸이나 우편은 너비가 4cm 이하다. ………… **창고사리 *L. ×simplicifrons* 347**
1. 잎몸은 1회 우상으로 갈라지고, 잎자루에 날개가 없다. ………… **손고비 *L. elliptica* 346**

종명	잎몸	잎자루의 날개	잎맥
밤잎고사리	단엽	있음	뚜렷함
제주창고사리	단엽, 다소 갈라짐	있음	뚜렷함
창고사리	단엽, 다소 갈라짐	있음	모호함
손고비	1회 우상	없음	모호함

주걱일엽속 ***Loxogramme*** (Blume) C. Presl, Tent. Pterid. 214. 1836

中 剑蕨属
日 Saziran Zoku

분류군수 약 33종(한반도 3종)
분포 열대아시아를 중심으로 한국, 일본, 중국, 인도, 아프리카, 뉴질랜드 등

바위 또는 나무에 붙어서 자라나 간혹 땅위에서 자라는 상록성 여러해살이풀이다. **뿌리줄기** 기며, 비늘조각이 붙는다. 비늘조각은 난형 또는 난상 피침형이며, 가장자리가 밋밋하고, 막질이며, 격자무늬가 있고, 적갈색 또는 흑갈색이며, 끝이 날카롭게 뾰족하다. **잎** 촘촘하거나 또는 드문드문 붙는다. **잎자루** 없거나 짧고 관절이 있다. **잎몸** 1가지 또는 2가지 모양이며, 선형, 좁은 긴타원형, 도피침형, 주걱형 또는 구형이고, 아래로 가면서 좁아지며, 초질 또는 가죽질이고, 털이 없다. **잎맥** 뚜렷이 보이지 않으며, 그물맥이다. **포자낭군** 긴타원형 또는 선형이고, 모호한 중륵을 따라 길게 붙는다. **포자** 녹색으로, 구형의 삼지형 또는 긴타원형의 단지형이고, 표면무늬는 과립상이다.

◆ 주걱일엽속(*Loxogramme*)은 주걱일엽과(Loxogrammaceae Ching ex Pic.Serm., Webbia 29: 11. 1974.), 또는 아과(Loxogrammoideae H.Schneid., Phytotaxa 19: 18. 2011), 또는 족[Loxogrammeae R.M.Tryon & A.F.Tryon, Rhodora 84(837): 129 (1982)]으로 다루기도 하였다. 그러나 최근 분자계통연구(Christenhusz et al., 2011)에 의하여 아과로 다루는 것을 지지하여, 이를 따라 고란초과로 다루었다.

주걱일엽속의 종 검색표

1. 잎은 길이가 10cm 이상이고, 잎몸은 도피침형으로 끝이 뾰족하며, 포자는 타원형이고, 단지형이다.
   2. 잎자루의 아랫부분은 녹황색이며, 포자낭군은 길이 1~3cm로 길다. .... **버들일엽 *L. salicifolia*** 349
   2. 잎자루의 아랫부분은 흑갈색이며 포자낭군은 0.5~1.2cm이다. .... **숟갈일엽 *L. duclouxii*** 350
1. 잎은 대부분 길이가 10cm 이하이고, 잎몸은 주걱형으로 끝이 뭉뚝하며, 포자는 둥글고, 삼지형이다.
   .... **주걱일엽 *L. grammitoides*** 351

종명	키	잎몸	포자
버들일엽	15~30cm	좁은 도피침형, 넓은 선형	타원형, 단지형
숟갈일엽	15~30cm	좁은 도피침형	타원형, 단지형
주걱일엽	10~20cm	주걱형	원형, 삼지형

좀고사리속 *Pleurosoriopsis* Fomin, Izv. Kievsk. Bot. Sada 11: 8, 1930

中 睫毛蕨属
日 Karakusa-shida
분류군수 1종(한반도 1종)
분포 한국, 일본, 중국, 러시아

동록성 여러해살이풀로, 이끼와 함께 바위 위에서 자란다. **키** 10cm 이하로 매우 작은 식물이다. **뿌리줄기** 가늘고 길며, 갈색의 다세포성 털이 밀생한다. **잎** 드문드문 난다. **잎자루** 잘 발달되고 다세포성 털로 덮인다. **잎몸** 2회 우상으로 갈라지며, 난형 또는 난상 긴타원형이고, 전면에 갈색의 다세포성 털이 있다. **잎맥** 유리맥이고, Y자로 거의 가장자리까지 분기한다. **포자낭군** 작은 맥을 따라서 길고 넓게 퍼져서 붙는다. **포막** 없다.

좀고사리, 제주, 2016.11.12.

우단일엽

Pyrrosia linearifolia **(Hook.) Ching,**
Bull. Chin. Bot. Soc. 1: 48, 1935
Niphobolus linearifolius Hook., Sec. Cent. Ferns, pl. 58, 1861
Polypodium linearifolium (Hooker) Hooker, Sp. Fil. [W. J. Hooker] 5: 53, 1863

U-dan-il-yeop (정태현 등, 1937; 정태현 등, 1949; 박만규, 1949, 1961, 1975; 이창복, 1980; 등[1])
中 线叶石韦 E Lineate-leaf fern 日 Birodo-shida

염색체수 n = 37 **포자기** 7~9월
용도 약용(지상부: 이뇨, 민간에서 항암제), 관상용
분포 울릉도를 제외한 전역, 숲속의 바위나 나무 위에 붙어서 자람; 일본, 중국, 타이완

상록성 여러해살이풀로 바위나 나무에 착생한다. **키** 3~10cm이다. **뿌리줄기** 길게 기며, 지름 1~1.5mm로 가늘고, 비늘조각이 밀생하며, 잎이 0.5~1cm 간격으로 드문드문 난다. 비늘조각은 선상 피침형으로, 끝이 길어져 실모양이 되고, 가장자리에 돌기가 있으며, 길이 2~4.2mm, 너비 0.4~0.8mm이고, 막질이며, 적갈색 또는 갈색으로 가장자리는 연갈색이다. **잎자루** 거의 없다. **잎몸** 선형이며, 끝은 주걱모양이고, 밑으로 갈수록 좁아지며 가장자리는 밋밋하다. 표면은 녹색이고, 뒷면은 회녹색으로, 전체에 붉은 갈색을 띠는 별모양의 털이 밀생한다. 털은 길이 2.3~8mm, 너비 2~5mm이고, 9~13개로 갈라진다. **잎맥** 불분명하나 그물맥이 있으며, 안에 유리맥이 있다. **포자낭군** 원형이고, 잎의 윗부분 1/3~2/3 지점까지 중륵 양쪽에 2열로 드문드문 배열된다. 별모양의 털이 함께 있다. **포막** 없다.

1. 경기 양평, 2021.10.31.
2. 포자낭군, 경기 포천, 2003.10.15.
3. 뿌리줄기, 경기 포천, 2003.10.15.
4. 잎몸에 있는 별모양의 털, 경남 양산, 2012.12.20.
5. 뿌리줄기와 잎, 경기 양평, 2021.10.31.
6. 전남 영취산, 2013.7.12.
7. 군락, 전남 영취산, 2013.7.12.

석위

Pyrrosia lingua **(Thunb.) Farw.**, Amer., Mild. Naturalist 12(8): 302, 1931

Acrostichum lingua Thunb., Murray, Syst. Veg., ed. 14, 928, 1784

Seok-wi (정태현 등, 1937; 정태현 등, 1949; 박만규, 1949, 1961, 1975; 이창복, 1980; 등[1])

中 石葦 E Tongue fern 日 HItôtsu-ba

염색체수 2n = 74 **포자기** 7~9월

용도 약용(잎: 이뇨, 만성기관지염, 혈뇨, 각혈), 관상용

분포 전남, 경남, 제주도, 바닷가와 저산지 숲속에 바위나 나무에 붙어서 자람; 일본, 중국, 타이완, 베트남, 미얀마, 인도

상록성 여러해살이풀로 주로 바위나 나무에 착생하나 간혹 지생한다. **키** 20~40cm이다. **뿌리줄기** 길게 벋으며, 지름 2.5~4mm이고, 비늘조각이 밀생한다. 비늘조각은 선상 피침형으로 점차 끝이 뾰족해지고, 붉은 갈색이거나 누런 갈색이며, 길이 3~7mm, 너비 0.8~1.3mm이고, 다소 단단하며, 가장자리에 부드러운 털 같은 돌기가 있다. **잎** 2~5cm 간격으로 떨어져 나오고, 다소 2가지 모양으로 포자엽이 영양엽보다 폭이 좁다. **잎자루** 길이 5~20cm이고, 어릴 때는 별모양의 털이 많다. **잎몸** 단엽으로, 피침형 또는 넓은 피침형이고, 가장자리가 밋밋하며, 간혹 물결모양이고, 가죽질이며, 길이 12~23cm, 너비 2.3~5cm이다. 어릴 때는 양면에 납작한 별모양의 털이 많이 있다가, 성숙한 후에는 표면에는 거의 없어지고, 뒷면에만 많이 남는다. **잎맥** 엽육에 묻혀 있고, 그물맥을 형성하며 그 안에 유리맥이 있다. **포자낭군** 중륵을 제외한 잎의 뒷면 전체에 원형으로 연속해 붙으며, 별모양의 털이 함께 있다. **포막** 없다.

1

2

3

4

5

6

1. 경남 통영, 2012.11.4.
2. 포자낭군, 경남 통영, 2006.10.3.
3. 잎몸 표면의 별모양 털, 경남 통영, 2013.3.25.
4. 뿌리줄기의 비늘조각, 제주, 2016.1.31.
5. 잎자루, 제주, 2004.12.10.
6. 군락, 제주, 2013.12.3.

애기석위

Pyrrosia petiolosa **(Christ) Ching,**
Bull. Chin. Bot. Soc. 1: 59, 1935
Polypodium petiolosum Christ, Nuovo Giorn. Bot. Ital. n.s., 4(1): 96, 1897
Cyclophorus petiolosus (Christ) C.Chr., Index Filic. 200, 1905 [2 Oct 1905]

Ae-gi-seok-wi (정태현 등, 1937; 정태현 등, 1949; 박만규, 1949, 1961, 1975; 이창복, 1980; 등[1])
中 有柄石韦 E Petiolate tongue fern
日 Hime-hltôtsu-ba

포자기 6~9월 **용도** 관상용
분포 제주도, 울릉도를 제외한 전역, 바위 또는 노목에 붙어서 자람; 중국, 러시아

상록성 여러해살이풀로 바위나 나무에 착생한다. **키** 6~13cm이다. **뿌리줄기** 길게 옆으로 벋으며, 잎이 드문드문 나오고, 지름 1~3mm로, 어릴 때는 비늘조각이 밀생하며, 잎이 0.5~1.5cm 간격으로 나온다. 비늘조각은 방패모양으로, 아래는 가장자리가 밋밋하나, 윗부분은 긴 돌기가 있고, 황갈색이며 길이 2~3mm이다. **잎** 약간 2가지 모양으로 포자엽이 영양엽보다 크다. **잎자루** 잎몸에 비해 길어서 길이 4~9cm이고, 홈이 지며 별모양의 털이 있다. **잎몸** 두꺼운 가죽질이고, 영양엽은 길이 3~7cm, 너비 1~5cm이며, 타원형 또는 긴타원형으로, 가운데가 가장 넓고, 양 끝이 좁아져 끝이 대개 뾰족하며, 가장자리는 밋밋하다. 양면에 길이 0.4~0.6mm인 별모양의 연갈색 털이 밀생하며, 표면의 털은 곧 떨어지고 군데군데 파인 점이 있다. **포자낭군** 원형이고, 뒷면 전체에 붙는다. **포막** 없다.

*잎몸은 타원형으로, 길이 7cm 이하로 작고, 잎자루에 홈이 있다.

1. 강원 화천, 2003.9.21.
2. 잎자루 표면의 홈, 강원 영월, 2004.12.10.
3. 포자엽과 영양엽, 경북 의성, 2015.5.14.
4. 포자엽, 경북 봉화, 2020.4.23.
5. 건조시 모습, 대구, 2015.5.14.
6. 군락, 경북 의성, 2020.5.10.

세뿔석위

Pyrrosia hastata **(Houtt ex Thunb.) Ching**, Bull. Chin. Bot. Soc. 1: 48, 1935
Acrostichum hastatum Acrostichum hastatum Houtt., Nat. Hist. (Houttuyn) 14: 68, t. 95, fig. 2. 1783

Se-ppul-seok-wi (정태현 등, 1937; 정태현 등, 1949; 박만규, 1949, 1961, 1975; 이창복, 1980; 등[1])
中 戟叶石韦 E Three finger tongue fern
日 Iwa-omadaka

염색체수 2n = 74 **포자기** 7~9월 **용도** 관상용
분포 전남, 경남, 제주도, 저산지의 바위에 붙어서 자람; 일본, 중국

상록성 여러해살이풀로 주로 바위 위에 착생한다. **키** 10~30cm이다. **뿌리줄기** 짧게 기며, 지름 5~5.6mm이고, 비늘조각이 있다. 비늘조각은 난상 피침형이며, 갈색 또는 흑갈색을 띠나, 가장자리는 갈색의 돌기가 있고, 길이 1.7~3.5mm, 너비 0.2~0.7mm이다. **잎자루** 5~17cm이고, 갈색이며, 9~13개로 갈라지는 별모양의 털이 납작하게 붙어있다. **잎몸** 길이 5~15cm, 너비 4~12cm로, 3~5갈래로 중간 정도 또는 얕게 갈라지며, 아랫부분은 쐐기모양 또는 심장모양이고, 가죽질이다. 표면은 녹색이나, 뒷면은 회갈색 또는 붉은 갈색의 털이 밀생한다. **열편** 중앙에 있는 열편은 피침형이고, 끝이 뾰족하며, 길이 2~5cm, 너비 1.8~5.8cm이다. 옆쪽에 있는 열편은 차츰 좁아져 끝이 뭉뚝한 좁은 난형이고, 아래쪽의 가장자리에 작은 열편이 있다. **잎맥** 잎몸에 묻혀있고, 그물맥을 형성하며, 그 안에 유리맥은 거의 바깥을 향해 있으나 간혹 안쪽을 향해 있다. **포자낭군** 원형이고, 다소 규칙적으로 중륵을 제외한 잎의 뒷면 전체를 덮고 있다. **포막** 없다.

* 잎몸은 아랫부분에서 3~5갈래로 갈라진다.

1. 제주, 2020.11.7.
2. 새순, 경남 거제, 2012.4.18.
3. 새순, 제주, 2012.4.4.
4. 포자엽, 서울 식재, 2004.10.30.
5. 포자낭군, 제주, 2019.7.23.
6. 새잎, 제주, 2012.4.19.
7. 전남 화순, 2020.9.6.

1

2

3

4

5

6

7

큰우단일엽

***Pyrrosia* × *nipponica* M.Beppu & Seriz.**, J. Phytogeogr. Taxon. 30(1): 46. 1982

Keun-u-dan-il-yeop (한국양치식물연구원, 2005; 국립수목원, 2008)

E Single leaf felt fern 日 Ya-cheu-lo-hi-to-cheu-ba

포자기 7~9월 **용도** 관상용
분포 제주도, 산지의 바위에 붙어서 자람; 일본

상록성 여러해살이풀로 주로 바위 위에 착생한다. **키** 7~15cm이다. **뿌리줄기** 약간 길게 기며, 잎이 2~5cm 간격으로 드문드문 나며, 지름 1.5~2mm이고, 비늘조각이 밀생한다. 비늘조각은 피침형으로, 가장자리는 잘게 갈라지며, 길이 2~5mm, 너비 0.4~0.7mm이고, 중앙부위는 검은 갈색이나, 가장자리는 갈색이다. **잎자루** 길이 2~5cm이며, 회갈색이고, 별모양의 털에 덮여 있다. **잎몸** 선상 긴타원형, 도피침형 또는 긴삼각상 피침형으로, 기부 부근에서 3갈래로 갈라지기도 하며, 끝은 약간 뾰족해지고, 가죽질이며, 길이 5~10cm, 너비 1~5cm이다. 뒷면은 회갈색이고, 표면은 녹색이며, 양면 모두 회갈색 또는 갈색을 띠는 별모양의 털이 밀생한다. **잎맥** 잎몸에 묻혀 뚜렷하지 않으나 유리맥을 갖는 그물맥이다. **포자낭군** 원형으로, 잎 뒷면의 위부터 1/3지점까지, 중륵의 양측에 3~6열로 다소 규칙적으로 붙는다. 별모양의 털로 덮여 있다. **포막** 없다.
*우단일엽과 세뿔석위의 잡종이다. 잎몸의 모양이 갈라지지 않는 경우는 우단일엽과 매우 유사하나, 좀 더 넓고, 끝은 약간 뾰족해진다. 잎몸의 기부가 갈라지는 경우는 세뿔석위와 유사하나 윗부분은 좀 더 길어지고, 기부 부위에서 3갈래진다. 잎몸 기부의 비늘조각의 모양, 잎자루의 크기, 잎몸의 크기, 잎몸의 재질, 잎몸의 모양, 잎몸의 갈라짐, 포자낭군의 배열 등은 부모로부터 중간형을 한다.

1. 제주, 2020.3.14.
2. 뿌리줄기, 제주, 2017.1.14.
3. 포자낭군, 제주, 2017.1.17.
4. 잎몸, 제주, 2015.3.25. ©이성권
5. 전체 모습, 제주, 2017.1.14.
6. 포자낭군, 포자낭, 환대, 제주, 2021.1.27.
7. 성상모(별모양의 털), 제주, 2017.1.17.

큰우단일엽, 제주, 2020.3.14.

나사미역고사리

***Polypodium fauriei* Christ**, Farnkr. Erde 83, 1897

Polypodium fauriei H.Christ, Bull. Herb. Boissier 4(10): 672, 1896, nom. nud.

Na-sa-mi-yeok-go-sa-ri (정태현 등, 1937; 박만규, 1961, 1975; 이창복, 1980; 등[1])
나도우드풀(정태현 등, 1949; 이우철, 1996), 나사고사리(박만규, 1949)
E Spiral polypoidy 日 Oshaguji-denda

염색체수 n = 37 **포자기** 6~9월 **용도** 관상용
분포 제주도, 깊은 산 계곡의 바위나 노목에 붙어서 자람; 일본

동록성 여러해살이풀로 나무나 바위 위에 착생한다. 식물이 건조해지면 잎이 나사처럼 안으로 말린다. **키** 10~30cm이다. **뿌리줄기** 옆으로 벋으며 지름 2~3mm이고, 비늘조각이 많이 붙는다. 비늘조각은 막질이고, 연갈색으로, 난형 또는 넓은 난상 피침형이며, 길이 2~3mm이고, 위쪽이 갑자기 좁아져 짧은 실모양이다. **잎자루** 길이 3~6cm이고, 볏짚색이나 아랫부분이 검은빛이고, 기부에만 다세포성 털이 있다. **잎몸** 중축 가까이까지 우상으로 갈라지고, 20~25쌍의 열편이 있으며, 초질 또는 얇은 종이질이고, 좁은 난형에서 넓은 피침형이다. 기부가 다소 좁아지고, 끝이 뭉뚝하거나 뾰족하며, 길이 5~20cm, 너비 2.5~8cm이다. 표면은 털이 없으나 뒷면에 다세포성 털이 있다. **열편** 선상 피침형으로 끝이 약간 뾰족하며, 너비 3~5mm로, 가장자리에 작은 톱니가 있다. **잎맥** 불분명하고, 모두 Y자로 유리하며, 가장자리까지 도달하지 않는다. **포자낭군** 원형이며 열편의 중륵과 가장자리의 중간에 붙는다. **포막** 없다.

1. 제주, 2004.11.27.
2. 뿌리줄기, 제주, 2004.10.31.
3. 중축 뒷면의 털, 제주 한라산, 2024.10.10.
4. 잎맥, 제주 한라산, 2024.10.10.
5, 6, 7. 포자낭군, 제주, 2004.10.31.
8. 전초, 제주, 2016.9.26.
9. 제주, 2016.5.23.
10. 제주, 2011.3.10.
11. 건조시 말린 잎, 제주, 2011.3.10.

9
10
11

좀미역고사리

Polypodium sibiricum **Siplivinsky,**
Novosti Sist. Vyssh. Rast., 11: 329. 1974

Jom-mi-yeok-go-sa-ri (이창복, 1980; 등[7])
털미역고사리(박만규, 1949, 1961, 1975), 좀나도우드풀(정태현 등, 1949; 이우철, 1996)
中 东北水龙骨 E Rock polypody
日 Ezo-denda

염색체수 n = 37 **포자기** 7~9월
용도 약용(코감기, 거담제, 소염제), 관상용
분포 강원, 경북, 바위나 나무줄기에 붙어서 자람; 일본, 중국, 러시아, 미국 북부

상록성 여러해살이풀로 나무나 바위에 착생하거나 지생한다. **키** 10~25cm이다. **뿌리줄기** 길게 옆으로 벋으며, 지름 1.5~3mm이고, 잎이 드문드문 달리며 비늘조각으로 덮여 있다. 비늘조각은 기부가 넓은 피침형이고, 막질이며, 길이 3~4mm로, 가장자리에 불규칙한 돌기가 있고, 중앙부분이 흑갈색이고 가장자리는 담갈색이다. **잎자루** 볏짚색이고, 다소 가늘며, 길이 5~10cm이며, 털이 없다. **잎몸** 중축 가까이까지 깊게 우상으로 갈라지며, 긴타원상 피침형이고, 단단한 초질로, 길이 7~15cm, 너비 2.5~4cm이다. 중축은 좁은 날개로 이어진다. **열편** 12~18쌍으로, 긴타원상 피침형이고, 끝이 뭉뚝하며, 너비 4~6mm이고, 거의 밋밋하나 끝 쪽 가장자리에 물결상 톱니가 있다. **잎맥** 불분명하고, Y자로 유리하며 잎가장자리까지 도달하지 않는다. **포자낭군** 원형이며, 다소 열편 가장자리 가까이에 붙는다. **포막** 없다.

이 종은 *P. virginianum*로 다루어 왔으나, 근래 Haufler & Windham(1991)에 의해 북미의 북동부지역에 것은 2n = 148이고 포자가 보다 크나, 캐나다부터 일본의 북부, 중국, 시베리아까지의 식물들은 모두 포자의 크기가 보다 작고 2n = 74인 것으로 종을 구별하여 *P. sibiricum*으로 다루었기에 이를 따랐다.

1. 강원 평창, 2005.8.21.
2. 새순, 강원 평창, 2012.5.19.
3. 포자낭군, 강원 설악산, 2004.9.9.
4. 군락, 강원 평창, 2005.8.21.
5. 군락, 강원 태백산, 2020.7.26.

미역고사리

***Polypodium vulgare* L.**, Sp. Pl. 2: 1085, 1753

Mi-yeok-go-sa-ri (박만규, 1961, 1975; 이창복, 1980; 이영노, 2006)
큰나도우드풀(정태현 등, 1949; 이우철, 1996)
中 欧亚水龙骨 E Common polypody
日 Ō-ezo-denda

염색체수 n = 74, 2n = 74
포자기 7~9월 **용도** 관상용
분포 울릉도, 고산의 너덜지대 바위틈과 숲속에서 자람; 일본, 중국, 시베리아, 티베트, 유럽

상록성 여러해살이풀로 바위나 나무줄기에 착생한다. **키** 20~50cm이다. **뿌리줄기** 지름 4~5mm이고, 비늘조각이 밀생한다. 비늘조각은 난상 피침형으로, 가장자리에 불규칙한 돌기가 있으며, 막질이고, 격자모양이며, 길이 2~8mm, 너비 1~2mm이고, 연갈색이다. **잎자루** 볏짚색이나 아랫부분은 어두운 색이며, 길이 5~16cm로 털이 없다. **잎몸** 난상 긴타원형 또는 넓은 피침형, 우상으로 중축 가까이까지 깊게 갈라지고, 길이 25~35cm, 너비 7~11cm이다. **열편** 20~25쌍이고, 선상 피침형으로 끝이 약간 뾰족하며, 길이 5~7cm, 너비 5~7mm이고, 가장자리에 물결모양의 얕은 톱니가 있으며, 잎 뒷면에 연모가 있다. **잎맥** 불분명하고, 2~3회 Y자로 유리한다. **포자낭군** 원형이고, 열편의 중륵과 가장자리의 중간에 붙으며, 지름 1.8~2.6mm이다. **포막** 없다.

우리나라 울릉도에 서식하는 미역고사리(*P. vulgare*)는 중국과 일본에 분포하는 *P. vulgare*와 매우 유사하나, 우편 수가 20~25개로 많고, 식물체가 크며, 잎 뒷면에 연모가 있는 점이 다르다. *P. vulgare*는 배수성에 의한 교잡이 빈번히 일어나 분류학적 해석이 어려워, 광의의 *P. vulgare* complex로 다루고 있어 이를 따랐다. 유럽산 4배체인 *P. vulgare*는 2배체인 *P. sibiricum*와 *P. glycyrrhiza*의 교잡에 의해 탄생한 것으로 보고 있으나 아시아의 개체군들에 관한 연구는 미비하다(Sigel et al., 2014; Ebihara, 2017).

1. 국립수목원, 2012.5.24.
2. 새순과 뿌리줄기, 경북 울릉, 2022.5.1.
3. 잎자루 하부의 비늘조각, 경북 울릉, 2022.4.19.
4. 뿌리줄기의 비늘조각, 경북 울릉, 2022.4.27.
5. 망상중심주, 2024.3.15.
6. 새순, 평강식물원, 2013.4.4.
7. 어린 포자낭군, 경북 울릉, 2011.11.23.
8. 성숙한 포자낭군, 경북 울릉, 2011.6.14.
9. 군락, 경북 울릉, 2022.11.5.
10. 경북 울릉, 2013.5.16.

애기일엽초

Lepisorus onoei (Franch. & Sav.) Ching, Bull. Fan Mem. Inst. Biol. 4: 87, 1933

Polypodium onoei Franch. & Sav., Enum. Pl. Jap. 2: 246, 642, 1879

Ae-gi-il-yeop-cho (정태현 등, 1937; 정태현 등, 1949; 박만규, 1949, 1961, 1975; 이창복, 1980; 등[1])

中 线瓦韦 E Tiny weeping fern

日 Hime-noki-shinobu

염색체수 n = 25 **포자기** 7~9월 **용도** 관상용

분포 전남, 경남, 제주도, 숲속의 바위나 나무에 붙어서 자람; 일본

상록성 여러해살이풀로 나무나 바위에 착생한다. **키** 3~9cm이다. **뿌리줄기** 가늘고 길게 기며, 지름 0.8~1mm이고, 비늘조각이 밀생한다. 비늘조각은 어두운 갈색에서 흑갈색으로 가운데가 진하고 바깥이 연한색이며, 피침형으로, 끝이 뾰족하고, 아래는 둥글거나 심장저이며, 가장자리는 작은 돌기가 있고, 길이 2.5~3mm이다. **잎자루** 길이 3~7mm이다. **잎몸** 표면은 짙은 녹색, 뒷면이 연한 녹색이며, 선형 또는 선상 주걱모양이고, 보통 윗부분이 가장 넓다. 끝이 뭉뚝하거나 둥글고, 아래로 가면서 좁아져 잎자루와 연결되며, 가장자리는 밋밋하고 뒤로 말리며, 길이 3~8cm, 너비 0.3~1cm이다. 어린 잎은 흑갈색 비늘조각이 덮여 있다. 비늘조각은 난상 피침형으로, 길이 0.6mm이며, 가장자리에 작고 불규칙한 돌기가 있다. **잎맥** 맥이 불분명하나 복잡한 그물맥 안에 유리맥이 있다. **포자낭군** 원형이고, 잎몸의 윗부분에 중륵과 가장자리의 중간에 붙는다. 어릴 때 방패모양의 측사가 덮는다. **포막** 없다. **포자** 단지형으로 과립상의 표면무늬가 있다.

1. 제주, 2021.1.27.
2. 잎과 뿌리줄기, 전남 장성, 2023.10.3.
3. 중륵의 비늘조각, 제주, 2017.10.18.
4. 뿌리줄기의 비늘조각, 제주, 2018.2.8.
5. 건조시 모습, 경남 통영, 2021.10.27.
6. 포자낭군과 측사, 제주, 2017.10.18.
7. 제주, 2017.3.29.

섬일엽초

***Lepisorus hachijoensis* Sa.Kurata**, Sci. Rep. Yokosuka City Mus. 11: 40, 1965

Seom-il-yeop-cho (Choi et al., 2024)
E Island Weeping fern 日 Hazi-ju-urabosi

포자기 7~9월 **용도** 관상용
분포 전남, 산지의 나무에서 붙어서 자람; 일본

상록성 여러해살이풀로 바위나 나무에 착생한다. **키** 4~10cm이다. **뿌리줄기** 가늘고 길게 기며, 지름 1~1.5mm이고, 비늘조각이 밀생한다. 비늘조각은 어두운 갈색에서 흑갈색으로 가운데가 진하고 바깥이 연한색이며, 피침형으로, 끝이 뾰족하고, 아래는 둥글거나 심장저이며, 가장자리는 작은 돌기가 있고, 길이 2.5~4mm이다. **잎자루** 길이 1~2cm이다. **잎몸** 표면은 짙은 녹색, 뒷면이 연한 녹색이며, 선형 또는 선상 주걱모양이고, 보통 윗부분이 가장 넓다. 끝이 뭉뚝하거나 둥글고, 아래로 가면서 좁아져 잎자루와 연결되며, 가장자리는 밋밋하고 뒤로 말리며, 길이 5~10cm, 너비 0.5~1.1cm이다. 어린 잎은 피침형의 흑갈색 비늘조각이 덮여 있다. 비늘조각은 난상 피침형으로, 길이 0.6mm이며, 가장자리에 작고 불규칙한 돌기가 있다. **잎맥** 맥이 불분명하나 복잡한 그물맥 안에 유리맥이 있다. **포자낭군** 원형이고, 잎몸의 윗부분에 중륵과 가장자리의 중간에 붙는다. 어릴 때 방패모양의 측사가 덮는다. **포막** 없다. **포자** 단지형으로 과립상의 표면무늬가 있다.

이 종은 애기일엽초와 달리 잎몸의 크기, 잎자루의 길이, 뿌리줄기의 굵기, 등 전체적으로 크다는 점에서 구별된다. 양적 형질만이 차이가 있어 앞으로 세밀한 분석을 통해 두 종간의 정밀한 연구가 필요하다.

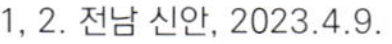

1, 2. 전남 신안, 2023.4.9.
3. 뿌리줄기, 전남 신안, 2023.4.9.
4. 뿌리줄기의 비늘조각, 전남 신안, 2023.4.9.
5. 중륵 비늘조각, 전남 신안, 2023.4.9.
6. 고사목을 덮은 모습, 전남 신안, 2023.4.9.

일엽초

Lepisorus thunbergianus **(Kaulf.) Ching**, Bull. Fan Mem. Inst. Biol. 4: 88, 1933

Pleopeltis thunbergianus Kaulf., Wesen Farrenkr. 113, 1827

Il-yeop-cho (정태현 등, 1937; 정태현 등, 1949; 박만규, 1949, 1961, 1975; 이창복, 1980; 등[1])

中 瓦韦 E Weeping fern 日 Noki-shinobu

염색체수 n = 25, 50 **포자기** 7~9월

용도 약용(지상부: 이뇨, 민간에서 항암제), 관상용

분포 전남, 경남, 제주도, 저산지의 그늘진 나무나 바위에 붙어서 자람; 일본, 중국, 타이완, 필리핀, 네팔, 인도

상록성 여러해살이풀로 바위나 나무에 착생한다. **키** 10~20cm이다. **뿌리줄기** 길게 기고, 지름 2~3mm이며, 비늘조각이 밀생하고, 잎은 간격이 0.5~1cm로 떨어져 붙는다. 비늘조각은 피침형이고, 길이 1.5~4mm, 너비 0.5~1mm이며, 2색성으로 중앙은 어두운 갈색 또는 밤색으로, 주변부로 갈수록 연해지며, 가장자리는 잔돌기가 있다. **잎자루** 볏짚색이고, 길이 0.7~2.6cm이다. **잎몸** 표면은 짙은 녹색, 뒷면은 연한 녹색이며, 잔구멍으로 된 점이 있고, 선형에서 넓은 선형이며, 끝이 약간 뾰족하고, 아래로 갈수록 점차 좁아져 잎자루에 연결된다. 가장자리는 밋밋하고, 마르면 뒤로 말리며, 길이 15~20cm, 너비 0.5~2cm이고, 단단한 가죽질이다. 중축에 납작하게 붙거나 드문드문 붙어있는 비늘조각은 피침형에서 난형이고, 길이 0.3~1.8mm이다. **잎맥** 맥이 불투명하나 복잡한 그물맥 안에 가지를 친 유리맥이 있다. **포자낭군** 원형이며, 잎몸 윗부분에 2줄로 중륵과 가장자리의 중간에 붙고, 포자낭군 사이에 방패모양의 측사와 난형의 비늘조각이 있다. **포막** 없다.

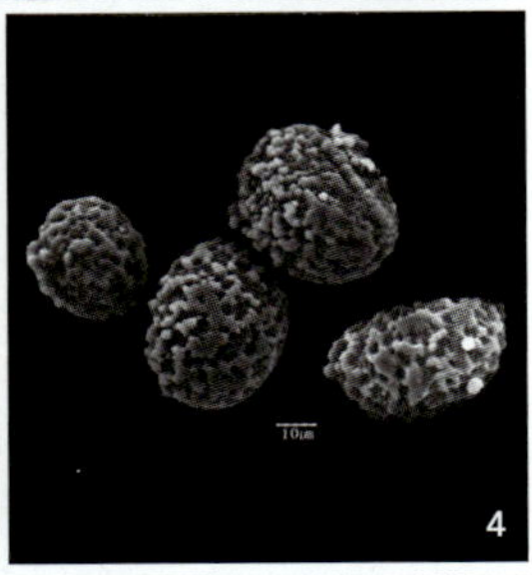

1. 제주, 2019.2.21.
2. 포자엽, 제주, 2011.10.27.
3. 포자낭군, 제주, 2012.12.18.
4. 포자, 2024.4.3.
5. 일엽초, 검은일엽초, 애기일엽초, 산일엽초 뿌리줄기의 비늘조각
6. 일엽초, 검은일엽초, 애기일엽초, 산일엽초 중륵의 비늘조각
7. 중륵의 비늘조각, 제주, 2012.12.18.
8. 제주, 2019.6.14.

검은일엽초(국내미기록)

***Lepisorus nigripes* T.Fujiw. & Seriz.**, J. Pl. Res. 131: 956, 2018

Geom-eun-il-yeop-cho (국명신칭)
E Black weeping fern 日 Kro-noksinove

염색체수 2n=100, 101, 102
포자기 7~9월 **용도** 관상용
분포 전남, 경남, 제주도, 산지의 나무나 바위에 붙어서 자람; 일본

상록성 여러해살이풀로 나무나 바위에 착생한다. **키** 15~28cm이다. **뿌리줄기** 길게 기고, 지름 2~3mm이며, 비늘조각이 밀생하고, 잎은 간격이 0.3~0.6cm로 떨어져 붙는다. 비늘조각은 피침형으로 끝이 길게 뾰족하고, 길이 3~5mm, 너비 1~1.2mm이며, 2색성으로 중앙부는 흑갈색이고, 주변으로 갈수록 연해지며, 가장자리는 잔돌기가 있다. **잎자루** 흑갈색이나 드물게 볏짚색이고, 길이 0.7~4cm, 직경 1~1.5mm이다. **잎몸** 단엽, 짙은 녹색이며, 잔구멍으로 된 점이 있고, 선형에서 좁은 피침형이며, 끝이 약간 뾰족하고, 아래로 갈수록 점차 좁아져 잎자루에 연결된다. 가장자리는 밋밋하고, 마르면 뒤로 말리며, 길이 8~24cm, 너비 0.5~1.2cm이고, 단단한 가죽질 또는 두꺼운 가죽질이다. 중축에 납작하게 붙거나 드문드문 붙어있는 비늘조각은 난상 피침형, 가장자리 잔돌기가 있고, 끝이 뾰족해지며, 흑색 또는 흑갈색이고, 길이 0.5~1.3mm이다. **포자낭군** 원형이며, 잎몸 윗부분에 2줄로 중륵과 가장자리의 중간에 붙고, 어릴 때 방패 모양의 측사가 덮는다. **포막** 없다.

이 종은 Fujiwara et al.(2018)이 배수성실험을 통해 2배체인 일엽초(*L. thunbergianus*)와 2배체인 일본산 *L. angustus*와의 교잡에 의해 밝혀진 4배체 식물이다. 일엽초보다 잎자루가 흑색을 띠며, 잎이 더 촘촘히 나고, *L. angustus* 보다 두꺼운 땅속줄기를 가지며, 비늘조각이 피침형으로 길게 뾰족하고, 잎몸이 더 넓다.

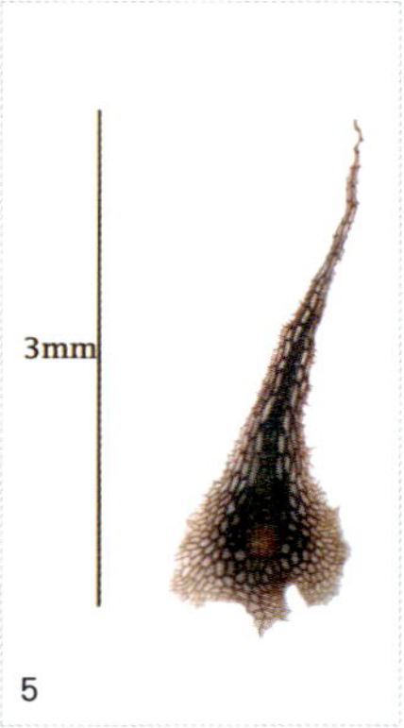

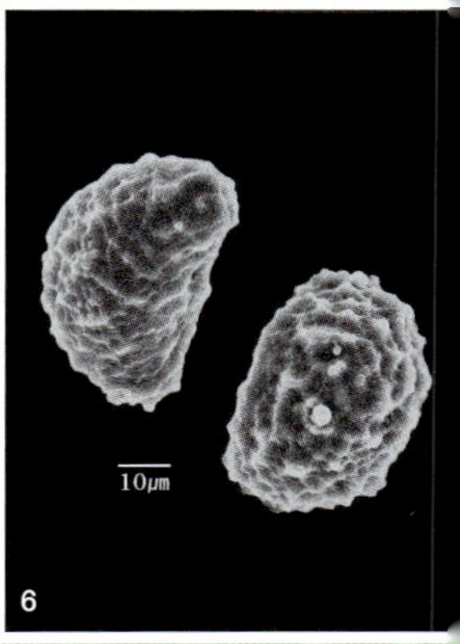

1. 제주, 2018.11.15.
2, 3. 흑갈색 잎자루와 선형인 잎몸, 2024.3.2.
4. 중륵 비늘조각, 제주, 2024.3.2.
5. 뿌리줄기의 비늘조각
6. 포자
7. 일엽초, 검은일엽초의 측사 비교

산일엽초

***Lepisorus ussuriensis* (Regel & Maack) Ching**, Bull. Fan. Mem. Inst. Biol. 4(3): 91, 1933

San-il-yeop-cho (정태현 등, 1937; 정태현 등, 1949; 박만규, 1949, 1961, 1975; 이창복, 1980; 등[1])

中 乌苏里瓦韦 E Ussuri weeping fern

日 Miyama-noki-shinobu

염색체수 n = ca. 35, 2n = 70, 74 **포자기** 7~9월

용도 약용(전초: 이뇨, 기침, 관절염), 관상용

분포 전역, 비교적 높은 산지의 나무나 바위에 붙어서 자람; 일본, 중국, 러시아

상록성 여러해살이풀로 바위나 나무 겉에 착생한다. **키** 10~25cm이다. **뿌리줄기** 가늘고 길게 기며, 지름 1.2~1.5mm, 비늘조각이 납작하게 많이 붙는다. 비늘조각은 삼각상 난형이고, 길이 0.6~1.8mm, 너비 0.3~ 0.7mm이며, 흑갈색으로, 가장자리에 잔돌기가 있다. **잎자루** 길이 1.5~5cm로, 기부에는 뿌리줄기에 있는 것보다 약간 작은 흑갈색의 비늘조각이 있다. **잎몸** 단엽으로 선상 피침형이고, 끝이 점차 좁아져 뾰족하며, 가장자리가 밋밋하고, 아래로 점차 좁아져 잎자루에 닿는다. 길이 7~20cm, 너비 0.4~1.5cm로, 뒷면은 다소 회녹색이며, 검은색 점이 있고, 마르면 뒤로 말린다. 어릴 때는 중륵을 따라 비늘조각이 있는데, 비늘조각은 흑갈색, 피침형에서 난형이고, 길이 0.3~0.7mm, 너비 0.1~0.3mm이다. **잎맥** 불분명하나, 그물맥 안에 유리맥이 있다. **포자낭군** 원형이며, 지름 1.2~2mm, 중륵과 가장자리의 중간에 위치하고, 흑갈색인 비늘조각이 있다. 어릴 때 방패모양의 측사가 덮는다. **포막** 없다. **포자** 단지형으로 표면에 과립상 무늬가 있다.

이 종은 잎이 좁고, 뿌리줄기의 비늘조각의 끝이 보다 뾰족한 개체들을 var. *distans*로 구별하여 다루고 있어(Flora of China) 세밀한 조사가 필요하다.

1. 경기 연천, 2012.7.8. / 2. 뿌리줄기, 경북 경주, 2019.11.28.
3. 잎몸의 횡단면, 경북 문경, 2018.3.31.
4. 뿌리줄기의 단색성 비늘조각, 강원 평창, 2017.11.17.
5. 미성숙 포자낭군, 경기 포천, 2003.6.17.
6. 포자낭군, 강원 화악산, 2006.8.3. / 7. 건조시 말린 모습, 경남 지리산, 2012.10.3. / 8. 충북 영동, 2022.7.14.

콩짜개덩굴

***Lepisorus microphyllus* (C.Presl) C.F.Zhao, R.Wei & X.C.Zhang ex C.S.Chang, H.Kim & K.S.Chang,**
Checkl. Far E. Asian Vasc. Fl. 1: 106, 2021
Lemmaphyllum microphyllum C.Presl, Abh. Königl. Bohm. Ges. Wiss., ser. 5, 6: 623, 1851

Kong-jja-gae-deung-gul (정태현 등, 1937; 정태현 등, 1949; 이창복, 1980; 등[1])
콩조각고사리(박만규, 1961, 1975), 콩짜개고사리(박만규, 1949)

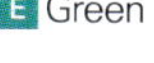 伏石蕨  Green been fern 日 Mame-zuta

염색체수 n = 36, 2n = 72 **포자기** 7~9월
용도 약용(지상부: 지혈, 해독, 해수), 관상용
분포 전남, 경남, 제주도, 산지의 나무나 바위에 붙어서 자람; 일본, 중국, 타이완

상록성 여러해살이풀로 바위나 나무 겉에 착생한다. **키** 2~4cm이다. **뿌리줄기** 가늘고 길게 기며, 지름 0.6~1.2mm로, 잎이 약간 떨어져 붙고, 2가지 모양이며, 어두운 갈색의 비늘조각이 드물게 달린다. 비늘조각은 길이 0.7~2mm, 너비 0.2~0.6mm이고, 격자무늬가 있으며, 타원형이고, 가장자리에 털과 같은 돌기가 있다. **잎자루** 영양엽은 길이 1~4mm, 포자엽은 길이 6~15mm이고 아랫부분에 비늘조각이 있다. **잎몸** 2가지 모양으로, 영양엽은 원형 또는 넓은 타원형이고, 가장자리는 밋밋하며, 끝이 둥글거나 매우 뭉뚝하고, 아랫부분은 둥글거나 넓은 쐐기모양이며, 길이 1~2cm, 너비 1~1.5cm이고, 두툼한 가죽질이다. 포자엽은 넓은 선형에서 좁은 도피침형으로, 기부가 점차 좁아지며, 길이 2.5~3.5cm, 너비 3~4mm이고, 뒷면에 어두운 갈색의 비늘조각이 있다. **잎맥** 불분명하고, 주맥은 발달하지 않으며, 그물맥 안에 중륵을 향한 유리맥이 있다. **포자낭군** 중륵의 양쪽에, 아랫부분을 제외하고 선형으로 전면에 퍼져있으며, 어릴 때는 방패모양이고 짙은 갈색인 측사로 덮인다. **포막** 없다.

1

2

4

3

5

6

1. 제주, 2004.11.29. / 2. 뿌리줄기와 어린잎, 제주, 2008.3.16.
3. 뿌리줄기의 비늘조각, 제주, 2019.2.22.
4. 포자낭군, 제주, 2004.11.29.
5. 제주, 2021.4.17. / 6. 제주, 2020.1.18.

고란초

***Selliguea hastata* (Thunb.) Fraser-Jenk.**, Taxon. Revis. Indian Subcontinental Pteridophytes 44, 2008
Polypodium hastatum Thunb., Fl. Jap. 335, 1784
Crypsinus hastatus (Thunb.) Copeland, Gen. Fil. 206, 1947

Go-ran-cho (정태현 등, 1937; 정태현 등, 1949; 박만규, 1961, 1975; 이창복, 1980; 등[1])
中 金鸡脚假瘤蕨 E Spear-leaf selliquea fern
日 Mitsude-uraboshi

염색체수 n = 35 **포자기** 7~9월
용도 약용(이뇨, 해독), 관상용
분포 전역, 산지 계류가의 그늘지고 습한 바위 절벽에 붙어서 자람; 일본, 중국, 타이완, 필리핀, 러시아

상록성 여러해살이풀로 바위 곁에 착생한다. **키** 10~20cm이다. **뿌리줄기** 지름이 2~3.5mm로, 길게 기며 잎은 서로 가까이 나오고, 비늘조각이 있다. 비늘조각은 막질로, 아랫부분이 넓은 선상 피침형이고, 길이 1~4mm이며, 갈색이고, 위로 길게 가늘어져 실 모양으로 되며, 가장자리는 다소 밋밋하거나 약간의 돌기가 있다. **잎자루** 아랫부분에 자갈색 빛을 띠는 볏짚색 비늘조각이 있고, 길이 4~13cm로 광택이 있다. **잎몸** 단엽 또는 드물게 2~3개로 갈라지기도 하며, 표면은 녹색, 뒷면은 약간 흰빛이 돌고, 가장자리는 다소 물결모양을 하며, 털이 없다. 단엽일 때는 긴타원상 피침형으로, 끝이 뾰족하거나 뭉뚝하고, 아랫부분이 넓으며, 길이 6~15cm, 너비 1~3cm이다. 갈라지는 잎몸은 길이 15~24cm로, 측우편이 정우편의 2/3보다 작다. **잎맥** 가늘고, 측맥은 불분명하나 주맥은 일정한 간격으로 있고, 복잡한 그물맥으로 그 안에 유리맥이 있다. **포자낭군** 원형이고, 지름 1.5~3mm이며, 잎몸 뒷면에 중륵과 가장자리 중간에 붙는다. **포막** 없다. **포자** 단지형이고 표면무늬는 과립상, 두상이다.

1. 강원 철원, 2025.7.6.
2. 새순, 서울 북한산, 2015.5.5.
3. 뿌리줄기, 경남 통영, 2022.1.15.
4. 뿌리줄기의 비늘조각, 서울 북한산, 2015.5.5.
5. 포자엽, 서울 북한산, 2011.9.18.
6. 주맥과 포자낭군, 제주, 2019.8.16.
7. 경남 통영, 2022.1.15.
8. 제주, 2019.9.16.

큰고란초

***Selliguea engleri* (Luerss.) Fraser-Jenk.**, Taxon. Revis. Indian Subcontinental Pteridophytes: 46, 2008
Polypodium engleri Luerssen, Bot. Jahrb. Syst. 4(4): 361, 1883

Keun-go-ran-cho (박만규, 1949, 1961, 1975; 이창복, 1980; 등[1])
큰고사리(이창복, 1969)
中 恩氏假瘤蕨 E Engler's selliquea fern
日 Taka-no-ha-uraboshi

염색체수 n = 35 포자기 7~9월
용도 약용(살충제), 관상용
분포 제주도, 산지의 습한 바위 절벽에 붙어서 자람; 일본, 중국, 타이완, 미얀마, 히말라야

상록성 여러해살이풀로 바위나 고목에 착생한다. **키** 15~45cm이다. **뿌리줄기** 지름이 3~3.5mm로, 길게 기며 잎은 3~8mm 간격으로 드문드문 나오고, 비늘조각이 밀집해 있다. 비늘조각은 막질로, 선형 또는 선상 피침형이고, 길이 5~6mm이며, 갈색 또는 연갈색이나 가운데가 더 진하고, 위로 점차 가늘어지며, 가장자리는 다소 밋밋하다. **잎자루** 아랫부분에 자갈색 빛을 띠는 볏짚색 비늘조각이 있고, 길이 5~20cm로 광택이 있고 단단하다. **잎몸** 단엽, 선상 피침형이며, 끝과 기부로 가며 갑자기 좁아지고, 중앙부위는 전체의 1/2~3/4까지 너비가 같으며, 길이 10~25cm, 너비 1.2~2.5cm이고 기부는 쐐기꼴이다. 표면은 연녹색, 뒷면은 더욱 연해져 흰빛이 돌고, 가장자리는 둔한 물결모양을 하며, 두꺼워져 흑갈색을 띠고, 털이 없다. **잎맥** 측맥은 불분명하나 주맥은 일정한 간격으로 뚜렷하게 있고, 복잡한 그물맥으로 그 안에 유리맥이 있다. **포자낭군** 원형이고, 지름 2~3mm이며, 중륵 양면을 따라 일렬로 붙고, 측맥 사이의 중륵 가까이에 붙는다. **포막** 없다. **포자** 표면은 밋밋하다.

*잎이 갈라지지 않는 단엽이며, 잎몸의 양쪽은 거의 평행하고, 기부는 쐐기모양으로 좁아지며, 포자낭군이 붙는 자리가 오목하게 들어가지 않고, 포자 표면에 돌기가 없는 것이 특징이다.

1

2

3

4

1, 2. 제주, 2021.1.27.
3. 포자낭군, 2021.1.27.
4. 큰고란초, 제주고란초 뿌리줄기의 비늘조각 비교

제주고란초

***Selliguea* sp.** nom. nud.

Je-ju-go-ran-cho (한국양치식물연구회, 2005)
E Jeju spear-leaf selliquea fern

분포 제주도, 산지의 저지대 계류 가장자리 바위곁에서 자람

상록성 여러해살이풀로 바위 곁에 착생한다. **키** 10~25cm이다. **뿌리줄기** 지름이 2~3mm로, 길게 기며 비늘조각이 밀집해 있다. 비늘조각은 막질로, 선상 피침형이고, 길이 3~4mm이며, 갈색 또는 연갈색이고, 위로 점차 가늘어지며, 가장자리는 다소 밋밋하다. **잎자루** 녹색이며, 비늘조각이 있고, 길이 5~10cm로 광택이 있고 단단하다. **잎몸** 단엽, 선상 피침형이며, 기부가 가장 넓고, 평행하다가 위로 가면서 갑자기 좁아져 끝이 뾰족하며, 길이 5~10cm, 너비 1.5~2.5cm이다. 표면은 연녹색, 뒷면은 더욱 연해져 흰빛이 돌고, 가장자리는 둔한 물결모양을 하며, 두꺼워져 흑갈색을 띠고, 털이 없다. **잎맥** 측맥은 불분명하나 주맥은 일정한 간격으로 뚜렷하게 있고, 복잡한 그물맥으로 유리맥이 있다. **포자낭군** 원형이고, 지름 2~3mm이며, 중륵 양면을 따라 일렬로 붙고, 그 안에 약간 중륵 가까이에 붙는다. **포막** 없다.

고란초와 큰고란초의 잡종으로 보이며, 잎몸이 좁은 타원상 피침형이고, 평행하다가 아래가 갑자기 좁아지며, 포자낭군이 붙는 자리가 깊게 파이지만, 고란초는 잎몸이 긴 타원상 피침형으로 아래가 넓고 둥글게 좁아지며, 포자낭군이 붙는 자리의 표면이 뚜렷이 솟아난다. 큰고란초(*S. engleri*)는 잎이 더 크고, 잎자루 기부가 짙은 갈색이며, 포자낭군이 붙는 잎의 표면이 솟아나지 않는 점이 다르다. 앞으로 이들에 관한 정밀한 연구가 필요하다.

1. 제주, 2020.11.7.
2. 새잎, 제주 서귀포, 2018.5.22.
3. 제주, 2021.9.27.
4. 포자낭군 자리가 볼록하게 솟아나온 잎 앞면, 제주, 2019.9.16.
5. 포자낭군, 제주, 2016.9.4.
6. 뿌리줄기의 비늘조각, 제주, 2019.9.16.
7. 전초, 제주, 2019.9.16.
8. 제주, 2021.9.27.

층층고란초

Selliguea veitchii **(Baker) H.Ohashi & K.Ohashi**, J. Jap. Bot. 84(5): 308, 2009
Crypsinus veitchii (Baker) Copeland, Gen. Fil. (Copeland) 206, 1947
Polypodium veitchii Baker, Gard. Chron., n.s., 14: 494, 1880

Cheung-cheung-go-ran-cho (정태현 등, 1937; 박만규, 1961, 1975; 이창복, 1980; 등[1])
두메고란초(정태현 등, 1949)
E Multi-lobe selliquea fern 日 Miyama-uraboshi

염색체수 n = 72 **포자기** 7~9월 **용도** 관상용
분포 제주도, 높은 산의 바위 겉에서 자람; 일본

하록성 여러해살이풀로 바위 겉에 착생한다. **키** 10~20cm이다. **뿌리줄기** 지름 1.5~2mm로, 가늘고 길게 옆으로 벋으며 잎이 드문드문 달린다. 비늘조각은 삼각상 피침형으로, 가장자리에 잔돌기가 있으며, 비스듬히 붙고, 길이 2~3mm이며, 연한 갈색이나, 중심부는 다소 진하고 약간 광택이 있다. **잎자루** 길이 2~10cm이며, 가늘어 철사 같고, 연한 녹색 또는 볏짚색으로, 아랫부분은 갈색을 띠며 광택이 나고, 비늘조각이 있다. **잎몸** 1~4쌍의 우편으로 거의 중축 가까이까지 우상으로 갈라지며, 난상 긴타원형이다. 길이 6~15cm, 너비 4~10cm로 녹색이고, 털이 없으나 밑부분이 중축으로 흘러 날개가 된다. **우편** 좁은 긴타원형 또는 피침형으로 끝이 둥글거나 약간 뾰족하며, 가장자리에 약간의 톱니가 있고, 너비 6~12mm로, 맨 아래 1쌍은 기부가 다소 좁아진다. **잎맥** 주맥은 뚜렷하나 나머지 맥은 모호하고, 그물맥을 형성한다. **포자낭군** 원형이고, 지름 약 2mm로, 상반부, 우편 전면에 두 줄로 붙으며, 가장자리보다는 다소 중륵에 가까이 붙는다. **포막** 없다.

1, 2. 제주, 2024.6.16. ©이지열
3. 포자낭군, 제주, 2003.5.30.
4. 제주, 2013.7.30.

밤일엽

Neocheiropteris ensata **(Thunb.) Ching**, Bull. Fan Mem. Inst. Biol. 4(3): 109, 1933

Polypodium ensatum Thunb., Trans. Linn. Soc. London 2: 341, 1794

Neolepisorus ensatus (Thunb.) Ching, Bull. Fan Mem. Inst. Biol., Bot. 10: 14, 1940

Bam-il-yeop (정태현 등, 1949; 이창복, 1980; 등[1])

밤잎일엽(박만규, 1961, 1975), 밤잎고사리(정태현 등, 1937; 박만규, 1975)

中 剑叶盾蕨 E Chestnut-leaf fern 日 Kuri-ha-ran

염색체수 n = 72, 2n = 142, 144

포자기 6~9월 **용도** 관상용

분포 제주도, 그늘지고 습한 숲속에 자람; 일본, 중국 서부, 타이완

상록성 여러해살이풀로 지생한다. **키** 20~70cm 이다. **뿌리줄기** 지름 3~4mm이고, 짙은 녹색이며, 잎이 드문드문 나오고, 비늘조각이 있다. 비늘조각은 삼각상 피침형 또는 긴타원형으로 방패모양이고, 격자무늬가 있으며, 연한 갈색이고, 막질이며, 길이 4~6mm이고, 끝이 날카롭게 뾰족하며, 가장자리에 돌기가 있다. **잎자루** 길이 10~30cm이고, 잎몸보다 짧으며, 기부에 비늘조각이 붙는다. **잎몸** 단엽으로 길이 25~40cm, 너비 4~7cm이고, 피침형 또는 넓은 피침형이며, 끝이 날카롭게 뾰족하다. 중앙 바로 아래가 가장 폭이 넓으며, 아래로 갈수록 좁아져 잎자루로 이어지고, 가장자리는 밋밋하거나 물결모양이다. 중륵의 표면과 뒷면에 작은 비늘조각이 달린다. 중륵은 양쪽으로 뚜렷하게 튀어나온다. **잎맥** 그물맥으로 안에 유리맥을 갖는다. **포자낭군** 원형 또는 타원형이고, 지름 3~5mm이며, 중륵 가까이 2~4줄 때로 1줄로 붙고, 어릴 때 작은 방패모양의 측사로 덮인다. **포막** 없다.

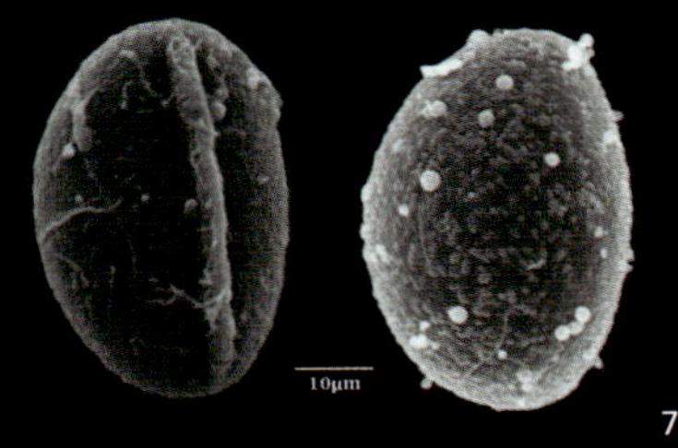

1. 제주, 2003.6.6.
2. 새순, 경기 여주, 2023.4.15. ©이만규
3. 잎표면, 제주, 2020.11.9.
4. 잎뒷면, 2014.1.22
5. 잎, 제주, 2021.1.30.
6. 포자낭군, 제주, 2020.02.18.
7. 포자, 2024.4.4.

8. 제주, 2020.11.9.
9. 제주, 2021.1.30.
10. 제주, 2004.8.10.

창일엽

***Microsorum superficiale* (Blume) Ching**, Bull. Fan Mem. Inst. Biol. 4(10): 299, 1933

Polypodium superficiale Blume, Fl. Javae 136, 1828

Neocheiropteris superficialis (Blume) Bosman, Leiden Bot. Ser. 14: 121, 1991

Lepidomicrosorium superficiale (Blume) Li Wang, Bot. J. Linn. Soc. 162: 36, 2010

Chang-il-yeop (한국양치식물연구회, 2005; 이영노, 2006; 국립수목원, 2008)

中 表面星蕨 E Spear star fern

日 Hahajima-nukaboshi

포자기 7~9월 **용도** 관상용

분포 전남, 제주도, 숲속의 나무나 바위에 붙어서 자람; 일본, 중국 남부, 타이완, 베트남, 라오스, 말레이시아, 네팔, 인도

상록성 여러해살이풀로 나무나 바위 위에 착생하거나 지생한다. **키** 20~50cm이다. **뿌리줄기** 지름 2~4mm로, 길게 기며, 비늘조각이 밀생한다. 비늘조각은 방패모양, 난형, 좁은 난형 또는 삼각형이고, 격자무늬가 있으며, 붉은 갈색이고, 길이 3~5mm이며, 막질이고, 가장자리에 털 같은 돌기가 있다. **잎자루** 8~15cm이고, 가늘며 좁은 날개가 있다. **잎몸** 단엽이고, 피침형 또는 선상 피침형으로 가운데가 가장 넓으며 위로 갈수록 점차 좁아져 끝이 뾰족하고, 아래로 가면서 좁아져 잎자루로 흐른다. 가죽질이며, 표면은 매끄럽고, 길이 15~40cm, 너비 3~5cm이며, 가장자리가 밋밋하거나 불규칙하게 구불구불하다. **잎맥** 뚜렷하고 그물맥으로 그 안에 유리맥이 있다. **포자낭군** 지름 2~2.5mm로, 원형이고, 잎몸 뒷면에 2~8줄로 불규칙하게 퍼져있다. **포막** 없다.

1. 제주, 2023.10.22.
2. 새순, 전남 신안, 2017.7.28.
3. 뿌리줄기의 비늘조각, 전남 신안, 2004.10.12.
4. 중륵의 비늘조각, 전남 신안, 2019.3.26.
5. 망상중심주, 제주, 2020.1.21.
6. 포자엽, 전남 신안, 2016.4.26.
7. 포자낭군, 제주, 2020.1.19.
8. 포자낭군과 포자낭, 제주, 2020.1.21.
9. 군생하는 모습, 전남 신안, 2016.4.26.

밤잎고사리

Leptochilus wrightii **(Hook.) X.C.Zhang**, Lycophytes Ferns China: 656, 2012

Colysis wrightii (Hook.) Ching, Bull., Fan Mem. Inst. Biol. 4(10): 324, 1933

Gymnogramma wrightii Hook., Sp. Fil. 5: 160, t. 303, 1864

Bam-ip-go-sa-ri (이창복, 1969, 1980; 등[1])
창고사리(박만규, 1949, 1961, 1975), 참밤잎고사리 (정태현 등, 1937)
中 褐叶线蕨 E Chestnut-leaf colysis fern
日 Yani-no-ho-kariharan

염색체수 n = 36, 2n = 72, 74, 75
포자기 7~9월 **용도** 관상용
분포 제주도, 숲속에서 자람; 일본, 중국, 타이완, 베트남

상록성 여러해살이풀로 지생한다. **키** 20~50cm이다. **뿌리줄기** 길게 기며, 지름 2~3mm이다. 비늘조각은 기부가 방패모양인 피침형이고, 끝으로 가면서 점차 좁아져 긴 꼬리모양이며, 아래는 둥글고, 길이 2~3mm이며, 갈색이나 가운데가 진한 갈색이고, 격자무늬가 있으며, 가장자리는 불규칙한 돌기가 있다. **잎자루** 길이 10~30cm이며, 가늘고 볏짚색이며, 큰 것은 상반부에, 작은 것은 전체에 넓은 날개가 있다. **잎몸** 넓은 피침형, 삼각상 피침형이고, 가운데가 가장 넓다. 위로 가면서 좁아져 끝은 뾰족하고, 중간에서 아래로 가면서 좁아져 넓은 날개를 만들며 잎자루로 길게 늘어뜨리고, 가장자리가 밋밋하며, 약간 주름이 생긴다. 얇은 종이질이고, 길이 7~25cm, 너비 2~3cm이며, 중륵의 표면은 볏짚색 또는 연한 갈색이다. **잎맥** 뚜렷하게 보이며, 측맥 사이에 2줄의 그물맥이 있고, 그 안에 분기하는 유리맥이 있다. **포자낭군** 중륵과 잎몸 가장자리로 비스듬히 붙고, 평행하며, 길이 1~2.5cm이다. **포막** 없다.

* 창고사리와 유사하나, 잎맥이 뚜렷하며, 잎몸의 너비가 더 넓다.

1

2

3

4

1. 제주, 2004.8.10.
2. 잎몸 표면의 잎맥, 제주, 2004.8.10.
3. 포자낭군, 제주, 2004.8.10.
4. 제주, 2004.8.10.

손고비

***Leptochilus ellipticus* (Thunb.) Noot.**, Blumea 42: 283, 1997
Colysis elliptica (Thunb.) Ching, Bull. Fan Mem. Inst. Biol. 4(10): 333, 1933
Polypodium ellipticum Thunb., Fl. Jap. 335, 1784

Son-go-bi (정태현 등, 1949; 이창복, 1980; 등[1])
가지창고사리(박만규, 1949, 1961, 1975)
中 线蕨 E Elliptic colysis fern 日 Iwa-hltô de

염색체수 n = 36, 2n = 72 **포자기** 7~9월
용도 약용(잎: 해열, 이뇨, 타박상), 관상용
분포 전남, 제주도, 계류가의 그늘지고 습한 숲속에서 자람; 일본, 중국, 타이완, 필리핀, 인도차이나

상록성 여러해살이풀로 지생한다. **키** 30~70cm이다. **뿌리줄기** 길게 옆으로 벋고, 지름 약 4mm이며, 녹색으로, 비늘조각이 많이 붙고, 잎은 드문드문 붙으며, 2가지 모양이다. 비늘조각은 막질이고, 가장자리에 잔돌기가 있으며, 어두운 갈색이고, 난상 피침형으로 격자무늬가 있으며, 길이 4~5mm이다. **잎자루** 가늘고 길며, 포자엽이 더 길고, 길이 20~50cm이며, 볏짚색이고, 기부에 떨어지기 쉬운 비늘조각이 있다. **잎몸** 1회 우상으로 갈라지고, 넓은 난형이며, 길이 10~25cm, 너비 10~20cm이고, 가죽질이며 중축 상단부에 좁은 날개가 있다. **우편** 2~6쌍이고, 선상 피침형이나, 영양엽은 포자엽보다 너비가 조금 더 넓고, 길이 7~15cm, 너비 0.8~2cm이다. 끝이 길고 날카롭게 뾰족하거나 뭉뚝하며, 가장자리는 밋밋하다. 중륵은 가늘고, 약간 튀어나온다. **잎맥** 불분명하고, 그물맥 안에 유리맥이 있다. **포자낭군** 선형이고, 길이 5~15mm이며, 다소 엉성하게 나고, 우편의 중륵과 가장자리의 중간에 달린다. **포막** 없다.

*다른 종들과 달리 잎몸이 1회 우상으로 갈라져 2~6쌍의 선상 피침형인 우편이 있고, 잎자루에 날개가 달린다.

1. 제주, 2019.9.16.
2. 포자낭군, 제주, 2012.7.31.
3. 전남 신안, 2023.5.13.
4. 군락, 제주, 2024.1.14.

창고사리

***Leptochilus* × *simplicifrons* (H.Christ) Nakaike**, Checkl. Lycophytes Ferns Japan: 35, 2013

Colysis × *simplicifrons* (Christ) Tagawa, J. Jap. Bot. 25(6): 114, 1950

Polypodium ellipticum Thunb. var. *simplicifrons* Christ, Bull. Herb. Boissier, sér. 2, 2(10): 832, 1902

Chang-go-sa-ri (이창복, 1969, 1980; 이우철, 1996)
외가지창고사리(박만규, 1961, 1975)
E Lance colysis fern　日 HItotsuba-iwahitode

염색체수 2n = 108　**포자기** 7~9월　**용도** 관상용
분포 제주도, 숲속에서 자람; 일본, 타이완

상록성 여러해살이풀로 지생한다. **키** 30~60cm이다. **뿌리줄기** 길게 옆으로 벋으며, 지름 약 3mm이고, 잎이 1~1.5cm 간격으로 약간 떨어져 나온다. 비늘조각은 피침형으로, 길이 약 3mm이고, 가장자리가 밋밋하거나 불규칙한 돌기가 있으며, 갈색이고 격자무늬가 있다. **잎자루** 길이 20~40cm이고, 중앙보다 위쪽에 좁은 날개가 있으며, 잎몸보다 길고, 기부 부근에 드문드문 비늘조각이 있다. **잎몸** 단순하거나 약간 갈라지고, 피침형이며, 아랫부분은 1~3쌍의 불규칙한 열편이 있고, 길이 15~25cm, 너비 2~3cm이며 끝이 뾰족하다. **열편** 가장자리는 물결모양으로, 좁은 피침형이고, 길이 12cm, 너비 1~1.5cm이며, 종이질이고, 털이 없다. **잎맥** 불분명하며, 그물맥으로 안에 유리맥이 있다. **포자낭군** 잎몸의 측맥들 사이에 붙으며, 선형이고, 길이가 같지 않으며, 중륵에서 거의 잎가장자리까지 연결되고, 길이 2.5cm이다. **포막** 없다.

이 종은 밤잎고사리[*C. wrightii* (Hook.) Ching]와 손고비[*C. elliptica* (Thunb.) Ching]의 잡종으로 추정하고 있다(Iwatsutki, 1995).

1. 서울 식재, 2005.1.28.
2, 3. 포자낭군, 서울 식재, 2005.1.28.
4. 잎몸 표면, 서울 식재, 2005.1.28.
5. 잎자루 위쪽의 날개처럼 발달한 잎, 서울 식재, 2005.1.28.

제주창고사리

***Leptochilus* × *shintenensis* (Hayata) Nakaike**, Checkl. Lycophytes Ferns Japan: 35, 2013

Colysis × *shintenensis* (Hayata) H.Itô, J. Jap. Bot. 11: 90, 1935

Polypodium × *shintenense* Hayata, Icon. Pl. Formosan. 8: 154, 1919

Leptochilus × *shintenensis* (Hayata) X.C.Zhang & Nooteboom, Blumea 42: 293, 1997

Je-ju-chang-go-sa-ri (등[5])

中 新店线蕨 E Jeju spear colysis fern

日 Shinten-uraboshi

염색체수 2n = 72, 99, 108

포자기 7~9월 **용도** 관상용

분포 제주도, 계류가 숲속에서 자람; 일본, 중국, 타이완

상록성 여러해살이풀로 지생한다. **키** 30~60cm이다. **뿌리줄기** 길게 기며, 지름 3~5mm이고, 잎이 2~3cm 간격으로 드문드문 나오며, 비늘조각이 있다. 비늘조각은 기부가 넓은 피침형이고, 방패모양으로 붙어있으며, 끝이 길게 뾰족하고, 길이 2~3mm, 너비 0.2~1mm이며, 갈색이고, 격자무늬가 있으며, 가장자리에 불규칙한 돌기가 있다. **잎자루** 볏짚색이고, 길이 10~30cm이며 아랫부분에 비늘조각이 있다. **잎몸** 단엽이거나 아랫부분이 1개 또는 3개로 갈라지고, 종이질이며, 길이 20~30cm, 너비 3~5cm이다. 단엽인 경우는 삼각상 피침형이다. **열편** 길이 7cm, 너비 1~1.5cm이고, 털이 없고, 가장자리가 밋밋하거나 약간 구불거린다. **잎맥** 맥이 뚜렷이 보이고 그물맥 안에 분지된 유리맥이 있다. **포자낭군** 선형으로, 잎몸의 가장자리와 중륵 사이에 길게 한 줄로 붙는다. **포막** 없다.

이 종은 밤잎고사리[*L. wrightii* (Hook.) Ching]와 큰손고비 [*L. neopothifolius* Nakaike]의 잡종으로 추정하고 있다.

1. 제주, 2020.3.14.
2. 뿌리줄기, 2004.12.10.
3. 잎맥, 제주, 2004.12.10.
4. 포자낭군, 제주, 2023.7.18.
5. 잎몸과 포자낭군, 제주, 2023.7.18.
6. 제주, 2013.12.3.

버들일엽

***Loxogramme salicifolia* (Makino) Makino**, Bot. Mag. (Tokyo) 19(227): 138, 1905

Gymnogramma salicifolia Makino, Phan. Pterid. Jap. Icon. 1: t. 34, 1899

Beo-deul-il-yeop (정태현 등, 1949; 박만규, 1961, 1975; 이창복, 1980; 등[1])
버들잎고사리(박만규, 1949)
中 柳叶剑蕨 E Willow-lea lance fern
日 Iwa-yanagi-shida

염색체수 n = 35 **포자기** 7~9월 **용도** 관상용
분포 제주도, 계곡의 이끼가 낀 바위 또는 나무줄기 밑동에 붙어서 자람; 일본, 중국, 타이완, 베트남

상록성 여러해살이풀로 주로 바위 곁에 착생한다. **키** 15~30cm이다. **뿌리줄기** 길게 기며, 지름 1~1.5mm이고, 잎이 드문드문 달리며, 비늘조각이 밀생한다. 비늘조각은 난상 피침형으로, 가장자리가 밋밋하며, 길이 2~3mm이고, 격자무늬가 있으며, 적갈색이고, 막질이며, 끝이 뾰족하다. **잎자루** 길이 2~10mm로, 연한 녹색 또는 볏짚색이고, 좁은 날개가 있다. **잎몸** 약간 2가지 모양을 하며, 단엽이고, 가죽질이며, 길이 15~20cm, 너비 10~15mm이고, 좁은 도피침형 또는 넓은 선형으로 끝이 약간 뾰족하다. 윗부분이 가장 넓고 아래로 가면서 점차 좁아져 잎자루의 날개로 연결되며, 가장자리가 밋밋하다. 잎의 표면은 녹색, 뒷면은 연한 녹색이고, 마르면 뒤로 말리며, 털이 없다. **잎맥** 불분명하고, 그물맥이다. **포자낭군** 잎몸의 중앙 아래까지 달리며, 선형으로, 중륵과 가장자리 중간에 붙으며, 측사가 없고, 길이 1~2.5cm이다. **포막** 없다. **포자** 긴타원형으로 단지형이다.

1. 제주, 2014.1.5. ©이성권
2. 숟갈일엽, 버들일엽, 주걱일엽의 잎몸 상부 비교
3. 포자엽, 제주, 2017.12.3.
4. 새순, 제주, 2023.6.4. ©이지열
5. 제주, 2017.12.3.
6. 제주, 2020.1.17.

숟갈일엽

***Loxogramme duclouxii* Christ**, Bull. Acad. Int. Géogr. Bot. 17(212): 140, 1907
Loxogramme cuspidata (Zenker) M.G.Price, Amer. Fern J. 74: 61, 1984

Sut-gal-il-yeop (박만규, 1961, 1975; 이창복, 1980; 등[1])
中 褐柄剑蕨 E Linear-sorus lance fern 日 Saji-ran

염색체수 n = 70 **포자기** 7~9월 **용도** 관상용
분포 제주도, 계류가의 그늘지고 습한 바위에 붙어서 자람; 일본, 중국, 타이완, 베트남, 인도

상록성 여러해살이풀로 주로 바위 곁에 착생한다. **키** 15~30cm이다. **뿌리줄기** 옆으로 길게 기며, 지름 1.5~2mm이고, 잎이 드문드문 나며, 쇠줄같이 단단하고, 비늘조각이 밀생한다. 비늘조각은 긴타원상 난형 또는 난상 피침형으로, 적갈색 또는 흑갈색이고, 끝이 뾰족하며, 격자무늬가 있고, 가장자리가 밋밋하며, 길이 2~3mm이다. **잎자루** 녹색으로, 아랫부분은 광택이 나는 흑갈색 또는 흑자색이고, 길이 3~5cm이다. 광택이 있고, 적갈색이며 끝이 뾰족한 비늘조각이 달린다. **잎몸** 단엽으로, 약간 2가지 모양을 하고, 가장자리가 밋밋하며, 좁은 도피침형이고, 중앙에서 약간 위쪽의 너비가 가장 넓으며, 양 끝이 좁아지고, 아랫부분이 잎자루로 흐른다. 길이 15~25cm, 너비 1~2.5cm이고, 표면은 녹색, 뒷면은 연한 녹색이며, 마르면 뒤로 말리고, 중륵의 표면은 돌출되어 있으며, 두툼한 가죽질로, 털이 없다. **잎맥** 불분명하고, 그물맥 안에 유리맥이 있다. **포자낭군** 중륵 가까이 양쪽으로 비스듬히 2줄로 달리고, 길이 1~3cm이다. **포막** 없다. **포자** 긴타원형으로 단지형이다.

*버들일엽과 유사하나 버들일엽에 비하여 잎자루 기부의 색이 흑갈색이고 광택이 있으며, 포자낭군이 중륵에 더 가깝게 붙는다.

1, 5. 제주, 2021.11.13.
2. 잎자루 기부와 뿌리줄기, 제주, 2015.12.5.
3. 포자낭군, 제주, 2021.11.13.
4. 포자엽, 제주, 2021.11.13.

주걱일엽

Loxogramme grammitoides **(Baker) C.Chr.**, Index Filic., Suppl. 2: 21, 1917
Gymnogramma grammitoides Baker, J. Bot. 27(6): 178, 1889

Ju-geok-il-yeop (박만규, 1961, 1975; 이창복, 1980; 등[1])
中 匙叶剑蕨 E Oblong-sorus lance fern
日 Hime-sajiran

포자기 7~9월
용도 약용(지상부; 이뇨, 민간에서 항암제), 관상용
분포 전남, 제주도, 계류가의 그늘지고 습한 바위에 붙어서 자람; 일본, 중국, 타이완

상록성 여러해살이풀로 주로 바위 곁에 착생한다. **키** 10~20cm이다. **뿌리줄기** 지름 0.5~1mm로 매우 가늘고, 길게 기며, 잎은 비교적 가까이 달리고, 비늘조각이 붙어있다. 비늘조각은 막질이고, 어두운 갈색이며, 격자무늬가 있고, 선상 피침형이며, 끝이 길고 날카롭게 뾰족하며, 길이 약 1.5mm로, 가장자리가 밋밋하다. **잎자루** 녹색으로, 매우 짧으며, 날개가 있다. **잎몸** 1가지 모양으로, 단엽이며, 길이 4~12cm, 너비 0.4~1cm이고, 주걱형 또는 선상 주걱형이며, 다소 가죽질이고, 끝이 뭉뚝하거나 뾰족하다. 끝부분의 너비가 가장 넓어서 5~10mm이고, 밑쪽으로 차츰 좁아져 맨 아래까지 연결되며, 가장자리가 밋밋하고, 털이 없다. **잎맥** 잎몸에 묻혀 불분명하며, 유리맥이 없는 그물맥이다. **포자낭군** 긴타원형 또는 선형이며, 길이 0.3~0.6cm이고, 2~12개가 중륵 가까이에 2줄로 비스듬히 붙는다. **포막** 없다. **포자** 원형으로 삼지형이다.

*숟갈일엽, 버들일엽과 유사해 보이나, 보다 잎의 길이가 짧고, 잎몸은 끝이 둔하고, 포자는 둥글고 삼지형이다.

1

2

3

4

1. 제주, 2014.11.10.
2. 제주, 2011.12.10.
3. 포자낭군, 제주, 2005.1.4.
4. 군락, 제주, 2011.3.10.

좀고사리

***Pleurosoriopsis makinoi* (Maxim. ex Makino) Fomin**, Izv. Kievsk. Bot. Sada 11: 8, 1930

Gymnogramma makinoi Maxim. ex Makino, Bot. Mag. (Tokyo) 8: 481, 1894

Jom-go-sa-ri (정태현 등, 1937; 등[1])
남방고사리(박만규, 1961), 털바위고사리(박만규, 1975)
中 睫毛蕨 E Small moss-like fern
日 Karakusa-shida

염색체수 n = 72 **포자기** 6~8월 **용도** 관상용
분포 울릉도를 제외한 전역, 계류가의 습한 바위에 붙어서 이끼와 함께 자람; 일본, 중국, 러시아

동록성 여러해살이풀로 주로 바위 겉에 착생한다. **키** 2~10cm이다. **뿌리줄기** 길게 기며, 지름 약 1mm로 가늘다. 붉은 갈색을 띠고, 다세포이며, 길이 2~6mm인 털로 덮여 있으며, 잘 떨어지는 선형의 비늘조각이 드물게 있다. **잎자루** 적갈색이고, 길이 1.5~4cm이다. 기부의 털은 다소 광택이 나고, 갈색 또는 적갈색이며, 다세포성이거나 단세포성이다. **잎몸** 2회 우상으로 갈라지며, 진한 녹색이고, 긴타원상 난형으로 끝이 비교적 뾰족하며, 길이 2~7cm, 너비 1~2cm이다. 갈색의 다세포성 털이 있다. **우편** 4~7쌍이 어긋나고, 난상 삼각형 또는 긴타원상 난형이며, 짧은 자루가 있고, 가장자리에 부드러운 털이 많으며 끝이 뭉뚝하고, 길이 0.4~1cm, 너비 0.4~0.6cm이다. **열편** 1~3쌍으로, 긴타원상 난형이고, 끝이 둥글거나 뭉뚝하다. **잎맥** 유리맥으로, 1~2회 Y자로 분기한다. **포자낭군** 잎몸 뒷면의 잎맥을 따라 가장자리를 제외하고 길고 넓게 붙는다. **포막** 없다. **포자** 단지형이다.

이 종은 과거 봉의꼬리과로 다루었으나 포막이 없고, 단지형인 포자와 선형의 비늘조각 모양 때문에 고란초과로 옮겨 다루고 있다. 이 종의 독립배우체가 엽록체 DNA 검사를 통해 세계 최초로 국내에 분포함이 밝혀졌다(Lee et al., 2014, 2020).

1. 강원 가리왕산, 2012.5.18.
2. 잎몸과 포자낭군, 제주, 2022.12.29.
3. 우편의 포자낭군, 2004.6.30. / 4. 잎몸, 경기 양평, 2013.3.16.
5. 포자낭군, 제주, 2016.11.10. / 6. 경기 양평, 2013.3.16.

7. 제주, 2020.1.17.
8. 제주, 2011.10.20.
9. 독립배우체, 제주, 2012.11.9.
10. 독립배우체, 광주 무등산, 2014.11.21.

한들고사리과

Cystopteridaceae Schmakov, Turczaninowia 4: 60, 2001.

中 冷蕨科
E Bladder Fern Family
日 Nayo-shida Ka
분류군수 4속 약 25종(한반도 2속 4종)
분포 대부분 온대지역

작거나 중간 크기의 식물이다. **뿌리줄기** 가늘고 길게 또는 짧게 기거나, 짧고 곧게 선다. **잎몸** 1~3회 우상으로 갈라진다. **잎맥** 유리한다. **포자낭군** 작으며 둥근모양 또는 컵모양이다. **포막** 작고, 얇으며, 난형 또는 타원형이고 기부가 붙으며, 또는 포막이 없다.

◆ 한들고사리과(Cystopteridaceae) 계통에 있어 학자 간에 의견을 달리하여 Thelypteridaceae, Woodsiaceae, Athyriaceae에 소속되기도 하였다. 최근 Lehtonen(2011), Maarten et al.(2011)의 분자계통연구에 의하여 이들 속이 다른 속과 뚜렷이 다르게 유집되어 한들고사리과로 분리함을 주장하여 이를 따랐다.

한들고사리, 경북 의성, 2022.4.16.

한들고사리과의 속 검색표

1. 맨 아래 우편은 크더라도 나머지 우편들을 합친 모양과는 많이 다르고, 포막이 있다. ··············· **한들고사리속 *Cystopteris* 355**
1. 맨 아래 우편은 매우 커서 나머지 우편들을 합친 모양과 거의 유사하며, 포막이 없다. ·········· **토끼고사리속 *Gymnocarpium* 356**

속명	잎몸의 맨 아래 우편	열편의 가장자리	포막
한들고사리속	피침형 또는 난상 피침형	톱니가 뚜렷함	컵모양, 난형, 피침형
토끼고사리속	오각상 삼각형 또는 난상 삼각형	밋밋하거나 약간 굴곡짐	없음

한들고사리속 *Cystopteris* Bernh., Neues J. Bot. 1(2): 5, 26, 1805

中 冷蕨属
E Bladder Fern Genus, Brittle Fern Genus
日 Nayo-shida Zoku

분류군수 약 2종(한반도 2종)
분포 대부분 온대지역

소형의 하록성 여러해살이풀이다. **뿌리줄기** 길게 또는 짧게 기며, 흑갈색이고 다소 너비가 넓은 비늘조각이 드물게 달린다. 털은 없거나 적갈색 털이 밀생한다. **잎몸** 2~3회 또는 드물게 4회 우상으로 갈라지고, 엷은 초질이다. 열편의 가장자리는 톱니가 있으며, 중축은 표면에 홈이 있고, 우축 또는 중륵과 연결된다. **잎맥** 유리하며 가장자리까지 도달한다. **포자낭군** 둥글고, 잎맥에 붙는다. **포막** 컵모양이거나 넓은 난형 또는 피침형으로, 잎맥의 끝 쪽을 향해 있으나 뒤집어져 포자낭군의 아래에 달린다. **포자** 단지형이다.

한들고사리속의 종 검색표

1. 뿌리줄기는 짧게 벋고, 잎은 모여나며, 잎몸은 긴타원형 또는 피침형이고, 잎맥은 대부분 톱니 안까지 도달한다. ·· **한들고사리 *C. fragilis* 357**
1. 뿌리줄기는 가늘고 길게 옆으로 벋으며, 잎은 드문드문 붙고, 잎몸은 넓은 난형 또는 삼각상 난형이며, 잎맥은 톱니 사이의 오목하게 들어간 곳까지 도달한다. ·· **바람고사리 *C. sudetica* 358**

종명	뿌리줄기	잎몸	잎맥
한들고사리	짧게 벋음	긴타원상 피침형	톱니 안까지 도달
바람고사리	길게 벋음	넓은 난형, 삼각상 난형	톱니 사이의 오목한 곳까지 도달

토끼고사리속 *Gymnocarpium* Newman, Phytologist 4: 371, 1851

中 羽节蕨属
E Oak Fern
日 Usagi-shida-Zoku

분류군수 8종(한반도 2종)
분포 대부분 북반구 온대지역

하록성 여러해살이풀로 지생한다. **뿌리줄기** 가늘고, 땅속을 옆으로 길게 기며, 흑갈색이고, 잎이 듬성듬성 난다. 털이 없고, 비늘조각이 있다. **잎자루** 잎몸보다 많이 길다. **잎몸** 얇거나 단단한 초질이고, 2~3회 우상으로 갈라지며, 오각상 삼각형, 또는 난상 삼각형이고, 우축의 기부와 중륵 또는 잎자루와 잎몸의 기부가 관절로 이어진다. **열편** 가장자리는 밋밋하거나 약간 굴곡진다. **잎맥** 결합하지 않으며 유리맥이고, 잎가장자리까지 도달한다. **포자낭군** 잎맥 도중에 생기고, 둥근형 또는 긴타원형으로, 중륵과 최종 열편의 가장자리 사이에 1줄로 붙는다. **포막** 없다.

토끼고사리속의 종 검색표

1. 잎몸은 난상 삼각형이고, 중축 뒷면에 샘털이 있으며, 아래에서 제2우편쌍은 자루가 있고, 엽질은 단단한 초질이다.
.... **산토끼고사리 *G. jessoense*** 359

1. 잎몸은 거의 삼출상이고, 중축 뒷면에 샘털이 없으며, 아래에서 제2우편쌍은 자루가 없고, 엽질은 얇은 초질이다.
.... **토끼고사리 *G. dryopteris*** 360

종명	잎몸	중축의 샘털	엽질	아래 제2우편쌍의 자루
산토끼고사리	난상 삼각형	있음	단단한 초질	있음(간혹 없음)
토끼고사리	거의 오각형	없음	얇은 초질	없음(간혹 있음)

산토끼고사리, 강원 정선, 2014.4.26.

한들고사리

***Cystopteris fragilis* (L.) Bernh.** Neues J. Bot. 1(2): 27, 1806
Polypodium fragile L., Sp. Pl. 2: 1091, 1753

Han-deul-go-sa-ri (정태현 등, 1937; 박만규, 1961, 1975; 이창복, 1980; 등[1])
흔들고사리(박만규, 1949)

中 冷蕨 E Fragile fern 日 Nayo-shida

염색체수 n = 42, 84, 126
포자기 7~9월 **용도** 약용(구충, 위병, 관장약), 관상용
분포 백두산, 경북, 제주도, 풍혈지와 숲속에서 자람; 일본, 중국, 타이완, 네팔, 러시아, 이란, 유럽, 아프리카, 북아메리카, 남아메리카

하록성 여러해살이풀로 지생한다. **키** 15~35cm이다. **뿌리줄기** 짧게 옆으로 벋고 잎이 모여나며, 비늘조각이 있다. 비늘조각은 넓은 피침형 또는 선형이고 끝이 뾰족하며, 연갈색 또는 회색빛 나는 붉은색이다. **잎자루** 가늘고, 볏짚색이며, 길이 5~18cm이고, 기부에 밀생하는 비늘조각은 연한 갈색을 띠며 피침형으로 가장자리가 밋밋하다. **잎몸** 2회 우상으로 갈라지고, 길이 7~20cm, 너비 2~6cm이며, 긴타원상 피침형 또는 긴타원형이고, 끝이 뾰족하며 밑부분이 좁아지지 않고, 전체에 털이 거의 없다. **우편** 10~14쌍이며, 맨 아래 1, 2쌍은 약간 짧아지고, 난형 또는 피침형이다. 아래에서 첫번째 우편은 때로 삼각상 난형으로, 짧은 자루가 있고, 너비 6~12mm이다. **소우편** 자루가 거의 없으며, 가장자리에 둔한 톱니가 있거나 우상으로 반쯤 갈라진다. **잎맥** 톱니 안까지 도달한다. **포자낭군** 거의 둥글며, 열편의 가장자리 가까이, 잎맥 끝부분에 달린다. **포막** 난상 피침형 또는 거의 원형이다. **포자** 가시 같은 돌기가 있다.

1. 경북 의성, 2015.5.14.
2. 포막과 포자낭군, 경북 의성, 2006.11.5.
3. 새순, 경북 의성, 2008.3.12.
4. 잎몸, 경북 의성, 2006.11.5.
5. 경북 의성, 2006.11.5

바람고사리

***Cystopteris sudetica* A.Braun & Milde**, Jahresber. Schles. Ges. Verterl. Cult. 92, 1855

Ba-ram-go-sa-ri (박만규, 1949, 1975; 이창복, 1980; 등[1])
그늘한들고사리(박만규, 1961), 그늘고사리(정태현, 1949)
中 欧洲冷蕨 E Bladderfern 日 Yama-hime-warabi

염색체수 n = 48, 84 **포자기** 7~9월 **용도** 관상용
분포 양강(백두산), 수림 아래에서 자람; 일본, 중국, 러시아, 유럽 북부

하록성 여러해살이풀로 지생한다. **키** 20~35cm이다. **뿌리줄기** 지름 1~1.5mm로, 가늘고 옆으로 길게 뻗으며 잎이 드문드문 달리고, 비늘조각이 있다. 비늘조각은 난형이거나 넓은 난형이고, 끝이 뾰족하며, 암갈색이고, 길이 약 4mm, 너비 약 2mm이나 때로 선형이며 적갈색인 것이 있다. **잎자루** 길이 10~22cm이고, 볏짚색이며, 가늘고, 광택이 있으며, 기부 부근에 부드럽고 암갈색인 비늘조각이 약간 있다. **잎몸** 3회 우상으로 갈라지며, 삼각상 난형, 또는 난형으로 끝이 뾰족하다. 길이 10~15cm, 너비 7~12cm이며, 중축과 우축에 털 같은 비늘조각이 있다. **우편** 난상 피침형이고, 끝이 날카롭게 뾰족하며, 짧은 자루가 있다. 최하부 우편은 길이 5~10cm, 너비 2~3cm이다. **소우편** 짧은 자루가 있기도 하고, 최종열편은 가장자리에 무딘 톱니가 있으며, 끝이 둥글다. **잎맥** 유리하며, 열편의 가장자리가 오목하게 들어간 곳까지 도달한다. **포자낭군** 둥글고, 거의 열편의 가장자리 가까이에 붙는다. **포막** 원형 또는 타원형이며, 흰색이고, 엷은 막질이다.

1. 백두산, 2013.8.10.
2. 포자낭군, 백두산, 2013.8.10.
3, 4. 백두산, 2019.7.6.

산토끼고사리

***Gymnocarpium jessoense* (Koidz.) Koidz.**, Acta Phytotax. Geobot. 5: 40, 1936

Dryopteris jessoense Koidz., Bot. Mag. (Tokyo) 38: 104, 1924

San-to-kki-go-sa-ri (박만규, 1949, 1961, 1975; 이창복, 1980; 등[1])

中 羽节蕨 E Asian oakfern 日 Iwa-usagishida

염색체수 n = 40, 80 **포자기** 6~9월 **용도** 관상용

분포 강원, 경기, 석회암지대의 숲가장자리에서 자람; 일본, 중국, 러시아, 유럽, 북아메리카

하록성 여러해살이풀로 지생한다. **키** 25~50cm이다. **뿌리줄기** 지름 1~2mm이고, 거의 암갈색이며, 길게 옆으로 기고, 끝에 비늘조각이 있다. 비늘조각은 넓은 피침형으로 가장자리가 밋밋하고, 연한 적갈색이며, 길이 약 2mm이다. **잎자루** 길이 5~20cm이고, 샘털이 있으며, 기부에 가장자리가 밋밋한 비늘조각이 있다. **잎몸** 1~2회 우상으로 갈라지며, 삼각상 난형으로 끝이 뾰족하고, 단단한 초질이며, 길이와 너비가 약 30cm이고, 중축 뒷면에 샘털이 있다. **우편** 5~8쌍으로, 길이 3~5cm, 너비 1~2cm이며, 맨 아래 우편이 가장 크고, 위로 가면서 점차 좁아진다. 아래에서 첫번째, 두번째 우편은 자루가 있지만 간혹 두 번째 우편에 자루가 없기도 한다. **소우편** 5~10쌍의 열편이 있으며, 최종열편은 가장 자리에 무딘 톱니가 있다. **잎맥** 유리하고, 측맥은 Y자로 분기한다. **포자낭군** 거의 원형으로 열편의 가장자리에 가깝게 달린다. **포막** 없다.

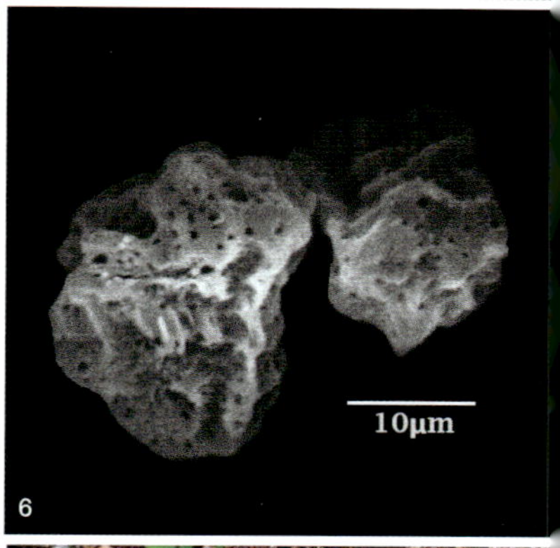

1. 강원 정선, 2020.6.10.
2. 새순, 강원 평창, 2004.5.2.
3. 잎자루의 비늘조각과 샘털, 강원 정선, 2015.5.8.
4. 잎몸, 강원 정선, 2020.6.10.
5. 포자낭군, 강원 평창, 2012.6.14.
6. 포자
7. 강원 정선, 2021.5.13.
8. 강원 평창, 2013.4.30.

토끼고사리

***Gymnocarpium dryopteris* (L.) Newman**, Phytologist 4: app. 24, 1851
Polypodium dryopteris L., Sp. Pl. 2: 1093, 1753

To-kki-go-sa-ri (정태현 등, 1937; 정태현 등, 1949; 박만규, 1961, 1975; 이창복, 1980; 등[1])
中 欧洲羽节蕨 E Oak fern 日 Usagi-shida

염색체수 n = 80 **포자기** 7~9월 **용도** 관상용
분포 강원, 고산의 수림 아래에서 자람; 일본, 중국, 러시아, 히말라야, 유럽, 북아메리카 등

하록성 여러해살이풀로 지생한다. **키** 25~45cm이다. **뿌리줄기** 지름 1mm이고, 철사모양이며, 옆으로 길게 벋고, 잎이 드문드문 달린다. 어릴 때는 비늘조각이 있으며 길이 3~4mm로 넓은 난형이다. **잎자루** 길이 15~25cm로 잎몸보다 길고, 연한 녹색을 띠지만 기부는 흑갈색이다. 비늘조각은 연한 갈색이고, 얇은 막질이며, 털이 없고, 좁은 난형이며, 길이 2~4mm이다. **잎몸** 거의 오각형이고, 2회 우상으로 갈라지고, 길이 10~20cm로, 길이보다 너비가 약간 넓다. 얇은 초질이고, 중축 뒷면에 샘털이 없다. **우편** 맨 아래 우편이 가장 크며, 길이 1.5~4cm의 자루가 있다. 제2우편쌍 위로는 자루가 없지만 간혹 있기도 하다. **소우편** 가장 큰 소우편은 6~10쌍의 열편이 있다. 최종열편은 긴타원형 또는 좁은 난형으로 길이 약 4mm이고, 가장자리에 무딘 톱니가 있거나 거의 밋밋하다. **잎맥** 유리하거나 드물게 Y자로 분기한다. **포자낭군** 원형이고, 열편의 가장자리 가까이에 달린다. **포막** 없다.

1. 백두산, 2019.7.6.
2. 잎자루와 우편자루를 잇는 관절, 강원 화천, 2010.7.13. ©손경식
3. 새순, 강원 화천, 2006.10.25.
4. 잎, 백두산, 2019.7.12.
5. 우편과 포자낭군, 백두산, 2019.7.6.
6. 포자낭군, 강원 화천, 2005.7.17. ©손경식
7. 강원 화천, 2006.10.25.
8. 잎몸, 설악산, 2005.8.27.

토끼고사리, 백두산, 2019.7.6.

처녀고사리과

Thelypteridaceae Ching ex Pichi-Serm.

中 金星蕨科
E Female Fern Family
日 Hime-shida Ka
분류군수 20~32속 1000여 종(한반도 7속 21종 1변종)
분포 온대, 난대, 열대와 아열대지역

하록성이거나 상록성 여러해살이풀로 지생한다. **뿌리줄기** 곧게 서거나 또는 길게 기며, 비늘조각이 드문드문 있다. **잎자루** 관절이 없다. **잎몸** 1~3회 우상으로 갈라지고, 드물게 단엽이거나 4회 우상으로 갈라지며 윤채가 거의 없다. 털은 일반적으로 단세포이다. 중축은 표면에 홈이 있거나 없으며, 샘털이 있기도 한다. **잎맥** 대부분 단순하고, 우축 가까이 그물맥을 만들기도 하며, 가장자리까지 닿거나 닿지 않는다. **포자낭군** 원형, 타원형, 또는 선형으로 단세포성 털이 있다. **포막** 없거나 둥근 신장형, 말굽형이며, 털이 있거나 샘털이 있다. **포자** 단지형이다.

◆ 처녀고사리과(Thelypteridaceae)는 학자들에 따라 속을 나누는 견해가 다르다. Morton(1963)은 *Thelypteris*속 1속으로 크게 보았고, Pichi Sermolli(1977)는 32속으로 세분하였고, Ching(1963)은 잎맥의 형질로 *Hypodermatium*속을 포함하여 18속으로, 그 후 Ching(1978)은 *Hypodermatium*속을 분리하여 20속으로, Holttum(1971, 1982)은 25속으로 세분화하여 다루었다. 최근 Smith(1990)는 5속으로 다루었는데 특히 과거 세분화된 속을 대부분 *Cyclosorus*속으로 다루었으며, He & Zhang(2012)은 분자계통학적 연구를 통하여 8속으로 정리하였다. 최근 Fawcett et al.(2021)은 1200종의 계통분석을 통해 37속이 단계통군을 형성함을 제시하였다. 이처럼 처녀고사리과 식물의 계통에 관하여 최근까지 의견이 분분하고 아직 명확한 계통 체계를 세우지 못하고 있어 앞으로 속의 계통에 관한 연구가 필요하다. 본서에서는 세분한 속을 따랐다.

진퍼리고사리, 제주, 2016.6.16.

처녀고사리과의 속 검색표

1. 잎맥은 모두 유리한다.
   2. 포막이 없다.
      3. 잎몸의 중축은 날개가 있고, 날개는 우편 사이에 연결되며, 포자낭군은 잎맥 위에 둥글게 붙는다. ································ **설설고사리속 *Phegopteris*** 364
      3. 잎몸의 중축은 날개가 없으며, 포자낭군은 잎맥을 따라 길게 붙는다. ·················· **진퍼리고사리속 *Leptogramma*** 364
   2. 포막이 있다.
      4. 잎몸은 1회 우상으로 갈라지며, 맥은 잎가장자리까지 닿는다.
         5. 잎맥은 대부분 Y자로 갈라지고, 잎 뒷면에 샘털이 없다. ································ **처녀고사리속 *Thelypteris*** 365
         5. 잎맥은 단순하며, 대부분 잎 뒷면에 샘털이 있다. ································ **사다리고사리속 *Parathelypteris*** 365
      4. 잎몸은 1~3회 우상으로 갈라지고, 맥은 잎가장자리까지 닿지 않는다.
         6. 잎몸은 3회 우상으로 갈라지며, 우축 표면은 홈이 파인다. ························ **각시고사리속 *Macrothelypteris*** 366
         6. 잎몸은 1~2회 우상으로 갈라지며, 우축 표면은 둥글게 융기된다. ···················· **드문고사리속 *Metathelypteris*** 367
1. 잎맥은 부분적으로 그물맥을 갖는다. ·· **별고사리속 *Cyclosorus*** 368

처녀고사리과

설설고사리속

진퍼리고사리속

처녀고사리속

사다리고사리속

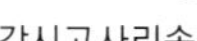

각시고사리속

드문고사리속

속명	잎몸	중축의 날개	포자낭군	잎맥	포막의 유무
설설고사리속	1회 우상	있음	원형 또는 타원형	유리맥	없음
진퍼리고사리속	1회 우상	없음	선형 또는 긴타원형	유리맥	없음
처녀고사리속	1회 우상	없음	원형 또는 타원형	유리맥	있음
사다리고사리속	1회 우상	없음	원형 또는 타원형	유리맥	있음
각시고사리속	3회 우상	없음	원형 또는 타원형	유리맥	있음
드문고사리속	1~2회 우상	없음	원형 또는 타원형	유리맥	있음
별고사리속	1회 우상	없음	원형 또는 타원형	그물맥	있음

설설고사리속 ***Phegopteris*** (C.Presl) Fée, Mém. Foug., 5. Gen. Filic. 242, 1852

中 卵果蕨属
E Beech Fern Genus
日 Miyama-warabi-Zoku

분류군수 5종(한반도 3종)
분포 북반구지역, 아시아 동부, 북아메리카

소형 또는 중형의 여러해살이풀이다. **뿌리줄기** 길게 땅속을 옆으로 기거나, 짧고, 곧게 서며 갈색 비늘조각과 흰색 털이 밀생한다. **잎자루** 가늘고 전체에 비늘조각이 있으며, 비늘조각의 가장자리는 바늘모양의 털을 갖는다. **잎몸** 피침형 또는 삼각형이고, 1회 우상으로 갈라지며, 중축은 표면이 거의 납작하고, 홈이 없으며, 털과 비늘조각이 있다. **우편** 중축을 따라 날개로 연결된다. **잎맥** 결합하지 않고 모두 유리한다. **포자낭군** 대부분 열편의 가장자리 가까이에 붙는다. **포자낭** 바늘모양이거나 자루가 있는 머리모양을 한 털이 있다. **포막** 없다.

설설고사리속의 종 검색표

1. 뿌리줄기는 길게 옆으로 벋으며 잎은 멀리 떨어져 나고, 잎몸은 삼각형이며, 기부가 가장 넓다. ······· **가래고사리 *P. connectilis*** 369
1. 뿌리줄기는 짧고 잎은 서로 붙어서 나며, 잎몸은 좁은 피침형 또는 타원상 피침형으로 기부가 점차 좁아진다.
    2. 단단한 초질이고, 잎맥은 단순하거나 1회 또는 드물게 2회 Y자로 갈라지고, 포자의 표면 무늬는 밋밋하나 드물게 작은 돌기가 있다.
    ······································ **설설고사리 *P. decursive-pinnata*** 370
    2. 연약한 초질이고, 잎맥은 1~4회 Y자로 갈라지고, 포자의 표면무늬는 뚜렷하게 혹 같은 돌기가 있다.
    ······································ **큰설설고사리 *P. koreana*** 371

종명	뿌리줄기	잎몸	잎맥	잎몸의 기부
가래고사리	길게 뻗음	긴타원상 삼각형	1회 Y자로 갈라짐	가장 넓음
설설고사리	짧음	좁은 피침형	1~2회 Y자로 갈라짐	점차 좁아짐
큰설설고사리	짧음	긴타원상 피침형	1~4회 Y자로 갈라짐	점차 좁아짐

진퍼리고사리속 ***Leptogramma*** J.Smith, J. Bot. (Hook.) 4: 51, 1842

中 茯蕨属
日 Mizo-shida Zoku

분류군수 약 15종(한반도 1아종)
분포 아시아, 유럽, 아프리카, 북아메리카, 뉴질랜드

상록성 여러해살이풀로 지생한다. **뿌리줄기** 길게 옆으로 벋고, 털과 비늘조각이 드문드문 있으며, 비늘조각은 막질, 난형이고, 표면에 샘털이 있으며 가장자리가 굴곡진다. **잎자루** 털과 비늘조각이 있으며, 표면에는 홈이 있다. **잎몸** 1회 우상으로 갈라지고, 긴타원상 피침형으로 기부가 약간 좁아지거나, 좁아지지 않으며, 연한 털이 산재하고, 중축 표면에 홈이 있다. **잎맥** 단순하거나 1~2회 Y자로 분기한다. **포자낭군** 선형, 긴타원형으로 열편 가장자리와 중륵 사이에 1줄로 붙는다. **포막** 없다. **포자** 단지형으로 표면무늬는 쇄상이다.

❖ 일본, 중국, 타이완, 말레이시아, 인도에 분포하는 **나도진퍼리고사리**(*L. omeiensis*)가 제주도에 분포한다고(박만규, 1961, 1975; 이창복, 1980) 기재되었으나 확인되지 않고 있다.

처녀고사리속 *Thelypteris* Schmidel, Icon. Pl., ed. Keller, 3: 45, 1763

中 沼泽蕨属
E Female Fern Genus
日 Hime-shida Zoku

분류군수 57종(한반도 3종)
분포 아시아, 시베리아, 유럽, 아프리카, 북아메리카, 뉴질랜드

뿌리줄기 길게 기거나 짧게 옆으로 벋으며 비늘조각이 있거나 없다. **잎자루** 털이나 비늘조각이 많거나 드문드문 있으며, 비늘조각은 막질로, 난형이고, 표면에 샘털이 있으며 가장자리가 굴곡지거나 밋밋하다. **잎자루** 표면에 홈이 있다. **잎몸** 대부분 1회 우상으로 갈라지거나 때로 2회 우상으로 갈라지며, 피침형, 도피침형 또는 난상 삼각형이고, 중축은 홈이 있다. 연한 털이나 비늘조각이 산재한다. **잎맥** 단순하거나 1~2회 Y자로 분지한다. **포자낭군** 둥글고, 맥 끝에 1줄로 붙는다. **포자낭** 털이 없다. **포막** 샘털과 단세포성 또는 다세포성 털이 있다.

처녀고사리속의 종 검색표

1. 우축 기부와 중축이 만나는 곳에 통기공이 없다.
   2. 뿌리줄기는 길게 옆으로 벋으며, 잎몸 뒷면에 샘털이 없다. ······ **처녀고사리 *T. palustris*** 373
   2. 뿌리줄기는 짧게 기거나 비스듬히 위를 향하고, 잎몸 뒷면에 샘털이 있다. ······ **큰처녀고사리 *T. quelpaertensis*** 374
1. 우축 기부와 중축이 만나는 곳에 돌기상의 통기공이 있다. ······ **제비꼬리고사리 *T. subochthodes*** 375

종명	우축과 중축 사이의 통기공	뿌리줄기	잎몸의 기부	포자낭군 위치
처녀고사리	없음	길게 벋음	약간 좁아짐	중축과 가장자리의 중간
큰처녀고사리	없음	짧음	천천히 좁아짐	열편 가장자리 가까이
제비꼬리고사리	있음	짧게 벋음	약간 좁아짐	열편 가장자리 가까이

사다리고사리속 *Parathelypteris* Ching, Acta Phytotax. Sin. 8: 300, 1963

中 金星蕨属
日 Hime-shida Zoku

분류군수 60여 종(한반도 6종)
분포 열대, 아열대, 아시아, 북아메리카

뿌리줄기 길게 또는 짧게 옆으로 벋거나 곧게 선다. **잎몸** 1회 우상으로 갈라지며, 난상 긴타원형, 긴타원상 피침형 또는 피침형이고 끝이 뾰족하다. 초질이며, 뒷면에 등홍색의 샘털이 있다. **우편** 대부분 좁은 피침형 또는 선상 피침형이고, 자루는 대부분 없거나 있더라도 짧고, 우축 표면에는 홈이 있다. **잎맥** 유리맥으로 단순하며, 열편 가장자리까지 닿는다. **포막** 둥근 신장형이나 때로 말굽형이고, 갈색을 띤다. **포자** 단지형이다.

❖ **좀사다리고사리**[*P. cystopteroides* (D.C.Eaton) Ching, Acta Phytotax. Sin. 8: 302. 1963]는 일본, 중국, 타이완에 분포하며, 키가 10cm 내외이고, 대부분 털이 없으며 열편의 끝이 둥글거나 둔한 특징으로, 국내 제주도에 분포한다고 기록되었으나(박만규, 1961, 1975; 이창복, 1980) 확인되지 않고 있다.

❖ **털산고사리**[*P. borealis* (Hara) K.H.Shing, Fl. Reipubl. Popularis Sin. 4(1): 37, 1999]는 북부 고산에서 자라며, 키다리처녀고사리와 유사하나 포막에 방망이와 같은 샘털만 있는 특징이 있다. 함북에 분포한다고 기록되었으나(박만규, 1961, 1975) 확인되지 않고 있다.

사다리고사리속의 종 검색표

1. 하부 우편으로 갈수록 점차 짧아지며, 최하우편은 귀모양으로 작아진다.
   2. 뿌리줄기는 길게 옆으로 벋으며, 포자낭군은 열편의 가장자리 가까이에 붙는다. ············ **가는잎처녀고사리 *P. beddomei*** 376
   2. 뿌리줄기는 짧고 굵으며, 포자낭군은 열편의 중륵과 가장자리 가까이에 붙는다. ··········· **키다리처녀고사리 *P. nipponica*** 377
1. 하부 우편은 점차 짧아지지 않고, 상부의 것보다 약간 짧아진다.
   3. 포막은 말굽모양으로 약간 작다.
      4. 우편의 기부 위쪽 열편은 독립되지 않는다. ······································ **사다리고사리 *P. glanduligera*** 378
      4. 우편의 기부 위쪽 열편은 독립된다. ······································ **탐라사다리고사리 *P. angustifrons*** 379
   3. 포막은 둥근 신장형으로 크다.
      5. 잎자루의 비늘조각은 적갈색이고 기부가 흑갈색이며, 포자는 매우 두껍고 굴곡진 난선상 외피가 뚜렷하며 미립상 돌기가 있다. ·· **지네고사리 *P. japonica*** 380
      5. 잎자루의 비늘조각은 담황색이고 기부가 갈색을 띠며, 포자의 외피가 얇고 돌기가 뚜렷하다. ·· **바위지네고사리 *P. musashiensis*** 382

종명	뿌리줄기	포자낭군의 위치	포막의 모양
가는잎처녀고사리	길게 벋음	가장자리 가까이	둥근 신장형
키다리처녀고사리	짧게 벋음	중륵과 가장자리 중간	둥근 신장형
사다리고사리	길게 벋음	가장자리 가까이	말굽형
탐라사다리고사리	짧게 또는 길게 벋음	가장자리 가까이	말굽형
지네고사리	짧게 또는 길게 벋음	중륵과 가장자리 중간	둥근 신장형
바위지네고사리	짧게 또는 길게 벋음	중륵과 가장자리 중간	둥근 신장형

각시고사리속 ***Macrothelypteris*** (H.Itô) Ching, Acta Phytotax. Sin. 8: 308, 1963

中 针毛蕨属
日 Hime-warabi Zoku

분류군수 10여 종(한반도 1종 1변종)
분포 대부분 열대와 아열대지역, 아시아

하록성 여러해살이풀로 지생한다. 식물체 전체에 긴 다세포성 털이 있다. **뿌리줄기** 두껍고, 짧게 기거나 곧게 서며, 잎이 모여나고, 비늘조각에 덮인다. **잎자루** 털이나 비늘조각에 덮이고, 비늘조각은 가장자리와 표면에 소수의 털이 있다. **잎몸** 2~3회 우상으로 갈라지고, 삼각상 난형이다. **잎맥** 유리맥으로 단순하나 때로 Y자로 분기하며, 열편 가장자리에 도달되지 않는다. **포자낭군** 둥글고, 열편 중륵과 가장자리의 중간에, 잎맥의 거의 끝에 1줄로 달린다. **포막** 없거나, 있어도 작으며 일찍 떨어진다. **포자** 단지형이다.

각시고사리속의 종 검색표

1. 잎의 표면은 밝은 황록색이며, 소우편은 거의 자루가 없다. ······················ 각시고사리 ***M. oligophlebia* var. *elegans*** 383
1. 잎의 표면은 밝은 녹색이며, 소우편은 길이 2~3mm의 짧은 자루가 있다. ······················ 푸른각시고사리 ***M. viridifrons*** 384

종명	잎의 표면	우편쌍	소우편자루
각시고사리	밝은 황록색	15쌍	거의 없음
푸른각시고사리	밝은 녹색	10~12쌍	뚜렷한 자루가 있음

드문고사리속 ***Metathelypteris*** Ching, Acta Phytotax. Sin. 8: 305, 1963

中 凸轴蕨属
日 Yawara-shida Zoku

분류군수 약 12종(한반도 2종)
분포 한국, 일본, 중국, 타이완

소형에서 중형 크기의 여러해살이풀로 지생하고, 전체에 단세포이며 바늘모양인 털이 있다. **뿌리줄기** 길게 기거나 짧고, 피침상 비늘조각으로 덮인다. 비늘조각은 가장자리가 밋밋하고, 표면에 짧은 단세포성 털이 있다. 잎은 가까이 나온다. **잎자루** 홈이 지고, 털이 있거나 없으며, 기부에 비늘조각이 드물게 있다. **잎몸** 1~2회 우상으로 갈라진다. 우축에 홈이 지지 않고 융기한다. **잎맥** 유리하며, 가장자리까지 도달하지 않는다. **포자낭군** 둥글다. **포막** 얇고 작으며, 신장형이고, 털이 있다.

드문고사리속의 종 검색표

1. 잎몸은 1회 우상으로 갈라지며, 긴타원상 피침형이고, 포자낭군은 열편의 중륵과 가장자리 중간에 붙는다. ······ 드문고사리 ***M. laxa*** 385
1. 잎몸은 2회 우상으로 갈라지며, 삼각상 난형이고, 포자낭군은 열편의 가장자리에 붙는다. ·········· 잔털드문고사리 ***M. hattorii*** 386

종명	잎몸의 분기	잎몸의 모양	뿌리줄기	포자낭군의 위치
드문고사리	1회 우상	긴타원상 피침형	길게 김	열편의 중륵과 가장자리 중간
잔털드문고사리	2회 우상	삼각상 난형	짧음	열편 가장자리 가까이

제비꼬리고사리, 제주, 2013.12.3.

별고사리속 *Cyclosorus* Link, Hort. Berol. 2: 128, 1833

中 毛蕨属
日 Ho-shida Zoku

분류군수 250여 종(한반도 5종)
분포 난대, 대부분 열대, 아열대지역

상록성 여러해살이풀이다. **뿌리줄기** 길게 기거나 곧으며, 비늘조각이 있다. 잎은 1가지 모양으로 멀리 떨어져 나거나 또는 가깝게 나고, 뭉쳐난다. **잎자루** 털과 비늘조각을 갖는다. 비늘조각은 가장자리에 소수의 털이 있거나 없다. **잎몸** 1회 우상으로 갈라지며, 피침형, 도피침형이거나 난상 삼각형이고, 하부로 가며 점차 좁아지거나 좁아지지 않는다. 중축은 표면에 홈이 있으며, 털이 있고, 비늘조각이 드물게 있거나 없다. **우편** 날개로 연결되지 않는다. 열편의 가장자리는 밋밋하거나 무딘 톱날모양이고, 뒷면에 털이 있다. **잎맥** 유리하고, Y자로 갈라지며, 측맥의 끝은 가장자리까지 닿으나, 열편 기부의 맥이 일부 그물맥을 이룬다. **포자낭군** 둥글며, 잎맥의 등쪽에 붙고, 열편 가장자리 근처에 1줄 또는 여러 줄 달린다. **포자낭** 흔히 털이 있다. **포막** 둥근 신장형이고 드물게 말굽형이며, 털이 없거나 침상의 털이 있다.

별고사리속의 종 검색표

1. 포막이 있으며, 열편의 측맥이 연결되는 잎맥은 2개 이하이다.
    2. 포자낭군은 열편의 중륵과 가장자리의 중간에서 약간 가장자리에 가깝게 달리며, 우축 뒷면에 비늘조각이 없다.
        3. 뿌리줄기는 짧거나 길게 긴다.
            4. 정우편이 발달하고, 털이 없거나 적다. ········ **별고사리 *C. acuminatus*** 387
            4. 정우편이 발달하지 않고, 털이 밀생한다. ········ **털별고사리 *C. parasiticus*** 388
        3. 뿌리줄기는 곧게 선다. ········ **탐라별고사리 *C. dentatus*** 389
    2. 포자낭군은 열편의 가장자리에 달리며, 우축 뒷면에 비늘조각이 있다. ········ **검은별고사리 *C. interruptus*** 390
1. 포막이 없으며, 우축 가까이에 열편의 측맥이 연결되는 잎맥은 4~6개이다. ········ **큰별고사리 *C. penangianus*** 391

종명	뿌리줄기	포자낭군의 위치	포막
별고사리	길게 김	열편 중륵과 가장자리 중간에서 약간 가장자리에 가까이	있음
털별고사리	짧거나 김	열편 중륵과 가장자리 중간에서 약간 가장자리에 가까이	있음
탐라별고사리	짧음	열편 중륵과 가장자리 중간	있음
검은별고사리	길게 김	열편 가장자리 가까이	있음
큰별고사리	길게 김	열편 중륵과 가장자리 중간	없음

가래고사리

Phegopteris connectilis **(Michx.) Watt**, Canad. Naturalist & Quart. J. Sci., n.s. 3(2): 159, 1866

Polypodium connectilis Michx., Fl. Bor. -Amer. 2: 271, 1803

Thelypteris phegopteris Sloss. in, Rydb., Fl. Rocky Mts.: 1043, 1917

Ga-re-go-sa-ri (정태현 등, 1937; 박만규, 1961, 1975; 이창복, 1980; 등[1])

中 卵果蕨 E Long beech fern 日 Miyama-warabi

염색체수 n = 30, 45 **포자기** 6~9월 **용도** 관상용

분포 전역, 높은 산의 수림 아래에서 자람; 일본, 중국, 타이완, 러시아, 히말라야, 유럽, 북아메리카

하록성 여러해살이풀로 지생한다. **키** 20~35cm이고 잎이 듬성듬성 난다. **뿌리줄기** 길게 기며, 암갈색으로 지름 1.3~1.7mm로 가늘고, 비늘조각이 밀생한다. **잎자루** 길이 10~30cm이고, 가늘고 긴 털이 있다. 아랫부분에 비늘조각이 다소 있다. 비늘조각은 피침형으로 광택이 나고, 가장자리가 밋밋하며, 길이 1.4~3.2mm, 너비 0.2~0.6mm이고, 갈색이다. **잎몸** 1회 우상으로 갈라지며, 긴타원상 삼각형으로 끝이 뾰족하고, 길이 15~20cm, 너비 10~15cm이다. 최하부 우편이 가장 길고 아래로 처져 있으며, 우편의 기부가 날개에 의해 연결된다. **우편** 서로 접근해 붙으며, 길이 0.25~0.49mm의 털이 있다. 비늘조각은 길이 0.2~2mm, 너비 0.05~0.3mm이며, 가장자리에 털이 있다. **잎맥** 우편의 중륵에서 1회 Y자로 분지한다. **포자낭군** 둥글며, 열편의 가장자리에 가깝게 붙는다. **포자낭** 2~4개의 단세포성 털이 있다. **포막** 없다. **포자** 단지형이다.

1. 강원 정선, 2020.6.10.
2. 잎몸, 경남 지리산, 2020.7.6.
3. 새순, 전북 덕유산, 2020.5.31.
4. 잎 뒷면 중축의 비늘조각, 2012.4.10.
5. 잎 뒷면의 포자낭군, 경기 포천, 2014.7.8.
6. 강원 화천, 2006.5.13.

설설고사리

***Phegopteris decursive-pinnata* (H.C.Hall) Fée**, Mém. Foug. 5: 242, pl. 20A, 1852

Thelypteris decursive-pinnata (H.C.Hall) Ching, Bull. Fan Mem. Inst. Biol., Bot. 6(5): 275, 1936

Seol-seol-go-sa-ri (정태현 등, 1937; 정태현 등, 1949; 이창복, 1980; 등[1])

설설이고사리(박만규, 1949, 1961, 1975)

中 延羽卵果蕨 E Asian beech fern

日 Gejigeji-shida

염색체수 n = 30, 45, 60 **포자기** 6~9월

용도 약용(뿌리줄기: 부종, 종기), 관상용

분포 전남, 경남, 제주도, 저산지의 숲가장자리나 길가에서 자람; 일본, 중국, 타이완, 베트남, 태국

하록성 여러해살이풀로 지생하며, 식물체 전체에 털이 있다. **키** 30~70cm이다. **뿌리줄기** 짧게 기거나 서며, 지름 2~3mm이고, 비늘조각이 있다. 비늘조각은 갈색이고 선상 피침형이며, 가장자리에 털이 있고, 길이 1.5~5.2mm, 너비 0.2~0.6mm이다. **잎자루** 연한 녹갈색이며, 길이 6~18cm이고, 비늘조각은 선상 피침형으로 가장자리와 양면에 털이 산재한다. **잎몸** 1회 우상으로 갈라지며, 좁은 피침형으로 가운데가 가장 넓고, 아래로 갈수록 점점 좁아진다. 길이 20~60cm, 너비 5~43cm이며, 잎자루에 있는 것보다 작은 비늘조각이 있다. 중축과 우축의 홈은 연결되지 않으며, 우편의 기부가 중축에 넓게 붙어 날개를 만든다. **우편** 20~30쌍으로 어긋나며, 넓은 선형 또는 삼각상 피침형으로, 길이 2.7~10cm, 너비 0.6~3cm이다. **잎맥** 단순하거나 1회 또는 2회 Y자로 유리하며, 가장자리까지 도달하거나 도달하지 않는 것이 있다. **포자낭군** 둥글며, 열편의 중륵과 가장자리 중간에 달린다. **포자낭** 단세포성 털이 있다. **포막** 없다.

1. 경남 하동, 2012.6.3.
2. 새순, 경남 하동, 2012.5.5. ©이만규
3. 포자낭군, 제주, 2003.7.2.
4. 포자낭과 털
5. 잎몸, 제주, 2019.11.10.
6. 포자낭의 환대와 털, 포자
7. 제주, 2008.8.22.

큰설설고사리

***Phegopteris koreana* B.Y.Sun & C.H.Kim**, Novon 14(4): 440, 2004

Keun-seol-seol-go-sa-ri (Sun et al., 2004)
E East asian beech fern

포자기 6~9월
용도 약용(뿌리줄기: 부종, 종기), 관상용
분포 제주도, 울릉도를 제외한 전역, 산지의 숲속 그늘에서 자람

하록성 여러해살이풀로 지생한다. **키** 25~75cm이다. **뿌리줄기** 짧게 기거나, 곧게 또는 비스듬히 자라며, 비늘조각이 있다. **잎자루** 볏짚색 또는 연한 녹색이고, 길이 6~18cm이다. 기부에 비늘조각은 피침형이고, 갈색 또는 진한 갈색이며, 길이 4~8mm이고, 가장자리와 양면에 털이 있으며, 기부에 짧은 털이 있다. **잎몸** 1회 우상으로 갈라지며, 긴타원상 피침형으로 끝이 길게 뾰족하다. 기부는 점차 좁아지며, 길이 20~60cm, 너비 15~25cm이다. **우편** 타원상 피침형이고, 가운데가 가장 넓으며, 우상으로 갈라진다. 길이 5~13cm, 너비 1.5~2.5cm이며, 기부는 귀가 되어 중축을 따라 날개를 만든다. 최종열편은 둔한 거치가 있다. **포자낭군** 원형 또는 타원형이고, 열편의 중륵과 가장자리 중간에 달린다. **포자낭** 단세포성 털이 많이 있다. **포막** 없다. **포자** 표면에 혹 같은 돌기가 있다.

설설고사리와 매우 유사하나 우편과 중축의 날개가 더욱 크게 발달하고, 포자의 돌기가 뚜렷한 점이 다르다. 그러나 설설고사리는 잎의 우편과 중축의 날개 등 잎의 변이가 심하여 큰설설고사리와 구별이 힘든 경우도 있다. 특히 Schneider et al.(2013)은 분자적 연구(cpDNA)에 의해 설설고사리와 같은 분류군임을 주장한 바 있어 세밀한 조사가 필요하다.

1. 전북 정읍, 2022.8.21.
2. 새순, 경기 포천, 2004.5.30
3. 포자낭군, 경기 포천, 2004.7.24.
4. 포자낭과 털
5. 포자낭의 환대와 털, 포자
6. 강원 인제, 2008.8.22.

진퍼리고사리

***Leptogramma pozoi* (Lag.) Ching subsp. *mollissima* (Fisch. ex Kunze) Nakaike**, Ill. Jap. Pterid. 3, f. 253, 1983

Leptogramma mollissima (Kunze) Ching, Sinensia 7: 102, 1936

Stegnogramma pozoi (Lag.) K.Iwats. subsp. *mollissima* (Fisch. ex Kunze) K. Iwats., Acta Phytotax. Geobot. 19: 125, 1963

Gin-peo-ri-go-sa-ri (정태현 등, 1949; 박만규, 1961, 1975; 이창복, 1980; 등[1])
털개고사리(박만규, 1949)
中 毛叶茯蕨 E Short-hair swamp fern
日 Mizo-shida

염색체수 n = 36 **포자기** 6~9월 **용도** 관상용
분포 거제도, 제주도, 울릉도, 수림 아래 습하고 그늘진 곳에서 자람; 일본, 중국, 타이완, 말레이시아, 인도 북부 등

상록성 여러해살이풀로 지생하고, 식물 전체에 단세포성 털이 밀생한다. **키** 55~60cm이다. **뿌리줄기** 옆으로 기고, 잎은 서로 접근해 붙으며, 털과 비늘조각이 있다. **잎자루** 볏짚색이고 기부는 갈색이며, 잎몸보다 짧다. 길이 20~30cm로, 털과 비늘조각이 많이 있다. 비늘조각은 갈색, 진갈색, 검은 갈색이고, 넓은 피침형 또는 난형이며, 길이 6~8mm로, 가장자리와 표면에 뾰족한 털이 많이 있다. **잎몸** 1회 우상으로 갈라지고, 긴타원상 피침형 또는 피침형이며, 끝이 날카롭게 뾰족하다. 길이 35~50cm, 너비 15~25cm이고, 흰색 털이 밀생한다. **우편** 15쌍 이상이 있으며, 난상 피침형이고, 끝이 뾰족하며, 자루가 없다. 길이 10~15cm, 너비 15~30mm이고, 우상으로 깊게 또는 완전히 갈라진다. **열편** 긴타원형으로, 끝은 둥글거나 뾰족하며, 가장자리가 보통 밋밋하고, 큰 것은 둔한 톱니가 있다. **잎맥** 단순하나 큰 열편은 Y자로 갈라지며, 측맥은 약 10쌍이다. **포자낭군** 열편의 측맥을 따라 가장자리까지 길게 붙는다. **포막** 없다.

1. 뿌리줄기가 짧은 타입, 제주, 2023.6.4.
2. 새순, 제주, 2018.3.12.
3. 잎자루, 제주, 2021.12.4.
4. 중축과 우편, 제주, 2021.12.4.
5. 포자낭군, 제주, 2023.6.4.
6. 잎맥과 포자낭군, 제주, 2021.12.4.
7. 망상중심주, 제주, 2021.12.4.
8. 뿌리줄기가 긴 타입, 경북 울릉, 2022.6.5.

처녀고사리

***Thelypteris palustris* (Salisb.) Schott.**, Gen. Fil. pl. 10, 1834

Polypodium palustre Salisb., Prodr. Stirp. Chap. Allerton 403, 1796

Lastrea thelyptere (L.) Bory, Dict. Class. Hist. Nat. 9: 233, 1826

Cheo-nyeo-go-sa-ri (정태현 등, 1937; 이창복, 1980; 등[1])
새발고사리(박만규, 1961, 1975)
中 沼泽蕨 E Eastern marsh fern 日 Hime-shida

염색체수 n = 35, 36 **포자기** 6~9월 **용도** 관상용
분포 제주도, 울릉도를 제외한 전역, 햇볕이 잘 내리쬐는 습한 곳에서 자람; 일본, 중국, 인도 북부

하록성 여러해살이풀로 지생한다. **키** 27~73cm이다. **뿌리줄기** 옆으로 길게 벋으며, 지름 약 1.5mm이며, 검은색이고, 잎이 드문드문 나며, 어릴 때를 제외하고 비늘조각이 없다. **잎** 2가지 모양으로 포자엽이 영양엽보다 길고 좁다. **잎자루** 볏짚색이거나 녹색이고 기부에 잘 떨어지는 비늘조각이 있다. 비늘조각은 난형, 연갈색이고, 막질이며, 가장자리가 밋밋하고, 길이 1.3~2.3mm, 너비 0.9~2mm이다. **잎몸** 1회 우상으로 갈라지며, 긴타원상 피침형으로 아래에서 2/3 지점이 가장 넓다. 길이 30~50cm, 너비 5~15cm이며, 아랫부분이 현저하게 좁아지지 않는다. **우편** 선형이고, 끝이 뾰족하지 않다. **열편** 가장자리가 밋밋하고, 뒤로 말리는 경향이 있으며, 길이 0.2~0.5mm인 털이 있다. **잎맥** 유리맥이고, 단순하거나 1~2회 Y자로 분기하며, 가장자리까지 도달한다. **포자낭군** 열편의 중륵과 가장자리 중간에 달린다. **포자낭** 털과 샘털이 없다. **포막** 둥근 신장형이고, 다세포성 털과 샘털이 있다.

*큰처녀고사리와 유사하나 뿌리줄기가 길게 옆으로 벋고, 잎 뒷면에 샘털이 없다.

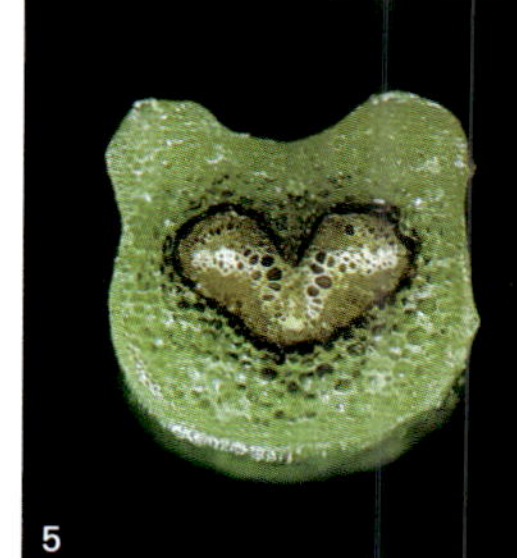

1. 서울, 2020.4.20.
2. 새순, 서울, 2020.4.20.
3, 4. 잎맥, 경기 포천, 2024.7.30.
5. 관상중심주, 경기 포천, 2024.7.30.
6. 포자낭군, 경기 포천, 2024.7.30.
7. 포자낭군과 포막, 경기 포천, 2024.7.30.
8. 경기 포천, 2014.8.7.

큰처녀고사리

Thelypteris quelpaertensis **(Christ) Ching**, Bull. Fan Mem. Inst. Biol. 6(5): 328, 1936

Dryopteris quelpaertensis Christ, Bull. Acad. Int. Géogr. Bot. 20: 7, 1910

Keun-cheo-nyeo-go-sa-ri (정태현 등, 1949; 이창복, 1980; 등[1])
큰새발고사리(박만규, 1949, 1961, 1975)
中 亚洲假鳞毛蕨 E Queen's-veil maiden-fern
日 Oba-shorima

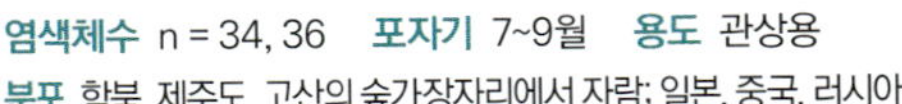

염색체수 n = 34, 36 **포자기** 7~9월 **용도** 관상용
분포 함북, 제주도, 고산의 숲가장자리에서 자람; 일본, 중국, 러시아

하록성 여러해살이풀로 지생한다. **키** 약 1m이며, 비늘조각이 많이 달린다. **뿌리줄기** 짧게 기거나, 비스듬히 서며, 잎이 모여난다. 비늘조각은 얇은 막질이고, 갈색 또는 연한 갈색으로, 피침형, 좁은 난형 또는 선형이며, 끝이 꼬리처럼 길어지고, 짧은 털이 약간 있으며, 가장자리가 거의 밋밋하고, 길이 12~15mm, 너비 4~5mm이다. **잎자루** 볏짚색이고, 길이 20~40cm이며, 기부에 비늘조각이 많다. **잎몸** 1회 우상으로 갈라지며, 길이 30~80cm, 너비 10~25cm이다. 도피침형이며, 끝이 갑자기 뾰족해지고, 가운데에서 하부로 가면서 점차 좁아진다. 중축의 털은 단세포이고, 길이 0.3~0.4mm이다. 뒷면에 샘털이 있다. **우편** 좁은 피침형이고, 중축에 직각으로 달리며, 끝이 뾰족하고, 자루가 없으며 우상으로 깊게 갈라지며 맨 아래가 가장 넓다. **열편** 긴타원형으로 끝이 둔하거나 약간 뾰족하며, 가장자리에 불규칙한 톱니가 있다. **잎맥** 단순하거나 Y자로 갈라져 가장자리에 도달한다. **포자낭군** 열편의 가장자리 가까이에 붙는다. **포막** 둥근 신장형이고, 털이 없으며, 가장자리에 불규칙한 돌기가 있다.

1. 제주 한라산, 2013.7.30.
2. 잎자루 하부 비늘조각, 제주 한라산, 2024.10.10.
3. 중축, 잎자루 상부, 하부 중심주, 제주 한라산, 2024.10.10.
4. 차상분지하는 잎맥, 제주 한라산, 2024.10.10.
5. 우편 표면, 제주 한라산, 2024.10.1.
6. 우편 뒷면, 제주 한라산, 2024.10.10.
7. 우편과 포자낭군, 제주 한라산, 2020.7.18.
8. 포자낭군과 포막, 제주 한라산, 2020.7.18.
9. 제주 한라산, 2020.7.18.

제비꼬리고사리

***Thelypteris subochthodes* Ching**, Bull. Fan Mem. Inst. Biol. Bot. 6: 305, 1936
Pseudocyclosorus subochthodes (Ching) Ching, Acta Phytotax. Sin. 8(4): 325, 1963

Je-bi-kko-ri-go-sa-ri (정태현 등, 1937; 이창복, 1980; 등[1])
선모고사리(박만규, 1961, 1975)
中 普通假毛蕨 E Swallow-tail marsh fern
日 Ibuki-shida

염색체수 n = 36 **포자기** 6~9월 **용도** 관상용
분포 제주도, 낮은 지대의 계류 가장자리에서 자람; 일본, 중국, 타이완, 인도 북부

상록성 여러해살이풀로 지생한다. **키** 90~110m이다. **뿌리줄기** 옆으로 짧게 벋으며, 지름 0.8~1cm로 두껍고, 잎이 접근해 나오며, 어릴 때 비늘조각에 덮이나 성숙하면 떨어진다. **잎자루** 길이 20~30cm, 지름 1.5cm로 볏짚색이나, 기부는 어두운 갈색이다. 비늘조각은 난형으로, 가장자리가 밋밋하며 상부에 많다. **잎몸** 1회 우상으로 갈라지며 긴타원상 피침형이고, 밝은 녹색이며, 길이 30~80cm, 너비 10~30cm이다. 중축에 짧은 털이 있다. 아래로 가며 우편이 매우 작아져서 중간에 있는 우편이 가장 크다. 우축과 중축이 접하는 뒷면에 길이 4mm가량 되는 통기공이 있다. **우편** 넓은 선형으로, 가장자리가 4/5 정도 깊게 갈라지며, 자루가 없고, 끝이 꼬리처럼 뾰족하며, 양면과 가장자리에 털이 드문드문 있다. **열편** 끝이 뾰족하고, 가장자리가 밋밋하다. **잎맥** 유리맥으로 단순하고, 측맥은 가장자리에 달한다. **포자낭군** 열편의 가장자리 가까이에 붙는다. **포막** 둥근 신장형이고, 털이 없다.

*다른 종들과 달리 중축과 우축이 만나는 곳에 통기공이 있다.

1. 제주, 2013.12.3.
2. 새순, 제주, 2003.6.9.
3. 우편 중륵의 털, 제주, 2023.10.24.
4. 우편 기부의 통기공, 제주, 2023.10.24.
5. 포자낭군과 포막, 제주, 2023.10.23.
6. 제주, 2012.6.10.

가는잎처녀고사리

***Parathelypteris beddomei* (Baker) Ching**, Acta Phytotax. Sin. 8: 302, 1963

Nephrodium beddomei Baker, Syn. Fil. (Hooker & Baker) 267, 1867

Thelypteris beddomei (Baker) Ching, Bull. Fan Mem. Inst. Biol. Bot. 6(5): 308, 1936

Ga-neun-ip-cheo-nyeo-go-sa-ri (정태현 등, 1937; 이창복, 1980; 등[1])
가는잎새발고사리(박만규, 1961, 1975)
中 长根金星蕨 E Slender-leaf marsh fern
日 Hosoba-shorima

염색체수 n = 31 **포자기** 7~9월 **용도** 관상용
분포 충북, 충남, 전남, 제주도, 산지의 숲가장자리에서 자람; 일본, 타이완, 말레이시아

하록성 또는 상록성 여러해살이풀로 지생한다. **키** 20~40cm이다. **뿌리줄기** 길게 옆으로 벋으며, 지름 약 2mm이고, 어릴 때는 비늘조각이 드문드문 붙는다. **잎자루** 길이 5~10cm이고, 털과 샘털이 있으며, 기부에 약간의 비늘조각이 붙는다. 비늘조각은 길이 0.8~2.2mm, 너비 0.4~2.5mm이고, 탁한 갈색이며, 난형이고, 가장자리에 둔한 톱니가 있다. **잎몸** 1회 우상으로 갈라지고, 넓은 피침형으로, 윗부분은 길게 뾰족하고, 아랫부분에서 갑자기 좁아져 최하부 우편이 귀모양 흔적으로 남는다. 길이 15~30cm, 너비 3~5cm이다. 뒷면과 중축에 샘점이 있다. **우편** 20~27쌍이 어긋나며, 선상 피침형이고, 끝이 뾰족하며, 자루가 없다. 표면과 가장자리에 짧은 털이 있으며, 뒷면에 긴 털이 약간 있다. **열편** 긴타원형으로, 끝이 뾰족하며, 가장자리가 밋밋하나 약간은 둔한 톱니가 있다. **잎맥** 유리맥이고, 단순하며, 가장자리까지 도달한다. **포자낭군** 둥글고, 열편 가장자리 가까이에 붙는다. **포막** 둥근 신장형으로 털과 샘털이 있다.

＊뿌리줄기는 길게 옆으로 벋으며, 잎몸의 아래로 가면서 점차 작아져 맨 아래는 귀모양을 한다.

1. 제주, 2012.9.8.
2. 새순, 제주, 2003.7.2.
3. 노란 선점 / 4. 잎맥
5. 잎몸 하부의 축소된 우편, 충남 태안, 2015.8.29.
6. 포자낭군, 2012.7.31.
7. 제주, 2019.6.20. / 8. 충남 태안, 2020.9.6.

키다리처녀고사리

***Parathelypteris nipponica* (Franch. & Sav.) Ching**, Acta Phytotax. Sin. 8: 302, 1963

Aspidium nipponicum Franch. & Sav., Enum. Pl. Jap. 2: 242, 636, 1879

Ki-da-ri-cheo-nyeo-go-sa-ri (이창복, 1980, 등[7])
산고사리(박만규, 1961, 1975), 대택고사리(박만규, 1949), 촘촘처녀고사리(정태현 등, 1937; 이우철, 1996)
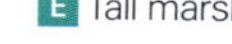  
中 中日金星蕨 E Tall marsh fern 日 Nikko-shida

염색체수 n = 32 **포자기** 7~9월 **용도** 관상용
분포 양강(백두산), 고산의 습하고 그늘진 곳에서 자람; 일본, 중국

하록성 여러해살이풀로 습생한다. **키** 40~60cm이다. **뿌리줄기** 짧게 기며, 지름 2~3mm이고, 흑색으로 털과 비늘조각이 거의 없으며, 잎이 가까이 모여난다. **잎자루** 가늘고 볏짚색이나, 기부는 흑갈색이고, 길이 15~20cm이며 약간의 비늘조각과 단세포성 털이 있다. 비늘조각은 넓은 난형으로, 자갈색이다. **잎몸** 1회 우상으로 갈라지며, 넓은 도피침형 또는 긴타원형이고, 길이 30~40cm, 너비 6~10cm로, 끝이 뾰족하고, 위에서 1/3 지점이 가장 넓으며, 하부가 점차 좁아진다. 초질이고, 잎의 표면에는 거의 털이 없으나, 중축에 부드러운 털이 있고, 중축 표면에 약간의 홈이 있다. **우편** 25~30쌍이며, 큰 것은 넓은 선형 또는 피침형이고, 뾰족하다. 자루가 없고, 가장 작은 우편의 열편은 귀모양을 한다. **잎맥** 단순하며, 가장자리까지 도달한다. **포자낭군** 둥글고, 열편의 중륵과 가장자리 중간에 붙는다. **포막** 둥근 신장형이며, 가장자리가 밋밋하고, 표면에 많은 털과 샘털이 있다.

*가는잎처녀고사리에 비해 뿌리줄기가 짧게 벋으며, 포자낭군은 열편의 중륵과 가장자리 중간에 붙는다.

1. 백두산, 2013.8.9.
2. 잎 뒷면의 포자낭군, 백두산, 2013.8.9.
3. 잎맥, 백두산, 2013.8.9.
4. 백두산, 2019.7.5.
5. 백두산, 2013.8.11.

사다리고사리

Parathelypteris glanduligera **(Kunze) Ching**, Acta Phytotax. Sin. 8: 303, 1963

Sa-da-ri-go-sa-ri (정태현 등, 1937; 정태현 등, 1949; 박만규, 1961, 1975; 이창복, 1980; 등[1])
새닥달고사리(박만규, 1949)
中 金星蕨 E Ladder-shape gland fern
日 Hashigo-shida

염색체수 n = ca. 72 **포자기** 6~9월 **용도** 관상용
분포 충남, 전남, 경북, 경남, 제주도, 산지의 숲 아래에서 자람; 일본, 중국, 타이완, 인도차이나, 인도 북부

상록성 여러해살이풀로 지생한다. **키** 30~55cm이다. **뿌리줄기** 길게 뻗으며, 지름 1.5~2.5mm이고, 잎이 드문드문 나오며, 잘 떨어지는 털이 있다. **잎** 가까이 붙는다. **잎자루** 길이 15~25cm이고, 짧은 털과 샘털이 있으며, 비늘조각이 약간 있다. 비늘조각은 연갈색이고, 길이 2~7mm, 너비 0.2~1mm이며, 피침형 또는 선형으로, 가장자리에 약간의 톱니가 있다. **잎몸** 1회 우상으로 갈라지며, 피침형이고, 길이 15~30cm이며, 끝은 뾰족하고, 아랫부분은 좁아지지 않는다. **우편** 약 15쌍으로, 선상 피침형이며, 길이 5~6cm, 너비 10~15mm이고, 끝이 길게 뾰족하며 자루가 없다. 0.14~0.43mm의 털이 있다. **열편** 선형 또는 선상 긴타원형으로, 길이 3~5mm이며, 끝이 뭉뚝하거나 둥글고 다소 뾰족하다. **잎맥** 유리맥이고, 단순하며, 가장자리까지 이른다. **포자낭군** 작고 둥글며, 열편의 가장자리 가까이에 붙는다. **포막** 말굽형으로 털과 작은 샘털이 있다.

광릉, 지리산과 제주도에서 자란다는 **참사다리고사리**(*P. glanduligera* var. *koreana*)는 잎몸이 피침형이고, 기부 우편이 가장 크거나 다소 작으며, 열편이 선형으로 꼬리처럼 길고, 포막은 표면과 가장자리에 샘털과 털이 매우 적게 있어 한국 특산으로 사다리고사리와 구별하여 Nakai(1931)에 의해 발표되었으나 확인되지 않고 있다.

1. 제주, 2006.6.14.
2. 새순, 제주, 2020.4.18.
3. 중축과 우편, 전남 화순, 2013.8.18. ©김명수
4. 포자낭군, 전북 부안, 2023.7.17.
5. 군락, 전남 외나로도, 2010.8.19.

탐라사다리고사리

***Parathelypteris angustifrons* (Miq.) Ching**, Acta Phytotax. Sin. 8: 302, 1963
Aspidium angustifrons Miq., Ann. Mus. Bot. Lugduno-Batavi 3: 178, 1867

Tam-ra-sa-da-ri-go-sa-ri (권선영, 1988, 등[1])
中 狭叶金星蕨 E Narrow gland fern
日 Ko-hashigo-shida

포자기 6~9월 **용도** 관상용
분포 전남, 경남, 제주도, 저산지의 숲속이나 가장자리에서 자람; 일본, 중국, 타이완

상록성 여러해살이풀이다. **키** 25~45cm이다. **뿌리줄기** 짧게 또는 길게 기며, 지름 1~1.5mm로 가늘고 비늘조각이 드문드문 붙는다. **잎** 가까이 모여 난다. **잎자루** 길이 10~20cm이고, 전체에 털과 샘털이 많이 있으며, 비늘조각이 드물게 있다. 비늘조각은 선상 피침형 또는 피침형이며, 검은 갈색이고, 가장자리가 밋밋하며, 길이 1.7~2.9mm, 너비 0.2~0.6mm이다. **잎몸** 1회 우상으로 갈라지며, 선상 피침형으로, 길이 15~25cm, 너비 5~7cm이다. 잎의 표면, 잎맥, 잎가장자리, 중륵에는 털이 많으며, 초질이고, 밝은 녹색이다. **우편** 10~15쌍이 어긋나고, 긴삼각형이며, 너비 0.8~1cm이고, 기부의 상향 첫번째 열편은 독립되어 짧은 자루를 갖는다. 비늘조각은 긴타원상 삼각형에서 피침형으로 끝이 길게 뾰족하며, 가장자리가 밋밋하고, 잎자루의 비늘조각보다 작다. **잎맥** 유리맥이고, 단순하며, 가장자리에까지 도달한다. **포자낭군** 열편의 가장자리 가까이에 붙는다. **포자낭** 환대에 샘털이 있다. **포막** 말굽형으로 털과 샘털이 있다.

*사다리고사리와 유사하나 우편의 기부 위쪽 열편은 독립되어 짧은 자루를 갖는다.

1

2

3

4

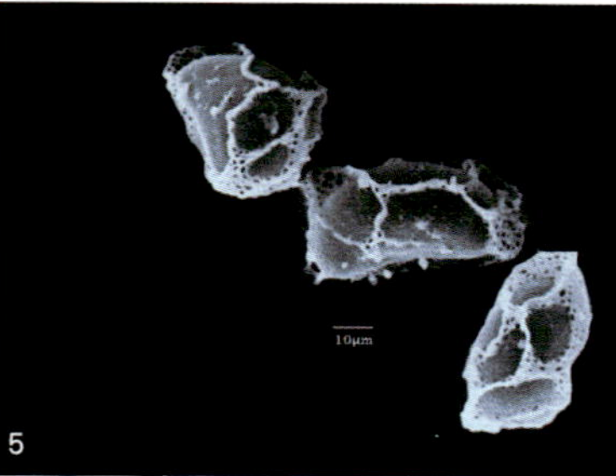

5

6

1. 군락, 제주, 2021.9.11.
2. 새순, 제주, 2019.4.17.
3. 잎몸 중앙, 제주, 2021.9.11.
4. 둥근 신장형의 포막과 포자낭군, 제주, 2003.11.4.
5. 포자
6. 군락, 제주, 2012.6.8.

지네고사리

Parathelypteris japonica **(Baker) Ching**, Acta Phytotax. Sin. 8: 304, 1963
Parathelypteris japonica (Baker) var. *glabrata* (Ching) K.H.Shing
Nephrodium japonicum Baker, Ann. Bot. (Oxford) 5(19): 318, 1891

Ji-ne-go-sa-ri (정태현 등, 1937; 정태현 등, 1949; 박만규, 1949, 1961, 1975; 이창복, 1980; 등[1])
中 光脚金星蕨 E East Asian gland fern
日 Harigane-warabi

염색체수 n = 62 **포자기** 6~9월 **용도** 관상용
분포 전역, 숲속에서 자람; 일본, 중국

하록성 여러해살이풀로 지생한다. **키** 35~75cm이다. **뿌리줄기** 지름 3~5mm이고, 짧게 기거나 잎이 모여 자라며, 잘 떨어지는 털이 있다. **잎자루** 길이 30~45cm이고, 전체에 털과 샘이 있으며, 기부에 비늘조각이 드물게 있다. 비늘조각은 길이 1.5~8.3mm, 너비 2~2.5mm이며, 피침형으로, 가장자리가 거의 밋밋하고, 막질이며, 자갈색이다. **잎몸** 1회 우상으로 갈라지고, 긴타원상 피침형으로 끝이 뾰족하며 아랫부분이 좁아지지 않는다. 길이 20~40cm, 너비 15~20cm이며, 중축과 우측에 짧은 털이 많이 있다. 아래에서 1/4 부분이 가장 넓다. 뒷면에 샘이 있다. **우편** 15~20쌍의 우편이 어긋나고, 맨 아래 우편은 약간 밑으로 처지고, 기부가 약간 좁아진다. **열편** 긴타원형으로, 길이 5~7mm, 너비 2~3mm이다. 가장자리는 거의 밋밋하며, 끝이 약간 뾰족하고, 털이 있다. **잎맥** 유리맥으로 단순하며 잎가장자리에 닿는다. **포자낭군** 열편의 중륵과 가장자리 사이에 달린다. **포자낭** 자루에 샘털이 있다. **포막** 둥근 신장형으로 지름 1~1.5mm이고, 비교적 크며, 털과 샘털이 있다. **포자** 매우 두껍고 굴곡진 난선상(?) 외피가 뚜렷하고 미립상 돌기가 있다.

1. 충북 영동, 2022.7.14.
2. 새순, 전북 군산, 2022.4.23.
3. 잎자루의 털, 경기 파주, 2022.7.30.
4. 중심주, 경기 파주, 2022.7.30. / 5. 포자
6. 잎 뒷면의 샘, 경기 포천, 2021.9.17.
7. 열편과 잎맥, 경기 파주, 2022.7.30.
8. 포막의 털 비교

국내에서 관찰되는 지네고사리는 털과 샘털의 변이 폭이 크기 때문에 깊이 있는 연구가 더 필요하다.

9. 서울 북한산, 2008.6.24.
10. 중축, 경기 오산, 2024.6.23.
11. 잎자루 비늘조각, 경기 오산, 2024.6.23.
12. 잎맥, 경기 오산, 2024.6.23.
13. 우편중륵 표면, 경기 오산, 2024.6.23.
14, 15. 포막, 경기 오산, 2024.6.23.
16. 중축의 털, 경기 포천, 2024.7.9.
17. 잎자루 하부 관상중심주, 경기 포천, 2024.7.9.
18. 잎맥, 경기 포천, 2024.7.9.
19. 우편, 포자낭군, 경기 포천, 2024.7.9.
20. 우편중륵의 털과 샘털, 경기 포천, 2024.7.9.
21. 포막과 샘털, 경기 포천, 2024.7.9.
22. 서울 북한산, 2003.7.17.
23. 서울 북한산, 2008.6.24.

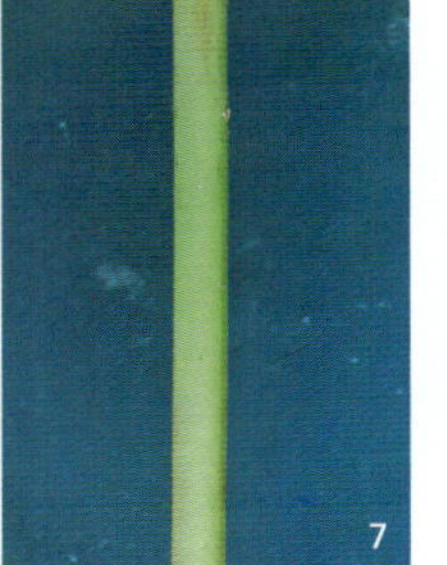

1. 강원 설악산, 2024.9.14.
2. 잎몸 뒷면, 강원 설악산, 2020.8.30.
3. 중축의 털, 강원 설악산, 2020.8.30.
4. 우편 중륵의 털, 강원 설악산, 2020.8.30.
5. 우축 표면, 강원 설악산, 2020.8.30.
6. 잎자루 하부 비늘조각, 강원 설악산, 2020.8.30.
7. 잎자루 상부, 강원 설악산, 2020.8.30.
8. 우편과 포자낭군, 강원 설악산, 2020.8.30.
9. 포막의 샘털, 강원 설악산, 2020.8.30.
10. 포자, 강원 설악산, 2020.8.30.

바위지네고사리(국내미기록)

***Parathelypteris musashiensis* (Hiyama) Nakaike**, Checkl. Lycophytes Ferns Japan 15, 2013

Thelypteris musashiensis (Hiyama) Nakato, Sahashi & M.Kato, Acta Phytotax. Geobot. 55: 103, 2004

Thelypteris japonica var. *musashiensis* Hiyama, J. Jap. Bot. 26: 155, 1951

Ba-wi-ji-ne-go-sa-ri (국명신칭)

E Rock gland fern 日 Iwaharigane-warbi

염색체수 n = 31 **포자기** 7~9월 **용도** 관상용

분포 강원, 경남, 고산의 그늘지고 습한 바위틈에서 자람; 일본

하록성 여러해살이풀로 바위틈에서 자란다. **키** 35~55cm이다. **뿌리줄기** 지름 3~5mm, 짧게 기거나 잎이 모여 자라며, 잘 떨어지는 털이 있다. **잎자루** 길이 15~20cm, 전체에 털과 샘털이 있으며, 기부에 비늘조각이 드물게 있다. 비늘조각은 길이 3~5mm, 너비 2.5~4mm이고, 삼각상 넓은 타원형이며, 가장자리에 단세포성 털이 있고, 담녹색이며, 기부는 갈색이다. **잎몸** 1회 우상으로 갈라지고, 삼각상 또는 삼각상 긴타원형으로, 끝이 뾰족하며 아랫부분이 좁아지지 않고, 초질이며, 길이 20~30cm, 너비 13~25cm이고, 중축과 우축에 짧은 털이 많이 있다. 아래에서 1/4 부분이 가장 넓다. 뒷면에 샘털이 있다. **우편** 20~24쌍으로, 어긋나며, 맨 아래 우편은 약간 밑으로 처지고, 기부가 약간 좁아진다. **열편** 긴타원형으로, 길이 5~6mm, 너비 2.5~4mm이고, 가장자리는 거의 밋밋하거나 물결모양이며, 끝이 약간 뾰족하고, 털이 있다. **잎맥** 유리맥이고, 단순하며, 잎가장자리에 닿는다. **포자낭군** 열편의 중륵과 가장자리 사이에 달린다. 포자낭 자루에 샘털이 있다. **포막** 둥근 신장형, 지름 1~1.2mm, 비교적 크며, 털과 샘털이 있다. **포자** 표면에 돌기가 있다.

*지네고사리는 잎자루 기부가 흑갈색이며, 비늘조각이 적갈색이고, 포자는 매우 두껍고 굴곡진 난선상 외피가 뚜렷하며, 미립상 돌기가 있으나, 바위지네고사리는 잎자루 기부가 갈색을 띠고, 비늘조각이 담황색이며, 포자의 외피가 얇고 돌기가 뚜렷하며, 주로 높은 산지의 바위틈에 난다.

각시고사리

Macrothelypteris oligophlebia **(Baker) Ching var. *elegans* (Koidz.) Ching,**
Acta Phytotax. Sin. 8: 309, 1963
Dryopteris elegans Koidz., Bot. Mag. (Tokyo) 38: 108, 1924

Gak-si-go-sa-ri (정태현 등, 1937; 박만규, 1961, 1975; 이창복, 1980; 등[1])
토끼고사리(박만규, 1949), 각씨고사리(정태현 등, 1949)
中 雅致针毛蕨 E Few-vein marsh fern
日 Hime-warabi

염색체수 2n=62, 124 **포자기** 6~9월 **용도** 관상용
분포 함남, 강원, 경기, 전북, 전남, 경북, 경남, 제주도, 저산지의 햇볕이 쬐는 곳에서 자람; 일본, 중국

하록성 여러해살이풀로 지생한다. **키** 70~150cm이다. **뿌리줄기** 매우 짧고 두꺼우며, 잎자루가 접근해 붙고 거의 털이 없으며, 갈색의 피침형 비늘조각이 드물게 있다. **잎자루** 길이 40~60cm, 푸른 볏짚색으로, 광택이 없고, 짧은 털이 있으며, 기부에 드물게 비늘조각이 있다. **잎몸** 2~3회 우상으로 갈라지며, 길이 30~80cm, 너비 20~50cm로, 난상 삼각형이고 끝이 뾰족하다. 부드러운 초질로, 표면은 황록색이며 털이 밀생하고, 뒷면에는 털이 드물게 있으며, 중축은 홈이 없다. **우편** 약 15쌍으로, 넓은 피침형이고, 자루가 있으며, 표면 맥 위와 뒷면에 털이 있다. **소우편** 피침형으로 끝이 약간 뾰족하며, 자루가 거의 없이 흔히 우축에 붙는다. **열편** 끝이 둥글거나 약간 뾰족하며, 단세포와 다세포성 털이 있다. **잎맥** 우상으로 갈라지며, 가장자리까지 도달되지 않는다. **포자낭군** 열편 중륵과 가장자리 중간에 붙는다. **포막** 둥근 신장형으로, 가장자리가 약간 갈라지고, 털이 있다. **포자** 단지형으로, 표면에 그물무늬가 있고 연갈색이다.

1. 경기 포천, 2012.7.31.
2. 새순, 전북 장수, 2020.4.23.
3. 잎자루의 비늘조각, 경기 포천, 2012.5.12.
4. 잎맥, 경기 포천, 2014.6.5.
5. 소우편 기부, 제주, 2021.12.4.
6. 포자낭군, 제주, 2004.7.21.
7. 포자
8. 전남 완도, 2022.7.20.

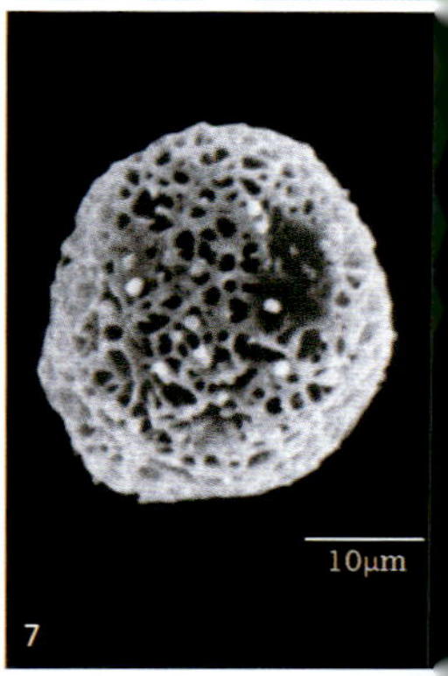

10μm

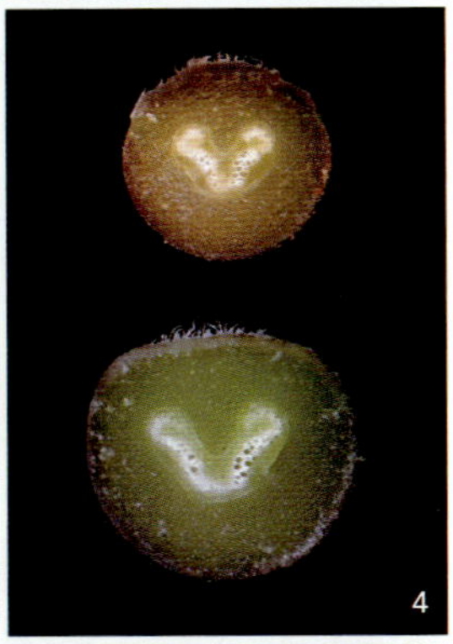

푸른각시고사리

Macrothelypteris viridifrons **(Tagawa) Ching**, Acta Phytotax. Sin. 8: 310, 1963
Thelypteris viridifrons Tagawa, J. Jap. Bot. 12: 747, 1936

Pu-reun-gak-si-go-sa-ri (박만규, 1975; 이창복, 1980; 등[7])
푸른무새발고사리(박만규, 1961)
中 翠绿针毛蕨 E Green-leaf marsh fern
日 Midori-hime-warabi

염색체수 n = ca. 62, 2n=124 **포자기** 6~9월
용도 관상용
분포 전북, 전남, 경남, 제주도, 산지의 숲가장자리에서 자람; 일본 남부, 중국

하록성 여러해살이풀로 지생한다. **키** 60~120cm이다. **뿌리줄기** 짧고, 잎이 모여난다. **잎자루** 길이 30~60cm이고, 볏짚색이며, 털로 덮인다. 기부에는 비늘조각이 드물게 있으며, 비늘조각은 피침형으로, 길이 3~6mm, 너비 0.5~0.8mm이며, 털이 있다. **잎몸** 3회 우상으로 갈라지고, 난상 긴타원형 또는 긴타원형이며, 위로 가며 점차 좁아지고, 길이 20~60cm, 너비 20~50cm로 기부 우편이 가장 크다. 연한 초질이고, 밝은 녹색으로, 중축은 둥글고 홈이 없으며, 윗부분에 좁은 날개가 있다. 우축, 소우축, 맥에 단세포성 털이 있다. **우편** 10~12쌍이며, 삼각상 긴타원형 또는 긴타원상 피침형으로, 끝이 뾰족하고, 길이 25~30cm, 너비 10~18cm이며, 길이 1.5~5cm인 자루가 있다. **소우편** 4/5까지 갈라지며, 긴타원형이고, 끝이 둥글며, 가장자리가 약간 밋밋하고 양면에 털이 있으며, 소우축에 날개가 있다. **잎맥** 우상으로 유리하고, 잎가장자리에 닿지 않는다. **포자낭군** 열편의 중륵과 가장자리의 중간에 붙는다. **포막** 둥근 신장형이고, 가장자리가 털처럼 갈라진다. 단세포성 털이 있다. **포자** 단지형이다.

1. 부산, 2015.7.15.
2. 새순, 제주, 2019.6.19.
3. 잎자루에 드물게 달린 비늘조각, 평강식물원, 2012.3.12.
4. 관상중심주, 제주, 2020.10.11.
5. 우축의 날개, 제주, 2020.10.11.
6. 잎몸 상부, 제주, 2023.8.27.
7. 잎맥과 포자낭군, 제주, 2023.8.29.
8. 포자낭군과 포막, 제주, 2023.8.29.
9. 우축 뒷면의 털, 제주, 2020.10.11.

드문고사리

Metathelypteris laxa **(Franch. & Sav.) Ching**, Acta Phytotax. Sin. 8: 306, 1963
Aspidium laxum Franch. & Sav., Enum. Pl. Jap. 2: 237, 631, 1879

Deu-mun-go-sa-ri (정태현 등, 1937; 박만규, 1961, 1975; 이창복, 1980; 등[1])
中 疏羽凸轴蕨 E Loosely-leaf marsh fern
日 Yawara-shida

염색체수 n = 72 **포자기** 6~9월 **용도** 관상용
분포 경기, 충남, 전북, 전남, 경남, 제주도, 저산지의 숲속에서 자람; 일본, 중국, 타이완

하록성 여러해살이풀이다. **키** 30~70cm이다. **뿌리줄기** 길게 기며, 지름 약 3mm이고, 비늘조각과 털이 있으며 잎은 가까이 난다. **잎자루** 길이 15~35cm이고, 어릴 때는 기부에 비늘조각이 약간 있다. 비늘조각은 길이 0.7~1.9mm, 너비 0.2~0.6mm이며, 피침형으로, 가장자리가 밋밋하고, 표면에 털이 있으며 갈색이다. **잎몸** 1회 우상으로 갈라지며, 긴타원상 피침형이거나 피침형 또는 난상 긴타원형으로 길이 15~35cm, 너비 10~20cm이다. 초질이거나 약간 종이질이며, 우편과 우편 사이가 넓다. 중축과 중륵에 짧은 털이 있으며, 중축 표면에 털이 있는 홈이 있다. **우편** 12~18쌍이며, 아랫부분은 긴타원상 피침형이고, 윗부분은 선상 피침형이며, 끝이 뾰족하다. 뒷면에는 털이 있으며, 자루가 없다. **열편** 긴타원형이고, 가장자리에 둔한 톱니가 있다. **잎맥** 유리맥으로, 단순하거나 1회 Y자로 분기하며, 가장자리에 도달하지 않는다. **포자낭군** 열편의 중륵과 가장자리의 중간에 붙는다. **포자낭** 샘털이나 털 등의 부속물이 없다. **포막** 둥근 신장형이고, 털이 있다.

1. 전남 완도, 2022.5.7.
2. 새순, 경남 울산, 2013.6.8. ⓒ김동언
3. 잎맥과 포자낭군, 제주, 2023.7.16.
4. 포막, 제주, 2023.7.16.
5. 잎몸, 경남 울산, 2013.6.27. ⓒ김동언

잔털드문고사리

***Metathelypteris hattorii* (H.Itô) Ching**, Acta Phytotax. Sin. 8: 306, 1963

Dryopteris hattorii H.Itô Bot. Mag. (Tokyo) 49(582): 359, 1935

Jan-teol-deu-mun-go-sa-ri (한국양치식물연구회, 2005; 국립수목원, 2008)

中 林下凸轴蕨 E East Asian loosely-leaf marsh fern

日 Yokogura-himewarabi

포자기 6~9월 **용도** 관상용

분포 충남, 전남, 제주도, 습기가 많은 저산지에서 자람; 일본, 중국

하록성 여러해살이풀이다. **키** 30~60cm이다. **뿌리줄기** 두껍고, 짧게 기며, 너비 4mm 이상이고, 회백색 털이 많다. **잎자루** 잎몸과 길이가 비슷하며, 길이 15~40cm이고, 볏짚색이나 아랫부분은 검은 갈색이다. 기부에는 드물게 비늘조각이 있고 털이 빽빽이 있다. 비늘조각은 삼각상 피침형으로, 적갈색이고, 길이 2~3mm이며, 표면과 가장자리에 털이 있다. **잎몸** 2회 우상으로 갈라지며, 삼각상 난형으로, 맨 아래 우편이 가장 크고, 중축에 짧은 털이 빽빽이 있다. 길이 20~40cm, 너비 20~30cm이고 중축은 표면에 홈이 있다. 모든 털은 단세포성으로 길지 않다. **우편** 12~16쌍이고, 기부가 좁아지며 중간부분이 가장 넓고, 긴 자루가 있다. **소우편** 우상으로 깊게 갈라지며, 자루가 거의 없거나 짧은 자루가 있고, 긴타원형으로 끝은 약간 뾰족하다. **잎맥** 유리맥으로 단순하거나 Y자로 갈라지며, 가장자리까지 도달하지 않는다. **포자낭군** 잎맥의 끝, 열편 가장자리 가까이 붙는다. **포막** 둥글고, 지름 1mm이며, 연녹색이고, 표면에 날카로운 털이 있다.

*드문고사리에 비해 잎몸이 더 갈라지고 삼각상 난형으로 기부가 가장 넓으며, 포자낭군이 열편 가장자리 가까이에 붙는다.

1, 8. 광주, 2009.6.9.
2. 새순, 광주, 2012.5.10.
3. 잎자루의 털, 충남 보령, 2020.11.1.
4. 망상중심주, 충남 보령, 2020.11.1.
5. 중축의 털, 충남 보령, 2020.10.13.
6. 잎 뒷면의 포자낭군, 광주, 2004.6.25.
7. 우편, 충남 보령, 2020.10.13.

별고사리

***Cyclosorus acuminatus* (Houtt.) Nakai ex H.Itô**, Bot. Mag. (Tokyo) 56(608): 710, 1937

Polypodium acuminatum Houtt., Nat. Hist. 14: 181, 1783

Byeol-go-sa-ri (정태현 등, 1937; 박만규, 1961, 1975; 이창복, 1980; 등[7])
이삭고사리(정태현, 1956; 이우철, 1996)
中 渐尖毛蕨  E Sail fern 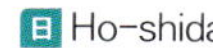 日 Ho-shida

염색체수 n = 36 **포자기** 6~9월 **용도** 관상용
분포 전남, 경남, 제주도, 저산지의 숲속이나 가장자리에서 자람; 일본, 중국, 타이완, 필리핀, 인도차이나

상록성 여러해살이풀로 지생한다. **키** 40~80cm이다. **뿌리줄기** 길게 기며 비늘조각과 털이 드문드문 난다. **잎자루** 길이 20~40cm이고, 아랫부분에 비늘조각과 털이 있다. 비늘조각은 선형 또는 피침형으로, 가장자리가 밋밋하며, 길이 1.4~5mm, 너비 0.3~1mm이고, 털은 길이 0.2~0.4mm이다. **잎몸** 1회 우상으로 갈라지며, 피침형이고, 끝이 갑자기 좁아져서 정우편이 발달하며, 길이 20~50cm, 너비 10~25cm이다. **우편** 10~20쌍이고, 선상 피침형 또는 넓은 피침형으로, 길이 8~15cm, 너비 0.8~1.5cm이다. 짧은 자루가 있고, 0.5~0.8mm의 털이 있다. **열편** 15~30쌍이고, 길이 2~5mm, 너비 2~4mm이다. **잎맥** 거의 유리맥이지만 우편의 중륵 가까이에 1~2쌍의 열편 측맥이 결합하여 그물맥을 만든다. **포자낭군** 열편의 중륵과 가장자리 중간에 달리며 성숙한 것은 서로 붙어서 1줄로 보인다. **포자낭** 자루에 샘털이 있다. **포막** 둥근 신장형이고, 표면에 작은 털이 있다.

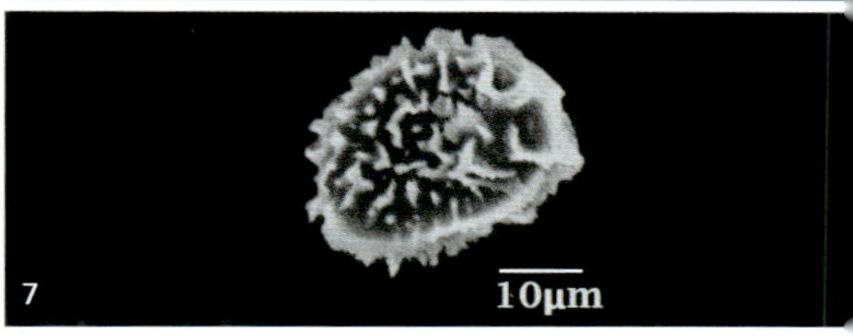

1. 전남 신안, 2023.10.8.
2. 새순, 제주, 2008.5.16.
3. 정우편, 제주, 2013.7.31.
4. 우편 표면, 제주, 2019.7.26.
5. 포자낭군과 포막, 제주, 2019.7.26.
6. 잎맥과 포자낭군, 제주, 2019.7.26.
7. 포자

1. 제주, 2024.10.12.
2. 새순, 제주, 2024.10.12.
3. 중축 하부, 잎자루 상·하부 중심주, 제주, 2024.10.12.
4. 우편 표면, 제주, 2024.10.12.
5. 잎몸 상부, 제주, 2024.10.12.
6. 잎몸 중앙부, 제주, 2024.10.12.
7. 잎 뒷면의 포자낭군, 제주, 2024.10.12.
8. 포자낭군과 털, 제주, 2024.10.12.
9. 포자낭군과 주황색 샘, 제주, 2024.10.12.
10. 포막의 털, 제주, 2024.10.12.
11. 새잎, 제주, 2024.10.12.

털별고사리

***Cyclosorus parasiticus* (L.) Farwell,**
Amer. Midl. Naturalist. 12: 259. 1931
Polypodium parasiticum L., Sp. Pl.: 1090, 1753, nom. cons.
Thelypteris parasitica (L.) Tardieu, Notul. Syst. (Paris) 7: 75, 1938

Teol-byeol-go-sa-ri (정태현 등, 1937; 박만규, 1961, 1975; 이창복, 1980)
털이삭고사리(정태현, 1956; 이우철, 1996)
中 华南毛蕨 E Parasitic maiden fern
日 Ke-ho-shida

염색체수 n = 72 **포자기** 6~9월 **용도** 관상용
분포 제주도, 저산지 숲속에서 자람; 일본, 중국, 타이완, 필리핀, 인도차이나, 북인도, 네팔

상록성 여러해살이풀로 지생한다. 키 50~100cm이고, 식물 전체에 털이 밀생한다. **뿌리줄기** 짧게 기며 비늘조각이 드문드문 난다. **잎자루** 길이 20~40cm이고, 아랫부분에 비늘조각이 있다. 비늘조각은 선상 피침형 또는 피침형으로, 표면에 단세포성 털이 있으며, 길이 1~1.5cm이다. **잎몸** 1회 우상으로 갈라지며, 긴타원상 피침형이고, 끝이 갑자기 좁아지나 정우편이 뚜렷이 발달하지 않으며, 우편은 거의 직각으로 붙는다. 맨 아래 우편은 아래를 향하고, 짧아지지 않으나 간혹 약간 좁아지며, 위 우편과 약간 떨어져 있고, 길이 30~60cm, 너비 15~30cm이며, 양면에 털이 많고 표면은 황록색을 띤다. **우편** 15~20쌍이고, 선상 피침형으로, 끝이 길게 뾰족해지며, 길이 10~15cm, 너비 1~1.5cm이다. 자루가 거의 없고, 가장자리가 거의 중앙까지 갈라진다. **열편** 20~25쌍이고, 타원형 또는 난상 타원형으로 끝이 둔하거나 약간 뾰족하고, 길이 3~4mm, 너비 2~4mm이다. **잎맥** 거의 유리맥이지만 우편의 중륵 가까이에 1쌍의 열편 측맥이 결합하여 그물맥을 만든다. **포자낭군** 열편의 중륵과 가장자리 중간 또는 약간 가장자리 가까이에 달린다. **포자낭** 자루에 샘털이 있다. **포막** 둥근 신장형이고, 가장자리는 밋밋하고, 표면에 털이 밀집해 있다.

탐라별고사리

***Cyclosorus dentatus* (Forssk.) Ching,**
Bull. Fan Mem. Inst. Biol. 8: 206, 1938
Polypodium dentatum Forssk., Fl. Aegypt.-Arab. 185, 1775

Tam-ra-byeol-go-sa-ri (등[7])
中 齿牙毛蕨 E Downy shield- fern
日 Inu-kehoshida

염색체수 n = 36, 72, 144
포자기 6~9월 **용도** 관상용
분포 제주도, 저지대의 습한 곳에서 자라거나 온실에 널리 퍼져 자람; 일본, 중국, 타이완, 동남아시아 등 열대지역

상록성 여러해살이풀로 지생한다. **키** 40~70cm이다. **뿌리줄기** 곧게 선다. **잎** 모여 나온다. **잎자루** 볏짚색이며 전체에 털이 있고 특히 기부에 털이 밀생하며 비늘조각이 있다. 비늘조각은 삼각상 피침형이고, 길이 5~9mm, 너비 0.8mm이며, 갈색 또는 연한 갈색이고 가장자리에 털이 있다. **잎몸** 1회 우상으로 갈라지며, 긴타원상 피침형이고, 길이 25~40cm, 너비 8~16cm이다. 끝이 뾰족하며 중간 부분이 가장 넓고 기부로 가면서 다소 좁아진다. **우편** 10~20쌍이며, 좁은 긴타원형 또는 선상 피침형이고 끝이 꼬리모양으로 뾰족하며, 길이 5~10cm, 너비 1~1.5cm이고, 종이질이다. **열편** 10~20쌍이며, 둥근 사각형이고 끝이 뭉뚝하게 둥글거나 다소 뾰족하다. 길이 3~5mm, 너비 3~4mm이고 연녹색 또는 연한 황록색으로 표면에 털이 밀생한다. **잎맥** 대부분 유리맥이지만, 우편의 중륵 가까이에 1쌍의 열편의 측맥들이 연결되어 그물맥을 만든다. **포자낭군** 열편의 가장자리와 중륵의 중간에 달린다. **포막** 둥근 신장형으로 가장자리가 밋밋하고, 지름이 약 1mm이며, 표면에 작은 털이 있다. **포자** 단지형으로 갈색이다.

1, 6. 제주, 2023.8.27.
2. 새순, 제주, 2012.5.2.
3. 잎몸의 표면, 제주, 2012.5.2.
4. 열편 기부 쪽에 연결된 측맥, 제주, 2012.5.2.
5. 포막과 포자낭군, 제주, 2012.5.2.

검은별고사리

***Cyclosorus interruptus* (Willd.) H.Itô,**
Bot. Mag. (Tokyo) 51(608): 714, 1937
Thelypteris interrupta (Willd.) K.Iwats., J. Jap. Bot. 38: 314, 1963

Geom-eun-byeol-go-sa-ri (문명옥 등, 2002; 등[7])
이삭고사리(정태현, 1956; 이우철, 1996)
中 毛蕨  E Swamp shield- fern  日 Tetsu-hoshida

염색체수 n = 36, 72 **포자기** 6~9월 **용도** 관상용
분포 제주도, 바닷가 습지에서 자람; 일본, 타이완, 인도 등 열대, 아열대, 온대지역

상록성 여러해살이풀로 습생한다. **키** 50~100cm이다. **뿌리줄기** 옆으로 길게 뻗으며, 지름 4~ 6mm이고, 비늘조각이 없으며, 잎은 1~3cm 간격으로 드문드문 나온다. **잎자루** 길이 20~50cm이며, 갈색으로 기부는 검은색이다. 털과 샘털이 거의 보이지 않고, 비늘조각이 드물게 있다. 비늘조각은 진한 갈색으로, 난상 피침형이고, 길이 2~3mm이며, 가장자리에 털이 약간 있다. **잎몸** 1회 우상으로 깊게 갈라지고, 긴타원상 피침형으로 기부가 좁아지지 않는다. 길이 30~50cm, 너비 10~20cm이고 약간 가죽질이며, 진녹색으로, 표면에 털이 없고, 가장자리와 뒷면에 샘털이 드물게 보인다. 비늘조각은 잎자루 것보다 작으며, 긴타원상 삼각형이고, 막질이며 가장자리가 밋밋하다. **우편** 20~30쌍이며, 선상 피침형이고, 길이 5~15cm, 너비 1~1.5cm이다. 짧은 자루가 있으며 연한 단세포성 털이 있다. **잎맥** 유리맥으로, 단순하며, 열편의 기부 측맥 1쌍이 결합하여 그물맥을 만든다. **포자낭군** 열편의 가장자리 가까이에 붙는다. **포막** 둥근 신장형으로, 지름 0.4mm이고, 다세포성 털이 있으며 잘 떨어진다.

1. 제주, 2016.9.5.
2. 검은색 잎자루 기부, 제주, 2012.9.8.
3. 잎몸 상부, 제주, 2003.10.27.
4. 새잎, 제주, 2012.7.31.
5. 포자낭군, 제주, 2017.9.15.
6. 제주, 2020.11.16.

큰별고사리

***Cyclosorus penangianus* (Hook.) Copel.**, Gen. Fil. 143, 1947
Polypodium penangianum Hook., Sp. Fil. 5: 13, 1864
Pronephrium penangianum (Hook.) Holttum, Blumea 20: 110, 1972

Keun-beol-go-sa-ri (문명옥 등, 2014)
中 披针新月蕨 E Penang shield fern

포자기 6~9월 **용도** 관상용
분포 제주도, 그늘지고 습한 숲 아래에서 자람; 중국, 부탄, 인도, 네팔, 파키스탄

상록성 여러해살이풀로 지생한다. **키** 70~125cm이다. **뿌리줄기** 길게 기고, 잎이 드문드문 나며, 지름 1.2cm이고, 갈색 피침형의 비늘조각이 드물게 있다. **잎자루** 길이 30~60cm이고, 흑갈색이나 부분적으로 적갈색을 띠고, 아랫부분에 비늘조각과 털이 있고, 빨리 떨어진다. **잎몸** 1회 우상으로 갈라지며, 긴타원상 피침형이다. 측우편과 유사한 정우편이 발달한다. 대부분 중간 이하에서 가장 넓으며, 길이 30~65cm, 너비 25~30cm이다. **우편** 10~15쌍이고, 어긋나며, 길이 약 1cm인 자루가 있고, 넓은 선형이다. 가장자리는 얕게 갈라지며, 끝이 뾰족해진다. **잎맥** 유리맥으로 단순하고, 열편의 측맥은 8~10쌍이 있으며, 4~6개가 옆 측맥과 결합하여 그물맥을 만든다. **포자낭군** 원형으로, 열편의 중륵 가까이에 평행하게 2줄로 붙는다. **포막** 없다.

1. 제주, 2013.9.7.
2. 잎 표면, 제주, 2013.9.7.
3. 잎맥, 제주, 2013.9.7.
4. 새순, 제주, 2013.9.7.
5. 기공, 제주, 2013.9.7.
6, 7. 잎 뒷면의 포자낭군, 제주, 2013.9.7.

우드풀과

Woodsiaceae Herter

中 岩蕨科
E Cliff Fern Family
日 Iwa-denda Ka
분류군수 4속 약 38종(한반도 1속 9종)
분포 온대와 열대지역

거의 바위나 절벽 위에서 자라는 여러해살이풀이다. **뿌리줄기** 대부분 짧고 곧다. 비늘조각은 얇으며, 밝은 갈색 또는 검은 갈색이고, 피침형 또는 난형이다. **잎** 모여나고 잎자루는 잎몸보다 짧다. **잎몸** 1회~수회 우상으로 갈라지고, 드물게 단엽이며, 난형 또는 선상 피침형으로 대부분 아래로 가면서 가늘어진다. **잎맥** 유리하나 드물게 결합하기도 한다. 대부분 다세포성 털이 있으나 때로 샘털이 있기도 하다. 중축의 홈은 대부분 우축의 홈과 연결되나 드물게 연결되지 않는다. **포자낭군** 선형, J자형, 아신장형, 또는 둥근형으로 1개씩 붙거나 또는 2개씩 붙는다. **포막** 대부분 존재하나 때로 작거나 거의 없으며 포자낭군 기부에 붙기도 한다.

◆ 우드풀속(*Woodsia*) 계통에 관해서 학자들 간에 의견을 달리하여, 개고사리과(Athyriaceae)에 포함시키거나(Pryer et al., 2007) 우드풀속을 분리하여 Woodsiaceae로 다루기도 하였다. 최근 분자연구(Schuettpelz, 2007; Lehtonen, 2011; Christenhusz et al., 2011; Rothfels et al., 2012)에 의하면 우드풀속은 함께 다루었던 다른 속과는 완연히 다른 단계통을 보였다.

우드풀, 제주 한라산, 2016.7.2.

우드풀속 *Woodsia* R.Brown, Prodr. 158, 1810

中 岩蕨属
E Cliff fern
日 Iwa-denda Zoku

분류군수 약 30여 종(한반도 9종)
분포 온대지역과 열대 고산지대

땅이나 바위에서 자라는 소형의 여러해살이풀이다. **뿌리줄기** 짧고, 곧게 서거나 비스듬히 나며, 기부에 비늘조각이 있고, 잎이 뭉쳐난다. **잎자루** 기부에 흔히 관절이 있다. **잎몸** 1~2회 우상으로 갈라지며, 좁은 피침형이고, 비늘조각만 있거나 또는 비늘조각과 다세포성 털이 있다. **포자낭군** 둥글고, 맥의 끝부분의 등쪽에 붙는다. **포막** 둥글고 접시모양 또는 컵모양이며, 가장자리가 불규칙하게 갈라지거나 밋밋하며, 때로 다세포성 털이 뭉쳐 있다.

❖ **메가물고사리**(*W. pseudoilvensis* Tagawa, Acta Phytotax. Geobot. 5: 251, 1936)는 잎자루 상반부에 관절이 있고 털과 털모양의 비늘조각이 붙는다. 잎몸은 1회 우상으로 갈라지고, 긴타원형, 또는 긴타원상 피침형이며, 긴 털과 털모양의 비늘조각이 드문드문 있다. 우편은 자루가 없으며, 난형, 긴타원형 또는 삼각상 난형으로 끝이 뭉뚝하고, 깊게 갈라지며, 표면에 털이 있고, 뒷면에 털과 비늘조각이 드문드문 있다. 긴타원형의 열편은 끝이 뭉뚝하고 가장자리가 밋밋하거나 둔한 톱니가 있으며, 포자낭군은 열편의 중륵과 가장자리 중간에 붙는다. 함경북도에 서식하고 한국 특산종으로 기재된(박만규, 1961, 1975; 이창복, 1980) 식물로 실체 확인이 필요하다.

❖ **좁쌀가물고사리**(*W. saitoana* Tagawa, Acta Phytotax. Geobot. 5: 250. 1936)는 잎자루 상반부에 관절이 있고 전체에 털과 가는 비늘조각이 붙으며, 잎몸은 1회 우상으로 갈라지고, 피침형이며, 기부가 약간 좁아지고, 양면에 털이 있으며, 뒷면 중륵에 털과 가는 비늘조각이 드문드문 있다. 우편은 12~15쌍이며, 난상 긴타원형 또는 삼각상 난형이고, 기부가 중축으로 흐르며, 둔한 톱니가 있다. 포자낭군은 열편의 중륵과 가장자리 중간에 붙으며, 포막은 컵모양이고, 가장자리가 다소 갈라진다. 함경북도에 서식하는 한국 특산종으로 알려진 식물로(박만규, 1961, 1975; 이창복, 1980) 실체 확인이 필요하다.

우드풀속의 종 검색표

1. 잎자루에는 관절이 있으며, 포막은 접시모양이거나 컵모양으로, 포자낭군을 중간쯤 둘러싸며 가장자리에 털이 있다.
  2. 관절은 잎자루의 중앙 아래에 있다.
    3. 잎몸에 털이 없으며, 잎자루 기부에만 비늘조각이 있다.
      4. 잎몸은 2회 우상으로 갈라지며, 열편은 끝이 뾰족하다. ······ **애기가물고사리 *W. hancockii*** 394
      4. 잎몸은 1회 우상으로 깊게 갈라지며, 열편은 끝이 뭉뚝하다. ······ **큰솜털고사리 *W. glabella*** 395
    3. 잎몸에 비늘조각과 털이 있다. ······ **두메우드풀 *W. ilvensis*** 396
  2. 관절은 잎자루의 중앙 이상이나 끝부분에 있다.
    5. 중축 상부는 우편 기부가 넓게 붙어서 날개로 연결되고, 중축이나 우편에는 털만 있고 비늘조각은 없다. ······ **참우드풀 *W. macrochlaena*** 398
    5. 중축 상부는 우편 기부가 넓게 붙지 않고, 중축이나 우편 뒷면에 털과 비늘조각이 있다.
      6. 우편은 중간 정도까지 갈라진다.
        7. 우편은 기부에 크고 뚜렷한 귀가 발달하고, 잎자루의 관절은 끝에 있다. ······ **좀가물고사리 *W. intermedia*** 399
        7. 우편은 기부에 작은 귀가 발달하고, 잎자루 관절은 중앙보다 약간 위에 있다. ······ **산우드풀 *W. subcordata*** 397
      6. 우편은 얕게 갈라지거나 거의 갈라지지 않는다.
        8. 최하부 우편 1~2쌍은 위의 우편이 붙는 간격보다 크다. ······ **금강가물고사리 *W. microsora*** 400
        8. 최하부 우편 1~2쌍은 위의 우편과 붙는 간격이 비슷하다. ······ **우드풀 *W. polystichoides*** 401
1. 잎자루에 관절이 없으며, 포막은 둥근 주머니모양이고 포자낭군을 거의 둘러싸며, 가장자리에 털이 없다. ······ **만주우드풀 *W. manchuriensis*** 402

애기가물고사리

Woodsia hancockii **Baker**, Ann. Bot. (Oxford) 5: 196, 1891

Ae-gi-ga-mul-go-sa-ri (박만규, 1961, 1975; 이창복, 1980; 등[7])
애기우드풀(정태현 등, 1970; 이우철, 1996)
中 华北岩蕨 E Smooth woodsia

포자기 7~9월 **용도** 관상용
분포 강원, 고산의 습하고 그늘진 바위틈, 흔히 석회암지대에서 자람; 일본, 중국, 네팔, 인도 북부, 러시아

하록성 여러해살이풀로 반착생식물이다. **키** 5~13cm로 소형이고, 털이 없다. **뿌리줄기** 짧고 곧게 서거나 또는 비스듬히 나며, 잎은 모여 나오고, 비늘조각이 있다. 비늘조각은 난상 피침형이고, 가장자리가 밋밋하다. **잎자루** 볏짚색이고, 아랫부분은 갈색을 띠며, 길이 1.5~3cm이다. 기부에서 1/2~1/4 부분에 관절이 있으며, 갈색이고 막질인 비늘조각이 있다. **잎몸** 2회 우상으로 갈라지고, 난형 또는 난상 피침형이며, 밑부분이 약간 좁아지고, 끝이 뾰족하다. 길이 5~10cm, 너비 1~1.5cm이고, 초질이다. **우편** 9~14쌍이고, 드문드문 달리며, 아랫부분의 우편은 난상 삼각형으로 거의 자루가 없으나 중앙부위의 우편은 가장 넓어서, 길이 3~7mm, 너비 5~6mm이고, 기부에 짧은 자루가 있으며, 끝이 뾰족하다. **열편** 물결모양의 톱니가 약간 있거나 얕게 갈라진다. **포자낭군** 각 열편에 1~3개씩 붙는다. **포막** 작고, 접시모양이며, 갈색의 긴 털이 많이 있다.
*잎몸은 2회 우상으로 갈라지고, 열편 끝이 뾰족하다.

1. 강원 정선, 2013.5.29.
2, 3. 잎자루 하부의 비늘조각, 강원 정선, 2024.9.1.
4. 잎자루의 관절 강원 정선, 2024.9.1.
5. 전초, 강원 정선, 2024.9.1.
6. 최하우편
7. 털같이 갈라진 포막, 강원 정선, 2024.9.1.
8. 포자낭군, 강원 정선, 2024.9.1.
9. 포자, 강원 정선, 2024.9.1.
10. 2회 우상하는 잎몸, 강원 정선, 2024.9.1.

큰솜털고사리

Woodsia glabella **R.Br. ex Richardson,**
Narr. Journey Polar Sea 754, 1823

Keun-som-teol-go-sa-ri (박만규, 1949; 이창복, 1980; 이영노, 2006)
미역가물고사리(박만규, 1961, 1975)
中 光岩蕨 E Smooth cliff fern
日 Togakushi-denda, Kenzan-denda

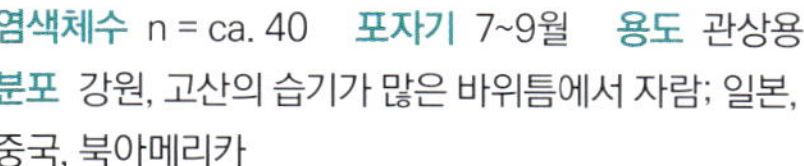

염색체수 n = ca. 40 **포자기** 7~9월 **용도** 관상용
분포 강원, 고산의 습기가 많은 바위틈에서 자람; 일본, 중국, 북아메리카

하록성 여러해살이풀로 반착생식물이다. **키** 5~12cm로 소형이다. **뿌리줄기** 짧고 곧게 서거나 또는 비스듬히 서며, 잎은 모여난다. **잎자루** 가늘고, 길이 1~2.5cm이며, 기부에서 1/3 부분에 관절이 있고, 잘 떨어지는 비늘조각의 기부가 남아서 껄끄럽다. 비늘조각은 넓은 피침형이고, 길이 3~4mm, 너비 1.5~2mm이며, 가장자리가 밋밋하거나 불규칙한 톱니가 있다. **잎몸** 1회 우상으로 깊게 갈라지며, 선상 피침형으로, 중간 이하에서 조금씩 좁아진다. 길이 4~9cm, 너비 6~12mm이고, 위쪽에 있는 우편은 중축으로 흐른다. **우편** 모두 자루가 없으며, 아랫부분의 우편은 난상 원형이고, 중앙부위의 우편은 가장 넓어 난상 삼각형 또는 난상 원형으로 끝이 뭉뚝하거나 뾰족하다. 길이 3~6mm, 너비 3~5mm이고, 가장자리가 깊게 갈라지거나 톱니처럼 된다. **잎맥** 유리한다. **포자낭군** 열편의 가장자리 가까이에 1~3개씩 붙는다. **포막** 접시모양이며, 작고, 잘 떨어진다.

*애기가물고사리와 가장 유사하고, 잎몸은 1회 우상으로 갈라지며, 열편 끝이 뭉뚝한 점이 구별되나 연구가 필요하다.

1. 강원 삼척, 2005.8.22.
2, 3. 잎자루와 하부 비늘조각, 강원 정선, 2024.9.1.3.
4. 잎자루의 관절, 강원 정선, 2024.9.1.1.
5. 전초, 강원 정선, 2024.9.1.1.
6. 잎몸 중앙부, 강원 정선, 2024.9.1.1.
7. 최하우편, 강원 정선, 2024.9.1.1.
8, 9, 10. 포자낭군, 강원 정선, 2024.9.1.1.
11. 포자, 강원 정선, 2024.9.1.1.

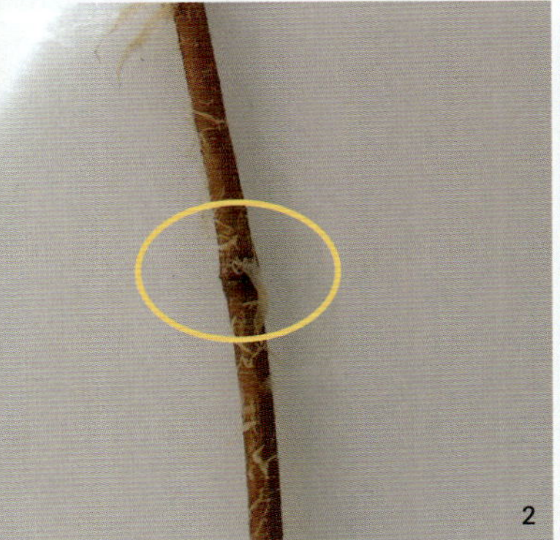

두메우드풀

***Woodsia ilvensis* (L.) R.Br.**, Trans. Linn. Soc. London 11: 173, 1815

Du-me-u-deu-pul (정태현 등, 1949; 이창복, 1980; 등[9])
솜털고사리(박만규, 1961, 1975), 솜털가물고사리(박만규, 1949)
中 岩蕨 E Rusty woodsia
日 Miyama-iwadenda, Rishiri-denda

염색체수 n = 39, 41 **포자기** 7~9월 **용도** 관상용
분포 백두산, 바위 곁에서 자람; 일본, 중국, 러시아(사할린), 카자흐스탄, 유럽, 북아메리카

하록성 여러해살이풀로 반착생식물이다. **키** 9~22cm이다. **뿌리줄기** 짧고, 비늘조각이 많이 있으며, 잎이 모여난다. 비늘조각은 갈색으로, 넓은 피침형이고, 길이 약 4mm이며, 가장자리가 밋밋하다. **잎자루** 적갈색이고, 윤채가 나며, 기부에서 1/3~1/4 부분에 관절이 있다. 길이 3~10cm이며, 털과 비늘조각이 드문드문 있다. **잎몸** 1회 우상으로 갈라지며, 피침형 또는 긴타원상 피침형이고, 끝이 뾰족해지다가 둔해지며, 아래 우편이 좁아지기도 한다. 길이 5~14cm, 너비 2~5cm이고, 표면에 털이, 뒷면에는 털과 비늘조각이 있다. **우편** 10~17쌍으로, 삼각상 좁은 난형이고, 심열하며, 자루가 없다. 길이 1~3cm, 너비 5~10mm이다. **열편** 긴타원형 또는 넓은 타원형이고, 끝이 뭉뚝하며, 기부가 흘러 늘어지고, 가장자리에 톱니가 있거나 밋밋하다. **포자낭군** 원형이고, 잎맥의 끝에 서로 접근해 붙는다. **포막** 접시모양으로, 불규칙하게 5~6개로 깊이 갈라지며, 가장자리에 긴 털이 있다.

*잎자루 하부에 관절이 있고, 우편은 귀가 발달하지 않는다.

1. 백두산, 2013.8.9.
2. 잎자루 관절, 백두산, 2013.8.8.
3. 포자낭군, 백두산, 2013.8.9.
4. 백두산, 2013.8.8.
5, 6. 백두산, 2013.8.9.

산우드풀

Woodsia subcordata **Turcz.**, Bull, Soc. Imp. Naturalistes Moscou 5: 206, 1832

San-u-deu-pul (정태현 등, 1949; 이창복, 1980; 등[1])
큰면모고사리(박만규, 1949), 각씨우드풀(정태현, 1949)
中 等基岩蕨 E Subcordate woodsia
日 Kitadake-denda, Hime-denda

염색체수 n = 82 **포자기** 7~9월 **용도** 관상용
분포 강원, 경기, 충북, 전북, 경북, 풍혈지나 고산의 바위틈에서 자람; 일본, 중국, 러시아

하록성 여러해살이풀로 반착생식물이다. **키** 15~22cm이다. **뿌리줄기** 짧고, 곧게 서며, 비늘조각이 있고, 잎이 모여난다. **잎자루** 길이 3~6cm이고, 적갈색이며, 상반부 또는 중축과 만나는 부분 가까이에 관절이 있고, 털과 비늘조각이 많이 달린다. 비늘조각은 얇은 막질이고, 갈색 또는 연한 갈색이며, 피침형, 좁은 난형 또는 선형으로, 짧은 털이 있고 가장자리가 밋밋하며, 길이 3~8mm이다. **잎몸** 1회 우상으로 갈라지며, 선형이고, 길이 5~15cm, 너비 2~4cm이다. 끝이 갑자기 뾰족해지거나 다소 뭉뚝하다. **우편** 15~20쌍으로 비대칭 좁은 난형 또는 넓은 피침형이며, 기부에 작은 귀가 발달하며, 중열하고, 끝이 둔하고 자루가 없다. 양면에 털이 있고 뒷면에 비늘조각이 드문드문 있다. 가운데 우편이 가장 크며 길이 5~10mm, 너비 3~5mm이다. **열편** 가장자리가 밋밋하거나 물결모양이다. **포자낭군** 원형으로, 우편의 가장자리 가까이, 잎맥 끝에 붙는다. **포막** 접시모양으로, 4~5개로 갈라지고, 가장자리에 긴 털이 있으며, 포자낭군을 감싼다.

* 두메우드풀과 유사하나 잎자루 상반부에 관절이 있으며, 우편은 기부에 작은 귀가 발달하고 중열한다.

1. 경북 의성, 2015.5.14.
2. 잎자루 관절, 충북 소백산, 2004.8.10.
3. 포자낭군, 충북 소백산, 2004.8.10.
4. 잎몸 중상부, 강원 평창, 2011.8.4.
5. 강원 인제, 2012.5.26.

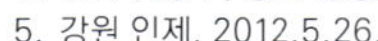

참우드풀

***Woodsia macrochlaena* Mett. ex Kuhn**, J. Bot. 6: 270, 1868

Cham-u-deu-pul (정태현 등, 1949; 이창복, 1980; 등[1])
좁쌀고사리(박만규, 1949), 가물고사리아재비(박만규, 1961, 1975)

中 大囊岩蕨 E Wide-blade woodsia
日 Kogane-shida

염색체수 n = 41 **포자기** 7~9월 **용도** 관상용
분포 강원, 경기, 전남, 경북, 산지의 바위 위에서 자람; 일본, 중국, 러시아

하록성 여러해살이풀로 반착생식물이다. **키** 10~17cm이다. **뿌리줄기** 짧고, 비늘조각이 많이 붙으며 잎은 다복이 난다. **잎자루** 길이 3~7cm이고, 볏짚색 또는 적갈색으로, 털과 함께 좁은 비늘조각이 드문드문 있다. 끝에 비스듬히 관절이 있다. 기부의 비늘조각은 적갈색이고, 선상 피침형이며, 끝이 뾰족하고 가장자리에 털이 드문드문 있다. **잎몸** 아랫부분은 1회 우상으로 갈라지며, 길이 5~10cm, 너비 2~4cm이다. 삼각상 난형 또는 넓은 피침형이며, 끝이 뾰족하고, 기부가 거의 좁아지지 않는다. 중축에 털이 있다. **우편** 난형 또는 난상 긴타원형이고, 길이 1~3cm, 너비 5~15mm이다. 가장자리는 우상으로 얕게 갈라지거나 물결모양의 톱니로 된다. 양면에 털이 비교적 많고 위쪽에 있는 것은 중축으로 흘러 늘어뜨려서 날개가 된다. **열편** 타원형이고, 끝이 둔하며 밑부분이 흐르고, 가장자리에 톱니가 있거나 밋밋하다. **포자낭군** 원형으로, 우편 가장자리 가까이, 잎맥 끝에 붙는다. **포막** 컵모양으로, 가장자리가 불규칙하게 갈라지며, 털이 있다.

*중축과 우편에 비늘조각이 없고 털만 있다.

1. 경기 연천, 2005.7.27.
2. 잎몸과 포자낭군, 경기 연천, 2005.10.2.
3. 잎 뒷면의 어린 포막과 포자낭군, 경기 연천, 2005.7.27.
4. 우편, 경북 문경, 2023.8.1.
5. 포자낭군과 포막, 경북 문경, 2023.8.1.
6. 강원 정선, 2020.7.26.

좀가물고사리

Woodsia intermedia **Tagawa**, Acta Phytotax. Geobot. 5: 250, 1936

Woodsia taishanensis F.Z.Li & C.K.Ni, Acta Phytotax. Sin. 20: 343, 1982

Jom-ga-mul-go-sa-ri (박만규, 1961, 1975; 이창복, 1980; 등[12])

좀우드풀(등[2])

中 东亚岩蕨 E Intermediate woodsia

日 Inu-iwadenda

염색체수 n = 82 **포자기** 7~9월 **용도** 관상용

분포 강원, 경기, 충북, 전북, 경북, 서울, 산지의 바위틈에서 자람; 일본, 중국

하록성 여러해살이풀로 반착생식물이다. **키** 10~25cm이다. **뿌리줄기** 짧고 비늘조각에 덮인다. 비늘조각은 갈색이고, 피침형으로, 길이 약 3mm이며, 가장자리가 밋밋하거나 드물게 털이 있다. **잎자루** 길이 5~10cm이고, 볏짚색 또는 갈색이며 털과 비늘조각이 있고, 관절은 끝부분에 있다. **잎몸** 1회 우상으로 갈라지며, 넓은 피침형이고, 기부가 다소 좁아지며, 초질이고, 길이 5~15cm, 너비 2~4cm이다. **우편** 10~17쌍이고, 직각으로 붙으며, 길이 2~3cm, 너비 7~10mm이고, 긴타원상 난형이다. 가장자리에 물결모양의 톱니가 있고, 귀가 발달하며, 양면에 털이 드문드문 있고, 뒷면에 털 같은 좁은 비늘조각이 있으며, 자루는 없고, 상부 우편은 중축에 넓게 붙는다. **포자낭군** 우편의 가장자리를 따라 붙는다. **포막** 컵모양으로 불규칙하게 갈라지고, 열편의 가장자리에 털이 있다.

*상부 우편은 중축으로 흘러 참우드풀과 유사하나 중축과 우편에 털과 비늘조각이 있고, 우드풀처럼 우편 기부에 뚜렷하게 귀가 발달한다.

1. 서울 수락산, 2011.7.24. ©김명수
2. 잎몸 상부, 경기 포천, 2005.9.13.
3. 포자낭군, 서울 수락산, 2011.7.24. ©김명수
4. 중축의 비늘조각과 털, 경북 경주, 2024.11.16.
5. 포자낭군, 경북 경주, 2024.11.16.4.
6. 경북 봉화, 2017.8.4.

금강가물고사리

***Woodsia microsora* Kodama in Matsum.**, Icon. Pl. Koisikav. 3: 101, t. 196, 1917

Geum-gang-ga-mul-go-sa-ri (박만규, 1961, 1975; 이창복, 1980; 등[11])

E Geumgang woodsia

포자기 7~9월 **용도** 관상용

분포 강원, 경기, 서울, 충북, 산지의 바위틈에서 자람; 한국 특산종

하록성 여러해살이풀로 반착생식물이다. **키** 12~25cm이다. **뿌리줄기** 짧고, 곧게 또는 비스듬히 서며, 잎이 모여 나온다. **잎자루** 길이 4~10cm이고, 적갈색이다. 관절은 잎자루 끝부분에 있으나 최하부 우편이 일찍 떨어져 중앙에 있는 것처럼 보이기도 하고, 전체에 털과 비늘조각이 붙는다. **잎몸** 1회 우상으로 갈라지며, 좁은 피침형 또는 선형이고, 최하부 우편쌍의 간격이 크다. 길이 8~15cm, 너비 1.5~3.5cm이며, 끝이 뾰족하고, 아래로 가며 좁아진다. 중축은 적갈색 또는 볏짚색이며, 털과 가는 비늘조각이 있다. **우편** 난형 또는 삼각상 난형으로 다양하다. 표면에 털이 있고, 뒷면에 털과 가는 비늘조각이 있으며, 중간에 있는 우편이 가장 커서 길이 1~2cm, 너비 5~8mm이다. **열편** 긴타원형이고, 끝이 뭉뚝하고 가장자리가 거의 밋밋하다. **포자낭군** 열편의 중륵과 가장자리 중간에 붙는다. **포막** 접시 모양이며, 불규칙하게 갈라지고, 가장자리에 털이 있다.

*최하부 우편 1~2쌍의 간격이 크고, 흔히 최하부 우편이 축소되어 흔적적으로 되거나 일찍 떨어져 잎자루 중앙에 관절이 있는 것처럼 보인다.

1. 강원 평창, 2014.7.3.
2. 하부 우편쌍의 간격이 큰 잎몸, 2012.7.28.
3. 잎자루 관절, 강원 평창, 2011.8.4.
4. 포자낭군, 서울, 2020.7.31.
5. 잎몸 상부, 경기 연천, 2013.8.4. ©김명수
6. 서울, 2020.7.31.

우드풀

Woodsia polystichoides **D.C.Eaton**, Proc. Amer. Acad. Arts 4: 110, 1860

U-deu-pul (정태현 등, 1949; 이창복, 1980; 등[1])
가물고사리(박만규, 1961, 1975), 왜우드풀(정태현 등, 1949), 면모고사리(박만규, 1949), 바위면모고사리(박만규, 1949)

中 耳羽岩蕨 E Holly-fern woodsia 日 Iwa-denda

염색체수 n = 41 **포자기** 7~9월
용도 약용(뿌리줄기: 절상, 근육손상), 관상용
분포 전역, 산지의 돌틈이나 바위틈에서 자람; 일본, 중국, 타이완, 러시아

하록성 여러해살이풀로 반착생식물이다. **키** 10~30cm이다. **뿌리줄기** 짧고 곧게 서며, 피침형의 비늘조각이 많이 붙는다. **잎자루** 적갈색이고, 길이 5~10cm이며, 다세포성 털과 비늘조각이 붙고, 끝에 비스듬히 관절이 있다. 비늘조각은 연한 갈색이고 끝이 뾰족하다. **잎몸** 1회 우상으로 갈라지며, 둥근 피침형이고, 끝이 뾰족하거나 뭉뚝하며, 기부가 다소 좁아지고, 단단한 초질이다. 길이 6~20cm, 너비 1.6~3.7cm이고, 양면에 털이 있으며, 뒷면에 갈색 또는 흑갈색 피침형의 비늘조각이 드문드문 있다. **우편** 중축에 거의 직각으로 붙으며, 긴타원상 피침형으로 끝이 뾰족하거나 뭉뚝하다. 기부 윗부분이 귀처럼 튀어나오고 가장자리가 밋밋하거나 둔한 톱니가 있으며, 자루가 없다. **잎맥** 1~2회 Y자로 유리한다. **포자낭군** 우편 가장자리에 한 줄로 붙는다. **포막** 컵모양이고, 가장자리가 불규칙하게 갈라지며, 긴 털이 있다.

*다른 종들과 달리 우편의 기부 위쪽이 귀처럼 뚜렷하게 돌출되는 특징이 있다.

1

2

3

4

5

6

1. 강원 정선, 2003.7.15.
2. 관절, 강원 원주, 2023.7.16.
3. 잎몸 뒷면, 강원 원주, 2023.7.16.
4. 우편, 강원 원주, 2023.7.16.
5. 가장자리가 털처럼 갈라진 포막, 강원 원주, 2023.7.16.
6. 군락, 강원 평창, 2011.8.4.

만주우드풀

***Woodsia manchuriensis* Hook.**, Sec. Cent. Ferns, pl. 98, 1861

Protowoodsia manchuriensis (Hooker) Ching, Lingnan Sci. J. 21: 37. 1945

Man-ju-u-deu-pul (정태현 등, 1949; 이창복, 1980; 등[1])
절벽고사리(박만규, 1961, 1975), 만주고사리(정태현 등, 1937)

中 膀胱蕨 E Manchurian woodsia 日 Fukuro-shida

염색체수 n = 33 **포자기** 6~8월 **용도** 관상용
분포 전역, 산지 숲속의 그늘진 바위에 붙어서 자람; 일본, 중국, 러시아(아무르, 우수리)

하록성 여러해살이풀로 반착생식물이다. **키** 10~25cm이다. **뿌리줄기** 짧고 곧게 선다. 비늘조각은 연갈색이고, 피침형으로, 길이 2~4mm이며, 가장자리가 밋밋하고, 광택이 있다. **잎자루** 길이 1~5cm이며, 관절이 없고, 적갈색이며 광택이 있고, 거의 털이 없거나 또는 잔털이 드문드문 있으며, 기부에 비늘조각이 많이 붙는다. 비늘조각은 길이 2~4mm이고, 연갈색이며, 막질이고, 피침형 또는 선형이다. **잎몸** 1회 우상으로 깊게 갈라지며, 가운데 우편이 가장 크고, 길이 10~20cm, 너비 2~4cm이다. 피침형이고 끝이 뾰족하며 기부가 좁아진다. 양면에 털과 비늘조각이 거의 없고 매끄러우며, 얇은 초질이다. 중축과 우축의 홈은 연결되지 않는다. **우편** 긴타원형이며, 심열하고, 끝이 뭉뚝하거나 다소 뾰족하고 기부에 자루가 없으며, 가장자리가 거의 밋밋하고 끝이 둥글다. **잎맥** 1~2회 Y자로 유리한다. **포자낭군** 소우편의 중륵과 가장자리 중간에 붙는다. **포막** 둥근 주머니모양이고, 털이 없으나, 간혹 샘털이 있기도 하며 가장자리가 불규칙하고 얕게 갈라진다.
*잎자루에 관절이 없고, 포막은 둥근모양으로 매우 크고 털이 없다.

1. 강원 홍천, 2022.6.19.
2. 경기 가평, 2012.5.31.
3. 둥근 주머니모양의 포막과 포자낭군, 경기 명지산, 2007.8.19.
4. 포막의 샘털, 강원 홍천, 2025.8.9.
5. 경기 화악산, 2006.8.3.

만주우드풀, 강원 정선, 2015.5.7.

개고사리과
Athyriaceae Alston

中 蹄盖蕨科
日 Nayo-shida Ka
분류군수 4속 450여 종(한반도 4속 41종 2변종 1품종 6교잡종)
분포 전 세계, 열대에서 한대지역

뿌리줄기 대부분 단단하고 곧으나, 길게 또는 짧게 옆으로 기며, 잎자루 기부가 오래도록 남아있다. 비늘조각은 대부분 얇으며, 연한 갈색, 검은 갈색으로, 난상 피침형이거나 드물게 좁은 피침형이고, 또는 약간 방패상이다. **잎자루** 비늘조각과 털이 있으나 드물게 없다. **잎몸** 중축과 우축, 중륵의 표면에 홈이 있으며, 비늘조각과 털이 있고, 종종 모서리나 홈에 가시 같은 돌기가 있다. **잎맥** 유리한다. **포자낭군** 긴타원형 또는 구형이며, 소맥을 따라 붙어 있다. **포막** 선형, J자형, 말굽형, 신장형 등 다양하며, 가장자리는 들쑥날쑥하고, 간혹 포막이 없다.

개고사리과의 속 검색표

1. 포막이 있다.
   2. 중축의 홈은 우축의 홈과 이어지며, 다세포성 털이 없다.
      3. 잎자루와 중축의 횡단면은 V자형이고, 포막은 말굽모양 또는 갈고리형이다. ······ **개고사리속 *Athyrium* 405**
      3. 잎자루와 중축의 횡단면은 U자형이고, 포막은 대부분 선형이다. ······ **주름고사리속 *Diplazium* 409**
   2. 중축의 홈은 우축의 홈과 이어지지 않으며, 다세포성 털이 있다. ······ **진고사리속 *Deparia* 408**
1. 포막이 없다. ······ **뿔고사리속 *Cornopteris* 407**

진퍼리개고사리, 제주, 2016.4.18.

속명	중축과 우축의 홈	다세포성 털	중축과 우축 모서리의 돌기	포막
개고사리속	연결됨	없음	있음	선형, 갈고리형, 말굽형 등 다양
주름고사리속	연결됨	없음	없음	선형
진고사리속	연결 안 됨	있음	없음	원형, 갈고리형, 선형
뿔고사리속	연결됨	약간 있음	있음	없음

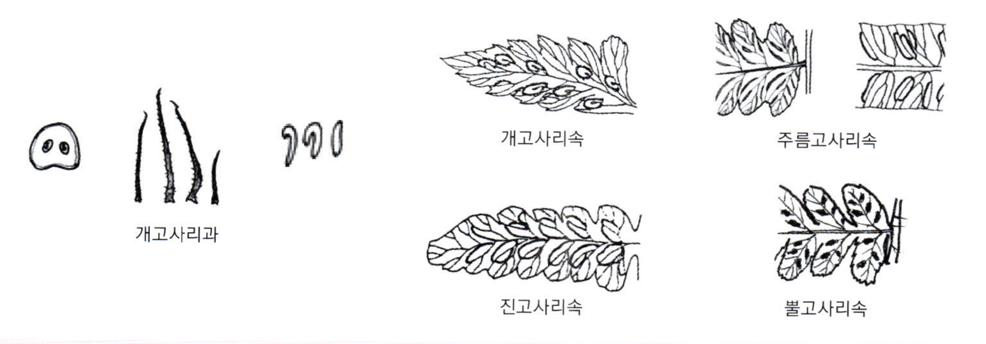

개고사리속 *Athyrium* Roth, Tent. Fl. Germ. 3: 31, 58, 1799

中 蹄盖蕨属
E Lady Fern Genus
日 Inu-warabi Zoku

분류군수 180여 종(한반도 16종 4교잡종)
분포 열대에서 한대지역

여러해살이풀로 지생한다. **뿌리줄기** 대부분 단단하고 곧게 서거나, 드물게 옆으로 긴다. 잎자루 기부가 오래도록 남아있으며, 잎이 모여나거나 가까이 또는 떨어져 난다. 비늘조각은 대부분 얇으며, 난상 피침형 또는 좁은 피침형으로 연한 갈색이거나 검은 갈색이다. **잎자루** 표면에 홈이 지고 흔히 홈에 털이 있으며, 기부가 부풀어 있고, 비늘조각이 있다. **잎몸** 1~3회 우상으로 갈라지고, 중축과 우축의 홈이 연결되며, 모서리와 홈에 짧은 가시가 있거나 없다. **잎맥** 유리하고, 흔히 작은 맥 또는 잎 표면의 맥 사이에 가시 같은 돌출물이 있다. **포자낭군** 긴타원형 또는 구형, 말굽형, J자형, 선형이며, 잎맥을 따라 붙어 있다. **포막** 선형, J자형, 말굽형, 긴타원형, 초승달형, 둥근 신장형이며, 가장자리는 들쑥날쑥하다.

❖ **강원고사리**[*A. nakaii* Tagawa, Acta Phytotax. Geobot. 2(3): 195, 1933]는 금강산에 분포하는 한국 특산식물로 알려졌으나[이창복(1980), 이우철(1996) 금강고사리(이창복, 1969)], 소우편의 기부는 자루가 없이 우축에 연결되고, 포자낭군은 중륵 가까이에 붙으며, 포막이 둥근 신장형인 이 종은 중국식물지에서 바위틈고사리(*Dryopteris goeringiana*)의 이명으로 처리하고 있다.

❖ **지리산고사리**[*A. excelsius* Nakai, Feddes Repert. 13: 243, 1914 & Bot. Mag. (Tokyo) 28: 517, 1914]는 참새발고사리와 유사하나 잎이 보다 길고, 열편의 톱니가 뭉뚝하고 중축이 녹색인 점이 달라서 지리산, 백양산 등에 분포하는 특산식물로 박만규(1961), 이창복(1980), 이우철(1996) 등에 기재되었으나 구별할 만한 식물이 발견되지 않고 있다.

❖ **그늘개고사리**(*A. koryoense* Tagawa, J. Jap. Bot. 22: 160, 1948)는 광릉에 분포하는 한국 특산식물로 박만규(1961), 이창복(1980), 이우철(1996) 등에 알려졌으나, 참새발고사리와 뱀고사리의 잡종에 의해 나타난 종으로 추정된다.

❖ **산뱀고사리**[*A. nikkoense* Makino, Bot. Mag. (Tokyo) 17: 43, 1903]는 제주도에 분포하는 것으로 기재되었다(박만규, 1961, 1975; 이창복, 1980; 이우철, 1996). 특징은 뱀고사리보다 우편의 폭이 좁고, 포자낭군이 우편 중륵의 양쪽에 각 한 줄로만 배열하는 것으로 구분하지만 확인하지 못했다.

❖ **산고사리**[*A. alpestre* (Hoppe) Clairv., Man. Herbor. Suisse xx, 1811]는 포자낭군이 거의 원형이고, 포막이 잘 발달하지 않고, 주로 고산에 나는 종으로 우리나라 북부, 일본, 러시아, 유럽, 북미에서 서식하는 것으로 정태현 등(1937), 박만규(1961), 이창복(1980) 등에 기재하고 있으나 확인되지 않고 있다.

개고사리속의 종 검색표

1. 뿌리줄기는 짧게 또는 길게 옆으로 벋으며, 잎은 떨어져 나거나, 간혹 가까이 나온다.
    2. 땅속줄기는 길게 옆으로 벋는다.
        3. 잎몸은 1회 우상으로 갈라지고, 우편은 천열~중열 드물게 심열한다. ························ **개톱날고사리 *A. sheareri*** 411
        3. 잎몸은 2~3회 우상으로 갈라진다.
            4. 잎몸은 난형, 또는 난상 긴타원형이고, 맨 아래 우편은 기부가 좁아지지 않는다. ············· **개고사리 *A. niponicum*** 412
            4. 잎몸은 삼각형이고, 맨 아래 우편의 기부가 좁아진다. ································ **두메개고사리 *A. spinulosum*** 414
    2. 땅속줄기는 짧게 옆으로 벋는다.
        5. 땅에 나며, 잎몸은 삼각상이고, 우편은 자루가 뚜렷하다. ································ **광릉개고사리 *A. concinnum*** 413
        5. 바위틈에 나며, 잎몸은 도란상 피침형이고, 우편은 자루가 없다. ·························· **물뱀고사리 *A. fallaciosum*** 416
1. 뿌리줄기는 짧고, 비스듬히 서거나 직립하며, 잎은 모여난다.
    6. 포막의 가장자리는 가늘게 찢어져 털모양이 된다.
        7. 잎몸은 넓은 난상 피침형으로 최하부 우편은 약간 아래로 처진다.
            8. 잎자루의 비늘조각은 흑색이고 광택이 있으며 심하게 비틀린다. ······················ **북새발고사리 *A. melanolepis*** 419
            8. 잎자루의 비늘조각은 갈색 또는 어두운 갈색 막질이며 약간 비틀린다.
                9. 잎자루와 중축은 자갈색이고, 샘털이 밀생한다. ···································· **참새발고사리 *A. monomachii*** 420
                9. 잎자루와 중축은 볏짚색이고, 표면 홈에만 샘털이 있다. ··························· **섬고사리 *A. acutipinnulum*** 421
        7. 잎몸은 난상 삼각형이고, 최하부 우편은 아래로 쳐지지 않는다. ······················ **구슬개고사리 *A. deltoidofrons*** 423
    6. 포막의 가장자리는 털처럼 갈라지지 않고 가장자리는 밋밋하다.
        10. 우편은 자루가 거의 없거나 4mm 이하다.
            11. 잎은 하록성이다.
                12. 잎몸은 1~2회 우상이고, 소우편의 중륵에는 가시 같은 돌기가 없다.
                    13. 잎몸은 중앙 아래우편이 아래로 쳐진다. ······························ **거꾸리개고사리 *A. reflexipinnum*** 418
                    13. 잎몸은 최하부 우편만 약간 아래로 쳐진다.
                        14. 잎몸은 피침형으로 포자낭군은 소우편의 중륵과 가장자리의 중간에 붙는다. ··· **뱀고사리 *A. yokoscense*** 415
                        14. 잎몸은 난상 삼각형으로 포자낭군은 소우편의 중륵 가까이에 붙는다. ············ **산개고사리 *A. vidalii*** 422
                12. 잎몸은 2~3회 우상이고, 소우편의 중륵에는 긴 가시 같은 돌기가 있다. ·········· **가는잎개고사리 *A. iseanum*** 424
            11. 잎은 상록성이다. ··· **골개고사리 *A. otophorum*** 425
        10. 우편은 자루가 길이 4~10mm이다.
            15. 소우편은 기부 앞쪽의 열편이 특히 커서 서로 겹치며, 우축에 털이 없다. ··················· **암뱀고사리 *A. clivicola*** 426
            15. 소우편은 기부 앞쪽 열편이 약간 크고, 겹치지 않으며, 우축에 털이 있다. ················ **넓은잎개고사리 *A. wardii*** 427

종명	뿌리줄기	잎몸 분기	잎몸 모양	우편자루	포막 가장자리
개톱날고사리	길게 벋음	1회 우상	넓은 난상 피침형	있음	잘게 갈라짐
개고사리	길게 벋음	2~3회 우상	난상 긴타원형	있음	불규칙한 돌기
광릉개고사리	짧게 벋음	2~3회 우상	난형, 난상 삼각형	있음	불규칙한 돌기
두메개고사리	길게 벋음	3회 우상	삼각형	있음	잘게 갈라짐
물뱀고사리	짧게 벋음	1회 우상	선상 도피침형	없음	불규칙한 돌기
뱀고사리	짧게 섬	2회 우상	난상 피침형, 피침형	거의 없음	밋밋함
거꾸리개고사리	짧게 섬	1회 우상	피침형	거의 없음	불규칙한 돌기
북새발고사리	짧게 섬	2회 우상	긴타원상 피침형	거의 없거나 짧게 있음	잘게 갈라짐
참새발고사리	짧게 섬	2회 우상	넓은 난상 피침형	거의 없음	잘게 갈라짐
섬고사리	짧게 섬	2회 우상	긴타원형	짧게 있음	잘게 갈라짐
구슬개고사리	짧게 김	2회 우상	난형, 난상 삼각형	짧게 있음	잘게 갈라짐
산개고사리	짧게 섬	2회 우상	난형, 난상 삼각형	거의 없거나 짧게 있음	밋밋하거나 불규칙한 돌기
가는잎개고사리	짧게 섬	2~3회 우상	난형, 난상 타원형	있음	밋밋하거나 불규칙한 돌기
골개고사리	짧게 섬	2회 우상	난형, 난상 삼각형	거의 없음	밋밋하거나 불규칙한 돌기
암뱀고사리	짧게 섬	2회 우상	타원형, 긴타원형	있음	밋밋하거나 불규칙한 돌기
넓은잎개고사리	짧게 섬	2회 우상	삼각형, 넓은 난형	있음	밋밋하거나 불규칙한 돌기

❖ **산중개고사리**[*A. epirachis* (Christ) Ching, Index Filic., Suppl. 3: 41, 1934]는 잎자루에 붉은빛이 나며, 거의 털이 없고, 기부에 비늘조각이 많이 있다. 비늘조각은 선상 피침형이며, 암갈색이고, 가장자리가 밋밋하다. 잎몸은 1~2회 우상으로 갈라지며, 넓은 피침형으로, 아랫부분이 가장 넓고, 대부분 우편이 깊게 갈라지며, 중축은 표면에 홈이 있고, 우축과 연결되며, 소우축 기부에 가시모양의 돌기가 있다. 우편은 20~22쌍이 어긋나고, 중간 아래가 거의 평행한 피침형이며, 자루는 극히 짧거나 없다. 열편은 난형 또는 타원형이며, 끝이 둥글거나 뭉뚝하고, 가장자리에 톱니가 있다. 잎맥은 유리맥으로 1~3회 분기한다. 포자낭군은 우축 또는 소우편의 중륵에 가깝게 붙고, 포막은 선형 또는 긴타원형으로 막질이며, 가장자리가 거의 밋밋하다. 제주도 숲속에 소수가 서식하는 것으로 김철환 등(2005)에 의해 알려진 식물이나 그 이후 개체가 발견되지 않고 있다.

뿔고사리속 *Cornopteris* Nakai, Bot. Mag. (Tokyo) 44: 7, 1930

中 角蕨属
日 Shikechi-shida Zoku

분류군수 16종(한반도 3종)
분포 대부분 아시아지역

습한 곳에서 자라는 여러해살이풀이다. **뿌리줄기** 옆으로 긴다. **잎** 1가지 모양으로 가깝게 또는 드문드문 거리를 두고 나온다. **잎자루** 기부가 부풀어져 있고, 피침형, 또는 넓은 피침형의 비늘조각이 드문드문 붙는다. **잎몸** 1~3회 우상으로 갈라지고, 난형, 긴타원형이며, 부드러운 초질이고, 열편에 둔한 톱니가 있다. 중축과 우축은 표면의 좁은 모서리들 사이에 넓은 홈이 있다. 우축과 소우편의 중륵 기부의 홈에 뿔모양의 돌기가 있기도 하고, 다세포로 가늘고 긴 부드러운 털이 다소 있다. **잎맥** 단순하거나 Y자로 유리하며, 가장자리까지 도달하지 않는다. **포자낭군** 맥 위에 생기고, 긴타원상 선형, 구형 또는 긴타원형이다. **포막** 없다.

뿔고사리속의 종 검색표

1. 잎몸은 2~3회 우상으로 갈라지고, 중륵의 표면에 가시나 돌기가 거의 발달하지 않으며, 포자낭군은 원형 또는 타원형이다. .... **응달고사리 *C. crenulatoserrulata*** 430
1. 잎몸은 1~2회 우상으로 갈라지고, 중륵의 표면에 가시나 돌기가 뚜렷이 발달하며, 포자낭군은 긴타원형~선형이다.
   2. 소우편은 깊게 갈라지며, 소우편의 끝이 뾰족하고, 우편의 중간 아래의 소우편은 날개로 흐르지 않으며, 우축 뒷면에 털이 많이 있다. .... **지리산숲고사리 *C. christenseniana*** 431
   2. 소우편은 얕게 갈라지며, 최종열편의 끝이 둥글거나 뭉뚝하고, 소우편의 기부가 날개로 흐르며, 우축 뒷면에 털이 거의 없다. .... **뿔고사리 *C. decurrenti-alata*** 432

종명	잎몸	중륵의 표면에 가시나 돌기	우측 뒷면의 털	포자낭군
응달고사리	2회 이상 우상	거의 발달 안 함	없거나 있음	원형, 타원형
지리산숲고사리	2회 우상	뚜렷이 발달함	많음	긴타원형~선형
뿔고사리	1~2회 우상	뚜렷이 발달함	없거나 있음	긴타원형~선형

진고사리속 ***Deparia*** Hook. & Grev., Icon. Filic. 2: 154, 1830

中 对囊蕨属
E False Spleenwort Genus
日 Ooshike-shida Zoku

분류군수 70여 종(한반도 13종 1변종 1품종 2교잡종)
분포 아시아, 열대 아프리카, 오스트레일리아, 마다가스카르, 태평양의 섬 등 열대·온대지역

대부분 하록성이나 드물게 상록성인 여러해살이풀이다. **뿌리줄기** 길게 기거나 비스듬히 서며, 비늘조각이 있다. 비늘조각은 흑색 또는 갈색이며, 밋밋하거나 드물게 잔돌기가 있다. **잎자루** 잎몸 길이의 1/2~1/3이고, 대부분 기부가 부풀어 있으나 간혹 부풀지 않으며, 비늘조각을 가지고, 흔히 다세포성 털이 있다. **잎몸** 1~2회 우상으로 갈라지며, 피침형, 긴타원형 또는 난상 피침형이다. 중축은 표면에 다세포성 털이 있으며, 홈이 있으나 우축과 연결되지 않는다. **우편** 어긋나고, 우축이나 중축이 좁은 날개로 연결되고, 우축에 다세포성 털이 있다. **열편** 가장자리가 밋밋하거나 톱니가 있다. **잎맥** 유리맥으로 단순하며 또는 약간 굽어있다. **포자낭군** 원형, 고리모양이거나 선형으로 잎맥과 열편 가장자리 사이에 1줄로 붙는다. **포막** 원형 또는 말굽모양, 고리모양 또는 선형이다.

◆ 진고사리속(*Deparia*)은 Kato(1984)에 의해 3개의 절[진퍼리개고사리절(*Dryoathyrium*), 곱새고사리절(*Lunathyrium*), 진고사리절(*Athyriopsis*); J. Fac. Sci. Univ. Tokyo, Bot. 13(4): 401, 1984]로 세분된 바 있다.

진고사리속의 종 검색표

1. 잎몸은 단엽이고 포자낭군은 길게 붙는다. .... **버들참빗 *D. lancea*** 433
1. 잎몸은 1~2회 우상으로 갈라지고, 포자낭군은 선형, 말굽형, 또는 둥근형이다.
   2. 잎몸은 2회 우상으로 갈라진다.
      3. 소우편은 중간 정도까지 갈라지고, 포막은 원형이거나 말굽모양이다. .... **진퍼리개고사리 *D. okuboana*** 434
      3. 소우편은 2/3 이상 깊게 갈라지고, 포막은 말굽모양과 갈고리형이다. .... **푸른개고사리 *D. viridifrons*** 435

2. 잎몸은 1회 우상으로 갈라진다.
   4. 뿌리줄기는 굵고, 짧게 서거나 기며, 잎자루의 기부는 부풀어 오르고, 통기공이 있으며, 포막은 두껍다.
      5. 우축은 날개가 없고, 잎맥은 단순하다.
         6. 뿌리줄기는 직립하거나 비스듬히 서고, 잎자루와 중축에 비늘조각과 털이 거의 없다. ………… **털고사리 *D. pycnosora* 436**
         6. 뿌리줄기는 거의 직립하고, 잎자루와 중축에 비늘조각과 털이 밀생한다. ………… **흰털고사리 *D. pycnosora* var. *albosquamata* 437**
      5. 우축은 날개가 있고, 잎맥은 수회 분기한다.
         7. 열편은 선상 긴타원형으로 포막 표면은 돌기가 없다. ………… **왕고사리 *D. pterorachis* 438**
         7. 열편은 긴타원형으로 포막 표면은 수포모양의 돌기가 있다. ………… **곱새고사리 *D. coreana* 439**
   4. 뿌리줄기는 가늘고, 길게 기며, 잎자루의 기부는 특히 부풀어지지 않고, 통기공도 없으며, 포막은 얇다.
      8. 포막에 털이 없다.
         9. 영양엽에 비해 포자엽이 커서 뚜렷이 구별된다.
            10. 포막은 긴타원형이거나 갈고리형이고, 가장자리에 불규칙한 돌기가 있다. ………… **좀진고사리 *D. conilii* 442**
            10. 포막은 흔히 선상 긴타원형이고, 가장자리는 어릴 때 아래로 말려 매끈해 보인다. ………… **긴진고사리 *D. lushanensis* 443**
         9. 영양엽과 포자엽의 크기 차이가 거의 없어 구별이 안 된다.
            11. 포막은 선상 긴타원형이고, 가장자리는 어릴 때 아래로 말려 매끈해 보인다. ………… **진고사리 *D. japonica* 444**
            11. 포막은 긴타원형이고, 가장자리에 치아상 돌기가 있다. ………… **탐라진고사리 *D.petersenii* 445**
      8. 포막에 털이 있다.
         12. 맨 아래 우편은 눈에 띄게 크다. ………… **나도좀진고사리 *D. pseudoconilii* 446**
         12. 맨 아래 우편은 눈에 띄게 크지 않다.
            13. 잎자루에 비늘조각이 밀생하고, 포막 가장자리에 불규칙한 돌기가 있다. ………… **털진고사리 *D. kiusiana* 447**
            13. 잎자루에 비늘조각이 드문드문 있고, 포막은 어릴 때 가장자리가 아래로 말려 매끈하게 보인다. ………… **큰진고사리 *D. dimorphophylla* 448**

주름고사리속 ***Diplazium*** Sw., J. Bot. (Schrader) 1800(2): 61, 1801

中 双盖蕨属
E Twin-sorus Fern Genus
日 Hera-shida Zoku

분류군수 약 400여 종(한반도 9종 1변종)
분포 열대, 아열대, 온대지역

여러해살이풀로 지생한다. **뿌리줄기** 곧게 서거나 길게 기며, 비늘조각은 갈색에서 검은색이고, 대부분 좁은 선상 피침형이며, 투명하지 않고, 가장자리가 밋밋하거나 또는 가시모양의 잔돌기가 있다. **잎자루** 기부에 비늘조각이 있고 흩어져 있다. **잎** 단단한 초질에서 가죽질까지 있다. **잎몸** 드물게 단엽이고, 대부분 1~3회 우상으로 갈라진다. 뒷면은 털이 없이 매끄럽고, 중축에 홈이 있으며 우축의 홈과 넓게 연결된다. **잎맥** 유리맥이다. **포자낭군** 선형 또는 긴타원형이고, 잎맥을 따라 기부나 중간에 붙어있고, 대부분 1개 또는 2개씩 겹쳐 있으며, 거의 열편의 기부 쪽 맥 위에 2개씩 겹쳐난다. **포막** 선형이고, 가장자리가 밋밋하거나 무딘 톱날 같다.

◆ 주름고사리속(*Diplazium*)의 많은 식물들은 Ching(1964)에 의해 *Allantodia* R. Br.속으로 옮겨지기도 하였으나, Ebihara et al.(2011)의 분자계통학적 연구에 의하면 *Allantodia*속에 속하는 두메고사리(*D. sibiricum*)와 내장고사리(*D. squamigerum*)는 주름고사리속 식물과 함께 단계통으로 나타났다. 따라서 아직 속을 분리하는 것은 시기상조라 보고 두 속을 합친 주름고사리속으로 다루었다.

❖ **개톱고사리**(*D. okudairae*)는 국내 자생하는 것으로 알려졌으나, 확인되지 않아 제외하였다.

❖ **제주암고사리**(*D. taquetii* C.Chr., Bull. Acad. Int. Géogr. Bot. 21: 69, 1911)는 제주도에 분포한다고 박만규(1961, 1975)에 기재되었으나 발견되지 않고 있다. 포자 표면에 가시 같은 돌기가 있어 유사종들과 구분된다.

주름고사리속의 종 검색표

1. 잎몸은 1회 우상으로 갈라진다.
   2. 우편은 가장자리에 톱니가 있고, 기부에 뚜렷하게 귀가 발달하며, 포자낭군은 우편의 중륵 가까이에 붙는다. ……… **주름고사리 *D. wichurae*** 452
   2. 우편은 가장자리가 중간까지 갈라지고, 기부에 귀가 발달되지 않으며, 포자낭군은 열편의 중륵 가까이에 붙는다. ……… **긴주름고사리 *D. mettenianum*** 453
1. 잎몸은 2회 이상 우상으로 갈라진다.
   3. 잎자루의 비늘조각은 가장자리에 돌기가 있다.
      4. 상록성이다.
         5. 잎자루의 비늘조각은 넓은 피침형~피침형으로 일찍 떨어진다. ……… **섬잔고사리 *D. hachijoense*** 460
         5. 잎자루의 비늘조각은 좁은 피침형~선상 피침형으로 오래 남아있다. ……… **검정비늘고사리 *D. virescens*** 454
      4. 하록성이다.
         6. 키는 1m 이하이고, 소우편은 끝이 둔하거나, 짧게 뾰족하다.
            7. 뿌리줄기는 굵고, 짧게 긴다. ……… **내장고사리 *D. squamigerum*** 455
            7. 뿌리줄기는 가늘고, 길게 긴다.
               8. 우축, 소우축에 털이 있다. ……… **두메고사리 *D. sibiricum*** 456
               8. 우축, 소우축에 털이 없다. ……… **민두메고사리 *D. sibiricum* var. *glabrum*** 457
         6. 키는 1m 이상이고, 소우편은 끝이 길게 뾰족하다. ……… **큰섬잔고사리 *D. nipponicum*** 459
   3. 잎자루의 비늘조각은 가장자리에 돌기가 없다.
      9. 뿌리줄기는 가늘고, 길게 벋으며, 포자낭군은 열편의 중륵에 맞대어 어긋나게 붙는다. ……… **큰개고사리 *D. mesosorum*** 458
      9. 뿌리줄기는 굵고, 짧게 벋으며, 포자낭군은 열편의 중륵 가까이에 평행하게 붙는다. ……… **암고사리 *D. chinense*** 461

종명	잎몸	뿌리줄기	포막의 가장자리	포자낭군의 위치
주름고사리	1회 우상	길게 김	밋밋함	중륵 가까이
긴주름고사리	1회 우상	길게 김	밋밋함	중륵과 가장자리 중간
검정비늘고사리	2회 우상	길게 김	불규칙하게 갈라짐	중륵과 가장자리 중간
내장고사리	2회 우상	짧게 김	불규칙하게 갈라짐	중륵 가까이
두메고사리	2회 우상	길게 김	불규칙하게 갈라짐	중륵 가까이
민두메고사리	2회 우상	길게 김	불규칙하게 갈라짐	중륵 가까이
큰개고사리	3회 우상	길게 김	밋밋함	중륵 가까이
큰섬잔고사리	2회 우상	짧게 김	불규칙하게 갈라짐	중륵 가까이
섬잔고사리	2회 우상	짧게 김	밋밋하거나 불규칙하게 갈라짐	중륵과 가장자리 중간
암고사리	3회 우상	짧게 김	불규칙하고 얕게 갈라짐	중륵 가까이

개톱날고사리

***Athyrium sheareri* (Baker) Ching in C.Chr.**, Index Filic. Supple. 3: 44, 1934
Nephrodium sheareri Baker, J. Bot. 13: 200, 1875.
Anisocampium sheareri (Baker) Ching in Y. T. Hsieh, Acta Bot. Yunnan. 7: 314, 1985

Gae-top-nal-go-sa-ri (박만규, 1961, 1975; 이창복, 1980; 등[1])
톱날고사리아재비(박만규, 1949)
中 华东安蕨 E Shallow-tooth lady fern
日 Uraboshi-nokogiri-shida

염색체수 n = 60, 80 **포자기** 6~9월 **용도** 관상용
분포 전남, 제주도, 산지의 숲속이나 가장자리에서 자람; 일본, 중국

상록성 여러해살이풀로 지생한다. **키** 40~70cm이다. **뿌리줄기** 지름 약 3mm로 가늘고, 길게 기며, 소수의 잎이 드문드문 나오며, 비늘조각이 있다. **잎** 다소 2가지 모양으로 포자엽이 영양엽보다 크다. **잎자루** 길이 20~40cm이고, 가늘며, 털이 없다. 볏짚색 또는 연녹색이나 중축과 더불어 다소 적자색을 띠며, 비늘조각이 드문드문 붙는다. 비늘조각은 선상 피침형으로, 끝이 길게 뾰족하고, 갈색이며, 가장자리가 밋밋하고, 막질이며, 길이 3~5mm이다. **잎몸** 1회 우상으로 갈라진다. **영양엽** 넓은 피침형 또는 넓은 난형이다. **포자엽** 난상 삼각형 또는 긴타원형으로 영양엽보다 더 크고 곧추선다. 중축과 우축 양면에 흰색 잔털이 드문드문 있다. 길이 20~30cm, 너비 10~20cm이며, 종이질이고, 끝이 꼬리처럼 길게 뾰족하다. **우편** 5~8쌍이며, 피침형 또는 넓은 피침형이고, 위쪽 우편은 중축으로 흐르며, 맨 아래 우편은 짧은 자루가 있다. **열편** 끝이 뭉뚝하고 가장자리에 톱니가 있다. **포자낭군** 원형 또는 타원형이고, 우편 또는 열편의 중륵 가까이에 붙는다. **포막** 둥근 신장형 또는 원형이고, 가장자리에 톱니가 있다.

1. 전남 신안, 2023.10.8.
2, 3. 포자엽의 새잎, 평강식물원, 2003.5.27.
4. 포자엽, 평강식물원, 2003.5.30.
5. 우편의 앞면, 전남 신안, 2023.10.8.
6. 우편의 뒷면, 전남 신안, 2023.10.8.
7. 포자낭군, 전남 신안, 2023.10.8.
8. 제주, 2023.2.6.

개고사리

Athyrium niponicum **(Mett.) Hance**, J. Linn. Soc., Bot. 13: 92, 1873
Asplenium niponicum Mett. Ann. Mus. Bot. Lugduno-Batavi 2: 240, 1866
Anisocampium niponicum (Mett.) Y.C.Liu, W.L.Chiou & M.Kato, Taxon 60(3): 828, 2011

Gae-go-sa-ri (정태현 등, 1937; 정태현 등, 1949; 박만규, 1961, 1975; 이창복, 1980; 등[1])
새고비(박만규, 1949), 물개고사리(박만규, 1961)
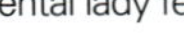 中 日本安蕨  E Oriental lady fern 日 Inu-warabi

염색체수 n = 40 **포자기** 7~9월 **용도** 식용
분포 전역, 저산지 숲 주변에서 흔히 자람; 일본, 중국, 타이완, 베트남

하록성 여러해살이풀로 지생한다. **키** 45~70cm 이다. **뿌리줄기** 지름 2~3mm로 가늘고, 옆으로 길게 기며, 잎이 드문드문 나오고, 적갈색이다. 비늘조각은 막질이고, 길이 4~6mm이며, 피침형이다. **잎자루** 길이 20~40cm이고, 볏짚색이며, 우축과 더불어 붉은 자색을 띤다. **잎** 영양엽과 포자엽이 뚜렷한 2가지 모양이다. **잎몸** 2~3회 우상으로 갈라지고, 난상 긴타원형 또는 좁은 난형이다. 윗부분이 갑자기 좁아져 긴꼬리모양이며, 길이 25~35cm이고, 너비 12~25cm이다. **우편** 6~10쌍으로 어긋나고, 피침형이며, 자루는 길이 0.3~1.5cm이다. 위에서 약간 구부러지며, 끝이 뾰족하고, 길게 자란다. **소우편** 12~15쌍이 어긋나고, 피침형이거나 넓은 피침형이며, 끝이 뭉뚝하거나 날카롭게 뾰족하다. 길이 1~3cm, 너비 3~12mm이고, 날카로운 톱니가 있다. **포자낭군** 약간 열편의 중록 가까이에 붙는다. **포막** 선형, 갈고리형, 말굽형 등 다양하며 가장자리가 불규칙하게 갈라진다.

*뿌리줄기는 옆으로 길게 기며, 잎몸의 윗부분이 갑자기 좁아져 긴꼬리모양으로 다른 종과 구별된다.

1. 경기 양평, 2022.5.1.
2. 새순, 충남 계룡산, 2009.4.29.
3. 뿌리줄기, 경기 포천, 2011.8.26.
4. 중심주, 경기 포천, 2022.6.24.
5. 소우편, 경기 포천, 2022.6.24.
6. 포자낭군, 경기 포천, 2023.7.12.
7. 포자낭군, 전남 화순, 2020.9.6.
8. 포막, 경기 포천, 2023.7.12. / 9. 포자
10. 백색 무늬가 들어간 잎몸, 경기 포천, 2004.5.22.

광릉개고사리

***Athyrium concinnum* Nakai**, Bot. Mag. (Tokyo) 45: 92, 1931

Gwang-neung-gae-go-sa-ri (정태현 등, 1949; 박만규, 1961, 1975; 이창복, 1980; 등[1])
털새고사리(박만규, 1949)
E Elegant lady fern 日 Koryo-innu-warabi

포자기 7~9월 **용도** 관상용
분포 강원, 경기, 전남, 숲속에서 자람; 한국 특산식물

하록성 여러해살이풀로 지생한다. **키** 45~70cm이다. **뿌리줄기** 짧게 옆으로 벋으며, 잎이 모여나며, 지름 2.5~5mm이다. 비늘조각은 밝은 갈색이고, 난상 피침형이며, 길이 1~7mm, 너비 0.1~0.9mm이다. **잎자루** 연한 황갈색이고, 길이 15~33cm이다. 기부에 있는 비늘조각은 밝은 갈색으로 선형 또는 선상 피침형이고, 길이 2~7mm, 너비 0.1~0.3mm이며, 털은 없다. **잎몸** 2~3회 우상으로 깊게 갈라지고, 난형 또는 난상삼각형이며, 길이 38~40cm, 너비 30~34cm이다. 중축과 우축은 기부를 제외하고 자줏빛이 도는 녹색이다. **우편** 선상 피침형이고, 길이 12~22cm이며, 자루는 1~1.5cm이고, 끝이 꼬리처럼 길어진다. **소우편** 긴타원형이고, 길이 3~5.7cm이다. **잎맥** 유리맥으로 3~4회 Y자로 갈라진다. **포자낭군** 약간 열편의 중륵 가까이에 붙는다. **포막** 말굽형, J자형 또는 초승달형으로 다양하며, 가장자리가 갈라진다. 길이 1.3~1.8mm, 너비 0.3~0.5mm이다.

이 종은 개고사리와 가장 유사하나, 잎몸 끝이 갑자기 좁아지지 않으며, 잎몸이 넓고, 뿌리줄기는 짧다. 그러나 이들 형질로 종의 확실한 구별이 어려워 이 종의 분류학적 위치에 관한 재검토가 필요하다.

1

2

3

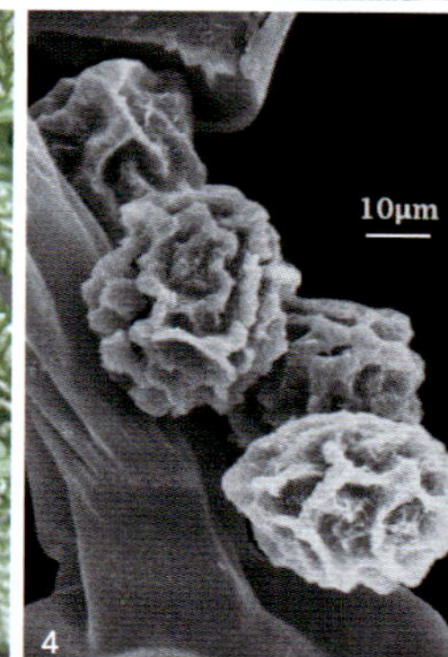

4

5

6

7

8

9

1. 경기 포천, 2014.6.5.
2. 어린잎, 경기 포천, 2014.6.5.
3. 포자낭군, 경기 죽엽산, 2003.6.19.
4. 포자
5. 전초, 충북 옥천, 2020.8.2.
6. 뿌리줄기, 충북 옥천, 2020.8.2.
7. 잎자루, 경기 포천, 2014.6.5.
8. 경북 경주, 2022.7.3.
9. 경기 포천, 2004.6.15.

두메개고사리

Athyrium spinulosum **(Maxim.) Milde**, Bot. Zeitung (Berlin) 24: 376, 1866

Du-me-gae-go-sa-ri (정태현 등, 1937; 박만규, 1975; 이창복, 1980; 등[1])
묏개고사리(박만규, 1949), 메개고사리(박만규, 1949)
中 假冷蕨 E High-mountain ladyfern
日 Karafuto-miyamashida, Miyama-inuwarabi

염색체수 n = 40 **포자기** 7~9월 **용도** 관상용
분포 백두산, 강원, 고산의 숲속에서 자람; 일본, 중국 북부, 히말라야, 러시아 동부

하록성 여러해살이풀로 지생한다. **키** 45~70cm이다. **뿌리줄기** 지름 1.5~2mm로 가늘고, 길게 벋으며, 잎이 드문드문 달리고 비늘조각에 싸인다. **잎자루** 중축과 더불어 볏짚색이고, 길이 25~40cm이며, 비늘조각이 아랫부분에 많고, 위로 갈수록 잘 떨어진다. 비늘조각은 피침형 또는 선상 피침형이고, 가장자리가 밋밋하며 연한 갈색이다. **잎몸** 3회 우상으로 갈라지고, 삼각형으로 끝이 뾰족하며, 길이 20~30cm이고, 너비가 길이보다 약간 길다. 표면에 털이 있으며, 맨 아래 첫째 우편이 가장 크고, 위로 가면서 좁아진다. 중축과 중륵 위에 가시모양의 매우 짧은 돌기가 있다. **우편** 약 12쌍이고, 기부의 첫 우편쌍을 제외하고는 약간 마주나며 짧은 자루가 있고, 끝이 뾰족하며, 아래로 갈수록 갑자기 좁아진다. **소우편** 소우축은 좁은 날개가 있다. **열편** 긴타원형이고, 끝이 뭉뚝하며, 가장자리의 톱니가 날카롭다. **포자낭군** 작으며 타원형 또는 원형으로 열편의 중륵 가까이에 붙는다. **포막** 타원형 또는 말굽모양으로, 가장자리가 잘게 갈라지며, 지름 1mm이다.

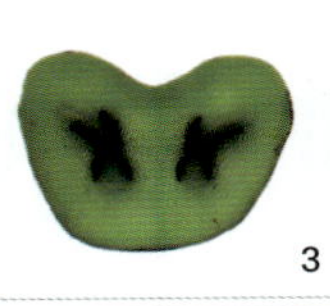

1. 백두산, 2019.7.5.
2. 새순, 강원 설악산, 2202.6.1. ⓒ이만규
3. 망상중심주, 강원 설악산, 2022.7.3. ⓒ이만규
4. 잎자루, 백두산, 2013.8.9.
5. 우편, 강원 설악산, 2015.7.18.
6. 포자낭군, 강원 설악산. 2022.6.1. ⓒ이만규
7. 백두산, 2019.7.5.

뱀고사리

***Athyrium yokoscense* (Franch. & Sav.) Christ**, Bull. Herb. Boissier 4: 668, 1896

Athyrium nikkoense Makino, Bot. Mag. (Tokyo) 17: 43, 1903)

Baem-go-sa-ri (정태현 등, 1937; 정태현 등, 1949; 박만규, 1961, 1975; 이창복, 1980; 등[1])

새고비(정태현 등, 1949), 풀고비(박만규, 1949)

中 禾秆蹄盖蕨 E Asian common ladyfern

日 Hebi-no-negoza

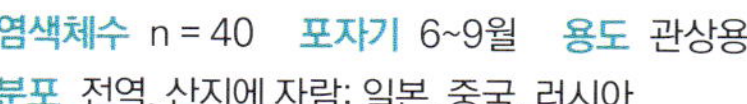

염색체수 n = 40 **포자기** 6~9월 **용도** 관상용

분포 전역, 산지에 자람; 일본, 중국, 러시아

하록성 여러해살이풀로 지생한다. **키** 35~55cm이다. **뿌리줄기** 곧게 또는 비스듬히 서고, 잎이 뭉쳐난다. **잎자루** 길이 15~30cm이며, 기부에 비늘조각이 많이 있다. 비늘조각은 피침형 또는 선형으로, 길이 약 5~9mm, 너비 약 2mm이고, 가장자리는 연한 갈색이며, 중앙부는 흑갈색을 띤다. **잎몸** 2회 우상으로 갈라지고, 피침형 또는 긴타원상 피침형으로, 길이 18~35cm, 너비 10~15cm이다. 비늘조각은 밝은 갈색 또는 갈색으로, 난상 피침형, 피침형 또는 선형이고, 길이 1~2mm이다. 중축과 우축의 홈이 연결된다. **우편** 피침형이며, 끝이 길게 뾰족하고, 길이 6~8cm, 너비 1~2cm로, 자루는 1mm 정도이거나 거의 없다. **소우편** 긴타원상 난형 또는 긴타원형으로, 기부 위쪽에 귀가 발달하며, 끝이 뾰족하고, 길이 약 0.7~1.2cm, 너비 4~6mm이다. 가장자리에 톱니가 있고, 중륵에 짧은 가시가 간혹 있다. **잎맥** 2~3회 Y자로 유리한다. **포자낭군** 열편의 중륵과 가장자리 중간에 붙는다. **포막** 긴타원형, J자형 또는 갈고리형으로, 가장자리가 밋밋하고, 길이 1~1.3mm, 너비 0.3~0.5mm이다.

1, 8, 9. 서울, 2020.5.20.
2. 새순, 강원 인제, 2022.6.25.
3. 잎자루 하부의 비늘조각, 강원 인제, 2022.6.25.
4. 우축의 표면, 전남 구례, 2023.8.31.
5. 포자낭군, 전남 구례, 2023.8.31.
6. 소우편과 포막, 전남 구례, 2023.8.31.
7. 포자
10. 경기 양평, 2024.5.1.

물뱀고사리

***Athyrium fallaciosum* Milde,** Fil. Eur. 6: 54, 1867.

Asplenium mongolicum Franch., Pl. David. 1: 351, 1884.

Athyrium subimbricatum Nakai, Bot. Mag. (Tokyo) 35: 131, 1921.

Mul-baem-go-sa-ri (이창복, 1980; 이우철, 1996)

中 麦秆蹄盖蕨　E False ladyfern

염색체수 n = 40　**포자기** 6~9월　**용도** 관상용

분포 강원, 산지의 그늘진 절벽 바위틈에서 자람; 중국, 만주, 몽고

하록성 여러살이풀로 바위틈에 착생한다. 키 30~50cm이다. **뿌리줄기** 짧게 기며, 잎이 가까이에 붙는다. **잎자루** 길이 5~9cm이고, 볏짚색이나 기부는 갈색이며, 기부에 비늘조각이 밀생한다. 비늘조각은 선상 피침형이고 흑갈색이다. **잎몸** 1회 우상으로 갈라지며, 선상 도피침형으로 20~24쌍의 우편이 있고, 하부 6~7쌍의 우편은 아래로 가면서 점차 좁아지며 중앙부위가 가장 넓고 위로 가면서 뾰족하다. 길이 25~40cm, 너비 6~8cm이고, 초질이며, 털이 없다. 중축은 때로 갈색 피침형 비늘조각이 있다. **우편** 우상으로 깊게 갈라지고, 중앙의 우편은 넓은 피침형으로 끝이 둔하거나 약간 뾰족하며, 길이 3~4cm, 너비 1.2~1.5cm이고, 기부의 우편은 삼각진 모양으로 작은 귀가 발달하며, 길이 1~1.2cm, 너비 약 7mm이다. 자루는 없다. **열편** 대략 7~8쌍이고, 기부 열편이 가장 크고, 난형 또는 긴타원형으로, 끝은 둔하고, 가장자리는 둔한 톱니가 있으며, 길이 7~8mm, 너비 5mm이다. **잎맥** 양면이 잘 보이고, 1회 우상으로 갈라지며, 단순하거나 Y자로 갈라진다. **포자낭군** 열편마다 2~3쌍이 측맥 중앙에 붙는다. **포막** 난상 신장형, 갈고리형이거나 말굽모양이며, 가장자리가 불규칙한 톱니모양으로 갈라진다.

1. 군락지, 강원 정선, 2016.10.1.
2. 잎자루 하부 비늘조각, 강원 정선, 2016.10.1.
3. 잎몸 중부의 중축과 우편, 강원 정선, 2016.10.1.
4. 우편과 포자낭군, 강원 정선, 2020.9.26.
5. 포막, 강원 정선, 2016.8.10.
6. 포막과 성숙한 포자낭, 강원 정선, 2016.8.10.
7. 잎몸, 강원 정선, 2016.10.1.

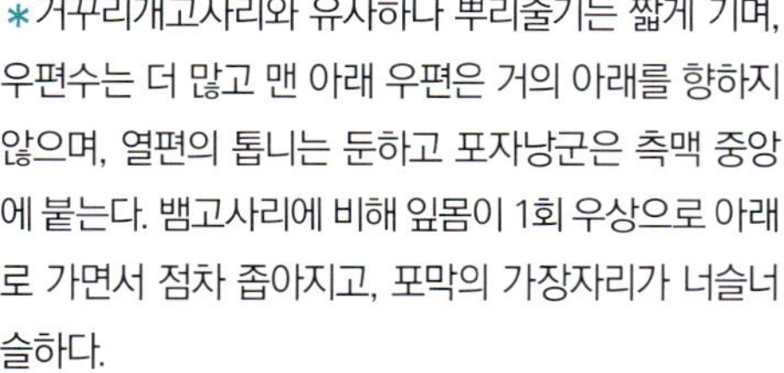

*거꾸리개고사리와 유사하나 뿌리줄기는 짧게 기며, 우편수는 더 많고 맨 아래 우편은 거의 아래를 향하지 않으며, 열편의 톱니는 둔하고 포자낭군은 측맥 중앙에 붙는다. 뱀고사리에 비해 잎몸이 1회 우상으로 아래로 가면서 점차 좁아지고, 포막의 가장자리가 너슬너슬하다.

8. 강원 정선, 2020.9.28
9, 10. 강원 정선, 2022.10.23.

거꾸리개고사리

Athyrium reflexipinnum **Hayata**, Icon. Pl. Formosan. 4: 234, f. 164, 1914

Geo-kku-ri-gae-go-sa-ri (박만규, 1975; 이창복, 1980; 등[10])
탐라뱀고사리(박만규, 1949)
中 逆叶蹄盖蕨 E Downward-leaf ladyfern
日 Sakaba-inuwarabi

염색체수 n = 40, 80 **포자기** 7~9월 **용도** 관상용
분포 제주도, 고산의 숲속이나 숲가장자리에서 자람; 일본, 중국, 타이완, 필리핀

하록성 여러해살이풀로 지생한다. **키** 25~35cm이다. **뿌리줄기** 작고 비스듬히 서거나 곧게 서며, 비늘조각이 밀생한다. 비늘조각은 흑갈색이고, 길이 7mm 이상, 너비 1mm이며, 잎이 모여난다. **잎자루** 잎몸보다 많이 짧으며 길이 5~10cm이고, 다소 붉은빛이 돌며 부풀어진 아랫부분에 비늘조각이 달린다. 비늘조각은 피침형 또는 좁은 피침형이고, 가장자리가 밋밋하며, 길이 2~3mm이고, 연한 갈색으로, 잘 떨어진다. **잎몸** 1회 우상으로 갈라지며, 넓은 피침형 또는 좁은 피침형이고, 아랫부분이 다소 좁아진다. 길이 20~25cm, 너비 4~5cm이며, 양면에 털이 없다. **우편** 윗부분의 것 외에는 아래로 처지며, 삼각상 피침형이고, 길이 2~2.5cm이다. 자루가 없으며, 맨 아래 열편이 가장 크다. **열편** 긴타원형 또는 타원형이고, 뾰족한 톱니가 있다. **포자낭군** 우축이나 열편의 중륵 가까이에 붙는다. **포막** 긴타원형 또는 갈고리형 간혹 말굽모양이며, 가장자리가 불규칙하게 갈라진다.

1. 제주 한라산, 2013.7.30.
2. 날카로운 열편 끝의 톱니, 제주 한라산, 2013.8.6.
3. 포막과 포자낭군, 제주 한라산, 2013.7.30.
4, 5. 제주 한라산, 2013.7.30.

북새발고사리

***Athyrium melanolepis* (Franch. & Sav.) Christ**, Bull. Herb. Boissier 4: 668, 1896

Buk-sae-bal-go-sa-ri (정태현 등, 1937; 박만규, 1961; 이창복, 1980; 등[8])

中 黑鱗蹄盖蕨　E Black-scale ladyfern

日 Miyama-meshida

염색체수 n = 40　**포자기** 7~9월　**용도** 관상용

분포 양강(백두산), 강원 북부, 수림 아래에서 자람; 일본, 중국

하록성 여러해살이풀로 지생한다. **키** 55~85cm이다. **뿌리줄기** 곧게 선다. **잎자루** 잎몸의 1/2 이하로, 주로 볏짚색이나 때로 붉은색이 돌며, 기부는 부풀어 있으며 위를 향한 비늘조각이 있다. 비늘조각은 거의 검은색이거나 검은 갈색이고, 광택이 나며, 가장자리가 밋밋하고, 많이 꼬이며, 피침형이고, 길이 5~10mm이다. **잎몸** 2회 우상으로 갈라지고, 긴타원상 피침형으로, 하부는 너비가 약간 좁아진다. 뒷면에 털이 없고, 길이 40~60cm, 너비 15~20cm이며, 초질이다. **우편** 20~22쌍으로, 피침형이고, 길이 10~18cm, 너비 2.5~4.5cm이며, 짧은 자루가 있거나 없다. **소우편** 약 22쌍으로, 넓은 피침형이고, 끝이 뾰족하거나 뭉뚝하며, 새깃처럼 깊게 갈라진다. **열편** 넓은 피침형이고, 끝이 뭉뚝하거나 둥글고 톱니가 있다. **포자낭군** 소우편의 중록 가까이에 나란히 붙는다. **포막** 초승달모양이거나 갈고리형이며, 가장자리가 잘게 갈라진다.

*유사종에 비하여 잎자루의 비늘조각이 검은색이고 광택이 있으며 많이 꼬이고, 잎몸은 2회 우상으로, 하부는 너비가 약간 좁아진다.

1, 6. 백두산, 2023.7.18. ⓒ이지열
2. 녹색의 잎자루 기부, 강원 화천, 2013.8.11. ⓒ김명수
3. 중축의 비늘조각, 강원 화천, 2013.8.11. ⓒ김명수
4. 포자낭군, 백두산, 2023.7.18. ⓒ이지열
5. 갈라진 포막과 포자낭군, 강원 화천, 2012.8.5. ⓒ김명수

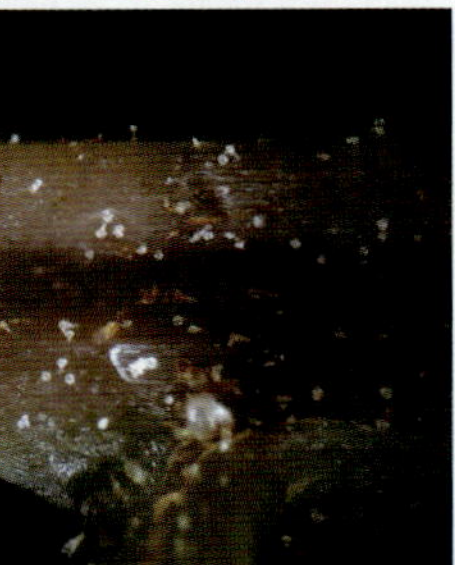

참새발고사리

***Athyrium monomachii* (Kom.) Kom.**,
Izv. Kievsk. Bot. Sada 13: 145, 1931
Athyrium brevifrons Nakai ex Kitagawa, Rep. First Sci. Exper. Manch. 4(2): 75, 1935

Cham-sae-bal-go-sa-ri (정태현 등, 1949; 박만규, 1975; 이창복, 1980; 등[7])
새발고사리(정태현 등, 1937; 이우철, 1996),
개관중(박만규, 1949), 긴새불고사리(박만규, 1961)
中 东北蹄盖蕨 E Glandular ladyfern
日 Ezo-meshida

염색체수 n = 40 **포자기** 6~9월
용도 약용(기침, 류머티즘 통증 및 화상), 관상용
분포 강원, 경기, 충북, 경북, 산지의 그늘진 숲속에서 자람; 일본, 중국

하록성 여러해살이풀로 지생한다. **키** 90~120cm이다. **뿌리줄기** 짧고, 곧게 서며, 흑갈색이고, 피침형 비늘조각이 밀생하고, 잎이 모여난다. **잎자루** 잎몸과 길이가 같거나 짧으며, 길이 25~45cm이고, 대부분 적갈색을 띠며 샘털이 밀생한다. 아랫부분이 부풀어 있고, 비늘조각이 많이 붙으며, 위로 올라갈수록 적어진다. 비늘조각은 넓은 피침형이고, 가장자리가 밋밋하며, 다소 비틀리고, 길이 약 15mm이며, 어두운 갈색이다. **잎몸** 3회 우상으로 갈라지고, 넓은 난상 피침형이다. 길이 50~80cm, 너비 20~40cm이고, 초질이며 털이 없다. 중축에 떨어지기 쉬운 비늘조각이 드문드문 붙고, 샘털이 밀생한다. **우편** 15~18쌍이다. **소우편** 우상으로 깊게 갈라지며, 자루가 거의 없다. **열편** 긴타원형 또는 타원형이고, 가장자리에 날카로운 톱니가 있다. **포자낭군** 소우축 가까이 붙는다. **포막** 긴타원형 또는 갈고리형이며, 막질이고, 가장자리는 잘게 갈라진다.

1. 경기 연천, 2020.5.16.
2. 새순, 경기 포천, 2008.4.13.
3. 샘털로 덮인 새순, 소백산, 2013.4.26.
4. 잎자루 하부의 비늘조각, 2004.6.10.
5. 중축의 샘털, 경기 포천, 2023.7.14.
6. 포자낭군, 경기 포천, 2023.7.14.
7. 성숙한 포자낭군, 경기 축령산, 2003.8.24.
8. 경기 포천, 2011.5.12.

섬고사리

***Athyrium acutipinnulum* Kodama ex Nakai**, Veg. Dagelet Isl. Cor. 13, 1918

Seom-go-sa-ri (정태현 등, 1949; 이창복, 1980; 등[6])
울릉고사리(박만규, 1949)
E Ulleungdo ladyfern

포자기 7~9월 **용도** 식용, 관상용
분포 강원, 울릉도, 그늘진 음습한 숲속에서 자람; 한국 특산종

하록성 여러해살이풀로 지생한다. **키** 40~80cm이다. **뿌리줄기** 덩이처럼 짧게 서며, 비늘조각이 있고, 잎이 모여난다. **잎자루** 길이 20~40cm로 잎몸의 길이와 거의 비슷하다. 기부에 흑갈색이고, 피침형이며, 가장자리가 밋밋한 비늘조각이 붙는다. **잎몸** 2회 우상으로 갈라지며, 긴타원형이고, 길이 20~40cm이다. **우편** 약 15쌍으로, 좁은 피침형이고, 점차 좁아져 끝이 꼬리처럼 길어지며, 짧은 자루가 있고, 우축에 비늘조각이 있다. **소우편** 피침형이고, 점차 뾰족해지며, 아랫부분이 우축으로 흘러 약간 날개같이 보인다. **열편** 긴타원형이고, 끝이 위로 굽으며, 가장자리에 톱니가 있다. **포자낭군** 소우편의 중륵 가까이에 붙는다. **포막** 선형 또는 갈고리형이고, 가장자리가 잘게 갈라진다.

＊참새발고사리와 유사하나 잎자루와 중축은 볏짚색이고, 잎자루와 중축의 홈에만 샘털이 있다.

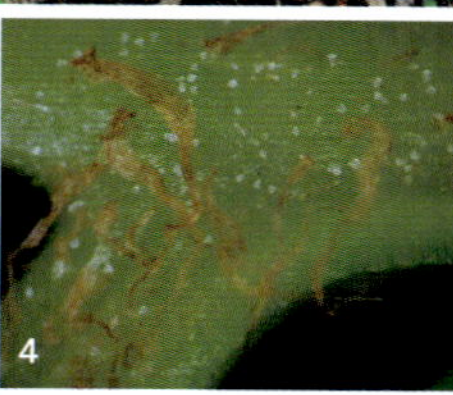
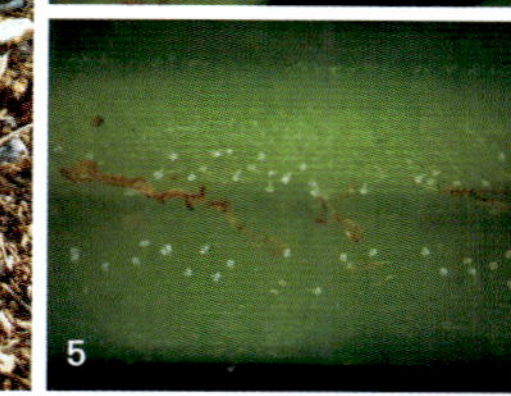

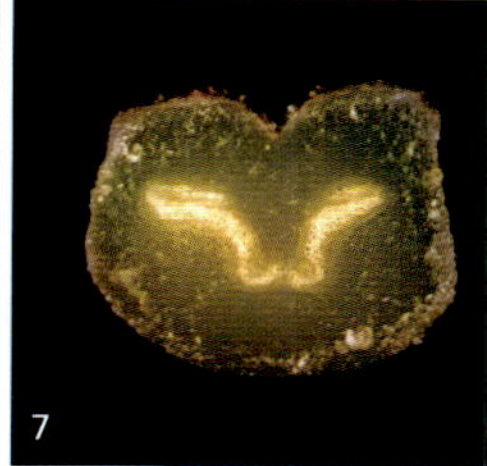

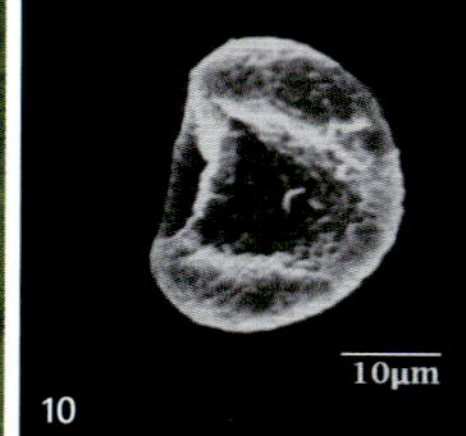

1. 경북 울릉, 2013.5.15.
2, 3. 새순, 평강식물원, 2012.4.17.
4. 우축 기부의 비늘조각과 별모양 샘털, 경북 울릉, 2023.6.14.
5. 별모양의 샘털, 경북 울릉, 2023.6.14.
6. 소우편, 경북 울릉, 2023.6.14.
7. 관상중심주, 경북 울릉, 2022.9.5.
8. 우축과 소우편 기부, 경북 울릉, 2023.6.14.
9. 포막, 경북 울릉, 2023.6.14.
10. 포자
11. 포막과 포자낭군, 경북 울릉, 2003.7.1.
12. 잎몸의 표면, 평강식물원, 2003.7.1.

산개고사리

Athyrium vidalii **(Franch. & Sav.) Nakai**, Bot. Mag. (Tokyo) 39(461): 110, 1925

Asplenium vidalii Franch. & Sav., Enum. Pl. Jap. 2: 229, 624, 1877

San-gae-go-sa-ri (정태현 등, 1937; 이창복, 1980; 등[1])
산골뱀고사리(박만규, 1975), 산골개고사리(박만규, 1961)
中 尖头蹄盖蕨 E Vidal' ladyfern
日 Yama-inuwarabi

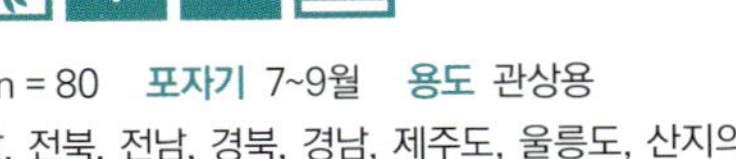

염색체수 n = 80 **포자기** 7~9월 **용도** 관상용
분포 충남, 전북, 전남, 경북, 경남, 제주도, 울릉도, 산지의 숲속에서 자람; 일본, 중국

하록성 여러해살이풀로 지생한다. **키** 50~100cm이다. **뿌리줄기** 짧고, 곧게 서며 끝은 비늘조각에 덮인다. **잎자루** 길이 20~50cm이고, 중축, 우축과 더불어 홍자색이거나 볏짚색이고, 아랫부분이 부풀어 있으며, 비늘조각이 많이 있다. 비늘조각은 선형 또는 피침형이고, 갈색으로, 가장자리가 밋밋하며, 길이 8~10mm이다. **잎몸** 2회 우상으로 갈라지며, 난형 또는 삼각상 난형으로 기부가 좁아지지 않는다. 길이 30~50cm, 너비 20~40cm이며, 끝이 갑자기 좁아져서 뾰족하고, 다소 단단한 초질이다. 중축과 우축이 만나는 곳에 가시 같은 돌기가 있기도 하다. **우편** 피침형 또는 넓은 피침형이며, 길게 뾰족하고, 약간 짧은 자루가 있거나 없다. **소우편** 삼각상 타원형이고, 끝이 뭉뚝하거나 약간 뾰족하며, 자루가 없다. 기부는 넓은 쐐기모양이며, 기부 위쪽 열편이 가장 크다. **열편** 긴타원형이며 끝이 뭉뚝하고, 가장자리에 톱니가 있다. **포자낭군** 소우편과 열편의 중륵 가까이에 붙는다. **포막** 길이 약 1~2mm이며, 선형이거나 갈고리처럼 꼬부라지고, 가장자리가 밋밋하거나 간혹 불규칙한 톱니가 있다.

1. 제주, 2022.5.15.
2. 새순, 평강식물원, 2012.4.9.
3. 우축 표면의 돌기, 제주, 2020.9.12.
4. 포자낭군, 제주, 2020.10.10.
5. 제주, 2012.6.10.

구슬개고사리

Athyrium deltoidofrons **Makino**, Bot. Mag. (Tokyo) 28(331): 178, 1914

Gu-seul-gae-go-sa-ri (박만규, 1961, 1975; 이창복, 1980; 등[1])

中 溪边蹄盖蕨 E Triangular-leaf ladyfern

日 Sato-meshida

염색체수 n = 120 **포자기** 7~9월 **용도** 관상용

분포 경남, 제주도, 계류가의 그늘진 숲속에서 자람; 일본, 중국 동부

하록성 여러해살이풀로 지생한다. **키** 70~120cm이다. **뿌리줄기** 덩이처럼 짧고, 위를 향해 서며, 잎이 모여난다. **잎자루** 길이 40~60cm이고, 잎몸과 길이가 거의 같으며, 끝이 뾰족하고, 아랫부분에 비늘조각이 밀생한다. 비늘조각은 난상 피침형 또는 피침형으로 길게 뾰족하고, 가장자리는 밋밋하며, 연한 갈색으로 길이 10~15mm이다. **잎몸** 2~3회 우상으로 깊게 갈라지고, 난형 또는 난상 삼각형으로, 아랫부분이 좁아지지 않는다. 길이 35~60cm, 너비 20~40cm이며, 연녹색이며 털이 없고, 얇은 초질이다. **우편** 15~20쌍이고, 삼각상 긴타원형으로 끝이 뾰족하다. 길이 15~30cm, 너비 4~7cm이다. 아랫부분이 좁아지지 않으며 짧은 자루가 있고, 소우편도 짧은 자루가 있다. 우축과 소우축이 갈라지는 곳에 작은 돌기가 있다. **열편** 긴타원형이고, 가장자리가 뾰족한 톱니에서 우상으로 갈라지는 등 변이가 심하다. **잎맥** 표면은 모호하나 뒷면이 뚜렷하고, 단순하거나 분기한다. **포자낭군** 소우축이나 열편의 중륵 가까이에 붙는다. **포막** 긴타원형 또는 갈고리형이며, 막질이고, 가장자리가 잘게 갈라진다.

1. 울산, 2013.6.27. ©김동언
2. 새순, 울산, 2013.6.29.
3. 잎자루의 비늘조각, 울산, 2013.6.29.
4. 갈고리형의 포막과 포자낭군, 울산, 2013.7.13.
5. 우축·소우편 중륵 위의 돌기, 울산, 2013.7.13.
6. 울산, 2013.6.27.

가는잎개고사리

***Athyrium iseanum* Rosenst.**, Repert. Spec. Nov. Regni Veg. 13: 124, 1913

Ga-neun-ip-gae-go-sa-ri (정태현 등, 1937; 박만규, 1961; 이창복, 1980; 등[1])
좀새고사리(박만규, 1949), 가는잎뱀고사리(박만규, 1975)
中 长江蹄盖蕨 E Narrow-leaf ladyfern
日 Hosoba-Inuwarabi

염색체수 n = 80 **포자기** 6~9월 **용도** 관상용
분포 전북, 전남, 경남, 제주도, 산지 음습한 곳에 자람; 일본, 중국

하록성 여러해살이풀로 지생한다. **키** 25~70cm이다. **뿌리줄기** 곧게 서고 잎이 모여난다. **잎** 약간 2가지 모양이다. **잎자루** 볏짚색이나 흔히 자주색을 띠며, 길이 10~25cm이고, 기부에 비늘조각이 있다. 비늘조각은 선상 피침형으로, 가장자리가 밋밋하며, 갈색이고, 막질이며, 길이 4~8mm이다. **잎몸** 2~3회 우상으로 갈라지고, 난형 또는 난상 타원형이며, 끝이 뾰족하다. 길이 20~45cm, 너비 15~20cm이며, 어릴 때 표면에 털이 있다. 각 축의 분기점에 길이 약 1mm의 가시모양의 돌기가 있다. 중축 위에 무성아가 생긴다. **우편** 10~20쌍이 어긋나고, 피침형이며, 끝이 길고 뾰족하며, 길이 3~4mm인 자루가 있다. **소우편** 10~14쌍, 긴타원상 난형 또는 긴삼각상 난형이다. 가장자리는 우상으로 깊게 갈라지며, 최하부 위쪽 열편이 보다 크게 발달하여 귀모양을 하며, 중륵 표면에 가시 같은 돌기가 있다. **열편** 4~6쌍으로, 긴타원형이며, 날카로운 톱니가 있다. **포자낭군** 소우편의 중륵 가까이 붙는다. **포막** 갈고리형, 선형 등이 섞이며, 가장자리가 거의 밋밋하거나 불규칙한 돌기가 있다.

1. 제주, 2022.5.15.
2. 새순, 평강식물원, 2010.4.18.
3. 무성아, 제주, 2025.9.28. ©이지열
4. 우축의 털, 제주, 2020.11.8.
5. 우축과 소우편 중륵의 가시모양 돌기, 제주, 2020.11.8.
6. 포자낭군, 제주, 2020.11.7.
7. 제주, 2021.9.26.

골개고사리

Athyrium otophorum **(Miq.) Koidz.,**
Fl. Symb. Orient.-Asiat.: 40, 1930
Asplenium otophorum Miq., Ann. Mus. Bot. Lugduno-Batavi. 3: 175, 1867

Gol-gae-go-sa-ri (박만규, 1961, 1975; 이창복, 1980; 등[1])
물개고사리(박만규, 1949)
中 光蹄盖蕨 E Eared ladyfern 日 Tani-Inuwarabi

염색체수 n = ca. 80 **포자기** 6~9월 **용도** 관상용
분포 경남, 제주도, 산지의 음습한 숲속에서 자람; 일본, 중국

상록성 여러해살이풀로 지생한다. **키** 50~80cm이다. **뿌리줄기** 짧고, 곧게 나며, 잎은 모여난다. **잎자루** 길이 20~40cm이고, 중축과 우축처럼 홍자색을 띠며, 아랫부분에 비늘조각이 많이 달린다. 비늘조각은 선상 피침형이고, 가장자리가 밋밋하며, 검은색 또는 검은 갈색이고, 광택이 있다. **잎몸** 2회 우상으로 갈라지고, 삼각상 난형 또는 난상 긴타원형이며, 끝으로 가면서 점차 좁아져 뾰족하다. 길이 30~50cm, 너비 20~30cm이며, 단단한 초질이고, 털이 없다. 중축, 우축과 소우편이 갈라지는 곳에 가시모양의 돌기가 있다. **우편** 8~10쌍이고, 피침형이며, 거의 자루가 없고, 끝이 길게 뾰족하다. **소우편** 난상 긴타원형 또는 긴타원형이고, 자루가 없으며, 기부 앞쪽이 귀모양으로 나오고, 끝이 뾰족하거나 뭉뚝하다. 가장자리는 밋밋하거나 톱니가 있다. **잎맥** 2~3회 Y자로 분기하며, 뒷면은 뚜렷하나, 표면은 모호하다. **포자낭군** 소우편의 중륵 가까이에 붙는다. **포막** 넓은 피침형이고, 가장자리가 밋밋하거나 불규칙한 돌기가 있으며, 곧은 것과 약간 굽은 것이 있고, 2개씩 맞닿는 것도 있다.

1. 제주, 2020.5.4.
2. 새순, 제주, 2022.2.21.
3. 잎자루 기부의 검은색 비늘조각, 평강식물원, 2012.12.18.
4. 우축 침상돌기, 제주, 2012.4.16.
5. 새잎, 제주, 2020,5,4
6. 포막과 포자낭군, 제주, 2004.6.30.
7. 포자
8. 제주, 2011.10.21.

암뱀고사리

***Athyrium clivicola* Tagawa**, Acta Phytotax. Geobot. 3: 32, 1934

Am-baem-go-sa-ri (박만규, 1975; 등[7])
中 坡生蹄盖蕨　E Shady ladyfern
日 Karakusa-inuwarabi

염색체수 n = 80　**포자기** 7~9월　**용도** 관상용
분포 충남, 경남, 제주도, 울릉도, 산지의 습한 숲속에서 자람; 일본, 중국

하록성 여러해살이풀로 지생한다. **키** 50~80cm이다. **뿌리줄기** 곧게 서거나 약간 옆으로 선다. **잎자루** 20~30cm이고, 잎몸보다 짧으며, 기부가 부풀어 오른다. 비늘조각은 선형이고, 길이 10~15mm이며, 너비 1mm이고, 갈색 또는 어두운 갈색이며, 가장자리가 연한 색이다. **잎몸** 2회 우상으로 갈라지고, 삼각상 난형으로 기부가 좁아지지 않으며, 끝으로 가면서 갑자기 좁아진다. 길이 30~50cm, 너비 15~30cm이다. 각축에는 털이 없으며, 중축과 우축에 길이 0.5mm의 짧은 돌기가 있다. **우편** 6~7쌍이 어긋나며, 피침형으로 길게 뾰족하고, 기부가 좁아지지 않으나 맨 아래 우편의 기부는 뚜렷하게 좁아진다. 자루는 0.5~1cm이다. **소우편** 약 12쌍이고, 넓은 피침형 또는 긴타원형이며, 짧은 자루가 있고, 끝이 뭉툭하거나 둥글며 초질이다. **열편** 끝이 둥글고, 가장자리에 톱니가 있다. **포자낭군** 소우편의 중륵 가까이 붙는다. **포막** 선형에 가까우며, 막질이고 가장자리가 밋밋하거나 불규칙한 돌기가 있다.
*소우편의 기부의 위쪽 열편은 특히 크며 귀모양이고 우축에 겹쳐지며, 중축과 우축에 털이 없는 점이 특징이다.

1. 울산, 2013.7.12.
2. 새순, 평강식물원, 2012.4.9.
3. 우축 위의 돌기, 평강식물원, 2013.7.13.
4. 포막과 포자낭군, 울산, 2013.7.12.
5. 우편 하부, 울산, 2004.6.30.

넓은잎개고사리

***Athyrium wardii* (Hook.) Makino,**
Bot. Mag. (Tokyo) 13: 28, 1899
Asplenium wardii Hook., Sp. Fil. 3: 189, 1860

Neol-beun-ip-gae-go-sa-ri (정태현 등, 1949; 박만규, 1949, 1961; 이창복, 1980; 등[1])
넓은잎뱀고사리(박만규, 1975)
中 华中蹄盖蕨 E Wide-leaf ladyfern
日 Hiroha-inuwarabi

염색체수 n = 80 **포자기** 6~9월 **용도** 관상용
분포 충남, 전북, 전남, 경남, 제주도, 숲속에서 자람; 일본, 중국

하록성 여러해살이풀로 지생한다. **키** 40~65cm이다. **뿌리줄기** 짧고, 곧게 서며, 잎이 뭉쳐난다. **잎자루** 길이 20~30cm이고, 볏짚색이며, 우축과 더불어 다소 홍자색이 돌고, 비늘조각이 많이 붙는다. 비늘조각은 선형 또는 피침형이고, 끝이 뾰족하며, 가장자리가 밋밋하고, 갈색인데 중앙부가 짙은색이며, 길이 6~13mm이다. **잎몸** 2회 우상으로 갈라지고, 삼각형 또는 넓은 난형이며, 단단한 초질이다. 길이 20~35cm, 너비 20~30cm이며, 기부의 너비가 가장 넓고, 위쪽은 갑자기 좁아져 꼬리모양이 된다. **우편** 7~10쌍이 어긋나며, 피침형이다. 자루는 길이 2~6mm이고, 우축 뒷면에 잔털이 있다. **소우편** 10~14쌍이 간격을 두며, 어긋나고, 타원형 또는 좁은 난형이며, 기부가 커져 약간 귀모양을 한다. 가장자리에 잔톱니가 있거나 우상으로 얕게 갈라지며, 중륵 뒷면에 간혹 잔털이 있다. **포자낭군** 소우축 가까이에 붙는다. **포막** 선형 또는 피침형이고, 가장자리가 밋밋하거나 불규칙하게 갈라진다.

*암뱀고사리와 유사하나 잎이 보다 넓으며, 소우편의 기부 위쪽 열편은 우축과 겹쳐지지 않으며, 우축에 털이 있는 점이 다르다.

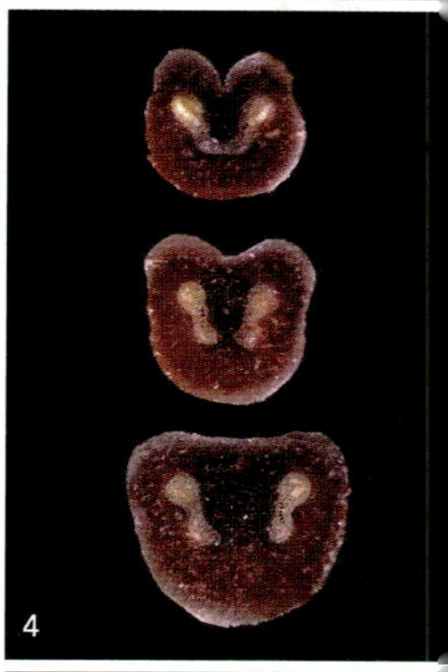

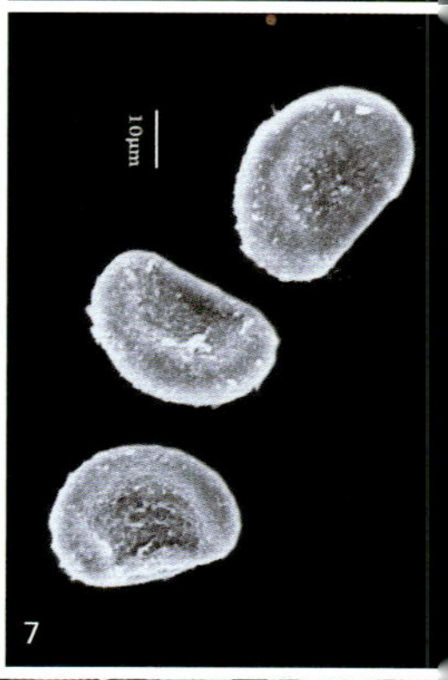

1. 제주, 2022.5.15.
2. 새순, 평강식물원, 2010.4.18.
3. 우편 기부와 소우편, 제주, 2020.9.12.
4. 중심주, 전북 정읍, 2022.8.21.
5. 우축의 털과 포자낭군, 서울, 2020.7.11.
6. 소우편과 포자낭군, 전북 정읍, 2022.8.21.
7. 포자
8. 계류형, 제주, 2006.6.14.

깃개톱날고사리(국내미기록)

***Athyrium* × *saitoanum* (Sugim.) Seriz.**, J. Phytogeogr. Taxon. 34: 68, 1986
Anisocampium × *saitoanum* (Sugim.) M.Kato, Taxon 60: 829, 2011

Kik-gae-top-nal-go-sa-ri (국명신칭)
E Pinnate shallow-tooth ladyfern
日 Hokurikuinu-warabi

본종은 중국과 일본에 분포하는 것으로 알려졌고, 전남에서 발견되었다. 개톱날고사리와 개고사리의 교잡종으로 3배체 불임성으로 알려졌다. 잎의 겉모습은 개톱날고사리 같으나 우편 가장자리가 중륵 가까이까지 깊게 갈라졌고, 포막은 선형, 갈고리형, 말굽형 등 다양하다.

1. 전남 신안, 2012.10.6.

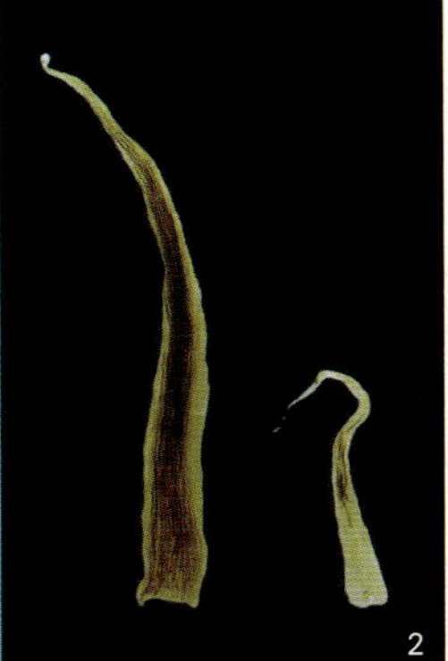

뱀산개고사리(국내미기록)

***Athyrium* × *mentiens* Sa.Kurata**, J. Geobot. 16: 34, 1968

Baem-san-gae-go-sa-ri (국명신칭)
E Vidal's common ladyfern
日 Hebi-yama-inuwarabi

뱀고사리와 산개고사리의 교잡종으로 일본에 분포하는 것으로 알려졌고, 전북 무주에서 발견되었다. 잎몸은 긴 타원상 난형이며, 끝이 갑자기 좁아져 산개고사리와 유사하나 중앙 우편이 가장 크고 기부로 가면서 약간 좁아져 뱀고사리와 유사해 두 종의 중간모양이며, 소우편 모양, 포자낭군, 포막의 모양 등이 중간 형태를 한다.

1. 전북 무주, 2023.7.24. ⓒ박상희
2. 잎자루 하부 비늘조각, 전북 무주, 2023.7.24. ⓒ박상희
3. 뱀고사리, 뱀산개고사리, 산개고사리 비교 ⓒ박상희

가는잎산개고사리(국내미기록)

***Athyrium* × *pseudo-spinascens* Seriz.**, J. Phytogeogr. Taxon. 28: 35, 1980

Ga-neun-ip-san-gae-go-sa-ri (국명신칭)
E Vidal's narrow-leaf ladyfern
日 Yama-hosoha-inuwarabi

가는잎개고사리와 산개고사리의 교잡종으로 일본에 분포하는 것으로 알려졌고, 제주도에서 발견되었다. 잎몸은 난상 타원형이고 끝이 갑자기 좁아져 산개고사리와 유사하나 소우편이 보다 깊게 갈라지고, 짧은 소우편자루가 있으며, 피침형 또는 선상 피침형의 비늘조각 등은 가는잎개고사리와 유사하다.

1. 제주, 2021.9.26.
2. 잎자루 하부 비늘조각, 제주, 2021.9.26.
3. 뿌리줄기, 제주, 2021.9.26.

넓은잎산개고사리(국내미기록)

***Athyrium* × *pseudo-wardii* Seriz.**, J. Phytogeogr. Taxon. 28: 35, 1980

Neol-beun-ip-san-gae-go-sa-ri (국명신칭)
E Vidal's wide-leaf ladyfern
日 Yama-hiroha-inuwarabi

넓은잎개고사리와 산개고사리의 교잡종으로 일본에 분포하고, 제주도에서 발견되었다. 잎몸은 산개고사리와 유사하나 소우편은 타원형으로 기부가 약간 커져 귀모양을 하는 넓은잎개고사리와 유사하다.

1. 제주, 2017.11.6.
2. 잎몸, 제주, 2017.11.6.
3. 소우편, 포자낭군, 전남 영광, 2023.9.8.

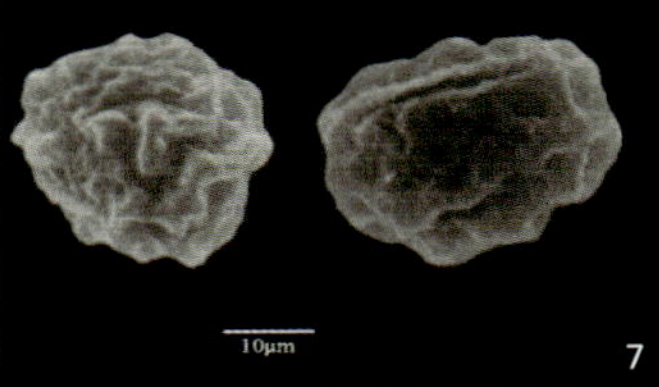

응달고사리

***Cornopteris crenulatoserrulata* (Mak.) Nakai**, Bot. Mag. (Tokyo) 45: 95, 1931

Athyrium crenulatoserrulatum Makino, Bot. Mag. (Tokyo) 13: 26, 1899

Eung-dal-go-sa-ri (박만규, 1949, 1961; 이창복, 1980; 등[7])

응달숲고사리(박만규, 1975), 큰산고사리(정태현 등, 1949; 이우철, 1996)

中 细齿角蕨 E Shady horn fern 日 Ippon-warabi

염색체수 n = 40 **포자기** 6~9월 **용도** 식용, 관상용

분포 전역, 산지 수림 아래에서 자람; 일본, 중국, 러시아

하록성 여러해살이풀로 지생한다. **키** 60~100cm 이다. **뿌리줄기** 짧고 굵게 옆으로 기며, 끝에 비늘조각이 밀생한다. 비늘조각은 넓은 피침형으로, 갈색이고, 길이 8~10mm, 너비 2~3mm이며, 가장자리가 밋밋하다. **잎** 모여난다. **잎자루** 잎몸과 길이가 비슷하여 길이 30~55cm이고, 가장자리를 따라 돌기가 있으며, 기부가 부풀어져 있다. 비늘조각은 피침형으로, 전체적으로 많이 붙으며, 막질로, 연갈색이고, 가장자리가 밋밋하다. **잎몸** 2~3회 우상으로 갈라지고, 길이 30~50cm, 너비 35~40cm이며, 삼각상 또는 삼각상 난형으로, 끝이 뾰족하다. 중축과 우축의 분기점에 돌기가 있다. **우편** 10~15쌍으로, 아래는 약간 마주나고, 위는 어긋나며, 넓은 피침형이다. 맨 아래 우편은 1~2cm의 자루가 있고, 기부가 약간 좁아진다. 비늘조각은 드물게 있고, 단세포성 털이 많이 있다. **소우편** 8~20쌍이고, 피침형이며, 길이 3~6cm, 너비 1~1.5cm이다. **열편** 긴타원형으로, 끝이 둔하며, 가장자리에 둔한 톱니가 있거나 깊게 갈라진다. **잎맥** 단순하다. **포자낭군** 원형이나 타원형으로 열편의 중륵과 가장자리 중간에 붙는다. **포막** 없다.

1. 서울, 2020.5.20.
2. 새순, 경기 포천, 2008.4.18.
3. 어린잎, 경기 포천, 2005.4.24.
4. 잎자루와 비늘조각, 경기 포천, 2005.4.2
5. 포자낭군, 경기 포천, 2011.2.7.
6. 중축과 우축의 분기점에 난 돌기, 경기 용인, 2013.4.29. ©이만규
7. 포자

지리산숲고사리

***Cornopteris christenseniana* (Koidz.) Tagawa**, Acta Phytotax. Geobot. 2: 195, 1933

Diplazium christensenianum Koidz., Bot. Mag. (Tokyo) 38: 105, 1924

Cornopteris hakonensis (Makino) Nakai, Bot. Mag. (Tokyo) 45(531): 94, 1931

Ji-ri-san-sup-go-sa-ri (이창복, 1980; 등[1])

지리숲고사리(박만규, 1961)

中 尖羽角蕨 E Jirisan horn fern

日 Hakone-shikechi-shida

염색체수 2n = 120 **포자기** 6~9월 **용도** 관상용

분포 제주도, 음습한 숲속에서 자람; 일본, 중국

하록성 여러해살이풀로 지생한다. **키** 50~100cm이다. **뿌리줄기** 굵고 옆으로 기며, 비늘조각과 단세포성 털에 덮인다. 비늘조각은 긴타원상 피침형이고, 길이 5~7mm, 너비 2~3mm이며, 가장자리가 밋밋하다. **잎** 모여난다. **잎자루** 길이 20~60cm이고, 연녹색이며 때로 약간 적자색으로, 전체에 비늘조각이 많이 붙는다. **잎몸** 2회 우상으로 갈라지며, 삼각상 난형으로, 끝이 뾰족하며, 길이 30~60cm, 너비 25~45cm이다. 중축은 연갈색이고, 가장자리가 밋밋한 비늘조각이 있고 단세포 또는 2, 3개의 세포로 된 털이 밀생한다. 중축과 우축의 분기점에 돌기가 있다. **우편** 약 10쌍이 거의 마주나고, 맨 아래 우편은 넓은 피침형으로 짧은 자루가 있다. **소우편** 12~15쌍이 간격을 두고 어긋나며, 난상 피침형이고, 자루가 없으며, 날개가 거의 없다. 길이는 2~4cm, 너비는 7~12mm이며, 가장자리가 우상으로 약간 또는 깊게 갈라지며, 뚜렷하지 않은 톱니가 있다. **잎맥** 단순하다. **포자낭군** 소우편의 중륵 가까이 측맥에 붙고, 타원형이며, 길이 1mm이다. **포막** 없다.

*소우편이 깊게 갈라지고 끝이 뾰족하고, 우축 뒷면에 털이 많은 점이 뿔고사리와 구별된다.

1. 제주, 2012.9.7. / 2. 새순, 제주, 2008.4.8.
3. 소우편의 돌기, 제주, 2024.5.4.
4. 망상중심주, 제주, 2024.5.4.
5. 포자낭군, 제주, 2012.9.7.
6. 포자낭군, 제주, 2024.5.4. / 7. 제주, 2012.6.8.

뿔고사리

***Cornopteris decurrenti-alata* (Hook.) Nakai**, Bot. Mag. (Tokyo) 44: 8, 1930
Gymnogramme decurrenti-alata Hook., Sp. Fil. 5: 142, t. 294, 1864

Ppul-go-sa-ri (이창복, 1969, 1980; 등[7])
숲고사리(박만규, 1949, 1961, 1975), 뿔왜고사리(정태현 등, 1949; 이우철, 1996)
中 角蕨 E Horn fern 日 Shikechi-shida

염색체수 n = 80 **포자기** 7~9월 **용도** 관상용
분포 재주도, 산지의 그늘진 숲속에서 자람; 일본, 타이완, 중국 중부

하록성 여러해살이풀로 지생한다. **키** 45~90cm이다. **뿌리줄기** 굵게 옆으로 벋으며 잎이 가까이 나온다. 비늘조각은 넓은 피침형, 길이 6~8mm, 너비 1.5~2mm, 가장자리가 밋밋하다. **잎자루** 길이 20~50cm이고, 적자색이다. 기부에 비늘조각이 드문드문 붙는다. 비늘조각은 피침형, 연갈색을 띤다. **잎몸** 1~2회 우상으로 갈라지고, 긴타원형 또는 타원상 난형으로, 끝이 뾰족하며, 길이 25~50cm, 너비 15~30cm이다. 중축과 우축이 만나는 곳에 소돌기가 있다. **우편** 6~9쌍이며, 자루가 거의 없고, 긴타원상 피침형으로, 끝이 날카롭게 뾰족하며, 흔히 낫처럼 위로 굽는다. 소우편 기부가 우축으로 흘러 좁은 날개가 생긴다. **소우편** 긴타원형 또는 타원형으로, 끝이 둥글며 너비 7~10mm이다. **열편** 난상 긴타원형이고, 끝이 뭉뚝하다. **포자낭군** 소우편과 열편의 측맥에 붙고, 선형이다. **포막** 없다.

털숲고사리[*C. decurrenti-alata* (Hook.) Nakai, var. *pilosella* H.Itô, Bot. Mag. (Tokyo) 52: 1938]는 뿔고사리와 유사하나 잎이 다소 노란빛이 돌며, 잎 뒷면, 특히 중축이나 우축과 잎맥 위에 털이 밀생하는 점에서 변종으로 다루고 있고, 박만규(1961), 이우철(1996)에 의해 제주도에 분포한다고 기재된 바 있으나 발견하지 못하였다.

---

1. 제주, 2012.6.9.
2. 우축 기부의 돌기, 제주, 2025.8.16.
3. 포자낭군, 제주, 2024.5.4.
4. 잎몸, 제주, 2012.6.8.

버들참빗

***Deparia lancea* (Thunb.) Fraser-Jenk.,**
New Sp. Syndr. Indian Pteridol. 101, 1997
Neotriblemma lancea (Thunb.) Nakaike, J. Nippon Fernist Club 3 (Suppl. 2): 128, 2004.

Beol-deul-cham-bit (정태현 등, 1937; 정태현 등, 1949; 이창복, 1980; 등[1])
참빗고사리(박만규, 1949, 1961, 1975)
中 单叶双盖蕨 E Shady horn fern 日 Hera-shida

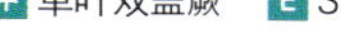   

염색체수 n = 80 **포자기** 7~9월 **용도** 관상용
분포 전남, 제주도, 저산지의 습한 숲속에서 자람; 일본, 중국, 타이완, 베트남, 네팔, 인도

상록성 여러해살이풀로 지생한다. **키** 15~45cm이다. **뿌리줄기** 길게 옆으로 기며, 지름 1.5~2mm이고, 비늘조각은 검은 갈색의 피침형으로, 길이 1.5~3mm, 너비 0.3~0.7mm이다. **잎자루** 녹색 빛이 도는 연한 갈색으로, 길이 5~15cm이며, 아랫부분에만 비늘조각이 있다. 비늘조각은 검은 갈색을 띠며, 피침형으로, 길이 3~4mm, 너비 0.1~0.2mm이고, 털은 없다. **잎몸** 단엽이며, 선형 또는 선상 피침형으로, 양끝으로 가면서 점차 좁아지고, 가장자리가 밋밋하거나 약간 구불거린다. 길이 10~25cm, 너비 1.5~2.5cm이며, 털이 없으며, 가죽질이고, 중륵 뒷면이 약간 부풀어 있다. **잎맥** 소맥이 평행하며, 잎가장자리까지 도달한다. **포자낭군** 주측맥을 따라 길게 붙는다. 잎몸 기부를 제외하고 전체적으로 퍼져 나며, 1개 또는 이중으로 맥 위에 붙는다. **포막** 선형이며, 막질이고, 길이 6~7mm, 너비 0.8~1mm이다.

버들참빗의 속 계통에 관하여 *Diplazium*, *Athyrium*, *Neotriblemma*, *Triblemma* 등으로 의견을 달리하였는데 최근 Sano et al.(2000)는 외부·내부 형태, 세포학적, 분자적 연구를 통해 *Deparia*속으로 다루어야 한다고 주장한 바 이를 따랐다.

1

2

3

4

1. 제주, 2013.3.4.
2. 포막과 포자낭군, 제주, 2012.12.20.
3. 새순, 2011.6.7.
4. 제주, 2013.3.3.

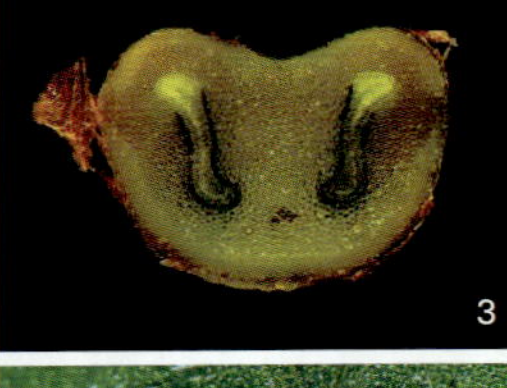

진퍼리개고사리

Deparia okuboana **(Makino) M. Kato**, Bot. Mag. (Tokyo) 90: 37, 1977

Athyrium okuboanum Makino, Bot. Mag. (Tokyo) 13: 16, 1899

Jin-peo-ri-gae-go-sa-ri (박만규, 1961, 1975; 등[7])

中 大久保对囊蕨 E Marsh false spleenwort

日 Ō-hime-warabi

염색체수 n = 120 **포자기** 7~9월 **용도** 관상용

분포 전북, 제주도, 산지의 숲속에서 자람; 일본, 중국, 인도차이나

하록성 여러해살이풀로 지생한다. **키** 60~120cm이다. **뿌리줄기** 굵고, 짧게 기며, 잎이 모여난다. **잎자루** 길이 30~50cm이고, 떨어지기 쉬운 비늘조각이 드문드문 붙는다. 비늘조각은 연한 갈색으로, 막질이며, 넓은 피침형이고, 가장자리가 밋밋하다. **잎몸** 2회 우상으로 갈라지고, 삼각상 난형 또는 난상 긴타원형이며, 끝이 뾰족하며 기부가 약간 좁아진다. 길이 30~70cm, 너비 30~40cm이고, 두툼한 초질이다. **우편** 10~14쌍이 어긋나며, 짧은 자루가 있고, 길이 20~26cm이다. 타원상 피침형이며, 아랫부분이 좁아지고, 끝이 뾰족하다. 어릴 때는 뒷면과 중륵 표면에 다세포성 털이 있다. 우축에는 날개가 있다. **열편** 긴타원형 또는 긴타원상 난형이고, 끝이 둔하며 우상으로 얕게 갈라지거나 톱니가 있다. **포자낭군** 작고 둥글며, 소우편의 중륵 가까이 1줄로 배열한다. **포막** 원형이거나 말굽모양이다.

* 푸른개고사리와 유사하나 잎몸이 2회 우상이고, 포막은 원형 또는 말굽모양인 점이 구별된다.

1. 전북 고창, 2024.7.7.
2. 새순, 평강식물원, 2008.4.8.
3. 망상중심주, 제주, 2020.10.10.
4. 포막, 전북 고창, 2024.7.7.
5. 포자낭군, 평강식물원, 2009.5.28.
6. 잎몸, 제주, 2012.6.8.

푸른개고사리

***Deparia viridifrons* (Makino) M.Kato**, Bot. Mag. (Tokyo) 90: 37, 1977

Athyrium viridifrons Makino, Bot. Mag. (Tokyo) 13: 15. 1899

Dryoathyrium viridifrons (Makino) Ching, Bull. Fan Mem. Inst. Biol. Bot. 11(2): 81, 1941

Pu-reun-gae-go-sa-ri (박만규, 1949; 이창복, 1980; 등[1])
청진퍼리고사리(박만규, 1975), 산풀고사리(박만규, 1961)
中 绿叶对囊蕨 E Green tappering glade fern
日 Midori-warabi

염색체수 n = 40 **포자기** 6~9월 **용도** 관상용
분포 전북, 전남, 제주도, 산지 숲속의 습기가 많은 곳에서 자람; 일본, 중국

하록성 여러해살이풀로 지생한다. **키** 60~110cm이다. **뿌리줄기** 굵고, 짧게 기며, 잎이 서로 접근해 붙는다. **잎자루** 길이 30~50cm이고, 기부가 약간 부풀어 있으며, 비늘조각이 드문드문 붙는다. 비늘조각은 갈색이고, 난상 피침형 또는 선상 피침형이며, 끝이 뾰족하다. **잎몸** 2~3회 우상으로 갈라지며, 삼각상 또는 난상 삼각형으로 길이 30~60cm, 너비 25~50cm이다. **우편** 8~10쌍이고, 대부분 어긋난다. 긴타원상 피침형이고, 자루가 없으며, 얇은 초질이다. 맨 아래 우편은 길이 25~30cm, 너비 10~15cm이고, 우축에 좁은 날개가 있으며, 표면에 잔털이 약간 있다. **소우편** 12~14쌍으로, 어긋나고, 자루가 없으며, 긴타원상 피침형이고, 깊게 갈라지며, 끝이 길고 날카롭게 뾰족하다. 소우축에 날개가 있다. **열편** 긴타원형이고, 가장자리에 둔한 톱니가 있다. **잎맥** 유리맥으로 단순하거나 분기한다. **포자낭군** 열편의 중륵 가까이에 붙는다. **포막** U자형, J자형, 타원형이고, 가장자리에 불규칙한 돌기가 있다.

1

2

3

4

5

6

7

8

1. 경남 고성, 2023.10.3.
2. 새순, 평강식물원, 2012.3.22.
3. 새잎, 평강식물원, 2012.3.27.
4. 중심주, 전남 장성, 2023.8.30.
5. 뿌리줄기, 전남 백양산, 2005.10.10.
6. 우축의 홈과 날개, 전남 장성, 2023.8.30.
7. 포막과 포자낭군, 전남 백양산, 2006.5.21.
8. 포자낭군, 전남 장성, 2023.8.30.

털고사리

Deparia pycnosora **(Christ) M.Kato,**
Bot. Mag. (Tokyo) 90(1017): 36, 1977
Athyrium pycnosorum Christ, Bull. Herb. Boiss. sér. 2, 2(10): 827, 1902
Lunathyrium pycnosorum (Christ) Koidz., Acta Phytotax. Geobot. 1(1): 31, 1932

Teol-go-sa-ri (정태현 등, 1949; 이창복, 1980; 등[1])
흰털개고사리(박만규, 1961, 1975), 흰털고사리(박만규, 1949)
中 东北对囊蕨 E Tappering glade fern
日 Miyama-shike-shida

염색체수 n = 40, 80 **포자기** 7~9월 **용도** 관상용
분포 경기, 강원, 충북, 산지의 그늘진 숲속에서 자람; 일본, 중국, 타이완, 히말라야, 러시아(사할린)

하록성 여러해살이풀로 지생한다. **키** 45~85cm이다. **뿌리줄기** 짧고, 굵으며, 비스듬히 서거나 짧게 기고, 때로 분지하며, 검은 갈색 또는 갈색 비늘조각이 붙는다. 비늘조각은 긴타원형 또는 피침형이고, 길이 5~8mm, 너비 3.5~5.5mm이다. **잎** 다소 2가지 모양이다. **잎자루** 연한 황갈색 또는 붉은 갈색을 띠며, 길이 15~29cm이다. 기부에 있는 비늘조각은 갈색, 밝은 갈색으로, 선상 피침형 또는 난상 긴타원형이다. **잎몸** 1회 우상으로 갈라지며, 긴타원상 또는 타원상 피침형이고, 끝이 뭉뚝하게 뾰족하다. 아래로 가면서 점점 좁아져 맨 아래 우편이 매우 짧고, 길이 30~50cm, 너비 8~12cm이다. 중축과 우축의 홈은 연결되지 않고, 짧은 다세포성 털이 드물게 있다. **우편** 피침형으로, 길이 4~6cm, 너비 1.2~2.5cm이고, 자루는 없다. **잎맥** 유리맥으로 단순하다. **포자낭군** 열편의 중륵 가까이에 붙는다. **포막** 선형 또는 초승달모양이다. 가장자리가 밋밋하며, 길이 1~1.5mm, 너비 0.2~0.3mm이다.

1. 경기 포천, 2003.7.4.
2. 새순, 경기 포천, 2013.4.22.
3. 잎자루, 강원 설악산, 2025.8.26.
4. 우축 표면, 경기 양평 2024.5.1.
5. 잎몸 중부, 경기 포천, 2015.8.5.
6. 포자낭군과 포막, 충북 민주지산, 2020.8.22.
7. 강원 용화산, 2006.5.13.

흰털고사리

***Deparia pycnosora* (Christ) M.Kato, var. *albosquamata* M.Kato**, J. Fac. Sci. Univ. Tokyo, Bot. 13: 396, 1984

Deparia orientalis Nakaike, Mem. Natl. Sci. Mus. (Tokyo) 27: 57, 1994

Deparia albosquamata (M.Kato) Nakaike, New Fl. Jap. Pterid. Rev. Enl. 840, 1992

Hyeun-teol-go-sa-ri (등[10])

中 东亚对囊蕨 E White tappering glade fern

日 Hakumō-inode

포자기 7~9월 **용도** 관상용

분포 강원, 경기, 제주도, 산지의 그늘지고 습한 숲속에서 자람; 일본, 중국, 타이완, 히말라야, 러시아(사할린)

하록성 여러해살이풀로 지생한다. **키** 45~80cm이다. **뿌리줄기** 지름 약 5mm로 굵으며, 직립하거나 비스듬히 선다. **잎자루** 길이 15~20cm이고, 볏짚색 또는 적갈색을 띠며, 비늘조각과 털이 전체적으로 밀생한다. 비늘조각은 백색이고, 피침형으로, 끝이 점차 뾰족해지며, 막질이다. 털은 흰색이고, 구불거리며, 다세포성이다. **잎몸** 1회 우상으로 갈라지며, 넓은 피침형 또는 긴타원형으로 위아래로 가면서 좁아진다. 길이 30~60cm이며, 초질이다. **우편** 16~20쌍으로, 아래는 거의 마주나고, 위로 가면서 어긋난다. 기부가 가장 넓고, 끝이 뾰족하며, 길이 8~10cm, 너비 1~2cm이다. 뒷면에 샘털이 나기도 한다. **열편** 약 12쌍이 가까이 붙어있고, 가장자리는 거의 밋밋하며, 끝이 뭉뚝하거나 둥글다. **잎맥** 양면이 뚜렷하며, 유리맥으로 단순하다. **포자낭군** 열편마다 3~5쌍이 중륵 가까이에 붙는다. **포막** 타원형이거나 초승달모양으로 가장자리는 거의 밋밋하다.

중국식물지에는, 잎자루와 중축의 다세포성 털이 곧으면 *D. jiulungensis* var. *jiulungensis*, 구불거리면 *D. jiulungensis* var. *albosquamata*로 구분한다. 우리나라의 울릉도 산은 다세포성 털이 구불거리지 않는 점으로 보아 var. *jiulungensis*에 가까운 것으로 보이고, 또한 우편이 매우 좁고, 수포상 돌기가 많다. 털고사리와 함께 보다 세밀한 연구가 필요하다.

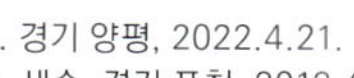

1. 경기 양평, 2022.4.21.
2. 새순, 경기 포천, 2012.4.24.
3. 중축 표면, 경기 양평, 2024.5.1.
4. 잎자루의 비늘조각과 털, 강원 정선, 2023.7.21.
5. 관상중심주, 강원 정선, 2023.7.21.
6. 포자낭군, 강원 태백, 2023.7.29.
7. 포막, 2024.9.2.

왕고사리

Deparia pterorachis **(Christ) M.Kato**, Bot. Mag. (Tokyo) 90(1017): 35, 1977
Athyrium pterorachis Christ, Bull. Herb. Boissier 4(10): 668, 1896

Wang-go-sa-ri (정태현 등, 1949; 박만규, 1975; 이창복, 1980; 등[1])
숫개면마(박만규, 1961), 개면마(박만규, 1949)
中 翅轴对囊蕨 E Glant tappering glade fern
日 O-meshida

염색체수 n = 40 **포자기** 7~9월 **용도** 관상용
분포 강원, 울릉도, 산지 수림 아래에서 자람; 일본, 중국, 러시아

하록성 여러해살이풀로 지생한다. **키** 80~170cm이다. **뿌리줄기** 굵고, 비스듬히 서며, 잎이 모여난다. **잎자루** 볏짚색이고, 지름 5~6mm로, 기부가 부풀어 매우 굵고, 측면을 따라 돌기가 있으며, 길이 30~70cm이고, 비늘조각이 많이 붙는다. 비늘조각은 넓은 피침형 또는 난형이고, 적갈색이며, 길이 2.5cm, 너비 6mm이다. **잎몸** 1회 우상으로 갈라지며, 긴타원형이고, 길이 50~100cm, 너비 20~40cm이다. 어릴 때는 양면 맥 위에 다세포성 털이 있으며, 우축에 날개가 있다. **우편** 약 16쌍이 어긋나며, 선상 삼각형이고, 길이 20cm, 너비 3~4cm이며, 자루가 없고, 끝이 뾰족하다. **소우편** 20~25쌍으로, 긴타원형이고, 가장자리가 얕게 또는 중앙까지 우상으로 갈라진다. 길이 1.5~2.5cm, 너비 4~6mm이고, 기부가 넓다. **열편** 긴타원형 또는 아삼각형이고 가장자리가 밋밋하다. **포자낭군** 소우편의 중륵 가까이에 붙는다. **포막** 막질이고, 가장자리에 불규칙한 돌기가 있거나 거의 밋밋하며, 긴타원형, 갈고리형, 말굽형이다.

1. 강원 점봉산, 2011.6.17.
2. 중축의 홈, 경북 울릉, 2023.8.12.
3. 우편의 표면, 경북 울릉, 2023.8.12.
4. 우편 중륵의 홈, 경북 울릉, 2023.8.12.
5. 관상중심주, 경북 울릉, 2023.8.12.
6. 포자낭군, 강원 인제, 2021.7.23.
7. 포자낭군, 경북 울릉, 2023.8.12.
8. 포자낭군과 포막, 경북 울릉, 2023.8.12.
9. 군락, 경북 울릉, 2013.5.15.

곱새고사리

Deparia coreana **(Christ) M.Kato**, J. Fac. Sci. Univ. Tokyo, Sect. 3, Bot. 13(4): 392, 1984

Athyrium coreanum Christ, Bull. Herb. Boissier sér. 2, 2(10): 827, 1902

Gop-sae-go-sa-ri (정태현 등, 1937; 정태현 등, 1949; 박만규, 1949; 이창복, 1980; 등[1])
고려뱀고사리(박만규, 1961, 1975)
中 朝鲜对囊蕨 E Korean tappering glade fern
日 Korai-inuwarabi

염색체수 n = 80 **포자기** 7~9월 **용도** 관상용
분포 전역, 숲속에서 자람; 일본, 중국 북동부

하록성 여러해살이풀로 지생한다. **키** 60~100cm이다. **뿌리줄기** 짧게 옆으로 벋고, 잎이 모여난다. **잎자루** 길이 20~45cm이며, 기부가 부풀어 굵고, 돌기가 있으며, 비늘조각이 많이 달린다. 비늘조각은 갈색으로, 막질이고, 넓은 피침형이며, 가장자리가 밋밋하고, 길이 약 1cm, 너비 약 3mm이다. **잎몸** 1회 우상으로 갈라지고, 넓은 피침형 또는 좁은 난형으로 끝이 뾰족해지며, 아래로 가면서 약간 좁아진다. 밝은 녹색이며, 길이 35~60cm, 너비 20~25cm이다. 우축에는 날개가 있고, 우축의 홈은 중축의 홈과 연결되지 않는다. **우편** 12~15쌍으로, 피침형이고, 길이 10~15cm, 너비는 1.5~3.5cm이며, 끝이 매우 뾰족해진다. 어릴 때 다세포성 털이 있다. **열편** 긴타원형 또는 긴타원상 난형이고, 끝이 둔하거나 톱니가 있다. **포자낭군** 소우편의 중륵 가까이에 붙는다. **포막** 길이 1~2mm로 긴타원형, J자형으로 약간 굽으며, 표면은 수포상이다. **포자** 단지형이다.

1. 경기 양평, 2022.5.1.
2. 새순, 소백산, 2013.4.26.
3. 잎자루, 경기 포천, 2014.6.5.
4. 관상중심주, 전북 정읍, 2022.8.21.
5. 포막과 포자낭군, 2004.6.30.
6. 성숙한 포자낭군, 강원 태백, 2023.7.29.
7. 포막, 전북 정읍, 2022.8.21.
8. 군락, 경기 포천, 2011.6.2.

털곱새고사리(신품종)

Deparia coreana for. *villosa* C.S.Lee & K.H.Lee, for. nov.

Teol-gob-sae-go-sa-ri (국명신칭)

분포 강원, 경기, 숲속에서 자람; 한국 특산종

하록성 여러해살이풀로 지생한다. **키** 60~100cm이다. **뿌리줄기** 짧게 옆으로 벋고, 잎이 모여난다. **잎자루** 다세포성 흰 털과 비늘조각이 밀생하고, 기부가 부풀어 굵고, 날개가 있으며, 모서리를 따라 돌기가 있다. 비늘조각은 갈색, 막질이고, 넓은 피침형으로, 가장자리가 밋밋하다. **잎몸** 1회 우상으로 갈라지고, 긴타원상 피침형으로, 끝이 뾰족해지며, 아래로 가면서 약간 좁아지고, 밝은 녹색이다. 중축의 홈은 우축의 홈과 연결되지 않는다. **우편** 피침형이고, 끝이 매우 뾰족해진다. 중축, 우축에 날개가 있고, 다세포성 흰 털이 있다. **소우편** 긴타원형으로, 끝이 둔하며, 가장자리와 중륵 사이 1/2 정도까지 갈라진다. **포자낭군** 소우편의 중륵 가까이에 붙는다. **포막** 길이 1~2mm로 선형, 긴타원형, J자형으로, 표면은 수포상이고, 가장자리가 잘게 갈라진다. **포자** 단지형이다.

*곱새고사리는 어릴 때 다세포성 털이 있고 성숙 후 털이 거의 없으나, 이 품종은 식물 전체에 다세포성 털이 오래 남아있고, 잎 모양은 곱새고사리와 유사하다.

1. 새잎, 경기 포천, 2014.4.23.
2. 잎몸, 경기 포천, 2004.7.21.
3. 새순, 경기 포천, 2004.6.11.
4. 중축 하부, 경기 포천, 2014.4.23.
5. 잎자루 비늘조각과 털, 경기 포천, 2019.5.17.
6. 잎자루 상부, 하부의 중심주, 경기 포천, 2024.6.13.
7. 중축과 우축 표면, 경기 포천, 2019.5.17.
8. 중축과 우축 뒷면, 경기 포천, 2019.5.17.
9. 우편 표면, 경기 포천, 2024.6.13.
10. 포자낭군, 경기 포천, 2017.8.17.
11. 소우편, 경기 포천, 2024.6.13.
12. 포막, 경기 포천, 2024.6.13.
13. 포막의 톱니, 경기 포천, 2017.8.17.

Deparia coreana for. *villosa* C.S.Lee & K.H.Lee, for. nov.

Teol-gob-sae-go-sa-ri (털곱새고사리)

KOREA, Gyeonggi-do, Namyangju-si, Jinjeob-eub, Alt 163 m, 13 June 2024, C.S, Lee & K.H. Lee, *Lee2406011* (Holotype: KH, Isotype: KH, 3 sheets)

Summer green herb. Height 60–100 cm. Rhizome short creeping, fronds clustered. Stipe densely multicellular white hairs and scaly, swollen at thick base, winged with projection along lateral ridge; scales brown, membranous, broadly lanceolate, entire margin. Laminae 1-pinnated, elliptic-lanceolate, light green, acuminate apex, slightly narrowing downward; rachis groove discontinuous with costa groove. Pinnae lanceolate, with acuminate lanceolate, densely multicellular white hairly on costa, winged on costa, pinnule oblong, obtuse apex, lobed 1/2 to costules. Sori near costules, Indusia thick, 1–2 mm length, linear, oblong-oval, J-shaped, slightly hooked, bullate, shortly laciniate margin. Spores bilate.

∗*Deparia coreana* has multicellular hairs when young and almost no hairs after maturity. However, this taxon has densely multicellular hairs spread throughout the plant, and the leaf shape is similar to *D. coreana*.

좀진고사리

***Deparia conilii* (Franch. & Sav.) M.Kato**, Bot. Mag. (Tokyo) 90(1017): 37, 1977

Asplenium conilii Franch & Sav., Enum. Pl. Jap. 2: 227, 1877

Deparia oldhamii (Hook. & Baker) Y.C.Oh & C.S.Lee, Enum. Pl. Nomina 186. 2002

Jom-jin-go-sa-ri (정태현 등, 1949; 박만규, 1961, 1975; 이창복, 1980; 등[1])

애기진고사리(박만규, 1949)

中 钝羽对囊蕨 E Small false spleenwort

日 Hosoba-shike-shida

염색체수 n = 80 **포자기** 7~9월 **용도** 관상용

분포 전역, 저산지의 그늘에서 자람; 일본, 타이완, 필리핀

하록성 여러해살이풀로 지생한다. **키** 25~50cm이다. **뿌리줄기** 길게 기며, 지름 1~2mm이고, 흑색이다. 비늘조각은 밝은 갈색이고, 난상 피침형이며, 가장자리가 밋밋하고, 길이 2.5~5mm, 너비 1~3mm이며, 잘 떨어진다. **잎** 2가지 모양으로, 포자엽이 더 크고 좁다. **잎자루** 연한 황갈색이지만, 기부는 흑색이고, 길이 15~23cm, 너비 0.4~0.7mm이며, 비늘조각과 길이 1~3mm인 갈색 털이 있다. **잎몸** 1회 우상으로 갈라지고, 좁은 피침형 또는 피침형으로 끝이 뾰족해지며, 얇은 초질이고, 길이 10~25cm, 너비 3~8cm이다. 비늘조각은 선형이고, 길이 2.3~3.5mm이다. 중축과 우축의 홈은 연결되지 않는다. **우편** 15~25쌍이며, 긴타원형이거나 피침형이고, 길이 2~4cm, 너비 1~1.5cm이며, 끝이 둔하다. **열편** 4~8쌍이고, 가장자리가 밋밋하며, 둥글거나 약간 각이 졌다. **잎맥** 2~3회 Y자로 갈라진다. **포자낭군** 우축 가까이 겹쳐서 붙고, 길이 약 4mm이다. **포막** 초승달형, 말굽형, 갈고리형이고, 가장자리가 불규칙하게 갈라진다. 길이 2~3mm, 너비 1~1.5mm이다. **포자** 단지형이다.

1. 경기 포천, 2012.5.24.
2. 새순, 서울 북한산, 2012.4.28.
3. 포막과 포자낭군, 평강식물원, 2007.8.12.
4. 군락, 제주, 2020.10.9.

긴진고사리(국내미기록)

Deparia lushanensis **(J.X.Li) Z.R.He,**
Fl. China 2-3: 439, 2013
Athyriopsis lushanensis J.X.Li in Acta Phytotax. Sin. 26: 162, 1988

Gin-jin-go-sa-ri (국명신칭)
中 鲁山对囊蕨 E Narrow false spleenwort

포자기 7~9월 **용도** 관상용
분포 전역, 산지의 그늘지고 습기가 많은 곳에서 자람; 중국

하록성 여러해살이풀로 지생한다. **키** 30~60cm이다. **뿌리줄기** 길게 기며, 지름 약 3mm로 가늘다. 비늘조각은 연한 갈색이고, 넓은 피침형이며, 막질로, 가장자리가 밋밋하고, 길이 5~6mm, 너비 1~3mm이며, 잘 떨어진다. **잎** 2가지 모양으로, 포자엽이 더 크고 좁다. **잎자루** 연한 황갈색이지만, 기부는 흑색이고, 길이 10~25cm, 너비 약 1mm이며, 비늘조각과 길이 1~3mm인 갈색 털이 있다. **잎몸** 1회 우상으로 갈라지고, 넓은 피침형으로 끝이 뾰족해지며, 얇은 초질이고, 길이 35~40cm, 너비 10~13cm이다. 비늘조각은 좁은 피침형이고, 길이 2.3~3.5mm이다. 중축과 우축의 홈은 연결되지 않고, 중축과 중륵에 황갈색 비늘조각과 다세포성 털이 있다. **우편** 약 15쌍으로 떨어져 있고, 기부 우편이 가장 크며, 긴타원형이거나 피침형이고, 길이 7~8cm, 너비 2~2.5cm이며, 끝이 약간 뾰족해지거나 둔하다. **열편** 5~8쌍이고, 가장자리가 밋밋하며, 둥글거나 약간 각이 졌다. **잎맥** 2~3회 Y자로 갈라진다. **포자낭군** 열편에 1~3쌍이 붙는다. **포막** 선형이고, 막질로 털이 없고, 가장자리가 불규칙하게 갈라지지만 어릴 때는 가장자리가 안으로 말려 매끈하게 보인진다. **포자** 단지형으로 불규칙한 과립상 돌기가 있다.

1

2

3

4

5

6

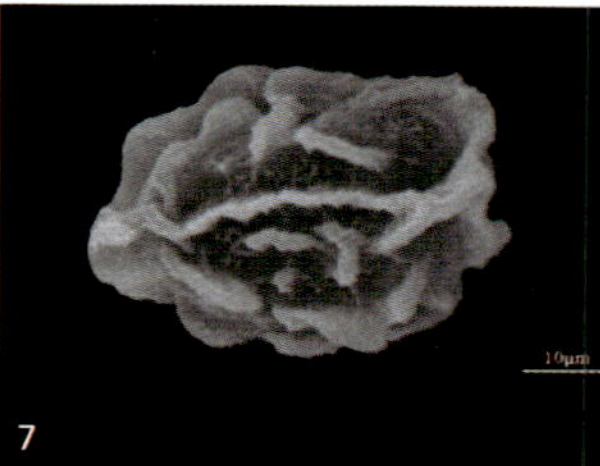

7

1, 2. 경기 연천, 2015.5.23.
3. 새순, 경기 연천, 2019.4.24.
4. 포자낭군, 경기 연천, 2017.9.2.
5. 진고사리, 개좀진고사리, 긴진고사리 포막 비교
6. 뿌리줄기, 강원 화천, 2006.8.3
7. 포자

진고사리

Deparia japonica **(Thunb.) M.Kato,**
Bot. Mag. (Tokyo) 90: 37, 1977
Asplenium japonicum Thunb., Fl. Jap. 334, 1784

Jin-go-sa-ri (정태현 등, 1937; 박만규, 1949; 이창복, 1980; 등[1])
참진고사리(박만규, 1961, 1975)
中 东洋对囊蕨 E False spleenwort 日 Shike-shida

염색체수 n = 120 **포자기** 7~9월 **용도** 관상용
분포 전역, 저산지의 그늘에서 자람; 일본, 중국, 타이완, 네팔, 인도

하록성 여러해살이풀로 지생한다. **키** 30~70cm로 전체에 부드러운 털이 있다. **뿌리줄기** 옆으로 길게 기며, 잎이 드문드문 나고, 지름 2.5~3.5mm이며, 끝에 비늘조각이 있다. 비늘조각은 난상 피침형이고, 길이 3~8mm, 너비 1.8~3mm이다. **잎자루** 검은 갈색이고, 길이 12~30cm로, 기부에 다세포성 털과 비늘조각이 밀생한다. 비늘조각은 난상 피침형이고, 길이 3~8mm이며, 털은 길이 0.4~0.5mm이다. **잎몸** 1회 우상으로 우축 가까이까지 깊게 갈라지며, 넓은 피침형 또는 긴타원상 피침형으로, 위로 가면서 점차 좁아져 끝이 뾰족해지며, 아래로도 약간 좁아진다. 길이 20~35cm, 너비 12~20cm이다. 중축과 우축의 홈은 연결되지 않는다. **우편** 14~18쌍이고, 선형 또는 선상 피침형이며, 길이 6~8cm, 너비 2~2.2cm이고, 자루가 없다. 중축을 향해 기우는 경향이 있다. **열편** 긴타원형이고 끝이 뭉뚝하거나 약간 뾰족해지며, 바깥쪽으로 기우는 경향이 있고, 가장자리는 톱니가 약간 있다. **잎맥** 2~3회 Y자로 유리한다. **포자낭군** 열편의 중륵 가까이에 붙는다. **포막** 길이 2~3mm, 너비 1~1.5mm이고, 선형이며, 가장자리가 불규칙하게 갈라지지만 어릴 때는 말려서 밋밋해 보인다. **포자** 단지형이다.

1, 5. 군락, 제주, 2020.3.24.
2. 경기 포천, 2003.6.18.
3. 열편과 포자낭군, 경남 울산, 2020.6.21.
4. 뿌리줄기, 경기 포천, 2014.6.24.

탐라진고사리

***Deparia petersenii* (Kunze) M.Kato,**
Bot. Mag. (Tokyo) 90: 37, 1977
Asplenium petersenii Kunze, Analecta Pteridogr. 24, 1837

Tam-ra-jin-go-sa-ri (한국양치식물연구회, 2005; 국립수목원, 2008)
개진고사리(박종욱 등 편집, 2007)
中 毛叶对囊蕨 E Petersen's false spleenwort
日 Nachi-shike-shida

염색체수 n = 80, 120 **포자기** 7~9월 **용도** 관상용
분포 전남, 경남, 제주도, 저산지의 그늘에서 자람; 일본, 중국, 타이완, 동남아시아, 히말라야, 오스트레일리아 등 열대, 아열대지역

하록성 여러해살이풀로 지생한다. **키** 30~80cm이다. **뿌리줄기** 가늘고, 길게 기며, 지름 2~5mm이고, 비늘조각이 밀생한다. 비늘조각은 선상 피침형으로 끝이 뾰족하고, 가장자리가 밋밋하며, 길이 1cm, 너비 2mm이고, 갈색이다. **잎자루** 볏짚색이고, 길이 8~30cm이며 기부에 비늘조각이 밀생한다. **잎몸** 1회 우상으로 갈라지며, 선형, 넓은 피침형, 긴타원상 피침형 또는 긴타원형으로, 크기와 모양이 다양하다. 길이 10~50cm, 너비 13~27cm이며, 연한 종이질이거나 약간 두껍다. 중축은 털 같은 비늘조각이 있다. **우편** 긴타원형 또는 선상 피침형이고, 끝이 대개 뾰족하다. 중륵과 홈에 다세포성 털이 있다. **열편** 긴타원형이고 끝이 둔하거나 약간 뾰족하다. 가장자리는 약간 밋밋하거나 톱니가 있고, 너비 2.5~6mm이다. **포자낭군** 열편의 중륵과 가장자리 중간에 붙으며, 선상 긴타원형이다. **포막** 얇은 막질로, 납작하고, 가장자리가 털처럼 잘게 갈라진다.

1

2

3

4

5

6

1. 제주, 2012.10.6.
2. 탐라진고사리(좌)와 털진고사리(우)의 열편 끝 비교, 제주, 2024.6.8.
3. 잎자루 비늘조각과 다세포성 털, 제주, 2024.6. 8.
4. 미성숙 포자낭군과 포막, 제주, 2024.6.8.
5. 잎몸, 제주, 2004.11.28.
6. 포막, 제주, 2023.7.15.

나도좀진고사리

***Deparia pseudoconilii* (Seriz.) Seriz.**, J. Jap. Bot. 54(6): 182, 1979

Athyriopsis pseudoconilii (Seriz.) W.M.Chu, Fl. Reipubl. Popularis Sin. 3(2): 331, 1999

Na-do-jom-jin-go-sa-ri (한국양치식물연구회, 2005; 이영노, 2006: 국립수목원, 2008)

中 阔基对囊蕨 E Long false spleenwort

日 Hitotsuba-shikeshida

포자기 7~9월 **용도** 관상용

분포 전남, 경남, 제주도, 저산지 숲속에서 자람; 일본, 중국

하록성 여러해살이풀로 지생한다. **키** 30~60cm이다. **뿌리줄기** 길게 기며, 끝에 비늘조각이 밀생한다. 비늘조각은 검은색이며, 피침형 또는 난형이고, 길이 약 5mm이며 막질이다. **잎** 2가지 모양이고, 포자엽이 영양엽보다 크다. **잎자루** 위는 볏짚색이고 아래는 자색이거나, 또는 전체적으로 자색이다. 길이 15~35cm이고, 기부에 드물게 비늘조각이 있다. **잎몸** 1회 우상으로 갈라지며, 넓은 피침형 또는 삼각형이고, 끝이 뾰족하며, 맨 기부의 우편이 가장 크고, 길이 15~30cm, 너비 7~15cm이다. 중축은 털과 털 모양의 비늘조각이 밀생한다. **우편** 중간의 우편은 비대칭 좁은 긴타원형이고, 길이 4cm, 너비 1.2cm이며, 끝이 뭉뚝하거나 약간 뾰족하다. **잎맥** 유리맥으로 단순하나 드물게 분기한다. **포자낭군** 긴타원형이고, 우축 가까이의 맥 위에 붙고, 1개 또는 이중으로 붙는다. **포막** 얇고, 위에 털이 있으며, 가장자리는 약간 털처럼 갈라진다.

*잎몸은 넓은 피침형 또는 넓은 삼각형이고, 맨 아래 우편이 가장 넓고, 포막에 털이 있는 점이 특징이다.

1. 전남 완도, 2022.7.20.
2. 새잎, 평강식물원, 2012.3.19.
3. 포자낭군, 전남 광주, 2020.8.23.
4. 군락, 제주, 2021.4.7.
5. 포막, 제주, 2023.9.21.

털진고사리

Deparia kiusiana **(Koidz.) M.Kato,**
Bot. Mag. (Tokyo) 90: 37, 1977
Deparia dimorphophylla (Koidz.) M.Kato var. *kiusiana* (Koidz.) Seriz., J. Jap. Bot. 54(6): 182, 1979
Diplazium kiusianum Koidz., Fl. Austro-Higo 3, 1931

Teol-jin-go-sa-ri (한국양치식물연구회, 2005; 국립수목원, 2008)
中 中日对囊蕨 E Hairy false spleenwort
日 Mukuge-shikeshida

포자기 7~9월 **용도** 관상용
분포 제주도, 저산지 숲속에서 자람; 일본, 중국

하록성 여러해살이풀로 지생한다. **키** 50~80cm이다. **뿌리줄기** 길게 기며, 땅속 깊이 묻히고, 지름 2.5mm이다. 갈색이며, 막질인 비늘조각이 밀생한다. 비늘조각은 선형 또는 피침형이고, 길이 1cm, 너비 약 2mm이다. **잎** 2가지 모양으로, 포자엽이 더 길다. **잎자루** 길이 20~40cm이고, 비늘조각과 털이 전체적으로 밀생한다. 비늘조각은 연갈색으로, 선형 또는 피침형이며, 막질이고, 털은 다세포성이며, 길이 3~4mm이다. **포자엽 잎몸** 1회 우상으로 갈라지고, 긴타원형 또는 긴타원상 피침형이다. 상부는 뾰족하고, 때로 기부로 가면서 약간 좁아진다. 길이 35~40cm, 너비 15~20cm이고, 초질이다. 중축의 홈은 우편 중륵의 홈과 연결되지 않는다. **우편** 선상 피침형 또는 좁은 피침형이고, 끝이 뾰족하며, 길이 7~12cm, 너비 1.5~2cm이다. **열편** 긴타원형으로 끝이 잘린 모양이다. **포자낭군** 선형이고, 길이 3mm이며, 열편의 중륵 가까이에 붙는다. **포막** 막질이며, 납작하고, 가장자리에 불규칙한 돌기가 있으며, 표면에 다세포성 털이 있다.

1. 제주, 2019.6.20.
2. 새순, 제주, 2003.7.2.
3. 새잎, 제주, 2019.6.20.
4. 털과 비늘조각이 밀생한 잎자루, 제주, 2003.7.2.
5. 잎몸 상부, 제주, 2003.7.2.
6. 중축과 잎자루 뒷면, 제주, 2024.5.4.
7. 열편과 포자낭군, 제주, 2024.7.14.

큰진고사리

Deparia dimorphophylla **(Koidz.) M.Kato**, Bot. Mag. (Tokyo) 90: 37, 1977

Diplazium dimorphophyllum Koidz., Acta Phytotax. Geobot. 1(1): 27, 1932

Keun-jin-go-sa-ri (박만규, 1961; 이창복, 1980; 등[1])

中 二型叶假蹄盖蕨 E Large false spleenwort

日 Seitaka-shikeshida

포자기 7~9월 **용도** 관상용

분포 전북, 전남, 경남, 제주도, 저산지 숲속에서 자람; 일본, 중국

하록성 여러해살이풀로 지생한다. **키** 50~80cm이다. **뿌리줄기** 땅속 깊이 묻히고, 길게 옆으로 기며, 잎이 드문드문 난다. **잎** 포자엽과 영양엽, 2가지 모양이다. **영양엽 잎자루** 길이 30~40cm이고, 비늘조각이 드물게 나며, 다세포성 털이 밀생한다. **잎몸** 난상 긴타원형 또는 난형으로 길이 30~35cm, 너비 15~20cm로, 종이질이다. 하부 우편은 약간 좁아지며, 끝은 뾰족하다. **우편** 16~20쌍이 어긋나고, 선상 피침형이며, 너비 2~4cm이고, 끝이 뾰족해지며, 우상으로 깊게 갈라진다. **열편** 너비 6~8mm이고, 가장자리에 둔한 톱니가 있다. **포자엽 잎자루** 길이 30~45cm이다. **잎몸** 긴타원형 또는 난상 긴타원형이며, 잎자루의 길이와 거의 비슷하다. 어릴 때는 잎 표면 맥 위와 뒷면에 털이 있다. **포자낭군** 열편의 중륵 가까이에 붙는다. **포막** 선형으로, 약간의 털이 있으며 가장자리에 불규칙한 돌기가 있지만, 어릴 때는 가장자리가 말려 밋밋하다.

*털진고사리와 유사하나, 잎이 더 크고, 잎몸은 난상 긴타원형 또는 난형으로 더 넓으며, 잎에는 비늘조각과 털이 적고, 어릴 때 포막의 가장자리는 밋밋하다.

1. 제주, 2012.6.10.
2. 우편 중륵의 털과 열편, 전북 고창, 2024.7.7.
3. 중축, 전남 장성, 2020.9.6.
4. 관상중심주, 전남 해남, 2024.10.5.
5. 포막의 털, 전북 고창, 2024.7.7.
6. 잎몸, 제주, 2019.5.23.

개좀진고사리

***Deparia* × *angustata* (Nakai) Nakaike**, J. Nippon Fernist Club 3 (Suppl. 2): 59, 2004

Diplazium thunbergii Nakai ex Momose var. *angustatum* Nakai, Bull. Nat. Sci. Mus. Tokyo 27: 14, 1949

Gae-jom-jin-go-sa-ri (한국양치식물연구회, 2005; 국립수목원, 2008)
애기진고사리(박만규, 1949)
日 Yabu-shida, Yarinoho-shikeshida

포자기 7~9월 용도 관상용
분포 전국, 산지에서 자람; 일본

하록성 여러해살이풀로 지생한다. **키** 25~38cm이다. **뿌리줄기** 가늘고, 옆으로 길게 기며, 비늘조각이 있으며, 잎이 드문드문 난다. 비늘조각은 피침형이다. **잎** 2가지 모양이지만 뚜렷이 구별되지 않는다. **잎자루** 길이 10~30cm, 너비 10~15cm이고, 비늘조각과 다세포성 털이 있다. **잎몸** 1회 우상으로 갈라지고, 선상 피침형이며, 끝으로 가며 점차 좁아지고, 비늘조각은 털모양이다. 중축에 홈이 있고, 우축의 홈과 연결되지 않는다. **우편** 15~18쌍이며, 피침형으로 끝으로 가면서 점차 뾰족하고, 자루가 없으며, 대체적으로 하부우편이 아래를 향하면서 약간 좁아지기도 한다. **열편** 8~11쌍이고, 선상 긴타원형이며, 끝이 약간 굴곡진다. **잎맥** 유리맥으로 2~3회 Y자로 분기한다. **포자낭군** 열편의 중륵 가까이에 붙는다. **포막** 선형이고, 막질이며, 털이 없다. 가장자리가 밋밋한 것과 갈라지는 것이 함께 있다. **포자** 단지형이다.

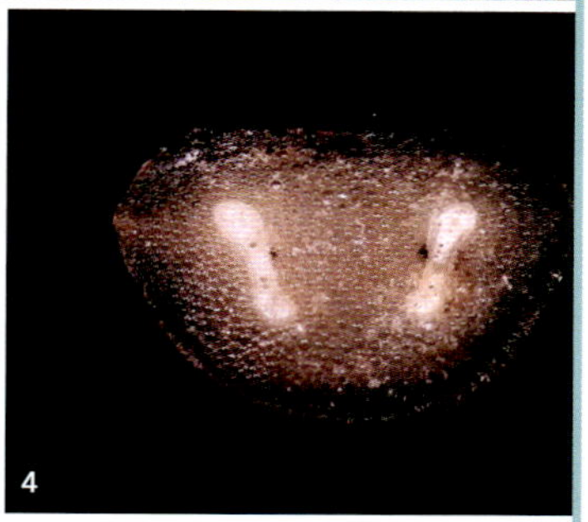

1. 제주, 2022.5.15.
2. 새순, 경기 포천, 2003.6.25.
3. 잎자루의 비늘조각, 강원도 정선, 2023.7.21.
4. 망상중심주, 전북 정읍, 2022.8.21.
5. 우편의 포막과 포자낭군, 충북 영동, 2020.8.22.
6. 잎, 서울, 2020.4.20.
7. 포자낭군과 포막, 경북 봉화, 2021.8.29.

외잎진고사리

***Deparia* × *lobatocrenata* (Tagawa) M.Kato**, Bot. Mag. (Tokyo) 90: 37, 1977

Diplazium lobato-crenatum Tagawa

× *Neotribleparia lobatocrenata* (Tagawa), J. Nippon Fernist Club 3(Suppl. 2): 128, 2004

Oe-ip-jin-go-sa-ri (박만규, 1975; 한국양치식물연구회, 2005; 국립수목원, 2008)

E Crenate fern 日 Hitptsuba-shikeshida

포자기 7~9월 **용도** 관상용

분포 제주도, 산지의 그늘지고 습기가 많은 곳에서 자람; 일본

하록성 여러해살이풀로 지생한다. **키** 20~35cm이다. **뿌리줄기** 길게 기며, 지름 약 2~2.5mm로 가늘다. 비늘조각은 갈색이고, 긴타원상 피침형이며, 막질로, 가장자리가 밋밋하고, 길이 3.5~5mm, 너비 1~1.8mm이며, 잘 떨어진다. **잎** 2가지 모양으로 포자엽이 더 크다. **잎자루** 볏짚색이지만, 기부는 흑색이고, 길이 6~10cm이다. 길이 2~3mm인 비늘조각이 있다. **잎몸** 기부는 1회 우상으로 갈라지고, 선상 피침형 또는 피침형으로 끝이 점차 뾰족해지며, 기부를 제외한 상부의 가장자리는 심하게 또는 얕게 갈라진다. 두툼한 초질이고, 길이 15~25cm, 너비 3~5cm이며, 비늘조각은 좁은 피침형이다. 중축과 우축의 홈은 연결되지 않고, 중축과 중륵에 연갈색 비늘조각과 다세포성 털이 있다. **포자낭군** 선형으로 대부분 1개의 잎맥에 1개씩 붙는다. **포막** 선형이며, 막질로 털이 없고, 가장자리가 불규칙하게 갈라지지만 어릴 때는 가장자리가 안으로 말려 매끈하게 보인다.

*버들참빗과 진고사리의 혼생지에서 볼 수 있다.

1, 7. 제주, 2023.8.26.
2. 잎, 제주, 2024.8.26.
3. 잎자루 비늘조각, 제주, 2023.8.26.
4. 중축 비늘조각, 제주, 2024.7.9.
5. 중륵의 홈, 제주, 2023.8.29.
6. 포막과 포자낭군, 제주, 2024.7.9.

제주, 2023.8.26.

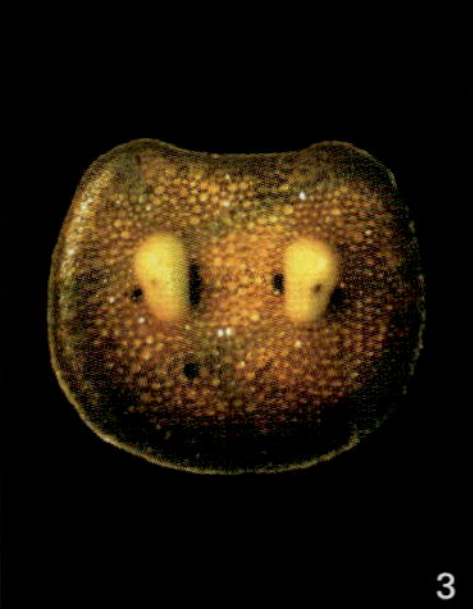

주름고사리

Diplazium wichurae **(Mett.) Diels,**
Nat. Pflanzenfam. 1(4): 226, 1899
Asplenium wichurae Mett., Ann. Mus. Bot. Lugduno-Batavum 2(8): 237, 1866
Allantodia wichurae (Mett.) Ching, Acta Phytotax. Sin. 9(1): 49, 1964

Ju-reum-go-sa-ri (정태현 등, 1937; 정태현 등, 1949; 이창복, 1980; 등[1])
톱날고사리(박만규, 1949, 1961, 1975)
中 耳羽双盖蕨 E Big-ear twinsorus fern
日 Nokogiri-shida

염색체수 n = 41 **포자기** 7~9월 **용도** 관상용
분포 제주도, 계류가 수림 아래에서 자람; 일본, 중국

상록성 여러해살이풀로 지생한다. **키** 40~70cm이고, 전체에 털이 없다. **뿌리줄기** 가늘고 길게 옆으로 벋고, 끝에 비늘조각이 밀생한다. 비늘조각은 선상 피침형이고, 가장자리가 밋밋하며, 갈색 또는 흑갈색이고, 길이 4~6mm, 너비 1~1.5mm이다. 잎은 0.5~1cm 간격으로 난다. **잎자루** 단단하고, 길이 15~30cm이며, 기부에는 드물게 선형의 비늘조각이 있다. **잎몸** 1회 우상으로 갈라지며, 넓은 피침형으로, 끝이 짧은 꼬리모양이다. 길이 20~40cm, 너비 10~17cm이며, 기부가 좁아지지 않고, 중축에 날개가 없으며, 중축 표면에 홈이 있다. **우편** 18~20쌍이 서로 어긋나게 붙고, 피침형이다. 끝이 가늘고 길게 뾰족하며, 낫처럼 위로 굽는다. 길이 6~10cm, 너비 1.5~2.5cm이며, 기부 위쪽에 귀 같은 돌기가 있으며, 아래쪽은 가장자리에 톱니가 있다. 짧은 자루가 있으나 위로 올라갈수록 없어진다. **포자낭군** 우편의 중륵 양쪽에 1줄씩 달린다. **포막** 선형이고, 가장자리가 밋밋하며, 때로 2개가 맞닿는다.

1. 제주, 2013.12.3.
2. 새순, 제주, 2015.5.6. ©이만규
3. 관상중심주, 제주 2020.2.3. ©이만규
4. 잎몸 상부의 표면, 제주, 2014.1.10. ©김명수
5. 잎몸, 제주, 2014.1.10. ©김명수
6. 포막과 포자낭군, 제주, 2014.1.10. ©김명수
7. 우편과 포자낭군, 제주, 2013.7.25. ©이만규
8. 제주, 2014.1.10.

깃주름고사리

Diplazium mettenianum **(Miq.) C.Chr.**, Index Filic. fasc. 4: 236, 1905
Asplenium mettenianum Miq., Ann. Mus. Bot. Lugduno-Batavum 3(6): 174, 1867
Allantodia metteniana (Miq.) Ching, Acta Phytotax. Sin. 9(1): 51, 1964

Git-ju-reum-go-sa-ri (Lee et al., 2014)
中 深山双盖蕨 日 Miyama-nokogiri-shida

염색체수 n = 82 포자기 7~9월 용도 관상용
분포 제주도, 수림 아래에 자람; 일본, 중국, 타이완, 베트남, 태국

상록성 여러해살이풀로 지생한다. **키** 50~75cm이다. **뿌리줄기** 길게 기며, 지름 약 4mm이고, 비늘조각에 싸이며, 잎은 떨어져 난다. 비늘조각은 선상 피침형이고 길이 5~6mm, 너비 약 1mm이며, 흑갈색이고 돌기가 있다. **잎자루** 길이 30~50cm이고, 녹색 또는 볏짚색이며 기부에 비늘조각이 드문드문 있다. **잎몸** 1회 우상으로 깊게 갈라지며, 피침상 삼각형 또는 난상 피침형으로 끝이 길게 뾰족해지고, 단단한 초질이다. 길이 30~40cm, 너비는 약 20cm이고, 중축 표면에 홈이 있다. **우편** 12~15쌍이 어긋나거나 약간 마주나고, 약간 위로 굽은 선상 피침형이다. 길이 8~16cm, 너비 1.5~3cm이고, 짧은 자루가 있거나 없다. **열편** 끝이 둥글거나 뭉뚝하고, 가장자리에 톱니가 있다. **잎맥** 유리맥으로 단순하다. **포자낭군** 선형으로, 열편의 측맥을 따라 가장자리 가까이까지 길게 붙는다. **포막** 가장자리가 거의 밋밋하거나 약간의 톱니가 있다.

*주름고사리와 유사하나 우편 가장자리는 중간까지 갈라지고, 귀가 뚜렷하게 발달되지 않는다.

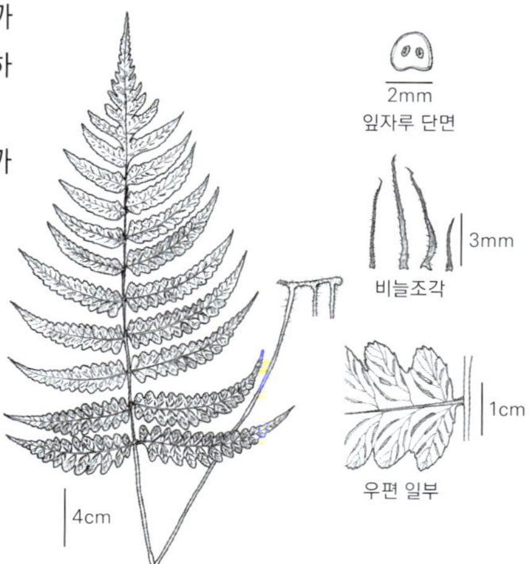

1. 제주, 2012.6.10.
2. 포막과 포자낭군, 제주, 2012.9.7.
3. 잎몸 하부 우편, 제주, 2012.2.13.
4. 제주, 2020.3.16.

검정비늘고사리

***Diplazium virescens* Kunze**, Bot. Zeitung (Berlin) 6: 537, 1848
Allantodia virescens (Kunze) Ching, Acta Phytotax. Sin. 9(1): 53, 1964

Geom-jeong-bi-neul-go-sa-ri (박만규, 1961, 1975; 이창복, 1980; 등[1])
제주새고사리(박만규, 1949)
中 淡绿双盖蕨 E Green twinsorus fern
日 Kokumo-kujaku

염색체수 2n = 123 **포자기** 7~9월 **용도** 관상용
분포 전남, 제주도, 산지의 숲가장자리에서 자람; 일본, 중국 남부, 타이완, 인도차이나 등

상록성 여러해살이풀로 지생한다. **키** 70~120cm이다. **뿌리줄기** 옆으로 길게 벋으며, 끝에 흑갈색 비늘조각이 많이 붙어있고, 잎이 서로 접근해 난다. **잎자루** 길이 40~60cm이고, 기부에 흑갈색 비늘조각이 많이 붙어있다. 비늘조각은 넓은 선형이고, 길이 5~10mm, 너비 1~1.5mm로, 광택이 나며 가장자리에 잔돌기가 있다. **잎몸** 2회 우상으로 갈라지고, 길이 30~60cm, 너비 30~50cm이며, 삼각형 또는 난상 삼각형으로, 끝이 뾰족해진다. **우편** 8~10쌍으로, 어긋나며, 다소 거리를 두고 붙으며, 길이 17~30cm, 너비 6~15cm이다. 최하부 우편은 2~5cm의 긴 자루가 있고, 넓은 피침형에서 삼각상 긴난형이다. **소우편** 약 10쌍으로, 피침상 삼각형이고, 짧은 자루가 있으며, 끝이 뾰족하거나 뭉뚝하다. **열편** 10쌍 이하이고, 너비가 약 6mm이며, 끝이 둥글고, 가장자리가 거의 밋밋하다. **잎맥** 유리맥으로 단순하다. **포자낭군** 긴타원형 또는 짧은 선형이고, 열편의 중륵과 가장자리 사이의 작은 맥에 붙는다. **포막** 얇은 막질로, 가장자리에 불규칙한 돌기가 있으며, 짧은 선형이다.

1. 자생지의 생육 모습, 전남 고흥, 2017.10.21.
2. 새순, 전남 고흥, 2017.8.12. ⓒ김종환
3. 잎자루 상부, 전남 고흥, 2017.8.12. ⓒ김종환
4. 잎자루 하부의 비늘조각, 전남 고흥, 2017.8.12. ⓒ김종환
5. 포자낭군, 2004.10.30.
6. 잎맥, 전남 고흥, 2017.8.12. ⓒ김종환
7. 포막과 포자낭군, 2003.7.26.

내장고사리

Diplazium squamigerum **(Mett.) C.Hope**, J. Bombay Nat. Hist. Soc. 14: 259, pl. 26, 1902

Athyrium squamigerum (Mett.) Ohwi, Fl. Jap. Pterid. 124, 1957

Asplenium squamigerum Mett., Ann. Mus. Bot. Lugduno-Batavum 2(8): 239, 1866

Nae-jang-go-sa-ri (이창복, 1980; 등[7])
묏뱀고사리(박만규, 1975)
中 鳞柄双盖蕨 E Naejang twinsorus fern
日 Kiyotaki-shida

염색체수 n = 80, 82 **포자기** 7~9월 **용도** 관상용
분포 전북, 전남, 경남, 제주도, 울릉도, 산지의 계류가에서 자람; 일본, 중국, 타이완, 네팔, 인도 북부

하록성 여러해살이풀로 지생한다. **키** 50~70cm이다. **뿌리줄기** 짧게 기며, 잎이 촘촘히 붙는다. **잎자루** 길이 15~30cm이며, 잎몸과 길이가 거의 같거나, 짧다. 비늘조각은 피침형 또는 좁은 피침형이고, 검은 갈색 또는 검은색이고, 윤채가 있으며, 가장자리에 드문드문 돌기가 있다. **잎몸** 2회 우상으로 갈라지고, 삼각형이며, 길이와 너비가 30~40cm이고, 초질이다. 맨 아래 우편에 2~4cm의 긴 자루가 있으며, 중축에 흑색 또는 흑갈색 비늘조각이 있다. 5~10쌍의 우편이 간격을 두고 나며, 아래는 거의 마주난다. **우편** 넓은 긴타원상 피침형으로, 맨 아래가 가장 넓고, 3cm 이상의 긴 자루가 있다. **소우편** 5~10쌍이 어긋나며, 난상 타원형 또는 긴타원형으로, 끝이 둔하거나 약간 뾰족하고, 짧은 자루가 있거나 없으며, 길이 3~7cm, 너비 2~3.5cm이다. **열편** 긴타원형으로, 끝이 둥글며, 가장자리가 밋밋하거나 둔한 톱니가 있으며, 너비 5mm이다. **포자낭군** 선형이고, 열편의 중륵 가까이, 측맥을 따라 붙는다. **포막** 가장자리에 불규칙한 돌기가 있으며, 막질이고, 선형이다.

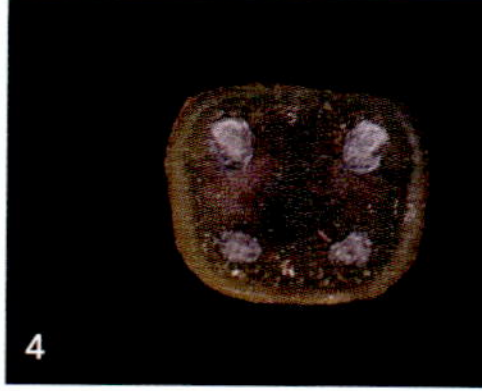
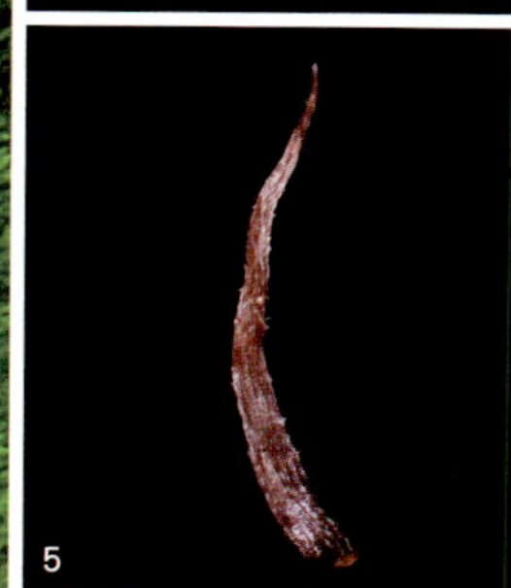

1. 제주, 2019.5.21.
2. 잎자루 하부의 비늘조각, 제주, 2019.5.21.
3. 잎자루 기부의 비늘조각, 제주, 2019.5.21.
4. 망상중심주, 전북 정읍, 2022.8.21.
5. 잎자루의 비늘조각, 전북 정읍, 2022.8.21.
6. 잎몸, 전남 백암산, 2011.10.7.
7. 포막과 포자낭군, 제주, 2019.5.21.

두메고사리

Diplazium sibiricum **(Turcz. ex Kunze) Sa.Kurata**, Enum. Jap. Pterid. 292, 1961

Asplenium sibiricum Turcz. ex Kunze, Analecta Pteridogr. 25, 1837

Du-me-go-sa-ri (이창복, 1980; 등[1])
털묏고사리(박만규, 1975)
中 黑鱗双盖蕨 E Mountain twinsorus fern
日 Kitano-miyamashida

염색체수 n = 82 **포자기** 7~9월 **용도** 관상용
분포 강원, 경기, 경북, 풍혈지나 고산의 수림 아래에서 자람; 일본, 중국, 히말라야, 러시아, 북유럽 등

하록성 여러해살이풀로 지생한다. **키** 40~75cm이다. **뿌리줄기** 옆으로 길게 벋으며, 끝에 비늘조각이 달리고, 잎이 드문드문 달리지만 때로는 인접하여 달린다. **잎자루** 황록색으로, 기부는 검은색이며, 길이 20~35cm이고, 아랫부분에 비늘조각이 달린다. 비늘조각은 윤채가 나는 흑갈색으로, 넓은 피침형이며, 길이 7~10mm, 너비 1~3mm로, 가장자리에 가시 같은 돌기가 있다. **잎몸** 2회 우상으로 갈라지고, 넓은 삼각형으로, 길이와 너비가 각각 20~30cm이고, 뒷면과 중축, 우축에 털이 있다. **우편** 10쌍 이상으로, 어긋나며, 맨 아래 우편쌍이 가장 길다. 넓은 긴타원상 피침형으로 기부는 좁아지며, 끝이 뾰족하고, 자루가 있으며, 길이 10~20cm, 너비 6~10cm이다. **소우편** 10쌍 이상으로, 어긋나며, 피침형 또는 넓은 피침형이다. 자루가 없거나 약간 있고, 길이 1.5~2cm, 너비 6~10mm이다. **열편** 긴타원형으로, 끝이 둔하고, 길이 5~8mm, 너비 4~5mm이며, 물결모양의 톱니가 있고, 아랫부분이 소우축으로 흐른다. **포자낭군** 소우축과 열편의 중륵 가까이에 달린다. **포막** 짧은 선형으로, 가장자리에 톱니가 있다.

1, 7. 백두산, 2019.7.5.
2. 새순, 경기 연천, 2011.5.18.
3. 잎자루의 비늘조각, 경북 의성, 2022.7.2.
4. 잎몸, 경북 의성, 2022.7.2.
5. 포자낭군, 경북 의성, 2022.7.2.
6. 포자낭군과 우축의 털, 경기 연천, 2005.8.21.

민두메고사리

***Diplazium sibiricum* (Turcz. ex Kunze) Sa.Kurata var. *glabrum* (Tagawa) Sa.Kurata**, Coll. Cult. Ferns & Fern Allies 340, 1961

Allantodia crenata (Sommerf.) Ching var. *glabra* (Tagawa) W.M.Chu, Vasc. Pl. Hengduan Mountains 1: 90, 1993

Min-du-me-go-sa-ri (이창복, 1980; 등[9])
E Smooth mountain twinsorus fern
日 Miyama-shida

포자기 7~9월 **용도** 관상용
분포 전남, 경북, 경남, 고산의 수림 아래에서 자람; 일본, 중국

하록성 여러해살이풀로 지생한다. **키** 30~70cm이다. **뿌리줄기** 옆으로 길게 벋고, 끝에 비늘조각이 달리며, 잎이 드문드문 달리지만 때로는 인접하여 달린다. **잎자루** 황록색으로, 기부는 검은색이며, 길이 20~35cm이고, 아랫부분에 비늘조각이 달린다. 비늘조각은 윤채가 나는 갈색 또는 흑갈색으로, 피침형이며, 길이 5~10mm, 너비 1~3mm이고, 가장자리에 잔 돌기가 있다. **잎몸** 2회 우상으로 갈라지고, 넓은 삼각형으로, 길이와 너비가 각각 20~40cm이다. 맨 아래 우편쌍이 가장 길다. **우편** 8쌍 이상이고, 서로 어긋나며, 넓은 긴타원상 피침형으로, 기부가 좁아지고, 자루가 있으며, 끝이 뾰족하다. 길이 10~20cm, 너비 5~10cm이다. **소우편** 12쌍 이상이고, 서로 어긋나며, 피침형 또는 넓은피침형이다. 자루가 거의 없고, 길이 1.8~2.5cm, 너비 10~12mm이다. **열편** 긴타원형이며, 끝이 둔하고, 길이 5~7mm, 너비 4~5mm으로, 파상의 톱니가 있다. **포자낭군** 소우축과 열편의 중륵 가까이에 달린다. **포막** 짧은 선형이고, 가장자리에 톱니가 있다.

＊두메고사리와 유사하나 중축과 우축에 털이 없는 점이 다르다.

1

2

3

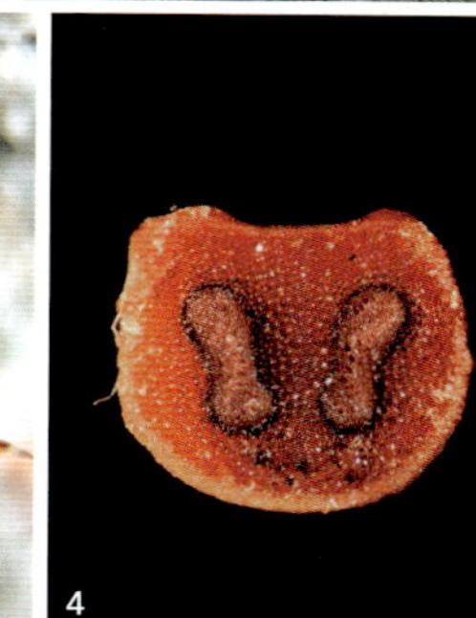
4

5

6

7

1, 7. 경북 영양, 2021.9.5.
2. 잎자루 상부 비늘조각, 경남 지리산, 2012.6.23.
3. 잎자루 하부 비늘조각, 경남 지리산, 2012.6.23.
4. 망상중심주, 경북 영양, 2020.10.5.
5. 중축과 우축의 홈, 경남 지리산, 2012.6.23.
6. 포자낭군, 2021.9.5.

큰개고사리

Diplazium mesosorum **(Makino) Koidz.**, Bot. Mag. (Tokyo) 38(449): 112, 1924

Asplenium mesosorum Makino, Bot. Mag. (Tokyo) 12(142): 120, 1898

Rhachidosorus mesosorus (Makino) Ching, Acta Phytotax. Sin. 9(1): 74, 1964

Keun-gae-go-sa-ri (이창복, 1980; 등[7])

광개고사리(박만규, 1975)

中 轴果蕨 E Big twinsorus fern 日 Nuri-warabi

염색체수 n = 41 **포자기** 7~9월 **용도** 관상용

분포 전북, 전남, 수림 아래에서 자람; 일본, 중국

하록성 여러해살이풀로 지생한다. **키** 50~100cm이다. **뿌리줄기** 옆으로 길게 기며, 잎이 빽빽이 붙는다. **잎자루** 길이 20~40cm이고, 중축, 우축과 같이 자갈색 또는 황갈색을 띠며, 광택이 있다. 기부의 비늘조각은 피침형 또는 넓은 피침형이며, 어두운 갈색이고 가장자리가 밋밋하다. **잎몸** 2~3회 우상으로 갈라지며, 삼각형 또는 난상 삼각형으로 끝이 갑자기 뾰족하며, 맨 아래가 가장 넓다. 길이와 너비 모두 30~60cm이며, 초질이다. **우편** 9~12쌍이 어긋나고, 긴타원상 피침형이다. 맨 아래 우편은 아래가 위보다 넓은 비스듬한 삼각형이고, 길이 15~30cm, 너비 7~15cm이며, 약 2cm의 자루가 있다. **소우편** 5~9쌍이 어긋나고, 비스듬한 삼각상 난형이며, 약 0.5mm의 자루가 있다. **열편** 긴타원형으로, 끝이 둥글며, 가장자리에 톱니가 있다. **포자낭군** 열편 또는 꼭지열편에 1개 또는 여러 개가 중륵에 맞닿아 비스듬히 나고 다소 굽는다. **포막** 피침상 선형이고, 거의 곧으며, 지름 2.5~3mm이고, 가장자리가 밋밋하다.

1, 7. 전남 장성, 2020.9.5.
2. 새순, 평강식물원, 2010.4.18.
3. 잎자루, 평강식물원, 2010.4.18.
4. 뿌리줄기, 전남 장성, 2020.9.5.
5. 망상중심주, 전북 정읍, 2022.8.21.
6. 우편과 포자낭군, 전남 장성, 2020.9.5.

큰섬잔고사리

Diplazium nipponicum **Tagawa**, Acta Phytotax. Geobot. 2: 197, 1933
Allantodia nipponica (Tagawa) Ching, Acta Phytotax. Sin. 9(1): 56, 1964

Keun-Seom-jan-go-sa-ri (한국양치식물연구회, 2005,; 국립수목원, 2008)
곳섬잔고사리(박종욱 등 편집, 2007), 큰잔고사리(이영노, 2006)
中 双盖蕨 E Large Jejudo twinsorus fern
日 Oni-hikage-warabi

염색체수 2n = 123 **포자기** 7~9월 **용도** 관상용
분포 제주도, 산지의 그늘지고 축축한 숲속에서 자람; 일본, 중국

하록성 여러해살이풀로 지생한다. **키** 90~180cm의 대형이다. **뿌리줄기** 지름1cm로 두껍고, 옆으로 짧게 기며, 끝에 흑갈색이고, 두꺼운 막질인 비늘조각이 있다. 잎은 모여난다. **잎자루** 길이 40~70cm이고, 볏짚색이나, 기부는 흔히 붉은 자색을 띠며, 비늘조각이 많이 붙는다. 비늘조각은 좁은 피침형으로, 길이 10mm이며, 막질이고, 가장자리에 돌기가 있으며, 흑갈색으로 잘 안떨어진다. **잎몸** 2회 우상으로 갈라진다. 난형 또는 난상 긴타원형이고, 밝은 녹색으로, 길이와 너비가 50~100cm이다. 상부로 가면서 좁아지며, 단단한 초질이다. 각 축의 뒷면에 작은 비늘조각과 털이 있다. **우편** 8~10쌍이 어긋나고, 난상 피침형이며, 끝이 길게 뾰족해지고, 맨 아래 우편은 길이가 약 4cm인 자루가 있다. **소우편** 10~12쌍이 어긋나며, 길이 6~10cm, 너비 1.5~3cm이다. 좁은 긴타원형으로, 짧은 자루가 있으며, 끝이 뾰족하다. **열편** 8~10쌍으로, 긴타원형이고, 끝이 둔하며, 너비 약 6mm이다. 짧은 자루가 있거나 없으며, 가장자리에 톱니가 약간 있다. **포자낭군** 길이 4~6mm이며, 열편의 중륵 가까이에 붙는다. **포막** 선형으로, 가장자리가 불규칙하게 갈라진다.

1, 8. 제주, 2021.9.25.
2. 새순, 평강식물원, 2008.3.13.
3. 잎자루 하부의 비늘조각, 제주, 2021.9.25.
4. 중축, 제주, 2021.9.25.
5. 포자낭군, 제주, 2021.9.26.
6. 포자낭군과 잎맥, 제주, 2023.5.31.
7. 포자낭군과 포막, 제주, 2023.5.31.

1. 잎몸 전형, 제주, 2018.7.25.
2. 새잎이 펼쳐지는 모습, 제주, 20180.7.25.
3. 중축, 우축 표면의 홈, 제주, 2018.7.25.
4. 우편, 제주, 2021.1.23.
5. 엽맥, 제주, 2021.1.23.
6. 포자낭군, 제주, 2021.1.23.
7. 잎, 제주, 2021.1.23.

섬잔고사리와 큰섬잔고사리의 비교

종명	소우편	포자낭군 위치	포자낭군 모양
섬잔고사리	중열	소우편 열편의 중륵과 가장자리 중간	짧은 선형
큰섬잔고사리	심열	소우편과 열편의 중륵 가까이	긴 선형

섬잔고사리

***Diplazium hachijoense* Nakai**, Bot. Mag. (Tokyo) 35: 148, 1921

Allantodia hachijoensis (Nakai) Ching, Acta Phytotax. Sin. 9(1): 55, 1964

Seom-jan-go-sa-ri (정태현 등, 1949; 이창복, 1980; 등[1])
탐라암고사리(박만규, 1975), 탐라진고사리(박만규, 1961), 탐라고사리(박만규, 1949)

中 薄盖双盖蕨 E Jejudo twinsorus fern
日 Shiroyama-shida

염색체수 n = 123 **포자기** 7~9월 **용도** 관상용
분포 제주도, 계류가의 그늘지고 습한 숲가장자리에서 자람; 일본, 중국

상록성이나, 때로 하록성 여러해살이풀로 지생한다. **키** 90~150cm이다. **뿌리줄기** 굵고 옆으로 짧게 기며, 잎이 모여난다. **잎자루** 길이 40~60cm로 굵으며, 녹색이고, 기부의 지름은 1cm 내외에 달하며, 갈색 또는 흑갈색의 비늘조각이 드물게 붙으나 곧 떨어진다. 비늘조각은 막질로, 길이 4~6mm이고, 좁은 피침형으로 가장자리가 밋밋하고, 끝이 뾰족하다. **잎몸** 2회 우상으로 갈라지고, 삼각형 또는 삼각상 난형이며, 길이와 너비가 각각 50~90cm이다. 밝은 녹색으로 흔히 단단한 초질이다. 중축은 표면에 얕은 홈이 있다. **우편** 8~13쌍이고, 긴타원상 피침형으로, 끝이 날카롭게 뾰족하며, 자루가 있고 직각으로 붙는다. 최하부 우편이 가장 크고, 길이 18~40cm, 너비 8~15cm이다. **소우편** 10쌍이 어긋나며, 삼각상 피침형, 긴타원상 피침형이고, 자루가 없거나 매우 짧은 자루가 있다. 길이 약 5~7cm, 너비 2~2.5cm이다. **열편** 긴타원형이고, 밋밋하거나 약간의 톱니가 있다. **포자낭군** 짧은 선형이고, 열편의 중륵과 가장자리 중간에 붙는다. **포막** 선형으로, 가장자리가 거의 밋밋하고 막질이다.

*큰섬잔고사리와 유사하나 소우편이 중열로 갈라지고, 각축 뒷면에 털이 없으며, 비늘조각은 갈색이고, 포자낭군은 짧은 선형으로, 소우편의 중륵과 가장자리 중간에 붙는 점이 다르고, 검정비늘고사리와는 잎자루의 비늘조각이 조락성인 점이 다르다.

암고사리

Diplazium chinense **(Baker) C.Chr.,**
Index Filic. fasc. 4: 229, 1905
Asplenium chinense Baker, Syn. Fil. 237, 1867

Am-go-sa-ri (박만규, 1949; 이창복, 1980; 등[1])
그늘암고사리(박만규, 1961, 1975)
中 中华双盖蕨 E Asian twinsorus fern
日 Hikage-warabi

염색체수 n = 41, 82 **포자기** 6~9월 **용도** 관상용
분포 제주도, 숲속에서 자람; 일본, 중국, 인도차이나

하록성인 여러해살이풀로 지생한다. **키** 약 50~90cm이다. **뿌리줄기** 짧게 옆으로 기며, 끝에 갈색 또는 흑갈색 비늘조각이 밀생하고, 잎이 접근해 붙는다. **잎자루** 길이 30~40cm이고, 기부 부근에 비늘조각이 많이 붙는다. 비늘조각은 피침형으로, 흑갈색이며, 광택이 나고, 가장자리가 밋밋하며, 길이 5~7mm, 너비 1~1.5mm이다. **잎몸** 3회 우상으로 갈라지고, 삼각형이며, 맨 아래가 가장 넓고, 밝은 녹색이다. 끝이 날카롭게 뾰족하고, 털이 없으며, 길이와 너비 모두 30~50cm이다. **우편** 9~12쌍이 어긋나고, 길이 20~25cm, 너비 10~18cm이다. 긴타원형 또는 삼각상 피침형으로 끝이 날카롭게 뾰족하고, 1~3.4cm의 자루가 있으며, 직각으로 붙는다. **소우편** 12~14쌍이 어긋나고, 긴타원형 또는 긴타원상 피침형이며, 끝이 꼬리처럼 길게 뾰족하다. 짧은 자루가 있으며 길이 5~9cm, 너비 2~3cm이다. **열편** 긴타원형으로, 끝이 뭉뚝하고, 너비가 4~8mm이다. **포자낭군** 짧은 선형으로, 열편의 중륵 가까이에 붙는다. **포막** 선형으로, 얇은 막질이며, 길이 1~2mm이고, 가장자리에 얕은 톱니가 있다.

1. 잎몸, 제주, 2021.10.17.
2. 새순, 제주, 2019.6.19.
3. 잎자루의 비늘조각, 제주, 2019.6.19.
4. 잎자루 기부와 뿌리줄기, 제주, 2010.8.31
5. 중축의 홈, 제주, 2004.6.25.
6. 포막과 포자낭군, 제주, 2019.6.19.
7. 성숙한 포자낭군, 제주, 2010.8.31.
8. 제주, 2019.6.19.

새깃아재비과

Blechnaceae Copel.

中 乌毛蕨科
E Chain Fern Family
日 Ō-kaguma Ka
분류군수 10속 250여 종(한반도 1속 1종)
분포 아시아, 중미, 북미의 온대, 열대와 아열대지역

상록성 여러해살이풀이다. **뿌리줄기** 곧게 서거나 기며, 간혹 덩굴지고, 비늘조각에 덮인다. **잎** 한 가지 또는 2가지 모양이다. **잎자루** 기부에 비늘조각이 있고 뿌리줄기와 관절로 이어지지 않는다. **잎몸** 1회 우상으로 또는 드물게 2회 우상으로 갈라지며, 중축은 표면에 홈이 있고, 홈은 중륵과 연결되지 않는다. **잎맥** 중륵 양쪽에 1줄의 그물맥을 만들며 그 외에는 유리맥이다. **포자낭군** 중륵을 따라 그물맥 바깥쪽에 붙는다. **포막** 가운데에서 터지며 긴 선형이거나 포막이 없는 것도 있다.

새깃아재비속 *Woodwardia* Sm., Mém. Aca. Roy. Sci. (Turin) 5: 411, 1793

中 狗脊属
E Chain Fern Genus
日 Ō-kaguma Zoku
분류군수 약 10여 종(한반도 1종)
분포 아시아, 중앙아메리카, 북아메리카의 온대, 열대지역

대부분 땅에서 자라나 간혹 착생하는 여러해살이풀이다. **뿌리줄기** 짧고, 비스듬히 또는 곧게 서거나 긴다. 막질의 비늘조각이 많이 붙는다. **잎** 모여나며 긴 잎자루가 있다. **잎몸** 1회 우상으로 갈라지며, 종이질이거나 얇은 가죽질이며, 잎의 표면 또는 위쪽 우편 가장자리에 무성아가 생기기도 한다. **우편** 좁은 긴타원형이고, 또는 좁은 삼각상 난형이며 자루가 있다. 가장자리는 밋밋하거나 잔톱니가 있다. **잎맥** 중륵 양쪽에 적어도 1줄의 그물맥을 만든다. 잎맥이 결합하지 않고 유리하는 것도 있고, 여러 줄의 그물맥을 만들기도 한다. **포자낭군** 선형이고, 중륵 가까이에서 평행하게 붙는다. **포막** 포자낭군을 깊이 감싼다.

새깃아재비, 제주, 2020.9.11.

새깃아재비, 경남 창녕, 2013.7.12.

새깃아재비

***Woodwardia japonica* (L.f.) Sm.**,
Mem. Acad. Roy. Sci. (Turin) 5: 411, 1793
Blechnum japonicum L. f., Suppl. Pl. 445, 1781

Sae-git-a-jae-bi (박만규, 1961, 1975; 이창복, 1980; 등[1])
구척고사리(정태현 등, 1970)
 中 狗脊 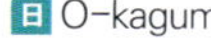 E Asian chain fern 日 Ō-kaguma

염색체수 n = 34 **포자기** 7~9월
용도 약용(뿌리줄기: 독감, 해충증)
분포 전남, 경남, 제주도, 그늘진 숲속에서 자람; 일본, 중국, 타이완, 베트남, 미얀마, 인도네시아

상록성 여러해살이풀이다. **키** 50~110cm이다. **뿌리줄기** 두껍고, 짧게 옆으로 기며, 비늘조각이 다소 많이 붙는다. 비늘조각은 흑갈색 또는 붉은 갈색이고, 피침형이며, 가장자리가 밋밋하고, 길이 약 1.5cm이다. **잎자루** 길이 20~50cm이고, 볏짚색으로 붉은빛이 돌며, 기부에 비늘조각이 있다. **잎몸** 1회 우상으로 갈라지며, 긴타원상 삼각형으로 끝부분이 갑자기 좁아져 독립된 우편모양을 하며, 길이 30~60cm, 너비 20~30cm이다. 가죽질이고, 중축은 표면에 홈이 있고, 홈은 우편의 중륵과 연결되지 않으며, 비늘조각이 있다. **우편** 10~15쌍이며, 자루가 없고, 선상 피침형으로 끝이 뾰족하고, 중열되며, 길이 10~20cm, 너비 1.5~4cm이다. **열편** 둥근모양으로 가장자리에 톱니가 있다. **잎맥** 우편의 중륵 가까이 1~3줄의 그물맥을 만들고 나머지는 유리한다. **포자낭군** 길이 2~5mm이고, 열편 중륵 양쪽에 붙고, 서로 인접해 있다. **포막** 두껍고, 선형으로, 길이 1~2mm이며, 가장자리가 밋밋하다.

1. 제주, 2020.10.9.
2. 새순, 제주, 2021.4.17.
3. 어린잎, 제주, 2019.5.22.
4. 잎자루 하부의 비늘조각, 제주, 2020.10.9.
5. 영양엽의 잎맥, 제주, 2020.9.11.
6. 포자엽 우편 표면, 제주, 2020.10.9.
7. 열편에 붙은 포자낭군, 제주, 2020.10.9.
8. 제주, 2021.11.13.

야산고비과

Onocleaceae Pic.Serm.

中 球子蕨科
E Sensitive Fern Family
日 Koya-warabi Ka
분류군수 4속 5종(한반도 3속 3종)
분포 북반구

여러해살이풀로 지생한다. **뿌리줄기** 대부분 짧거나, 또는 길게 기거나 곧게 자라며 비늘조각에 덮인다. **잎** 뚜렷하게 2가지 모양이며, 가깝게 또는 뚜렷하게 떨어져 있다. 영양엽은 겨울에 죽지만, 포자엽은 겨울에도 남아 있다. **잎몸** 1~2회 우상으로 갈라지는데, 점차 좁아지거나 좁아지지 않는다. 중축의 홈은 대부분 우축의 홈과 연결되지 않는다. **잎맥** 대부분 유리하거나 그물맥을 형성한다. **포자낭군** 우편 가장자리의 숨겨진 중앙맥 위에 1~3줄로 붙으며, 포막이 있으나 흔적적이고, 보이더라도 성숙하면 쉽게 떨어진다.

야산고비과의 속 검색표

1. 잎자루의 표면에 홈이 있으며, 잎몸은 기부로 가면서 좁아진다. ················ **청나래고사리속 *Matteuccia* 465**
1. 잎자루에는 홈이 없이 약간 납작하고, 잎몸은 기부로 가면서 좁아지지 않는다.
    2. 뿌리줄기는 길게 기며, 잎맥은 그물맥이고 유리맥이 거의 없으며, 포자엽은 2회 우상으로 갈라지고, 소우편은 염주알모양이다. ················ **야산고비속 *Onoclea* 465**
    2. 뿌리줄기는 짧고, 곧게 서며, 잎맥은 유리맥이고, 포자엽은 1회 우상으로 갈라지며, 우편은 선형이다. ················ **개면마속 *Pentarhizidium* 466**

야산고비, 경기 포천, 2019.10.22.

청나래고사리속 ***Matteuccia*** Tod., Giorn. Sci. Nat. Econ. Palermo 1: 235, 1866

中 荚果蕨属
E Ostrich Fern Genus
日 Kusa-sotetsu Zoku

분류군수 1종(한반도 1종)
분포 북반구 온대지역

뿌리줄기 굵고, 비스듬히 또는 곧게 선다. **비늘조각** 연갈색이고, 피침형이다. **잎** 2가지 모양으로, 모여난다. **영양엽 잎몸** 1회 우상으로 깊게 갈라지고, 긴타원상 도피침형 또는 도피침형이며, 종이질이다. 털이 거의 없거나 약간의 비늘조각을 갖는다. 흔히 작고 좁은 피침형인 비늘조각이 잎몸의 뒷면을 덮는다. **잎맥** 유리맥이다. **포자엽 잎몸** 1회 우상으로 영양엽보다 작으며, 포자가 익으면서 더욱 수축되고 자갈색을 띤다. **포자낭군** 잎맥의 작은 맥 끝에 붙고, 우편이 뒤집어진 가장자리에 붙으며, 얇은 포막에 덮인다.

야산고비속 ***Onoclea*** L., Sp. Pl. 2: 1062, 1753

中 球子蕨属
E Sensitiver Fern Genus
日 Koya-warabi Zoku

분류군수 1종(한반도 1종)
분포 아시아 동부와 북아메리카 동부

양지에서 자란다. **뿌리줄기** 길게 기고, 갈색이며 비늘조각에 덮이고, 잎이 떨어져 난다. **잎** 2가지 모양이다. **영양엽 잎몸** 영양엽 1회 우상으로 갈라지며, 넓은 난형 또는 삼각상 타원형이고, 중축의 위쪽에 우편이 흘러내려서 넓은 날개가 된다. **우편** 물결모양의 둔한 톱니가 있고 자루는 없다. **잎맥** 결합해 그물맥을 만든다. **포자엽 잎몸** 2회 우상으로 갈라지며, 우측에 구슬과 같은 작은 우편이 붙는다. **포자낭군** 투명한 포막에 싸이는데 이것이 잎면에 덮여 소우편 전체가 구슬과 같이 된다.

청나래고사리, 강원 정선, 2013.5.29

개면마속 ***Pentarhizidium*** Hayata, Bot. Mag. (Tokyo) 42: 345, 1928

中 东方荚蕨属
E Ostrich Fern Genus
日 Koya-warabi Zoku

분류군수 2종(한반도 1종)
분포 아시아, 유럽, 북아메리카

뿌리줄기 곧게 서거나 짧게 기며, 두껍고, 끝부분에 갈색 비늘조각이 밀생한다. **잎** 2가지 모양으로, 모여나거나 가깝게 자란다. **잎자루** 약간 납작하고, 표면에 홈이 없다. **영양엽 잎몸** 1회 우상으로 갈라지며, 난형이고, 기부로 가면서 좁아지지 않으며, 위 아래의 길이가 거의 유사하다. **포자엽 잎몸** 선형 또는 긴타원형이고, 1회 우상으로 갈라지며, 기부로 가면서 좁아지지 않고, 중축은 표면이 약간 납작하다. **포자낭군** 우편의 작은 잎맥 끝에 붙는다.

개면마, 강원 정선, 2020.6.10.

청나래고사리

Matteuccia struthiopteris **(L.) Tod.**, Syn. Pl. Acot. Vasc.: 30, 1866

Cheong-na-rae-go-sa-ri (정태현 등, 1949; 이창복, 1980; 등[1])
포기고사리(박만규, 1949, 1961, 1975)

中 莢果蕨 E Shuttlecock fern 日 Kusa-sotetsu

염색체수 n = 39, 40 **포자기** 9~11월
용도 약용(뿌리줄기: 해열, 지혈), 관상용
분포 강원, 경기, 충북, 충남, 경북, 습기가 있는 숲속 계류가에서 자람; 일본, 중국, 러시아, 유럽 등

하록성 여러해살이풀로 지생한다. **키** 30~100cm이다. **뿌리줄기** 짧고, 곧게 서며, 마른 잎의 기부에 덮인다. 종종 가늘고 긴 뿌리줄기가 뻗어 새 개체를 만들며, 잎이 모여난다. **잎자루** 길이 10~15cm으로, 짧고, 표면에 넓은 홈이 있으며, 기부가 부풀었고, 비늘조각이 있다. 비늘조각은 길이 5~7mm이며, 막질이고, 갈색이며, 피침형이다. **영양엽 잎몸** 1회 우상으로 갈라지고, 길이 40~80cm, 너비 15~30cm로, 끝이 짧게 뾰족하며, 기부가 점차 좁아져 맨 아래 우편은 작은 귀모양이다. **우편** 40~55쌍이고, 우상으로 깊게 갈라지며, 피침형 또는 선상피침형이고, 끝이 길게 뾰족하며, 자루가 없다. **열편** 긴타원형 또는 좁은 난형이고, 비스듬히 나며, 너비 2.5~5mm이고, 물결모양의 잔톱니가 있다. **포자엽** 가을철에 나오고, 1회 우상으로 영양엽보다 작고, 우편은 다소 빽빽이 붙고, 길이 4~6cm이며 가늘다. 우편이 뒤로 말리고 얇은 포막으로 덮인 포자낭군을 감싼다. **포자낭군** 맥의 등쪽에 붙고, 우편 중륵의 양쪽에 2~3줄로 배열한다.

1. 강원 정선, 2013.5.29.
2. 영양엽 새순, 경기 포천, 2008.4.15.
3. 영양엽 새잎, 경기 포천, 2005.4.24.
4. 포자엽, 경기 포천, 2003.8.11.
5. 중축 뒷면, 경기 포천, 2022.6.24.
6. 중축 뒷면의 털, 강원 홍천, 2022.6.19.
7. 중축 표면의 홈, 경기 포천, 2022.6.24.
8. 중심주, 경기 포천, 2022.6.24.
9. 묵은 포자엽, 경기 포천, 2005.4.24.
10. 포자낭군, 강원 평창, 2007.9.5.
11. 영양엽(잎몸 상부), 경기 포천, 2003.7.30.

야산고비

***Onoclea sensibilis* L. var. *interrupta* Maxim.**, Prim. Fl. Amur., 337, 1859

Onoclea interrupta (Maxim.) Ching & P. C. Chiu, Fl. Tsinling. 2: 36, 1974

Ya-san-go-bi (이창복, 1980; 등[2])
야산고사리(정태현 등, 1937; 정태현 등, 1949; 박만규, 1949, 1961, 1975; 등[12])
中 球子蕨 E Sensitive fern 日 Kōya-warabi

염색체수 n = 37 **포자기** 9~10월
용도 약용(뿌리줄기: 이뇨, 민간에서 항암제), 관상용
분포 강원, 경기, 충북, 충남, 전남, 전북, 경남, 들판 양지쪽에서 자람; 일본, 중국, 러시아

하록성 여러해살이풀로 지생한다. **키** 35~60cm이다. **뿌리줄기** 길게 뻗으며, 지름 2~5mm이다. 비늘조각은 갈색으로 난형 또는 넓은 피침형이고, 길이 3~6mm, 너비 2~3.3mm이다. **잎** 2가지 모양이다. **잎자루** 광택이 있는 갈색이고, 포자엽은 길이 22~40cm, 영양엽은 길이 20~35cm이다. 기부에 있는 비늘조각은 황갈색이고, 난형 또는 넓은 피침형이다. **영양엽 잎몸** 1회 우상으로 갈라지며, 길이 10~25cm, 너비 10~20cm로, 피침형이다. **우편** 맨 아래 우편이 가장 크며, 길이 5~10cm, 너비 1~3cm로, 짧은 자루가 있으며 가장자리는 구불구불하다. **포자엽 잎몸** 2회 우상으로 갈라지며, 선상 피침형이고, 길이 9~17cm, 너비 7~12cm이다. **우편** 선형으로 길이 1~5.5cm, 너비 0.2~0.5cm이며, 소우편은 구형으로 단단하다. 길이 1~2mm인 갈색 털이 있고, 피침형이거나 선형인 갈색 또는 연갈색의 비늘조각이 있다. **잎맥** 그물맥이다. **포자낭군** 중륵과 잎자루를 제외하고 모든 포자엽에 붙는다. **포막** 구슬모양이고, 길이 1.5mm, 너비 1~1.2mm로, 소우편에 둘러싸인다.

1. 강원 원주, 2016.5.2.
2. 영양엽 새순, 경기 포천, 2020.8.13.
3. 새순, 경기 포천, 2019.4.26.
4. 영양엽 앞뒷면, 경기 포천, 2021.5.4.
5. 포자엽, 경기 포천, 2020.8.13.
6. 경기 포천, 2014.4.30.

개면마

Pentarhizidium orientale **(Hook.) Hayata**, Bot. Mag. (Tokyo) 42(499): 345, 1928

Onoclea orientalis (Hook.) Hook. Sp. Fil. 4: 161, 1862

Metteucia orientalis (Hook.) Trevisan, Atti. Ist. Veneto III, Sci. 14: 586, 1869

Gae-myun-ma (정태현 등, 1937; 박만규, 1961, 1975; 이창복, 1980; 등[1])

개관중(박만규, 1949)

中 东方荚果蕨 E Oriental ostrich fern

日 Inu-gansoku

염색체수 n = 40, 41 **포자기** 8~11월

용도 약용(구충약, 이뇨제), 관상용

분포 전역, 산지의 숲가장자리에서 자람; 일본, 중국, 타이완, 인도, 러시아

하록성 여러해살이풀로 지생한다. **키** 70~130cm이다. **뿌리줄기** 지름 4~10mm로 굵고 짧게 기며, 비늘조각에 덮인다. 비늘조각은 피침형이고, 끝이 길게 뾰족하며, 길이 0.7~2cm이고, 가장자리가 밋밋하며, 광택이 나고 연갈색이다. **잎** 2가지 모양이다. **잎자루** 영양엽은 길이 30~60cm이며, 포자엽은 길이 23~35cm이고, 황갈색이다. 기부에는 길이 3~17mm이고 갈색이며 피침형인 비늘조각이 있고, 털은 없다. **영양엽 잎몸** 1회 우상으로 갈라지며, 난상 삼각형으로, 아래로 거의 좁아지지 않고, 위로 갈수록 좁아진다. 길이 35~70cm, 너비 25~34cm이고, 얇은 종이질이다. **우편** 16~20쌍이 어긋나고, 좁은 피침형으로, 상부까지 길이가 거의 비슷하다. **잎맥** 유리맥이다. **포자엽 잎몸** 1회 우상으로 갈라지며, 선상 피침형이고, 길이 15~25cm, 너비 5~8cm이다. **우편** 선형이고, 자갈색이며, 단단하다. **포자낭군** 맥의 거의 끝 쪽에 한 줄로 붙으며, 뒤로 말린 얇은 포막에 덮인다.

1

2

3

4

5

1. 경북 울릉, 2022.6.5.
2. 새순, 경기 포천, 2013.4.29.
3. 잎맥, 강원 화천, 2022.8.16.
4. 영양엽과 포자엽, 경기 가평, 2003.8.14.
5. 충북 영동, 2021.6.26.

꼬리고사리과

Aspleniaceae Newman

中 铁角蕨科
E Spleenwort Fern Family
日 Torano-o-shida Ka
분류군수 2속 700여 종(한반도 2속 21종 9교잡종)
분포 전 세계

땅위에 나거나 또는 나무나 바위에 붙어서 자란다. **뿌리줄기** 짧게 또는 길게 기거나, 곧게 서며, 비늘조각에 덮인다. 비늘조각은 삼각상 피침형, 검은 갈색 또는 검은색이며, 격자상 무늬가 있고, 가장자리가 밋밋하나 불규칙하게 털이나 샘털이 있다. **잎** 1가지 모양이나 드물게 2가지 모양이며, 서로 접근해 붙고, 단엽에서 수회 우상으로 갈라진다. **잎맥** 유리하나 간혹 결합한 그물맥이다. **포자낭군** 선형이고, 잎맥의 한쪽에 붙는다. **포막** 좁은 선형이고, 중륵을 향해 터진다. **포자** 단지형으로 외피가 있다.

◆ 꼬리고사리속(*Asplenium*)은 1개의 속으로 통합하여 사용되어 왔으나, 학자에 따라서 심지어 10개 이상의 속(*Antigramma*, *Camptosorus*, *Ceterach*, *Holodictyum*, *Hymenasplenium*, *Loxoscaphe*, *Pleurosorus*, *Phyllitis*, *Schaffneria*, *Sinephropteris*, *Thamnopteris*)으로 세분한 바 있다. 국내 종들은 세분화한다면 골고사리속(*Phyllitis*), 거미고사리속(*Camptosorus*), 지느러미고사리속(*Hymenasplenium*), 꼬리고사리속(*Asplenium*)으로 세분화할 수 있다. 그러나 최근 분자적 연구와 중심주 및 염색체 연구(Murakami & Schaal, 1994; Hasebe et al., 1995; Murakami et al., 1999; Van den Heede et al., 2003; Schneider et al., 2004; Perrie & Brownsey, 2005)에 의해 지느러미고사리속(*Hymenasplenium*)을 제외한 다른 속들은 모두 꼬리고사리속(*Asplenium*)으로 통일하였는데 이 의견을 바탕으로 2속으로 다루었다.

돌담고사리, 경남 남해, 2016.7.2.

꼬리고사리과의 속 검색표

1. 뿌리줄기가 곧게 서거나 짧게 기며, 전체에 비늘조각이 밀집해 붙는다. .... **꼬리고사리속 *Asplenium* 471**
1. 뿌리줄기가 길게 옆으로 기며, 끝부분 이외에는 비늘조각이 매우 적게 붙는다. .... **지느러미고사리속 *Hymenasplenium* 473**

꼬리고사리속 ***Asplenium*** L., Sp. Pl. 2: 1078, 1753

中 铁角蕨属
E Spleenwort Fern Genus
日 Torano-o-shida Zoku

분류군수 2속 700여 종(한반도 20종 9교잡종)
분포 전 세계

대개 바위나 나무 위에 붙어서 자라는 여러해살이풀이다. **뿌리줄기** 짧게 기거나 곧게 서고, 비늘조각은 격자상 무늬가 있으며, 가장자리가 밋밋하나 불규칙하게 털이나 샘이 있으며, 검은 갈색 또는 검은색이다. **잎자루** 흔히 광택이 있다. **잎몸** 단엽이거나 1~4회 우상으로 갈라지며, 초질 또는 가죽질이고, 작은 비늘조각이 있다. 우편이나 소우편은 흔히 비대칭이고, 아래를 향하며, 중축이나 중륵에 날개가 있고, 가장자리는 밋밋하거나 톱니가 있다. **잎맥** 대부분 유리맥이나, 몇 종은 가장자리를 달리는 맥으로 그 끝을 연결시켜 그물맥을 만드는 것도 있으며, 잎가장자리까지 도달하지는 않는다. **포자낭군** 선형이고, 맥의 한 쪽에 붙는다. **포막** 좁은 선형이고, 중륵을 향해 터진다. **포자** 단지형이다.

❖ 일본, 오세아니아, 폴리네시아 등 열대지역에서 자라는 **선녀고사리**(*A. tenerum* G.Foster)는 제주도에 분포한다고 기재(정태현 등, 1937; 정태현 등, 1949; 박만규, 1961; 이창복, 1980; 이우철, 1996; 이영노, 2006)되어 있으나 아직 확인된 바 없다. 또한 일본과 중국, 타이완에 분포하는 것으로 알려진 **잔눈썹고사리**(*A. shikokianum* Makino)는 눈썹고사리의 변종 또는 눈썹고사리와 쪽잔고사리의 교잡종으로 보고된 분류군으로, 전남 대둔산에 분포한다고 기재(이창복, 1980, 이우철, 1996)되어 있으나 관찰된 바 없다.

◆ 최근 중국식물지(Lin & Viane, 2013, The flora of China)에 의하면 과거 알려진 *A. sarelii* Hook.는 2배체 식물 (2n=72)로 중국에 분포하며, 한국과 일본에 분포하는 개체들은 4배체 식물(2n=144)로, 다른 종으로 다루었다. 즉, 중국의 식물은 *A. sarelii* Hook.로서 중국 특산종으로, 한국과 일본에 알려진 종은 *A. anogrammoides*로 다루었다. 최근 국내 전역의 돌담고사리류(*A. anogrammoides* complex)의 개체들을 DNA, 염색체 실험한 결과 대부분이 6배체였고, 4배체도 일부 나타났다(Lee et al., 2024). 4배체로 보이는 개체들은 *A. anogrammoides*로 보았고, 6배체로 보이는 개체들의 분류학적 검토는 차후 국내 개체들의 세밀한 연구 후로 미루고자 한다. 아울러 바위좀고사리(애기좀고사리)[*A. sarelii* Hook. var. *anogrammoides* (H.Christ) Tagawa, J. Jap. Bot. 27: 322, 1952]는 돌담고사리에 비해 소형으로 키가 10cm 내외이고, 우편이 짧으며 포자낭군도 길이 1~1.5mm로 짧은 것으로 제주도에 분포하는 것으로 알려져 왔고(박만규, 1949, 1961; 정태현 등, 1949; 이우철, 1996), 중국식물지에서도 한국에 분포하는 돌담고사리를 모두 *A. anogrammoides*로 다루고 있다. 따라서 *A. anogrammoides* complex에 관한 보다 세밀한 연구가 필요하다. 국명에 있어서 *A. anogrammoides*의 국명은 바위좀고사리로 사용하여야 하나 실제로 2배체인 *A. sarelii*가 국내 분포하지 않고 있어 그동안 흔히 불려졌던 돌담고사리 국명을 그대로 사용하기로 하였다.

꼬리고사리속의 종 검색표

1. 잎은 단엽으로, 잎가장자리가 거의 밋밋하다.
   2. 잎맥은 모두 유리맥이다.
      3. 잎몸은 단엽으로 갈라지지 않으며, 길이 15~40cm, 너비 3~6cm이다. ··········· **골고사리 *A. scolopendrium* 474**
      3. 잎몸은 단엽으로 1~2회 갈라지며, 길이 1~4cm, 너비 1~4mm로 작고 솔잎같이 가늘다. ··········· **솔잎고사리 *A. septentrionale* 476**
   2. 잎맥은 그물맥이거나, 잎가장자리에서 결합한다.
      4. 잎몸은 20cm 이상으로 크고, 잎자루가 거의 없으며, 포자낭군은 측맥을 따라 평행으로 붙는다. 중축 끝에 무성아가 생기지 않는다. ··········· **파초일엽 *A. antiquum* 475**
      4. 잎몸은 20cm 이하로 작고, 잎자루가 있으며, 포자낭군은 측맥을 따라 평행하게 붙지 않는다. 중축 끝이 길게 자라 무성아가 생긴다. ··········· **거미고사리 *A. ruprechtii* 478**

1. 잎은 1회 이상 우상으로 갈라진다.
   5. 잎은 1회 우상으로 갈라진다.
      6. 중축에 무성아가 없다. ··········· **눈썹고사리 *A. wrightii* 480**
      6. 대부분 중축에 무성아가 있다.
         7. 우편자루는 뚜렷하며, 우편은 끝이 뾰족하다. ··········· **가거꼬리고사리 *A. yoshinagae* 481**
         7. 우편자루는 없으며, 우편은 끝이 약간 둥글다.
            8. 우편은 긴타원상 아삼각형이다.
               9. 우편은 중열~심열, 우편 기부의 귀모양이 뚜렷하다. ··········· **개차고사리 *A. oligophlebium* 482**
               9. 우편은 천열, 우편 기부의 귀모양이 뚜렷하지 않다. ··········· **반들깃고사리 *A. boreale* 483**
            8. 우편은 긴타원형 또는 난형이다.
               10. 잎자루와 중축에는 뒷면에 날개가 없이 표면에만 2개의 날개가 있다. ··········· **차꼬리고사리 *A. trichomanes* 484**
               10. 잎자루와 중축에는 뒷면에 1개, 표면에 2개, 모두 3개의 날개가 있다. ··········· **개차꼬리고사리 *A. tripteropus* 485**
   5. 잎은 2회 이상 우상으로 갈라진다.
      11. 우축 표면에 홈이 있다.
         12. 잎몸은 삼각상에 가깝고, 엽질이 단단하다.
            13. 잎몸은 10cm 이하로 작고, 잎자루와 중축에 광택이 없다. ··········· **돌좀고사리 *A. ruta-muraria* 486**
            13. 잎몸은 10cm 이상이며, 잎자루와 중축에 광택이 있다. ··········· **수수고사리 *A. wilfordii* 487**
         12. 잎몸은 피침형에 가깝고, 엽질이 부드럽다.
            14. 잎자루는 녹색이고, 포자엽과 영양엽은 차이가 거의 없다.
               15. 잎몸은 길이 2~3.5cm이고, 중축에 무성아가 생긴다. ··········· **각시꼬리고사리 *A. capillipes* 489**
               15. 잎몸은 길이 3~10cm이고, 중축에 무성아가 생기지 않는다.
                  16. 열편 끝이 침상이다. ··········· **좀애기꼬리고사리 *A. pseudocapillipes* 490**
                  16. 열편 끝이 둔하거나 약간 뾰족하다. ··········· **애기꼬리고사리 *A. tenuicaule* 488**
            14. 잎자루는 자갈색이고, 포자엽은 직립하고 영양엽은 옆으로 퍼진다. ··········· **꼬리고사리 *A. incisum* 491**
      12. 우축 표면에 홈이 없다.
         17. 중축 끝에 무성아가 생기고, 열편의 잎맥은 갈라지지 않는다. ··········· **숫돌담고사리 *A. prolongatum* 492**
         17. 중축 끝에 무성아가 생기지 않고, 열편의 잎맥은 갈라진다.
            18. 포자낭군은 최종열편에 1개씩만 붙는다. ··········· **쪽잔고사리 *A. ritoense* 493**
            18. 포자낭군은 최종열편에 여러 개가 붙는다.

19. 잎자루 기부에 있는 비늘조각의 아랫부분에 털이 있으며, 열편의 톱니는 침상이다. ·········· **사철고사리 *A. pekinense*** 494

19. 잎자루 기부에 있는 비늘조각의 아랫부분에 털이 없으며, 열편의 톱니는 침상이 아니다. ·········· **돌담고사리 *A. anogrammoides*** 495

지느러미고사리속 ***Hymenasplenium*** Hayata, Bot. Mag. Tokyo 41: 712, 1927

中 膜叶铁角蕨属
日 Hobi-shida Zoku

분포 n = 38, 39
분류군수 30여 종(한반도 1종)
분포 난대, 열대지역

계곡이나 동굴의 암벽에 붙어서 자라는 여러해살이풀이다. **뿌리줄기** 길게 옆으로 벋으며, 듬성듬성 잎이 나오고, 격자상 무늬가 있는 비늘조각에 덮인다. **잎자루** 광택이 나며, 밤색에서 암자색 또는 검은색, 드물게 회녹색을 띤다. **잎몸** 초질이고 1회 우상으로 갈라지고, 드물게 단엽이며, 중축에 좁은 날개를 형성한다. **우편** 비대칭하며 가장자리가 밋밋하고, 윗부분은 약간 둔하거나 뾰족한 톱니를 갖는다. **잎맥** 유리맥이거나 드물게 그물맥을 갖는다. **포막** 얇은 막질 또는 종이질이며 가장자리가 밋밋하다.

지느러미고사리, 제주, 2023.1.15.

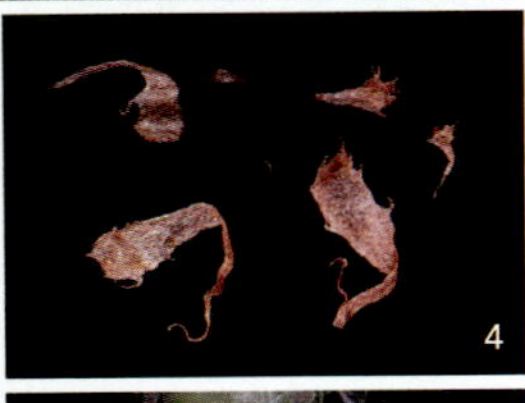

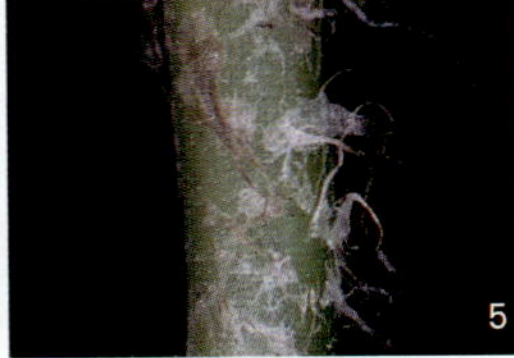

골고사리

***Asplenium scolopendrium* L.**, Sp. Pl. 2: 1079, 1753

Phyllitis scolopendrium (L.) Newman, Hist. Brist. Ferns (ed. 2): 10, 1844

Gol-go-sa-ri (정태현 등, 1937; 이창복, 1980, 등[1])
변산일엽(박만규, 1949), 나도파초일엽(정태현 등, 1949; 이우철, 1996)
中 丛叶铁角蕨 E Hart's-tongue, Scolles
日 Ko-tani-watari

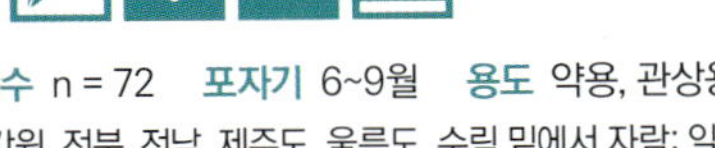

염색체수 n = 72 **포자기** 6~9월 **용도** 약용, 관상용
분포 강원, 전북, 전남, 제주도, 울릉도, 수림 밑에서 자람; 일본, 중국, 러시아(사할린, 남쿠릴열도), 유럽, 북아메리카

상록성 여러해살이풀로 지생한다. **키** 15~60cm이다. **뿌리줄기** 짧고 비스듬히 서며, 잎은 모여나고, 비늘조각이 있다. 비늘조각은 길이 2~7mm, 너비 0.7~1.3mm이고, 진한 갈색, 막질이며, 피침형 또는 선상 피침형이다. **잎자루** 갈색 또는 연갈색을 띠고, 길이 3~16cm이며, 갈색의 비늘조각이 밀생한다. **잎몸** 단엽으로 넓은 선형이고, 기부는 둥근 귀가 있어 심장형이며, 끝이 뾰족하고, 아래로 가며 약간 좁아진다. 가장자리는 밋밋하거나 물결모양이며, 길이 15~40cm, 너비 3~6cm이고, 녹색이다. 뒷면 중륵과 측맥에 길이 2~2.5mm의 비늘조각이 있다. **잎맥** 유리맥으로 1~2회 Y자로 분기하고, 가장자리까지 도달하지 못한다. 매우 가늘고 거의 평행하게 배열된다. **포자낭군** 잎몸 위쪽 2/3 부분에 쌍을 지어 배열하며, 중륵과 잎가장자리 중간에 배열한다. **포막** 선형이고, 갈색의 연한 막질이며, 양쪽 포막의 서로 맞닿은 부분이 터지고, 길이 2~9mm이다.

유럽에 분포하는 개체군을 기본종으로 보고, 아시아에 분포하는 것은 4배체인 *A. komarovii* Akasawa로 구분해 다루기도 하나 세밀한 조사가 필요하다.

1. 경북 울릉, 2022.11.6. / 2. 새순, 국립수목원, 2003.5.27.
3. 잎자루 하부의 비늘조각, 경북 울릉, 2022.5.1.
4. 잎자루의 비늘조각, 경북 울릉, 2022.11.7.
5. 잎자루의 비늘조각, 경북 울릉, 2022.4.27.
6. 잎몸의 비늘조각, 경북 울릉, 2022.11.7.
7. 포자낭군, 제주, 2011.10.27.
8. 겨울 전경, 제주, 2020.2.18. / 9. 제주, 2004.11.28.

파초일엽

Asplenium antiquum **Makino**, J. Jap. Bot. 6: 32, 1929

Neottopteris antiqua (Makino) Masam., Trans. Nt. Hist. Soc. Formosan. 22(121): 215, 1932

Pa-cho-il-yeop (정태현 등, 1949; 박만규, 1975; 이창복, 1980; 등[1])
섭섬고사리(박만규, 1949), 섭섬일엽(박만규, 1961)
中 大鱗巢蕨 E Bird's-nest fern
日 O-tani-watari, Tani-watari

염색체수 2n = 144 포자기 6~9월
용도 약용(지상부: 이뇨, 민간에서 항암제), 관상용
분포 제주도, 나무나 바위에 붙어서 자람; 일본, 중국, 타이완

상록성 여러해살이풀로 착생한다. **키** 80~100cm이고, 털이 없다. **뿌리줄기** 짧고 곧게 서며 위쪽에 많은 잎이 방사상으로 나며 기부에 비늘조각이 밀생한다. 비늘조각은 피침형 또는 넓은 피침형이며, 점차 좁아져 끝이 뾰족하고, 길이 2.5cm, 너비 0.5cm이며, 갈색 또는 검은 회갈색이고, 격자상 무늬가 있으며, 가장자리가 밋밋하거나 불규칙한 돌기가 있다. **잎자루** 길이 2~6cm 로 짧고, 단단하며, 표면에 홈이 있고, 기부에 뿌리줄기에 있는 것과 비슷한 비늘조각이 밀생한다. **잎몸** 단엽이고, 가죽질이다. 길이 70~100cm, 너비 7~15cm이고, 좁은 피침형이며, 가장자리는 밋밋하고, 양끝이 좁아지며, 양면이 밝은 녹색이다. 중륵은 다소 굵으며 양면이 올라와 있고, 흑갈색이며, 기부는 자줏빛이 도는 갈색이다. 어릴 때는 뒷면에 비늘조각이 드문드문 붙는다. **잎맥** 단순하거나 Y자로 갈라져 평행하고, 끝은 잎의 가장자리를 따라 달리는 맥으로 연결된다. **포자낭군** 선형으로 길이 3~5cm이고, 중륵과 가장자리 사이에 있으며, 길이가 일정하지 않다. **포막** 선형으로, 가장자리가 밋밋하며, 갈색이고 두꺼운 막질이며, 너비가 약 0.7mm이다.

1. 제주, 2003.6.6.
2. 복원지의 유묘, 제주, 2018.7.25.
3. 새순 나오는 모습, 서울 식재, 2012.4.8.
4. 포자낭군, 서울 식재, 2012.4.8.
5. 복원지의 전경, 제주, 2018.7.25.

솔잎고사리

***Asplenium septentrionale* (L.) Hoffm.**, Deutschl. Fl. 2: 12, 1795
Acrostichum septentrionale L., Sp. Pl. 2: 1068, 1753

Sol-ip-go-sa-ri (Son et al., 2013)
中 叉叶铁角蕨 E Forked spleenwort

염색체수 2n = 144 **포자기** 6~9월 **용도** 관상용
분포 경북, 산지의 해가 약간 드는 바위틈에서 자람; 중국, 인도, 서남아시아, 러시아, 서북아프리카, 유럽, 북아메리카

상록성 여러해살이풀로 착생한다. **키** 8~16cm이다. **뿌리줄기** 짧게 서며, 잎은 모여나고, 비늘조각이 있다. 비늘조각은 길이 2~4mm로, 흑색 또는 진한 적갈색이며, 가장자리가 밋밋하고, 좁은 삼각상 피침형이다. **잎자루** 윤기가 있으며, 녹색이나 기부는 진한 적갈색을 띠고, 길이 6~10cm이다. **잎몸** 단엽으로, 끝이 1~2회 분기하며, 선형이고, 종이질 또는 가죽질이다. 길이 1~4cm, 너비 1~4mm이고, 위아래로 가며 점차 좁아지며, 털이 없다. **잎맥** 유리맥으로 모호하다. **포자낭군** 선형으로 길이 1~2cm이고, 1~5개가 중륵 가까이에 배열한다. **포막** 선형이고, 갈색의 연한 막질로, 가장자리가 밋밋하거나 구불거리고 중륵을 향해 벌어지며 성숙한 포자낭군 안에 덮인다. **포자** 단지형이고, 표면무늬는 쇄상이고, 외피를 갖는다.

1

2

3

4

1, 2, 3, 5. 경북 울진, 2013.6.9.
4. 새순, 평강식물원, 2014.3.21.
6. 포자낭군, 평강식물원, 2014.5.21.
7. 어린잎, 경북 울진, 2013.6.9.
8. 경북 울진, 2013.3.21.

5
6
7
8

거미고사리

Asplenium ruprechtii **Sa.Kurata,**
Enum. Jap. Pterid. 325, 338, 1961
Camptosorus sibiricus Rupr., Distr. Crypt. Vasc. Ross.: 45, 1845

Geo-mi-go-sa-ri (정태현 등, 1937; 박만규, 1961, 1975; 이창복, 1980; 등[1])
거미일엽초(정태현 등, 1949)
中 过山蕨　E Asian walking fern
日 Kumo-no-su-shida

염색체수 2n = 72　**포자기** 6~9월
용도 약용(지상부: 지혈, 외용), 관상용
분포 전역, 저산지의 그늘지고 축축한 바위에 붙어서 자람; 일본, 중국 북부, 러시아 동부

상록성 여러해살이풀로 착생한다. **키** 5~15cm이다. **뿌리줄기** 가늘고 짧게 서며, 잎이 다닥다닥 붙어서 자라고, 지름 1.5~2.5mm이며, 비늘조각이 있다. 비늘조각은 길이 1.7~3mm이고, 좁은 피침형으로 가장자리가 밋밋하며, 흑갈색이다. **잎** 2가지 모양이다. 포자낭군이 붙는 잎은 잎자루와 잎몸이 더 크다. **잎자루** 가늘며, 길이 1~3mm이다. **잎몸** 선형 또는 선상 피침형이며, 윗부분은 뾰족하게 가늘어져 끝에 무성아가 나오며 얇은 종이질이고, 길이 3.5~12cm, 너비 0.4~0.9mm이다. 가장자리는 밋밋하거나 불규칙한 물결모양이다. **잎맥** 1~3회 Y자로 분기하고, 맥이 가늘며, 끝이 가장자리까지 도달하지 못하고, 불규칙한 그물맥을 만든다. **포자낭군** 긴 것은 중록 가까이에 붙고, 짧은 것은 비스듬히 나거나 직각으로 붙는다. **포막** 선형 또는 긴타원형이고, 가장자리는 밋밋하며, 막질이고, 길이 1~6.1mm, 너비 1~3mm이다. **포자** 단지형이고, 표면무늬는 쇄상이며, 약간 굴곡진 외피가 있다.

1. 서울 북한산, 2012.9.9.
2. 무성아, 강원 평창, 2010.9.20.
3. 무성아, 서울 북한산, 2012.9.9.
4. 포자낭군, 경기 포천, 2003.6.20
5. 포자낭군, 서울 북한산, 2013.8.17.
6. 서울, 2020.2.29.
7. 포자

8, 10. 서울 북한산, 2012.9.9.
9. 전남 영취산, 2013.7.12.

눈썹고사리

***Asplenium wrightii* D.C.Eaton ex Hook.**, Sp. Fil. 3: 113, 1860

Nun-sseop-go-sa-ri (정태현 등, 1937; 정태현 등, 1949; 박만규, 1949; 이창복, 1980; 등[1])
외대고사리(박만규, 1961, 1975)
中 狭翅铁角蕨 E Asymmetric spleenwort
日 Kuruma-shida

염색체수 n = 144 **포자기** 6~9월 **용도** 관상용
분포 제주도, 숲속 그늘진 바위틈에서 일본, 중국, 타이완, 필리핀, 베트남

상록성 여러해살이풀이다. **키** 40~90cm이다. **뿌리줄기** 짧고 비스듬히 서거나 곧으며, 잎이 모여난다. 비늘조각은 흑갈색이고, 격자모양이며, 아삼각상 피침형 또는 선형이고, 길이 5~8mm, 너비 1~1.2mm이며, 가장자리에 털 같은 돌기가 있다. **잎자루** 길이 20~30cm이고, 연한 녹색이거나 연한 자줏빛 또는 어두운 갈색이다. 표면에 홈이 있고, 기부에 비늘조각이 달린다. **잎몸** 1회 우상으로 갈라지고, 넓은 피침형이며, 길이 30~60cm, 너비 15~25cm이고, 끝이 뾰족하다. 기부는 좁아지지 않고, 털이 거의 없으며, 가죽질이다. **우편** 13~25쌍이며, 선상 피침형이고, 끝이 낫모양으로 굽었으며, 뾰족하다. 길이 10~15cm, 너비 1~2cm이고, 표면은 색이 진하고 뒷면은 연하며 가장자리에 뾰족한 톱니가 있다. **잎맥** 1~2회 Y자로 갈라진다. **포자낭군** 선형으로 중륵 가까이에 2줄로 배열한다. **포막** 다소 선형으로, 길이 3~15mm, 너비 1~1.2mm이다.

1. 제주, 2011.10.20.
2. 선형의 포막과 포자낭군, 제주, 2011.11.1.
3. 제주, 2011.10.20.
4. 잎몸 표면, 서울 식재, 2004.10.30.

가거꼬리고사리

***Asplenium yoshinagae* Makino**, Phan. Pter. Jap. Icon. 1: t. 64, 1900

Ga-geo-kko-ri-go-sa-ri (Lee et al., 2008)
中 棕鳞铁角蕨 E Brown scaled spleenwort
日 Tokiwa-shida

염색체수 n = 144 **포자기** 6~9월 **용도** 관상용
분포 전남, 산지의 그늘진 수직 바위에 붙어서 자람; 일본, 중국, 히말라야

상록성 여러해살이풀로 착생한다. **키** 20~35cm이다. **뿌리줄기** 짧고, 곧게 서며, 비늘조각이 많이 붙는다. 비늘조각은 피침형이고, 끝이 길게 뾰족하며, 가장자리가 밋밋하고, 길이 4~5mm, 너비 0.5~0.6mm이며, 어두운 갈색 또는 흑색이다. **잎자루** 곧으며, 길이 7~10cm이고, 흑녹색 또는 흑갈색이며 탁한 빛이 난다. **잎몸** 피침형이고, 끝이 뾰족하며, 1회 우상으로 갈라지고, 대부분 길이 13~25cm, 너비 3~5cm이나 드물게 길이 35cm인 것도 있다. 재질은 두꺼우며, 털이 없고, 짙은 녹색이며, 12~20쌍의 우편이 달리고, 중축과 우편 사이에 무성아가 나온다. 중축의 표면에 홈이 있다. **우편** 다소 귀가 발달하고, 불규칙하게 장사방형이며 끝이 뾰족하고, 얕게 또는 깊게 갈라지며, 톱니가 있다. **잎맥** 뚜렷하고 1~2회 Y자로 분기한다. **포자낭군** 우편의 중륵을 따라 붙고, 길이 3~5mm이다. 포자낭 환대가 수직으로 있다. **포막** 선형이다. **포자** 단지형이고, 주피는 날개가 있다.

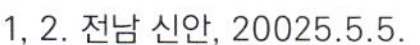

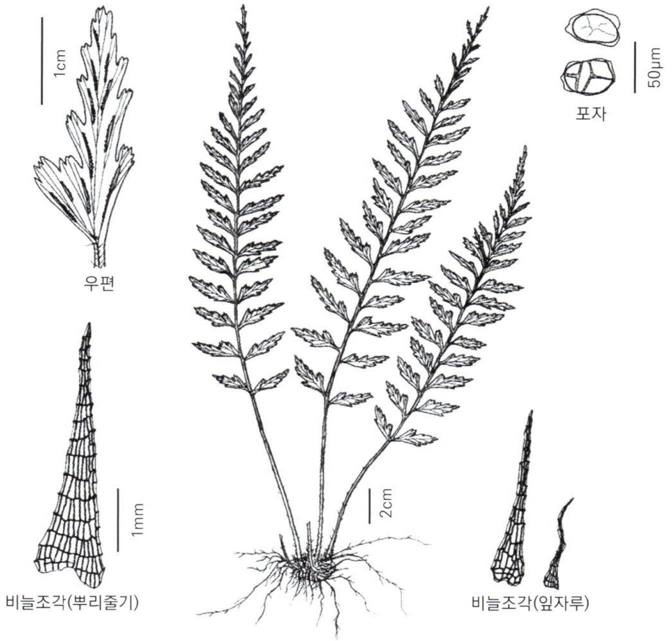

1, 2. 전남 신안, 20025.5.5.
3. 전남 신안, 2025.5.6.
4. 잎자루 하부 비늘조각, 전남 신안, 2025.5.11.
5. 무성아, 전남 신안, 2025.5.5.
6. 중축의 홈, 전남 신안, 2025.5.11.
7. 포자낭군, 전남 신안, 2025.5.11.
8. 잎, 전남 신안, 2025.5.11.

1cm

우편

50μm

포자

1mm

비늘조각(뿌리줄기)

2cm

비늘조각(잎자루)

개차고사리

***Asplenium oligophlebium* Baker**, Gard. Chron. 14: 494, 1880

Gae-cha-go-sa-ri (이창복, 1980; 등[1])

E Big-ear spleenwort

日 Kamigamo-shida, Hime-chasen-shida

염색체수 n = 72 **포자기** 7~9월 **용도** 관상용

분포 전남, 경남, 제주도, 숲속 바위 위에서 자람; 일본

상록성 여러해살이풀로 착생한다. **키** 10~30cm이다. **뿌리줄기** 짧고 비스듬히 서며, 잎이 모여난다. 비늘조각은 피침형이고, 끝이 뾰족하며, 길이 약 1mm이고, 격자무늬가 있으며, 진한 갈색이다. **잎자루** 길이 2~8cm이고, 윤채가 나며 자갈색 또는 갈색이다. 기부에 가는 비늘조각이 있다. **잎몸** 1회 우상으로 갈라지며, 선형 또는 좁은 피침형이고, 길이 8~20cm, 너비 1.6~3.5cm이며, 얇은 종이질이고 중축은 잎자루와 색이 같으며 끝이 자라서 땅에 닿으면 무성아가 생긴다. **우편** 긴타원형이고, 자루가 없으며, 가장자리가 깊게 또는 얕게 갈라지고 기부에 귀처럼 돌출한 부분이 뚜렷하다. **포자낭군** 우편 가장자리 가까이에 달린다. **포막** 긴타원형 또는 선형이며, 길이 1~1.8mm이다.

가거꼬리고사리와 개차고사리의 비교

종명	우편자루	무성아의 위치	포막
가거꼬리고사리	뚜렷함	중축과 우편 사이	선형
개차고사리	없음	잎몸의 끝	긴타원형

1. 경남 통영, 2019.3.6.
2. 포자낭군, 경남 통영, 2019.3.6.
3. 중축 끝에 무성아가 자란 모습, 경남 통영, 2012.11.4.
4. 우편 기부가 귀처럼 커진 모습, 경남 통영, 2012.11.4.
5. 경남 통영, 2013.12.17.

반들깃고사리

***Asplenium boreale* (Ohwi ex Sa.Kurata) Nakaike**, New Fl. Jap. Pterid.: 839, 1992

Asplelenium normale D.Don var. *boreale* Ohwi ex Sa.Kurata, J. Geobot. (Kanazawa) 11: 100, 1963.

Ban-deul-git-go-sa-ri (한국양치식물연구회, 2005; 이영노, 2006)

E Northern spleenwort 日 Shimotsuke-nuri-toranoo

염색체수 n = 72 **포자기** 7~9월 **용도** 관상용

분포 경기, 전남, 경남, 바위 겉에서 자람; 일본, 중국, 히말라야

상록성 여러해살이풀이다. **키** 15~35cm이다. **뿌리줄기** 짧고, 비스듬히 서며 잎이 모여나고, 비늘조각이 붙는다. 비늘조각은 피침형이고, 기부에서 끝으로 가면서 점차 좁아지며, 갈색 또는 짙은 갈색이고, 길이 약 3mm, 너비 0.7mm이며, 종이질이다. **잎자루** 광택이 나며 충충한 자갈색이고, 표면에 홈이 있고, 기부에 작은 비늘조각이 달린다. **잎몸** 1회 우상으로 갈라지며, 피침형 또는 선상 피침형이고, 위아래로 가며 좁아지며, 길이 15~25cm, 너비 2~4cm이다. 중축 끝에 무성아가 없다. **우편** 약 22~28쌍이며, 서로 접근하여 중축과 직각으로 붙고, 넓은 긴타원형이며 끝이 둥글다. 가장자리에 둔한 톱니가 있고, 길이 1~1.5cm, 너비 0.6~0.8cm이다. 자루가 없고 기부 위쪽이 약간 귀처럼 된다. **잎맥** 중륵과 소맥이 가늘고 불분명하며, 가장자리에 도달하지 않는다. **포자낭군** 우편의 가장자리 근처에 달린다. **포막** 선형 또는 긴타원형이고, 길이 1.8~3mm이다.

형태적으로 깃고사리와 매우 유사하여 구별이 어려우나 우편이 넓은 긴타원형이고, 잎끝에 무성아가 생기지 않는 점이 구별되었고, 또한 최근 엽록체와 핵 DNA 연구(Chang et al., 2013, 2018)에 의해 독립된 종, *A. boreale*으로 다루어 이를 따랐다. 국내 분포하는 것으로 알려진 깃고사리(*A. normale* D.Don)는 모두 반들깃고사리로 보여진다.

1

2

3

4

5

6

1. 전남 해남, 2023.10.2.
2. 새순, 경기 용인, 2018.9.26. ⓒ이만규
3. 포자낭군, 경남 통영, 2013.12.17.
4, 5. 경기 용인, 2018.9.26. ⓒ황영심
6. 경남 통영, 2019.3.6.

차꼬리고사리

Asplenium trichomanes **L.**, Sp. Pl. 2: 1080, 1753

Cha-kko-ri-go-sa-ri (정태현 등, 1937; 정태현 등, 1949; 박만규, 1949; 이창복, 1980; 등[1])

中 铁角蕨 E Maiden hair spleenwort

日 Chasen-shida

염색체수 2n = 72 **포자기** 6~9월 **용도** 관상용

분포 강원, 경기, 전남, 제주도, 산지의 바위에 붙어서 자람; 일본, 중국, 타이완, 유럽, 남아프리카, 남아메리카, 오스트레일리아 등 온대, 열대와 아열대지역

상록성 여러해살이풀로 착생한다. **키** 10~ 30cm이다. **뿌리줄기** 짧고, 곧게 서며, 잎은 모여난다. 비늘조각은 선상 피침형으로, 끝이 뾰족하며, 짙은 갈색이고, 가장자리는 색이 연하며, 길이 약 3mm, 너비 약 0.5mm이다. **잎자루** 윤채가 있고, 양쪽에 매우 좁은 날개가 있으며, 길이 1~5cm로, 자갈색이고, 비늘조각이 있다. **잎몸** 1회 우상으로 갈라지며, 선형 또는 넓은 선형이고, 길이 10~25cm, 너비 12~20mm이다. 위쪽이 점차적으로 좁아져 끝이 뭉뚝하고, 기부는 거의 좁아지지 않는다. 중축은 흑갈색으로, 광택이 나며 윗면에 드물게 무성아가 나온다. **우편** 20쌍 이상이고, 길이 4~10mm, 너비 3~6mm이며, 타원형, 난형, 또는 긴타원형이다. 단단한 초질로, 중축에 직각으로 붙고, 끝이 둥글고 기부가 넓은 쐐기모양이다. **잎맥** 단순하거나 1~2회 분기한다. **포자낭군** 우편의 중륵 가까이 붙는다. **포막** 긴타원형 또는 선형이고, 길이 약 1.5mm이다.

*개차꼬리고사리와 유사하나 잎자루와 중축의 뒷면에 날개가 없고 잎자루 표면에만 날개가 있으며, 우편의 모양은 개차꼬리고사리에 비해 좁은 타원형이다.

1. 경기 연천, 2008.8.1.
2. 새순, 경기 연천, 2009.3.7.
3. 중축의 날개, 경기 연천, 2020.5.16.
4. 차꼬리고사리와 개차꼬리고사리의 중축 횡단면
5. 중축의 날개, 경기 연천, 2020.5.16.
6. 포자낭군, 경기 연천, 2008.7.30.
7. 중축 위에 무성아가 자란 모습, 경기 연천, 2008.7.30.

개차꼬리고사리

***Asplenium tripteropus* Nakai**, Bot. Mag. (Tokyo) 44: 9, 1930

Gae-cha-kko-ri-go-sa-ri (박만규, 1961, 1975; 등[7])
中 三翅铁角蕨 E Tri-wing maidenhair spleenwort
日 Inu-chasen-shida

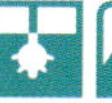

염색체수 2n = 72, 144 **포자기** 7~9월 **용도** 관상용
분포 전남, 경남, 제주도, 산지의 그늘진 바위틈에서 자람; 일본, 중국, 타이완

상록성 여러해살이풀로 착생한다. **키** 15~30cm이다. **뿌리줄기** 짧고 곧게 서며, 잎이 모여난다. 비늘조각은 피침형으로 날카롭게 뾰족하고, 어두운 갈색이며, 가장자리는 연한색이고, 밋밋하며, 길이 약 3mm, 너비 약 1.5mm이다. **잎자루** 길이 1~8cm이며, 흑갈색이고, 광택이 나며, 단단하다. **잎몸** 선형 또는 넓은 선형이고, 길이 7~25cm, 너비 1.5~2.5cm이며, 위쪽이 점차 좁아져서 뭉뚝하고, 기부가 다소 좁아진다. 중축은 우편이 떨어진 후에도 남아있으며, 다소 굵고, 삼각지며, 각 모서리에 좁은 날개가 있고, 표면에 간혹 무성아가 생긴다. **우편** 20~30쌍이 약간 마주나거나 어긋나고, 비대칭 긴타원형 또는 난상 긴타원형 때로는 타원형이며, 끝은 둥글고, 가장자리에 둔한 톱니가 있다. 길이 5~13mm, 너비 3~6mm이며, 자루는 없고, 뒷면 색이 다소 연하며, 소맥은 가늘고 뚜렷하지 않다. **포자낭군** 선형으로 길이 1~2mm이다. **포막** 막질이고, 가장자리가 밋밋하고 중륵을 향해 벌어진다.

*차꼬리고사리와 유사하나 잎자루와 중축에 3개의 날개가 있는 점이 다르다.

1. 전남 해남, 2025.4.20.
2. 새순, 전남 해남, 2008.4.3.
3. 중축의 무성아, 제주, 2019.6.24.
4. 우편과 포자낭군, 경남 함안, 2022.1.15.
5. 포막과 포자낭군, 제주, 2019.6.24.
6. 겨울철 모습, 전남 해남, 2007.12.26.

돌좀고사리

***Asplenium ruta-muraria* L.**, Sp. Pl. 2: 1081, 1753

Amesium ruta-murarium (L.) Newman, Hist. Brit. Ferns ed. 2: 10, 1844

Dol-jom-go-sa-ri (박만규, 1975, 등[7])
中 卵叶铁角蕨 E Wall rue 日 Ichŏ-shida

염색체수 n = 72 **포자기** 6~9월 **용도** 관상용
분포 강원, 충북, 석회암지대의 그늘진 절벽 바위틈에서 자람; 일본, 중국, 타이완, 히말라야, 유럽, 북아메리카 등 북반구의 온대지역

상록성 여러해살이풀로 착생한다. **키** 3~12cm이다. **뿌리줄기** 곧거나 짧게 기며, 지름 1.5mm이고, 마른 잎의 기부가 많이 붙어있으며, 비늘조각이 밀생한다. 비늘조각은 피침형이고, 어두운 갈색이며, 길이 2~3mm, 너비 0.5mm이고, 위쪽이 길게 뾰족하다. **잎자루** 연한 녹색이고, 길이 1.5~6cm이며, 기부는 갈색이고, 전체에 떨어지기 쉬운 선상 비늘조각이 드문드문 있다. **잎몸** 1~2회 우상으로 갈라지며, 난상 또는 삼각상 난형이고, 끝이 뭉뚝하며, 길이 2~6cm, 너비 1~2.5cm로, 두꺼운 초질이다. **우편** 1~3쌍이 있으며, 어긋나고, 맨 아래 것이 가장 크다. 자루가 있고, 1회 우상으로 깊게 갈라지거나 3~5개의 소우편이 된다. **소우편** 마름모꼴로 둥글거나 부채모양이고, 길이와 너비 3~6mm이다. 중륵은 없고, 기부는 넓은 쐐기모양이며, 가장자리가 밋밋하고, 양면에 털이 없다. **포자낭군** 선형으로, 소우편의 중앙 가까이 붙는다. **포막** 선형으로, 얇은 막질이고, 길이 1~3mm이며, 반투명하고, 가장자리에 돌기가 있다. **포자** 단지형이다.

1. 강원 평창, 2011.7.14.
2. 포자낭군, 강원 평창, 2011.7.14.
3. 강원 평창, 2012.5.19.
4. 겨울철 모습, 강원 평창, 2013.11.11.
5. 강원 평창, 2013.11.11.
6. 강원 평창, 2012.9.2.

수수고사리

***Asplenium wilfordii* Mett. ex Kuhn,**
Linnaea 36: 94, 1869
Asplenium curtidens (Christ) Koidz., Bot. Mag. (Tokyo) 43: 388, 1929

Su-su-go-sa-ri (정태현 등, 1937; 정태현 등, 1949; 박만규, 1961, 1975; 이창복, 1980; 등[1])
다북돌담고사리(박만규, 1949)
中 闽浙铁角蕨 E Wilford's spleenwort
日 Aogane-shida

염색체수 2n = 144 **포자기** 6~9월 **용도** 관상용
분포 제주도, 산지의 숲속과 계류가의 나무 곁이나 바위틈에서 자람; 일본, 류큐, 중국, 타이완

상록성 여러해살이풀로 착생한다. **키** 30~40cm이다. **뿌리줄기** 비스듬히 나거나 짧게 기며, 지름이 약 2.5mm이고, 비늘조각에 덮인다. 비늘조각은 선상 피침형으로, 갈색 또는 거의 흑색이고, 길이 2~7mm, 너비 0.5~0.6mm이며, 가장자리는 밋밋하고, 막질이다. **잎자루** 단단하며, 광택이 없고, 표면은 연녹색이며, 뒷면은 흑갈색이고, 길이 10~25cm이다. 기부의 비늘조각은 갈색이고, 선상 피침형으로, 길이 1~4mm, 너비 0.1~0.4mm이다. **잎몸** 2~3회 우상으로 갈라지며, 10~15쌍의 우편이 약간 마주나거나 어긋나게 배열된다. 좁은 삼각형 또는 좁은 긴타원형이고, 끝이 뾰족하며, 길이 15~35cm, 너비 4~10cm이다. 중축과 우축의 홈이 연결된다. **우편** 긴타원상 피침형이고, 짙은 녹색이다. 길이 4mm인 자루가 있고, 길이 0.3~2mm인 비늘조각이 있다. **열편** 삼각상 난형이다. **잎맥** 2~3회 Y자로 분기하며, 열편 가장자리까지 도달하지 못한다. **포자낭군** 선형으로 열편의 가장자리 가까이 붙는다. **포막** 선형 또는 선상 타원형이고, 막질이며, 길이 1~3mm이다. 잎맥의 반대쪽으로 터진다. **포자** 단지형으로, 표면무늬는 미세한 쇄상이고, 굴곡진 외피가 있다.

1. 제주, 2014.2.10.
2. 새순, 제주, 2008.3.16.
3. 중축과 우축의 홈, 제주, 2008.3.16.
4. 포자낭군, 제주, 2014.1.20. ⓒ이성권
5. 제주, 2013.3.5.
6. 제주, 2018.5.22.

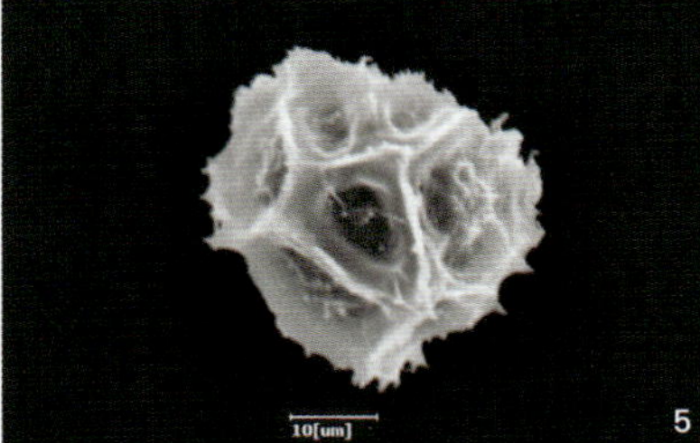

애기꼬리고사리

Asplenium tenuicaule **Hayata**, Icon. Pl. Formosan. 4: 228, 1914

Asplenium laciniatum subsp. *tenuicaule* (Hayata) Fraser-Jenk., Taxon. Revis. Indian Subcontinental Pteridophytes: 169, 2008

Ae-gi-kko-ri-go-sa-ri (정태현 등, 1937; 정태현 등, 1949; 박만규, 1961; 이창복, 1980; 등[1])
좀사철고사리(박만규, 1975), 바위꼬리고사리(안학수 등, 1982)
中 细茎铁角蕨 E Variable spleenwort
日 Iwa-toranoo

염색체수 n = 36 **포자기** 6~9월 **용도** 관상용
분포 전역, 그늘지고 습한 수직 바위에 붙어서 자람; 일본, 중국, 만주, 타이완, 시베리아, 인도, 히말라야

상록성 여러해살이풀로 착생한다. **키** 5~15cm이다. **뿌리줄기** 짧고, 비스듬히 나며, 잎은 모여난다. 비늘조각은 갈색 또는 흑갈색이고, 좁은 삼각형으로, 길이 1~3mm, 너비 0.3~0.6mm이며, 가장자리는 거의 밋밋하다. **잎자루** 길이 2~4cm로 가늘고, 녹색이지만, 기부는 밤갈색이며, 어릴 때 비늘조각이 붙는다. **잎몸** 2회 우상으로 갈라지고, 넓은 피침형 또는 난상 아삼각형이며, 끝이 약간 뾰족하다. 맨 아래가 가장 넓으며, 크기는 다양해 길이 2~10cm, 너비 1~4cm이다. 중축에는 털 같은 비늘조각과 털이 있다. **우편** 5~10쌍이 어긋나거나 마주나고, 짧은 자루가 있으며, 난상 또는 마름모상 난형이고, 작은 것은 마름모형이며, 둥글다. 길이 4~15mm 내외이고, 너비 4~10mm이다. **소우편** 도란형 또는 마름모상 난형이며, 끝이 뭉뚝하다. **잎맥** 모호하고, 1~2회 분기하며, 가장자리까지 도달하지 않는다. **포자낭군** 선형으로 열편, 소우편의 중륵 가까이에 붙는다. **포막** 선형 또는 긴타원형으로, 길이 1.5~3mm이고, 엷은 막질이다.

이 종은 2배체이고, 포자의 형태 차이로 4배체인 *A. varians*와 구별해 다루었다(Lin & Viane, 2013).

1, 6. 군락, 강원 정선, 2020.9.28.
2. 잎, 강원 정선, 2020.9.26.
3. 포자엽, 강원 정선, 2020.9.26.
4. 포막과 포자낭군, 강원 평창, 2013.10.10.
5. 포자

각시꼬리고사리(국내미기록)

***Asplenium capillipes* Makino**, Bot. Mag. (Tokyo) 17: 77, 1903

Gag-shi-kko-ri-go-sa-ri (국명신칭)
中 线柄铁角蕨 日 Hime-iwatoranoo

염색체수 n=36 **포자기** 7~9월 **용도** 관상용
분포 강원, 산지 석회암지대의 그늘지고 습한 지역에서 자람; 일본, 중국, 타이완, 히말라야

상록성 여러해살이풀로 착생한다. **키** 3~7cm이다. **뿌리줄기** 짧고, 비스듬히 나며, 잎은 모여나고, 비늘조각이 붙는다다. 비늘조각은 흑갈색 또는 갈색이고, 삼각상 난형으로, 길이 1~1.5mm이며, 가장자리는 짧은 샘털 같은 돌기가 있다. **잎자루** 길이 1.5~3.5cm로 가늘고, 녹색이며, 기부에 약간 다세포성 털이 붙고 표면에 홈이 있다. **잎몸** 1~2회 우상으로 갈라지고, 삼각형 또는 좁은 삼각형이며, 끝이 뭉뚝하거나 약간 뾰족하고, 초질이며, 녹색이고, 길이 1.5~3.5cm이다. 맨 아래가 좁아지지 않으며, 중축, 우축에 흔히 무성아가 있고 잎몸에 약간의 털이 있다. **우편** 5~7쌍이 어긋나거나 기부에서 약간 마주나고, 짧은 자루가 있으며, 넓은 난형 또는 삼각형이다. 길이 4~8mm 내외이고, 너비 4~5mm이다. **소우편** 2~3쌍 또는 1쌍이고 끝이 1~3개로 갈라지며, 아래가 가장 크고, 심장꼴 또는 긴타원형이며, 끝이 뭉뚝하거나 약간 뾰족하다. **잎맥** 모호하고, 1회 분기하거나 단순하며, 열편 또는 소우편 마다 끝에 한 개의 수공이 있다. **포자낭군** 긴타원형으로 열편당 1~3개가 붙는다. **포막** 긴타원형으로, 가장자리가 밋밋하고, 회녹색이며, 길이 1~2mm이고, 엷은 막질이며, 잘 안 떨어진다.

*애기꼬리고사리와 유사하나 잎이 매우 작고 삼각형 또는 좁은 삼각형으로 중축에 흔히 무성아를 갖는다.

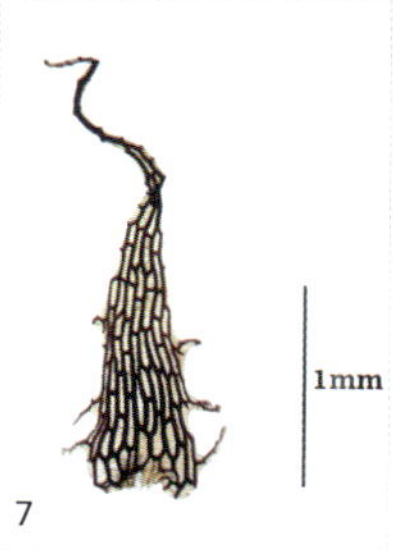

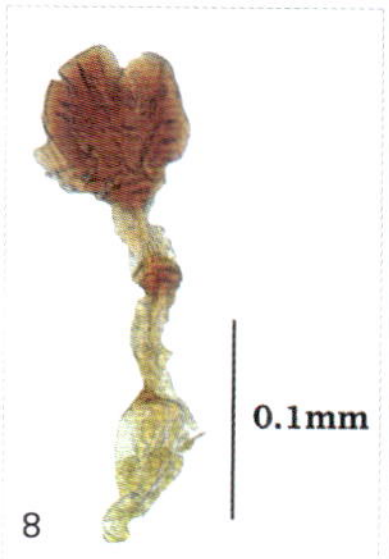

1~4. 강원 삼척, 2021.8.7.
5. 포자낭군, 강원 삼척, 2021.8.7.
6. 잎몸 표면, 강원 삼척, 2021.8.7.
7. 뿌리줄기의 비늘조각, 강원 삼척, 2021.8.7.
8. 중축 샘털, 강원 삼척, 2021.8.7.
9. 포자

1~3. 강원 태백, 2023.7.29
4. 애기꼬리고사리(좌), 좀애기꼬리고사리(중앙), 각시꼬리고사리(우) 비교
5. 잎자루 기부 비늘조각, 강원 태백, 2023.7.29.
6, 7. 포자낭군, 강원 태백, 2023.7.29.

좀애기꼬리고사리

***Asplenium pseudocapillipes* S.H.Park, J.S.Kim & A.T.Kim**, Plants 11, 3089, 2022

Jom-kko-ri-go-sa-ri (Park et al., 2022)
E Little variable spleenwort

염색체수 2n = 144
분포 강원, 산지 석회암지대의 그늘지고 습한 지역에서 자람

상록성 여러해살이풀로 착생한다. **키** 3~9cm이다. **뿌리줄기** 짧고, 곧으며, 잎은 모여나고, 비늘조각이 붙는다. 비늘조각은 흑갈색 또는 흑색이고, 삼각형 또는 좁은 삼각형이다. **잎자루** 길이 0.5~3cm로 가늘고, 녹색이며, 기부에 약간 다세포성 털이 붙고 표면에 홈이 있다. **잎몸** 1~2회 우상으로 갈라지고, 삼각형 또는 좁은 삼각형이며, 끝이 뾰족하거나 약간 뾰족하고, 초질이며, 녹색이고, 길이 1.5~6cm, 너비 0.7~2.5cm이다. 맨 아래 우편은 좁아지지 않거나 약간 좁아지며, 중축과 우축에 무성아가 없다. **우편** 5~9쌍이 어긋나거나 기부에서 약간 마주나고, 짧은 자루가 있으며, 넓은 난형 또는 삼각형이고, 길이 3~11mm, 너비 3~7mm이다. **소우편** 2~3쌍 또는 1쌍이고 끝이 1~3개로 갈라진다. **열편** 가장자리가 밋밋하고, 기부는 좁아지고, 끝은 뾰족하다. **잎맥** 모호하고, 1회 분기하거나 단순하다. **포자낭군** 열편당 1~2개가 열편, 소우편의 기부와 중간부분, 맥 위에 붙는다. **포막** 선형 또는 좁은 긴타원형으로, 가장자리가 밋밋하고, 흰색 또는 연한황색이며, 길이 1~2mm이고, 막질이며, 잘 안 떨어진다.

국내 강원 태백에서 발견되어 *A. pseudocapillipes* S.H.Park, J.S.Kim & A.T.Kim, sp. nov.로 박 등(2022)이 유전자 분석 등 실험을 통해 애기꼬리고사리와 각시꼬리고사리와의 교잡에 의해 탄생된 교잡종으로 추정했으나, 임성포자를 갖는 점에서 신종으로 발표하였다. 애기꼬리고사리와 각시꼬리고사리와의 교잡종에 관해서는 이미 네팔에서 알려졌고, 일본에서 발견되어 *A.* x *capillicaule* (Fraser-Jenk., 2008)로 보고되었으나, 좀애기꼬리고사리는 형태적으로 두 부모종을 예측하기 어렵다.

꼬리고사리

***Asplenium incisum* Thunb.**, Trans. Linn. Soc. London 2: 342, 1794

Kko-ri-go-sa-ri (정태현 등, 1937; 정태현 등, 1949; 박만규, 1949, 1961, 1975; 이창복, 1980; 등[1])

中 虎尾铁角蕨 E Long-tail spleenwort

日 Torano-o-shida

염색체수 n = 36 포자기 6~9월 용도 관상용

분포 전역, 저지대 숲의 바위틈이나 흙에서 자람; 일본, 중국, 러시아

상록성 여러해살이풀로 주로 지생한다. **키** 10~40cm이다. **뿌리줄기** 곧게 서거나 짧게 기며, 잎들이 비스듬히 많이 붙어 나며, 지름 2~4mm이고, 끝에 비늘조각이 붙어있다. 비늘조각은 넓은 선형이거나 피침형으로 밋밋하거나 털 같은 돌기가 있고, 어두운 갈색이며, 막질이고, 길이 3~4mm, 너비 0.5~1mm이다. **잎** 영양엽과 포자엽으로 구별된다. **잎자루** 영양엽은 길이 1~2cm이고, 포자엽은 3~11cm이며, 표면은 홈이 있고 녹색이며, 뒷면은 자갈색에서 진한 밤갈색이다. **잎몸** 영양엽은 1회 우상으로 갈라지고, 길이 10cm 이하로 작다. 포자엽은 1~2회 우상으로 갈라지며, 도피침형이고, 끝이 날카롭게 뾰족하며, 중앙에서 하부로 갈수록 점차 좁아져, 가운데 우편이 제일 크고, 기부 우편이 제일 작으며, 길이 15~30cm이다. **우편** 12~22쌍이 약간 마주나거나 어긋나고, 길이 1~3cm, 너비 0.6~1.6cm이며, 가장자리가 뾰족하거나 둔한 톱니가 있다. **잎맥** 2~3회 Y자로 분기하며, 가장자리까지 도달하지 못한다. **포자낭군** 열편의 중륵 가까이에 2줄로 붙는다. **포막** 긴타원형 또는 초승달형이고, 중륵을 향해 터진다. **포자** 단지형으로 표면무늬는 쇄상이고, 물결모양의 외피가 있다.

1

2

3

4

5

1. 전남 화순, 2020.9.6.
2. 포자엽, 서울, 2020.9.10.
3. 새순, 서울, 2012.4.8.
4. 포자낭군, 서울, 2004.8.11.
5. 서울, 2013.8.17.

숫돌담고사리

***Asplenium prolongatum* Hook.**, Sec. Cent. Ferns, pl. 42, 1860

Sut-dol-dam-go-sa-ri (박만규, 1975; 이창복, 1980; 등[1])
수돌담고사리(박만규, 1961; 이우철, 1996), 편백고사리(정태현, 1970)

中 长叶铁角蕨 E Protruding spleenwort
日 Hinoki-shida

염색체수 2n = 144 **포자기** 6~9월 **용도** 관상용
분포 제주도, 산지의 그늘지고 습한 숲속 바위에 붙어서 자람; 일본, 중국, 타이완, 말레이시아, 인도, 히말라야

상록성 여러해살이풀로 착생한다. **키** 20~35cm이다. **뿌리줄기** 짧고, 비스듬히 나며, 잎은 모여나고, 끝에 비늘조각이 많다. 비늘조각은 좁은 삼각형으로 끝이 날카롭게 뾰족하며, 흑갈색 또는 흑색이고, 가장자리는 연갈색이며, 길이 4~6mm, 너비 1mm 이하이고, 밋밋하거나 불규칙한 돌기가 있다. **잎자루** 둥글며 납작하고, 길이 10~20cm이며, 녹색이다. 어릴 때는 비늘조각이 달리고 성숙 후 잘 떨어진다. 비늘조각은 길이 약 1mm이고, 직각으로 붙는다. **잎몸** 2회 우상으로 갈라지며, 넓은 피침형이고, 길이 10~20cm, 너비 3~5cm이며, 중축이 길어져 끝에 무성아가 생긴다. 잎맥과 중륵의 표면은 부풀어 있다. **우편** 15~22쌍이 있고, 비스듬히 붙으며, 긴타원상 난형이고, 끝이 둔하며 자루가 있다. **소우편** 5쌍 내외이고, 선형이며, 가장자리가 밋밋하고, 끝이 뭉뚝하며, 너비가 약 1.5mm이고, 1맥이 있다. **포자낭군** 각 열편에 1개씩 달린다. **포막** 선형이며, 길이 3~6mm이고, 잘 안 떨어진다.

1. 제주, 2016.1.30. ©김상희
2. 새순, 제주, 2015.3.12.
3. 포자낭군, 제주, 2017.9.13.
4. 중축 표면, 한라수목원, 2018.5.2.
5. 포막과 포자낭군, 제주,2017.9.13.
6. 제주, 2016.6.16.

쪽잔고사리

Asplenium ritoense **Hayata**, Icon. Pl. Formosan. 4: 226, f. 156, 1914

Jjok-jan-go-sa-ri (정태현 등, 1937; 정태현 등, 1949; 박만규, 1961, 1975; 이창복, 1980; 등[1])
잔고사리(박만규, 1949), 좀편백고사리(정태현, 1970)
中 骨碎补铁角蕨 E Asian single-sorus spleenwort
日 Kōzaki-shida

염색체수 2n = 144 **포자기** 6~9월 **용도** 관상용
분포 제주도, 저산지와 계류가의 그늘진 바위에 붙어서 자람; 일본, 중국, 타이완

상록성 여러해살이풀로 바위 위에 착생한다. **키** 20~40cm이다. **뿌리줄기** 짧고, 다소 굵으며, 비스듬히 나고, 끝에 비늘조각이 있다. 비늘조각은 피침형 또는 선형이고, 길이 3~6mm이며, 끝이 뾰족하고, 가장자리에 불규칙한 돌기가 있으며, 어두운 갈색이다. **잎** 모여난다. **잎자루** 길이 7~20cm이고, 기부에 흑갈색 비늘조각이 드문드문 달린다. **잎몸** 2~3회 우상으로 갈라지며, 삼각형 또는 넓은 삼각상 난형이고, 길이 12~15cm, 너비 5~7cm이다. 중축과 우축은 날개가 있으며 끝이 갑자기 좁아져서 길게 자란다. **우편** 10~12쌍이 어긋나고, 난상 삼각형이며, 길이 2.5~9cm, 너비 1~4cm이다. 자루는 길이 3~8mm이다. **열편** 선상 긴타원형 또는 피침형이고, 끝이 다소 뾰족하거나 뭉뚝하며, 가장자리가 밋밋하고, 종이질이며, 가는 맥이 1개 있다. **포자낭군** 각 열편의 맥 끝에 1개씩 달린다. **포막** 길이 2~2.5mm이고, 긴타원형이다.

* 수수고사리와 유사하나 수수고사리의 비늘조각은 가장자리가 밋밋한데 반해 쪽잔고사리의 비늘조각은 가장자리에 불규칙한 돌기가 있다. 숫돌담고사리와도 유사하나 중축이 길게 벋지 않으며 끝에 무성아가 생기지 않는 점이 다르다.

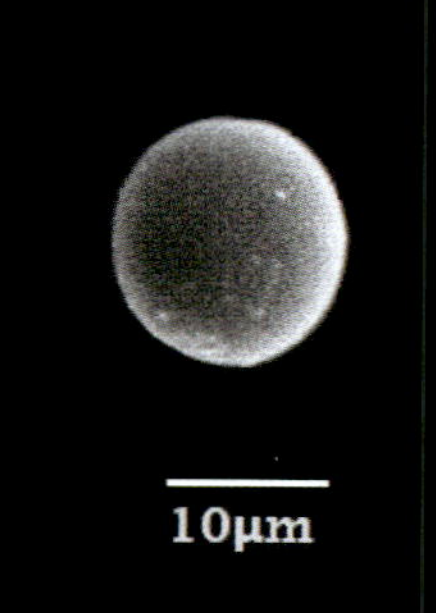

1. 제주, 2018.12.5.
2. 열편에 1개씩 달린 포자낭군, 제주, 2003.11.4.
3. 포자
4. 제주, 2023.4.17.

사철고사리

Asplenium pekinense **Hance**, J. Bot. 5: 262, 1867

Asplenium sarelii Hook. var. *pekinense* (Hance) C.Chr., Index Filic. fasc. 2: 125, 1905

Sa-cheol-go-sa-ri (박만규, 1949, 1961, 1975; 등[1])

中 北京铁角蕨 E Evergreen spleenwort

日 Tokiwa-toranoo

염색체수 n = 72 **포자기** 7~9월 **용도** 관상용

분포 서울, 강원, 경기, 경북, 경남, 제주도, 저산지의 그늘진 절벽 바위틈이나 민가의 돌담 틈에서 자람; 일본, 중국, 타이완, 시베리아 동부

상록성 여러해살이풀로 바위 위에 착생한다. **뿌리줄기** 짧고 곧게 서며, 잎이 모여난다. 비늘조각은 피침형으로, 끝이 길고 가장자리가 밋밋하며, 길이 6mm, 너비 0.5mm이고, 암갈색 또는 검은색이다. **잎자루** 길이가 약 5cm이고, 녹색이다. 기부에 붙는 비늘조각은 부착점의 등쪽에 갈색인 털이 많다. 털은 단세포로, 길이 1~5mm이다. **잎몸** 1~2회 우상으로 갈라지고, 넓은 피침형이며, 끝이 뾰족하고, 길이 10~15cm, 너비 2~4cm이며, 두껍고, 표면에 광택이 난다. 최하부 우편은 그 위 우편보다 짧다. 상부 열편은 서로 가까이에 모여 길이보다 너비가 더 길며, 짙은 녹색이고, 윗면이 다소 밝다. **우편** 6~12쌍이다. **소우편** 2~4쌍이고, 기부 소우편이 가장 크다. **잎맥** 뚜렷하고 표면이 융기한다. **포자낭군** 긴타원형으로 열편의 중륵 가까이에 붙는다. **포막** 가장자리가 불규칙하게 갈라지고, 중륵을 향해 터진다.

＊사철고사리는 돌담고사리에 비해 잎몸이 짙은 녹색이고 열편 끝이 침상이다.

1. 서울 북한산, 2012.9.9.
2. 잎자루의 비늘조각, 제주, 2017.10.19.
3. 잎자루 기부 비늘조각에 붙은 갈색 털, 제주, 2017.10.19.
4. 어린잎, 서울, 2011.6.4.
5. 잎몸 중앙부, 경기 남양주, 2020.7.25.
6. 우편과 소우편의 포자낭군, 대구, 2020.10.3.
7. 열편과 포자낭군, 경기 남양주, 2024.3.18.
8. 포자
9. 서울, 2012.7.15.

돌담고사리

Asplenium anogrammoides **H.Christ.**
Repert. Spec. Nov. Regni Veg. 5: 11, 1908

Dol-dam-go-sa-ri (정태현 등, 1937; 정태현 등, 1949; 박만규, 1961, 1975; 이창복, 1980; 등[1])
中 华中铁角蕨 E Stone-wall spleenwort
日 Koba-no-hinoki-shida

염색체수 n = 72 **포자기** 6~9월 **용도** 관상용
분포 서울, 경기, 전남, 경북, 경남, 제주도, 저산지의 그늘진 바위틈이나 민가의 돌담에 붙어서 자람; 일본, 중국, 몽골, 인도차이나, 히말라야

상록성 여러해살이풀로 바위틈에 착생한다. **키** 10~20cm이다. **뿌리줄기** 짧고 비스듬히 서며 잎이 모여나고 끝에 비늘조각과 단세포성 털이 있다. 비늘조각은 길이 2~4mm, 너비 0.3~0.7mm이며, 황갈색이고, 피침형 또는 선상 피침형이며, 가장자리에 불규칙한 돌기가 있다. **잎자루** 길이 4~6cm이고, 표면은 녹색, 뒷면은 황록색이거나 흑갈색이며, 기부에 뿌리줄기에 붙는 것과 비슷한 비늘조각이 붙는다. **잎몸** 2회 우상으로 갈라지며, 긴타원형이고, 기부 우편이 좁아지지 않으며 끝이 뾰족하고, 길이 5~15cm, 너비 3~6cm이다. **우편** 8~12쌍, 삼각형 또는 삼각상 피침형으로 끝이 뾰족하며, 길이 1~3mm인 짧은 자루가 있다. 우축은 녹색이며, 표면이 부풀어 있고, 비늘조각이 드물게 있다. **소우편** 4~6쌍이며, 길이 1~2cm, 너비 4~7mm이다. 좁은 삼각형 또는 난형으로 끝이 뾰족하며, 길이가 약 1mm인 자루가 있다. **포자낭군** 각 열편에 1~2개씩 달리며, 익으면 터져 열편 전체를 덮는다. **포막** 긴타원상 선형으로 막질이고, 가장자리가 밋밋하며, 중륵이나 주맥을 향해 터지고, 길이 1.5~3mm이다.

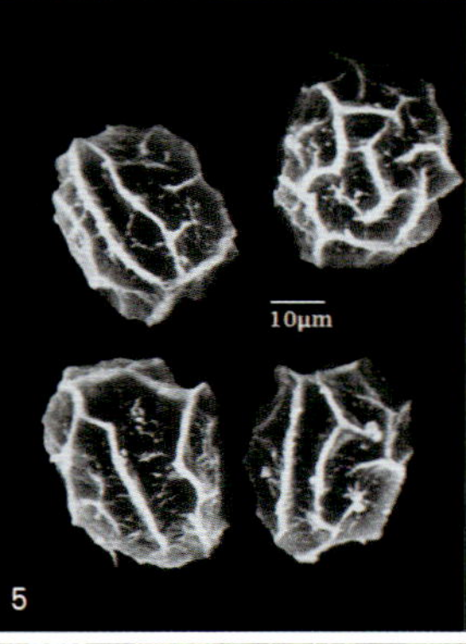

1. 군락, 대구, 2020.10.3.
2. 잎자루 하부의 비늘조각, 대구, 2015.7.14.
3. 서울, 2013.10.11.
4. 포막과 포자낭군, 제주, 2003.7.12.
5. 포자
6. 제주, 2019.7.23.

거미꼬리고사리

***Asplenium* × *castaneoviride* Baker**, Ann. Bot. (Oxford) 5: 304, 1891
Asplenium kobayashii Tagawa, Acta Phytotax. Geobot. 1(4): 309, 1932

Geo-mi-kko-ri-go-sa-ri (김철환 등, 2005)
中 东海铁角蕨 E Hybrid spleenwort
日 Kumo-no-su-shida

염색체수 n = 72 **포자기** 6~9월 **용도** 관상용
분포 서울, 경기, 전북, 전남, 경남, 그늘진 바위틈에 붙어서 자람; 일본, 중국

거미고사리와 꼬리고사리의 자연교잡종이며, 상록성 여러해살이풀로 착생한다. **키** 6~20cm이다. **뿌리줄기** 짧게 직립한다. **잎** 모여나고 2가지 모양이다. **잎자루** 길이 1~8cm, 표면은 녹색, 뒷면은 밤갈색이고, 거의 털이 없으며, 격자무늬인 비늘조각이 기부에 밀생한다. 비늘조각은 길이 5mm, 너비 1mm이고, 광택이 있는 흑색이며, 좁은 피침형으로, 가장자리가 밋밋하다. **잎몸** 1회 우상으로 갈라지고, 선상 피침형이며, 중상부에서 우편이 심하게 갈라지거나 보통으로 갈라지는 단엽이며, 7~12쌍의 우편이 거의 마주난다. 맨 아래 우편이 가장 넓고, 길이 5~12cm, 너비 1~2.5cm이다. 중축은 비늘조각과 털이 없고, 끝에 무성아가 발달하지 않는다. **우편** 난형 또는 장타원상 피침형이며, 길이 5~12mm, 너비 5~8mm이고, 다소 겹쳐지며, 거의 가장자리가 밋밋하나 드물게 둔한 톱니가 있다. 다소 두꺼운 초질이며, 자루는 없고, 중축을 따라 날개로 연결된다. **잎맥** 모호하고, 잎가장자리까지 도달하지 않는 유리맥이다. **포자낭군** 중축 또는 우편의 중륵에 가깝게 붙는다. **포막** 길이 2mm이고, 막질이며, 선상 긴타원형으로 가장자리는 거의 밋밋하다.

1. 서울, 2013.10.11.
2. 선상 긴타원형의 포막과 포자낭군, 서울, 2006.11.5.
3. 새순, 서울 불암산, 2012.5.28.
4, 5. 잎몸, 서울, 2013.10.11.
6. 서울, 2006.11.5.

산꼬리고사리

***Asplenium × bimixtum* C.S.Lee & K.H.Lee ex Y.H.Ha**

Asplenium × montanus C.S. Lee & K.H. Lee, Korean J. Pl. Taxon. 45: 362-368, 2015

San-kko-ri-go-sa-ri (Lee etc., 2015)

E Yeongcheon spleenwort

포자기 6~9월 **용도** 관상용

분포 경기, 산지의 높은 지역의 숲 아래 흙이나 흙이 많이 덮여 있는 바위에서 자람; 한국 특산종

거미고사리와 차꼬리고사리의 자연교잡에서 다시 꼬리고사리와 재교잡으로 생긴 자연교잡종이며, 상록성 여러해살이풀로 지생 또는 흙이 많은 바위 위에서 착생한다. **키** 5~12cm이다. **뿌리줄기** 짧게 모여나고, 지름 1~1.2mm이며, 비늘조각에 덮인다. 비늘조각은 길이 3~5mm, 너비 0.5~0.7mm이고, 피침형이며, 흑갈색이고, 가장자리가 밋밋하다. **잎자루** 뭉쳐나고, 길이 1~4cm, 녹색이다. 비늘조각은 기부에 밀생하고, 위로 올라가면서 작아져 털모양이 되며, 약간 광택이 난다. **잎몸** 1회 우상으로 갈라지고, 길이 3~8cm, 너비 1.3~2cm이며, 선상 피침형으로 끝이 둔하고, 단단한 초질이다. 중축은 날개가 있으며 녹색이고, 드물게 털 같은 비늘조각이 있다. 어릴때 잎자루와 더불어 누운 샘털이 있으나 일찍 탈락한다. **우편** 8~12쌍이며, 긴타원형 또는 긴타원상 난형으로, 맨 아래 우편은 2~3회 세열되나 겹쳐지지 않고, 끝이 둔하며, 길이 0.6~1cm, 너비 0.5~0.7cm이고, 0.8~1mm의 짧은 자루가 있다. **잎맥** 2~3회 Y자로 갈라진다. **포막** 가장자리가 약간 갈라진다. **포자낭군** 길이 1.5~3mm이다. **포자** 불임형이 아니고 정상이다.

1. 산꼬리고사리와 차꼬리고사리, 경기 연천, 2014.9.20.
2. 새순, 경기 연천, 2019.5.4.
3. 중축의 샘털, 경기 연천, 2019.5.4.
4. 새잎이 나오는 모습, 경기 연천, 2020.5.16.
5. 포자낭군, 경기 연천, 2016.6.29.
6. 성숙한 포자낭과 포자산포 후의 포자낭
7. 잎자루 기부 비늘조각

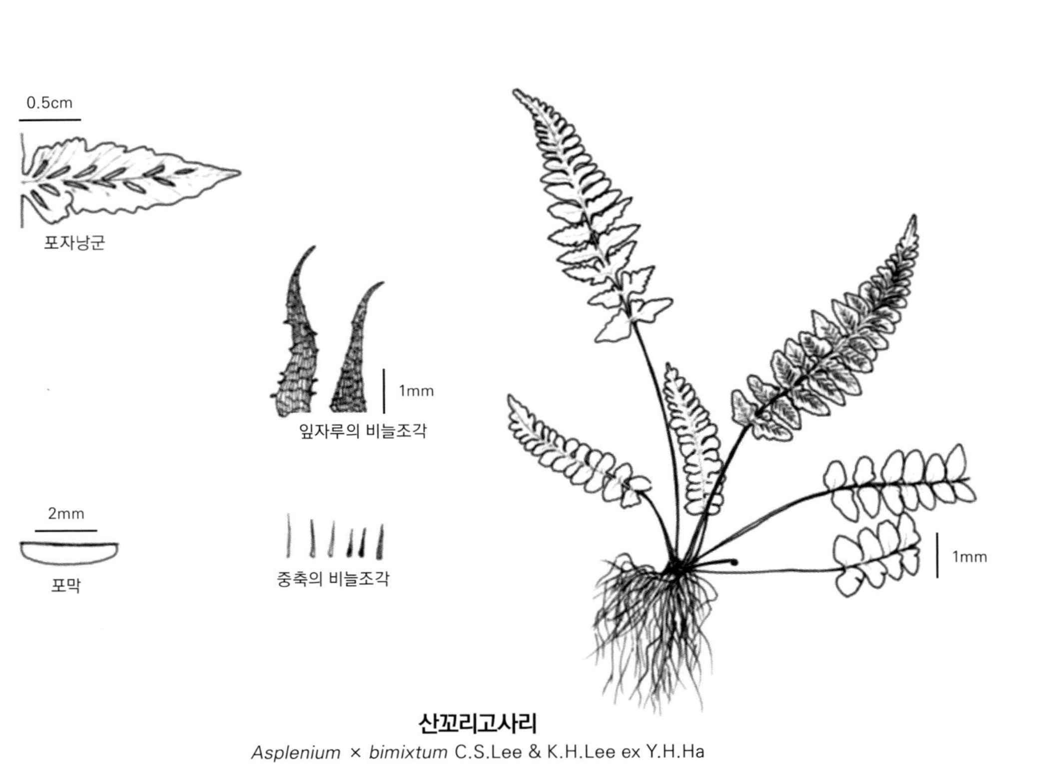

산꼬리고사리

Asplenium × *bimixtum* C.S.Lee & K.H.Lee ex Y.H.Ha

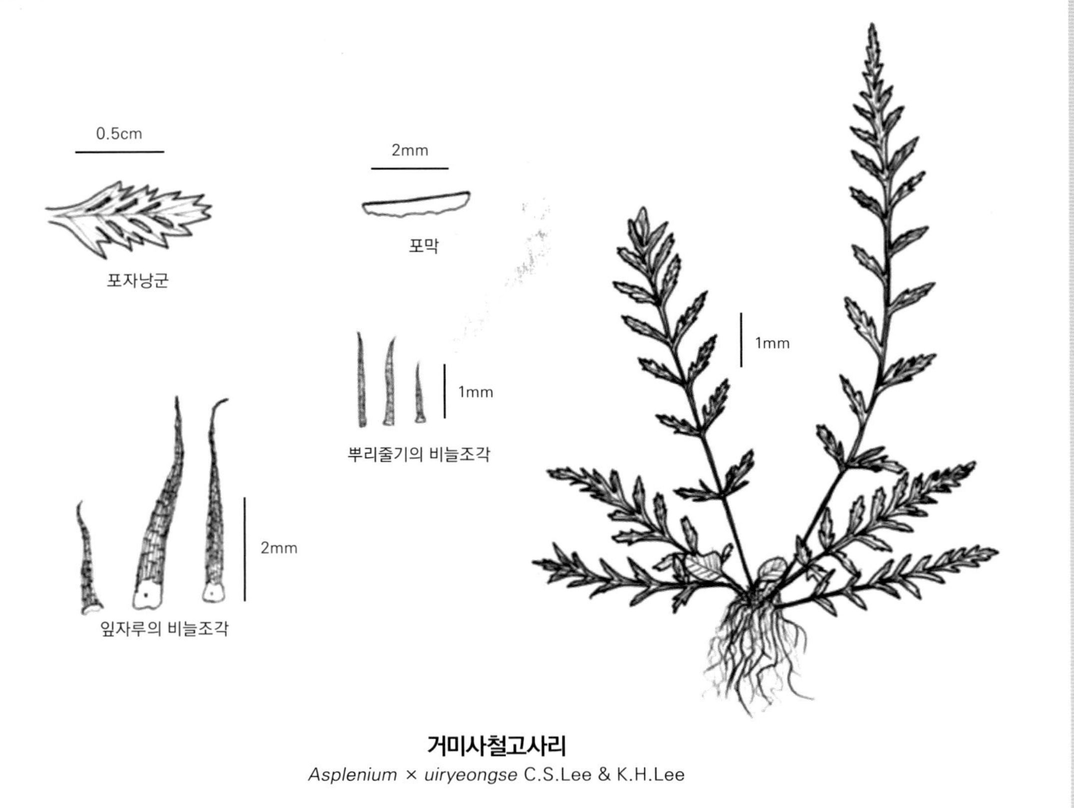

거미사철고사리

Asplenium × *uiryeongse* C.S.Lee & K.H.Lee

거미사철고사리

***Asplenium* × *uiryeongse* C.S.Lee & K.H.Lee**, Korean J. Pl. Taxon. 45: 362-368, 2015

Geo-mi-sa-cheol-go-sa-ri (Lee etc., 2015)
E Uiryeong spleenwort

포자기 6~9월 용도 관상용
분포 서울, 산지의 계곡 옆 바위틈에서 자람; 한국 특산종

거미고사리와 사철고사리의 자연교잡종이며, 상록성 여러해살이풀로 착생한다. **키** 5~15cm이다. **뿌리줄기** 짧게 모여나고, 지름 1.2~1.5mm이며, 비늘조각에 덮인다. 비늘조각은 길이 3~5mm, 너비 0.3~0.5mm, 좁은피침형으로 흑색이고 가장자리가 밋밋하다. **잎자루** 뭉쳐나고 길이 1~3cm, 너비 1~1.2mm이며, 녹색을 띠고 기부에 비늘조각이 뭉쳐나며, 비늘조각은 위로 올라가면서 작아져 털모양으로 되고, 약간 광택이 난다. **잎몸** 1회 우상으로 갈라지고, 길이 4~12cm, 너비 1.2~2.5cm이며, 선상 피침형으로 끝이 뭉뚝하거나 점차 작아지고, 단단한 종이질이다. 중축은 녹색이고, 드물게 길이 0.8~1mm의 비늘조각이 있으며, 위쪽에 날개가 있다. **우편** 8~12쌍이며, 긴타원형으로 맨 아래 우편은 가장자리가 갈라지고, 끝이 약간 뾰족하며, 길이 0.7~1.4cm, 너비 0.4~0.7cm이고, 1~1.5mm의 짧은 자루가 있다. **열편** 선상 피침형으로 길이 3~4mm, 너비 1~2mm이며, 가장자리가 짧게 톱니가 있고, 결코 겹쳐지지 않는다. **잎맥** 뒷면이 튀어 나왔고, 1~2회 Y자로 갈라진다. **포막** 가장자리가 약간 갈라진다. **포자낭군** 길이 1.5~3mm이다. **포자** 쭈그러진 불임형이다.

*잎몸의 모양, 우편과 열편의 모양, 포막 등이 부모종의 중간 형태를 한다. 비늘조각의 가장자리가 밋밋하고 잎몸 기부가 많이 짧아지지 않으며, 잎자루의 길이가 거미고사리와 유사하며, 긴타원형 우편, 바늘모양의 열편 끝과 포막의 가장자리가 갈라지는 점이 사철고사리와 닮았다.

1. 거미고사리와 거미사철고사리, 서울, 2012.10.28.
2. 거미고사리, 거미사철고사리, 사철고사리의 혼생 모습, 서울, 2012.10.28.

거미돌담고사리

***Asplenium* × *kitazawae* Sa.Kurata & Hutoh**, J. Geobot. 11: 69. 1962

Geo-mi-dol-dam-go-sa-ri (Lee etc., 2015)

E Stone-wall walking fern

포자기 6~9월 **용도** 관상용

분포 경기, 전남, 경북, 그늘진 돌담이나 계류가의 바위틈에서 자람; 일본

거미고사리와 돌담고사리의 자연교잡종이며, 상록성 여러해살이풀로 바위 위에서 착생한다. **키** 7~16cm이다. **뿌리줄기** 짧게 모여나고, 지름 1.2~1.5mm이며, 비늘조각에 덮인다. 비늘조각은 길이 4~5mm, 너비 0.8~0.9mm이고, 피침형으로, 흑색이며, 가장자리가 밋밋하다. **잎자루** 모여나고, 길이 1~4cm, 녹색이나 기부는 자줏빛이 난다. 비늘조각은 기부에 밀생하고, 위로 올라가면서 작아져 털모양이 되고, 약간 광택이 난다. **잎몸** 1~2회 우상으로 갈라지고, 길이 6~13cm, 너비 1.8~3.5cm이며, 긴타원상 피침형 또는 피침형으로, 끝이 둔하고, 단단한 초질이다. 중축은 날개가 있으며, 녹색이고, 드물게 길이 0.8~1mm의 털 같은 비늘조각이 있다. **우편** 8~14쌍이며, 긴타원형 난형, 또는 삼각상 피침형으로 비대칭하며, 맨아래 우편은 다음 우편과 길이가 같거나 약간 짧아지며, 끝이 둔하고, 길이 0.7~2cm 또는 1~1.5mm의 짧은 자루가 있으고, 가장자리는 둔한 톱니가 있다. **잎맥** 1~2회 Y자로 갈라진다. **포막** 가장자리가 밋밋하다. **포자낭군** 길이 1~1.5mm이다. **포자** 쭈그러진 불임형이다.

*잎몸의 중축에 날개가 있으며, 1~2회 우상으로 갈라지고, 잎몸 기부의 비늘조각의 모양, 잎몸의 재질, 우편의 모양과 가장자리가 부모의 중간 모습이다.

1. 경남 고성, 2013.12.18.
2. 포자낭군, 대구, 2013.9.1.
3. 거미고사리와 거미돌담고사리, 돌담고사리의 잎몸, 경남 고성, 2007.12.17.
4. 거미고사리와 거미돌담고사리, 돌담고사리가 혼생하는 모습, 대구, 2013.8.31.

돌담사철고사리(국내미기록)

***Asplenium* × *kidoi* Sleep ex Viane, Y.X.Lin et Reichst.**, Fl. China 2-3: 304, 2013

Dol-dam-sa-cheol-go-sa-ri (국명신칭)

E Evergreen stone-wall spleenwort

日 Aitokiwa-toranoo

분포 경북, 수림 아래 바위에서 자람; 중국, 일본

돌담고사리와 사철고사리의 교잡종으로 중간 모양을 한다. 중국과 일본에 분포하는 것으로 알려졌고, 국내 경북지역에서 발견되었다.

1. 대구, 2020.10.3.
2. 포자낭군, 대구, 2020.10.3.
3. 잎자루 기부 비늘조각, 대구, 2020.6.3. ⓒ박상희

사철꼬리고사리(국내미기록)

***Asplenium pekinense* Hance × *A. incisum* Thunb.**, The Standard of ferns and Lycophytes in Japan, II, 349, 2016

Sa-cheol-kko-ri-go-sa-ri (국명신칭)

E Evergreen long-tail spleenwort

日 Sanuki-toranoo

사철고사리와 꼬리고사리의 교잡종으로 일본에 분포하는 것으로 알려졌고, 국내 경남 밀양에서 발견되었다. 엽형은 사철고사리와의 꼬리고사리의 중간 형태를 한다.

1. 사철고사리, 꼬리고사리와 혼생, 경남 밀양, 2013.7.12.
2. 경남 밀양, 2013.7.12.

거미애기꼬리고사리

***Asplenium* × *akaishiense* Otsuka**, J. Geobot. 24: 80, 1977

Geo-mi-ae-gi-kko-ri-go-sa-ri
E Walking spleenwort   日 Kumo-iwa-toranoo
거미고사리와 애기꼬리고사리의 교잡종으로 중간 모양을 한다. 일본에 분포하는 것으로 알려졌고, 국내 강원, 경기, 경북에서 발견되었다. 잎 모양은 거미고사리와의 교잡종에서 흔히 보이는 형태이다. 잎몸은 1회 우상으로 갈라지고, 선상 피침형으로 기부의 우편은 가장자리가 좀 더 깊게 갈라진다.

1. 강원 영월, 2023.7.30.
2. 뿌리줄기 비늘조각, 강원 영월, 2023.7.30.
3. 잎, 강원 영월, 2023.7.30.
4. 포자낭군과 포막, 강원 영월, 2023.7.30.

개반들깃고사리(국내미기록)

***Asplenium boreale* (Ohwi ex Sa.Kurata) Nakaike × *A. oligophlebium* Baker**, The Standard of ferns and Lycophytes in Japan, I, 413, 2016
Gae-ban-deul-go-sa-ri (국명신칭)
E Northern big-ear spleenwort   日 Nisenuri-toranoo
개차고사리와 반들깃고사리와의 교잡종으로 일본에 분포하며, 국내 통영에서 발견되었다. 반들깃고사리는 무성아가 없으나 개차고사리처럼 거의 중축 끝에 무성아가 발달된다. 우편모양은 반들깃고사리에 비해 기부 열편의 귀가 크게 발달한다.

1. 경남 통영, 2013.12.17.
2. 포자낭군, 경남 통영, 2013.12.17.
3. 무성아, 경남 통영, 2013.12.17.

꼬리솔잎고사리(신교잡종)

***Asplenium incisum* Thunb. × *A. septentrionale* (L.) Hoffm.**
Kko-ri-sol-ip-go-sa-ri
E Forked long-tail spleenwort
한국 특산종
꼬리고사리와 솔잎고사리와의 교잡종으로, 국내 경북 울진에서 처음으로 발견되었다. 이 교잡종은 꼬리고사리와 솔잎고사리가 혼생하는 지역에 분포한다. 잎몸은 단엽이나 잎가장자리가 갈라져 잎 모양은 두 종의 중간모양이다.
A hybrid between *Asplenium incisum* and *A. septentrional*, found firstly in Uljin, Korea. This hybrid is distributed in same areas with two taxa together. Lamina is simple or lobed, and the lamina shape of hybrid is intermediate between those of *Asplenium incisum* and *A. septentrional*.

1. 경북 울진, 2013.3.21.

지느러미고사리

***Hymenasplenium hondoense* (N.Murak. & Hatan.) Nakaike**, New Fl. Jap. Pterid. 841, 1992

Asplenium hondoense N. Murak. & Hatan., J. Fac. Sci. Univ. Tokyo Sect. 3, Bot. 14: 191, f. 5, 1988

Ji-neu-reo-mi-go-sa-ri (정태현 등, 1937; 정태현 등, 1949; 이창복, 1980; 등[1])
바디고사리(박만규, 1949, 1961, 1975)
中 东亚膜叶铁角蕨 E Fin maiden spleenwort
日 Hobi-shida

염색체수 n = 72, 117, 2n = 117, 156
포자기 7~9월 용도 관상용
분포 제주도, 습한 바위나 동굴의 벽에서 자람; 일본, 중국, 네팔, 인도

상록성 여러해살이풀로 착생한다. **키** 30~45cm이다. **뿌리줄기** 옆으로 길게 기며, 지름 1.5~3mm이고, 녹색이며, 비늘조각이 다소 많이 붙는다. 비늘조각은 피침형이고, 기부가 가장 넓으며, 위로 가면서 점차 좁아지고, 길이 약 4mm, 너비 0.5mm로, 흑갈색 또는 흑색이며, 격자모양이다. 잎은 다소 드문드문 붙는다. **잎자루** 길이 12~20cm, 지름 1~1.5mm로, 광택이 나며 자갈색이고, 기부에 비늘조각이 약간 달린다. **잎몸** 1회 우상으로 갈라지며, 피침형 또는 긴타원상 피침형이다. 밑에서 1/3 지점이 가장 넓고, 위로 가면서 좁아지며, 길이 20~25cm, 너비 4~8cm로 털이 없다. **우편** 15~20쌍이 어긋나서 사다리모양으로 배열한다. 비대칭 긴타원형이며, 길이 2~3.5cm, 너비 0.6~1cm이고, 매우 짧은 자루가 있다. **잎맥** 1~2회 분기하며, 가장자리의 톱니까지 다다른다. **포자낭군** 우편의 중륵과 가장자리 중간에 2줄로 붙는다. **포막** 선형으로, 가장자리가 밋밋하고, 중륵을 향해 열리며, 길이 약 3~5mm이다.

1. 제주, 2013.3.3.
2. 뿌리줄기와 새순, 제주, 2020.3.14.
3. 우편, 제주, 2023.2.4.
4. 망상중심주, 제주, 2023.2.4.
5. 선형의 포막과 포자낭군, 2014.1.15.
6. 우편 가장자리의 얕고 둔한 톱니와 잎맥, 제주, 2014.1.13.
7. 제주, 2023.1.15.

부록

부록 1. 양치식물 새순의 다양한 모습

고비 115쪽 꿩고비 117쪽 발풀고사리 140쪽 네가래 145쪽

바위고사리 158쪽 황고사리 196쪽 섬꿩고사리 153쪽

돌잔고사리 197쪽 잔고사리 194쪽 돌토끼고사리 199쪽 점고사리 200쪽

선바위고사리 174쪽 부싯깃고사리 175쪽 고비고사리 182쪽 가지고비고사리 184쪽 공작고사리 181쪽

골고사리 474쪽 꼬리고사리 491쪽 돌담고사리 495쪽 한들고사리 357쪽 산토끼고사리 359쪽

설설고사리 370쪽 진퍼리고사리 372쪽 처녀고사리 373쪽 제비꼬리고사리 375쪽 가는잎처녀고사리 376쪽

사다리고사리 378쪽 지네고사리 380쪽 각시고사리 383쪽 드문고사리 385쪽 별고사리 387쪽

탐라별고사리 389쪽 청나래고사리 367쪽 야산고비 468쪽 개면마 469쪽 개톱날고사리 411쪽

ⓒ이만규(일부는 지은이 사진)

뱀고사리 415쪽
참새발고사리 420쪽
섬고사리 421쪽
산개고사리 422쪽
응달고사리 430쪽
지리산숲고사리 431쪽
버들참빗 433쪽
털고사리 436쪽
곱새고사리 439쪽
개좀진고사리 449쪽
큰섬잔고사리 459쪽
더부살이고사리 226쪽
낚시고사리 228쪽
좀나도히초미 233쪽
십자고사리 229쪽
왁살고사리 242쪽
일색고사리 244쪽
톱지네고사리 256쪽
느리미고사리 264쪽
왕지네고사리 265쪽
관중 266쪽
비늘고사리 269쪽
곰비늘고사리 270쪽
퍼진고사리 273쪽
바위틈고사리 274쪽
흰비늘고사리 276쪽
금족제비고사리 280쪽
가는잎족제비고사리 281쪽
홍지네고사리 289쪽
참지네고사리 291쪽
큰홍지네고사리 292쪽
꼬리족제비고사리 293쪽
큰족제비고사리 301쪽
넉줄고사리 313쪽
석위 323쪽
미역고사리 331쪽

부록 2. 양치식물 포자낭군의 다양한 모습

고사리삼 105쪽 | 구름처녀이끼 126쪽 | 바위고사리 158쪽 | 돌토끼고사리 199쪽 | 고사리 201쪽

알록큰봉의꼬리 170쪽 | 선바위고사리 174쪽 | 고비고사리 182쪽

섬공작고사리 180쪽 | 공작고사리 181쪽 | 부싯깃고사리 175쪽 | 파초일엽 475쪽

쪽잔고사리 493쪽 | 사철고사리 494쪽 | 처녀고사리 373쪽 | 제비꼬리고사리 375쪽 | 지네고사리 380쪽

푸른각시고사리 384쪽 | 별고사리 387쪽 | 검은별고사리 390쪽 | 금강가물고사리 400쪽 | 우드풀 401쪽

새깃아재비 463쪽 | 개고사리 412쪽 | 산개고사리 422쪽 | 골개고사리 425쪽 | 넓은잎개고사리 427쪽

응달고사리 430쪽 | 진퍼리개고사리 434쪽 | 털고사리 436쪽 | 왕고사리 438쪽

곱새고사리 439쪽 | 버들참빗 433쪽 | 개좀진고사리 449쪽 | 주름고사리 452쪽 | 두메고사리 456쪽

ⓒ이만규, 임영희(일부는 지은이 사진)

큰개고사리 458쪽 / 암고사리 461쪽 / 도깨비쇠고비 218쪽 / 긴도깨비쇠고비 220쪽
낚시고사리 228쪽 / 큰개관중 232쪽 / 나도개관중 234쪽 / 나도히초미 236쪽 / 비늘개관중 238쪽
왁살고사리 242쪽 / 털비늘고사리 245쪽 / 꼬리쇠고사리 247쪽 / 큰쇠고사리 250쪽 / 애기톱지네고사리 255쪽
느리미고사리 264쪽 / 관중 266쪽 / 비늘고사리 269쪽 / 곰비늘고사리 270쪽 / 흰비늘고사리 276쪽
금족제비고사리 280쪽 / 애기지네고사리 283쪽 / 제주지네고사리 284쪽 / 엷은잎지네고사리 286쪽 / 큰지네고사리 287쪽
반들지네고사리 288쪽 / 홍지네고사리 289쪽 / 참지네고사리 291쪽 / 큰홍지네고사리 292쪽
산족제비고사리 295쪽 / 족제비고사리 298쪽 / 넉줄고사리 313쪽
세뿔석위 325쪽 / 나사미역고사리 328쪽 / 일엽초 334쪽 / 손고비 346쪽 / 콩짜개덩굴 337쪽

부록 3. 한국의 위협범주 양치식물

과명	국명	학명	국립수목원		국립생태원	국립생물자원관
			국가적색 목록 범주 (CR: 위협; EN: 위기; VU: 취약)	지구적색 목록 범주 (CR: 위급; LC: 약관심)	*멸종위기 야생생물 등급	**적색목록 범주 / 멸종위기야생 생물등급
석송과 Lycopodiaceae	왕다람쥐꼬리	*Huperzia cryptomerina* (Maxim.) R.D.Dixit	VU			VU
	비늘석송	*Lycopodium complanatum* L.	VU			VU
	물석송	*Lycopodium cernuam* L.			II	DD / II
물부추과 Isoetaceae	참물부추	*Isoetes coreana* Y.H.Chung & H.K.Choi	EN		II	VU/ II
부처손과 Sellaginellaceae	왜구실사리	*Selaginella helvetica* (L.) Spring		LC		LC
	개실사리(실사리)	*Selaginella shakotanensis* (Franch. ex H.Takeda) Miyabe et Kudo	VU			EN
솔잎란과 Psilotaceae	솔잎란	*Psilotum nudum* (L.) P.Beauv.	EN	LC	II	EN
고사리삼과 Ophioglossaceae	다시마고사리삼	*Ophioglossum pendulum* L.				DD
	자루나도고사리삼 (주름나도고사리삼)	*Ophioglossum petiolatum* Hook.				NE
	산고사리삼	*Botrychium robustum* (Rupr.) Underw.				LC
	긴꽃고사리삼	*Botrychium strictum* Underw.				NT
	제주고사리삼	*Mankyua chejuensis* B.Y.Sun, M.H.Kim & C.H.Kim	CR	CR	I	CR / I
꿩고사리과 Plagiogyriaceae	섬꿩고사리	*Plagiogyria japonica* Nakai	VU			VU
	꿩고사리	*Plagiogyria euphlebia* (Kunze) Mett.				DD
새깃고사리과 Lindsaeaceae	좀새깃고사리 (비고사리)	*Osmolindsaea japonica* (Baker) Lehtonen & Christenh.				DD
봉의꼬리과 Pteridaceae	물고사리	*Ceranopteris gaudichaudii* var. *vulgaris* Masuyama & Watano	VU		II	VU / II
	알록큰봉의꼬리	*Pteris nipponica* W.C.Shieh	VU			VU
	산부싯깃고사리	*Cheilanthes kuhnii* Milde				NE
	개부싯깃고사리	*Cheilanthes chusana* Hook.	VU			VU
	암공작고사리	*Adiantum capillus-junonis* Rupr.	VU			EN
	일엽아재비	*Haplopteris flexuosa* (Fée) E.H.Crane	VU			NT
금털고사리과 Hypodematiaceae	금털고사리	*Hypodematium glandulosopilosum* (Tagawa) Ohwi				NT
관중과 Dryopteridaceae	털비늘고사리	*Arachniodes mutica* (Franch. & Sav.) Ohwi				NE
	쇠고사리	*Arachniodes amabilis* (Blume) Tindale				NT
	톱지네고사리	*Dryopteris cycadina* (Franch. & Sav.) C.Chr.				NE
	큰톱지네고사리	*Dryopteris dickinsii* (Franch. & Sav.) C.Chr.				NT
	느리미고사리	*Dryopteris tokyoensis* (Matsum. ex Makino) C.Chr.	VU			VU
	바위틈고사리	*Dryopteris goeringiana* (Kunze) Koidz.				NE
	계곡고사리	*Dryopteris subexaltata* (Christ) C.Chr.				NE
	꼬리족제비고사리	*Dryopteris formosa* (Christ) C.Chr.	VU			NT
고란초과 Polypodiaceae	나사미역고사리	*Polypodium fauriei* Christ	VU			LC
	좀미역고사리	*Polypodium sibiricum* Siplivinsky				NE
	미역고사리	*Polypodium vulgare* L.				LC
	층층고란초	*Selliguea veitchii* (Baker) H.Ohashi & K.Ohashi	VU			VU

과명	국명	학명	국립수목원 국가적색 목록 범주 (CR: 위협; EN: 위기; VU: 취약)	국립수목원 지구적색 목록 범주 (CR: 위급; LC: 약관심)	국립생태원 *멸종위기 야생생물 등급	국립생물자원관 **적색목록 범주 / 멸종 위기야생 생물등급
고란초과 Polypodiaceae	창일엽	*Microsorum superficiale* (Blume) Ching	VU			EN
	손고비	*Colysis elliptica* (Thunb.) Ching				NT
	창고사리	*Colysis × simplicifrons* (Christ) Tagawa				EN
	버들일엽	*Loxogramme salicifoia* (Makino) Makino	EN			VU
	숟갈일엽	*Loxogramme duclouxii* Christ	EN			VU
한들고사리과 Cystopteridaceae	한들고사리	*Cystopteris fragilis* (L.) Bernh.	CR	LC		NE
	토끼고사리	*Gymnocarpium dryopteris* (L.) Newman		LC		NE
처녀고사리과 Thelypteridaceae	큰처녀고사리	*Thelypteris quelpartensis* (Christ) Ching	VU			NT
	제비꼬리고사리	*Thelypteris subochthodes* Ching				VU
	탐라별고사리	*Cyclosorus dentatus* (Forssk.) Ching		LC		NE
	검은별고사리	*Cyclosorus interruptus* (Willd.) H.Itô	VU	LC	II	NE / II
우드풀과 Woodsiaceae	애기가물고사리	*Woodsia hancockii* Baker	VU			NE
	큰솜털고사리	*Woodsia glabella* R.Br. ex Richardson		LC		VU
개고사리과 Athyriaceae	개톱날고사리	*Athyrium sheareri* (Baker) Ching				VU
	두메개고사리	*Athyrium spinulosum* (Maxim.) Milde	EN			VU
	거꾸리개고사리	*Athyrium reflexipinuum* Hayata	VU			
	구슬개고사리	*Athyrium deltoidofrons* Makino	VU			NE
	산중개고사리	*Athyrium epirachis* (Christ) Ching				NE
	왕고사리	*Deparia pterorachis* (Christ) M.Kato				NE
	진퍼리개고사리	*Deparia okuboana* (Makino) M.Kato	VU			VU
	주름고사리	*Diplazium wichurae* (Mett.) Diels				NT
	큰섬잔고사리	*Diplazium nipponicum* Tagawa				NT
	섬잔고사리	*Diplazium hachijoense* Nakai				VU
새깃아재비과 Blechnaceae	새깃아재비	*Woodwardia japonica* (L.f.) Sm.	VU		II	VU
꼬리고사리과 Aspleniaceae	골고사리	*Asplenium scolopendrium* L.		LC		LC
	파초일엽	*Asplenium antiquum* Makino	CR		II	EN / II
	눈썹고사리	*Asplenium wrightii* D.C.Eaton ex Hook.	CR		II	CR / II
	개차고사리	*Asplenium oligophlebium* Baker	VU			NE
	차꼬리고사리	*Asplenium trichomanes* L.		LC		NT
	돌좀고사리	*Asplenium ruta-muraria* L.		LC		LC
	숫돌담고사리	*Asplenium prolongatum* Hook.				VU
	깃고사리	*Asplenium normale* D.Don				NE
	선녀고사리	*Asplenium tenerum* G.Forst.				DD
	지느러미고사리	*Hymenasplenium hondoense* (N.Murak. & Hatan.)Nakaike	VU			DD

* 실사리로 알려진 개체들은 모두 개실사리(*Selaginella shakotanensis* (Franch. ex H.Takeda) Miyabe et Kudo)로 확인되었고, 깃고사리로 보여진 개체들은 근래 Chang 등 (2013, 2018)의 독립된 종으로 본 반들깃고사리(*Asplenium boreale* (Ohwi ex Sa.Kurata)로 보여진다.
* 국명과 함께 괄호 속에 있는 양치식물명은 국립생물자원관 자료에 표기된 명칭이다.
* 자료출처: 국립수목원(2021), Red List, 국립생태원, 국립생물자원관, 멸종위기식물 목록을 참고하여 작성함.

부록 4. 한국의 특산 양치식물

과명	국명	학명
석송과 Lycopodiaceae	긴다람쥐꼬리	*Huperzia jejuensis* B.Y.Sun & J.Lim
물부추과 Isoetaceae	참물부추	*Isoetes coreana* Y.H.Chung & H.K.Choi
	제주물부추	*Isoetes jejuensis* H.K.Choi, Ch.Kim & J.Jung
	한라물부추	*Isoetes hallasanensis* H.K.Choi, Ch.Kim & J.Jung
고사리삼과 Ophioglossaceae	제주고사리삼	*Mankyua chejuensis* B.Y.Sun, M.H.Kim
처녀이끼과 Hymenophyllaceae	구름처녀이끼	*Hymenophyllum wrightii* f. *serratum* C.S.Lee & K.H.Lee
금털고사리과 Hypodematiaceae	가는잎금털고사리	*Hypodematium angustifolium* C.S.Lee & K.H.Lee
관중과 Dryopteridaceae	*깃도깨비쇠고비	*Cyrtomium falcatum* for. *pinnatilobus* C.S.Lee & K.H.Lee
	*큰꼬리쇠고사리	*Arachniodes simplicior* var. *magnusfolia* C.S.Lee & K.H.Lee
	*한라톱지네고사리	*Dryopteris hallasanensis* C.S.Lee & K.H.Lee
	*바위틈비늘고사리	*Dryopteris goeringiana* (Kunze) Koidz. × D. lacera (Thunb.) Kunze
우드풀과 Woodsiaceae	금강가물고사리	*Woodsia microsora* Kodama in Matsum.
개고사리과 Athyriaceae	광릉개고사리	*Athyrium concinnum* Nakai
	섬고사리	*Athyrium acutipinnulum* Kodama ex Nakai
	*털곱새고사리	*Deparia coreana* for. *villosa* C.S.Lee & K.H.Lee
꼬리고사리과 Aspleniaceae	산꼬리고사리	*Asplenium* × *bimixtum* C.S.Lee & K.H.Lee ex Y.H.Ha
	거미사철고사리	*Asplenium* × *uiryeongse* C.S.Lee & K.H.Lee
	*꼬리솔잎고사리	*Asplenium incisum* Thunb. × A. septentrionale (L.) Hoffm.

자료출처: Chung, G. Y. et al.(2023)를 참조하여 특산 양치식물 목록을 작성함.
* 표시는 이 책(한국의 양치식물 제3판)에 추가된 특산 양치식물

부록 5. 구계학적 특정식물

과명	국명	학명	등급
석송과 Lycopodiaceae	긴다람쥐꼬리	*Huperzia jejuensis* B.Y.Sun & J.A.Lim	Ⅳ
	다람쥐꼬리	*Huperzia miyoshiana* (Makino) Ching	Ⅱ
	좀다람쥐꼬리	*Huperzia selago* (L.) Bernh. ex Schrank & Mart.	Ⅳ
	왕다람쥐꼬리	*Huperzia cryptomerina* (Maxim.) R.D.Dixit	Ⅴ
	줄석송	*Huperzia sieboldii* (Miq.) Holub	Ⅴ
	만년석송	*Lycopodium dendroideum* Michx.	Ⅲ
	개석송	*Lycopodium annotinum* L.	Ⅳ
	비늘석송	*Lycopodium complanatum* L.	Ⅴ
	물석송	*Lycopodium cernuum* L.	Ⅴ
물부추과 Isoetaceae	참물부추	*Isoetes coreana* Y.H.Chung & H.K.Choi	Ⅴ
	제주물부추	*Isoetes jejuensis* H.K.Choi, Ch.Kim & J.Jung	Ⅴ
	한라물부추	*Isoetes hallasanensis* H.K.Choi, Ch.Kim & J.Jung	Ⅴ
부처손과 Selaginellaceae	개부처손	*Selaginella stauntoniana* Spring	Ⅲ
	부처손(바위손)	*Selaginella involvens* (Sw.) Spring	Ⅲ
	왜구실사리	*Selaginella helvetica* (L.) Spring	Ⅱ
	개실사리(실사리)	*Selaginella shakotanensis* (Franch. ex H.Takeda) Miyabe et Kudo	Ⅴ
속새과 Equisetaceae	속새	*Equisetum hyemale* L.	Ⅲ
	개속새	*Equisetum ramosissimum* Desf.	Ⅱ
솔잎란과 Psilotaceae	솔잎란(솔잎난)	*Psilotum nudum* (L.) P.Beauv.	Ⅴ
고사리삼과 Ophioglossaceae	나도고사리삼	*Ophioglossum vulgatum* L.	Ⅲ
	자루나도고사리삼	*Ophioglossum petiolatum* Hook.	Ⅱ
	산꽃고사리삼	*Botrychium japonicum* (Prantl) Underw.	Ⅲ
	산고사리삼	*Botrychium robustum* (Rupr.) Underw.	Ⅳ
	늦고사리삼	*Botrychium virginianum* (L.) Sw.	Ⅱ
	긴꽃고사리삼	*Botrychium strictum* Underw.	Ⅱ
	제주고사리삼	*Mankyua chejuense* B.Y.Sun, M.H.Kim & C.H.Kim	Ⅴ
고비과 Osmundaceae	음양고비	*Osmunda claytoniana* L.	Ⅲ
	꿩고비	*Osmundastrum cinnamomeum* (L.) C.Presl	Ⅱ
처녀이끼과 Hymenophyllaceae	수염이끼	*Hymenophyllum barbatum* (Bosch) Baker	Ⅲ
	애기수염이끼	*Hymenophyllum coreanum* Nakai	Ⅳ
	처녀이끼	*Hymenophyllum wrightii* Bosch	Ⅱ
	금강처녀이끼(산괴불이끼)	*Hymenophyllum oligosorum* Makino	Ⅳ
	괴불이끼	*Crepidomanes latealatum* (Bosch) Copel.	Ⅳ
	부채괴불이끼	*Crepidomanes minutum* (Blume) K.Iwats.	Ⅱ
	누운괴불이끼	*Vandenboschia kalamocarpa* (Hayata) Ebihara	Ⅳ
풀고사리과 Gleicheniaceae	발풀고사리	*Dicranopteris linearis* (Burm.f.) Underw.	Ⅲ
	풀고사리	*Diplopterygium glaucum* (Thunb. ex Houtt.) Nakai	Ⅲ

과명	국명	학명	등급
실고사리과 Lygodiaceae	실고사리	*Lygodium japonicum* (Thunb.) Sw.	I
네가래과 Marsileaceae	네가래	*Marsilea quadrifolia* L.	I
펑고사리과 Plagiogyriaceae	섬펑고사리	*Plagiogyria japonica* Nakai	V
	펑고사리	*Plagiogyria euphlebia* (Kunze) Mett.	V
새깃고사리과 Lindsaeaceae	바위고사리	*Odontosoria chinensis* (L.) J.Sm.	III
	좀새깃고사리(비고사리)	*Osmolindsaea japonica* (Baker) Lehtonen & Christenh.	V
봉의꼬리과 Pteridaceae	물고사리	*Ceratopteris gaudichaudii* var. *vulgaris* Masuyama & Watano	V
	선바위고사리	*Onychium japonicum* (Thunb.) Kunze	III
	큰봉의꼬리	*Pteris cretica* L.	III
	봉의꼬리	*Pteris multifida* Poir.	I
	알록큰봉의꼬리	*Pteris nipponica* W.C.Shieh	IV
	반쪽고사리	*Pteris dispar* Kunze	III
	깃반쪽고사리	*Pteris terminalis* Wall.	V
	오름깃고사리	*Pteris fauriei* Hieron.	V
	부싯깃고사리	*Cheilanthes argentea* (S.G.Gmel.) Kunze	I
	개부싯깃고사리	*Cheilanthes chusana* Hook.	V
	섬공작고사리	*Adiantum monochlamys* D.C.Eaton	IV
	공작고사리	*Adiantum pedatum* L.	II
	고비고사리	*Coniogramme intermedia* Hieron.	II
	가지고비고사리	*Coniogramme japonica* (Thunb.) Diels	III
	일엽아재비	*Haplopteris flexuosa* (Fée) E.H.Crane	IV
잔고사리과 Dennstaedtiaceae	사철잔고사리	*Dennstaedtia scabra* (Wall. ex Hook.) T.Moore	V
	돌잔고사리	*Microlepia marginata* (Panz.) C.Chr.	III
	깃돌잔고사리	*Microlepia marginata* (Panz.) C.Chr. var. *bipinnata* Makino	IV
	돌토끼고사리	*Microlepia strigosa* (Thunb.) Presl.	IV
	점고사리	*Hypolepis punctata* (Thunb.) Mett. ex Kuhn	III
금털고사리과 Hypodematiaceae	금털고사리	*Hypodematium glandulosopilosum* (Tagawa) Ohwi	II
관중과 Dryopteridaceae	더부살이고사리	*Polystichum lepidocaulon* (Hook.) J.Sm.	III
	십자고사리(애기십자고사리)	*Polystichum tripteron* (Kunze) C.Presl	IV
	검정개관중	*Polystichum tsus-simense* (Hook.) J.Sm.	V
	큰개관중	*Polystichum mayebarae* Tagawa	IV
	좀나도히초미	*Polystichum braunii* (Spenn.) Fée	II
	나도개관중(너도히초미)	*Polystichum pseudomakinoi* Tagawa	IV
	긴개관중	*Poystichum tagawanum* Sa.Kurata	III
	나도히초미	*Polystichum polyblepharum* (Roem. ex Kunze) C.Presl	I
	비늘개관중(산나도히초미)	*Polystichum retrosopaleaceum* (Kodama) Tagawa	III
	지리개관중(드문나도히초미)	*Polystichum ovatopaleaceum* (Kodama) Sa.Kurata	V
	참나도히초미	*Polystichum ovatopaleaceum* (Kodama) Sa.Kurata var. *coraiense* (Christ) Sa.Kurata	I

과명	국명	학명	등급
관중과 Dryopteridaceae	일색고사리	*Arachniodes standishii* (T.Moore) Ohwi	Ⅲ
	털비늘고사리	*Arachniodes mutica* (Franch. & Sav.) Ohwi	Ⅴ
	쇠고사리	*Arachniodes rhomboidea* (Wall. ex C.Presl) Ching	Ⅳ
	꼬리쇠고사리(낫쇠고사리)	*Arachniodes simplicior* (Makino) Ohwi	Ⅲ
	큰쇠고사리(큰낫쇠고사리)	*Arachniodes chinensis* (Rosenstock) Ching	Ⅲ
	좀쇠고사리	*Arachniodes sporadosora* (Kunze) Nakaike	Ⅳ
	가는쇠고사리	*Arachniodes exilis* (Hance) Ching	Ⅲ
	아물고사리	*Dryopteris amurensis* Christ	Ⅳ
	톱지네고사리	*Dryopteris atrata* (Wall. ex Kunze) Ching	Ⅲ
	각시톱지네고사리 (남도톱지네고사리)	*Dryopteris hangchowensis* Ching	Ⅴ
	큰톱지네고사리	*Dryopteris dickinsii* (Franch. & Sav.) C.Chr.	Ⅳ
	느리미고사리	*Dryopteris tokyoensis* (Matsum. ex Makino) C.Chr.	Ⅳ
	주저리고사리	*Dryopteris fragrans* (L.) Schott	Ⅲ
	퍼진고사리	*Dryopteris expansa* (C.Presl) Fraser-Jenk. et Jermy	Ⅱ
	바위틈고사리	*Dryopteris goeringiana* (Kunze) Koidz.	Ⅳ
	진저리고사리	*Dryopteris maximowiczii* (Baker) Kuntze	Ⅱ
	흰비늘고사리	*Dryopteris maximowicziana* (Miq.) C.Chr.	Ⅴ
	계곡고사리	*Dryopteris subexaltata* (Christ) C.Chr.	Ⅴ
	금족제비고사리	*Dryopteris gymnophylla* (Baker) C.Chr.	Ⅰ
	애기지네고사리	*Dryopteris decipiens* (Hook.) Kuntze var. *diplazioides* (Christ) Ching	Ⅴ
	제주지네고사리	*Dryopteris championii* (Benth.) C.Chr. ex Ching	Ⅲ
	큰지네고사리	*Dryopteris fuscipes* C.Chr.	Ⅲ
	홍지네고사리	*Dryopteris erythrosora* (D.C.Eaton) Kuntze	Ⅰ
	꼬리족제비고사리 (홍노족제비고사리)	*Dryopteris formosana* (Christ) C.Chr.	Ⅳ
	큰족제비고사리	*Dryopteris hikonensis* (H.Itô) Nakaike	Ⅲ
줄고사리과 Nephrolepidaceae	줄고사리	*Nephrolepis cordifolia* (L.) C.Presl	Ⅴ
고란초과 Polypodiaceae	우단일엽(우단석위)	*Pyrrosia linearifolia* (Hook.) Ching	Ⅴ
	석위	*Pyrrosia lingua* (Thunb.) Farw.	Ⅲ
	애기석위	*Pyrrosia petiolosa* (Christ) Ching	Ⅱ
	세뿔석위	*Pyrrosia hastata* (Houtt ex Thunb.) Ching	Ⅱ
	나사미역고사리	*Polypodium fauriei* Christ	Ⅴ
	좀미역고사리	*Polypodium sibiricum* Siplivinsky	Ⅳ
	미역고사리	*Polypodium vulgare* L.	Ⅳ
	애기일엽초	*Lepisorus onoei* (Franch. & Sav.) Ching	Ⅲ
	일엽초	*Lepisorus thunbergianus* (Kaulf.) Ching	Ⅰ
	콩짜개덩굴	*Lepisorus microphyllus* (C.Presl) C.F.Zhao, R.Wei & X.C.Zhang ex C.S.Chang, H.Kim & K.S.Chang	Ⅰ

과명	국명	학명	등급
고란초과 Polypodiaceae	고란초	*Selliguea hastatus* (Thunb.) Fraser-Jenk.	II
	큰고란초	*Selliguea engleri* (Luerss.) Fraser-Jenk.	IV
	층층고란초	*Selliguea veitchii* (Baker) H.Ohashi & K.Ohashi	V
	밤일엽	*Neocheiropteris ensata* (Thunb.) Ching	IV
	창일엽(밤일엽아재비)	*Microsorum superficiale* (Blume) Ching	V
	손고비	*Leptochilus ellipticus* (Thunb.) Noot.	III
	창고사리	*Leptochilus x simplicifrons* (H.Christ) Nakaike	V
	버들일엽	*Loxogramme salicifolia* (Makino) Makino	IV
	숟갈일엽	*Loxogramme duclouxii* Christ	V
	주걱일엽	*Loxogramme grammitoides* (Baker) C.Chr.	III
	좀고사리	*Pleurosoriopsis makinoi* (Maxim. ex Makino) Fomin	II
한들고사리과 Cystopteridaceae	한들고사리	*Cystopteris fragilis* (L.) Bernh.	IV
	토끼고사리	*Gymnocarpium dryopteris* (L.) Newman	III
처녀고사리과 Thelypteridaceae	가래고사리	*Phegopteris connectilis* (Michx.) Watt	II
	큰설설고사리	*Phegopteris koreana* B.Y.Sun & C.H.Kim	I
	진퍼리고사리	*Leptogramma pozoi* (Lag.) Ching subsp. *mollissima* (Fisch. ex Kunze) Nakaike	III
	큰처녀고사리	*Thelypteris quelpartensis* (Christ) Ching	IV
	제비꼬리고사리	*Thelypteris subochthodes* Ching	IV
	가는잎처녀고사리	*Parathelypteris beddomei* (Baker) Ching	III
	탐라사다리고사리	*Parathelypteris angustifrons* (Miq.) Ching	IV
	지네고사리(참지네고사리)	*Parathelypteris japonica* (Baker) Ching	III
	푸른각시고사리	*Macrothelypteris viridifrons* (Tagawa) Ching	II
	드문고사리	*Metathelypteris laxa* (Franch. & Sav.) Ching	III
	별고사리	*Cyclosorus acuminatus* (Houtt.) Nakai ex H.Itô	III
	탐라별고사리	*Cyclosorus dentatus* (Forssk.) Ching	IV
	검은별고사리	*Cyclosorus interruptus* (Willd.) H.Itô	V
	큰별고사리	*Cyclosorus penangianus* (Hook.) Copel.	V
우드풀과 Woodsiaceae	두메우드풀	*Woodsia ilvensis* (L.) R.Br.	IV
	산우드풀	*Woodsia subcordata* Turcz.	II
	참우드풀	*Woodsia macrochlaena* Mett. ex Kuhn	IV
	좀가물고사리(좀우드풀)	*Woodsia intermedia* Tagawa	II
개고사리과 Athyriaceae	개톱날고사리	*Athyrium sheareri* (Baker) Ching in C.Chr.	IV
	산개고사리	*Athyrium vidalii* (Franch. & Sav.) Nakai	I
	가는잎개고사리	*Athyrium iseanum* Rosenst.	IV
	골개고사리	*Athyrium otophorum* (Miq.) Koidz.	V
	암뱀고사리	*Athyrium clivicola* Tagawa	I
	산중개고사리	*Athyrium epirachis* (Christ) Ching	V
	넓은잎개고사리	*Athyrium wardii* (Hook.) Makino	IV

과명	국명	학명	등급
개고사리과 Athyriaceae	지리산숲고사리	*Cornopteris christenseniana* (Koidz.) Tagawa	II
	뿔고사리	*Cornopteris decurrenti-alata* (Hook.) Nakai	IV
	버들참빗	*Deparia lancea* (Thunb.) Fraser-Jenk.	III
	진퍼리개고사리	*Deparia okuboana* (Makino) M.Kato	IV
	푸른개고사리	*Deparia viridifrons* (Makino) M.Kato	IV
	왕고사리	*Deparia pterorachis* (Christ) M.Kato	III
	주름고사리	*Diplazium wichurae* (Mett.) Diels	III
	검정비늘고사리	*Diplazium virescens* Kunze	V
	내장고사리	*Diplazium squamigerum* (Mett.) C.Hope	III
	두메고사리	*Diplazium sibiricum* (Turcz. ex Kunze) Sa.Kurata	III
	민두메고사리	*Diplazium sibiricum* (Turcz. ex Kunze) Sa.Kurata var. *glabrum* (Tagawa) Sa.Kurata	III
	큰개고사리	*Diplazium mesosorum* (Makino) Koidz.	IV
	큰섬잔고사리(곳섬잔고사리)	*Diplazium nipponicum* Tagawa	IV
	섬잔고사리	*Diplazium hachijoense* Nakai	IV
	암고사리	*Diplazium chinense* (Baker) C.Chr.	IV
새깃아재비과 Blechnaceae	새깃아재비	*Woodwardia japonica* (L.f.) Sm.	V
야산고비과 Onocleaceae	청나래고사리	*Matteuccia struthiopteris* (L.) Tod.	II
	야산고비	*Onoclea sensibilis* L. var. *interruta* Maxim.	I
꼬리고사리과 Aspleniaceae	골고사리	*Asplenium scolopendrium* L.	II
	눈썹고사리	*Asplenium wrightii* D.C.Eaton ex Hook.	V
	가거꼬리고사리	*Asplenium yoshinagae* Makino	V
	개차고사리	*Asplenium oligophlebium* Baker	V
	반들깃고사리(깃고사리)	*Asplenium boreale* (Ohwi ex Sa.Kurata) Nakaike	V
	반들깃고사리	*Asplenium boreale* (Ohwi ex Sa.Kurata) Nakaike	V
	차꼬리고사리	*Asplenium trichomanes* L.	IV
	개차꼬리고사리	*Asplenium tripteropus* Nakai	IV
	돌좀고사리	*Asplenium ruta-muraria* L.	IV
	수수고사리	*Asplenium wilfordii* Mett. ex Kuhn	IV
	숫돌담고사리	*Asplenium prolongatum* Hook.	V
	쪽잔고사리	*Asplenium ritoense* Hayata	IV
	사철고사리	*Asplenium pekinense* Hance	IV
	돌담고사리	*Asplenium anogrammoides* H.Christ	III
	거미꼬리고사리	*Asplenium × castaneoviride* Baker	II
	지느러미고사리	*Hymenasplenium hondoense* (N.Murak. & Hatan.) Nakaike	V

* 애기십자고사리는 십자고사리의 오동정으로 보인다. 밤일엽아재비는 창일엽의 오동정으로 보인다. 실사리로 알려진 개체들은 모두 개실사리(*Selaginella shakotanensis* (Franch. Ex H. Takeda) Miyabe et Kudo)로 확인되었고, 깃고사리로 보여진 개체들은 근래 Chang et al.(2013, 2018)의 독립된 종으로 본 반들깃고사리(*Asplenium boreale* (Ohwi ex Sa. Kurata)로 보여진다.

* 자료출처: 국립생태원(2018)과 국립생태원 국가보호종 목록을 참고하여 작성함.

부록 6. 한국산 양치식물의 지역별 분포 현황

*북부(백두산, 강원도), 중부(경기, 충북, 충남, 경북, 전북), 남부(경남, 전남) / 동남아(열대, 아열대 포함)

과명	국명 / 학명	북부	중부	남부	울릉도	제주도	중국	일본	동남아	북반구	유럽	북미	남미
1. 석송과 Lycopodiaceae	1. 뱀톱 *Huperzia serrata* (Thunb.) Trevis.	○	○	○	○	○	○	○	○	○		○	
	2. 큰뱀톱 *Huperzia javanica* (Sw.) C.Yang					○	○	○	○				
	3. 긴다람쥐꼬리 *Huperzia jejuensis* B.Y.Sun & J.Lim					○							
	4. 다람쥐꼬리 *Huperzia miyoshiana* (Makino) Ching	○	○	○	○	○	○	○		○		○	
	5. 좀다람쥐꼬리 *Huperzia selago* (L.) Bernh. ex Schrank & Mart.	○	○		○	○	○	○		○	○	○	
	6. 왕다람쥐꼬리 *Huperzia cryptomerina* (Maxim.) R.D.Dixit			○		○	○	○	○				
	7. 석송 *Lycopodium clavatum* var. *nipponicum* Nakai		○	○		○	○	○	○	○			
	8. 두메석송 *Lycopodium clavatum* var. *asiaticum* Ching	○				○	○	○					
	9. 만년석송 *Lycopodium dendroideum* Michx.	○	○	○		○	○	○		○		○	
	10. 개석송 *Lycopodium annotinum* L.	○					○	○		○	○	○	
	11. 비늘석송 *Lycopodium complanatum* L.	○					○	○		○	○	○	
	12. 산석송 *Lycopodium alpinum* L.	○					○	○		○	○	○	
	13. 물석송 *Lycopodim cernuum* L.			○			○	○	○				
2. 물부추과 Isoetaceae	14. 참물부추 *Isoetes coreana* Y.H.Chung & H.K.Choi	○	○	○									
	15. 제주물부추 *Isoetes jejuensis* H.K.Choi, Ch.Kim & J.Jung					○							
	16. 한라물부추 *Isoetes hallanensis* H.K.Choi, Ch.Kim & J.Jung					○							
3. 부처손과 Selaginellaceae	17. 바위손 *Selaginella tamariscina* (P.Beauv.) Spring	○	○	○	○	○	○	○	○	○			
	18. 개부처손 *Selaginella stauntoniana* Spring	○	○				○						
	19. 부처손 *Selaginella involvens* (Sw.) Spring					○	○	○	○	○			
	20. 선비늘이끼 *Selaginella nipponica* Franch. & Sav.			○	○	○	○	○	○				
	21. 왜구실사리 *Selaginella helvetica* (L.) Spring	○	○	○		○	○	○		○	○	○	
	22. 각시비늘이끼 *Selaginella heterostachys* Baker	○	○			○	○	○	○				
	23. 나도비늘이끼 *Selaginella kraussiana* (Kunze) A.Braun					○	○		○	○	○		○
	24. 구실사리 *Selaginella rossii* (Baker) Warburg	○	○	○	○		○			○			
	25. 개실사리 *Selaginella shakotanensis* (Franch. ex H.Takeda) Miyabe et Kudo				○			○		○			
4. 속새과 Equisetaceae	26. 쇠뜨기 *Equisetum arvense* L.	○	○	○	○	○	○	○	○	○	○	○	○
	27. 능수쇠뜨기 *Equisetum sylvaticum* L.	○					○	○		○	○	○	
	28. 물쇠뜨기 *Equisetum pratense* Ehrh.	○					○	○		○	○	○	
	29. 개쇠뜨기 *Equisetum palustre* L.	○					○	○		○	○	○	
	30. 물속새 *Equisetum fluviatile* L.	○					○	○		○	○	○	
	31. 속새 *Equisetum hyemale* L.	○		○			○	○		○	○	○	
	32. 개속새 *Equisetum ramosissimum* Desf.	○	○	○	○	○	○	○		○	○	○	
5. 솔잎란과 Psilotaceae	33. 솔잎란 *Psilotum nudum* (L.) P.Beauv.			○		○	○	○	○				
6. 고사리삼과 Ophioglossaceae	34. 좀나도고사리삼 *Ophioglossum thermale* Kom.		○	○		○	○	○	○	○			
	35. 나도고사리삼 *Ophioglossum vulgatum* L.			○		○		○		○	○	○	

과명	국명 / 학명	북부	중부	남부	울릉도	제주도	중국	일본	동남아	북반구	유럽	북미	남미
6. 고사리삼과 Ophioglossaceae	36. 자루나도고사리삼 *Ophioglossum petiolatum* Hook.			○		○	○	○					
	37. 자루좀나도고사리삼 *Ophioglossum petiolatum* Hook. × *O. thermale* Kom.			○				○					
	38. 섬나도고사리삼 *Ophioglossum reticulatum* L.					○	○		○				○
	39. 산꽃고사리삼 *Botrychium japonicum* (Prantl) Underw.		○	○		○	○	○					
	40. 숲고사리삼 *Botrychium atrovirens* (Sahashi) M.Kato			○		○		○					
	41. 단풍고사리삼 *Botrychium nipponicum* Makino	○	○	○	○	○	○	○					
	42. 나주고사리삼 *Botrychium triangularifolium* (Sahashi) M.Kato			○				○					
	43. 애기고사리삼 *Botrychium microphyllum* (Sahashi) M.Kato					○		○					
	44. 고사리삼 *Botrychium ternatum* (Thunb.) Sw.	○	○	○	○	○	○	○	○	○			
	45. 산고사리삼 *Botrychium robustum* (Rupr.) Underw.	○	○		○		○	○		○			
	46. 늦고사리삼 *Botrychium virginianum* (L.) Sw.	○	○	○	○	○	○	○		○	○	○	
	47. 긴꽃고사리삼 *Botrychium strictum* Underw.	○	○	○	○	○	○	○		○			
	48. 백두산고사리삼 *Botrychium lunaria* (L.) SW.	○					○	○		○	○	○	○
	49. 제주고사리삼 *Mankua chejuensis* B.Y.Sun, M.H.Kim & C.H.Kim					○							
7. 고비과 Osmundaceae	50. 고비 *Osmunda japonica* Thunb.	○	○	○	○	○	○	○	○	○			
	51. 음양고비 *Osmunda claytoniana* L.	○	○	○			○	○		○		○	
	52. 꿩고비 *Osmundastrum cinnamomeum* (L.) C.Presl	○	○	○			○	○	○	○		○	
8. 처녀이끼과 Hymenophyllaceae	53. 수염이끼 *Hymenophyllum barbatum* (Bosch) Baker		○	○		○	○	○	○				
	54. 좀처녀이끼 *Hymenophyllum polyanthos* (Sw.) Sw.	○		○		○	○	○	○				
	55. 애기수염이끼 *Hymenophyllum coreanum* Nakai	○		○		○		○					
	56. 구름처녀이끼 *Hymenophyllum wrightii* f. *serratum* C.S.Lee & K.H.Lee					○							
	57. 처녀이끼 *Hymenophyllum wrightii* Bosch			○		○		○		○		○	
	58. 두메괴불이끼 *Crepidomanes schmidtianum* (Zenker ex Taschner) K.Iwats.			○		○	○	○	○	○			
	59. 괴불이끼 *Crepidomanes latealatum* (Bosch) Copel.			○		○	○	○	○				
	60. 부채괴불이끼 *Crepidomanes minutum* (Blume) K.Iwats.	○	○	○		○	○	○	○	○			
	61. 누운괴불이끼 *Vandenboschia kalamocarpa* (Hayata) Ebihara					○	○	○	○				
	62. 난장이이끼 *Vandenboschia nipponicum* (Nakai) Ebihara et al				○	○		○					
	63. 큰괴불이끼 *Vandenboschia* × *quelpaertensis* (Nakai) Ebihara					○		○					
	64. 제주괴불이끼 *Vandenboschia* × *stenosiphon* (Christ) Copel.					○		○					
9. 풀고사리과 Gleicheniaceae	65. 발풀고사리 *Dicranopteris linearis* (Burm.f.) Underw.			○		○	○	○	○				
	66. 풀고사리 *Diplopterygium glaucum* (Thunb. ex Houtt.) Nakai			○		○		○	○				
10. 실고사리과 Lygodiaceae	67. 실고사리 *Lygodium japonicum* (Thunb.) Sw.		○	○		○	○	○	○	○			
11. 네가래과 Marsileaceae	68. 네가래 *Marsilea quadrifolia* L.	○	○	○		○	○	○		○	○		

과명	국명 / 학명	북부	중부	남부	울릉도	제주도	중국	일본	동남아	북반구	유럽	북미	남미
12. 생이가래과 Salviniaceae	69. 생이가래 *Salvinia natans* (L.) All.	○	○	○		○	○	○	○	○	○		
	70. 주름물개구리밥 *Azolla filiculoides* Lam.	○	○	○		○	○	○	○	○	○	○	○
	71. 좀물개구리밥 *Azolla cristata* Kaulf.		○	○				○			○	○	○
	72. 좀주름물개구리밥 *Azolla cristata* Kaulf. × *A. filiculoides* Lam.		○					○					
13. 퓡고사리과 Plagiogyriaceae	73. 섬퓡고사리 *Plagiogyria japonica* Nakai			○		○	○	○	○	○			
	74. 퓡고사리 *Plagiogyria euphlebia* (Kunze) Mett.					○	○	○	○	○			
14. 새깃고사리과 Lindsaeaceae	75. 바위고사리 *Odontosoria chinensis* (L.) J.Sm.			○		○	○	○	○				
	76. 좀새깃고사리 *Osmolindsaea japonica* (Baker) Lehtonen & Christenh.					○	○	○	○				
15. 봉의꼬리과 Pteridaceae	77. 물고사리 *Ceratopteris gaudichaudii* var. *vulgaris* Masuyama & Watano		○	○		○	○	○	○				
	78. 봉의꼬리 *Pteris multifida* Poir.			○		○	○	○	○				
	79. 큰봉의꼬리 *Pteris cretica* L.			○		○	○	○	○				
	80. 알록큰봉의꼬리 *Pteris nipponica* W.C.Shieh					○		○	○				
	81. 너도봉의꼬리 *Pteris* × *pseudosefuricola* Ebihara, Nakato & S.Matsumoto					○		○					
	82. 반쪽고사리 *Pteris dispar* Kunze			○		○	○	○	○				
	83. 깃반쪽고사리 *Pteris terminalis* Wall.					○	○	○	○				
	84. 오름깃고사리 *Pteris fauriei* Hieron.					○	○	○	○	○			
	85. 선바위고사리 *Onychium japonicum* (Thunb.) Kunze			○		○	○	○	○				
	86. 부싯깃고사리 *Cheilanthes argentea* (S.G.Gmel) Kunze	○	○	○			○	○	○	○			
	87. 산부싯깃고사리 *Cheilanthes kuhnii* Milde	○	○	○			○	○					
	88. 개부싯깃고사리 *Cheilanthes chusana* Hook.			○		○	○	○	○				
	89. 암공작고사리 *Adiantum capillus-junonis* Rupr.	○					○	○	○	○			
	90. 섬공작고사리 *Adiantum monochlamys* D.C.Eaton			○	○	○	○	○	○				
	91. 공작고사리 *Adiantum pedatum* L.	○	○		○	○	○	○		○		○	
	92. 고비고사리 *Coniogramme intermedia* Hieron.			○		○	○	○	○	○			
	93. 산고비고사리 *Coniogramme affinis* Hieron.	○	○	○			○		○	○			
	94. 가지고비고사리 *Coniogramme japonica* (Thunb.) Diels			○		○	○	○	○				
	95. 넓은고비고사리 *Coniogramme wilsonii* Hieron.			○		○	○						
	96. 개가지고비고사리 *Coniogramme* × *fauriei* Hieron.			○		○	○	○					
	97. 일엽아재비 *Haplopteris flexuosa* (Fée) E.H.Crane			○		○	○	○	○	○			
	98. 긴주걱고사리 *Antrophyum obovatum* Baker					○	○	○	○	○			
16. 잔고사리과 Dennstaedtiaceae	99. 잔고사리 *Dennstaedtia hirsuta* (Sw.) Mett. ex Miq.	○	○	○	○	○	○	○	○	○			
	100. 사철잔고사리 *Dennstaedtia scabra* (Wall. ex Hook.) T.Moore			○		○	○	○	○	○			
	101. 황고사리 *Dennstaedtia wilfordii* (T.Moore) Christ	○	○	○	○	○	○	○		○			
	102. 돌잔고사리 *Microlepia marginata* (Panz.) C.Chr.			○	○	○	○	○	○	○			
	103. 깃돌잔고사리 *Microlepia marginata* (Panz.) C.Chr. var. *bippinnata* Makino			○		○	○	○	○	○			
	104. 돌토끼고사리 *Microlepia strigosa* (Thunb.) C.Presl			○		○	○	○	○				

과명	국명 / 학명	북부	중부	남부	울릉도	제주도	중국	일본	동남아	북반구	유럽	북미	남미
16. 잔고사리과 Dennstaedtiaceae	105. 점고사리 *Hypolepis punctata* (Thunb.) Mett. ex Kuhn			○		○	○	○	○				
	106. 고사리 *Pteridium aquilinum* (L.) Kuhn var. *latiusculum* (Desv.) Underw. ex A.Heller	○	○	○	○	○	○	○	○	○	○	○	
17. 금털고사리과 Hypodematiaceae	107. 금털고사리 *Hypodematium glandulosopilosum* (Tagawa) Ohwi	○	○	○			○	○	○				
	108. 가는잎금털고사리 *Hypodematium angustifolium* C.S.Lee & K.H.Lee		○										
	109. 흰금털고사리 *Hypodematium squamuloso-pilosum* Ching	○					○						
18. 관중과 Dryopteridaceae	110. 도깨비쇠고비 *Cyrtomium falcatum* (L.f.) C.Presl	○	○	○	○	○	○	○	○			○	
	111. 애기도깨비쇠고비 *Cyrtomium falcatum* subsp. *littorale* S.Matsumoto ex S.Matsumoto & Ebihara					○		○					
	112. 깃도깨비쇠고비 *Cyrtomium falcatum* for. *pinnatilobus* C.S.Lee & K.H.Lee					○							
	113. 긴잎도깨비쇠고비 *Cyrtomium devexiscapulae* (Koidz.) Koidz. & Ching			○		○	○	○	○				
	114. 쇠고비 *Cyrtomium fortunei* J.Sm.	○	○	○	○	○	○	○	○		○	○	
	115. 윤쇠고비 *Cyrtomium laetevirens* (Hiyama) Nakaike			○		○		○					
	116. 반들산쇠고비 *Cyrtomium yamamotoi* Tagawa					○	○	○	○				
	117. 더부살이고사리 *Polystichum lepidocaulon* (Hook.) J.Sm.			○		○	○	○	○				
	118. 톱니더부살이고사리 *Polystichum putuoense* Li Bing Zhang			○			○						
	119. 낚시고사리 *Polystichum craspedosorum* (Maxim.) Diels	○	○	○		○	○	○		○			
	120. 십자고사리 *Polystichum tripteron* (Kunze) C.Presl	○	○	○	○	○	○	○		○			
	121. 큰십자고사리 *Polystichum tripteron* var. *subpinnatum* (H.Itô) Honda				○			○					
	122. 검정개관중 *Polystichum tsus-simense* (Hook.) J.Sm.			○		○	○	○	○				
	123. 큰개관중 *Polystichum mayebarae* Tagawa			○		○	○	○					
	124. 좀나도히초미 *Polystichum braunii* (Spenn.) Fée	○	○				○	○		○	○	○	
	125. 나도개관중 *Polystichum pseudomakinoi* Tagawa			○		○	○	○					
	126. 긴개관중 *Polystichum tagawanum* Sa.Kurata			○		○		○					
	127. 나도히초미 *Polystichum polyblepharum* (Roem. ex Kunze) C.Presl.		○	○	○	○	○	○					
	128. 섬나도히초미 *Polystichum longifrons* Sa.Kurata			○		○		○					
	129. 비늘개관중 *Polystichum retrosopaleaceum* (Kodama) Tagawa				○		○	○					
	130. 지리개관중 *Polystichum ovatopaleaceum* (Kodama) Sa.Kurata	○	○	○		○	○	○					
	131. 참나도히초미 *Polystichum ovatopaleaceum* (Kodama) Sa.Kurata var. *coraiense* (Christ) Sa.Kurata	○	○	○		○		○					
	132. 참나도개관중 *Polystichum ovateopaleaceum* (Kodama) Sa.Kurata var. *coraiense* (H.Christ) Sa.Kurata × *P. pseudomakinoi* Tagawa			○			○						
	133. 좀참나도히초미 *Polystichum* × *titibuense* Sa.Kurata	○						○					
	134. 왁살고사리 *Arachniodes borealis* Seriz.	○	○	○	○	○		○					
	135. 제주왁살고사리 *Arachniodes miqueliana* (Maxim. ex Franch. & Sav.) Ohwi		○	○		○	○	○					
	136. 일색고사리 *Arachniodes standishii* (T.Moore) Ohwi				○	○		○					
	137. 털비늘고사리 *Arachniodes mutica* (Franch. & Sav.) Ohwi				○			○		○			

과명	국명 / 학명	북부	중부	남부	울릉도	제주도	중국	일본	동남아	북반구	유럽	북미	남미
	138. 쇠고사리 *Arachniodes rhomboidea* (Wall. ex C.Presl) Ching			○		○	○	○	○				
	139. 꼬리쇠고사리 *Arachniodes simplicior* (Makino) Ohwi			○		○	○	○					
	140. 큰꼬리쇠고사리 *Arachniodes simplicior* var. *magnusfolia* C.S.Lee & K.H.Lee			○									
	141. 큰쇠고사리 *Arachniodes chinensis* (Rosenstock) Ching			○		○		○					
	142. 좀쇠고사리 *Arachniodes sporadosora* (Kunze) Nakaike			○		○	○	○	○				
	143. 가는쇠고사리 *Arachniodes exilis* (Hance) Ching			○		○	○	○	○				
	144. 좀가는쇠고사리 *Arachnioides sporadosora* (Kunze) Nakaike × *A. exilis* (Hance) Ching					○		○					
	145. 그늘고사리 *Dryopteris sieboldii* (T.Moore) Kuntze			○		○	○	○					
	146. 애기톱지네고사리 *Dryopteris commixta* Tagawa			○		○	○	○					
	147. 톱지네고사리 *Dryopteris atrata* (Wall. ex Kunze) Ching		○	○			○	○	○				
	148. 나도톱지네고사리 *Dryopteris cycadina* (Fr. & Sav.) C.Christ.					○	○	○					
	149. 각시톱지네고사리 *Dryopteris hangchowensis* Ching			○			○	○					
	150. 탐라톱지네고사리 *Dryopteris namagatae* (Sa.Kurata) Sa.Kurata		○			○	○	○					
	151. 큰톱지네고사리 *Dryopteris dickinsii* (Franch. & Sav.) C.Chr.		○	○		○	○	○	○	○			
	152. 한라톱지네고사리 *Dryopteris hallasanensis* C.S.Lee & K.H.Lee					○							
	153. 느리미고사리 *Dryopteris tokyoensis* (Matsum. ex Makino) C.Chr.	○	○	○			○	○					
	154. 왕지네고사리 *Dryopteris monticola* (Makino) C.Chr.	○	○	○	○	○	○	○					
18. 관중과 Dryopteridaceae	155. 관중 *Dryopteris crassirhizoma* Nakai	○	○	○	○	○	○	○		○			
	156. 북관중 *Dryopteris coreano-montana* Nakai	○	○				○	○		○			
	157. 장수고사리 *Dryopteris woodsiisora* Hayata	○					○		○	○			
	158. 비늘고사리 *Dryopteris lacera* (Thunb.) Kuntze	○	○	○	○	○	○	○					
	159. 곰비늘고사리 *Dryopteris uniformis* (Makino) Makino	○	○	○	○	○	○	○					
	160. 참비늘고사리 *Dryopteris sericea* C.Chr.		○				○						
	161. 주저리고사리 *Dryopteris fragrans* (L.) Schott	○	○	○			○	○		○	○	○	
	162. 퍼진고사리 *Dryopteris expansa* (C.Presl) Fraser-Jenk. et Jermy	○	○	○	○	○	○	○		○	○	○	
	163. 바위틈고사리 *Dryopteris goeringiana* (Kunze) Koidz.	○	○				○			○			
	164. 진저리고사리 *Dryopteris maximowiczii* (Baker) Kuntze	○		○		○		○					
	165. 흰비늘고사리 *Dryopteris maximowicziana* (Miq.) C.Chr.		○	○		○	○	○	○				
	166. 계곡고사리 *Dryopteris subexaltata* (Christ) C.Chr.					○	○	○	○				
	167. 검은족제비고사리 *Dryopteris melanocarpa* Hayata					○		○	○				
	168. 오름족제비고사리 *Dryopteris sparsa* (D.Don) Kunze					○	○	○	○	○			
	169. 금족제비고사리 *Dryopteris gymnophylla* (Baker) C.Chr.	○	○	○	○	○	○	○					
	170. 가는잎족제비고사리 *Dryopteris chinensis* (Baker) Koidz.	○	○	○	○	○	○	○					
	171. 공작지네고사리 *Dryopteris decipiense* (Hook.) Kuntze			○		○	○	○					
	172. 애기지네고사리 *Dryopteris decipiense* (Hook.) Kuntze var. *diplazioides* (Christ) Ching			○		○	○	○					
	173. 제주지네고사리 *Dryopteris championi* (Benth.) C.Chr. ex Ching		○	○		○	○	○					

과명	국명 / 학명	북부	중부	남부	울릉도	제주도	중국	일본	동남아	북반구	유럽	북미	남미
18. 관중과 Dryopteridaceae	174. 층층지네고사리 *Dryopteris paomowanensis* Ching & Z.Y.Liu		○	○		○	○	○					
	175. 엷은잎지네고사리 *Dryopteris kinkiensis* Koidz. ex Tagawa		○	○		○	○	○					
	176. 큰지네고사리 *Dryopteris fuscipes* C.Chr.		○	○		○	○	○	○				
	177. 반들지네고사리 *Dryopteris medioxima* Koidz.		○	○		○		○					
	178. 홍지네고사리 *Dryopteris erythrosora* (D.C.Eaton) Kuntze		○	○	○	○	○	○					
	179. 가는홍지네고사리 *Dryopteris caudipinna* Nakai					○		○					
	180. 참지네고사리 *Dryopteris nipponensis* Koidz.		○	○		○		○					
	181. 큰홍지네고사리 *Dryopteris hondoensis* Koidz.		○	○		○	○	○					
	182. 꼬리족제비고사리 *Dryopteris formosana* (Christ) C.Chr.					○	○	○	○				
	183. 들족제비고사리 *Dryopteis protobissetiana* K.Hori & N.Murak.			○				○					
	184. 산족제비고사리 *Dryopteris bissetiana* (Baker) C.Chr.	○	○	○	○	○	○	○					
	185. 바위족제비고사리 *Dryopteris saxifraga* H.Itô	○	○	○		○	○	○					
	186. 광릉족제비고사리 *Dryopteris saxifragi-varia* Nakai	○	○	○	○	○		○					
	187. 족제비고사리 *Dryopteris varia* (L.) Kuntze					○	○	○	○				
	188. 애기족제비고사리 *Dryopteris sacrosancta* Koidz.			○		○	○	○					
	189. 누른애기족제비고사리 *Dryopteris kobayashii* Kitag.	○	○	○	○	○	○	○					
	190. 큰족제비고사리 *Dryopteris hikonensis* (H.Itô) Nakaike			○		○	○	○					
	191. 나도큰족제비고사리 *Dryopteris subhikonensis* K.Hori & N.Murak.					○		○					
	192. 남도톱지네고사리 *Dryopteris* × *mayebarae* Tagawa			○				○					
	193. 왕지네느리미고사리 *Dryopteris* × *kominatoensis* Tagawa		○					○					
	194. 비늘관중 *Dryopteris* × *fujipedis* Sa.Kurata				○			○					
	195. 개비늘고사리 *Dryopteris* × *mituii* Seriz.	○	○	○	○	○		○					
	196. 곰비늘관중 *Dryopteris* × *watanabei* Sa.Kurata					○		○					
	197. 넓은잎관중 *Dryopteris crassirhizoma* Nakai × *Dryopteris monticola* (Makino) C.Chr					○		○					
	198. 바위틈비늘고사리 *Dryopteris goeringiana* (Kunze) Koidz. × *D. lacera* (Thunb.) Kunze	○											
19. 줄고사리과 Nephrolepidaceae	199. 줄고사리 *Nephrolepis cordifolia* (L.) C.Presl					○	○	○	○	○		○	○
20. 미늘창고사리과 Tectariaceae	200. 백록고사리 *Tectaria fuscipes* (Wall. ex Bedd.) C.Chr.					○	○		○				
21. 넉줄고사리과 Davalliaceae	201. 넉줄고사리 *Davallia mariesii* T.Moore ex Baker	○	○	○		○	○	○	○				
22. 고란초과 Polypodiaceae	202. 우단일엽 *Pyrrosia linearifolia* (Hook.) Ching	○	○	○		○	○	○	○				
	203. 석위 *Pyrrosia lingua* (Thunb.) Farw.			○		○	○	○	○				
	204. 애기석위 *Pyrrosia petiolosa* (Christ) Ching	○	○	○			○			○			
	205. 세뿔석위 *Pyrrosia hastata* (Houtt ex Thunb.) Ching			○		○	○	○					
	206. 큰우단일엽 *Pyrrosia* × *nipponica* M.Beppu & Seriz.					○		○					
	207. 나사미역고사리 *Polypodium fauriei* Christ					○		○					

과명	국명 / 학명	북부	중부	남부	울릉도	제주도	중국	일본	동남아	북반구	유럽	북미	남미
22. 고란초과 Polypodiaceae	208. 좀미역고사리 *Polypodium sibiricum* Siplivinsky	○	○				○			○		○	
	209. 미역고사리 *Polypodium vulgare* L.				○		○	○		○	○		
	210. 애기일엽초 *Lepisorus onoei* (Franch. & Sav.) Ching			○		○		○			○	○	
	211. 섬일엽초 *Lepisorus hachizoensis* Sa.Kurata			○				○					
	212. 일엽초 *Lepisorus thunbergianus* (Kaulf.) Ching			○		○	○	○	○	○			
	213. 검은일엽초 *Lepisorus nigripes* T.Fujiw. & Seriz			○		○		○					
	214. 산일엽초 *Lepisorus ussuriensis* (Regel & Maack) Ching	○	○	○		○	○	○		○			
	215. 콩짜개덩굴 *Lepisorus microphyllus* (C.Presl) C.F.Zhao, R.Wei & X.C.Zhang ex C.S.Chang, H.Kim & K.S.Chang			○		○	○	○	○				
	216. 고란초 *Selliguea hastata* (Thunb.) Fraser-Jenk.	○	○	○	○	○	○	○	○	○			
	217. 큰고란초 *Selliguea engleri* (Luerss.) Fraser-Jenk.					○	○	○	○	○			
	218. 제주고란초 *Selliguea* sp.					○							
	219. 층층고란초 *Selliguea veitchii* (Baker) H.Ohashi & K.Ohashi					○		○					
	220. 밤일엽 *Neocheiropteris ensata* (Thunb.) Ching					○	○	○	○				
	221. 창일엽 *Microsorium superficiale* (Blume) Ching			○		○	○	○	○	○			
	222. 밤잎고사리 *Leptochilus wrightii* (Hook.) X.C.Zhang					○	○	○	○				
	223. 손고비 *Leptochilus elliptica* (Thunb.) Noot.					○	○	○	○				
	224. 창고사리 *Leptochilus × simplicifrons* (H.Christ) Nakaike					○		○	○				
	225. 제주창고사리 *Leptochilus × shintenensis* (Hayata) Nakaike					○	○	○	○				
	226. 버들일엽 *Loxogramme salicifolia* (Makino) Makino					○	○	○	○				
	227. 숟갈일엽 *Loxogramme duclouxii* Christ					○	○	○	○				
	228. 주걱일엽 *Loxogramme grammitoides* (Baker) C.Chr.			○		○	○	○	○				
	229. 좀고사리 *Pleurosoriopsis makinoi* (Maxim. ex Makino) Fomin	○	○	○		○	○	○		○			
23. 한들고사리과 Cystopteridaceae	230. 한들고사리 *Cystopteris fragilis* (L.) Bernh.	○	○			○	○	○	○	○	○	○	○
	231. 바람고사리 *Cystopteris sudetica* A.Braun & Milde	○					○	○		○	○		
	232. 산토끼고사리 *Gymnocarpium jessoense* (Koidz.) Koidz.	○	○				○	○		○	○	○	
	233. 토끼고사리 *Gymnocarpium dyopteris* (L.) Newman	○					○	○		○	○	○	
24. 처녀고사리과 Thelypteridaceae	234. 가래고사리 *Phegopteris connectilis* (Michx.) Watt	○	○	○		○	○	○	○	○	○	○	
	235. 설설고사리 *Phegopteris decursive-pinnata* (H.C.Hall) Fée			○		○	○	○	○				
	236. 큰설설고사리 *Phegopteris koreana* B.Y.Sun & C.H.Kim	○	○	○									
	237. 진퍼리고사리 *Leptogramma pozoi* (Lag.) Ching subsp. *mollissima* (Fisch. ex Kunze) Nakaik.			○	○	○	○	○	○	○			
	238. 처녀고사리 *Thelypteris palustris* (Salisb.) Schott	○	○	○			○	○		○			
	239. 큰처녀고사리 *Thelypteris quelpaertensis* (Christ) Ching	○				○	○	○		○			
	240. 제비꼬리고사리 *Thelypteris subochthodes* Ching					○	○	○	○				
	241. 가는잎처녀고사리 *Parathelypteris beddomei* (Baker) Ching		○	○		○	○	○	○				
	242. 키다리처녀고사리 *Parathelypteris nipponica* (Franch. & Sav.) Ching	○					○	○					
	243. 사다리고사리 *Parathelypteris glanduligera* (Kunze) Ching		○	○		○	○	○	○				
	244. 탐라사다리고사리 *Parathelypteris angustifrons* (Miq.) Ching			○		○	○	○	○				

과명	국명 / 학명	북부	중부	남부	울릉도	제주도	중국	일본	동남아	북반구	유럽	북미	남미
24. 처녀고사리과 Thelypteridaceae	245. 지네고사리 *Parathelypteris japonica* (Baker) Ching	○	○	○	○	○	○	○					
	246. 바위지네고사리 *Parathelypteris musashiensis* (Hiyama) Nakaike	○		○				○					
	247. 각시고사리 *Macrothelypteris oligophlebia* (Baker) Ching var. *elegans* (Koidz.) Ching	○	○	○		○	○	○					
	248. 푸른각시고사리 *Macrothelypteris viridifrons* (Tagawa) Ching		○	○		○	○	○					
	249. 드문고사리 *Metathelypteris laxa* (Franch. & Sav.) Ching		○	○		○	○	○	○				
	250. 잔털드문고사리 *Metathelypteris hattorii* (H.Itô) Ching		○	○		○	○	○					
	251. 별고사리 *Cyclosorus acuminatus* (Houtt.) Nakai ex H.Itô			○		○	○	○	○				
	252. 털별고사리 *Cyclosorus parasiticus* (L.) Farwell					○	○	○	○	○			
	253. 탐라별고사리 *Cyclosorus dentatus* (Forssk.) Ching					○	○	○	○				
	254. 검은별고사리 *Cyclosorus interruptus* (Willd.) H.Itô					○	○	○	○				
	255. 큰별고사리 *Cyclosorus penangianus* (Hook.) Copel.					○	○			○			
25. 우드풀과 Woodsiaceae	256. 애기가물고사리 *Woodsia hancockii* Baker	○					○	○		○			
	257. 큰솜털고사리 *Woodsia glabella* R.Br. ex Richardson	○					○	○				○	
	258. 두메우드풀 *Woodsia ilvensis* (L.) R.Br.	○					○	○		○	○	○	
	259. 산우드풀 *Woodsia subcordata* Turcz.	○	○				○	○		○			
	260. 참우드풀 *Woodsia macrochlaena* Mett. ex Kuhn	○	○	○			○	○		○			
	261. 좀가물고사리 *Woodsia intermedia* Tagawa	○	○				○	○					
	262. 금강가물고사리 *Woodsia microsora* Kodama in Matsum.	○	○										
	263. 우드풀 *Woodsia polystichoides* D.C.Eaton	○	○	○	○	○	○	○	○	○			
	264. 만주우드풀 *Woodsia manchuriensis* Hook.	○	○	○	○	○	○	○		○			
26. 개고사리과 Athyriaceae	265. 개톱날고사리 *Athyrium sheareri* (Baker) Ching in C.Chr.			○		○	○	○					
	266. 개고사리 *Athyrium niponicum* (Mett.) Hance	○	○	○	○	○	○	○	○				
	267. 광릉개고사리 *Athyrium concinnum* Nakai	○	○	○									
	268. 두메개고사리 *Athyrium spinulosum* (Maxim.) Milde	○					○	○		○			
	269. 뱀고사리 *Athyrium yokoscense* (Franch. & Sav.) Christ	○	○	○	○	○	○	○		○			
	270. 물뱀고사리 *Athyrium fallaciosum* Milde	○					○			○			
	271. 거꾸리개고사리 *Athyrium reflexipinnum* Hayata					○	○	○	○				
	272. 북새발고사리 *Athyrium melanolepis* (Franch. et Sav.) Christ	○					○	○					
	273. 참새발고사리 *Athyrium monomachii* (Kom.) Kom.	○	○				○	○					
	274. 섬고사리 *Athyrium acutipinnulum* Kodama ex Nakai	○			○								
	275. 산개고사리 *Athyrium vidalii* (Franch. & Sav.) Nakai		○	○	○	○	○	○					
	276. 구슬개고사리 *Athyrium deltoidofrons* Makino			○		○	○	○					
	277. 가는잎개고사리 *Athyrium iseanum* Rosenst		○	○		○	○	○					
	278. 골개고사리 *Athyrium otophorum* (Miq.) Koidz.			○		○	○	○					
	279. 암뱀고사리 *Athyrium clivicola* Tagawa		○	○	○	○	○	○					
	280. 넓은잎개고사리 *Athyrium wardii* (Hook.) Makino		○	○		○	○	○					
	281. 깃개톱날고사리 *Athyrium × saitoanum* (Sugim.) Seriz.			○			○	○					
	282. 뱀산개고사리 *Athyrium × memtiens* Sa.Kurata		○					○					

과명	국명 / 학명	북부	중부	남부	울릉도	제주도	중국	일본	동남아	북반구	유럽	북미	남미
	283. 가는잎산개고사리 *Athyrium × pseudo-spinascecs* Seriz.					○		○					
	284. 넓은잎산개고사리 *Athyrium × pseudo-wardii* Seriz.			○		○		○					
	285. 응달고사리 *Cornopteris crenulatoserrulata* (Mak.) Nakai	○	○	○	○	○	○	○		○			
	286. 지리산숲고사리 *Cornopteris christenseniana* (Koidz.) Tagawa					○	○	○					
	287. 뿔고사리 *Cornopteris decurrenti-alata* (Hook.) Nakai					○	○	○	○				
	288. 버들참빗 *Deparia lancea* (Thunb.) Fraser-Jenk.			○		○	○	○	○	○			
	289. 진퍼리개고사리 *Deparia okuboana* (Makino) M.Kato		○			○	○	○	○				
	290. 푸른개고사리 *Deparia viridifrons* (Makino) M.Kato		○	○		○	○	○					
	291. 털고사리 *Deparia pycnosora* (Christ) M.Kato	○	○				○	○		○			
	292. 흰털고사리 *Deparia pycnosora* (Christ) M.Kato var. *albosquamata* M.Kato	○	○		○	○	○	○	○	○			
	293. 왕고사리 *Deparia pterorachis* (Christ) M.Kato	○			○		○	○		○			
	294. 곱새고사리 *Deparia coreana* (Christ) M.Kato	○	○	○		○	○	○					
	295. 털곱새고사리 *Deparia coreana* for. *villosa* C.S.Lee & K.H.Lee	○	○										
	296. 좀진고사리 *Deparia conilii* (Franch. & Sav.) M.Kato	○	○	○	○	○	○	○	○				
	297. 긴진고사리 *Deparia lushanensis* (J.X.Li) Z.R.He	○	○	○	○	○	○						
	298. 진고사리 *Deparia japonica* (Thunb.) M.Kato	○	○	○	○	○	○	○	○	○			
	299. 탐라진고사리 *Deparia peterssenii* (Kunze) M.Kato			○		○	○	○	○	○			
	300. 나도좀진고사리 *Deparia pseudoconilii* (Seriz.) Seriz.			○		○	○	○					
	301. 털진고사리 *Deparia kusiana* (Koidz.) M.Kato					○	○	○					
	302. 큰진고사리 *Deparia dimorphophylla* (Koidz.) M.Kato		○	○		○	○	○					
	303. 개좀진고사리 *Deparia × angustata* (Nakai) Nakaike	○	○	○	○	○		○					
	304. 외잎진고사리 *Deparia lobatocrenata* (Tagawa) M.Kato					○		○					
	305. 주름고사리 *Diplazium wichurae* (Mett.) Diels					○	○	○					
	306. 깃주름고사리 *Diplazium mettenianum* (Miq.) C.Chr.					○	○	○	○				
	307. 검정비늘고사리 *Diplazium virescens* Kunze			○		○	○	○	○				
	308. 내장고사리 *Diplazium squamigerum* (Mett.) C.Hope		○	○	○	○	○	○	○	○			
	309. 두메고사리 *Diplazium sibiricum* (Turcz. ex Kunze) Sa.Kurata	○	○				○	○		○	○		
	310. 민두메고사리 *Diplazium sibiricum* (Turcz. ex Kunze) Sa.Kurata var. *glabrum* (Tagawa) Sa.Kurata		○	○			○	○					
	311. 큰개고사리 *Diplazium mesosorum* (Makino) Koidz.		○	○			○	○					
	312. 큰섬잔고사리 *Diplazium nipponicum* Tagawa					○	○	○					
	313. 섬잔고사리 *Diplazium hachijoense* Nakai					○	○	○					
	314. 암고사리 *Diplazium chinense* (Baker) C.Chr.					○	○	○	○				
27. 새깃아재비과 Blechnaceae	**315. 새깃아재비** *Woodwardia japonica* (L.f.) Sm.			○		○	○	○	○				
28. 야산고비과 Onocleaceae	**316. 청나래고사리** *Matteuccia struthiopteris* (L.) Tod.	○	○				○	○		○	○		
	317. 야산고비 *Onoclea sensibilis* L. var. *interruta* Maxim.	○	○	○			○	○		○			
	318. 개면마 *Pentarhizidium orientale* (Hook.) Hayata	○	○	○	○	○	○	○	○	○			

과명	국명 / 학명	북부	중부	남부	울릉도	제주도	중국	일본	동남아	북반구	유럽	북미	남미
29. 꼬리고사리과 Aspleniaceae	319. **골고사리** *Asplenium scolopendrium* L.	○	○	○	○	○	○	○		○	○	○	
	320. **파초일엽** *Asplenium antiquum* Makino					○	○	○	○				
	321. **솔잎고사리** *Asplenium septentrionale* (L.) Hoffm.		○				○			○	○	○	
	322. **거미고사리** *Asplenium ruprechtii* Sa.Kurata	○	○	○	○	○	○	○		○			
	323. **눈썹고사리** *Asplenium wrightii* D.C.Eaton ex Hook.					○	○	○	○				
	324. **가거꼬리고사리** *Asplenium yoshinage* Makino			○			○	○		○			
	325. **개차고사리** *Asplenium oligophlebium* Baker			○		○		○					
	326. **반들깃고사리** *Asplenium boreale* (Ohwi ex Sa.Kurata) Nakaike		○	○			○	○		○			
	327. **차꼬리고사리** *Asplenium trichomanes* L.	○	○	○		○	○	○	○		○		○
	328. **개차꼬리고사리** *Asplenium tripteropus* Nakai			○		○	○	○	○				
	329. **돌좀고사리** *Asplenium ruta-muraria* L.	○	○				○	○	○	○	○	○	
	330. **수수고사리** *Asplenium wilfordii* Mett. ex Kuhn					○	○	○	○				
	331. **애기꼬리고사리** *Asplenium tenuicaule* Hayata	○	○	○	○	○	○	○	○	○			
	332. **각시꼬리고사리** *Asplenium capillipes* Makino	○					○	○	○	○			
	333. **좀애기꼬리고사리** *Asplenium pseudocapillipes* S.H.Park, J.S.Kim & A.T.Kim	○											
	334. **꼬리고사리** *Asplenium incisum* Thunb.	○	○	○	○	○	○	○		○			
	335. **숫돌담고사리** *Asplenium prolongatum* Hook.					○	○	○	○	○			
	336. **쪽잔고사리** *Asplenium ritoense* Hayata					○	○	○	○				
	337. **사철고사리** *Asplenium pekinense* Hance	○	○	○		○	○	○	○	○			
	338. **돌담고사리** *Asplenium anogrammoides* H.Christ		○	○		○	○	○	○	○			
	339. **거미꼬리고사리** *Asplenium* × *castaneoviride* Baker		○	○			○	○					
	340. **산꼬리고사리** *Asplenium* × *bimixtum* C.S.Lee & K.H.Lee ex Y.H.Ha		○										
	341. **거미사철고사리** *Asplenium* × *uiryeongse* C.S.Lee & K.H.Lee		○										
	342. **거미돌담고사리** *Asplenium* × *kitazawae* Sa.Kurata & Hutoh		○	○				○					
	343. **돌담사철고사리** *Asplenium* × *kidoi* Sleep ex Viane, Y.X.Lin et Reichst.		○				○	○					
	344. **사철꼬리고사리** *Asplenium pekinense* Hance × *A. incisum* Thunb.			○				○					
	345. **거미애기꼬리고사리** *Asplenium* × *akaishiense* Otsuka	○	○					○					
	346. **개반들깃고사리** *Asplenium boreale* (Ohwi ex Sa.Kurata) Nakaike × *A. oligophlebium* Baker			○				○					
	347. **꼬리솔잎고사리** *Asplenium incisum* Thunb. × *A. septentrionale* (L.) Hoffm.		○										
	348. **지느러미고사리** *Hymenasplenium handoense* (N.Murak. & Hatan.) Nakaike					○	○	○		○			

부록 7. 자원으로 쓰이는 한국산 양치식물

과명	국명 / 학명	자원
석송과 Lycopodiaceae	뱀톱 *Huperzia serrata* (Thunb.) Trevis.	약용(알츠하이머 치료, 염료 매염제)
	다람쥐꼬리 *Huperzia miyoshiana* (Makino) Ching	약용(타박상, 출혈)
	좀다람쥐꼬리 *Huperzia selago* (L.) Bernh. ex Schrank & Mart.	약용(구토제)
	석송 *Lycopodium clavatum* var. *nipponicum* Nakai	석송자, 약용(베이비파우더)
	만년석송 *Lycopodium dendroideum* Michx.	약용(강장약, 목이 마를 때도 사용)
	비늘석송 *Lycopodium complanatum* L.	약용(해산촉진제, 이뇨제, 살충제, 피부질병 치료, 살포약)
	산석송 *Lycopodium alpinum* L.	약용(진통제, 광견병 치료제, 어린이 살충약)
	물석송 *Lycopodim cernum* L.	약용(류머티즘, 백일해, 타박상, 화상, 간염, 신장결석)
부처손과 Selaginellaceae	바위손 *Selaginella tamariscina* (P.Beauv.) Spring	약용(출혈, 통증)
	개부처손 *Selaginella stauntoniana* Spring	약용(치질, 자궁출혈, 동통)
	부처손 *Selaginella involvens* (Sw.) Spring	약용(출혈, 통증)
	구실사리 *Selaginella rossii* (Baker) Warburg	민간약 (항암제)
속새과 Equisetaceae	쇠뜨기 *Equisetum arvense* L.	식용, 약용(이뇨, 해수, 혈압강화)
	물쇠뜨기 *Equisetum pratense* Ehrh.	약용(동맥경화증, 이뇨제, 구충제)
	능수쇠뜨기 *Equisetum sylvaticum* L.	약용(지혈제, 수렴약, 류머티즘, 출혈성 설사, 혈뇨 치료약)
	개쇠뜨기 *Equisetum palustre* L.	약용(이뇨제, 관절류마티즘)
	물속새 *Equisetum fluviatile* L.	약용(방광, 코감기, 지혈제)
	속새 *Equisetum hyemale* L.	약용(발한, 간암)
	개속새 *Equisetum ramosissimum* Desf.	약용(각막혼탁증, 간염, 기관지염)
솔잎란과 Psilotaceae	솔잎란 *Psilotum nudum* (L.) P.Beauv.	약용(항균제)
고사리삼과 Ophioglossaceae	자루나도고사리삼 *Ophioglossum petiolatum* Hook.	감미료용(차용)
	섬나도고사리삼 *Ophioglossum reticulatum* L.	약용(항염증제)
	고사리삼 *Botrychium ternatum* (Thunb.) Sw.	약용(유선염, 뾰두라지, 옴, 타박상, 어혈, 통증)
	백두산고사리삼 *Botrychium lunaria* (L.) SW.	약용(자궁출혈, 이질)
고비과 Osmundaceae	고비 *Osmunda japonica* Thunb.	식용, 약용(청열, 해독, 지혈)
	음양고비 *Osmunda claytoniana* L.	약용(지혈)
	꿩고비 *Osmundastrum cinnamomeum* (L.) C.Presl	식용, 약용(지혈)
실고사리과 Lygodiaceae	실고사리 *Lygodium japonicum* (Thunb.) Sw.	약용(편도선염, 유선염, 이뇨, 결석)
네가래과 Marsileaceae	네가래 *Marsilea quadrifolia* L.	약용(해독, 지혈)
생이가래과 Salviniaceae	주름물개구리밥 *Azolla filiculoides* Lam.	유기농비료(질소제공)
	좀물개구리밥 *Azolla cristata* Kaulf.	유기농비료(질소제공)
새깃고사리과 Lindsaeaceae	바위고사리 *Odontosoria chinensis* (L.) J.Sm.	약용(해독)
봉의꼬리과 Pteridacea	봉의꼬리 *Pteris multifida* Poir.	약용(이질, 황달, 간염, 위장염, 유선염, 자궁출혈)
	암공작고사리 *Adiantum capillus-junonis* Rupr.	식용, 약용(감기, 목감기, 숙취해소)
	섬공작고사리 *Adiantum monochlamys* D.C.Eaton	약용(호흡기 치료)
	공작고사리 *Adiantum pedatum* L.	약용(외상용)
	고비고사리 *Coniogramme intermedia* Hieron.	약용(전신통, 요통)
	가지고비고사리 *Coniogramme japonica* (Thunb.) Diels	약용(근육, 골격통증, 복통, 유방염)

과명	국명 / 학명	자원
잔고사리과 Dennstaedtiaceae	고사리 *Pteridium aquilinum* (L.) Kuhn var. *latiusculum* (Desv.) Underw. ex A.Heller	식용, 약용(청열, 이뇨)
관중과 Dryopteridaceae	도깨비쇠고비 *Crytomium falcatum* (L.f.) C.Presl	약용(해열, 지혈, 살충)
	쇠고비 *Crytomium fortunei* J.Sm.	약용(해열, 살충, 출혈, 두통)
	나도히초미 *Polystichum polyblepharum* (Roem. ex Kunze) C.Presl	약용(내열, 복통)
	관중 *Dryopteris crassirhizoma* Nakai	식용, 약용(살충, 해열, 해독, 지혈)
	비늘고사리 *Dryopteris lacera* (Thunb.) Kuntze	약용(구충제)
	곰비늘고사리 *Dryopteris uniformis* (Makino) Makino	약용(근육마비, 신경통)
	주저리고사리 *Dryopteris fragrans* (L.) Schott	약용(구충제)
	퍼진고사리 *Dryopteris expansa* (C.Presl) Fraser-Jenk. et Jermy	약용(구충제)
	족제비고사리 *Dryopteris varia* (L.) Kuntze	약용(동통, 부종, 어혈, 출혈, 구충)
줄고사리과 Nephrolepidaceae	줄고사리 *Nephrolepis cordifolia* (L.) C.Presl	장식용
넉줄고사리과 Davalliaceae	넉줄고사리 *Davallia mariesii* T.Moore ex Baker	약용(골절, 탈모)
고란초과 Polypodiaceae	우단일엽 *Pyrrosia linearifolia* (Hook.) Ching	약용(이뇨, 항암제)
	석위 *Pyrrosia lingua* (Thunb.) Farw.	약용(이뇨, 만성기관지염, 혈뇨, 각혈)
	좀미역고사리 *Polypodim sibiricum* Siplivinsky	약용(코감기, 거담제, 소염제)
	일엽초 *Lepisorus thunbergianus* (Kaulf.) Ching	약용(이뇨, 기침, 관절염)
	산일엽초 *Lepisorus ussuriensis* (Regel & Maack) Ching	약용(이뇨, 기침, 관절염)
	콩짜개덩굴 *Lepisorus microphyllus* (C.Presl) C.F.Zhao, R.Wei & X.C.Zhang ex C.S.Chang, H.Kim & K.S.Chang	약용(지혈, 해독, 해수)
	고란초 *Selliguea hastata* (Thunb.) Fraser-Jenk.	약용(이뇨, 해독)
	큰고란초 *Selliguea engleri* (Luerss.) Fraser-Jenk.	약용(살충제)
	손고비 *Colysis elliptica* (Thunb.) Noot.	약용(해열, 이뇨, 타박상)
	주걱일엽 *Loxogramme grammitoides* (Baker) C.Chr.	약용(이뇨, 민간에서 항암제)
한들고사리과 Cystopteridaceae	한들고사리 *Cystopteris fragilis* (L.) Berh.	약용(구충, 탈구, 위병, 관장약)
처녀고사리과 Thelypteridaceae	설설고사리 *Phegopteris decursive-pinnata* (H.C.Hall) Fée	약용(부종, 종기)
	큰설설고사리 *Phegopteris koreana* B.Y.Sun & C.H.Kim	약용(부종, 종기)
우드풀과 Woodsiaceae	우드풀 *Woodsia polystichoides* D.C.Eaton	약용(절상, 근육손상)
개고사리과 Athyriaceae	개고사리 *Athyrium niponicum* (Mett.) Hance	식용
	참새발고사리 *Athyrium monomachii* (Kom.) Kom.	약용(기침, 류머티즘 통증 및 화상)
	섬고사리 *Athyrium acutipinnulum* Kodama ex Nakai	식용
	응달고사리 *Cornopteris crenulatoserrulata* (Mak.) Nakai	식용
새깃아재비과 Blechnaceae	새깃아재비 *Woodwardia japonica* (L.f.) Sm.	약용(관절염, 요통)
야산고비과 Onocleaceae	청나래고사리 *Matteuccia struthiopteris* (L.) Tod.	약용(절상, 근육손상)
	야산고비 *Onoclea sensibilis* L. var. *interrupta* (Maxim.)	약용(이뇨, 항암제)
	개면마 *Pentarhizidium orientalis* (Hook.) Hayata	약용(구충약, 이뇨제)
꼬리고사리과 Aspleniaceae	골고사리 *Asplenium scolopendrium* L.	약용(결핵, 발한약, 거담제, 이뇨제)
	파초일엽 *Asplenium antiquum* Makino	약용(이뇨, 민간에서 항암제)
	거미고사리 *Asplenium ruprechtii* Sa.Kurata	약용(지혈, 외용)

참고문헌

약어

등[1]: 이우철, 1996; 한국양치식물연구회, 2005; 이영노, 2006; The Flora of Korea Editorial Committee, 2007; 국립수목원, 2008.
등[2]: 한국양치식물연구회, 2005; The Flora of Korea Editorial Committee, 2007; 국립수목원, 2008.
등[3]: 이우철, 1996; 한국양치식물연구회, 2005; 이영노, 2006; The Flora of Korea Editorial Committee, 2007.
등[4]: 이우철, 1996; 이영노, 2006; The Flora of Korea Editorial Committee, 2007.
등[5]: 한국양치식물연구회, 2005; 국립수목원, 2008.
등[6]: 이우철, 1996; 한국양치식물연구회, 2005; 이영노, 2006; 국립수목원, 2008.
등[7]: 한국양치식물연구회, 2005; 이영노, 2006; The Flora of Korea Editorial Committee, 2007; 국립수목원, 2008 .
등[8]: 이우철, 1996; 한국양치식물연구회, 2005; 이영노, 2006.
등[9]: 한국양치식물연구회, 2005; 이영노, 2006; The Flora of Korea Editorial Committee, 2007.
등[10]: 한국양치식물연구회, 2005; 이영노, 2006; 국립수목원, 2008.
등[11]: 한국양치식물연구회, 2005; 이영노, 2006 .
등[12]: 이우철, 1996; 이영노, 2006.

국립생물자원관. 멸종위기식물. https://species.nibr.go.kr/endangeredspecies/rehome/redlist/redlis
국립생태원. 국가 보호종목록. https://www.nie.re.kr/nie/pgm/edSpecies/edSpeciesList
국립생태원. 2018. 한국산 최신 식물구계학적 특정종 목록.
국립생태원. 멸종위기식물. https://www.nie.re.kr/nie/pgm/edSpecies/list.do?menuNo=200121
국립수목원. 2008. 한국식물도해도감 2 양치도감. 국립수목원, 포천.
국립수목원. 2021. 한국 관속식물 적색목록 한국의 희귀식물. 국립수목원, 포천.
국립수목원·한국식물분류학회. 2007. 국가표준식물목록. 국립수목원, 포천.
김용원·박재홍·홍성천·최경·윤충원·오승환. 1998. 원색 경상북도자생식물도감. GRAFICA, 서울.
김정근·방한숙·김영란. 2007. 고사리의 세계. 플래닛미디어, 서울.
김철환, 선병윤, 김용복. 2004. 한국산 미기록 양치식물: 흰비늘고사리, 남도톱지네고사리, 애기지네고사리 (관중과). 식물분류학회지. 34: 27-35.
김철환·문명옥·강영제·김찬수·안진갑·선병윤. 2005. 한국산 미기록 양치식물: 줄고사리 (줄고사리과), 산중개고사리 (개고사리과), 거미꼬리고사리 (꼬리고사리과). 식물분류학회지 35: 287-294.
권선영·오용자. 1988. 한국산 처녀고사리과의 분류학적 연구. 식물분류학회지. 18:297-324.
도봉섭·임록재. 2001. 한국약용식물사전 [electronic resource], 여강출판사.
문명옥. 2008. 제주도의 양치식물상. 제주대학교 대학원.
문명옥, 김찬수, 강영재, 김철환, 선병윤. 2002. 미기록한국산 미기록 양치식물 : 검은별고사리(처녀고사리과)와 계곡고사리(관중과). 식물분류학회지 32(4): 481-489.
문명옥·윤나래·라은화·임진아·김대신·김찬수. 2014. 한국산 미기록 양치식물: 큰별고사리 (*Cyclosorus penangianus* (Hook.) Copel.) (처녀고사리과), 오름깃고사리(*Pteris fauriei* Hieron.) (봉의꼬리과). 식물분류학회지. 44: 257-260.

문성기·정순해·최철만, 2003. 시장에 유통되는 식용식물의 분류. 한국생명과학잡지. 13: 764-774.
문수미·선병윤. 2008. 한국산 처녀고사리과 식물의 포자형태. 식물분류학회지. 38: 459-476
박만규. 1942. 조선고산식물목록, 조선박물학회잡지, 9(33): 1-12.
박만규. 1949. 우리나라식물명감. 문교부.
박만규. 1961. 한국양치식물지. 교학도서.
박만규. 1975. 한국동식물도감 제 16권 식물편(양치식물). 삼화서적주식회사, 서울.
박종욱 등 편집, 2007. *In* The Flora of Korea Editorial Committee. 2007. The genera of vascular plants of Korea. Academy Publishing Co., Seoul.
배기환. 2000. 한국의약용식물. 교학사. 서울.
선은미·장정원·임형탁·손현덕. 2012. 한반도 희귀양치식물 2종의 신분포지 보고. 식물분류학회지 42: 167-170.
선은미, 김혜원, 이강협, 이성권, 손동찬. 2019. 반들산쇠고비(관중과): 미기록 양치식물. 자원식물학회지 32(5): 559-564.
송은섭·이창숙·오용자. 1986. 한국산 풀고사리와 발풀고사리의 분류학적 연구. 식물분류학회지 16(3): 217-227.
오용자·이창숙. 1982. 한국산 양치식물의 5과의 분류학적 연구. 식물분류학회지 12: 13-28.
오용자·이창숙. 1991. 한국산 양치식물도보 I. 성신연구논문집 31: 143-217.
오용자·이창숙. 1992. 한국산 양치식물도보 II. 성신연구논문집 32: 271-301.
오용자·이창숙. 1993. 한국산 양치식물도보 III. 기초과학연구지. II: 127-176.
오용자·이창숙. 2002. 식물명정리집. 양치류, 단자엽류(사초과, 곡정초과, 골풀과, 마과). 성신여자대학교 출판부, 서울.
오용자·원행숙. 1982. 한국산 면마과 식물의 분류학적 연구. 식물분류학회지 12: 29-38.
오용자·이창숙·김성민. 1992. 한국산 관중과(Dryopteridaceae)의 계통분류학적 연구. 성신여자대학교 기초과학지 10: 21-42.
유효통·로중례·박윤덕. 1986. 향약집성방 5. 76-85권. 과학, 백과사전출판사, 평양.
육창수. 1989. 약용식물도감. 아카데미서적, 서울.
윤진석. 2012. 엽록체DNA에 기초한 한국산 쇠고비속(*Cyrtomium* Presl)의 분류학적 연구. 경북대학교 대학원.
이상준. 2001. 한국산 *Dryopteris varia* complex(관중과)의 분류학적 연구. 서울대학교 대학원.
이영노. 2006. 새로운 한국식물도감. 교학사, 서울.
이우철. 1996. 한국식물명고, 아카데미서적, 서울.
이우철, 임양재, 1978. 한국산 관속식물의 분포에 관한 연구. 식물분류학회지 8(부록): 1-33.
이창복. 1967. 한국의 양치식물. 서울대학교 농과대학 연습림 보고 4: 57-101.
이창복. 1980. 대한식물도감. 향문사, 서울.
이창숙. 1987. 한국산 고사리과의 계통분류학적 연구. 성신여자대학교 대학원.
이창숙·오용자. 1986. 가좀진고사리 (*Athyriopsis oldhami*)와 좀진고사리(*A. conilii*)와 진고사리(*A. japonica*)의 분류학적연구. 식물분류학회지 16(1): 13-23.
이창숙·오용자. 1987. 한국산 고사리과 식물의 형태에 의한 분류학적 연구. 식물분류학회지 17(3): 155-165.
이창숙·오용자. 1988. 한국산 고사리과 식물의 잎표피형태에 의한 분류학적 연구. 식물분류학회지 18(4): 275-290.
이창숙·오용자·이상태. 1990. 한국산 고사리과의 포자형태에 의한 연구. 식물분류학회지 20(4): 243-256.
이창숙·오용자. 1990. 한국산 고사리과에 대한 잎자루와 땅속줄기의 유관속주형 및 중심주형 연구. 식물분류학회지 20(3): 157-164.
이춘영, 안학수. 1963. 한국식물명감. 범학사, 서울.
임록재. 1999. 조선약용식물지. 1 – 3. 한국문화사, 서울.

임진아. 2004. 한국산 고란초과식물의 분류학적 연구. 전북대학교 대학원.
정영호·최홍근. 1986. 한국산 물부추속의 1신종: 참물부추. 식물분류학회지 16: 1-12.
정정채·임형탁. 2000. 나도고사리삼속(*Ophioglossum*) 4종의 국명과 자루나도고사리삼(*O. petiolatum*)의 생육지. 식물분류학회지 30: 155-162.
정종덕·김창균·김호준·최홍근. 2009. 우리나라 물부추속 (물부추과)에 대한 분류학적 고찰. 식물분류학회지 39: 63-73.
정태현. 1956. 한국동식물도감. 하권 초본부. 신지사, 서울.
정태현. 1970. 한국동식물도감: 제5권 식물편(보유편). 삼화출판사, 서울.
정태현·도봉섭·심학진. 1949. 조선식물명집 I. 초본편. 조선생물학회 발간, 서울.
정태현·도봉섭·이덕봉·이민재. 1937. 조선식물향약명집. 조선생물학회.
한국민족문화대백과사전. 2025. encykorea.aks.ac.kr
한국양치식물연구회. 2005. 한국양치식물도감. 지오북, 서울.
허북구·유성오·김병운·양승렬·조자용·천상욱·장홍기·김현주·박윤점. 2005. 문헌에 나타난 식용 가능 자생식물과 재래시장에서 유통되는 산채류의 비교 연구. 한국식물·인간·환경학회지 8(4); 30 45.
황영심. 2012. 북한산 국립공원의 양치식물. 고려대학교 대학원.

Barrett, J . A., M. Gibby and J. C. Vogel. 2002. Polyploidy, phylogeography and Pleistocene refugia of the rockfern *Asplenium ceterach:* evidence from chloroplast DNA. Molecular Ecology 11: 2003-2012.
Braithwaite, A. F., 1964. A new Type of Apogamy in Ferns. New Phytologist. 63: 293-305.
Carrapico, F., G. Teixeira and M. A. Diniz. 2000. *Azolla* as a Biofertiliser in Africa. A Challenge for the Future. Revista de Ciências Agrárias, 23 (3-4): 120-138.
Chang, Y., J. Li, S. Lu and H. Schneider. 2013. Species diversity and reticulate evolution in the *Asplenium normale* complex (Aspleniaceae) in China and adjacent areas. Taxon. 62: 673-687.
Ching, R. C. 1959. Pteridophyta. Flora Reipublicae Popularis Sinicae. Science Press, Beijing.
Ching, R. C. 1963. A reclassification of the family Thelypteridaceae from the mainland of Asia. Acta Phytotax. Sin. 8: 289-324.
Ching, R. C. 1964. On some confused genera of the family Athyriaceae. Acta Phytotax. Sin. 9: 41–44.
Ching, R. C. 1978. The Chinese fern families and genera: Systematic arrangement and historical origin. Acta Phytotax. Sin. 16(3), 1-9.
Ching, R. C. 1981. The taxonomy of Chinese Lycopodiaceae (sen. lat.) II. Acta Botanica Yunnanica 3(3): 291-305.
Ching, R. C. 1982. The taxonomy of Chinese Lycopodiaceae (sens. lat.). Acta Bot. Yunn. 4(2): 119-128.
Choi, H.-K., J. Jung and C. Kim. 2008. Two New Species of *Isoetes* (Isoetaceae) from Jeju Island, South Korea. J. Plant Biology 51: 354-358.
Christenhusz, M., X-C. Zhang and H. Schneider. 2011. A linear sequence of extant families and genera of Lycophytes and ferns. Phytotaxa 19, 7-54.
Christenhusz, M. J. M. and M. W. Chase. 2014. Trends and concepts in fern classification. Annals of Bot. 113(4): 571-594.
Chung. M. Y. and M. G. Chung. 2013. Significant spatial aggregation and fine-scale genetic structure in the homosporous fern *Cyrtomium falcatum* (Dryopteridaceae) New Phytologist 199: 663–672.
Chung, G. Y., H.-D. Jang, K. S. Chang, H. J. Choi, Y.-S. Kim, H.-J. Kim and D. C Son. 2023. A checklist of endemic plats on the Korean Peninsula II. Korean J. of Pl. Taxon. 53: 79-101.
Cooper-Driver, G. A. 1985. Anti-predation strategies in Pteridophytes-a biochemical approach. Proceedings of the Royal Society of Edinburgh 86B: 397-402.

Cooper-Driver, G. A. 1990. Defense strategies in bracken, *Pteridium aruilinum* (L.) Kuhn. Annals of the Missouri Botanical Garden 77: 281-286.

Copeland, E. B. 1938. Genera *Hymenophyllacearum.* Philipp. J. Sci. 67: 1-10.

Copeland, E. B. 1947. *Genera Filicum.* Chronica Botanica, Waltham.

Crane, E. H. 1997. A revised circumscription of the genera of the fern family Vittariaceae. Syst. Bot. 22: 509-517.

Croxall, J. P. 1975. The Hymenophyllaceae of Queensland. Austral. J. Bot. 23: 509-547.

Ebihara, A, 2009. Notes on the Distribution of the *Vandenboschia radicans* Complex (Hymenophyllaceae) in Japan. Bull. Natn. Mus. Nat. Sci., B, 35: 71-89.

Ebihara, A, 2016, 2017. The stadard of ferns and Lycophytes in Japan, Nihonsan shida shokubutsu hyojun zukan 1, 2. Gakken Plus, Tokyo.

Ebihara A., J.-Y. Dubuisson, K. Iwatsuki, S. Hennequin and M. Ito. 2006. A taxonomic revision of Hymenophyllaceae. Blumea 51: 221-280.

Ebihara, A., D. R. Farrar and M. Ito. 2008. The sporophyte-less filmy fern of eastern North America *Trichomanes intricatum* (Hymenophyllaceae) has the chloroplast genome of an Asian species. American Journal of Botany 95: 1645-1651.

Ebihara, A., S. Matsumoto and M. Ito. 2009. Hybridization involving independent gametophytes in the *Vandenboschia radicans* complex (Hymenophyllaceae): a new perspective on the distribution of fern hybrids. Molec. Ecol. 18: 4904-4911.

Ebihara, A., S. Matsumoto and M. Ito. 2009. Taxonomy of the reticulate *Vandenboschia radicans* complex (Hymenophyllaceae) in Japan. Acta Phytotax. Geobot. 60: 26-40.

Farrar, D. R. 1967. Gametophytes of four tropical fern genera reproducing independently of their sporophytes in the southern Appalachians. Science 155: 1266-1267.

Farrar, D. R. 1971. The biology of ferns with asexually reproducing gametophytes in the eastern United States. Ph. D. dissertation, University of Michigan, Ann Arbor., Michigan.

Farrar, D. R. 1992. *Trichomanes intricatum:* The independent *Trichomanes* gametophyte in the eastern United States. American Fern Journal 82: 68-74.

Farrar, D. R. 1998. The tropical flora of rockhouse cliff formations in the eastern United States. Journal of the Torrey Botanical Society 125: 91-108.

Fawcett, S. and A. R. Smith. 2021. A Generic Classification of the Thelypteridaceae. BRIT Presss, Fort Worth Botanic Garden / Botanical Research Institute of Texas, Fort Worth, Texas.

Flora of Korea Editorial Committee. 2015. Flora pf Korea. vol. 1. Pteridophytes & Gymnosperms. National Institute of Biological Resources Ministry of Environment, Korea.

Fraser-Jenkins, C. R. 1986. A classification of the gens *Dryopteris* (Pteridopyta: Dryopteridaceae. Bull. Brit. Mus. (Nat. Hist.), Bot. 14: 183-218.

Fujiwara, T., S. Serizawa and Y. Watano. 2018. Phylogenetic analysis reveals the origins of tetraploid and hexaploidy species in the Japanese *Lepisorus thunbergianus* (Polypodiaceae) complex. J. Plant Res. 131: 945-949.

Hasebe, M., T. Omori, M. Nakazawa, T. Sano, M. Kato and K. Iwatsuki. 1994. *rbcL* gene sequences provide evidence for the evolutionary lineages of leptosporangiate ferns. Proceedings of the National Academy of Sciences 91: 5730-5734.

Hasebe, M., 1995. Fern phylogeny based on *rbcL* nucleotide sequences. American Fern Journal 85: 134-181.

Haufler, C. H. and M. D. Windham. 1991. New species of North American *Cystopteris* and *Polypodium,* with comments on their reticulate relationships. American Fern Journal 81: 7-13.

He, L. J. and X. C. Zhang. 2012. Exploring generic delimitations within the fern family Thelypteridaceae. Molecular Phylogenetics and Evolution 65: 757-764.

Hickey, R. J. 1977. The *Lycopodium obscurum* Complex in North America. American Fern J. 67: 45-48.

Holttum, R. E. 1971. Studies in the family Thelypteridaceae III. A new system of genera in the Old World. Blumea 19: 17-52.

Holttum, R. E. 1982. Thelypteridaceae. Fl. Males. ser. 21: 331-560, f. 1-20.

Holttum, R. E. and P. J. Edwards. 1986. Studies in the fern genera allied to *Tectaria* II. *Dryopsis,* a new genus. Kew Bulletin 41: 171-175.

Hovenkamp, P. 1998. An account of the Malay-Pacific species of *Selliguea* (Polypodiaceae). Blumea. 43: 1-8.

Iwatsuki, K. 1984. Studies in the systematics of filmy ferns VII. A scheme of classification based on the Asiatic species. Acta Phytotax. Geobot. 35: 165-179.

Iwatsuki, K. 1985. The Hymenophyllaceae of Asia, excluding Malesia. J. Fac. Sci. Univ. Tokyo, Sect. 3, Bot. 13: 501-551.

Iwatsuki, K., T. Yamazaki, D. E. Boufford and H. Ohba. 1995. Flora of Japan vol. I. Pteridophyta & Gymnospermae. Kodansha Ltd., Tokyo, Japan.

Ji, S.-G., K.-K. Huo, J. Wang and S.-L. Pan. 2008. A molecular phylogenetic study of Huperziaceae based on chloroplast *rbcL* and *psbA-trnH* sequences. Journal of Systematics and Evolution 46 (2): 213-219.

Kato, M. 1984. A taxonomic study of the athyrioid fern genus *Deparia* with main reference to the Pacific species. J. Fac. Sci. Univ. Tokyo, Sect. 3, Bot. 13: 375-430.

Kenrick, P. and P. R. Crane. 1997. The Origin and Early Diversification of Land Plants. Smithsonian Institution Press, Washington, D.C.

Ko, S. Y., J.-H. Kim, J. M. Choi and Y. C. J. 2024. *Dryopteris melanocarpa* (Dryopteridaceae), a new record of a fern species among the Korean flora of Jejudo Island. Korean J. Pl. Taxon. 54: 17-24.

Kramer, K. U. 1967. The lindsaeoid ferns of the Old World III. Notes on *Lindsaea* and *Sphenomeris* in the Flora Malesiana area. Blumea 15: 557-576.

Kramer, K. U. 1971. Pteridophyta-*Lindsaea*-group. In: Flora Malesiana, series II, 1(3). Wolters-Noordhoff Publishing, Groningen, pp. 177-254.

Kramer, K. U. 1972. The lindsaeoid ferns of the Old World VI. Continental Asia, Japan and Taiwan. The Gardens'Bulletin Singapore 24: 1-48.

Lee, C. S., J. O. Kim and N. S. Lee. 2008. First report of *Asplenium yoshinage* (Aspleniaceae) from Korea and its phylogenetic position based on morphology. Korean J. Pl. Taxon. 38: 79-91.

Lee, C. S., Y. S. Kim and N. S. Lee. 2008. *Selaginella heterostachya* Baker (Selaginellaceae): first report for Korea, Korean J. Pl. Taxon. 38: 557-563.

Lee, C. S. and Y. S. Kim, 2012. *Sceptridium atrovirens* and *S. microphyllum* (Ophioglossaceae): First report in Korea and its phylogenetic position based on morphology. Korean J. Pl. Taxon. 42: 68-75.

Lee, C. S., K. Lee and Y. Hwang. 2013. First report of *Dryopteris namegatae* and *D. hangchowensis* (Dryopteridaceae) from Korea. Species research. 2: 69-77.

Lee, C. S., K. Lee and Y. Hwang. 2014. First record of *Crepidomanes schmidtianum* (Zenker ex Tasch.) K. Iwats. (Hymenophyllaceae) from Korea. Korean J. Pl. Taxon. 43: 1-5.

Lee, C. S., K. Lee and S. Y. Ko. 2014. First record of *Diplazium mettenianum* (Miq.) C. Chr. (Athyriaceae) from Korea. Korean J. Pl. Taxon. 44: 242-246.

Lee, C. S., K. Lee, S. G. Lee and A. Ebihara. 2014. A New Taxon of *Hymenophyllum* (Hymenophyllaceae): *H. wrightii* for. *serratum*. Korean J. Pl. Taxon. 44: 1-5.

Lee, C. S., K. Lee, Y. Hwang and A. Ebihara. 2014. A new taxon of *Hymenophyllum* and two independent gametophytes from Korea, American Society of Plant Taxonomy. Boise, USA.

Lee, C. S., K. Lee, M. S. Kim, and S. H. Yeau. 2014. New discovery and idenfication of three independent fern gametophytes from Korea based on morphology and molecular data. The Korean Society of Plant Taxonomists. Inha Univ., Incheon, Korea.

Lee, C. S., K. Lee, S. H. Yeau and Kyong-Sook Chung. 2015. Two new and one unrecorded natural hybrids between *Asplenium ruprechtii* and related taxa (Aspleniaceae). Korean J. Pl. Taxon. 45: 362-368.

Lee, C. S., K. Lee, and M. K. Lee. 2017. First record of *Hypodematium squamuloso-pilosum* Ching (Hypodematiaceae) from Korea. Korean J. Pl. Taxon. 47: 119-123.

Lee, C. S., K. Lee, S. H. Yeau and K.-S. Chung. 2018. Phylogenetic study of the fern genus *Hypodematium* (Hypodematiaceae), focusing on Korean native taxa. Korean J. Pl. Taxon. 48: 163-171.

Lee, C. S., K. Lee, S. H. Yeau and K.-S. Chung. 2019. Exploring natural hybridization among *Asplenium ruprechtii* and related taxa in Korea. Korean J. Pl. Taxon. 49: 127-139.

Lee, C. S., K. Lee and Y. Hwang. 2020. Identification of three independent fern gametophytes and *Hymenophyllum wrightii* f. *serratum* from Korea based on molecular data. Korean J. Pl. Taxon. 50: 403-412.

Lee, C. S., K. S. Chung, S. Yang and A. Ebihara. 2024. Reticulate evolution in the *Asplenium* complex from Korea. Korean Journal of Plant Taxonomy 54: 267-278.

Lehtonen, S., H. Tuomisto, G. Rouhan, and M. J. M. Christenhusz. 2010. Phylogenetics and classification of the pantropical fern family Lindsaeaceae. Botanical Journal of the Linnean Society 163: 305-359.

Li X., J. Li and F. Meng. 2018. A new species of *Hypodematium* (Hypodematiaceae) from China. Phytokeys 92:37-44.

Liao, W. B., M. Ding, Z. Wu, J. Prado. 2013. *Pteridium, Paesia, Histiopteris.* In: Al-Shehbaz, A.I. et al. (Org.) Flora of China - Lycopodiaceae through Polypodiaceae. 1ed.St. Louis: Missouri Botanical Garden, 2-3: 149-152.

Lim, J. and B.-Y. Sun. 2015. A new species of *Huperzia* (Lycopodiaceae) from Jeju Island, Korea: *Huperzia jejuensis.* Korean J. Pl. Taxon. 45: 17-21.

Lim, J., N. R. Yun, B. Lee and B.-Y. Sun. 2015. Taxonomic reexamination of two *Huperzia* species (Lycopodiaceae) in Northeast Asia. Korean J. Pl. Taxon. 45: 299-305.

Lin, Y. X. and R. Viane. 2012. Flora of China, vol. 2, Aspleniaceae. Beijing: Science Press; St. Louis: Missouri Botanical Garden Press.

Liu, H. M., R. J. Dyer, Z. Y. Guo, Z. Meng, J. H. Li and H. Schneider. 2012. The evolutionary dynamic of apomixis in ferns: A Case Study from Polystichoid Ferns, Hindawi Publishing Corporation Journal of BotanyVolume 1-11.

Maridass M. and G. Raju. 2010. Conservation status of Pteridophytes, Western Ghats, South India. IJBT 1(Special Issue): 42-57.

Matsuda, S. and T. Nakai. 1914. Bot. Mag. Tokyo 28(328): 102.

Masuyama, S. and Y. Watano. 2010. Cryptic species in the fern *Ceratopteris thalictroides* (L.) Brongn. (Parkeriaceae). IV. Taxonomic revision. Acta Phytotax. Geobot. 61: 75-86.

McCleary, B. V. and B. F. Chick. 1977. The purification and properties of a thiaminas I enzyme from nardoo (*Marsilea drummondii*). Phytochemistry 16: 207-213.

McCleary, B. V., C. V. Kennedy and B. F. Chick. 1980. Nardoo, bracken and rock ferns cause vitamin B1 deficiency in sheep. Agricultural Gazette of New South Wales 91(5): 1-4.

Metzgar, J. S., J. E. Skog, E. A. Zimmer and K. M. Pryer. 2008. The paraphyly of *Osmunda* is confirmed by phylogenetic analyses of seven plastid loci. Syst. Bot. 33(1): 31-36.

Miller, C. N. 1967. Evolution of the fern genus *Osmunda:* Contrib. Mus. Paleontology Univ. Michigan 21 (8): 139- 203.

Miller, C. N. 1971. Evolution of the fern family Osmundaceae based on anatomical studies. Contr. Mus. Paleontol. Univ. Michigan 23: 105-169.

Moran, R. C. 2004. A Natural History of FERNS. Timber Press, Prtland & Cambidge.

Morton, C. V. 1963. The classification of *Thelypteris.* Am. Fern J. 53, 149-154.

Morton, C. V. 1968. The genera, subgenera, and sections of the Hymenophyllaceae. Contr. U.S. Natl. Herb. 38: 153-214.

Murakami, N. and B. A. Schaal. 1994. Chroloplast variation and the phylogeny of *Asplenium* sect. *Hymenasplenium* (Aspleniaceae) in the New World Tropis. Journal of Plant Research 107: 245-251.

Murakami, N., S. Nogami, M. Watanabe and K. Iwatsuki. 1999. Phylogeny of Aspleniaceae inferred from rbcL nucleotide sequences. American Fern Journal 89: 232-243.

Nakai, T. 1927. *Osmunda japonica* Thunb. var. *sublancea* (Christ) Nakai Bot. Mag. Tokyo 42: 679.

Nakai, T. 1952. A synoptical sketch of Korean Flora. Bull. National Sci. Mus.: 1-152.

Nakaike, T. 1975. Enumeratio Pteridophytarum Japonicarum –Filicales. University of Tokyo Press, Tokyo.

Nakaike, T. 1992. New Flora of Japan Pteridopyta Revised & Enlarged. Shibundo Co. Tokyo.

Nitta, J. H., E. Schuettpelz, S. Ramírez-Barahona and W. Iwasaki. 2022. "An Open and Continuously Updated Fern Tree of Life." Frontiers in Plant Sciences 13. https://doi.org/10.3389/fpls.2022.909768.

Ohashi H. and K. Ohashi. 2009. *Selliguea taiwanensis* (Tagawa) H. Ohashi & K. Ohashi, Jap. Bot. 84: 308.

Ohwi, J. 1965. Flora of Japan (in English). Smithsonian Institution, Washington.

Park, S., J. S. Kim and H. T. Kim. 2022. *Asplenium pseudocapillipes* (Aspleniaceae), a New Fern Species from South Korea. Plants. 11: 3089.

Perrie L. R., P. Brownsey. 2005. Genetic variation is not concordant with morphological variation in the fern *Asplenium hookerianum* sensu lato (Aspleniaceae). Am. J. Bot. 92: 1559-1564.

Pichi Sermolli, R. E. G. 1977. Tentamen pteridophytorum genera in taxonomicum ordinem redigendi. Webbia 31: 313-412.

Prado, J. 2003. New species in *Adiantum* from Brazil. Amer. Fern J. 93: 76-80.

Prado, J., C. D. N. Rodrigues, A. Salatino and M. L. F. Salatino. 2007. Phylogenetic relationships among Pteridaceae, including Brazilian species, inferred from rbcL sequences. Taxon 56: 355-368.

Pryer, K. M., H.Schneider, A. R. Smith, R. Cranfill, P. G. Wolf, J. S. Hunt and S. D. Sipes. 2001. Horsetails and ferns are a monophyletic group and the closest living relatives to seed plants. *Nature* 409: 618-622.

Øllgaard, B. 1987. A revised classification of the Lycopodiaceae. lat. Opera Bot. 92: 153-178.

Øllgaard, B. 1990. Lycopodiaceae. In: K. Kubitzki et al., eds. The Families and Genera of Vascular Plants. Berlin Vol. 1, p. 31-39.

Raubeson, L. A. and R. K. Jansen. 1992. Chloroplast DNA evidence on the ancient evolutionary split in vascular land plants. Science 255: 1697-699.

Red List https://www.iucnredlist.org

Renzaglia, K. S., R. J. Duff, D. L. Nickrent and D. J. Garbary. 2000. Vegetative and reproductive innovations of early land plants; implications for a unified phylogeny. Philos. Trans., Ser. B 355: 769-793.

Rothfels, C. J., M. D. Windham and K. M. Pryer. 2013. A Plastid Phylogeny of the Cosmopolitan Fern Family Cystopteridaceae (Polypodiopsida). Systematic Botany, 38(2): 295-306.

Sano, R., M. Takamiya, S. Kurita, M. Ito and M. Hasebe. 2000. *Diplazium subsinuatum and D. tomitaroanum* should be moved to *Deparia* according to molecular, morphological, and cytological characters. J. Pl. Res. 113: 157-163.

Schneider, H., K. M. Pryer, R. Cranfill, A. R. Smith and P. G. Wolf. 2002. Evolution of vascular plant body plans: a phylogenetic perspective. Pp. 330-364 *in* Cronk, Q. C. B., Bateman, R. M. & Hawkins, J. A. (eds.), Developmental Genetics and Plant Evolution. Taylor & Francis, London.

Schneider, H., S. J. Russell, C. J. Cox, F. Bakker, S. Henderson, F. Rumsey, J. Barrett, M. Gibby and J. C. Vogel. 2004. Chloroplast phylogeny of asplenioid ferns based on rbcL and *trnL-F* spacer sequences (Polypodiidae, Aspleniaceae) and its implications for biogeography. Syst. Bot. 29: 260-274.

Schuettpelz, E. and K. M. Pryer. 2007. Fern phylogeny inferred from 400 leptosporangiate species and three plastid genes. Taxon 56: 1037-1050.

Schuettpelz, E., H. Schneider, L. Huiet, M. D. Windham and K. M. Pryer. 2007. A molecular phylogeny of the fern family Pteridaceae: Assessing overall relationships and the affinities of previously unsampled genera. Molecular Phylogenetics and Evolution 44: 1172-1185.

Shimura, Y. 1979. *Microlepia* × *bipinnata* Y. Shimura. J. Phytogeogr. Taxon. 27(1): 41: 197.

Shin, H. W., M. J. Kim, C. K. Oh and N. S. Lee. 2017. *Tectaria fuscipes* (Wall. Ex Bedd.) C. Chr. (Tectariaceae), a newly recorded taxon from Korea. Korean J. Pl. Taxon. 47: 316-321.

Shrestha, N. and X. C. Zhang. 2015. Recircumscription on *Huperzia serrata* Complex in China using morphological and climatic data. Journal of Systematics and Evolution 53(1): 88-103.

Sigel, E. M., M. D. W. Windham and K. M. Pryer. 2014. Evidence for reciprocal origins in *Polypodium hesperium* (Polypodiaceae): a fern model system for investigating how multiple origins shape allopolyploid genomes. Am J. Bot. 101(9): 1476-1485.

Siman, S. E., A. C. Povey and E. Sheffield. 1999. Human health risks from fern spores? -A review. Fern Gazette 18: 275-287.

Smith, A. R. 1980. Taxonomy of *Thelypteris* subgenus *Steiropteris,* including *Glaphyropteris* (Pteridophyta). University of California Publications in Botany 76: 1-38.

Smith, A. R. 1990. Thelypteridaceae. In: Kubitzki, K., ed. The families and genera of vascular plants. I. Pteridophytes and gymnosperms. Vol. eds. K. U. Kramer & P. S. Green. Springer-Verlag, Berlin, Germany. pp. 263-272.

Smith, A. R., K. M. Pryer, E. Schuettpelz, P. Korall, H. Schneider and P. G. Wolf. 2006. A classification of extant ferns. Taxon 55: 705-731.

Sobel, G. L. and M. D. Whalen. 1983.The flavonoids of the Osmundaceae. Fern Gazette 12: 295-298.

Son, S., H. Lee, H. Yang, K. Lee, S. Kim, H. Kwon and Y. Cho. 2013. A new record of fern species from Korean flora: *Asplenium septentrionale* (L.) Hoffm. (Aspleniaceae). Korean J. Plant Taxon. 43: 90-93.

Stein, D. B., W. F. Thompson and H. S. Belford. 1979. Studies on DNA sequences in the Osmundaceae. Journal of Molecular Evolution 13: 215-232.

Sun, B.-Y., M. H. Kim, C. H. Kim and C.-W. Park. 2001. *Mankyua* (Ophioglossaceae): a new fern genus from Cheju Island, Korea. Taxon 50: 1019-1024.

Tagawa, M. 1938. *Pteris inaequalis* var. *aequata* (Miq.) Tagawa. Journal of Japanese Botany 14(9): 600-601.

Tagawa, M. 1959. Coloured Illustrations of the Japanese Pteridophyta. The Journal of the Nippon fernist Club vol 3., Tokyo.

Takamiya, M. 1993. Comparative karyomorphology and interrelationships of *Selaginella,* Japan. J. Pl. Res. 106: 149-166.

The Flora of Korea Editorial Committee. 2007. The genera of vascular plants of Korea. Academy Publishing Co., Seoul.

The Pteridophyte Phylogeny Group. 2016. A community-derived classification for extant lycophytes and ferns. Organized by Schneider, E., H. Schneider, et al. Journ. of Sys. and Evol. 54(6): 563-603.

Trewick, S. A., M. Morgan-Richards, S. J. Russell, S. Henderson, F. J. Rumsey, I. Pinter, J. A. Barrett, M. Gibby and J. C. Vogel. 2002. Polyploidy, phylogeography and Pleistocene refugia of the rockfern *Asplenium ceterach:* evidence from chloroplast DNA. Molecular Ecology 11: 2003-2012.

Tryon, R.M. 1986. Some new names and combinations in Pteridaceae. Amer. Fern J. 76: 184-186.

Tryon, R. M., A. F. Tryon and K. U. Kramer. 1990. Pteridaceae. Pp. 230–56 *in* Kramer, K. U. and P. S. Green, (vol. eds.), *Pteridophytes and Gymnosperms. In:* Kubitzki, K. (ed.), *The Families and Genera of Vascular Plants,* vol. 1. Springer Verlag, Berlin.

Van Den Heede C. J., R. L. L. Viane and M. W. Chase. 2003. Phylogenetic analysis of *Asplenium* subgenus *Ceterach* (Pteridophyta: Aspleniaceae) based on plastid and nuclear ribosomal ITS DNA sequences. Am. J. Bot. 90: 481-495.

Wagner, W. H. Jr. and J. M. Beitel. 1992. Generic classification of modern North American Lycopodiaceae. Ann. Missouri Bot. Gard. 79: 676-686.

Wagner, W. H. Jr. 1993. A new combination for a North American lycopod. Novon 3: 305.

Wettstein, R. R. 1935. Handbuch der Systematischen Botanik. F. Deuticke, Leipzig, Germany.

Wikström N. and P. Kenrick. 2000. Relationships of *Lycopodium* and *Lycopodiella* Based on Combined Plastid rbcL Gene and trnL Intron Sequence Data. Systematic Botany 25(3): 495-510.

Wu S., J. Xiang, S. Lu, F. Wang, F. Xing, S. Dong, H. He, L. Zhang, S. David Barrington, J. Maarten and M. Christenhusz. 2003. Flora of China, *Dryopteris*, 613.

Yatabe, Y., H. Nishida and N. Murakami. 1999. Phylogeny of Osmundaceae inferred from *rbcL* nucleotide sequences and comparison to the fossil evidences. J. Pl. Res. 112: 397-404.

Yatabe,Y., N. Muraakami and K. Iwatsuki. 2005. Claytos- munda, a new subgenus of *Osmunda* (Osmundaceae). Acta Phytotax. Geobot.56:127-128.

Zhang, L.-B., L. Zhang, S.-Y. Dong, E. B. Sessa, X.-F. Gao and A. Ebihara. 2012. Molecular circumscription and major evolutionary lineages of the fern genus *Dryopteris* (Dryopteridaceae). BMC Evol. Biol. 12: 180.

비가 내려 물에 잠긴 제주고사리삼, 제주, 2016.1.31.

한글명 찾아보기

※ 굵게 표시한 이름은 이 책에 수록한 종이며, 가늘게 표시한 이름은 이명이거나 국내 분포가 확인되지 않은 종이다.

ㄱ

ㄴ

ㅇ

ㅈ

학명 찾아보기

※ 굵게 표시한 이름은 이 책에 수록한 종이며, 가늘게 표시한 이름은 이명이거나 국내 분포가 확인되지 않은 종이다

A

B

C

D

E

G

H

I

J

L

P

R

S

T

영어명 찾아보기

R

S

T

U

한국의 양치식물 제3판

Pteridophytes of Korea: Lycophytes & Ferns, Third Edition

제1판 1쇄 발행 2015년 6월 1일
제2판 1쇄 발행 2018년 9월 25일
제3판 1쇄 발행 2025년 12월 20일

지은이 이창숙, 이강협

펴낸곳 지오북(GEOBOOK)
펴낸이 황영심

제1판 편집 전유경, 유지혜, 이지영, 문화주
표지디자인 김정민
내지디자인 김정민, 김진디자인, 장영숙

제2판 편집 문윤정, 전슬기
표지디자인 권지혜
내지디자인 장영숙, 권지혜, 김정현

제3판 편집 툰드라, 전슬기
디자인 장영숙

주소 서울특별시 종로구 새문안로5가길 28, 1015호
(적선동, 광화문플래티넘)
Tel_02-732-0337 Fax_02-732-9337
eMail_geobookpub@naver.com
www.geobook.co.kr
cafe.naver.com/geobookpub

출판등록번호 제300-2003-211
출판등록일 2003년 11월 27일

ISBN 978-89-94242-95-8 96480